KB214985

축산 기사·산업기사
실기 한권으로 끝내기

시대에듀

Always with you

사람이 길에서 우연하게 만나거나 함께 살아가는 것만이 인연은 아니라고 생각합니다.
책을 펴내는 출판사와 그 책을 읽는 독자의 만남도 소중한 인연입니다.
시대에듀는 항상 독자의 마음을 헤아리기 위해 노력하고 있습니다.
늘 독자와 함께하겠습니다.

육류 사용의 증가에 따른 축산업 규모의 확대와 아울러 가축 사육에 있어 고도의 기술이 필요함에 따라 가축을 합리적으로 사육할 수 있는 전문인력이 필요해졌습니다. 또한 동물산업의 대상이 소, 돼지, 닭 등의 주요 축종으로부터 모든 동물로 확대되고 있으며, 시설의 자동화 및 유전공학에 의한 생산성의 증가와 새로운 기능성 물질의 창출을 탐색하는 등 축산 관련 산업도 전문화되고 있습니다. 이에 따라 앞으로 품질 좋고 안전한 축산물을 생산 및 공급하고, 국제 시장 개방에 대처할 수 있는 축산기술을 발전시키기 위하여 축산기사·산업기사 자격시험이 시행되고 있습니다.

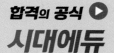
합격의 공식 시대에듀

자격증·공무원·금융/보험·면허증·언어/외국어·검정고시/독학사·기업체/취업
이 시대의 모든 합격! 시대에듀에서 합격하세요!
www.youtube.com ➔ 시대에듀 ➔ 구독

축산기사·산업기사 취득 후 축산 관련 업체로 진출하면 축산에 관한 기술 기초 이론 지식 또는 숙련 기능을 바탕으로 복합적인 기능업무를 수행하게 됩니다. 구체적으로 질 좋은 우유, 육류, 난류와 같은 축산물을 생산하기 위하여 유전자 조작을 통해 새로운 형질의 가축을 생산·개선하며, 소, 돼지, 닭, 토끼, 양, 벌과 같은 가축을 사육·번식·관리하는 직무를 수행하는 등 가축의 생산성 향상을 위하여 효율이 높은 사료를 개발하고 보존자원을 동물의 먹이로 사용할 수 있는 새로운 사료자원을 개발하는 업무를 수행합니다.

본 도서는 수험생들이 축산업에 대한 이해를 바탕으로 필답형 실기 시험에 합격할 수 있도록 핵심이론을 수록하였고, 적중예상문제와 기출복원문제로 반복 출제되는 문제는 물론 새로운 유형의 문제까지 대비할 수 있게 하였습니다.

끝으로 축산기사·산업기사 시험을 준비하는 수험생들의 합격을 기원하며 축산업과 축산업의 발전을 위해 힘쓰는 모든 여러분들에게 도움이 되는 도서가 되기를 바랍니다.

저자 윤예은

시험안내

축산기사(Engineer Livestock)

진로 및 전망

- 축산관련 협동조합, 축산물 유통회사, 유가공회사, 사료회사, 질병방역, 축산 관련 공무원 등으로 진출할 수 있고, 농장을 경영하거나 농장 근무, 자영업 등에 종사할 수 있다.
- 동물산업의 대상이 소, 돼지, 닭 등의 주요 축종으로부터 모든 동물로 확대되고 있으며, 시설자동화 및 유전공학적인 기법에 의한 생산성의 증가와 새로운 기능성 물질의 창출을 탐색하는 등 축산 관련 산업도 전문화되고 있다.

시험일정

구 분	필기원서접수	필기시험	필기합격자 발표	실기원서접수	실기시험	최종 합격자 발표
제1회	1.13~1.16	2.7~3.4	3.12	3.24~3.27	4.19~5.9	6.13
제2회	4.14~4.17	5.10~5.30	6.11	6.23~6.26	7.19~8.6	9.12
제3회	7.21~7.24	8.9~9.1	9.10	9.22~9.25	11.1~11.21	12.24

※ 상기 시험일정은 시행처의 사정에 따라 변경될 수 있으니, www.q-net.or.kr에서 확인하시기 바랍니다.

시험요강

❶ 시행처 : 한국산업인력공단
❷ 관련 학과 : 대학 및 전문대학의 축산(학)과, 축산경영학과, 축산개발과, 사료영양학과, 유가공학과 등
❸ 시험과목
　㉠ 필기 : 1. 가축육종학　2. 가축번식생리학　3. 가축사양학　4. 사료작물학 및 초지학
　　　　　 5. 축산경영학 및 축산물가공학
　㉡ 실기 : 축산 실무
❹ 검정방법
　㉠ 필기 : 객관식 4지 택일형, 과목당 20문항(2시간 30분)
　㉡ 실기 : 필답형(2시간 30분)
❺ 합격기준
　㉠ 필기 : 100점을 만점으로 하여 과목당 40점 이상, 전 과목 평균 60점 이상
　㉡ 실기 : 100점을 만점으로 하여 60점 이상

축산산업기사(Industrial Engineer Livestock)

진로 및 전망

- 축산 관련 협동조합, 축산물 유통회사, 유가공회사, 사료회사, 축산 관련 공무원 등으로 진출할 수 있고, 농장을 경영하거나 농장 근무, 자영업 등에 종사할 수 있다.
- 동물산업의 대상이 소, 돼지, 닭 등의 주요 축종으로부터 모든 동물로 확대되고 있으며, 시설자동화 및 유전공학적인 기법에 의한 생산성의 증가와 새로운 기능성 물질의 창출을 탐색하는 등 축산 관련 산업도 전문화되고 있다.

시험일정

구 분	필기원서접수	필기시험	필기합격자 발표	실기원서접수	실기시험	최종 합격자 발표
제1회	1.13~1.16	2.7~3.4	3.12	3.24~3.27	4.19~5.9	6.13
제3회	7.21~7.24	8.9~9.1	9.10	9.22~9.25	11.1~11.21	12.24

※ 상기 시험일정은 시행처의 사정에 따라 변경될 수 있으니, www.q-net.or.kr에서 확인하시기 바랍니다.

시험요강

❶ 시행처 : 한국산업인력공단
❷ 관련 학과 : 대학 및 전문대학의 축산(학)과, 축산경영학과, 축산개발과, 사료영양학과 등
❸ 시험과목
  ㉠ 필기 : 1. 가축번식육종학 2. 가축사양학 3. 축산경영학 4. 사료작물학
  ㉡ 실기 : 축산 실무
❹ 검정방법
  ㉠ 필기 : 객관식 4지 택일형, 과목당 20문항(2시간)
  ㉡ 실기 : 필답형(2시간)
❺ 합격기준
  ㉠ 필기 : 100점을 만점으로 하여 과목당 40점 이상, 전 과목 평균 60점 이상
  ㉡ 실기 : 100점을 만점으로 하여 60점 이상

출제기준

축산기사·산업기사 실기

구분	주요항목		
축산 실무	• 사료시설 관리 • 사료생산환경 안전 관리	• 일반사료 제조 • 사료원료 관리	• 특수사료 제조 • 사료제품 품질 관리
	• 종축 자연교배 • 종축 가금부화 • 종축 선발기준 설정 • 종축 질병관리	• 종축 인공수정 • 종축 능력검정 • 종축 선발 • 종축 생산 판매관리	• 종축 수정란이식 • 종축 검정평가 • 종축 질병예방 • 종축 경영관리
	• 후보돈관리 • 돼지 방역위생관리 • 돼지사육 인증관리 • 돼지 교배 후 관리 • 돼지생산요소 관리	• 이유자돈관리 • 돼지 분뇨처리 • 돼지 교배 전 관리 • 돼지 질병예방 • 돼지 경영분석관리	• 비육돈관리 • 돼지사육 시설장비관리 • 돼지 교배관리 • 돼지 질병치료
	• 젖소 방역위생관리 • 젖소사육 인증관리 • 젖소육성우 사양관리 • 젖소 사료 급여관리 • 젖소 질병관리 • 젖소사육 경영관리	• 젖소 분뇨처리 • 젖소 번식계획 • 젖소경산우 사양관리 • 젖소 착유 전 관리 • 젖소 복지위생관리	• 젖소사육 시설장비관리 • 젖소 번식관리 • 젖소 조사료 생산관리 • 젖소 착유관리 • 젖소사육 생산관리
	• 가금 입추 전 관리 • 가금 분뇨처리 • 육용가금 사양관리 • 가금질병 치료 • 가금사육 생산관리	• 가금 사료관리 • 가금사육 시설장비관리 • 산란가금 사양관리 • 가금 방역관리 • 가금농장 경영관리	• 가금 축사내부 환경관리 • 가금사육 인증관리 • 가금질병 진단 • 가금 위생관리
	• 한우 입식관리 • 한우 질병관리 • 한우사육 시설장비관리 • 한우 육성관리 • 한우사육 경영관리	• 한우 번식관리 • 한우 방역위생관리 • 한우사육 인증관리 • 한우 비육관리	• 한우 사료관리 • 한우 분뇨처리 • 한우 개량관리 • 한우 출하관리
	• 자마관리 • 말 초지관리 • 전기 육성마관리 • 마장마사 환경관리 • 말사육 운영관리	• 말 질병관리 • 말 임신 전 관리 • 후기 육성마관리 • 말 기승 운동관리 • 말사육 경영관리	• 말 방역위생관리 • 말 임신 후 관리 • 마장마사 시설관리 • 말 비기승 운동관리

목 차

PART 01

가축육종학

기본적 유전 현상

1. 유전자의 구조와 기능

[DNA와 RNA의 비교]

성분	DNA	RNA
5탄당	디옥시리보스	리보스
염기	A, T, G, C	A, U, G, C
기능	유전정보저장, 자기복제	유전정보를 전달하여 형질발현, 단백질 합성에 관여
분자구조	2중 나선	단일 나선
위치장소	핵, 미토콘드리아, 엽록체	핵, 세포질, 리보솜

2. 세포분열

(1) 체세포분열(mitosis, 유사분열)

① 간기

㉠ 핵막과 인이 뚜렷이 보이고, 염색체는 관찰되지 않는다(염색사 상태로 존재).

㉡ DNA가 복제되고, 세포가 생장한다.

㉢ 중심체가 복제되어 2개가 된다.

② 핵분열 : 간기 이후에 염색체가 둘로 나누어져 2개의 딸핵이 형성되는 과정으로, 전기, 중기, 후기, 말기로 구분된다.

전기	• 핵막과 인이 사라지고, 염색체가 나타난다. 이때 각 염색체는 2개의 염색분체로 되어 있다. • 중심체에서 방추사가 형성되어 염색체의 동원체에 부착된다.
중기	• 염색체가 세포의 적도판(적도면)에 배열된다. • 염색체가 가장 많이 응축되어 가장 뚜렷해지므로 염색체의 형태와 수를 정확히 알 수 있다. • 중심체가 양극에 위치한다.
후기	• 염색체가 방추사에 의해 양극으로 끌려간다. • 동원체에 붙은 방추사가 짧아지면서 염색분체가 분리되어 양극으로 이동한다.
말기	• 염색체가 염색사 상태로 풀리면서 핵막이 형성되어 2개의 핵이 뚜렷이 구분된다. • 핵막과 인이 다시 나타나 유전적으로 동일한 2개의 딸핵이 생긴다. • 방추사가 사라지고, 세포질분열이 일어난다.

(2) 감수분열(meiosis, 생식세포분열)

① 감수1분열

㉠ 간기 : 핵막과 인이 뚜렷하게 관찰, DNA가 복제, 세포분열에 필요한 물질이 합성된다.

㉡ 전기 : 방추사가 형성되고, 핵막과 인이 사라지며, 상동염색체가 쌍을 이루어 2가염색체를 형성한다. 세사기, 접합기, 태사기, 복사기, 이동기로 세분된다.

세사기	DNA의 응축에 의하여 가느다란 섬유모양의 염색사가 관찰되는 시기이다.
접합기	상동염색체가 가까이 근접하여 접합되는 시기로, 2가염색체를 형성한다.
태사기	하나의 염색체가 4개의 염색분체(tetrad)로 되는 시기로, 교차가 일어난다(굵은 섬유기).
복사기	접합복합체 분해와 2가염색체 일부가 분리되고, 그 결과 교차되었던 부위는 X형의 키아스마 (chiasma, 교차점) 구조가 관찰되기 시작한다.
이동기	상동염색체가 거의 완전하게 분리되어 중기판으로 이동해 서로 줄을 지어 붙어 있다.

㉢ 중기 : 2가염색체(4분염색체)가 세포의 중앙(적도면)에 배열된다.

㉣ 후기 : 상동염색체가 분리되어 방추사에 의해 양극으로 이동한다.

㉤ 말기 : 핵막이 다시 나타나고, 방추사가 사라지며, 세포질분열이 일어나 염색체 수가 반감된 2개의 딸세포가 형성된다.

② 감수2분열(동형분열)

㉠ 염색분체가 분리되므로 염색체 수에 변화가 없어 동형분열이라고 한다($n \rightarrow n$).

㉡ 체세포분열과 같은 방식으로 일어난다.

㉢ 전기 : 핵막이 사라지고, 세포는 상동염색체 쌍 중 하나만 가진다.

㉣ 중기 : 염색체가 적도면에 배열되고, 방추체가 형성된다.

㉤ 후기 : 염색분체가 분리되어 방추사에 의해 양극으로 이동한다.

㉥ 말기 : 염색체가 염색사로 풀리고, 핵막과 인 생성, 세포질분열, 4개의 딸세포가 형성된다.

[체세포분열과 감수분열의 비교]

구분	체세포분열	감수분열
DNA 복제	체세포분열 전 간기의 S기에 1회 일어난다.	감수1분열 전 간기의 S기에 1회 일어난다.
분열 횟수	1회	연속 2회
상동염색체의 접합	일어나지 않는다.	일어난다(2가염색체 형성).
딸세포의 수	2개	4개
염색체수 변화	$2n \rightarrow 2n$	$2n \rightarrow n$
기능	세포증식 → 생장, 재생	생식세포 형성
분열결과	• 생물의 생장 • 상처의 재생 • 단세포 생물의 생식	• 동물 : 정자와 난자 • 식물 : 꽃가루와 난세포
2가염색체	형성하지 않음	• 감수1분열 전기에 형성 • 후기에 상동염색체가 분리됨
분열장소	• 동물의 온몸 • 식물의 생장점과 형성층	생식기관 • 동물 : 정소와 난소 • 식물 : 꽃밥과 밑씨

3. 염색체

(1) 동물의 염색체수(2n)

① 소 : 68개

② 돼지 : 38개

③ 닭 : 78개

(2) 염색체의 유전현상(연관과 교차)

① 연관 : 1개의 염색체에 다수의 대립유전자가 전좌하여 동반으로 후대에 유전하는 현상, 연관유전자는 동일한 염색체에 위치하나 유전자 간에 관계가 없으며 별개의 형질에 관여한다.

② 교차 : 감수1분열을 할 때 상동염색체끼리 염색분체의 일부를 주고받는 현상, 연관하고 있던 2개의 유전자가 새로운 조합의 유전자형을 생성한다.

③ 연관의 강도

$$교차율 = \frac{교차형}{교차형 + 비교차형} \times 100 = \frac{조환형\ 개체\ 수}{조환형\ 개체\ 수 + 양친형\ 개체\ 수} \times 100$$

㉠ 교차율의 값이 0이면 완전연관, 50이면 독립적임을 의미한다.

㉡ 교차율이 0에 가까우면 연관의 강도는 강하고 50에 가까우면 약하다.

㉢ 교차율의 측정은 (총개체 수/교차형 개체 수)×100으로 나타낸다.

(3) 염색체 이상

① **염색체 내 구조적 이상** : 염색체의 일부가 그 본래의 위치를 벗어나 다른 부분으로 이동하는 현상이다.

㉠ 삭제(결실) : 염색체의 일부가 없어지거나 삭제된다.

㉡ 전좌 : 한 염색체의 일부가 다른 염색체로 옮겨가서 결합하는 현상이다.

㉢ 역위 : 염색체의 일부가 절단된 다음(염색체 절단은 자주 일어나며, 보통의 경우에는 다시 원상태로 회복) 반대 방향으로 붙은 것이며, 불임이 되는 경우가 많다.

㉣ 중복 : 염색체의 일부가 복제되면서 겹치는 현상이다.

② **염색체의 수량적 이상**

㉠ 이수성

• 염색체 수가 2n±1, 2n±2와 같이 정상에 비해 몇 개 많거나 적은 돌연변이로, 생식세포분열 시 염색체의 비분리나 절단 등이 원인이다.

㉔ 다운증후군 : 21번 염색체가 1개 더 많아서 나타나는 염색체 돌연변이

- 염색체 수가 많은 경우보다 적은 경우가 더 치명적이다.
- 이수현상
  - 영염색체적(nullisomic) : $2n-2$
  - 단염색체적(monosomic) : $2n-1$
  - 2중3염색체적(double trisomic) : $2n+1+1$

ⓒ 배수성 : 염색체 수가 n, 3n, 4n 등과 같이 기본수(2n)의 배수가 되는 돌연변이로, 감수분열 시 핵분열만 일어나고 세포질분열이 일어나지 않거나 방추사가 형성되지 않아 염색체가 한쪽으로만 이동함으로써 나타난다.

  예 수박(2n)에 콜히친 처리하여 씨없는 수박(3n) 생산, 토끼의 난자에 콜히친을 처리하여 3배체 토끼생산 등

4. 유전자의 작용

(1) 멘델의 유전

① 우열의 법칙 : 대립하는 두 형질의 개체를 교배시키면 잡종1대(F_1)에서는 우성형질만 나타나고 열성형질은 표현되지 않는다.

  예 흑색 무각인 암소와 적색 유각인 수소의 교배에 의하여 우성형질인 흑색 무각 송아지만 태어난다.

② 분리의 법칙 : 잡종1대(F_1)에서 나타나지 않은 열성형질이 잡종2대(F_2)에서 우성형질과 열성형질이 일정한 비율(3 : 1)로 나타나는 현상이다.

  예 돼지 백색인 요크셔(Yorkshire)종과 흑색인 버크셔(Berkshire)종을 교잡시키면 F_2에서 백색과 흑색의 분리비는 3 : 1이다.

- P - 요크셔 × 버크셔
  $\underset{\text{(WW)}}{} \quad \underset{\text{(ww)}}{}$
  ↓

- F_1 --- $\underset{\text{백색}}{\underline{Ww}} \times \underset{\text{백색}}{\underline{Ww}}$: 우열의 법칙
  ↓

- F_2 --- $\underset{\text{백색}}{\underline{WW}} : \underset{\text{백색}}{\underline{Ww}} : \underset{\text{백색}}{\underline{Ww}} : \underset{\text{흑색}}{\underline{ww}}$: 분리의 법칙

③ 독립의 법칙

ⓐ 두 쌍 이상의 대립형질이 함께 유전될 때, 각각의 형질은 서로 간섭하지 않고 우열의 법칙과 분리의 법칙에 따라 독립적으로 유전되는데, 이를 독립의 법칙이라고 한다.

ⓛ 양성교잡에서 3개 유전자 좌위의 대립인자 간에 어떠한 간섭이 없이 각 대립인자의 유전자들이 독립적으로 유전되는 현상이다.

ⓒ 잡종2대(F_2)에서는 표현형의 분리비는 4종류로 9 : 3 : 3 : 1로 나타난다.

(2) 대립유전자 간의 상호작용

① 불완전우성

　ⓐ 잡종1대가 완전히 한쪽 어버이의 형질만을 표현하는 경우를 완전우성이라고 하는데 잡종1대가 양친의 중간적 형질을 나타내는 경우를 불완전우성이라고 하며 그 잡종, 즉 잡종1대를 중간잡종이라고 한다.

　ⓑ 이와 같은 유전현상으로는 닭의 역우(Frizzle) 깃털 유전현상에서 볼 수 있다.

　　예 닭의 모관과 비모관, 갈색란과 백색란, 각모와 무각모는 불완전우성이라 한다.

　ⓒ 육우인 쇼트혼(Shorthorn)종의 피모색 유전에서 적색소와 백색소를 교배시킨 경우 F_2에서 적색 : 조모색 : 백색의 분리비는 1 : 2 : 1이다.

② 부분우성

　ⓐ 대립형질에 있어서 부분적으로 서로 우성으로 작용하는 것을 말한다.

　ⓑ 이때의 잡종을 모자이크잡종 또는 구분잡종이라고 한다.

　　예 안달루시안종의 표준색은 청색인데, 청색＋청색에 의한 병아리는 흑색 1 : 청색 2 : 백색 1의 3종으로 분리되며, 이 흑색과 백색을 교잡하면 청색으로 된다. 이것은 흑색과 백색이 서로 깃털에 대해 부분적으로 우성으로 작용하기 때문이다.

③ 공우성(공동우성)

　ⓐ 하나의 유전자가 둘 이상의 우성 대립유전자를 가지는 현상이다.

　ⓑ 공우성은 두 대립유전자의 형질이 함께 나타나는 경우이다.

　ⓒ 두 유전자의 형질이 우열성에 관계없이 독립적으로 잡종 F_1에 함께 나타난다.

　　예 혈액형 대립유전자 A와 B가 만난 AB는 A형의 형질과 B형의 형질을 함께 갖는다. 붉은 털과 흰색 털의 소 사이에서 태어난 송아지의 털 색깔이 섞여 있다.

④ 복대립유전자

　ⓐ 동일유전자좌에 3개 이상의 유전자가 있을 때 1개의 유전자가 다른 2개 이상의 유전자와 대립하여 우열관계에 있는 것을 복대립유전자라 한다.

　ⓑ 복대립유전자는 서로 작용하여 상이한 표현형을 나타내지만, 모두 동일한 형질을 지배하기 때문에 그 작용은 비슷하다.

　ⓒ 원래 동일 유전자였던 것이 돌연변이에 의하여 생긴 것이다.

　　예 사람의 혈액형, 누에의 반문, 면양의 뿔유무, 닭의 우모색 등

(3) 비대립유전자 간의 상호작용

① 보족유전자(complementary gene)

　㉠ 동일 유전자좌에 3개 이상의 유전자가 있을 때 1개의 유전자가 다른 2개 이상의 유전자와 비대립 관계의 2쌍 이상의 유전자가 독립적으로 유전하면서 기능상 협동적으로 작용하여 양친에게는 없는 새로운 형질을 나타내도록 하는 유전자를 말한다.

　㉡ 닭의 호두관, 야생우색, 집토끼 및 마우스의 야생모색 등이 그 예에 속하며, 그 F_2의 분리비는 9 : 3 : 3 : 1, 9 : 7, 9 : 3 : 4 등으로 된다.

　㉢ 닭의 완두관(rrPP)과 장미관(RRpp)은 모두 홑볏에 대하여 우성이며, F_1에서 호두관이 되며, F_2에서는 호두관 9 : 장미관 3 : 완두관 3 : 홑볏 1로 분리된다.

　㉣ 호두관은 두 개의 우성유전자, 즉 장미관유전자(R)와 완두관유전자(P)가 공존·협력한 결과 생긴 것이며, R이 1개이면 장미관, P가 1개이면 완두관으로 되고, 두 유전자의 열성호모(rrpp)는 역시 공존·협력하여 홑볏이 된다.

② 상위유전자(epistatic gene)

　㉠ 유전자좌가 다른 비대립유전자(B)가 우성유전자(A)의 발현을 피복함으로써 발현을 억제시키는 유전자를 상위유전자, 발현이 억제되는 유전자를 하위유전자라 한다.

　㉡ 열성상위 : 열성유전자에 의해 생성된 표현형이 다른 유전자 표현형을 지배한다.

　㉢ 우성상위 : 우성유전자에 의해 표현형이 다른 유전자 표현형을 지배한다.

　　예 닭의 우모색, F_2의 분리비는 13 : 3

③ 변경유전자

　㉠ 자기 자신만으로는 단독으로 형질발현작용을 하지 못하지만 특정 표현형을 담당하고 있는 주유전자와 공존할 때 그 작용을 변경시켜 표현형을 양적 또는 질적으로 변화시키는 1군의 유전자를 변경유전자라고 한다.

　㉡ 변경유전자는 한 개 또는 수 개일 수 있으며 특정 유전자형일 때만이 변경작용의 효과가 뚜렷하게 나타난다.

　㉢ 질적 변경유전자에 의해 지배되는 것 : 닭의 무미(rumpless)에 대한 변경유전자, 홑볏에 대한 장미관 또는 완두관 변경유전자, 갈색란의 농담에 대한 변경유전자 등이 있다.

　㉣ 양적 변경유전자에 의해 지배되는 것 : 홀스타인종의 모색에 있어서 백반의 크기, 마우스 및 집토끼의 흑색과 백색무늬 등

④ 동의유전자

　㉠ 유전자 작용이 비슷하여 동일한 형질을 나타내는 독립유전자이다.

　㉡ 동일 형질의 표현에 대해 비대립관계에 있는 2쌍 이상의 독립유전자가 동일 방향으로 작용할 때 이들을 동의유전자(polymery)라고 한다.

ⓒ 중복유전자, 복다유전자, 중다유전자 등이 속한다.
- 중복유전자 : 대립유전자 2쌍이 어떤 한 형질에 대하여 같은 방향으로 작용하지만 우성 유전자 간에 누적적인 효과가 없어 우성유전자를 같은 형태(homo)로 가진 개체와 다른 형태(hetero)로 가진 개체의 표현형은 같고 단지 열성유전자가 homo일 때에 한해서 표현형이 다를 때 이들을 이중유전자(duplicate)라고 하며 F_2는 15 : 1로 분리한다.
- 중다유전자 : 주로 양적 형질의 유전에 관여하며, 동일 방향으로 작용되는 유전자수가 극히 많고 그 개개의 유전자작용이 극히 미소하며 표현력이 환경변이보다 작은 유전자 이다.
- 복다유전자 : 유전자들이 누적된 작용역가의 크기에 따라 형질의 표현 정도가 달라지는 경우의 유전자

⑤ 억제유전자(inhibiting gene)
ⓐ 비대립 관계에 있는 2쌍의 유전자가 특정의 한 형질에 관여하는 경우 한쪽의 유전자는 특별한 발현작용이 없으면서 다른 쌍에 속하는 유전자의 작용을 발현하지 못하게 하는 경우의 유전자를 말한다.
ⓑ 억제유전자와 피억제유전자는 각기 독립유전을 하므로 F_2에서는 양성잡종 분리비의 변형인 13 : 2 또는 12 : 3 : 1 등의 분리비를 나타낸다.
ⓒ 닭의 품종인 우성백 레그혼(Leghron)종과 열성백 와이언도트(Wyandotte)종의 교배
- 억제유전자에 의한 우성백색이다.
- F_1은 모두 백색이고, F_2에서는 양성잡종 분리비의 변형인 백색 13 : 유색 3의 분리비를 나타낸다.
- 유색유전자의 발현이 억제된 것이다.
- 닭의 억제유전자는 불완전우성이므로 헤테로상태에서 F_1의 백색 13 중 7은 순백색이고, 6은 오백색(순수한 백색이 아님)이다.

(4) 성 관련 유전현상

① 반성유전(sex-linked inheritance)
ⓐ 암수공통으로 존재하는 성염색체(X)에서 암수의 성별에 따라 형질의 발현 비율이 다르게 나타나는 유전현상이다.
ⓑ 수컷 hetero형 반성유전 : 성염색체가 수컷은 hetero(XY, XO), 암컷은 homo(XX)인 경우에 생기는 반성유전이다. 포유동물의 예는 극히 적다. 사람에서는 색맹, 혈우병, 안구진탕증, 시신경소모증, 거대각막증 등이 있고 가축에서 개의 혈우병, 크리스마스병, 고양이의 귀갑, 소의 감모증 등이 있다.
ⓒ 암컷 hetero형 반성유전 : 성염색체가 암컷은 hetero(XY, XO, ZW), 수컷은 homo(XX, ZZ)인 경우에 일어나는 반성유전이다.

ㄹ 횡반 플리머스록(Plymouth Rock)종 암탉과 흑색 미노르카(Minorca)종 수탉을 교배할 때 우모색의 유전방식
- 반성유전의 제1특징 : 횡반 수컷과 흑색 암컷을 교잡하면 잡종1대는 암수 모두 횡반이고 잡종 2대에서는 암평아리의 절반은 흑색이고 수평아리는 모두 횡반이다.
- 반성유전의 제2특징 : 흑색 수컷에 횡반 암컷을 교배하면 암컷은 전부 흑색이고 수컷은 모두 횡반으로, 즉, 흑색은 잡종1대의 암컷에, 어미의 횡반은 잡종1대의 수컷에 유전되므로 이것을 십자유전(criss-cross inheritance)이라 한다.
- 반성유전의 제3특징 : 잡종 2대는 3 : 1로 분리하지 않고 암수 각각 흑색과 횡반이 1 : 1 동수로 분리한다. 즉, 이형접합체 상태의 횡반 수컷과 흑색 암컷을 교배하면 흑색과 횡반이 1 : 1의 동수로 나타난다.
- 닭에는 횡반(B) 외에도 만우성(K), 은색(S), 백색다리(Id) 등의 반성형질이 있으며 이를 이용하여 초생추에서 자웅을 감별할 수 있는데, 이를 반성유전자웅감별법이라 한다.

② 한성유전(sex-limited inheritance)
ㄱ Y염색체에 의한 유전으로 성별에 따라 한쪽 성별에만 발현되어, 한쪽 성별에서만 유전자의 형질이 나타나는 것을 말한다. 종성유전의 극단적인 형태에 해당한다.
ㄴ 사람 손발의 물갈퀴 유전, 백만어(수, XY형)의 등지느러미의 흑색반점, 초파리의 단발유전자 등이 있고 가축에는 젖소의 비유성과 닭의 산란성이 대표적이다.

③ 종성유전(sex-controlled inheritance)
ㄱ 상염색체에 존재하는 유전자에 의해 발현되나 성에 의해 영향을 받아 개체에서 발현되는 유전현상이다.
ㄴ 상염색체에 있는 유전자의 유전자형은 동일하지만 호르몬의 작용 등으로 표현형적 차이가 생겨 한쪽의 성에만 나타나거나 또는 한쪽의 성에는 우성으로 발현하고 반대쪽 성에서는 열성으로 발현되어 유전하는 현상을 말한다.

5. 집단의 유전적 구조

(1) 하디-바인베르크 법칙(Hardy-Weinberg law) ☑ 빈출개념
① 무작위교배를 하는 큰 집단에서 돌연변이, 선발, 이주, 격리 및 유전적 부동과 같은 요인이 작용하지 않을 때 유전자의 빈도와 유전자형의 빈도는 오랜 세대를 경과해도 변화하지 않고 일정하게 유지된다.
② 소멸 예상의 아주 희귀한 유전자도 사라지지 않고 보존된다.

③ 유전적 평형 조건
   ㉠ 충분히 큰 집단일 것
   ㉡ 무작위교배 집단일 것
   ㉢ 자연선택(선발)이 없을 것
   ㉣ 이입(이주)이 적거나 없을 것
   ㉤ 돌연변이가 없거나 낮을 것
④ 유전자 빈도의 변화가 없는 평형을 이루는 조건
   ㉠ 인위적인 선발 및 돌연변이가 없어야 한다.
   ㉡ 유전적 부동(genetic drift)이 없어야 한다.
   ㉢ 부모세대에 집단 간의 이주(migration)가 없어야 한다.
   ㉣ 돌연변이가 없어야 한다.
   ㉤ 집단이 매우 크고, 무작위교배가 이루어져야 한다.

(2) 유전자 빈도의 변화 요인

① **돌연변이** : 한 개체가 가진 DNA에 변화가 생기면 유전자 돌연변이가 나타난다. 돌연변이는 집단의 유전자풀(gene pool)에 새로운 대립유전자를 제공하고 그 결과 유전자 빈도가 달라진다.
② **자연선택** : 특정형질을 가진 개체가 다른 개체보다 생존에 더 유리하고 자손을 많이 남기면 집단 내에서 유전자 빈도에 변화가 생기는 현상을 자연선택이라고 한다.
③ **이주(유전자 흐름), 격리**
   ㉠ 생식능력이 있는 개체나 배우자가 다른 개체군으로 이동하여 원래 집단에 없었던 새로운 대립유전자가 유입되는 현상이다.
   ㉡ 처음 이 대립유전자는 특정지역에서 돌연변이에 의해 발생하였지만 다른 지역으로 이주하여 자연선택에 의해 빈도가 증가하게 된 것이다.
④ **유전적 부동과 병목현상**
   ㉠ 유전적 부동은 우연한 사건으로 대립유전자의 빈도가 예측할 수 없는 방향으로 변화하는 것을 말한다.
   ㉡ 규모가 작은 집단의 경우 유전적 부동이 더 크게 나타난다.
   ㉢ 적은 수의 개체가 큰 집단으로부터 격리되어 새로운 집단을 만들 때 원래의 집단과 다른 유전자 빈도를 가진 집단이 형성되는 것을 창시자효과라고 한다.
   ㉣ 천재지변을 겪고 난 후에 살아남은 생존자로 구성된 집단의 유전자 빈도는 원래 집단과 달라지고 여러 세대를 거치면서 유전자풀이 변화한다.
   ㉤ 병목효과를 거친 집단은 개체 수가 회복되어도 유전자풀이 단순하여 환경적응력이 낮다.

6. 유전자 빈도와 반복력

(1) 유전자 빈도(genotypic frequency)와 유전자형 빈도

① 유전자 빈도는 유전자의 대립유전자가 얼마나 자주 개체군에 나타나는지를 나타낸다.

② 유전자 빈도는 개체군 내 유전자좌상의 대립유전자의 상대적 빈도를 측정한 것이다.

③ 유전자 빈도는 어느 집단 전체의 비율이 1이 되도록 정의한다.

④ 유전자형 빈도는 한 집단에 속한 모든 개체의 특정 유전자형의 비율이다.

(2) 유전자 빈도 ☑ 빈출개념

AA, Aa, aa의 유전자형을 가진 개체의 유전자 빈도를 각각 P, H, Q라 하면, P+H+Q=1

① A 유전자 빈도＝AA의 빈도＋1/2×Aa의 빈도

② a 유전자 빈도＝aa의 빈도＋1/2×Aa의 빈도

③ 유전자 빈도와 유전자형 빈도가 변하지 않는 법칙 : Hardy−Weinberg 평형법칙

$$※ \ 유전력(h^2) = \frac{유전분산^2}{(유전분산^2 + 환경분산^2)} = 회귀계수 \times 2$$

(3) 유전력(heritability)

① 좁은 의미의 유전력$(h^2) = \dfrac{상가적 \ 유전분산(V_A)}{전체 \ 표현형 \ 분산(V_P)}$

② 전체 표현형 분산$(V_P) = V_A + V_D + V_B$

여기서, V_D : 비상가적 유전분산

V_B : 환경분산

(4) 반복력(repeatability)

① 반복력이란 한 개체에 대하여 특정형질이 반복하여 발현되고 측정될 수 있다면 동일한 개체에 대해 측정된 기록 간에 상관관계가 형성되는데, 이에 해당하는 상관계수를 말한다.

② 젖소의 산차별 산유량에서와 같이 같은 개체에 두 개의 다른 기록 사이의 상관계수이다.

③ 반복력이 적용되는 형질로는 산차(parity)별로 측정될 수 있는 산유량과 산자수가 있다.

> **더 알아보기** 반복형질
>
> 예 젖소에 있어서 산유량, 말에서의 경주능력, 돼지에서 복당 산자수, 양에서 산모량
> 반복력은 단순히 r로 나타낸다.
>
> $$반복력(r) = \frac{개체기록분산}{전체분산} = \frac{유전형 \ 분산 + 영구적 \ 환경분산}{표현형 \ 분산}$$

선발

1. 선발의 의의와 효과

(1) 선발의 정의와 의의

① 정의 : 다음 세대의 가축을 생산하는 데 쓰일 종축을 고르는 것

② 의의 : 우수한 가축을 골라 다음 세대의 유전적 개량을 도모

③ 선발의 중요한 기능

   ㉠ 우량종축의 선택

   ㉡ 유전자 빈도의 변화

   ㉢ 유전자형의 증가, 감소, 제거

   ㉣ 불량가축의 도태

④ 변이

   ㉠ 품종 또는 계통과 같은 하나의 집단에서 많은 수의 개체 간의 차이를 변이라 한다.

   ㉡ 변이의 크기는 범위, 분산, 표준편차 등을 이용할 수 있으나 변이의 크기를 측정하는
데는 분산이 가장 널리 이용된다.

$$표본의\ 분산(S^2) = \frac{\sum[(형질의\ 측정치(X)-측정치의\ 평균(\overline{X})]^2}{측정치의\ 수(n)-1}$$

⑤ 선발차(選拔差, selection differential)

   ㉠ 어떤 형질에 대한 모집단의 평균능력과 그 집단에서 종축으로 사용하기 위하여 선발된
개체들의 평균능력 간의 차이를 말한다.

   ㉡ 선발된 개체의 평균과 집단의 평균 간 차이

   ㉢ 선발 전의 집단평균과 선발된 집단의 평균과의 차이

   ㉣ 선발차의 크기

     • 선발차를 크게 하기 위해서는 우선 개량하고자 하는 형질의 변이가 커야 한다.

     • 일반적으로 암가축에서보다 수가축에서 선발차를 더 크게 할 수 있다.

     • 선발차(S) = 선발된 개체의 평균$(\overline{X}_S)$ − 모집단의 평균$(\overline{X}_P)$

⑥ 선발의 효과에 영향을 주는 요인

   ㉠ 유전력

   ㉡ 반복력

   ㉢ 형질 간의 유전상관

(2) 유전적 개량량 ☑ 빈출개념

① 유전적 개량량의 개념

ⓐ 특정형질에 대한 선발에 의해 다음 세대에 얼마나 효과를 얻을 것인가를 나타내는 값이 유전적 개량량(선발반응, selection response)이다.

ⓑ 선발에 의한 개량효과는 집단의 평균이 선발에 의해 얼마나 변화하였는가를 측정해 알 수 있다.

ⓒ 한 세대 동안의 선발에 의해 기대되는 유전적 개량량의 계산

> • 유전적 개량량($\triangle G$) = 유전력(h^2) × 선발차(S)
>
> • 연간 유전적 개량량($\triangle G/L$) = $\dfrac{h^2 \times S}{\text{세대간격}(L)}$

② 유전적 개량량의 극대화 방법 ☑ 빈출개념

ⓐ 개량하고자 하는 형질에 대한 유전력이 커야 한다.

ⓑ 선발차가 커야 한다.

ⓒ 선발되는 가축의 세대간격이 짧아야 한다.

2. 단일형질 개량을 위한 선발 방법

(1) 개체의 능력에 근거한 선발(개체선발)

① 가계, 선조, 형매 또는 자손의 능력은 전혀 무시하고 개체의 능력에만 근거해서 그 개체의 씨가축으로서의 가치를 추정하는 것이다.

② 유전력이 높은 형질의 개량에 효과적으로 이용될 수 있다.

③ 도체(屠體)에서 측정되는 형질과 같이 개체를 도살해야만 측정할 수 있는 형질에 대해서는 선발할 수 없다.

④ 추정생산능력 ☑ 빈출개념

ⓐ 어떤 개체의 차기생산능력을 추정한다.

　　例 젖소 비유량, 돼지 산자수, 면양 산모량 등

ⓑ 개체의 표현형에만 근거하여 개체의 육종가를 추정하는 방법이다.

> 추정생산능력(P) = $\overline{X} + \dfrac{n \times r}{1+(n-1) \times r} \times (X - \overline{X})$
>
> 여기서, $\overline{X}$: 축군의 평균치　　　　　　X : 생산기록의 평균치
>
> 　　　　n : 기록수　　　　　　　　　　r : 반복력

ⓒ 육종가
- 개체의 종축으로서의 가치이다.
- 해당 개체가 반복하여 형질을 발현할 때 다음 번 능력을 예측할 수 있다.
- 형질의 측정은 2~3회면 충분하다.

육종가 = 유전력 × (측정치 - 축군의 평균치)

(2) 선조의 능력에 근거한 선발(혈통선발)

① 부모, 조부모 등의 선조능력에 근거하여 종축의 가치를 판단하여 선발하는 방법이다.
② 선조능력에 적절한 중요도를 두고 선발에 이용 시 개체선발에만 의존하는 것보다 큰 효과를 얻을 수 있다.
③ 혈통선발의 장단점
  ㉠ 선조에 대한 능력이 이미 조사되어 있는 경우 자료를 쉽게 구할 수 있어 유리하다.
  ㉡ 자료가 없는 어린 개체선발에도 이용할 수 있다.
  ㉢ 한쪽 성에만 발현되는 형질, 도살하여야만 측정할 수 있는 형질, 가축의 수명과 같이 측정에 오랜 시일이 소요되는 형질의 개량에도 이용할 수 있다.
  ㉣ 단점은 선조의 능력에 대한 기록이 부정확하거나 환경요인의 영향을 많이 받는 경우 효율성이 떨어진다.
  ㉤ 유전력이 낮은 형질의 개량에 효과적이다.

(3) 후대의 능력에 근거한 선발(후대검정)

① 자손의 평균능력에 근거하여 종축을 선발하는 방법이다.
② 후대검정의 이용
  ㉠ 한쪽 성에만 발현되는 형질의 개량(비유량 등)
  ㉡ 유전력이 낮은 형질의 개량
  ㉢ 도살해야 측정 가능한 형질의 개량(도체율 등)
③ 후대검정의 정확도를 높이는 방법 ☑ 빈출개념
  ㉠ 후대자손수를 많게 한다. 후대검정에 이용하는 개체당 자손의 수를 늘리면 환경요인의 효과, 우성효과 또는 상위성효과에 의한 영향이 감소하여 정확도가 높아진다.
  ㉡ 교배 시 수가축 수보다 암가축의 수를 많게 한다.
  ㉢ 후대검정 시 교배되는 암가축의 능력을 고르게 한다. 즉, 검정에 이용되는 배우자(암컷)의 유전적 능력이 고르게 분포되어야 한다.

 ② 환경요인의 영향을 균등하기 위하여 여러 곳에서 검정을 한다. 즉, 후대검정되는 개체의
  자손이 유사한 시기에, 유사한 환경에서 사육되어 비교되어야 한다.
 ⑩ 유전력이 낮은 형질의 개량에는 개체선발보다 후대검정이 효과적이다.
④ 후대검정의 순서 : 교배 → 검정종료 → 평가 → 선발

3. 다수 형질 개량을 위한 선발 방법

(1) 다형질 선발

① 가축을 개량할 때 1개의 형질만 개량하는 것이 아니고 여러 개의 형질을 개량하는 것이다.
 예 젖소의 경우 유지율, 유단백질률, 체형, 번식능률 등을 개량한다.
② 다형질 선발법에는 선발지수법, 독립도태법, 순차적 선발법 등이 있다.
③ 다형질 선발의 장점
 ㉠ 선발의 정확도가 증가한다.
 ㉡ 실질적으로 총체적 경제가치를 높일 수 있다.
 ㉢ 많은 양의 정보를 이용할 수 있다.

(2) 독립도태법(independent culling method)

① 각 형질(산유량, 유지율, 체형, 번식능력)에 대하여 동시에 그리고 독립적으로 선발하는
 방법이다.
② 형질마다 일정한 수준을 정하여 어느 한 형질이라도 그 수준 이하로 내려가는 개체는 다른
 형질이 아무리 우수하더라도 도태한다.

(3) 순차적 선발(tandem method)

① 우선 한 가지 형질에 대해 선발하여 그 형질이 일정 수준까지 개량되면 다음 형질에 대해
 선발하여 한 번에 한 형질씩 개량해 가는 방법이다.
② 한 가지 형질이 일정기준의 개량량에 도달할 때까지 선발하고 그 다음에는 제2, 제3의 형질로
 넘어가는 형태의 선발 방법이다.
③ 선발지수법에 비해 효과가 낮아 이용 빈도가 낮다.

(4) 선발지수법(selection index method)

① 선발지수법의 개념

ㄱ 여러 형질을 종합적으로 고려하여 점수로 산출한 후 점수를 근거로 선발하는 방법이다.

ㄴ 가축의 총체적 경제적 가치를 고려한 선발법이다. 즉, 다수의 형질을 개량할 경우에 대상 형질의 경제적 가치를 감안하여 선발하는 방법이다.

  예 돼지를 개량하는 데에는 증체율, 산자수, 사료효율, 도체의 품질 등 여러 가지의 경제 형질을 동시에 고려하여야 한다. 이와 같이 다수의 경제형질을 개량하기 위한 선발 방법이다.

② 선발지수

ㄱ 선발지수는 적용될 가축의 집단에서 조사된 자료를 근거로 한다.

ㄴ 선발지수는 선발지수가 만들어진 집단에서 이용될 때 가장 효과적이다.

ㄷ 선발지수를 산출하는 데 필요한 자료 : 유전력, 상대적 경제가치통계량, 유전상관계수(상 가적 유전분산)

③ 선발지수를 산출할 때 이용되는 통계량

ㄱ 각 형질의 표현형 분산

ㄴ 각 형질 간의 표현형 공분산 또는 표현형 상관계수

ㄷ 각 형질 간의 유전공분산 또는 유전상관계수

ㄹ 각 형질의 유전력 또는 상가적 유전분산

ㅁ 각 형질의 상대적 경제가치

03 교배 방법

1. 근친교배

(1) 근교계수와 혈연계수

① 근교계수

⊙ 어느 유전자좌에 있는 두 개의 유전자가 양친으로부터 전달받아 동일할 확률이다.

⊙ 동형접합상태인 유전자좌위의 비율이다.

⊙ 공통선조가 갖고 있는 유전자의 복제확률이다.

⊙ 상동염색체상의 유전자가 동일전수유전자일 확률이다.

⊙ 근교계수의 값은 0~1, 또는 0~100%이다.

⊙ 근교계수가 0이란 개체의 부친과 모친 간에 전혀 혈연관계가 없다는 뜻이다.

⊙ 개체의 부와 모의 혈연관계가 가까우면 근교계수는 높게 나타난다.

$$F_X = \sum [(0.5)^{n+n'+1}(1+F_A)]$$

여기서, F_X : X개체의 근교계수
  n : 부친에서 공통선조까지의 세대수
  n' : 모친에서 공통선조까지의 세대수
  F_A : 공통선조의 근교계수
  $\sum$: 각 공통선조에 대하여 계산한 값의 합

② 혈연계수

⊙ 혈연계수는 두 개체의 육종가 간의 상관계수로 정의된다.

⊙ 부친과 자식의 혈연관계는 $\frac{1}{2}$로 정의한다.

⊙ 조부와 손자는 평균적으로 유전자의 $\frac{1}{4}$을 공유하게 되며 혈연관계는 $\frac{1}{4}$이다.

⊙ 근친계수는 전형매에서는 25%, 반형매에서는 12.5%이다.

$$\text{혈연계수}(r_{PQ}) = \frac{\sum \left(\frac{1}{2}\right)^{n+n'}(1+F_A)}{\sqrt{(1+F_P)(1+F_Q)}}$$

여기서, r_{PQ} : P와 Q 두 개체 간의 혈연계수
  n : P에서 공통선조까지의 세대수
  F_P : P의 근교계수
  F_Q : Q의 근교계수
  F_A : 공통선조의 근교계수

(2) 근친교배의 개념

① 집단 내 동형접합체(homozygote)의 비율을 높게 하고 이형접합체(heterozygote)의 비율을 낮게 하는 교배법이다.

② 강력 유전과 관련이 있는 교배 방법이다.

③ 가축에서 흔히 일어날 수 있는 근친교배에는 전형매 간, 반형매 간, 부랑 간, 모자간, 숙질간, 사촌간, 조손간 교배 등이 있다.

(3) 근친교배의 유전적 효과

① 유전자의 homo성(동형접합체)을 증가시킨다.

② 유전자의 hetero성(이형접합체)을 감소시킨다.

③ 형질의 발현에 영향을 주는 유전자를 고정시킨다.

④ 치사유전자와 기형의 발생빈도가 증가한다.

(4) 근교 퇴화현상(근친도가 높아짐에 따라 나타나는 불량한 결과)

① 가축의 근친도가 올라가면 유전자의 호모성이 증가됨에 따라 기형 발현빈도가 높아진다.

② 각종 치사유전자와 번식능력저하, 성장률, 산란능력, 생존율 등이 낮아진다.

③ 태아 사망률 증대, 이유 시 체중의 저하(한우), 한배새끼수 감소(돼지) 등이 나타난다.

더 알아보기 **젖소의 근친교배 시 나타나는 나쁜 영향**

- 비유량, 유지생산량 감소, 생시체중, 일년 시 체고, 활력 등
- 수태당 종부횟수의 증가
- 암소의 번식능력 저하
- 관절강직, 사산, 후구마비 등

---

2. 순종교배

(1) 계통교배(line breeding)

① 유전적으로 능력이 우수한 개체와 혈연관계가 높은 자손을 만들기 위한 교배법이다.

② 계통교배법은 특정 개체의 형질을 고정시키는데도 유용하게 이용할 수 있다.

③ 계통교배법을 이용할 때에는 근친도가 필연적으로 높아지게 되므로, 근친 정도를 가능한 한 낮게 유지하여 근교퇴화에 의한 피해를 최소화하여야 한다.

(2) 이계교배

① 동일 품종에 속하는 암소와 수소를 교배시키되, 이들 암소와 수소는 서로 혈연관계가 먼 개체를 택하는 방법을 말한다.

② 품종의 특징을 유지하면서 축군의 능력을 향상시키는 데 이용한다.

③ 젖소의 번식능력, 생산능력, 활력 등의 개량에 많이 이용한다.

(3) 무작위교배

① 동일집단 내에서 암수가 서로 교배될 수 있는 확률을 완전 임의로 하는 것이다.

② 유전자 빈도를 변화시키는 요인(선발, 이주 및 격리, 돌연변이)들이 작용하지 않을 때 무작위교배를 하는 큰 집단의 유전자 빈도와 유전자형 빈도는 오랜 세대를 지나더라도 변화되지 않는다.

3. 잡종교배

(1) 잡종강세(heterosis)

① 잡종강세의 효과를 얻기 위해서 혈연관계가 없는 개체끼리의 교배에서 잡종1대의 능력이 부모의 능력평균보다 우수하게 나타나는 현상이다.

② 혈연관계가 없는 개체 간의 교배에서 생긴 자손은 성장률, 산자수, 수정률, 생존율, 비유량 등 가축의 형질에 있어서 그 양친에 비해 우수한 경향이 있는데, 이를 잡종강세라 한다.

③ 잡종강세의 효과가 최대로 나타날 수 있는 경우는 타품종 간의 교배에 의한 F_1이며, F_2에서는 나타나지 않는다.

④ 잡종교배의 목적
   ㉠ 이형접합체의 개체를 많게 하기 위하여
   ㉡ 품종 또는 계통 간의 상보성을 이용하기 위하여
   ㉢ 잡종강세를 이용하기 위하여
   ㉣ 유해한 열성인자의 발현을 가리기 위하여

⑤ 가축의 품종 또는 계통 간 교배(잡종교배)의 목적
   ㉠ 새로운 유전자의 도입
   ㉡ 새로운 품종이나 계통의 육성
   ㉢ 잡종강세의 이용

(2) 종료교배

① **퇴교배(역교배)** : 2개의 다른 품종 또는 계통 간의 교배에 의해 생산된 잡종1대를 양친의 어느 한쪽 품종이나 계통에 교배시키는 것

② **상호역교배(criss-crossing)** : 두 품종 또는 두 계통 간의 잡종1대에 양친 중 어느 한쪽의 품종을 교배시키고 잡종2대에는 양친의 다른 쪽 품종을 교배시키는 것이다.

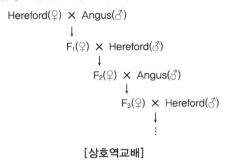

[상호역교배]

> **더 알아보기** 3품종종료교배
>
> • 가축개체가 잡종임으로 인하여 얻어지는 개체 잡종강세효과뿐만 아니라 개체의 모친이 잡종으로 인하여 얻어지는 모체 잡종강세효과 모두 100%로 유지하기 위하여 돼지에서 가장 많이 이용되는 교배 방법이다.
> • 3품종의 순종을 유지해야 하는 어려움 때문에 소규모 양돈장보다는 대규모 양돈장에 적합한 방법이다.

(3) 윤환교배

① 윤환교배의 개념

ㄱ 서로 다른 3품종을 매세대 교대로 교배하는 것. 즉, 2개 이상의 품종을 이용하여 생산된 암컷에 순종 수컷을 매세대 교대로 교배하는 방법이다.

ㄴ 유전적으로 다른 계통이나 품종 등을 윤환교배하여 잡종강세를 이용한다.

ㄷ 윤환교배는 3계통 또는 4계통에 응용할 수 있다(육용돼지에 이용).

- 3품종 중 암컷은 번식돈으로, 수컷은 비육돈으로 이용된다.

$$Landrace(♀) \times Yorkshire(♂)$$
$$\downarrow$$
$$F_1(♀) \times Duroc(♂)$$
$$\downarrow$$
$$F_2(♀) \times Landrace(♂)$$
$$\downarrow$$
실용돈(비육돈)

[돼지 윤환교배]

- 사양관리와 교배의 설정 및 실행이 복잡하다.
- 품종 보상성의 이용도가 3품종종료교배에 비해 떨어진다.
- 2품종 간 윤환교배인 상호역교배는 개체 잡종강세효과가 더 떨어진다.

$$Landrace(♀) \times Yorkshire(♂)$$
$$\downarrow$$
$$F_1(♀) \times Duroc(♂)$$
$$\downarrow$$
$$F_2(♀) \times Landrace(♂)$$
$$\downarrow$$
$$F_3(♀) \times Yorkshire(♂)$$
$$\downarrow$$
$$F_4(♀) \times Duroc(♂)$$

[상호역교배]

② 3원교잡

　㉠ 2개의 품종 간 2원교잡으로 태어난 자식을 어미로 하여 여기에 제3의 품종의 수컷을 교배시키는 것이다.

　㉡ 3원윤환교잡을 실시할 경우 마지막으로 사용된 품종이 차지하는 유전적 조성은 57% 이다.

　㉢ 3품종윤환교배는 한우에서 품종 간 교배를 실시할 때 번식용 암소 두수의 감소를 방지하는데 도움이 된다.

　　※ **4원교잡종** : 1대 잡종을 모돈으로 하고 다른 두 개의 품종에 의한 1대 잡종을 부돈으로 하여 교잡돈을 생산하는 것

③ 4원교배 : 주로 산란계에서 이용된다.

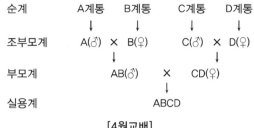

[4원교배]

④ 종료윤환교배

 ㉠ 윤환교배 형태이나 3품종 또는 그 이상의 품종교배 후 종료하는 것으로 비육축(실용축)의 생산을 위해 주로 이용된다.

 ㉡ 윤환교배 방법과 종료교배 방법의 장점을 이용할 수 있는 방법으로 일정비율의 암컷은 대체종빈축의 생산을 위해 윤환교배를 실시하고 나머지 일정비율의 교잡종 암컷은 종료 종모축과 교배하여 실용축을 생산하도록 하는 교배 방법이다.

(4) 누진교배(grading up)

① 개량종을 도입하여 능력이 불량한 재래종 가축의 능력을 단시간에 효과적으로 개량하는데 이용된다.

② 개량되지 않은 재래종의 능력을 높이기 위하여 계속해서 개량종과 교배하여 개량종의 혈액비율을 높이는 것이다.

③ 재래종 암컷에 개량종 수컷을 계속 교배시킨다.

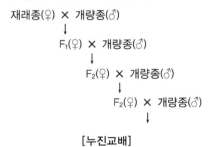

[누진교배]

04 축종별 육종

1. 경제형질과 유전력

(1) 한우의 유전력

구분	지표	유전력(%)	비고
도체형질	근내지방도, 연도, 등심단면적, 등지방두께	50~70	높은 유전력
발육형질	증체율, 사료효율, 체중, 체고	30~40	중간 유전력
번식형질	분만간격, 분만난이도, 번식률(수태율, 종부횟수)	10~20	낮은 유전력

① 경제형질의 능력이 다음 세대의 자손에게 유전되는 정도를 유전능력 또는 유전력이라고 한다.

② 유전력의 범위는 0~1로서, 이는 0~100% 범위 내에 속한다.

(2) 젖소의 유전력

① **번식형질** : 번식효율, 수태당 종부횟수, 종부 개시일부터 수태일까지의 소요일수, 분만간격 등이 있다.

② 번식형질의 대부분은 유전력과 반복력이 낮다. 번식형질의 상가적인 유전분산이 낮은 것은 주로 환경이 영향을 준다는 것을 의미한다.

③ 젖소의 번식능력을 개량하는 데 있어 고려되어야 할 주요 경제형질에는 분만간격, 수태당 종부횟수, 공태기간, 분만 후 발정재귀일수, 다태성 및 불임성과 같은 번식능력에 대한 유전력 과 반복력 등이 있다.

(3) 돼지의 유전력

형질	유전력(%)	형질	유전력(%)
복당 산자수	5~15	체형평점	30~40
복당 이유두수	5~15	젖꼭지 수	30~40
21령 복당 체중	15~25	등지방 두께	40~55
이유 시 체중	10~20	도체율	25~35
일당 증체량	20~30	배장근단면적	45~55
사료 요구율	25~30	햄퍼센트	40~50
체장	50~60	린컷의 퍼센트	35~45

① 유전력이 가장 높은 것 : 체장(50~60%)

② 유전력이 가장 낮은 것 : 복당 산자수(5~10%)

2. 개량목표와 능력검정

(1) 한우의 개량목표

① 한우의 개량방향

　ㄱ 생산성 향상 : 거세우와 비거세우로 구분하여 단위 기간당 가축의 성장률, 사료효율, 도체율을 증진시켜 생산성을 향상시킨다.

　ㄴ 품질의 고급화 : 등심면적, 근내지방 점수를 증가시키고, 등지방두께를 감소시켜 품질을 고급화한다.

② 번식능률

　ㄱ 일반적으로 소의 집단 내에서 임신할 수 있는 암소 두수에 대하여 젖을 뗀 송아지 두수의 비율로 나타낸다.

　ㄴ 암소의 수태율과 송아지를 육성시키는 비율에 의하여 좌우된다.

　ㄷ 소의 번식능률에 대한 유전력은 보통 0~10%로 매우 낮은 편이므로 사양관리조건을 개선시켜 번식능률을 향상시켜야 한다.

　ㄹ 개체별로 분만 등의 번식사항을 기록, 분석하여 불량한 개체를 조기에 발견·도태함으로써 번식능률을 향상시킨다.

③ 이유 시 체중

　ㄱ 어미소의 비유능력이나 어미소가 송아지를 기르는 능력에 영향을 받는다.

　ㄴ 한우의 이유 시 체중은 어미소의 비유능력, 아비소의 유전능력 및 송아지의 성장잠재력을 나타내는 지표가 된다.

④ 이유 후 증체율

　ㄱ 증체율이란 송아지가 젖을 떼고 나서 성장하는 속도로, 1일 증체량(또는 일당 증체량)과 동일한 개념이다.

　ㄴ 이 형질의 유전력은 0.4~0.6으로 높기 때문에 성장률이 높은 소를 선정하면 다음 세대의 자손도 성장률이 높아지므로 개량의 효과도 높게 된다.

　ㄷ 일반적으로 증체율이 빠르면 증체에 소요되는 사료요구량이 적다.

　ㄹ 한우의 사육비는 사육두수, 기간, 사료 채식량 등에 따라서 영향을 받게 되는데 증체율이 빠르면 제한된 시설에서 일정한 기간 내에 보다 많은 소를 사육할 수 있기 때문이다.

⑤ 사료요구량

　ㄱ 일정한 기간 내에 섭취한 사료량을 증체량으로 나누거나, 증체량을 사료섭취량으로 나누어 계산한다.

　ㄴ 한우나 고기소의 사육비에서 사료비가 대부분을 차지하고 있으므로 사료요구량이 높은 소는 사료비를 줄일 수 없어 수익성이 낮다.

ⓒ 사료요구량의 측정은 일정한 체중에서 일정한 체중에 도달할 때까지이다. 외국의 육우인 경우는 보통 체중 250kg에서 450kg에 도달할 때까지의 기간에 걸쳐서 사료요구율을 측정한다.

ⓔ 사료요구량도 유전력이 비교적 높고 증체율과 서로 상관관계가 있기 때문에 증체율이 빠른 개체의 선발을 통해 간접적으로 사료효율을 개선할 수 있다.

⑥ 도체품질

㉠ 고기생산을 목적으로 하고 있으므로 특히 도체품질 중 배장근단면적(背長筋斷面積), 근내 지방도, 도체율 등이 우수해야 한다.

㉡ 국내생산 소고기는 축산물 등급판정소의 축산물등급판정기준에 따라 냉도체중, 배최장 근단면적, 근내지방도, 등지방두께, 육색, 지방색, 조직감 및 성숙도 등을 조사하여 육량 지수, 육량등급과 육질등급(1^{++}, 1^+, 1, 2, 3등급)을 제공함으로 농가에서는 이러한 기록 들을 이용하여 축군의 개체평가 시에 활용하도록 하여야 한다.

㉢ 암소에 대한 도체형질을 평가하기 위하여 자손 및 혈연관계가 있는 개체의 도체성적자료 를 조사하고, 아비의 능력을 이용하여 예측하는 것이 필요하다.

㉣ 최근에는 살아있는 상태에서 배최장근단면적, 등지방두께 및 근내지방도를 측정할 수 있는 초음파생체단층촬영이 이용되고 있다.

⑦ 체형과 외모 : 고기소의 생김새는 어느 정도 경제적인 가치를 가지고 있는데, 이는 고기소의 시장가치가 몸매의 생김새 등에 의하여 영향을 받고 있기 때문이다.

(2) 젖소의 개량목표

① 번식효율의 향상

② 두당 우유생산량의 증가

③ 유방염에 대한 항병성의 증진

④ 착유시간의 단축, 유지율의 증가

⑤ 소비자의 기호에 부흥한 유질 향상 등

⑥ 젖소개량의 특성

㉠ 젖소의 유생산능력은 비교적 쉽게 측정할 수 있다.

㉡ 젖소의 유생산형질들은 수소에서 측정할 수 없다.

㉢ 세대간격이 길어 개량속도가 빠르지 않다.

㉣ 수소에 대한 선발강도를 높일 수 있다.

㉤ 젖소를 개량할 때에 주로 이용되는 유전자작용은 상가적 유전자작용이다.

㉥ 젖소개량 시 사용되는 예측치(PD ; Predicted Difference)란 유전능력의 차이를 뜻한다.

㉦ 젖소의 가장 이상적인 체형은 쐐기형(설상형)이다.

(3) 돼지의 개량목표

① 돼지의 육종 목표

㉠ 복당 산자수를 많게 하고 육성률을 향상시킨다.

㉡ 사료효율을 개선하여 사료비를 절감한다.

㉢ 등지방두께가 얇고 배장근단면적이 넓으며 도체율, 정육률을 향상시킨다.

㉣ 성장률이 빠르도록 개량하여 시장출하일령을 단축시킨다.

② 모돈생산능력지수(SPI ; Sow Productivity Index)

㉠ 모돈의 번식, 육성능력이 산차에 따라 달라지므로 모돈 생산능력지수는 산차에 대해 보정한다.

㉡ 가능한 경우 위탁포유를 통해 복당 포유개시 두수를 6~12두가 되게 한다.

㉢ SPI의 계산에는 생후 21일령에 모돈이 육성한 한배새끼돼지의 수와 한배새끼돼지의 체중을 측정한다. ☑ 빈출개념

㉣ 한배새끼의 전체체중을 생후 21일령에 측정하지 못하면 보정계수로 통계보정한다.

> $$SPI = 6.5NBA + 2.2LW$$
> 여기서, NBA : 해당 모돈의 복당 산자수(생존자돈수), LW : 21일령(이유 시) 복당 체중

③ 피라미드형 ☑ 빈출개념

㉠ 피라미드형의 돼지 집단구조는 돼지의 유전적 개량과 능력향상에 효과적인 것으로 평가되고 있으며, 우리나라에서도 이렇게 나아가고 있다.

㉡ 피라미드형 돼지 집단구조는 중핵돈군-증식돈군-실용돈군으로 이어진다.

• 중핵돈군에서는 유전적으로 능력이 우수한 돼지를 보유하고, 순종교배에 의해 계통을 유지하여야 한다.

• 중핵돈군에서는 반드시 능력검정과 후대검정을 실시하여야 한다.

• 증식돈군에서는 중핵돈군에서 받은 돼지를 이용하여 잡종강세효과가 최대로 발현될 수 있도록 잡종교배시킨다.

• 실용돈군에서는 증식돈군에서 분양받은 종돈을 이용하여 출하돈을 생산하는 단계로, 실용모돈단계에서 생산된 돼지들은 모두 비육출하되게 된다.

구분	기능	특징
원원종(GGP ; Great Grand Parent)	중핵돈군	순종라인이 유지·개량되는 단계로 여러 형질에 대한 검정, 유전능력 평가, 선발이 이루어지는 단계
원종돈(GP ; Grand Parent)	증식돈군	핵돈군으로부터 가져온 개량된 돼지들을 이용해 비육돈을 생산하는 데 쓰이는 실용돈군, 즉 F_1을 늘리는 단계
실용돈군(PS ; Parent Stock)	실용돈군	증식돈군에서 분양받은 종돈과 돼지 인공수정센터에서 보유하고 있는 두록종과의 교배를 통하여 출하돈을 생산하는 단계

④ 스트레스 감수성(PSS)의 개량 ☑ **빈출개념**

　㉠ 돼지의 스트레스 감수성 여부를 판정하는 방법

　　• 육안적 판정법

　　• 할로테인(halothane)검정법

　　　– 스트레스 감수성 PSS 돼지의 검사 방법으로 널리 쓰이며, 정확도(95% 이상)가 가장 높다.

　　　– 조사자가 숙련되어 있지 않은 경우에는 주관이 개입되고, 특히 PSS 유전자가 이형접합체(hetrozygote)인 경우에는 할로테인 음성돈으로 분류해야 한다.

　　• 혈청 중 CPK활성판정법

　　• DNA검사법

　㉡ 할로텐 검정결과 PSS 돼지의 검출빈도가 가장 높은 품종 : 피어트레인(Pietrain)종

　㉢ 돼지스트레스증후군(PSS) 양성출현율이 가장 낮은 품종 : 두록(Duroc)종

　㉣ 돼지스트레스증후군(PSS)은 라이아노딘 리셉터(ryanodine recepter)의 1843번째 염기가 사이토신(cytocine)에서 타이민(thymine)으로 돌연변이를 일으켜 유발된다.

더 알아보기 PSS(Porcine Stress Syndrom)

• PSS는 스트레스 감수성을 나타내는 것으로 외부의 스트레스에 민감하게 반응하여 PSE육의 생산에 영향을 미치는 요인이다.
• 원인은 유전적 요인으로 6번 상염색체에 존재하는 열성유전자와 환경적 요인으로 도살과정에서 받은 과도한 스트레스가 있다.
• 증상은 거동이 불편하며 다리를 절고, 근육경련 및 체온상승이 있다.

---

(4) 닭의 개량목표

① 닭의 산란능력 개량을 위해 고려할 사항

　㉠ 능력이 우수한 기초 계군을 확보한다.

　㉡ 산란성 향상을 위한 유효한 선발 방법을 선택한다.

　㉢ 단기검정법을 이용하여 세대간격을 줄인다.

　㉣ 사육규모 확대로 선발강도를 높인다.

② 산란계의 선발 요건

　㉠ 산란을 많이 할 것(다산일 것)

　㉡ 산란기간 내 폐사율이 작을 것

　㉢ 난질이 양호하고 난중이 무거운 것

　㉣ 사료의 이용성이 좋을 것(사료소비량이 적은 것)

　㉤ 몸 크기를 작게 할 것

③ 육용계 선발요건과 개량

　ㄱ 정강이 길이가 긴 것, 1차 선발 4~6주령, 2차 선발 10~12주령

　ㄴ 우모의 발육이 빠르고 백색일 것(육계의 도체품질을 가장 좋게 하는 우모)

　ㄷ 건강하고 산란능력이 우수하며 사료요구율이 낮을 것

　ㄹ 가슴과 다리부분의 착육성을 높일 것

　ㅁ 특히 수탁선발에 유의할 것

　ㅂ 육용계에서 생체중의 실현유전력 : 0.30~0.40

　ㅅ 성장에 관련된 형질의 유전력이 높은 편이므로 개체선발이 효과적이다.

　　※ **개체선발** : 육용계의 선발에서 복강지방에 대하여 선발할 경우 이용하기 어려운 선발 방법이다.

　ㅇ 부계통은 성장률과 체형, 체지방, 사료효율, 수정률 등을 고려하여 선발하여야 한다.

　ㅈ 모계통의 선정 시에는 성장률보다도 산란율이나 부화율과 같은 번식능력을 고려하여야 한다.

　ㅊ 브로일러 생산을 위한 이상적인 종계의 교배체계 : 겸용종(♀) × 육용종(♂)

3. 종축의 평가와 선발

(1) 종축의 평가 방법

① CDM법(Centering Date Method) : 한 비유기의 생산량을 계산하는 방법으로, 1개월 간격으로 월검정(月檢定)을 10회 실시한 다음 월검정성적의 누계에 30.5를 곱하여 305일의 생산량을 산출하는 법

② BLUP법(Best Linear Unbiased Prediction) : 최적선형불편추정법

　ㄱ BLUP지수는 가축의 생산을 평가하기 위해 1948년 Dr. C. R. Henderson에 의해 미국에서 개발된 통계적인 분석을 이용하는 방법이다.

　　• Best : 오차의 분산을 최소화한다는 의미이다.

　　• Linear : 추정치가 선형함수로 된다는 의미이다.

　　• Unbiased : 진정한 값과 예측치가 일치한다는 의미이다.

　ㄴ 가축의 경제형질에 대한 육종가와 유전모수를 추정하는 예측법이다.

　ㄷ 가축육종에 있어 종축의 평가 방법으로서 특히 젖소 종모우의 평가 방법이다.

　ㄹ 최적선형불편예측법(BLUP)의 개체 모형에는, 고정효과모형, 양의효과모형, 혼합효과모형 등이 있다.

③ TIM법(Test Interval Method) : 전비유기간을 매검정일의 검정간격으로 나누고 각 검정간격의 생산량을 이전 검정성적과 이번 검정성적을 함께 이용하여 산출한 후 이들을 누계하여 산유량을 추정하는 방법

$$TIM = \frac{검정일\ 간격-1\times(전검정일\ 산유량+검정일\ 산유량)}{2} + 검정일\ 산유량$$

(2) 종축의 선발

① 종빈우 선발

ㄱ 우군 내의 평균비유량과 유사한 시기에 분만된 암소의 기록을 비교한다.

ㄴ 우군 내의 각 개체의 육종가를 계산하여 암소의 선발 및 도태를 한다.

ㄷ 가계능력을 이용한다.

ㄹ 산유기록의 통계적 보정을 한다.

ㅁ 유량에 대한 유전능력이 상위 4%이고, 평균유지율이 4%인 것이어야 한다.

② 종모우 선발

ㄱ 딸의 능력, 자매능력, 어미능력 등을 고려하여 선발한다.

ㄴ 후대검정이 종모우 선발에 효과적이다.

ㄷ 종웅지수는 양친등가지수와 종모우 회귀지수를 사용한다.

(3) 돼지의 교배법 및 품종, 기타 주요 사항 등

① 3원교배법 : [랜드레이스(♀)×대요크셔(♂)](♀)×두록(♂)

② 우리나라에서 비육돈을 생산할 때 가장 널리 사용되는 방법으로 모체 잡종강세효과와 개체 잡종효과를 각각 100%씩 이용할 수 있는 교배법 : 3원종료교배

③ 대규모 양돈장에서 이용하며, 교잡종의 능력이 가장 우수하게 나타나는 교배법 : 3품종종료교배

④ 돼지 3원교잡종 생산 시 육질개선을 위하여 가장 많이 이용되는 품종 : 두록(Duroc) ☑ **빈출개념**

⑤ 돼지의 교잡종 생산을 위하여 사용되는 부모돈의 품종으로 가장 적합하지 않은 것 : 리무진(Limousin) ☑ **빈출개념**

⑥ 산자수가 많고, 비유능력이 양호하며 새끼돼지를 잘 키우는 품종 : 랜드레이스(Landrace) ☑ **빈출개념**

⑦ 종빈돈 선발을 위한 이유자돈의 정상유두는 12개 정도가 이상적이다.

⑧ 돼지 도체의 등지방층두께를 조사하는 데 이용되지 않는 부위 : 제7허리뼈

⑨ 돼지의 도체형질을 조사하는 방법으로 초음파를 이용하여 측정하는 형질 : 등지방두께, 등심단면적, 정육률 및 근내지방과 같은 도체형질의 측정

⑩ 돼지의 능력검정에서는 검정성적을 평가하는 데 선발지수를 사용하고 있다.

> 선발지수 = 250 + (35 × 일당 증체량) − (40 × 사료요구율) − (75 × 등지방두께)

⑪ 개체선발을 이용하여 가장 효과적으로 개량할 수 있는 돼지의 형질 : 등지방두께

(4) 산란계의 능력검정성적

① 생존율과 산란율 등에 큰 차이가 없으나 유색계통은 체중과 사료요구율, 백색계통은 산란율이 유리하다.

② 사료요구율 = 사료급여량/증체량 : 낮을수록 좋다.

③ 사료효율 = 증체량/사료급여량 × 100 : 높을수록 좋다.

더 알아보기 산란지수(Hen housed production)와 헨데이 산란율(Hen-day rate of Egg production) ☑ **빈출개념**

- 산란지수 : 일정기간의 총산란수를 그 기간 최초의 마릿수로 나눈 것, 즉 산란수와 생존율을 결합하여 총산란수를 검정개시 시 생존한 닭의 마릿수로 나눈 것
- 헨데이 산란율 : 일정기간의 총산란수를 기간 내 매일 생존 암탉수로 나눈 것

---

(5) 달걀 형질의 개량

① 난형은 알의 길이에 대한 알의 넓이의 비율인 난형지수로 나타낸다.

※ 난형지수 = $\dfrac{\text{알의 넓이}}{\text{알의 길이}}$ × 100

② 난형은 타원형이 적당하며, 너무 길거나 둥글면 포장이 힘들고 상품가치가 저하된다.

③ 난형지수는 달걀의 폭과 길이를 캘리퍼스로 측정하여 계산한 비율로 정상치를 벗어나는 경우에는 포장과 수송 도중에서 달걀이 파손될 가능성이 크다.

④ 난형지수는 74 정도가 바람직하며, 대개 72~76 정도이면 양호하다고 할 수 있다.

⑤ 난중은 고도의 유전력을 가지는 형질로 개체선발로 개량이 가능하다.

PART 01

적중예상문제

01 ① 하디-바인베르크 법칙의 정의와 ② 유전자 빈도의 변화가 없는 평형을 이루는 조건에 대해 쓰시오.

정답 ① 무작위로 교배 시 세대를 거듭해도 유전자 빈도가 변하지 않고 일정하게 유지되는 상태
② 유전자 빈도의 변화가 없는 평형을 이루는 조건
• 인위적인 선발 및 돌연변이가 없어야 한다.
• 유전적 부동(genetic drift)이 없어야 한다.
• 부모세대에 집단 간의 이주(migration)가 없어야 한다.
• 돌연변이가 없어야 한다.
• 집단이 매우 크고, 무작위교배가 이루어져야 한다.

02 하디-바인베르크 법칙을 따르는 돼지 400마리 중 aa 유전자형 돼지가 4마리일 때 AA 유전자형 돼지와 Aa 유전자형 돼지의 마릿수를 각각 구하시오.

정답 AA 유전자형 돼지의 두수 $= 400 \times x^2 = 400 \times \dfrac{81}{100} = 324$마리

Aa 유전자형 돼지의 두수 $= 2xy = 72$마리

해설 • A의 유전자형 빈도를 x, a의 유전자형 빈도를 y라고 할 때
$x + y = 1$
$(x + y)^2 = x^2 + 2xy + y^2 = 1$

• aa 유전자형의 확률 $= y^2 = \dfrac{4}{400} = \left(\dfrac{1}{10}\right)^2$

$\therefore y = \dfrac{1}{10}, \ x = \dfrac{9}{10}$

• AA 유전자형의 확률 : $x^2 = \dfrac{81}{100}$

$\therefore$ AA 유전자형 돼지의 두수 $= 400 \times x^2 = 400 \times \dfrac{81}{100} = 324$마리

Aa 유전자형 돼지의 두수 $= 2xy = 72$마리

03 소, 돼지, 닭의 염색체수(2n)를 쓰시오.

정답 • 소 : 60
• 돼지 : 38
• 닭 : 78

04 염색체의 구조적 이상의 종류 4가지를 쓰시오.

정답 결실, 전좌, 역위, 중복

해설
- 결실 : 염색체의 일부가 없어지거나 삭제된다.
- 전좌 : 한 염색체의 일부가 다른 염색체로 옮겨가서 결합하는 현상이다.
- 역위 : 염색체의 일부가 절단된 다음 반대 방향으로 붙은 것이며, 불임이 되는 경우가 많다.
- 중복 : 염색체의 일부가 복제되면서 겹치는 현상이다.

05 전체 유전자의 빈도가 AA 25%, Aa 41%, aa 34% 일 때 A의 유전자 빈도를 구하시오.

정답

$$\frac{25+\dfrac{41}{2}}{100} = 0.45$$

해설
- A의 유전자 빈도 = $\dfrac{\text{AA 유전자 빈도} + \dfrac{\text{Aa 유전자 빈도}}{2}}{\text{전체 유전자 빈도}}$
- 전체 유전자 빈도 = 25 + 41 + 34 = 1

$$\therefore \text{ A 유전자 빈도} = \frac{25+\dfrac{41}{2}}{100} = 0.45$$

06 감수1분열 전기 과정에 대해 쓰시오.

정답
- 세사기 : DNA의 응축에 의하여 가느다란 섬유모양의 염색사가 관찰되는 시기이다.
- 접합기 : 상동염색체가 가까이 근접하여 접합되는 시기로, 2가염색체를 형성한다.
- 태사기 : 하나의 염색체가 4개의 염색분체로 되는 시기로, 교차가 일어난다(굵은 섬유기).
- 복사기 : 접합복합체 분해와 2가염색체 일부가 분리되고, 그 결과 교차되었던 부위는 X자형의 키아스마 구조가 관찰되기 시작한다.
- 이동기 : 상동염색체가 거의 완전하게 분리되어 중기판으로 이동한다(서로 줄을 지어 붙어 있다).

07 회귀계수가 0.2일 때 유전력을 구하시오.

정답 유전력 = 회귀계수 × 2 = 0.2 × 2 = 0.4

08 멘델의 유전법칙 3가지를 쓰시오.

정답 우열의 법칙, 분리의 법칙, 독립의 법칙

해설 • 우열의 법칙 : 형질이 대립되는 개체끼리 교배시키면 잡종1대(F_1)에서는 우성형질만 나타나고 열성형질은 숨어서 표현되지 않는 현상이다.
  • 분리의 법칙 : 잡종1대(F_1)에서 나타나지 않은 열성형질이 잡종2대(F_2)에서는 우성형질과 열성형질이 일정한 비율(3 : 1)로 나타나는 현상이다.
  • 독립의 법칙 : 두 쌍의 대립형질이 함께 유전될 때, 각각의 형질은 서로 간섭하지 않고 우열의 법칙과 분리의 법칙에 따라 독립적으로 유전되는데, 이를 독립의 법칙이라고 한다.

09 성과 관련된 유전현상 3가지를 쓰시오.

정답 반성유전, 한성유전, 종성유전

해설 • 반성유전 : 암수공통으로 존재하는 성염색체(X)에서 암수의 성별에 따라 형질의 발현 비율이 다르게 나타나는 유전현상이다.
  • 한성유전 : 성별에 따라 한쪽 성별에만 제한적으로 발현되어, 한쪽 성별에서만 유전자의 형질이 나타나는 것을 말한다. 종성유전의 극단적인 형태에 해당한다.
  • 종성유전 : 상염색체에 존재하는 유전자에 의해 발현되나 그 개체의 발현은 성에 의해 영향을 받는 유전현상 이다.

10 비육 중인 한우 그룹을 선발하여 수컷의 선발차가 30kg, 암컷이 선발차가 50kg일 때 유전적 개량량을 구하시오(단, 유전력은 0.3).

정답 0.3 × 40kg = 12kg

해설 • 선발차는 양친의 선발차 평균이므로 (30kg + 50kg)/2 = 40kg
  • 유전적 개량량 = 0.3 × 40kg = 12kg

11 어느 젖소의 3회 측정 평균 비유량이 6,000kg, 축군의 평균 비유량이 5,000kg, 비유량의 반복력은 50%일 때 젖소의 차기 추정생산능력을 구하시오.

정답 추정생산능력 $= \overline{X} + \dfrac{n \times r}{1 + (\text{기록수} - 1)r}(X - \overline{X})$

$$= 5,000 + \dfrac{3 \times 0.5}{1 + (3-1) \times 0.5} \times (6,000 - 5,000)$$

$$= 5,000 + \dfrac{1.5}{2} \times 1,000 = 5,000 + 750 = 5,750 \text{kg}$$

12 ① 후대검정의 개념과 ② 후대검정의 정확도를 높이는 방법에 대해 쓰시오.

정답 ① 자손의 평균능력에 근거하여 종축을 선발하는 방법이다.
② • 후대자손수를 많게 한다.
  • 교배 시 수가축 수보다 암가축의 수를 많게 한다.
  • 후대검정 시 교배되는 암가축의 능력을 고르게 한다. 즉, 검정에 이용되는 배우자(암컷)의 유전적 능력이 고르게 분포되어야 한다.
  • 환경요인의 영향을 균등하기 위하여 여러 곳에서 검정을 한다. 즉, 후대검정되는 개체의 자손이 유사한 시기에, 유사한 환경에서 사육되어 비교되어야 한다.
  • 유전력이 낮은 형질의 개량에는 개체선발보다 후대검정이 효과적이다.

13 어느 산란계의 모집단 평균산란수는 160개, 선발집단 평균산란수는 185개였고, 선발강도는 4였다. 이때 ① 선발차와 ② 표현형 분산을 구하시오.

정답 ① 25, ② 39.0625

해설 ① 선발차 = 선발집단 평균 − 모집단 평균
          = 185 − 160 = 25
② 표현형 분산 = (표현형 표준편차)^2 = (선발차/선발강도)^2
          $= \left(\dfrac{25}{4} \right)^2 = 6.25^2 = 39.0625$

14 혈통을 유지시킬 수 있는 교배 방법을 쓰시오.

> **정답** • 근친교배 : 혈연관계가 비교적 가까운 개체간의 교배
> • 계통교배 : 동일 품종 중 동일 계통 내 교배지만 혈연관계가 약간 먼 것 사이의 교배
> • 이계교배 : 동일 품종 내 혈연관계가 먼 개체까지리의 교배
> • 무작위교배 : 동일 집단 내에서 암수가 서로 교배될 수 있는 확률을 완전히 임의로 한 교배

15 다음 돼지의 3품종 교배 모식도에서 ( ) 안에 들어갈 알맞은 품종을 쓰시오.

랜드레이스(♀) × 요크셔(♂)
↓
F₁(♀) × ( )(♂)
↓
실용돈(비육돈)

> **정답** 두록(Duroc)

> **해설** Landrace(♀) × Yorkshire(♂)
> ↓
> F₁(♀) × Duroc(♂)
> ↓
> F₂(♀) × Landrace(♂)
> ↓
> 실용돈(비육돈)

16 A품종의 12개월령 체중은 420kg이고, B품종은 340kg이며 A와 B의 교잡은 12개월령 체중이 400kg일 때, 잡종강세효과를 구하시오.

> **정답** $\dfrac{400kg - 380kg}{380kg} \times 100 = 5.26\%$

> **해설** • 잡종강세(%) $= \dfrac{F_1의\ 평균 - 양친평균}{양친평균} \times 100$
>
> • 양친평균 $= \dfrac{420kg - 340kg}{2} = 380kg$
>
> • F_1의 평균 $= 400$
>
> ∴ 잡종강세(%) $= \dfrac{400kg - 380kg}{380kg} \times 100 = 5.26\%$

17 이유 후 증체율이 좋을 때 나타나는 효과를 쓰시오.

> **정답** • 유전력이 높기 때문에 개량의 효과도 높아진다.
> • 증체에 소요되는 사료요구량이 적다.
> • 일정한 시설에서 일정한 기간 내에 보다 많은 소를 사육할 수 있기 때문에 사육비가 절감된다.

18 돼지의 유전적 개량에 사용되는 모형을 쓰시오.

> **정답** 피라미드 모형

구분	기능	특징
원원종(GGP ; Great Grand Parent)	중핵돈군	순종라인이 유지·개량되는 단계로 여러 형질에 대한 검정, 유전능력평가, 선발이 이루어지는 단계
원종돈(GP ; Grand Parent)	증식돈군	핵돈군으로부터 가져온 개량된 돼지들을 이용해 비육돈을 생산하는 데 쓰이는 실용돈군, 즉 F_1을 늘리는 단계
실용돈군(PS ; Parent Stock)	실용돈군	증식돈군에서 분양받은 종돈과 돼지 인공수정센터에서 보유하고 있는 두록종과의 교배를 통하여 출하돈을 생산하는 단계

19 종모우의 선발 기준을 쓰시오.

> **정답** • 딸의 능력, 자매능력, 어미능력 등을 고려하여 선발한다.
> • 후대검정이 종모우 선발에 효과적이다.
> • 종웅지수는 양친등가지수와 종모우 회귀지수를 사용한다.

20　한우의 개량목표를 쓰시오

　　정답　• 생산성 향상 : 거세우와 비거세우로 구분하여 단위 기간당 가축의 성장률, 사료효율, 도체율을 증진시켜
　　　　　　　생산성을 향상시킨다.
　　　　　• 품질의 고급화 : 등심면적, 근내지방 점수를 증가시키고, 등지방두께를 감소시켜 품질을 고급화한다.

21　모돈생산능력지수(SPI)의 조건을 쓰시오.

　　정답　• 모돈의 번식, 육성능력이 산차에 따라 달라지므로 모돈 생산능력지수는 산차에 대해 보정한다.
　　　　　• 가능한 경우 위탁포유를 통해 복당 포유개시 두수를 6∼12두가 되게 한다.
　　　　　• SPI의 계산에는 생후 21일령에 모돈이 육성한 한배새끼돼지의 수와 한배새끼돼지의 체중을 측정한다.
　　　　　• 한배새끼의 전체체중을 생후 21일령에 측정하지 못하면 보정계수로 통계보정한다.
　　　　　• SPI = 6.5NBA + 2.2LW
　　　　　　여기서, NBA : 해당 모돈의 복당 산자수(생존자돈수),
　　　　　　　　　　　 LW : 21일령(이유 시) 복당 체중

22　돼지의 스트레스감수성(PSS) 여부를 판정하는 방법을 쓰시오.

　　정답　• 육안적 판정법
　　　　　• 할로테인(halothane)검정법
　　　　　• 혈청 중 CPK 활성판정법
　　　　　• DNA 검사법

PART 02

가축번식생리학

생식기관의 구조와 기능

1. 수컷의 생식기관

(1) 정소(testis)

① 동물의 생식세포인 정자를 생산하는 기관으로 고환이라고도 한다.

② 일반적으로 난원형이며 음낭 속에 좌우 각 1개씩 있다.

③ 정세포와 정자형성에 관여하는 각 세포, 2차성징에 관여하는 간질세포가 있다.

④ 정소소엽은 정소의 기능단위로 1개 이상의 세정관으로 구성되어 있다.

⑤ 세정관은 성숙한 포유가축에서 정자형성이 일어나는 장소로, 한 층의 기저막과 여러 층의 정자형성상피로 구성되어 있다.

⑥ 기저막은 수축성의 근양세포, 정자형성세포, 지지세포로 구성되어 있다.

⑦ 지지세포(sertoli cell)는 기계적 지지와 보호 및 정자발육에 필요한 영양을 공급하는 역할을 한다.

⑧ 모든 세정관은 1개로 합쳐져서 수정관과 연결되어 외부로 통해 있다.

⑨ 돼지의 정소는 체구에 비하여 크고 비교적 유연하며 음낭 내에 거의 수평으로 있다.

⑩ 볼프관은 태아의 생식도관의 분화와 발달이 이루어지는 과정에서 웅성생식도관의 발생원기, 즉 태아의 성분화에 영향을 미쳐서 볼프관으로부터 웅성생식도관이 발생하는 것을 조절하고 뮐러관을 퇴행시킨다.

⑪ 정소의 기능

㉠ 호르몬 생산 : 간질세포에서는 황체형성호르몬의 영향을 받아 2차 성징과 깊은 관계가 있는 테스토스테론과 같은 웅성호르몬을 분비하는데, 정소의 활동은 뇌하수체 전엽에서 분비되는 호르몬에 의하여 지배된다.

㉡ 정자 생산 : 정조세포(정원세포)가 곡세정관에서 정자로 발달한다[정조세포 → 제1정모세포 → 제2정모세포 → 정세포(정자)].

㉢ 정소액 생산 : 지지세포에서 정소액을 생산한다.

㉣ 정소강하 : 포유류의 정소는 처음에는 복강 속에 들어 있으나, 시간이 지나면서 밑으로 내려와 음낭 속으로 들어간다.

(2) 정소상체(부고환)

① 정관과 정소를 연결하는 긴 곡세정관의 형태로, 두부, 체부, 미부로 구성되어 있다.
  ㉠ 두부 : 흡수, 농축, 정자부유액(정소액)의 수분흡수작용을 한다.
  ㉡ 체부 : 정자부유액이 체부를 통과하는 사이에 농축 및 성숙된다.
  ㉢ 미부 : 정자의 저장 및 운동성 획득에 관여한다.
② 정소상체는 정자의 운반, 농축, 흡수, 성숙, 저장의 중요한 기능을 한다.
  ㉠ 운반 : 정소수출관을 통과할 때 섬모운동과 근층운동의 도움을 받는다.
  ㉡ 농축 : 체부에서 정소액을 흡수하여 농축한다.
  ㉢ 성숙 : 정소상체 상피세포의 분비물에 의해서 이루어진다.
  ㉣ 저장 : 미부에서는 정자의 농도가 높고 강관도 넓어 휴지상태 정자의 생존성 유지에 적합하다.
③ 정자가 정소상체를 통과하는 데 10일이 필요하다.
④ 최대 65일까지 정자를 생존시킨다.

(3) 음낭

① 정소와 정소상체를 싸고 있는 주머니로 정소상체의 온도를 4~7℃ 정도 낮게 유지한다.
② 음낭의 피부는 얇고 유연하며 피하지방이 거의 없고 땀샘이 잘 발달되어 있어 열 발산에 적합하다.
③ 피부 안쪽에는 육양막과 근섬유(정소근)가 존재하여 온도에 따라 수축작용을 한다.
④ 바깥온도가 높으면 음낭표면의 주름이 펴지면서 늘어지고, 온도가 낮으면 주름이 생기면서 몸쪽으로 올라간다.
⑤ 돼지는 음낭이 뚜렷하게 돌출되어 있지 않다.
  ※ **포유류의 정소를 체온보다 낮은 온도로 유지하는 데 직접적으로 관계가 있는 것** : 음낭피부의 땀샘, 육양막, 내정소근

(4) 음경

① 수컷의 교미기관으로 음경은 근부, 체부, 유리선단부로 구성되어 있다.
② 오줌의 배설과 암컷의 생식기관 내에 정액을 주입하는 기능을 한다.
③ 돼지의 음경은 탄성섬유성이고, 유리선단부는 나선상으로 되어 있다.
④ 개는 다른 가축과 달리 음경골을 가지고 있다.
  ※ **정자의 사출경로** : 곡세정관 → 직세정관 → 정소망 → 정소수출소관 → 정소상체두부 → 체부 → 미부 → 정관 → 정관팽대부 → 요도 → 음경

(5) 부생식선

① 정낭선

ⓐ 한 쌍의 선체로 정관팽대부 옆에 위치하고 알칼리성 분비물을 배출하며, 소는 정액의 32~40%를 차지한다.

ⓑ 대부분의 포유동물에서 사정되는 정액 중 대부분은 이곳에서 분비되며, 특히 정액에서 검출되는 프로스타글란딘도 이곳에서 분비된다.

ⓒ 정낭선의 분비액은 정자를 보호하는 유백색을 띤 점조된 액체로서 고농도의 단백질, 칼슘, 구연산, 과당 및 여러 종류의 효소를 함유한다.

※ **돼지에서 사정된 정액 중 정장물질의 대부분이 분비되는 장소** : 정낭선
※ **정장** : 정액 중 정자(전체용량의 1% 내외)를 제외한 액체성분(정낭액, 전립선액, 요도구선액)을 말한다.

② 전립선(섭호선)

ⓐ 정낭선의 기부에서 방광경부의 배측에 부착되어 있는 딱딱한 선체이다.

ⓑ 정액에 특유의 냄새를 부여하는 엷고 불투명한 액체를 분비한다.

ⓒ 분비액은 유백색으로 알칼리성이며, 정자의 운동과 대사에 관여한다.

ⓓ 개는 전립선이 잘 발달되어 있고, 정낭선과 요도구선이 없다.

③ 요도구선(Cowper's gland)

ⓐ 요도의 세척 및 중화와 관련된 액체를 분비한다.

ⓑ 전립선의 뒤쪽과 요도면에 있는 한 쌍의 작은 구형의 선체이다.

ⓒ 요도구선이 가장 잘 발달된 가축은 돼지이다.

(6) 정관과 요도

① 정관은 정소상체 미부에서 요도까지의 관으로 정자를 운반하는 통로이며, 한 쌍으로 되어 있다.

② 혈액 림프관, 신경, 경계를 형성하고, 경계는 서혜관을 지나 복강으로 들어가 굵게 확장되어 정관팽대부를 이룬다.

③ 돼지, 고양이는 정관팽대부가 없다.

④ 수컷의 요도는 오줌의 배출과 정액의 사출통로로 요도구부와 음경부로 구분된다.

⑤ 요도 선반부에 요도구선이 있다.

2. 암컷의 생식기관

(1) 난소(ovary)

① 복강 내 신장 뒤쪽 좌우에 각각 1개씩 존재하며 구형 또는 타원형 모양이다.

② 중앙은 수질 그 바깥쪽은 피질로 되어 있고, 난소의 수질은 기질과 많은 원시난포로 구성되어 있다.

③ 난소피질 : 성숙된 포유가축의 난소에서 혈관, 림프관 및 신경이 분포되어 있는 곳이다.

④ 난소의 기능

　㉠ 발정주기마다 수정에 필요한 성숙된 난자를 배출한다.

　㉡ 스테로이드호르몬을 생성한다.

　※ 난소는 난자를 배출시키고 배출된 난자가 수정진 후 착상에 성공할 수 있도록 자궁, 난관 및 주위 조직을 적절히 준비한다.

　※ **난자의 생산과 이동경로** : 난소 → 난관채 → 난관누두부 → 난관팽대부 → 난관협부 → 난관자궁 접속부 → 자궁

⑤ 난포의 종류

　㉠ 원시난포(primordial follicle) : 감수분열 전기에 분열을 정지한 상태의 제1차 난포를 한 층의 난포세포가 싸고 있는 난포이다.

　㉡ 제1차 난포

　　• 원시난포가 난모세포의 성장과 더불어 두께가 증가되어 입방(정사각) 또는 원주상 상피로 되며, 난모세포와 과립막세포 사이에 투명대가 나타난다.

　　• 과립막세포와 난모세포는 간극결합에 의하여 세포 간의 연결통로를 형성한다.

　㉢ 제2차 난포

　　• 난모세포가 발육되면서 이를 싸고 있는 난포세포도 분열증식으로 여러 층으로 된 난포이다.

　　• 한 층이던 과립막 세포층이 증식하여 2~3층으로 된다.

　　• 난포와 경계하고 있던 난포 주위의 기질세포가 변형하여 난포막세포(theca cell)로 분화한다.

　㉣ 제3차 난포

　　• 포상난포라고도 하며 난포세포의 과립층이 증가하며 난포액이 과립층 사이에 저류되는 시기의 난포이다.

　　• 과립막세포층 사이에 체액으로 찬 작은 소공(vacuole)이 나타난다.

　㉤ 그라프난포(그라피안난포, graafian follicle)

　　• 난포강이 형성되고 그 안에 난포액이 차 있는 성숙난포이다.

　　• 난모세포는 난포의 과립층에 싸여 난구를 형성한다. 즉, 암가축의 난소에서 성숙, 발달하는 여러 개의 난포 중 배란 직전에 가장 크게 발달한 난포이다.

⑥ 배란 난포수

ⓐ 난포의 수는 가축의 품종, 유전, 환경에 따라서 다르다.

ⓑ 난포의 성숙과 배란은 성선자극호르몬의 영향에 따른다.

⑦ 난포의 파열

ⓐ 그라프난포가 파열하여 난자와 난포액을 방출한다(배란).

ⓑ 난포의 정점에서 파열이 일어나며 최외층이 먼저 일어나고 이곳을 통해 내층이 돌출하여 유두 또는 주두를 형성한다.

ⓒ 발정 시 주두가 파열하면 난자와 난포액이 함께 파열구를 통과하는데 이를 배란이라 한다.

⑧ 황체형성

ⓐ 배란 후 과립세포의 비대와 황체화가 개시되며, 황체세포가 비대하여 황체를 형성한다.

ⓑ 배란 전의 난포는 주로 안드로젠과 에스트로젠을 합성하였으나, 배란 후에는 난포가 황체화됨으로써 형성된 황체는 황체호르몬인 프로제스테론을 분비한다.

ⓒ 소의 황체발달은 발정주기 3일에서 12일 사이에 급격히 발달하고, 16일 이후부터 퇴화한다.

ⓓ 돼지의 황체발달은 발정주기 2일부터 8일까지이며, 15일 이후부터 퇴화한다.

ⓔ 임신황체(진성황체)란 임신기간 중 황체가 계속 존속하면서 크기도 계속 유지되는 황체를 말한다.

⑨ 황체의 퇴화

ⓐ 발정기간 중 임신이 되지 않으면 자궁에서 황체퇴행인자($PGF_{2\alpha}$)가 분비되어 황체를 퇴행시킨다.

ⓑ 황체가 퇴행되면서 프로제스테론 분비가 감소되므로 시상하부의 황체형성호르몬 방출인자(LH-RH)의 방출에 대한 억제가 해제되어 뇌하수체는 다시 난포자극호르몬(FSH)을 분비하게 되며 따라서 다른 난포가 발육하면서 새로운 발정주기가 시작된다.

ⓒ 황체의 퇴화는 지방변성 및 섬유화가 먼저 일어나고 나중에는 초자 양변성이 일어나면서 반흔조직으로 된다. 이것을 백체(corpus albicans)라고 부른다. 이에 비하여 난포기에 자라던 난포가 퇴화(atresia)에 빠져 결과적으로 반흔으로 남는 것을 섬유체(corpus fibrosum)라고 한다.

※ **황체** : 난소에서 난포가 배란된 위치에 처음으로 생기는 것

(2) 난관

① 난관은 난자와 정자의 운반통로로 난관채(fimbriae)가 있는 누두부, 팽대부, 협부로 되어 있다.

② 난관팽대부는 난관의 상대에 있고, 협부에 연결되며 이 협부는 직접 자궁각에 연결(자궁·난관접속부)된다.

※ **난관팽대부** : 가축에 있어서 정자와 난자가 만나서 수정이 이루어지는 부위

③ 난관간막에 의하여 유지되고 있는 난소와 자궁각으로 연결된 도관이다.

④ 난소 근처에 있는 난관채, 난관팽대부, 난관협부와 자궁각과 연결되는 자궁난관 접속부에 의하여 자궁과 연결된다.

⑤ 난관채는 탄성조직으로 되어 있으며, 강상의 근섬유와 윤상을 이룬 큰 혈관을 내포하고 있다.

⑥ 난관벽은 점막, 근층, 장막의 3층으로 되어 있다.

⑦ 난관의 기능

　㉠ 난관은 암컷의 생식기관으로 난자와 정자가 결합하여 수정이 이루어지는 장소이다.

　㉡ 난관채는 배란된 난자를 수용한다.

　㉢ 난자를 자궁으로 운반하고 정자를 수정부위로 운반하는 일은 섬모세포와 에스트로젠, 프로제스테론에 의해 조절된다.

　㉣ 난관으로 정자를 운반하는 일과 자궁으로 난자를 운반하는 일을 통제·조절하는 것은 자궁과 난관접합부이다.

(3) 자궁

① 2개의 자궁각, 자궁체, 자궁경으로 되어 있다.

② 자궁의 형태 ☑ 빈출개념

쌍각자궁	• 자궁경관 바로 앞의 작은 자궁체와 두 개의 긴 자궁각이 있다. • 돼지의 자궁각은 소의 자궁각보다 훨씬 더 길다.
분열자궁 (양분자궁)	• 자궁경관 앞까지 현저한 자궁체가 있다. • 쌍각자궁에서처럼 길고 뚜렷하지는 않지만 2개의 자궁각이 있다. • 소, 말, 산양, 개, 고양이
중복자궁	• 2개의 자궁경관에 각각 1개씩의 자궁이 있다. • 자궁경관은 질에서 각각 개구된다. • 설치류, 토끼류
단자궁	• 자궁각이 없다. • 사람, 영장류(primates)에서 볼 수 있다.

③ 자궁의 기능

　㉠ 자궁은 수정란을 착상시켜 태반을 형성하고 태아의 개체발생을 완료하는 근생식기관이다.

　㉡ 포유가축의 자궁이 수행하는 생리학적 기능

　　• 난자와 정자의 수송

　　• 황체기능의 조절

　　• 수정란 착상

　　• 임신유지 및 분만개시

④ 자궁의 구조

　　㉠ 자궁내막

　　　　• 반추류의 경우 궁부성 태반으로 자궁소구(caruncle)와 융모막의 융모(cotyledon)가 결합하여 영양공급을 한다.

　　　　• 반추동물의 자궁내막에 있는 자궁소구

　　　　　　－ 자궁내막 표면의 버섯처럼 생긴 비선성의 돌기이다.

　　　　　　－ 자궁소구에는 자궁의 다른 곳에 비해 혈관분포가 풍부하다.

　　　　　　－ 자궁소구에서 태반결합이 이루어진다.

　　　　　　－ 자궁소구에는 융모총이 침입한다.

　　　　　　－ 암소의 자궁 내에 분포되어 있는 자궁소구의 수 : 70~120개

　　　　　　※ **자궁각** : 젖소의 태아가 착상하는 부위

　　㉡ 자궁근층

　　　　• 외층과 내층의 2층으로 나누어져 있다.

　　　　• 외층은 얇은 외축종주근으로, 내층은 내축수주근으로 되어 있다.

　　　　• 외층과 내층 사이에는 혈관, 림프관, 신경, 결체조직이 있다.

(4) 자궁경관

① 자궁경관은 자궁에서 개구되는(연결되는) 하나의 관(cannel)이다. 즉, 발정기 때 정자가 들어가는 경우와 분만 시에 이완되고 그 외에는 닫혀 있다.

② 내벽은 여러 형태의 융기로 되어 있고 앞은 자궁체와 연결되어 있으며 뒤는 질에 연결되어 있다.

③ 반추동물의 융기는 윤상환(추벽)으로 횡 또는 나선형으로 연결되어 있다.

④ 소에는 3~5개의 추벽이 존재한다.

⑤ **자궁경관의 기능**

　　㉠ 자궁 내로의 세균의 감염을 막는다.

　　㉡ 교배 후 정자의 저장소로(정자가 자궁경관에 일시적으로 고여 있다)의 역할을 한다.

　　㉢ 생존할 수 있는 정자는 수송하고 생존능력이 없는 정자는 배출한다.

　　㉣ 태아만출(분만) 시 산도역할을 한다.

　　㉤ 분비상피세포는 발정 시 자궁경관에서 점액을 분비한다.

(5) 질(vagina)과 외부생식기

① 질은 암컷의 생식기로 얇은 막이며 아주 탄력성 있는 관이다.

② 질은 자궁경에서 외음부까지 연결되어 있다.

③ 질벽은 점막, 근층, 장막으로 되어 있다.

④ 질의 바깥층은 장막이고, 안쪽층은 평활근이며, 원형의 긴 섬유로 되어 있다.

⑤ 대부분 끈적끈적한 층이며, 바늘모양의 상피세포층을 이루고 있다(경산우는 예외).

⑥ 상피세포는 에스트로젠의 영향으로 각질화된다.

⑦ 분만 시 태아와 태반을 만출하는 통로로 팽창성이 크다.

⑧ 불바(vulva)는 외부생식기이며, 질전정과 연결되어 있는 부분과 라비아(labia, 음순)로 구성되어 있다.

⑨ 외부생식기는 질전정, 대음순, 소음순, 음핵 및 정전선 등으로 되어 있다.

⑩ 질전정은 생식기관과 요도기관을 가지는 암컷 생식기관의 일부이며, 외요도구에 질을 연결한다.

⑪ 처녀막은 질과 질전정(vestibule) 사이에서 경계를 이루는 막으로 면양과 말의 처녀막은 뚜렷하나 소와 돼지는 두드러지지 않는다.

⑫ 질전정선(바르톨린선)은 후배부의 정선에 위치하며, 발정기간에 활동적이고 윤활작용을 하는 점액을 분비한다.

더 알아보기 　암탉의 생식기관

- 구성 : 난소와 난관으로 구성되며 오른쪽은 퇴화되어 왼쪽의 난소와 난관만 발달했다.
- 난관의 길이와 기능

구성	길이(cm)	소요시간	역할
난관누두부	11~12	15분	수정 되는 장소
난백분비부	30~35	3시간	알끈 형성, 농후난백 분비
협부	10~11	1시간35분	난각막 형성, 수양 난백 분비
자궁부	10~11	19~20시간	난각, 난각 색소 분비
질부	6~7	1~10분	산란
합계	70~80	24~26시간	–

※ 난황은 백색 난황층과 황색 난황층이 24시간에 한 번씩 교대로 동심원상으로 축적된다.

생식세포의 형성과 생리

1. 정자 형성과 생리

(1) 정자 형성 과정

① 정자의 형성 과정

ㄱ 정자는 세정관 상피세포에서 만들어진다.

ㄴ 제1기 : 정원세포는 계속 분열, 성장하여 제1정모세포가 된다.

ㄷ 제2기 : 제1정모세포는 제1감수분열과 성숙분열을 통하여 X정자와 Y정자로 나누어지는 제2정모세포(2n → n)가 된다.

ㄹ 제3기 : 제2정모세포가 분열하여 4개의 정세포가 되며, 이들 정세포는 분화하여 편모를 갖는 정자가 된다.

※ 1개의 제1정모세포는 4개의 정자로 분화·발달된다.

ㅁ 제4기 : 정세포는 핵염색질의 농축, 정자의 미부의 발달과 같은 정자형성과정을 거쳐 정자가 된다.

※ 소의 경우 정원(정조)세포가 약 45일 동안 정자세포로 발달한다.

[정자의 형성모식도]

② 정자의 완성 과정 ☑ 빈출개념

ㄱ 골지기 : 골지체 내에 PAS 양성의 전첨체과립이 형성된다.

ㄴ 두모기 : 첨체과립이 정자세포의 핵표면에 확산된다.

ㄷ 첨체기 : 핵, 첨체 및 미부의 형태가 변화하고 수피상판(포켈상판 : manchette)이 나타난다.

ㄹ 성숙기 : 길어진 정자세포가 세정관강에 유리될 수 있는 형태로 바뀐다.

※ 성숙한 포유가축에서 정자형성이 가장 활발히 일어나는 최적의 온도 : 30~35℃

(2) 정자의 형태와 구조

① 두부

  ㉠ 주로 핵으로 구성되어 있으며 염색체가 들어 있다. 즉, DNA를 가지고 있다.

  ㉡ 암가축의 생식기관 내에서 수정능력을 획득할 때 주로 변화되는 부분이다.

  ※ **첨체** : 두부에서 아크로신(acrosin), 하이알루로니다제(hyaluronidase) 등을 함유하고 있다. 두 물질은 정자가 난자를 통과할 때 투명대를 융해시키는 역할을 한다.

② **경부** : 정자의 두부와 미부를 연결하는 부위이며 수정 후 잘려나간다.

③ 미부

  ㉠ 정자의 운동기관으로 중편부, 주부, 종부로 구성되어 있다.

  ㉡ 중편부 : 미토콘드리아가 있어 정자의 운동에 필요한 에너지를 합성하여 공급한다.

  ㉢ 주부 : 파동에 의하여 정자를 추진하는 역할을 한다.

(3) 정자의 생리

① 정자의 운동성

  ㉠ 주류성 : 정액의 흐름에 거슬러 이동하는 성질

  ㉡ 주화성 : 질점액, 자궁점액, 난포액에 함유되어 있는 특정 화학성분의 방향으로 이동하는 성질

  ㉢ 주촉성 : 기포, 세균, 먼지 등의 접촉성 물질 주위로 이동하는 성질

  ㉣ 주전성 : 특정 전극의 방향으로 선택적으로 이동하는 성질

  ㉤ 주지성 : 중력을 중심으로 이동하는 성질

② 사출된 정자의 운동성과 생존성에 결정적인 영향을 미치는 요소

  ㉠ 온도(빛, 산소)

   • 온도가 높아지면 대사활동의 증가로 운동성은 증가하고, 생존성은 감소한다(한계온도 초과 시 모두 감소).

   • 온도가 낮아지면 운동성은 감소하고 생존성은 증가한다.

   • 초저온으로 동결하여 정자를 보관하면 대사활동의 정지로 반영구적 보존이 가능하다.

   • 정액을 급속도로 냉각하면 정자의 활력은 저하한다.

   • 직사광선은 정자의 활력을 일시적으로 증가시키지만 곧이어 유해하게 작용한다.

   • 정자의 운동성을 가장 정상적으로 유지하는 온도는 37~38℃이다.

ⓛ pH
  • 정자의 운동은 pH 7.0(중성)에서 가장 활발하고 산성이나 염기성에서 급격히 저하된다.
  • 정자에 존재하는 당류는 유기산으로 분해되어 pH가 산성으로 변할경우 생존성이 감소된다.
  • 정액 보관 시 생존성을 높이기 위해서는 인산염, 구연산염, 중탄산염 등의 완충제를 첨가해야 한다.
ⓒ 삼투압
  • 생리적 범위 내에서 삼투압이 증가하면 정자의 운동성과 생존성이 증가한다.
  • 생리적인 삼투압의 범위를 벗어나면 정자세포가 손상되어 정자의 생존성과 운동성 모두 감소한다.
ⓔ 전해질
  • 칼륨, 마그네슘은 정자의 정상적인 기능을 수행하는 데 필요하다.
  • 칼슘, 중금속, 고농도의 인은 정자의 운동을 억제 또는 유해하게 작용한다.
ⓜ 비전해질
  • 당과 같은 비전해질의 농도가 생리적 삼투압이 유지되는 수준에서 증가하면 운동성이 증가한다.
  • 비전해질의 농도가 과도하게 증가하면 삼투압의 증가를 초래하여 정자세포가 손상된다.
  ※ 비타민 A와 E의 결핍 시 정자생성이 심각하게 악화되고 정자형성 기능이 저하된다.

2. 난자 형성과 생리

(1) 난자 형성 과정

① 개체발생의 초기에 분화된 원시생식세포가 태아의 성이 암컷으로 결정되면 생식선융기가 난소로 발달되어 배아세포를 거쳐 난원세포가 된다.

② 난원세포는 태생기의 난소에서 유사분열을 반복하여 그 수가 증가되다가 분열을 중지하고 성장기에 들어가 핵 및 세포질의 용적이 현저히 증가된다.

③ 난원세포(난조세포로 성장)가 분열을 끝내고 성장기에 들어가면 난모세포라고 부르는데, 난원세포(2n)는 제1난모세포(2n)로 변한 후 제1난모세포는 제2난모세포(n)와 제1극체로 나누어진다.

④ 난모세포는 두 번의 감수분열, 즉 제1성숙분열과 제2성숙분열을 거쳐서 난자(난자세포)가 된다.

⑤ 이때 제1성숙분열이 완료될 때까지를 제1차 난모세포(난모세포)라 하고, 제2성숙분열이 완료될 때까지를 제2차 난모세포(난낭세포)라고 한다.

   ※ 하나의 난모세포는 1개의 난자로 발달한다.

⑥ 제1극체의 방출시기 : 배란 직전 제1난모세포는 제1성숙분열로 염색체수가 반감되면서 제2난모세포가 되어 제1극체를 방출한다.

   ※ 소의 난자가 배란되는 단계 : 제1극체 방출 후

⑦ 제2극체의 방출시기 : 배란 후 수정 직후 제2성숙분열을 하고 제2극체를 방출한다.

⑧ 원시생식세포는 난조세포, 제2난모세포, 제2난모세포로 분화되어 난자의 형태로 배란된다.

   ※ 소와 돼지에서 황체가 퇴행하기 시작하는 시기부터 배란이 일어나기까지의 기간에 해당하는 난포기(follicular phase)는 4~5일이다.

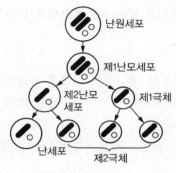

[난자의 형성모식도]

(2) 난자의 생리

① 난모세포가 감수2분열 중기상태에서 배란이 일어난다.

② 배란된 난자는 정자와 수정 후 제2성숙분열을 하고 제2극체를 방출한다.

③ 난모세포는 2차례의 감수분열을 거쳐 난자가 된다.

④ 다정자침입 방지를 위하여 난자는 투명대반응을 일으킨다.

⑤ 정자의 인지작용이 최초로 일어나는 장소는 투명대이다.

번식에 관련된 내분비 작용

1. 내분비의 개요

(1) 내분비와 호르몬의 정의

① 내분비의 개념

㉠ 호르몬은 혈액 속으로 분비되어 특정한 표적기관의 수용체에 결합하여 반응하는 물질이며, 정상적인 대사과정의 속도를 증가시키거나 감소시키는 데 작용하여 신체의 항상성을 유지하게 된다.

㉡ 동물체의 특정한 조직이나 기관에서 합성·분비된 물질이 특정한 도관을 거치지 않고, 직접 혈액이나 림프관를 타고 신체의 다른 부위(표적기관)로 운반되어 그 부위의 생리작용을 지배·조절하는 현상을 말한다.

㉢ 내분비선(endocrine gland)

- 분비선(secretory gland) 가운데 분비물을 운반하는 도관이 없어서 분비물을 체액(혈액 및 림프) 중으로 방출하는 형태의 분비선을 말한다.

- 포유동물의 내분비선에는 뇌하수체, 송과선, 흉선, 갑상선, 부갑상선, 부신, 췌장, 랑게르한스섬(islet of langerhans), 정소 및 난소 등이 있다.

② 호르몬의 개념 및 특성

㉠ 호르몬(hormone)의 개념

- 신체의 특정한 기관이나 조직, 또는 조직 내의 세포에서 합성된 다음, 체액(혈액 및 림프액)을 타고 신체의 다른 부위로 운송되어 그 부위의 활동이나 생리적 과정에 특정한 영향을 미치는 특수한 유기화합물을 총칭하여 호르몬이라고 한다.

- 호르몬은 구성성분에 따라 지질의 일종인 스테로이드계 호르몬과 단백질로 구성된 호르몬, 아미노산으로부터 유도된 아민계 호르몬으로 나누어진다.

㉡ 호르몬의 특성 ☑ **빈출개념**

- 내분비샘에서 생성, 분비되어 혈액을 따라 이동하다가 표적세포에만 작용한다.

- 표적세포에는 수용체가 있어 호르몬에 특이적으로 반응한다.

- 생성되는 장소와 작용하는 장소가 다르다.

- 특정 조직이나 기관의 생리작용을 조절하는 화학물질이다.

- 특정 수용체가 있고 반감기가 짧다.

- 극히 적은 양으로 효과를 나타내며, 분비량이 적정하지 못하면 결핍증이나 과다증이 나타난다.

- 생체의 생장과 생식기관의 발달 등의 변화를 일으키고, 항상성 유지에 관여한다.
- 새로운 생체반응을 유도하지 않는다.
- 종간 특이성이 없어서 척추동물의 경우 같은 내분비샘에서 분비된 호르몬은 같은 효과를 나타낸다. 즉, 인슐린의 경우 돼지의 인슐린을 사람에게 주사해도 같은 효과를 나타낸다.
- 호르몬에 의한 반응은 신경계에 비해 느리지만 지속적인 효과를 나타낸다.

(2) 호르몬의 분류

① 호르몬의 기능에 따른 분류

㉠ 생식관련 제1위적 호르몬(primary hormone of reproduction) 생식활동을 직접조절 : 시상하부, 뇌하수체 전·후엽, 성선(정소, 난소), 태반

㉡ 생식관련 제2위적 호르몬(secondary hormone of reproduction) : 다른 생식(번식)계통에 직·간접적으로 영향을 미쳐 생식활동을 조절

② 분비기관에 따른 분류

㉠ 뇌하수체 호르몬

뇌하수체 전엽호르몬	• 성장호르몬(GH, somatotrophin) : 조직 및 골격의 성장 촉진 • 프로락틴(prolactin, 유즙분비호르몬) : 유즙합성(비유촉진), 모성행동유발(취소성) • TSH : 타이록신의 분비자극 및 아이오딘 섭취조절 • 부신피질자극호르몬(ACTH) : 글루코코르티코이드 방출 • 난포자극호르몬(FSH) • 황체형성호르몬(LH)
뇌하수체 후엽호르몬	• 바소프레신[vasopressin, 항이뇨호르몬(ADH)] : 수분의 재흡수성 증가 • 옥시토신(oxytocin) : 분만 시 자궁수축과 유즙배출 촉진

㉡ 송과선호르몬 : 멜라토닌

㉢ 갑상선호르몬 : 타이록신, 3,5,3'-트라이아이오도타이로닌

㉣ 부갑상선호르몬 : 파라토르몬

㉤ 흉선호르몬

㉥ 부신호르몬 : 스테로이드호르몬(코르티솔, 알도스테론, 안드로젠), 카테콜아민(에피네프린, 노르에피네프린)

㉦ 방절호르몬

㉧ 이자호르몬(랑게르한스섬호르몬) : 글루카곤, 인슐린, 소마토스타틴

㉨ 정소호르몬 : 안드로젠(테스토스테론)

㉩ 난소호르몬 : 에스트로젠, 프로제스테론

㉪ 태반호르몬 : 임마혈청성성선자극호르몬(PMSG), 임부태반융모성성선자극호르몬(hCG), 태반성락토겐(HPL)

③ 화학적 성분에 따른 분류

   ㉠ 펩타이드(peptide)호르몬 : GnRH, 옥시토신

      ※ GnRH(Gonadotropin Releasing Hormone, **성선자극호르몬방출호르몬**) : 돼지나 면양에서 분리, 정제된다.

   ㉡ 단백질호르몬 : 황체형성호르몬(LH), 난포자극호르몬(FSH), 인히빈, 프로락틴, 액티빈

   ㉢ 스테로이드호르몬 : 성호르몬(테스토스테론, 에스트로겐, 프로제스테론), 부신피질호르몬(코르티솔)

   ㉣ 프로스타글란딘(PG) : 20개의 탄소로 구성된 불포화 수산화지방산

[내분비 호르몬의 종류와 주요 작용]

내분비선		호르몬	주요 작용	조절자
뇌하수체	전엽	성장호르몬(GH)	성장과 대사기능 촉진	시상하부 호르몬
		갑상선자극호르몬(TSH)	갑상선의 타이록신 분비 촉진	혈중 T4의 농도
		부신피질자극호르몬(ACTH)	글루코코르티코이드 분비 촉진	글루코코르티코이드
		난포자극호르몬(FSH)	난포 발육, 에스트로겐 분비 촉진, 배란	시상하부 호르몬
		황체형성호르몬(LH)	배란 후 황체 형성, 프로제스테론 분비, 정소에서 테스토스테론 분비 촉진	시상하부 호르몬
		프로락틴(prolactin)	유선 발육, 비유 개시, 모성 행동 유기	시상하부 호르몬
	중엽	인터메딘(MSH)	양서류의 체색 진하게	시상하부 호르몬
	후엽	옥시토신(oxytosin)	자궁수축과 유선세포 자극, 유즙 분비 촉진	신경계
		바소프레신(ADH)	신장에서의 수분재흡수 증가	수분/염기 균형
송과선		멜라토닌	하루 또는 계절적 생활리듬 조절에 관여	일조주기
갑상선		타이록신(thyroxine)과 트라이아이오도타이로닌(triiodothyronine ; T3)	대사과정 유지 및 촉진	TSH
		칼시토닌(calcitonin)	혈액 내 칼슘농도 감소	혈액 내 칼슘농도
부갑상선		파라토르몬(PTH)	혈액 내 칼슘농도 증가	혈액 내 칼슘농도
가슴선		사이모신(thymosin)	T cell 발달 촉진	모름
부신	피질	알도스테론(aldosterone)	신장의 세뇨관에서 Na^+ 재흡수 및 K^+ 분비 촉진	혈액 내 K^+ 농도
		글루코코르티코이드	혈당 증가	ACTH
	수질	에피네프린 또는 노르에피네프린	혈당 증가 : 대사 촉진, 혈관수축, 혈압상승	신경계
이자		글루카곤	혈당 증가	혈당
		인슐린	혈당 감소	
정소		안드로젠(androgen)	정자형성 촉진 : 남성의 2차성징 발달 및 유지	FSH, LH
난소		에스트로겐(estrogen)	난포 발육, 부생식기와 유선 발육	FSH, LH
		프로제스테론(progesterone)	배란억제, 임신유지	

(3) 호르몬의 조절기전 ☑ 빈출개념

① 정(正)의 피드백(positive feedback)

㉠ 정(positive)의 메커니즘 : 하위기관에서 분비한 호르몬이 상위기관의 호르몬 분비를 촉진한다.

㉡ 난소에서 분비되는 에스트로젠이 시상하부의 배란 전 방출조절 중추를 자극하여 GnRH 분비를 유발시킴으로써 뇌하수체로부터 황체형성호르몬(LH)을 급격하게 광출시키는 조절기전이다.

㉢ 뇌하수체 호르몬인 황체형성호르몬과 난소호르몬인 에스트로젠은 성숙한 포유동물에서 배란 직전에 호르몬의 혈중농도가 급상승하여 배란을 유도하는 정의 피드백 작용을 한다.

㉣ 암컷에서는 난소에 황체가 존재하면 황체에서 분비되는 프로제스테론에 의한 부(negative)의 피드백기구가 발동되어 뇌하수체의 성선자극호르몬(GTH ; gonadotropin) 분비가 억제된다. 그러나 발정주기의 진행과 더불어 황체가 퇴행되면 부의 피드백이 해제되어 난포가 발달하고 에스트로젠이 분비되는데, 이 에스트로젠은 뇌하수체계에 정의 피드백 작용으로 LH-급증(LH-surge)을 유도한다.

② 부(負)의 피드백(negative feedback)

㉠ 부(negative)의 메커니즘 : 하위기관에서 분비한 호르몬이 상위기관의 호르몬 분비를 억제한다.

㉡ 수컷에서는 뇌하수체 전엽에서 분비되는 황체형성호르몬(LH, ICSH)이 정소의 간질세포를 자극하여 안드로젠의 분비를 자극하고, 분비된 안드로젠은 시상하부의 황체형성호르몬방출호르몬(LH-RH)의 분비를 억제함으로써 LH의 분비를 억제한다. 이와 같이 하위호르몬인 안드로젠에 의하여 상위 호르몬인 LH의 분비가 억제되는 것을 부의 피드백이라 한다.

2. 생식선 자극 호르몬

(1) 시상하부 호르몬

① 시상하부는 시상의 바로 밑에 있으며, 대사과정과 자율신경계의 활동을 관장한다.

② 시상하부의 중요한 기능 중 하나는 뇌하수체를 경유하여 신경계와 내분비계를 연결하는 것이다.

③ 신경호르몬들을 합성하고 분비하며 이들은 차례로 뇌하수체 호르몬의 분비를 자극하거나 억제한다.

④ 부신피질자극호르몬(ACTH), 황체형성호르몬(LH), 난포자극호르몬(FSH), 갑상선자극호르몬(TSH), 성장호르몬(GH), 프로락틴의 방출을 억제 또는 촉진하는 신경물질을 생성한다.

⑤ 시상하부 호르몬의 종류

방출호르몬(RH)	• 성선자극호르몬방출호르몬(GnRH, GTH) : 성선자극호르몬[난포자극호르몬(FSH) 및 황체형성호르몬(LH)]의 분비 촉진 　－ 난포자극호르몬방출호르몬(FSHRH, FRH) 　－ 황체형성호르몬방출호르몬(LHRH) • 갑상선자극호르몬방출호르몬(TRH) : TSH의 분비 촉진 • 부신피질자극호르몬방출호르몬(CRH) : ACTH의 분비 촉진 • 성장호르몬방출호르몬(GHRH) : GH의 분비 촉진 • 프로락틴방출호르몬(PRH) : 프로락틴의 분비 촉진
억제호르몬(IH)	• 성장호르몬억제호르몬(GHIH) : GH의 분비 억제 • 프로락틴억제호르몬(PIH) : 프로락틴의 분비 억제

(2) 뇌하수체 호르몬

① 전엽은 5가지 다른 형태의 세포가 있어 각기 다른 호르몬을 합성하고 분비하며, 후엽은 신경조직으로 이루어져 신경세포에서 만들어진 신경분비물질을 잠시 저장하였다가 자극을 받으면 혈액 속으로 방출한다.

② 뇌하수체 호르몬의 종류

전엽에서 분비	성장호르몬(GH), 갑상선자극호르몬(TSH), 부신피질자극호르몬(ACTH), 난포자극호르몬(FSH), 황체형성호르몬(LH : 당단백질호르몬), 프로락틴 등
중엽에서 분비	인터메딘(색소세포자극호르몬, MSH) : 어류, 양서류, 파충류의 체색 변화
후엽에서 분비	옥시토신(oxytosin), 바소프레신(ADH)

③ 뇌하수체 호르몬의 생리작용

　㉠ 성장호르몬(GH ; Growth Hormone)

　　• 성장호르몬(STH ; Somatotropic Hormone)은 뇌하수체 전엽에서 분비되는 단백질계(peptide) 호르몬이다.

　　• 조직과 골격의 성장을 촉진하고 분만을 하면 모유 생산을 자극하기도 한다.

　㉡ 갑상선자극호르몬(TSH ; Thyroid Stimulating Hormone)

　　• 갑상선 성장을 자극하고 갑상선호르몬인 티록신을 분비한다.

　　• 대사조절작용으로 임신 시 태아발달을 촉진한다.

　㉢ 부신피질자극호르몬(ACTH ; Adrenocorticotropin)

　　• 신장 위쪽의 부신에서 분비를 조절한다.

　　• 부신피질호르몬 : 코르티솔, 코르티코스테론

　㉣ 난포자극호르몬(FSH ; Follicle Stimulating Hormone)

　　• 생식선을 자극하여 에스트로젠을 분비하고 난자와 정자가 성숙하는 것을 돕는다.

- 정소 간질세포를 자극하여 테스토스테론 분비, 정자형성을 촉진한다.
- 난포자극호르몬은 난포의 성장과 성숙을 자극한다.

⑩ 황체형성호르몬(LH ; Luteinizing Hormone)
- 성호르몬인 에스트로젠, 프로제스테론, 테스토스테론 분비를 자극한다.
- 배란 후 황체를 형성하고 프로제스테론 분비, 난포성숙, 에스트로젠 분비촉진, 정소에서 테스토스테론의 분비를 촉진한다.
- 배란 직전에 급증하고 암가축의 배란을 유발한다.
- 정소의 간세포를 자극하여 웅성호르몬인 안드로젠을 분비하게 하여 성욕을 자극한다.
  ※ FSH와 LH는 성선(정소, 난소)을 자극하기 때문에 성선자극호르몬이다.

⑪ 프로락틴(LTH, 최유호르몬, 황체자극호르몬)
- 설치류 동물의 황체를 유지하는 호르몬이다.
- 유선세포 발육, 유즙분비, 모성행동 유발(취소성, 모성애) 등
  ※ 유즙분비는 프로락틴, 유즙강화는 옥시토신이 관여한다.

⑫ 옥시토신(oxytocin)
- 포유동물의 유선에서 유즙을 배출시키고 분만 시 자궁근을 수축시켜 태아를 만출시키는 기능을 수행한다.
- 분만 후 자궁의 수축과 유즙분비를 촉진시키는 뇌하수체 후엽 호르몬이다.
- 분만이 지연될 때 분만촉진제로서 또는 유즙의 유하(流下)를 유도하기 위하여 사용되기도 하는 단백질계(peptide) 호르몬이다.
  ※ 자궁근육의 강한 수축을 위해서는 에스트로젠의 자극이 있어야 한다.

⑬ 바소프레신(vasopressin, ADH) : 신장에서 수분재흡수를 촉진시키고 체내 수분보유를 증가시키는 항이뇨호르몬이다.

(3) 태반성 호르몬

① 임신한 포유동물의 태반이나 자궁내막에서 분비하는 호르몬이다.
② 임마혈청성성선자극호르몬, 융모성성선자극호르몬, 태반성락토겐 등이 있다.
③ 태반성 호르몬의 생리작용

  ㉠ 임마혈청성성선자극호르몬(PMSG ; Pregnant Mare's Serum Gonadotropin)
  - 태반에서 분비되는 호르몬이다.
  - 젖소의 난소에서 난포가 발육되지 않아 무발정이 계속될 때 치료제로서 가장 적합하다.
  - 난포자극호르몬(FSH)의 대용으로 자주 쓰인다.
  - 난포발육, 배란, 황체형성, 성욕증진, 간질세포 발달에 관여한다.

ⓒ 임부태반융모성 성선자극호르몬(hCG ; human Chorionic Gonadotropin)
- 난소를 자극하여 배란을 유도하며 황체를 형성하여 황체세포로부터 프로제스테론의 분비를 증가시키는 역할을 한다.
- 임신한 여성의 태반에서 분비되는 호르몬으로서 임신 초기에 분비되어 LH와 유사한 생리적 작용을 한다.
- 가축의 난소위축, 난소낭종, 발정미약, 배란장애 등 번식장애의 치료에 임상학적으로 널리 이용된다.
ⓒ 태반성락토겐(hPL ; human Placental Lactogen)
- GH와 유사한 작용을 한다.
- 태아성장과 유즙분비를 촉진한다.
※ 난소에서 난포를 완전히 발육시켜 배란이 일어나는 데까지 필요한 호르몬 : FSH, LH

3. 생식선 호르몬

(1) 웅성호르몬(androgen)

① 웅성호르몬의 작용을 나타내는 물질에 대하여 총괄적으로 안드로젠(androgen)이라고 부른다.
② 테스토스테론(testosterone)은 생리적 활성이 가장 높은 스테로이드계 웅성호르몬이다.
③ 웅성호르몬의 생리작용
  ㉠ 정소에서 분비되는 호르몬으로 정자의 형성에 관여
  ㉡ 태아의 성분화 및 정소하강
  ㉢ 웅성의 부생식기관(정소상체, 정관, 음낭, 전립선, 정낭선, 요도구선, 포피)의 성장과 기능발현
  ㉣ 수컷의 제2차성징 발현
  ㉤ 근골격의 성장
  ㉥ 음낭 내의 온도 조절 작용
  ※ 수컷의 포유동물에서 정자형성에 관계가 있는 호르몬 : 안드로젠, 황체형성호르몬(LH), 성선자극호르몬(gonadotropin)

(2) 자성호르몬(에스트로젠, 프로제스테론)

① 척추동물의 난소 내 난포에서 분비되는 자성(여성)호르몬에는 에스트로젠과 프로제스테론 2종류가 있다.
② 에스트로젠 : 암컷에서 발정을 일으키는 호르몬으로 발정호르몬, 난포호르몬, 여포호르몬이라고도 한다.

③ 프로제스테론 : 주로 난소의 황체나 태반, 부신피질, 고환에서 내분비되는 스테로이드계 호르몬으로 황체호르몬이라고도 한다.

④ **자성호르몬의 생리적 작용**

　㉠ 에스트로젠(estrogen)

　　• 발정을 유발하는 기능이 있기 때문에 암가축의 발정징후와 직결된다.

　　• 난포호르몬은 난소에서 주로 합성되며 태반, 부신, 정소에서도 합성되지만 양은 그리 많지 않다.

　　• 생리적 활성이 가장 큰 대표적인 난포호르몬은 17-에스트라다이올이다.

　　　※ 난포 속에는 에스트론(estrone), 17-에스트라다이올(17-estradiol), 에스트라이올(estriol)이 있고, 이 중 17-에스트라다이올이 분비량·생물활성 모두 가장 높다.

　　• 유선관계의 발달, 제2차 성징의 발현 등에 관여한다.

　　　※ **유선발육에 관여하는 호르몬** : 난포호르몬(estrogen), 황체호르몬(progesterone), 프로락틴 등
　　　※ 유선관계의 발육은 에스트로젠, 유선포계의 발달은 프로제스테론의 지배를 받는다.

　㉡ 프로제스테론(progesterone)

　　• 난소의 황체에서 주로 분비되는 황체호르몬이다.

　　• 배반포의 착상에 필요한 자궁의 준비적 변화를 유발하고, 콜라겐의 합성을 촉진하는 protocollagen hydroxylase의 활성을 증대시킴으로써 임신에 따른 자궁의 비대에 필요한 교원질을 공급해 주는 기능을 한다.

　　• 착상, 임신유지, 자궁액의 분비증대, 유선자극, 유선포계의 발달 등 생리작용을 한다.

　　• 수정란의 착상과 임신의 유지에 적합하도록 부생식기관의 기능발현을 조절한다.

　　• 임신 중 옥시토신의 자궁수축작용이 일어나지 못하게 하는 호르몬이다.

　　• 분만이 개시되면 분비가 상대적으로 감소한다.

　　• 높은 농도의 프로제스테론은 시상하부를 통한 부(-)의 피드백 작용으로 FSH와 LH의 분비를 억제하여 발정과 배란을 억제한다.

4. 기타 번식 관련 호르몬

(1) 프로스타글란딘(PGF$_{2\alpha}$, prostaglandin)

① 교배 시 수컷 및 암컷의 생식도관을 수축시켜 정자의 수종을 촉진한다.

② 성주기를 반복하는 동물에서 자궁은 PGF$_{2\alpha}$를 분비하여 황체의 수명을 조절한다.

③ 포유가축에서 발정의 동기화, 분만시기의 인위적 조절 및 번식장애의 치료에 광범위하게 사용된다.

④ 분만기에 분비된 $PGF_{2\alpha}$는 황체를 퇴행시키고 자궁근 및 위와 장도관 내 윤활근의 수축을 자극하므로 분만 촉진제 역할을 한다.

⑤ 난소에 황체낭종이 발생하여 발정이 일어나지 않을 경우 치료제로서 가장 적합하다.

⑥ 임신 말기에 주사하여 분만을 유기할 수 있는 호르몬제이다.

> ※ **임신 말기의 돼지에서 분만유기를 위하여 주로 사용되는 호르몬** : $PGF_{2\alpha}$, dexamethasone
> ※ **가축에게 프로스타글란딘을 투여했을 때 가장 현저하게 감소하는 혈중호르몬** : 프로제스테론(황체호르몬)
> ※ **분만 시 작용하는 호르몬**
> • 에스트로젠, 태아의 cortisol, 프로스타글란딘의 분비가 증가한다.
> • 프로제스테론의 분비가 감소한다.

(2) 릴랙신(relaxin) ☑ 빈출개념

① 임신 중 태반이나 자궁내막에서 분비되는 단백질계(polypeptide) 호르몬으로서 주로 임신황체에서 분비되지만 말, 토끼, 고양이 및 원숭이 등에서는 태반에서도 분비된다.

② 릴랙신이 기능을 발휘하기 위해서는 난포호르몬의 선행작용이 있어야 한다.

③ 난포호르몬의 전처리를 받은 릴랙신은 치골결합을 분리시켜 태아가 용이하게 골반을 통과하도록 한다.

④ 난포호르몬과 협동하여 유선발육을 촉진시킨다.

⑤ 난포벽에 있는 결합조직을 붕괴시켜 배란을 유도하는 작용도 한다.

⑥ 임신 시에는 릴랙신과 프로제스테론과 합동으로 자궁근의 수축을 억제하여 임신을 유지시키며, estradiol과 동시에 투여하면 유선의 성장을 촉진시킨다.

(3) 인히빈(inhibin)

① 암컷에서는 포상난포의 과립막세포에서 수컷에서는 정소의 세르톨리세포에서 분비되는 호르몬으로서 뇌하수체의 FSH가 인히빈의 분비를 자극시킨다.

② 생리작용은 시상하부－뇌하수체축에 부(負)의 피드백 작용으로 FSH의 분비를 억제한다. 그러나 LH의 분비에는 영향을 미치지 못한다.

③ 뇌하수체에서 FSH와 LH가 분비될 때 서로 다른 분비양식의 유지가 부분적으로 가능하다.

④ 인히빈은 암컷의 난포형성과정의 후반부에 많이 분비되는데, 배란 직전에 일어나야 하는 FSH의 합성과 분비의 억제를 유발한다.

⑤ 수컷에서 왕성한 조정작용이 이루어질 때 인히빈의 분비가 급격히 증가하여 FSH 분비가 억제되어 정자형성이 억제되며, 뒤이어 인히빈의 분비가 저하되면 정자형성이 재개된다. 따라서 조정작용이 왕성한 수컷에서는 인히빈의 농도가 낮고, 정자형성장애가 있는 수컷에서는 인히빈의 농도가 증가한다.

가축의 번식생리

1. 성 성숙

(1) 성 성숙 과정과 변화

① 성 성숙과 성 성숙기의 개념

㉠ 생식기관의 형태와 기능이 성숙되어 번식이 가능해지는 성숙 과정의 시작을 춘기발동이라 한다.

㉡ 춘기발동이 시작되는 시기를 춘기발동기라 하고 이 과정이 완료되는 시기를 성 성숙기라 한다.

㉢ 수컷의 성 성숙은 교미와 사정이 가능하여 생식을 할 수 있는 시기이다.

㉣ 암컷은 발정을 동반한 배란이 시작되고 임신이 가능해진다.

㉤ 성 성숙기가 번식적령기와 반드시 일치하는 것은 아니다.

> ※ **종모축에서 나타나는 성 성숙현상**
> • 정자생산능력 완성
> • 부생식선 발육
> • 발현과 교미, 사정가능

㉥ 각 가축의 암컷 성 성숙월령 및 번식적령

구분	성 성숙	번식적령
소	6~10개월(젖소 8~13개월)	14~22개월(평균16~18개월령) 홀스타인 암소의 평균체중 300~400kg
돼지	5~8개월	8~12개월(암수 평균 10개월), 체중 120kg 이상
면양	6~8개월	9~18개월(산양 12~18개월)
말	12~18개월	24~48개월

• 모축인 돼지의 성 성숙이 완료되는 시기 : 생후 30주

• 암소 중 성 성숙이 가장 느린 품종 : 에어셔(Ayrshire)

② 성 성숙 발현기전

㉠ 암컷의 성 성숙기전 ☑ **빈출개념**

• 어린 가축의 성 성숙은 시상하부－뇌하수체－난소의 상호작용에 의하여 이루어진다.

• 미성숙 단계에서는 에스트로젠의 분비량이 적어서 GnRH의 분비를 자극하지 못한다.

• 시상하부에서 분비되는 GnRH는 뇌하수체 전엽에서의 FSH와 LH 분비를 자극하고, 분비된 FSH와 LH는 난소에서 에스트로젠의 분비를 자극한다.

ⓛ 수컷의 성 성숙기전
- 수컷의 성 성숙은 시상하부, 뇌하수체 및 성선의 상호작용에 의하여 조절된다.
- 미성숙 단계에서는 GnRH의 분비억제로 FSH와 LH의 분비자극이 미약하고, 이로 인해 정소에서 테스토스테론의 분비량이 줄어든다.
- GnRH의 분비량이 증가하면 FSH와 LH의 분비가 증진된다.
- 증가된 FSH, LH 및 테스토스테론이 증가되면 세정관 상피의 생식세포와 세르톨리세포 등에 작용하여 정자를 형성하여 성욕을 일으키므로 수컷의 춘기발동기가 온다.

③ 성 성숙에 영향을 미치는 요인
  ㉠ 유전적 요인
- 동물종, 품종 및 계통 간에 성 성숙시기의 차이가 있다.
- 동일한 가축에서 체구가 작은 품종이 큰 품종보다 성 성숙이 빠르다.
- 수명이 짧은 동물이 성 성숙이 빠르고 수명이 긴 동물이 늦다.
- 교잡종(잡종번식)이 순종보다 성 성숙이 빠르다.
- 근친교배는 소, 돼지, 면양 등에 있어서 성 성숙을 지연시킨다.
- 돼지에 있어서 근친교배를 시킬 경우 산자수가 적어진다.
  ※ **가축의 성 성숙에 영향을 미치는 주요인** : 유전적 요인, 영양, 계절, 온도, 사육방법
  ㉡ 영양적 요인
- 영양이 부족한 개체, 비만인 개체의 성 성숙은 지연된다.
- 소에 있어서 성 성숙시기에 가장 크게 영향을 미치는 요인은 체중(비만)이다.
  ㉢ 온도 요인
- 고온환경하에서 사용된 개체의 성 성숙은 지연된다.
- 극단으로 온도가 높거나 낮을 때 대부분 가축의 성 성숙은 지연된다.
  ㉣ 사육방법
- 사육시설, 위생상태와 같은 환경조건도 성 성숙에 영향을 미친다.
- 돼지는 개체사육보다 공동사육하면 성 성숙이 빨라진다.
- 암소의 경우 수소와 접촉시켜 키우거나 수소의 오줌에 접촉시키면 성 성숙이 빨라진다.
  ㉤ 계절적 요인
- 출생계절에 따라 성 성숙시기가 달라질 수가 있다.
- 계절번식동물 중 출생시기가 늦은 개체는 성 성숙이 지연된다.
- 계절요인 중 가장 많은 영향을 주는 요인은 광 주기성, 즉 일조시간이다.

- 가축의 번식계절에 영향을 미치는 요인은 일조시간의 장단, 온도, 내분비학적 기구 등이다.
- 계절번식동물(특히 면양)의 성 성숙에 대하여 가장 큰 영향을 미치는 요인은 일조시간이다.
  - 장·단일성 일조시간 : 성중추를 자극하여 시상하부의 GnRH를 분비하고, 이것이 뇌하수체 전엽을 자극하여 FSH와 LH의 분비를 촉진시켜 발정을 유발한다.
  - 온도 : 일조시간에 비하면 그 영향이 약하나 번식계절의 개시에 영향을 주는 중요한 요인 중 하나이다.
- 계절번식가축

주년성 번식동물		• 계절적 영향이 작아 연중번식이 가능한 가축 • 소, 돼지, 토끼
비주년성 번식동물	단일성 번식동물	면양, 산양, 염소, 사슴, 노루, 고라니 등
	장일성 번식동물	말, 당나귀, 곰, 밍크, 오리, 닭 등

2. 발정

(1) 성 주기의 길이와 지속기간

① 발정의 개념

㉠ 성 성숙기에 도달해야 발정이 개시된다.

㉡ 발정기(estrus)란 암컷이 수컷의 교미를 허용하는 시기이다.

㉢ 발정기의 생식기관은 에스트로젠의 영향을 받는다.

㉣ 발정 후기는 프로제스테론 영향을 받는다.

㉤ 성 성숙에 도달한 암컷은 임신이 되지 않으면 재발정이 온다.

② 발정주기

㉠ 발정주기 개념

- 한 발정기의 개시로부터 다음 발정기 개시 직전까지의 기간
- 발정주기는 발정 전기, 발정기, 발정 후기, 발정 휴지기로 구분된다.
- 발정주기는 주기적이고 연속적으로 일어난다(무발정기간은 제외).

㉡ 발정주기 종류

- 완전 발정주기 : 난포발육, 배란 및 황체형성이 주기적으로 반복된다.
- 불완전 발정주기
  - 4~6일 간격으로 난포발육, 배란 및 황체형성이 반복된다.
  - 불완전 발정주기의 황체는 교미자극에 의하여 분비기능이 생긴다.
- 지속성 발정주기 : 난소에 소량의 성숙난포가 존재하면서 발정이 지속된다.

ⓒ 가축별 발정주기와 발정지속기간, 배란시간

구분	번식특성	발정주기(일)	발정지속시간(시간)	배란시간(시간)
소	연중	21~22	18~20	발정종료 후 10~11
돼지	연중	19~21	48~72	발정개시 후 35~45
면양	단일성	16~17	24~36	발정개시 후 24~30
산양	단일설	21	32~40	발정개시 후 30~36
말	장일성	19~25	4~8(일)	발정종료 전 24~48

③ 발정주기와 발정동물

　　ㄱ 단발정동물(1년에 한 번) : 개, 곰, 여우, 이리 등

　　ㄴ 다발정동물(1년에 수회 주기적) : 소, 돼지, 말 등

　　ㄷ 계절적 다발정동물 : 양, 말, 고양이

(2) 성 주기에 따른 생식기의 변화

① 발정단계

발정 전기	• 발정 휴지기로부터 발정기로 이행하는 시기로, 발정이 시작되기 직전의 단계이다. • 난소에서 난자를 배출시키기 위한 준비와 교미를 위한 준비기간이다. • 이 단계에서는 수컷을 허용하지 않는다. • 난소에서는 하나 혹은 수개의 난포가 급속하게 발육하면서 그 속에 난포액이 충만된다. • 지속시간 : 소 1일, 말 1~2일, 돼지 1~7일이다.
발정기	• 난포로부터 에스트로젠이 왕성하게 분비되기 때문에 생식계는 에스트로젠의 영향하에 놓이게 된다. • 암컷은 몹시 흥분하게 되고 수컷의 승가를 허용한다. • 소와 산양을 제외하고 대부분의 가축이 이 기간에 배란하게 된다. • 지속시간 : 소 12~18시간, 면양 24~36시간, 돼지 40(48)~72시간, 말 4~8일
발정 후기	• 발정기 다음에 이어지는 시기로서 높았던 에스트로젠 함량이 낮아지면서 프로제스테론의 농도가 높아지고 발정기 때의 흥분이 가라앉게 된다(황체가 형성된다). • 자궁내막에는 자궁선이 급속도로 발달한다. • 소에 있어서 자궁 내 출혈 또는 발정에 의한 출혈이 외부로 나타나는 때이다. • 보통 배란 후 24시간, 즉 발정개시 후 50~71시간에 일어나며, 이것은 임신 여부와는 관계없이 발생한다.
발정 휴지기	• 발정 후기 이후부터 다음 발정 전기까지의 기간이다. • 난소주기로는 황체기에 속하는 시기이다. • 발정과 배란이 있은 후 만약 임신이 안 되었을 때는 자궁을 비롯한 모든 생식계는 서서히 환원하기 시작한다. • 기간 : 소는 발정주기의 5일부터 16~17일까지, 면양과 돼지는 발정주기 4일부터 13~15일까지, 말은 발정기간에 개체 차이가 크기 때문에 대략 14~19일간이다.

② 발정과 배란

　㉠ 발정주기 기간 중 난소(卵巢)에서 일어나는 생리적 변화 : 난포발육 → 성숙 → 배란 → 황체형성 → 퇴행

　㉡ 소를 제외한 대부분의 가축이 배란을 하는 단계 : 황체기

　㉢ 성숙한 암컷 가축의 난관 분비액

　　• 스테로이드 호르몬에 의해 양이 조절된다.

　　• 수정란의 발달에 알맞은 환경을 제공한다.

　　• 주입된 정자의 수정능 획득을 유도한다.

　㉣ 포유가축 암컷에서 배란 직전의 성숙난포가 배란에 이르기까지 일어나는 3가지 중요한 과정

　　• 난모세포의 세포질과 핵의 성숙

　　• 세포외벽의 파열

　　• 과립막세포 사이에 존재하는 세포결합의 손실

③ 각 동물의 성 주기

　㉠ 고양이는 교미자극 후 보통 24~30시간에 배란이 일어난다.

　㉡ 사슴의 번식계절은 일조시간이 짧아지는 시기로 우리나라의 경우에서는 9~12월경에 해당된다.

　㉢ 개의 임신기간은 산양보다 짧다.

　㉣ 우리나라에서 말은 장일성 번식동물로 번식계절이 4~6월이다.

　㉤ 개, 여우 등은 제1차 성숙분열(감수분열)이 완성되기 전에 배란이 일어난다.

　㉥ 교미를 해야 배란이 되는 동물(일정한 성 주기가 없는 가축) : 토끼, 고양이, 밍크

　※ **교미배란** : 대부분의 포유동물은 자연배란동물이지만, 토끼, 고양이, 밍크 등은 통상 교미자극에 의해 배란이 유기되어 이 자극이 없으면 발육한 난포는 폐쇄퇴행한다. 성 성숙이 완료된 시기에서도 교미자극이 가해지지 않는 한 배란이 일어나지 않고 발정이 계속된다.

(3) 발정징후

① 소의 발정징후 ☑ **빈출개념**

　㉠ 수소의 승가를 허용한다.

　㉡ 불안해하고 자주 큰소리로 운다.

　㉢ 식욕이 감퇴되고 거동이 불안해진다.

　㉣ 외음부는 충혈되어 붓고 밖으로 맑은 점액이 흘러나온다.

　㉤ 거동이 불안하고 평상시보다 보행수가 2~4배 증가한다.

　㉥ 눈이 활기 있고 신경이 예민하며, 귀를 자주 흔들고 소리를 지른다.

ⓐ 다른 암소에게 올라타거나 다른 암소가 올라타는 것(승가)을 허용한다.

　　　ⓞ 오줌을 소량씩 자주 눈다.

　　　ⓩ 다른 소의 주위를 배회하는 경우가 많다.

② 돼지의 발정징후

　　　㉠ 허리를 누르면 부동반응을 나타낸다.

　　　㉡ 식욕감퇴로 사료섭취량이 감소한다.

　　　㉢ 질 밖으로 점액을 분비한다.

　　　㉣ 다른 돼지의 승가를 허용한다.

　　　㉤ 외음부가 충혈, 돌출하며 며칠 간 붉은 분홍빛을 나타낸다.

　　　㉥ 거동이 불안하고, 입에 거품이 발생한다.

(4) 분만 후 발정재귀

① 소 분만 후 발정재귀

　　　㉠ 분만 후 발정이 다시 재개되는 것을 발정재귀라고 한다.

　　　㉡ 한우의 송아지 분만 후 발정재귀일수는 평균 50~60일 사이(30~90일)이다.

　　　㉢ 한우 암소의 발정재귀에 영향을 주는 요인

　　　　• 어미소 자궁회복의 정도 : 영양수준이 적정하지 못하면 발정재귀일수는 늦어지게 된다.

　　　　• 어미소 포유지속의 여부 : 어미소가 포유를 계속하고 있을 경우 어미소의 체내 호르몬의 변화(옥시토신, 프로락틴의 지속적인 분비)로 인하여 발정재귀가 늦어지거나 미약발정이 와서 발정발현 파악이 어려울 수 있다. 따라서 포유 중인 송아지를 조기 이유할 경우 발정재귀일수를 앞당길 수 있다.

　　　　• 어미소의 월령과 산차 : 어리고 산차가 작을수록 발정재귀일수가 늦어지므로 성 성숙이 완전히 이루어지지 않은 소에 수정을 하는 것은 결과적으로 번식연한을 단축하는 결과를 초래한다.

　　　　※ **친볼마커** : 수소 턱에 친볼마커를 달아서 승가했을 때 암소등에 표시되게 하는 방법으로 방목하고 있는 암소가 발정이 왔는지 알 수 있는 실제적인 방법이다.

② 돼지 분만 후 발정재귀

　　　㉠ 이유 후 10일 이내(평균 7일)에 발정이 오면 배란비율이 높아지고 수정능력이 좋아지며, 착상하는 수정란이 많아 산자수가 증가하는 긍정적인 효과가 있다.

　　　㉡ 이유로부터 발정이 발현될 때까지의 기간은 사양형태, 임신 중의 사료 및 단백질섭취량, 비유 중의 라이신섭취량, 포유기간 등에 의해 영향을 받는다.

3. 교배적기

(1) 가축의 교배적기를 결정하는 생리적 요인 ☑빈출개념

   ① 발정지속시간

   ② 배란시기와 정자가 수정능력을 획득하는 데 요하는 시간

   ③ 자축의 생식기도 내에서 정자가 수정능력을 유지하는 기간

   ④ 배란된 난자가 자축의 생식기도 내에서 수정능력을 유지하는 기간

   ⑤ 수정부위까지의 정자수송시간

(2) 가축의 교배적기

   ① 소의 교배적기

      ㉠ 발정 중기부터 발정종료 후 6시경까지이다.

      ㉡ 다른 소가 승가하는 것을 허용할 때 수정한다.

      ㉢ 수정적기는 일반적으로 발정개시 후 12~18시간(배란 전 13~18시간) 또는 발정종료 전후 3~4시간 사이이다.

> **더 알아보기**   **젖소의 교배적기 판정**
>
> - 아침 9시 이전에 발정을 확인한 경우는 당일 오후가 수정적기이다.
> - 발정을 오전(9~12시) 중에 발견한 경우는 당일 저녁 또는 다음날 새벽이 수정적기이다. 오전 10시 이후는 늦다.
> - 소의 수정적기는 발정 중기부터 발정종료 6시간 내에 해당한다.
> - 발정을 오후에 발견한 경우는 다음날 오전이 수정적기이다.

   ② 돼지의 교배적기

      ㉠ 외음부의 발적, 종창이 최고조를 지나 약간 감퇴한 시기이다.

      ㉡ 수퇘지를 허용하기 시작한 시점으로부터 대략 10~26시간 동안이다.

      ㉢ 아침에 암퇘지의 허리를 눌러 보았더니 가만히 서서 수컷을 허용하는 자세를 취하였다면, 이 돼지의 교배적기는 당일 오후에서 다음날 아침까지이다.

      ㉣ 일반적으로 돼지는 첫 발정 시 8~10개의 난자를 배란한다.

   ③ 개의 교배적기 : 배란 전 54시간부터 배란 후 108시간까지 약 7일간이다.

   ④ 말의 교배적기 : 직장검사를 한 경우 배란와(ovulation pit)가 닫혀 있지 않은 시기로 배란 후 2시간 이내에 교배시키면 최고의 수태율을 갖는다.

   ⑤ 면양의 교배적기 : 발정개시 후 25~30시간이다.

4. 수정

(1) 정자와 난자의 이동

① 정자의 이동

　㉠ 교미에 의해 사정된 정자는 자궁의 수축운동과 흡인작용 및 정자의 운동성 등에 의해 자궁체, 자궁각을 지나 난관팽대부(수정부위)로 수송된다.

　㉡ 난관팽대부까지의 수송에는 에스트로젠과 옥시토신 등의 내분비적 요인이 관여한다.

　㉢ 정자는 자궁과 난관을 이동하는 동안에 수정능력을 획득하고, 난관팽대부에 도달하게 된다.

　㉣ 정자가 수정부위까지 도달하는 데 걸리는 시간은 설치류 1시간 내외, 가축(소, 돼지, 면양)의 경우 2시간 이상이다.

② 난자의 이동

　㉠ 난포에서 방출된 난자는 난관 내의 섬모운동으로 난관 내로 이동한다.

　㉡ 난관 내로 들어온 난자는 상피의 섬모운동과 난관벽의 근육운동에 의하여 1분에 0.1mm 속도로 신속히 팽대부의 하단으로 운반되어 정자와 만나게 된다.

　㉢ 난자의 운반은 난관채의 형태, 배란 시 난소표면과 난관채의 상호관계, 난포에서 방출되는 과립막세포, 난관액과 난구세포의 생리적 작용 등에 영향을 받는다.

　㉣ 배란 후 난자가 난관팽대부까지 이동하는 데 소 2~13분, 돼지 45분 정도 소요되고 면양은 느리다.

> ※ 배란된 난자가 착상될 때까지 난관에서의 수송시간
> - 소 : 72~90시간
> - 양 : 72시간
> - 말 : 98시간
> - 돼지 : 48~50시간
> - 쥐 : 72시간

(2) 생식세포의 수정능력

① 수정능력 부여

　㉠ 첨체화 반응을 일으킬 수 있는 능력

　㉡ 투명대에 부착하는 능력

　㉢ 과운동성의 획득 등

② 정자의 수정능력

　㉠ 정자가 수정능력을 최종적으로 획득하는 부위는 암컷의 생식기이다.

　㉡ 정자가 암컷의 생식기도 내에서 수정능력을 획득하는 것은 분비액 중에 획득인자가 함유되어 있기 때문이다.

ⓒ 수정능력 획득에 수반되는 형태적 변화는 주로 첨체반응으로 나타난다.

ⓔ 정자는 투명대를 통과하고 난자의 세포질에 진입하여 수정을 완료한다.

※ 소에서 수정란이 투명대로부터 탈출되는 시기는 배란 후 10~11일이다.

ⓜ 정자의 첨체반응

- 수정능력을 획득한 정자가 난자의 투명대를 통과하기 위하여 일어나는 현상이다.
- 정자가 수정능력 획득에 의하여 정자두부에서 방출되는 효소[아크로신(acrosin)] 중에서 난자의 투명대를 용해하는 효소로 정자의 침투통로를 만든다.
- 하이알루로니데이스(hyaluronidase)라는 효소가 정자를 투명대 표면에 도달하는 것을 돕는다.

※ 정자의 첨체에 함유된 효소(정자두부에서 방출되는 효소)의 종류
  - 하이알루로니데이스(hyaluronidase)
  - 아크로신(acrosin)
  - 에스트라제(estrases)
  - 포스포리파제 a2(phospholipase a2)
  - 칼페인 Ⅱ(calpain Ⅱ)
  - 산포스포타제(acid phosphotases)
  - 아릴설파타제(arylsulphatases)
  - −n−아세틸글루코사미니다제
  - 아릴아미다제(aryl amidase)
  - 비특이산프로테이나제(nonspecific acid proteinases) 등

③ 난자의 수정능력

ⓐ 배란 직전 제1극체를 방출하고 감수제2분열 중기에 배란되어 수정능력을 획득한다.

ⓑ 난자는 대개의 경우 배란 후 12~24시간 정도 수정능력을 유지한다.

ⓒ 자성생식기관 내에서 난자의 수정능력 보유시간은 정자의 수정능력 보유시간보다 짧다.

ⓓ 인공수정시간이 늦을 경우 난자는 그 수정능력 말기에 수정되기 때문에 수정란이 착상되지 못할 수 있다.

ⓔ 난자가 노화되면 유산, 배아흡수 및 이상발생 등이 일어날 수 있다.

※ 포유가축에서 정자와 난자가 만나서 수정이 이루어질 때 다정자 침입을 방지하는 세 가지 주요 생리적 작용 : 정자수의 제한, 투명대 반응, 난황막 차단

[정자와 난자의 수정능력 보유시간]

가축명	정자의 수정능력 보유시간	난자의 수정능력 보유시간
소	24~48(평균 30~40)시간	8~12(최대 12~24)시간
말	72~120시간	6~8시간
돼지	28~48시간	8~10시간
면양	30~48시간	16~24시간

(3) 수정과정과 이상수정

① 수정(fertilization)의 개념

ㄱ 단 1개의 정자만이 난자 속으로 들어가 정자가 난자에 도달했을 때 그곳에 수정돌기가 생기며, 이 수정돌기를 통해서만 정자의 머리 부분만(=핵이 있음)이 난자 속으로 침투한다.

ㄴ 암수 각각의 배우자인 난자(제2난모세포, 조류와 포유류)와 정자가 합체하여 단일세포인 접합자를 형성하는 과정이다.

ㄷ 수정과정은 난자와 정자의 접촉으로 시작되어 정자의 난자 내 침입, 난자의 활성화, 자·웅전핵의 형성과정을 거쳐 양전핵의 융합으로 완료된다.

ㄹ 난자의 핵(n)과 정자의 핵(n)이 합쳐져서 수정이 이루어지며, 수정이 끝난 난자를 수정란(2n)이라고 한다.

② 수정과정(발생과정)

ㄱ 수정은 정자와 난모세포가 만났을 때 시작되어 전핵(생식핵)으로 융합되어졌을 때 끝난다.

ㄴ 정자의 수정능 획득 → 첨체반응 → 정자머리의 원형질파괴(첨체외막을 녹임) → 체효소를 방출하는 소포생산 → 첨체효소 방출

ㄷ 난자의 반응 ☑ 빈출개념

- 투명대 반응 : 정자가 침입하면 다음 정자가 못 들어오게 한다.
- 난황 차단 : 하나의 정자가 투입되면 나머지의 정자는 출입금지 시킨다.
  ※ 투명대 반응, 난황막 봉쇄가 안 되면 다정자수정이 된다.
- 제2극체가 방출되고, 미토콘드리아가 정자의 꼬리를 분해하여 전핵이 만들어진다.
- 두 개의 전핵이 형성되고 융합되어 하나의 수정란이 형성된다.
  ※ 소의 경우 교배(인공수정) 후 정자와 난자가 난관팽대부에서 만나 수정을 완료하는데 소요되는 시간 : 20~24시간

③ 이상수정

ㄱ 다정자수정

- 한 개 이상의 정자가 들어가 수정되는 현상 : 다수체
- 염색체수가 3배체가 되어 정상적으로 조금 발달하다가 죽거나 퇴화된다.
- 다정자수정이 일어나는 이유(포유동물에서 일어나는 경우)
  - 배란된 후 너무 늦게 교미시키는 경우(적기에 교미시키지 못하거나 늦춘다)
  - 각종 열을 발생하는 병에 걸렸을 때, 실온이 높을 때(기온이 높거나 체온이 높을 때 배란된 난자)

ㄴ 다란핵수정(多卵核受精) : 난자에서 유래된 2개의 핵이 진입되어 융합됨으로서 3배체를 형성한다.

ⓒ 단위생식 ☑ **빈출개념** : 단위생식 또는 처녀생식은 남성정자에 의한 수정없이 배아가 성장, 발달하는 것이다. 난자의 염색체가 극체(polar body)와 결합하여 두 벌이 되어 수정란이 되는 형태로 일어난다.

> **더 알아보기** 소에 발생되는 프리마틴(freemartin)
>
> • 개념 : 성(性)이 다른 다태아(쌍둥이, 세쌍둥이)로 태어난 암송아지 중에 생식기의 발육불량으로 번식능력이 없는 것을 말한다.
> • 원인 : 암수 쌍태로 수컷의 호르몬에 의해서 즉, 암컷과 수컷, 쌍방의 혈액이 태반을 통해 교류되어 수컷의 성호르몬이 암컷의 생식기 발육을 억제함으로써 생긴다.
> • 프리마틴이 갖는 특징
>   - 이성 쌍둥이의 암송아지 중 약 10%는 정상적인 생식능력을 갖는다.
>   - 중간적인 양성의 생식기관을 갖는다.
>   - 정상적인 암컷과 비슷한 외부생식기를 갖는다.
>   - 정소와 여러 가지 유사점을 가진 변이한 난소를 갖는다.
>   - 출생 직후 프리마틴 송아지는 외견상 정상 암송아지와 별 차이가 없다.
>   - 일반적으로 외음부가 약간 작고, 음모가 길며, 음핵이 커 눈에 띄기도 한다.
>   - 성(性) 성숙기가 지나도 발정이 오지 않는다.
>   - 만 한 살이 지나면 외모와 성격이 수컷과 비슷해진다.

5. 착상

(1) 난할 과정과 수정란의 이동

① 난할

ⓐ 난자가 난관팽대부에서 수정이 되면 이동을 하면서 동시에 난할을 하게 된다.

ⓑ 수정란은 곧 체세포분열을 하여 그 수를 늘리는데, 이와 같은 수정란의 세포분열을 난할이라 하며, 난할로 생긴 하나하나의 세포를 할구라고 한다.

ⓒ 수정 → 2세포기(경할 : 위에서 아래로 분열) → 4세포기(경할) → 8세포기(위할 : 좌우로 분열) → 16세포기(경할) → 32세포기(위할, 5번째 난할) → 상실기 → 포배기 → 착상 → 낭배기

ⓓ 난할이 진행되면서 상실배가 된다. 상실배란 16세포기에서 32세포기 사이 분할기의 배(胚)이다(모양이 뽕나무 열매인 오디와 같아서 붙여진 이름이다).

ⓔ 상실배가 더 발달하면 배반포기(상실배와 원장배의 중간기)가 된다.

  • 모축의 자궁에 착상되는 수정란의 단계 : 배반포
  • 배반포의 형성과 발달과정 중 수정란에서 태반과 태막이 되는 것은 영양배엽(영양막)이고, 내부세포괴는 태아로 발달한다.

ⓕ 배의 주머니에 액체가 고여 내강을 만들고 분할된 세포들이 내강을 둘러싸게 된다.

ⓖ 마지막에 착상이 이루어진다. 착상(수정란과 모체의 연결)은 자궁에 자리를 잡는 것이다.

② 수정란의 이동
　　㉠ 난관 내 이동
　　　• 수정란의 이동은 난관 내 섬모의 유동운동과 난관근육의 수축운동에 의해 이루어진다.
　　　• 보통 에스트로젠은 자궁근층의 운동을 촉진하고 프로제스테론은 억제한다.
　　　• 소의 난자가 난관팽대부－협부접합부에 도달하는 시간은 배란 후 8~10시간이고, 돼지의 난자는 발정개시 후 48~75시간이면 팽대부 하단에 도달하고 배란 후 24~48시간이면 자궁에 도달한다.
　　㉡ 배의 자궁 내 이동분포
　　　• 난자가 배란된 쪽의 난관에서 자궁 내로 들어가 착상하는 경우가 일반적이다.
　　　• 자궁 내 전이
　　　　－ 난자가 자궁체를 경유하여 다른 쪽의 자궁각에 착상하는 경우이다.
　　　　－ 단태동물인 소, 면양의 경우는 발생률이 낮지만 돼지는 높다(40%).
　　　• 복강 내 전이 : 난자가 복강 내를 경유하여 다른 편의 난관에 수용되는 경우이다.

(2) 착상 전 자궁의 변화

① 자궁은 근육활동과 긴장성이 감소(프로제스테론의 증가로)하여 배반포가 착상하기에 좋은 상태로 변한다.
② 자궁에 도달한 배는 일정기간 부유하면서 자궁유(자궁선에서 분비)를 영양분으로 계속 발달한다.
③ 자궁내막에는 혈액공급이 증가하면서 지방, 단백질, 글리코겐, 핵산 등의 함량이 증가하여 자궁상피와 자궁선이 발달하는 등 착상성 증식변화가 일어난다.

　※ **다태동물에 있어서 자궁 내 배의 착상부위 결정요인**
　　• 자궁근의 교반운동
　　• 자궁근의 수축파
　　• 배반포의 상호밀접 방어작용

(3) 착상과정

① 착상양식
　㉠ 중심착상
　　• 배반포가 자궁강 내에 확장하여 영양막세포가 자궁상피에 부착되는 착상이다.
　　• 소, 돼지, 말 등 주요가축
　㉡ 편심착상
　　• 배반포가 자궁내막 주름에 매장되어 착상한다.
　　• 래트, 마우스, 등 설치류

ⓒ 벽내착상
- 배반포가 내막상피를 통과하여 내막의 내부에 착상한다.
- 영장류, 두더지, 기니피그 등
② 착상과정
㉠ 어느 동물이나 착상위치는 결정되어 있다.
㉡ 자궁에 착상하는 배반포의 위치와 방향을 정위라 한다.
㉢ 착상지연
- 자연적 착상지연 : 자연상태에서 장기간 휴면기를 거쳐 수주 또는 수개월 후에 착상하는 경우
  예 노루, 밍크, 족제비, 곰 등
- 생리적 착상지연 : 분만 후 곧바로 발정 시 교미로 생긴 수정란은 젖먹이는 새끼수에 비례하여 수일에서 2주일간 착상이 지연되는 경우
  예 흰쥐, 생쥐 등
③ 초기배 치사
㉠ 소, 말, 면양 및 돼지에서 초기배의 약 25~40%는 수정과 착상의 말기에서 초기배 치사가 발생되는 수가 많다.
㉡ 발정호르몬과 황체호르몬의 불균형으로 인해 초기배 수송의 촉진 또는 지연으로 생긴다.
㉢ 특히 돼지의 경우 초기배의 높은 사망률은 모축의 연령 때문에 일어나는 경우가 많다.
㉣ 초기배 치사의 해결에는 모체의 건강, 영양, 연령, 호르몬의 불균형, 열 스트레스, 자궁 내의 환경 등이 꼽히고 있다.

6. 임신

(1) 임신가축의 생리적 변화

① 임신인지
㉠ 임신인지란 임신에 관련된 수태산물이 보내는 신호를 임신하는 가축이 감지하여 $PGF_{2\alpha}$ 의 분비를 저지하여 임신을 유지하는 현상이다.
㉡ 임신인지는 대부분 배반포가 자궁에 이송되는 시기에 일어난다. 그러나 말은 수정란이 자궁에 도착하는 즉시 인지한다.
㉢ 임신황체는 임신기간 중 존재하는 황체이다. 수태가 되면 발정황체가 임신황체로 그 기능을 계속하게 되고 에스트로젠은 $PGF_{2\alpha}$의 분비를 억제시킨다.

ⓔ 임신을 하지 않으면 $PGF_{2\alpha}$가 분비되고, 이로 인해 프로제스테론의 분비가 억제되어 황체가 퇴행하게 된다.

ⓜ 분만이 개시될 때 프로제스테론 농도가 상대적으로 감소된다.

　※ 포유동물에 있어서 프로스타글란딘($PGF_{2\alpha}$)의 기능황체를 퇴행시키고 자궁근 및 위와 장도관 내 윤활근의 수축을 자극하므로 분만 시에 분만촉진제로서의 역할을 한다.

② 임신과 내분비

　㉠ 프로제스테론

　　• 자궁의 발육을 지속시키고, 자궁근의 운동을 저하시킨다.

　　• 옥시토신에 대한 수축반응을 억제시켜 자궁 내의 배 또는 태아의 발육 등의 환경을 적합하게 한다.

　　• 말과 면양은 임신 후반기에 황체가 없어도 태반에서 분비되는 프로제스테론에 의해서 임신이 유지된다. 단, 면양은 불가능하고, 소는 임신 7개월 이후에 가능하다.

　　• 프로제스테론의 혈중농도는 대체로 수정 후 상승하며 임신기에는 발정주기에 비해서 높다.

　　• 소는 프로제스테론이 임신기에 높은 수준으로 유지되다가 250일령부터 점차 감소하고 분만 직전에 소실된다.

　　　※ 토끼나 돼지 등은 프로제스테론만으로 임신유지가 가능하나 일반적으로 에스트로젠의 협력이 필요하다.

　㉡ 에스트로젠

　　• 자궁의 혈관분포 증가 및 자궁내막의 분비활동을 촉진시킨다.

　　• 에스트로젠의 농도는 수정 후 모든 가축에서 저하되나 임신기간 중 조금씩은 분비된다.

　　• 소는 임신기에 일정한 수준으로 유지되다가 250일령부터 급증하여 분만 직전에 가장 많이 분비되고 분만과 동시에 소실된다.

　㉢ 릴랙신

　　• 임신 중 소와 돼지에 나타난다.

　　• 분만 직전에 혈중농도가 급증하여 분만 시 골반을 이완시켜 산도를 확장시키는 역할을 한다.

(2) 태반의 형성

① 태반과 태막

　㉠ 태반은 배 또는 태아의 조직이 모체의 자궁조직과 부착되어 모체와 태아 간에 생리적인 물질교환을 수행하는 기관으로서 배반포가 착상한 후 영양세포의 활발한 증식에 의하여 점차 성장하며 임신 중기에는 그 크기가 최대에 달한다.

ⓛ 태막은 양막, 요막 및 융모막으로 양막은 태아를 싸고 있는 가장 안쪽의 막, 융모막은 가장 바깥쪽에 위치하며 자궁내막과 직접 접해 있다.

ⓒ 일반적으로 산자수, 자궁의 내부구조, 모체와 태아조직 간의 융합 정도 등에 따라 산재성 태반과 궁부성 태반으로 나누는데 돼지와 말의 태반은 산재성 태반, 소와 면양의 태반은 궁부성 태반에 속한다.

> ※ **접촉 양식에 따른 태반의 분류**
> • 상피융모성태반 : 모체의 자궁이 3가지 층으로 모두 존재하고 분만 시 모체의 조직 손상이 덜하다. 예 돼지, 말
> • 인대융모성태반 : 자궁소구만 발달된 형태, 다른 부분은 모두 소실되었다. 예 반추동물

② 임신 중인 포유가축의 태반이 수행하는 생리적 기능

ⓞ 호르몬 생산과 물질교환

ⓛ 태아의 호흡조절

ⓒ 영양분 흡수

③ 태반 종류

ⓞ 융모막융모의 분포범위와 윤곽의 형태학적 특징에 따라

산재성 태반	• 융모막과 융모가 모든 곳에 산재한 경우 • 배아외막이 자궁내막에 있는 주름에 놓인다. • 돼지, 말, 당나귀, 낙타	
궁부성 태반	• 자궁소구와 맞닿는 부분만 융모막이 형성되는 경우 • 자궁소구와 융모가 붙어 있다. • 자궁소구와 융모의 결합이 태반을 형성한다. • 자궁소구는 소(임신 말기) 70~120개이고, 면양(Ewes)과 산양(Does)은 88~96개이다. • 소, 면양, 산양, 사슴	
대상성 태반	• 태낭의 적도면에 유모가 띠 모양으로 형성된 경우 • 개, 고양이 ※ 불완전대상성 태반 : 밍크, 곰	
반상성 태반	• 융모막, 융모가 태포의 일부분에 형성된 경우 • 토끼, 설치류, 영장류(사람, 원숭이)	

더 알아보기 **소의 태반**

• 배반포의 영양막에서 융모가 발생하고, 이것이 자궁내막의 상피를 파괴하면서 침입하여 자궁내막의 고유층과 결합하는 양식이다.
• 궁부성 태반으로 자궁소구가 있다.
• 궁부와 자궁소구가 접합한 태반분엽이 있다.
• 비임신자궁각에도 궁부는 발달하나 태반분엽은 형성되지 않는다.

ⓒ 조직층의 수에 따라(접촉양식에 따라)
- 상피융모성 태반 : 말, 돼지
- 인대융모성 태반(궁부성) : 면양, 소, 산양 등 반추동물
- 내피융모성 태반(완전태반) : 고양이, 개, 족제비류 등 육식동물
- 혈액융모성 태반(반상태반) : 영장류
- 혈액내피성 태반 : 토끼, 기니피그 등 설치류

※ 태아순환과 모체순환을 이간시키고 있는 조직층을 태반장벽(placental barrier)이라 하는데, 이 장벽의 구조에
  따라 태반을 조직학적으로 분류한다.

(3) 태아의 발달 및 생리

① 난자기(period of ovum)
ⓐ 수정란이 난관을 거쳐 자궁각으로 이동하여 부유하는 착상 전 기간 즉, 모체의 자궁내막
에 착상을 개시할 때까지의 기간을 의미한다.
ⓑ 기간 중 수정란은 상실배기를 거쳐 배반포에 이르며, 배반포에는 내부세포괴와 영양배엽
이 형성된다.

② 배아기
ⓐ 투명대가 박리된 세포구조물이 각종 조직과 기관으로 분화되는 기간이다.
ⓑ 이때 배외막이 형성되므로 착상이 된다.
ⓒ 소의 경우 임신 15일부터 45일까지를 배아기라 한다.
ⓓ 배반포가 장배로 발달되는 과정에서 3층의 배엽, 즉 내배엽, 중배엽, 외배엽으로 분화되
고 각 조직과 기관으로 발생된다.
- 외배엽 : 표피계, 털, 발굽, 신경계통(뇌·척수 등) 등
- 중배엽 : 근육계, 골격계, 신경계, 비뇨생식기, 순환기(근육·신장·심장·혈액·혈관
  같은 심혈관계)계통 등
- 내배엽 : 소화기·호흡기 계통, 체절, 근육조직(간·췌장·폐·소장·대장 같은 내장
  기관) 등

③ 태아기
ⓐ 배아기에 분화가 끝난 각 조직들이 성장하는 시기이다.
ⓑ 태반이 완성되고 태아의 성장에 필요한 물질대사가 이루어진다.
ⓒ 소는 임신 45일 이후부터 분만까지의 기간이다.

(4) 임신진단

※ **가축의 임신기간의 특징**
- 소의 경우 태아가 암컷일 때는 수컷일 때보다 임신시간이 짧다.
- 초산우는 경산우보다 임신기간이 짧다.
- 임신기간은 태아의 내분비기능에 의하여서도 영향을 받는다.
- 젖소의 평균 임신기간은 280일이고, 일반적인 한우의 평균임신기간은 285일이다.
- 젖소의 정상적인 생리적 공태기간은 40~60일이다.

※ **주요 가축의 임신기간**

가축	임신기간(일)	가축	임신기간(일)	가축	임신기간(일)
한우	285	돼지	113	사슴	252
젖소	279	염소	152	말	335

① **외진법(Non-Return, 외관에 의한 진단)** ☑ **빈출개념**

㉠ 주기적으로 반복되던 발정이 오지 않는다.

※ 수정 후 2~4개월이 경과해도 발정이 오지 않을 때에는 임신으로 보는데 이것을 NR(Non-Return)이라고 한다.

㉡ 영양상태가 좋고 피모가 윤택해진다.

㉢ 거동이 침착해지고 성질이 온순해진다.

㉣ 착유량이 차츰 줄고 수정 후 4~5개월부터 급격히 줄어든다.

㉤ 수정 후 4~5개월부터 젖통이 커지고 복부가 팽배해진다.

㉥ 질에서 분비물이 나오고, 음모에 덩어리진 똥이 붙는다.

※ **임신진단의 목적** : 가축이 교배 이후 수태되었는가를 되도록 빨리 아는 것이 유산의 예방, 분만일의 결정, 건유일의 결정, 수태곤란 및 불임원인의 발견과 치료, 번식효율을 향상시킬 수 있다.

② **직장검사법**

㉠ 직장에 손을 넣어 태아의 양막낭, 태막, 태반, 자궁동맥의 비대, 자궁의 크기, 태동감, 황체 유무 등을 직접 촉진하는 방법이다.
- 난소에는 전임신기간 최대의 크기를 유지하는 임신황체가 존재한다.
- 자궁은 임신이 진행됨에 따라 커지므로 자궁의 크기에 의하여 임신을 진단할 수 있다.
- 태아는 자궁각에 착상되어 커지기 때문에 자궁각의 대소 차이에 의하여 임신임을 확인할 수 있다.
- 궁부의 크기는 임신단계와 개체에 따라 변이가 심하다. 궁부는 임신 3.5~4개월에 처음으로 촉진된다.
- 임신 80일경에 최초로 중자궁 동맥을 감지할 수 있고, 100~175일경에는 쉽게 찾을 수 있으며, 맥동도 감지할 수 있다. 임신 말기로 갈수록 이 동맥은 굵어지면서 구불구불해지고 명확하게 감지되며, 연필 정도의 굵기에 이르면 맥동도 힘차게 이루어진다.

㉡ 가장 간편한 임신진단법으로 정확하고 신속하다.

㉢ 대가축(소, 말 등)에서 가장 보편적이고 많이 사용되는 임신진단방법이다.

㉣ 임신 30~40일 이후부터 진단이 가능하나 가급적 60일 이후에 검사하는 것이 안전하다.

◎ 임신 1개월의 소 생식기 직장검사에 의한 소견
  • 한 쪽의 자궁각이 반대쪽보다 크다.
  • 질은 건조하고 끈적끈적하다.
  • 농축된 점액이 자궁외구부를 밀폐한다.
  • 황체는 21일 전에 배란이 일어났던 난소에 존재한다.
③ 질검사법
  ㉠ 질경을 질 내에 넣고 질과 자궁경부의 상태를 보고 판단하는 방법이다.
  ㉡ 질검사법에 의한 소견
    • 수정 후 2~3개월이 되면 임신한 개체에서는 질경을 삽입할 때 상당한 저항을 느끼게 된다.
    • 자궁질부는 긴축하여 작아지고, 자궁외부는 꼭 닫혀 있으며, 점액은 상당히 점착성을 띤다.
    • 임신 4개월의 소는 질벽이 건조하고 자궁외구에서 찰떡 모양의 점액이 쌓인 상태가
      되고, 말의 경우 3~4개월이 되면 자궁경 외구가 폐쇄되어 꽃봉오리 같은 상태가 된다.
④ 초음파진단법
  ㉠ 자궁 내 태아의 심박동수를 측정하여 검사한다.
  ㉡ 가축의 임신을 진단할 때 초심자도 쓰기 쉬운 방법이다.
  ㉢ 휴대가 간편하고 화질 및 해상도 등이 향상되어 임신진단의 정확도가 높아 많이 사용되고
    있는 기술이다.
  ㉣ 비교적 신속 정확하게 임신을 진단할 수 있는 장점이 있다.
  ㉤ 돼지의 임신진단에 가장 많이 이용되는 초음파진단에는 도플러방식과 에코펄스방식이
    있다.
    • 도플러방식 : 태아의 심박동과 맥박상태를 측정하며, 임신 15~16일부터 진단이 가능
      하다.
    • 에코펄스방식 : 자궁 내 양수의 유무를 측정하며, 임신 30~60일에 진단이 가능하다.
  ㉥ 최근에는 초음파기기의 화상을 통하여 직접 태수와 태아를 확인하여 진단한다.
⑤ 호르몬측정법 : 우유 중의 프로제스테론 측정법은 젖소에서 편리하게 사용할 수 있는 호르몬
  분석에 의한 임신진단법으로 수정 후 19~24일 사이에 우유 내 프로제스테론 농도를 측정하여
  일정한 수준이 넘으면 임신으로 판정을 한다.

더 알아보기 가축별 가장 많이 사용되는 임신진단방법

• 젖소 : 우유 내 프로제스테론 농도 측정
• 소 : 직장검사
• 돼지 : 초음파검사
• 면양 : Non-Return법
• 말 : 직장검사, 초음파진단법

7. 분만

(1) 분만개시 기전

① 태아 및 모태협동 분만개시설

㉠ 태아의 혈중 글루코코르티코이드의 자극에 대한 내분비의 반응이 자궁의 진통을 일으켜 분만을 가져온다는 이론이다.

㉡ 임신 말기 태아의 혈액 중에 글루코코르티코이드의 농도가 급속히 증가되면 태아를 자극하여 프로스타글란딘($PGF_{2\alpha}$)과 에스트로젠의 분비를 증가시키게 된다.

㉢ $PGF_{2\alpha}$는 급격한 황체퇴행을 일으키며 이에 따라 모체혈액에 프로제스테론이 급감하고 에스트로젠이 급증한다.

㉣ 에스트로젠은 자궁의 운동성 증가와 함께 옥시토신에 대한 감수성을 높여, 옥시토신의 방출로 자궁의 수축과 함께 진통의 개시로 분만이 시작된다는 주장이다.

※ **반추가축에서 분만의 개시와 관련된 태아와 모체의 호르몬 변화**
- 임신 말기까지 황체에서 프로제스테론을 분비하는 소나 돼지와 같은 동물에서는 태아측의 코르티솔에 의하여 태반에서 에스트로젠이 분비되고, 이 에스트로젠이 자궁내막의 $PGF_{2\alpha}$ 분비를 촉진하며, 분비된 $PGF_{2\alpha}$ 가 난소의 황체를 퇴행시킴으로서 분만이 유기된다.
- 태아의 혈중 코르티솔 농도가 증가하면서 모체의 혈중 프로제스테론 농도는 감소하고 에스트로젠 농도는 증가한다.

② 분만의 징후

㉠ 유방 및 외음부의 부종(분만 3~5일 전)을 보인다.

㉡ 골반 인대의 이완으로 인한 외음부 함몰(분만 1~2일 전)이 시작된다.

㉢ 식욕감퇴 및 거동이 불안해진다.

㉣ 유방은 커지고 짜보면 유즙같은 것이 나온다.

㉤ 분만이 가까워지면 불안해하며 오줌을 자주 눈다.

㉥ 돼지는 분만 1~3일 전 보금자리를 만들기도 한다.

㉦ 소의 분만 직전에 일어나는 분만징후
- 유방이 커지고 유즙이 비친다.
- 외음부가 충혈되고 종장된다.
- 점액성 분비물의 누출량이 많아진다.
- 미근부의 양쪽이 함몰되어 간다.
- 점조성의 점액이 질 내에 고인다.
- 에스트로젠과 릴랙신의 작용에 의하여 골반은 치골결합과 인대가 늘어져 가동성이 늘어난다.

(2) 분만 과정과 분만 관리

① 분만 과정 : 분만과정은 준비기, 태아 만출기, 태반 만출기로 나누어진다.

자궁경관 확장기 (준비기, 개구기)	• 말 : 1~4시간 • 소 : 2~6시간 • 면양 : 2~6시간 • 돼지 : 2~12시간	• 자궁경관의 확장, 자궁근 수축 • 이유 후 일당 증체량, 요막액의 유출 • 자궁 내 에너지원과 단백질 비축 • 모체의 불안정, 태아의 태향과 태세의 변화 • 확장된 자궁경관을 통하여 태막이 질 내로 들어오면 융모막-요막이 파열되어 제1파수가 일어남
태아 만출기	• 말 : 0.2~0.5시간 • 소 : 0.5~1.0시간 • 면양 : 0.5~2.0시간 • 돼지 : 2.5~3.0시간	• 분만경과의 3기 중 소요시간이 가장 짧은 구간 • 모체가 눕거나 긴장함 • 음순에 양막출현 • 양막이 파열되어 제2파수가 일어남 • 태아의 만출[옥시톡신 분비 최고조 ; 옥시톡신 샤워(oxytocin shower)]
태반 만출기	• 말 : 1시간 • 소 : 4~5시간 • 면양 : 0.5~8시간 • 돼지 : 1~4시간	• 태아만출 후부터 태반이 만출될 때까지의 시간 • 융모막의 융모가 모체의 태반조직으로부터 느슨해짐 • 융모막과 요막이 반전되고, 모체는 긴장 • 태아의 태막을 만출시킴

※ **분만 준비물** : 보온시설, 헝겊, 가위, 요오드용액, 조명시설 등
※ **암컷의 분만 후 발정을 위한 자궁 퇴축 기간**
  • 소 : 35~40일(30~45일)
  • 돼지 : 25~28일
  • 면양 : 25~30일

② 인위적 분만유기방법 ☑ **빈출개념**

　ⓒ 부신피질호르몬에 의한 방법

　　• ACTH의 자극을 받은 태아의 부신피질에서 글루코코르티코이드의 분비 증가를 일으키는 방법이다.

　　• 합성 글루코코르티코이드인 덱사메타손(dexamethason)이 이용된다.

　　• 반복투여가 필요하고 비용이 많이 든다.

　ⓛ 프로스타글란딘에 의한 방법

　　• 프로스타글란딘(PGE_2, $PGF_{2\alpha}$ 등)을 주사하여 분만유기를 일으키는 방법이다.

　　• 사용이 용이하나 후산정체의 위험이 존재한다.

③ 분만 관리

　ⓒ 후산정체

　　• 후산정체란 후산의 만출이 정상적으로 이루어지지 않고 자궁에 체류하는 현상으로 태아 분만 후 10시간(12~24시간) 이내에 태반이 모체에서 분리되지 않는 경우를 말한다.

　　• 후산정체 발생률이 가장 높은 동물은 궁부성 태반을 가지고 있는 소, 면양, 산양 등이다.

　　• 소와 말은 후산의 지연만출로 자궁내막염이 발생하는 경우가 있다.

- 원인
  - 전염성 유산(브루셀라), 패혈증, 캠필로박터균감염증
  - 영양결핍(Ca, Mg)
  - 분만 중의 간섭, 분만 후의 피로
- 대책
  - 매달려 있는 후산을 가위나, 칼로 바싹 잘라낸다.
  - 에스트로젠 호르몬 주사를 510mg 가량 3일 간격으로 2회 주사한다.
  - 항생제를 투여한다.
ⓒ 갓 태어난 송아지가 호흡을 하지 않을 때 처치 방법
- 콧구멍 속을 짚으로 자극하기(5~6초간)
- 송아지 입에 입김 불어 넣기(1분 이상 계속 실시)
- 인공호흡(5~10분간 계속 실시)
- 거꾸로 매단 후 찬물 끼얹기

가축의 비유생리

1. 유방의 구조와 발육

(1) 유방의 기본 구조

① 유방(乳房, udder, uber, mamma)

　　㉠ 유선(mammary gland)이 모여서 구성된 주머니 모양의 수유기관을 말한다.

　　㉡ 유방의 위치

　　　• 소, 면·산양, 말, 노새 등은 제부(臍部) 후방의 외부생식기 근처에 하수되어 있다.

　　　• 돼지, 개, 고양이, 래트, 마우스 등은 흉부에서부터 하복부에 걸쳐 분포되어 있다.

　　㉢ 유방은 무게가 많이 나가는 장기로 젖소의 후구인대에 의해 단단하게 보정되어 있는데 외측제인대 및 정중제인대가 담당하고 있다.

　　　• 정중제인대(중앙현수인대) : 탄력성이 풍부하여 유방을 하복벽에 잡아당겨 유방의 부착을 견고하게 한다.

　　　• 외측제인대(측면제인대) : 유방의 외측면 전체를 둘러싸듯이 퍼져 있고 탄력성이 비교적 작으며, 유방을 옆으로 잡아당겨 흔들리지 않게 한다.

　　㉣ 유방의 피부는 얇고 유연하며, 섬세한 피모가 밀생되어 있으나, 유두와 그 주변부에는 피모가 없다.

　　㉤ 유방의 크기는 유선의 분비기능과 관계가 커서, 비유의 최성기에 가장 크다.

② 유구(乳區, quarter)

　　㉠ 소의 유방은 좌우 및 전후로 독립된 4개의 유선으로 구성되어 있다.

　　㉡ 각각의 유선에는 하나씩의 유두가 있으며, 이러한 독립된 유선을 유구라고 부른다.

　　㉢ 정중제인대는 좌우 유구의 사이에 있어 유방을 좌우로 나누게 되고, 그 경계부에는 함몰부가 형성되는데, 이를 유방간구라고 한다.

　　㉣ 좌우의 유방은 결합조직에 의하여 다시 전유구와 후유구로 나누어진다.

　　㉤ 좌측과 우측분방 간의 유량 차이는 거의 없으나, 전유구와 후유구의 크기는 40 : 60으로 분비되는 우유의 약 60%를 후유구가 분비한다.

　　㉥ 각각의 유구에서 생성된 유즙(milk)은 옆의 다른 유구로 이행되지 않고 유구 안에 있는 도관을 통해 독립적으로 분비되며, 한 유구가 유방염에 걸려도 그 염증이 다른 유구에 전파되지 않는다.

Ⓐ 유방의 수

소	말, 면·산양	돼지	개	고양이, 토끼	래트	마우스
2쌍(4유구)	1쌍(2유구)	5∼6쌍	4∼6쌍	4쌍(8유구)	6쌍	5쌍

③ 유두(乳頭, teat)

㉠ 부유두

- 어떤 개체에서는 발육이 나쁜 작은 유두를 추가로 가지고 있는데, 이를 부유두 또는 과잉유두라고 한다.
- 소에서는 개체에 따라 1∼5개의 부유두를 가지는 것이 있다.
- 부유두는 유즙의 배출능력이 없고, 유방염 원인균의 감염을 조장할 위험성이 있기 때문에 제거하는 것이 보통이다.

㉡ 유두의 괄약근 : 유두 끝의 괄약근은 젖이 새는 것을 막고 미생물의 침입을 막아 준다.

- hard milker : 유두의 괄약근이 너무 강하게 조이고 있어 착유가 힘든 젖소
- milk leaker : 유두의 괄약근이 너무 약하게 조이고 있어 젖이 새는 젖소

㉢ 유두관 점막에는 분비물을 생산하여 미생물의 침입을 막는다.

(2) 유선의 기본 구조

① 유선

㉠ 유선은 분비조직과 결합조직으로 되어 있다.

㉡ 유선의 최소 분비단위인 유선포는 여러 개가 모여서 유선소엽을 형성하고, 유선소엽은 다시 접합하여 유선엽이 됨으로서 유선포계를 형성한다.

㉢ 유선의 분비조직인 유선포계에서 합성·분비된 유즙을 유두로 이끄는 유선관을 총칭하여 유선관계라고 한다.

㉣ 유선에서 비유가 개시되는 데는 프로락틴(prolactin)의 역할이 가장 중요하다.

㉤ 발생학적 원기는 외배엽에서 유래된 외분비기관이다.

② 유선포

㉠ 유즙을 분비하는 기본구조로 난원형의 주머니모양이다.

㉡ 안쪽에는 유선상피세포가 있고, 바깥쪽부분에는 근상피세포가 방사상으로 분포되어 있다.

㉢ 유선상피세포는 우유를 만들어서 유선포 내측의 선포강(腺胞腔)에 분비한다.

㉣ 우유는 세유관 → 유관 → 대유관 → 유선조 → 유두조 순으로 이동한다. ☑ 빈출개념

㉤ 근상피세포는 옥시토신의 반응에 의해 유선포를 수축하여 유선포강 내의 젖을 배출시킨다.

(3) 유선의 발육과 퇴행

① 유방의 발육

　㉠ 젖소의 유방은 수정 후 35일(태아연령)부터 발육한다.

　㉡ 유방의 발육은 출생 → 성 성숙기 → 임신기를 거쳐 단계적으로 발육하며 유즙분비능력은
　　첫 임신 말기가 되어야 완성된다.

　㉢ 유방의 중량은 임신 후 최초의 3개월간은 비임신우와 거의 차이가 없다.

② 유선의 발육

　㉠ 유선관계는 성 성숙과 더불어 발육이 시작된다.

　㉡ 성 성숙에 따라 발정의 반복은 유선관계를 크게 발달시킨다.

　㉢ 성 성숙이 가까워지면 유방의 유선관계가 급속도로 발달한다.

　㉣ 일반적으로 유방의 발육은 체중증가에 의해서도 영향을 받는다.

　㉤ 초유구(初乳述) 및 백혈구 등이 출현하는 시기는 임신 9개월이다.

　㉥ 유관주위에 유선포의 발달이 왕성하게 일어나는 시기는 임신 말기이다.

　㉦ 유선관계의 발육은 에스트로젠, 유선포계의 발달은 프로제스테론의 지배를 받는다.

　㉧ 유선은 분만 후 최고 비유기까지 계속되다가 비유량의 감소와 함께 퇴행한다.

2. 유즙의 생성 및 분비

(1) 유즙의 생성과정

① 유즙의 개념

　㉠ 유즙은 암컷 포유동물의 유선에서 생산·분비되어 새끼의 영양 및 수분의 공급원으로
　　이용되는 액상물로서, 카제인, 유청단백질, 지방, 유당, 무기물 및 비타민 등 각종 영양소
　　가 함유되어 있다.

　㉡ 동물종에 따라서 유즙의 성분이나 함량이 다르다. 즉, 서식환경, 생태, 출생 시 새끼의
　　발육 정도 및 출생 후의 영양소요구량 등에 대응하기 위하여 유즙의 성분 및 함량이
　　동물종에 따라 다르다.

　　• 초유(분만 직후의 유즙)는 면역글로불린(immunoglobulin)의 함량이 높다.

　　• 상유로부터 말기유 과정에서는 일반적으로 단백질, 지방 및 무기물의 함량은 증가되나
　　　유당(lactose) 및 칼륨(K)의 함량은 감소되는 경향이 있다.

② 유즙의 생성

　　㉠ 유즙합성의 장소는 유선포이다.

　　㉡ 프로락틴이 유선포의 분비상피세포 안의 골지체와 미토콘드리아의 유선합성효소계를
　　　 자극하여 지방·단백질·유당 등 유즙성분을 합성한다.

　　㉢ 혈액으로부터 조유물질(precursor, 전구물질 : 포도당, 아미노산 등)이 유선포분비상피
　　　 세포로 보내져 유즙을 합성하게 된다.

　　㉣ 세포 내에서 합성된 유즙은 세포막을 통해 유선포강으로 방출되어 고이고, 양이 증가됨에
　　　 따라 내압이 상승하면 분비활동이 둔화된다.

　　　※ **유즙분비를 촉진하고 유량을 많이 얻는 방법**
　　　　• 흡유나 착유를 자주하여 유선포강 내에 잔존유를 없게 하여 내압이 낮은 상태로 유지시켜 준다.
　　　　• 혈액순환을 촉구하여 조유물질이 풍부하게 함유된 혈액의 공급을 많이 해야 한다.

(2) 유즙의 분비과정

① 유즙분비와 비유

　　㉠ 유즙분비 : 유선포의 분비상피세포에서 생성하는 유즙의 합성과 합성된 유즙이 유선포강
　　　 으로 방출되는 것을 말한다.

　　㉡ 유즙배출 : 유선포강 내의 유즙은 유즙의 이동과정을 거쳐 체외로 배출(유즙방출, 유즙배
　　　 출)된다.

　　㉢ 유즙분비와 유즙배출과정을 합쳐서 비유라고 한다.

　　　※ 유선포의 분비상피세포는 혈액으로부터 포도당이나 아미노산과 같은 전구물질을 받아 유당(lactose), 카제인(casein),
　　　　락토알부민(lactoalbumin) 및 락토글로불린(lactoglobulin) 등과 같은 유즙 특유의 성분 합성과 면역글로불린
　　　　(immuno-globulin), 혈청단백질, 무기물 및 비타민 등을 혈류로부터 흡수하여 유즙 중으로 이송되기도 한다. 따라서
　　　　비유기의 유선에서는 전구물질을 공급하고, 유즙생산에 필요한 에너지를 공급하기 위하여 혈류의 흐름이 현저히 증가된다.

② 비유의 개시

　　㉠ 비유개시는 지각신경과 운동신경이 관여한다.

　　㉡ 분만 후 유선을 자극하여 비유를 개시시키는 호르몬은 프로락틴이다.

　　　※ 동물의 종(種)에 따라서는 프로락틴과 더불어 부신피질자극호르몬, 성장호르몬 및 갑상선자극호르몬(thyrotropin)도
　　　　비유를 유기시키는 데 중요하게 작용한다.

　　㉢ 프로락틴은 유즙분비에, 옥시토신은 유즙강하에 관여하는 호르몬이다.

　　　• 프로락틴(prolactin) : 포유류의 유선에 작용하여 유즙분비를 자극하는 뇌하수체 전엽
　　　　에서 분비되는 탄수화물을 함유하고 있지 않은 폴리펩타이드 계통의 호르몬이다.

　　　• 옥시토신(oxytocin) : 흡유 및 착유에 의한 유두와 유방에 가해지는 자극이 신경계에
　　　　의하여 시상하부에 전달되어, 분비된 옥시토신은 유선의 근상피세포를 수축시켜 유선
　　　　포의 내압을 상승시켜 유즙을 유관으로 밀어내는 역할을 한다.

② 비유(泌乳) 개시 시 분비가 상승되는 호르몬 ☑ **빈출개념**
- 부신피질호르몬(glucocorticoid)
- 프로락틴
- 난포호르몬

⑩ 유즙의 분비는 분만 후 급속도로 증가하며 2~4주에 최고에 달한다.

※ 포유자극에 의해 타이록신과 인슐린 방출 → GH, cortisol이 포유자극과의 공동작용으로 프로락틴을 방출시킨다.

③ 유즙의 방출

㉠ 우유는 유방에 대량으로 보내어지는 혈액성분에 의해 유선상피세포에서 24시간 연속으로 만들어지고 있다.

㉡ 유선포에서 합성된 유즙은 유선소관으로 흘러나와 유선관의 말단에 있는 유선조에 저장된다.

※ **유선조** : 유선조직에서 합성된 유즙이 유관을 통하여 흘러나와 유방 내에 저장되는 곳으로 유두조와 윤산추벽 상단부에 존재하는 기관이다.

㉢ 유선조에 저장된 유즙은 착유 또는 송아지가 흡유할 때 유두조를 통해 외부로 나온다.

㉣ 유즙의 배출경로 ☑ **빈출개념** : 유선세포 → 유선포 → (유선소엽 →)유선엽 → 유선관(소유관 → 대유관) → 유선조 → 유두조 → 유두관

㉤ 젖소에서 유량을 높이기 위해서 고려해야 할 요인
- 유선에 있는 유즙의 완전배출
- 착유 전 유방의 세척 및 자극
- 스트레스의 방지

※ **포유가축에서 모자 간 일어나는 흡유행동의 자극** : 촉각, 시각, 청각

(3) 비유유지와 비유곡선

① 비유유지

㉠ 분만(포유) 후 2개월 정도에 우유생산량이 최고조에 달한다.

㉡ 포유 후 착유에 있어서는 프로락틴보다 성장호르몬이 더 중요한 작용을 한다.

㉢ 비유는 모체의 체내에 저장된 영양분을 소모하면서 진행되기 때문에 비유의 유지를 위해 적절한 영양공급이 필수적이다.

※ **유선조직의 퇴행** : 포유, 흡유, 착유가 중단되면 유선여포의 상피세포가 없어지거나 퇴행하고, 지방세포와 결합조직이 많아져서 결국 관조직(duct system)만 남게 된다.

② 비유유지에 필요한 주요 호르몬

　　㉠ 뇌하수체 전엽호르몬 : 프로락틴과 ACTH은 비유에 필수적인 호르몬이다.

　　　• 프로락틴 : 유선포의 분비상피세포에 직접 작용한다.

　　　• ACTH(부신피질자극호르몬) : 혈액이 유즙의 전구물질을 항상 필요량만큼 유지하게 한다.

　　　　※ 비유유지에는 간접적이나 비유량에 영향을 주는 전엽호르몬에는 성장호르몬(GH or STH), 갑상선자극호르몬(TSH)
　　　　　등이 있다.

　　㉡ 뇌하수체 후엽호르몬 : 옥시토신이 유즙배출 및 젖 방출촉진기능을 한다.

　　㉢ 부신피질호르몬 및 갑상선호르몬은 비유량 증가에 관여한다.

　　㉣ 부갑상선호르몬은 혈액 중의 칼슘농도를 유지하는 작용을 한다.

　　㉤ 췌장호르몬은 당의 대사에 관계하는 호르몬이므로 혈당의 수준을 좌우함으로써 간접적
　　　으로 유량에 영향을 미친다.

더 알아보기	비유유지에 필요한 호르몬
• 뇌하수체 전엽호르몬 : 프로락틴(유즙합성 및 분비), 부신피질자극호르몬(ACTH) • 뇌하수체 후엽호르몬 : 옥시토신 • 부신피질호르몬(cortisol) 및 갑상선호르몬(thyroxine) • 부갑상선호르몬(parathormone, PTH) • 췌장호르몬(insulin)	

③ 포유동물에서 초유

　　㉠ 포유동물에서 초유를 먹이는 가장 큰 이유는 필요한 면역물질(immunoglobulin)을 공급
　　　하기 때문이다.

　　　　※ 신생자의 혈액 중에는 실질적으로 면역글로불린이 함유되어 있지 않은데, 초유를 먹음으로서 면역글로불린을 획득하
　　　　　여 병원균에 대한 저항성을 얻게 된다.

　　㉡ 초유는 정상적인 우유(상유)보다 카제인, 단백질, 각종 무기물, 지용성 비타민 등의 함량
　　　이 높고, 유당(lactose)과 칼슘의 함량이 낮다.

　　㉢ 젖소 착유 시 젖이 나오기 시작하면 가능한 10분 안에 착유를 끝내야 하는 이유는 옥시토
　　　신의 분비량이 감소하기 때문이다.

　　　　※ 젖이 유방에서 사출되기 위해서는 착유자극에 의해서 분비되는 옥시토신의 작용과 유방 내로 흘러드는 혈액량이
　　　　　증가함으로써 유선에 압력이 가해져야 한다. 옥시토신에 대한 젖내림 반응시간은 비유자극(전착유) 후 옥시토신이
　　　　　최고로 분비되는 시간은 약 45초이며, 약 10분간 유지된다.

④ 비유곡선

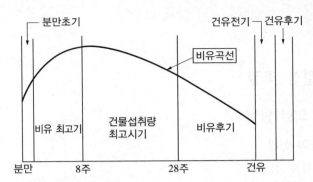

㉠ 비유곡선은 측정치를 연속적인 값으로 추출하여, 분만 직후 유량과 최고유량 등과 같은 비유곡선의 특징을 확인할 수 있다.

㉡ 분만(포유) 후 8주 정도(평균 45일)에 최고유량을 생산하고 서서히 체중이 줄어든다.

㉢ 분만 월별 분만 직후의 유량은 5월이 가장 높고, 12월이 가장 낮게 추정된다.

㉣ 분만 직후의 유량은 4~8월인 봄과 여름에 분만한 개체들이 겨울에 분만한 개체들보다 높고, 최고유량 도달시기도 봄에 분만한 개체들이 빠른 경향을 보인다.

㉤ 비유 최고기를 지나고 유량이 10kg 이하가 되면 건유를 한다.

06 번식의 인위적 지배

1. 번식의 계절성 조절

(1) 광선조절에 의한 방법

① 닭의 점등과 산란

ㄱ 점감 점증 점등법
- 병아리를 입추한 후 처음 4일 동안은 24시간 점등을 실시한다.
- 20주령의 자연일조시간을 조사하는 그 시간에 5시간을 더한 시간을 4일령에 점등을 실시하며, 그 후에는 매주 15분간씩 점등시간을 감소하여 20주령 시 자연일조시간에 맞춘다.
- 20주령이 되면 점등시간을 매주 15분간씩 증가하여 17시간에 도달할 때까지 연장시킨다.
- 17시간이 되면 점등시간을 고정시키며, 한번 고정된 점등시간은 수정하지 않는다.

ㄴ 자연일조 점등법
- 병아리를 처음 입추한 후 4일 동안 24시간 점등을 실시한 후 자연일조시간에 따라 육성한다.
- 20주령이 되면 점등시간을 14시간으로 일시에 올려 주고 30주령이 될 때까지 10주간 유지 한다.
- 30주령이 되면 주 15분간씩 점등시간을 연장하여 17시간이 되면 고정시킨 후 갱신 시까지 계속 유지시켜 준다.

ㄷ 산란계 점등의 기본원칙
- 육성기에는 점등시간이나 조도를 증가시키지 않는다.
- 산란기간에는 점등시간이나 조도를 감소시키지 않는다.
- 일령이 다른 계사의 점등에 영향을 받지 않도록 주의한다.
- 점등광도가 지나치게 밝으면 카니발리즘 및 항문 쪼기의 원인이 되므로 주의해야 한다.
- 초생추 입추 후 12주간은 장시간 점등을 통해 환경에 적응할 수 있도록 한다.
- 육성기에서 산란점등자극을 줄 때 시간증가가 클수록 점등자극이 크다.
- 점등자극 이후 14~15시간(무창계사), 16~17시간(개방계사)에 고정 점등한다.
- 간헐점등을 하면 전기료를 감소시킬 수 있다.

- 빛은 닭의 내분비기관을 자극하여 육성기에는 성 성숙을 지연 또는 촉진하며 산란기에는 산란촉진, 환우방지, 비타민 D 합성 등에 관여한다.
- 빛 에너지가 시신경을 통해 뇌하수체 전엽을 자극하면 난포자극호르몬이 분비되어 난소의 난포발육을 촉진시키며 이것은 뇌하수체 전엽의 황체형성호르몬과 함께 작용하여 배란을 촉진시킨다.
- 닭이 장일성 동물에 속하여 일조시간이 점차 길어지는 계절에 번식을 하기 때문이다.
- 닭에 처음 점등을 실시하게 된 이유는 일조시간이 점차 짧아지는 계절에 산란율 저하를 방지하기 위하여 시도되었으나,현재는 산란계의 산란율 향상을 위한 점등뿐만 아니라, 산란계의 합리적인 육성을 위한 점등 및 육계의 성장과 사료 요구율 향상을 위해서도 점등을 실시하고 있다.

② 말의 번식조절

ㄱ 말이 짧은 번식계절(3~7월)을 지나 전환기에 접어들었을 때, 번식계절 동안 임신이 되지 않은 말에 대하여 효과적으로 발정을 유도할 수 있는 기술이다.

ㄴ 실시방법

- 번식계절(3~7월)을 지나 가을 전환기(9~11월)에 번식기간을 연장하기 위한 수단으로써 1일 16시간 이상 전등조명을 30일 이상 실시하여 정상적인 발정을 유도한다.
- 전등조명만으로는 개체 간의 차이가 있을 수 있으므로 광처리 후 30일경에 프로제스테론 질내 삽입물질을 처리한 후 7일째에 질 내 삽입물질을 제거함과 동시에 $PGF_{2\alpha}$(성분명 : 디노프로스트, 천연제품) 1.5mL을 주사하여 발정률을 향상시킨다.

(2) 호르몬 처리에 의한 방법

① 발정이 반복되는 기구

ㄱ 성 성숙이 완료되면 시상하부는 난포자극호르몬 방출인자(FSHRH)를 방출하여 뇌하수체 전엽에서 난포자극호르몬(FSH)을 분비하게 된다.

ㄴ 난포자극호르몬의 자극에 의하여 성숙한 난포는 에스트로젠을 분비한다.

ㄷ 에스트로젠은 부생식선 작용에 의하여 발정을 불러일으킴과 동시에 피드백 기전에 의하여 시상하부의 난포자극호르몬 방출인자(FSHRH)의 방출을 억제하고 황체형성호르몬(LH)의 방출을 촉진시킨다.

ㄹ 난포자극호르몬(FSH)과 황체형성호르몬(LH)의 비율이 적당한 시기에 배란이 일어난다.

ㅁ 배란된 자리에 형성된 황체는 프로제스테론을 분비하여 부생식기는 프로제스테론하에 놓이게 된다.

※ 시상하부 FSHRH 방출→뇌하수체 전엽 FSH 분비→성숙한 난포 에스트로젠 분비→발정→에스트로젠 피드백→FSHRH의 방출억제→LH 방출 촉진→FSH와 LH의 비율이 적당한 시기에 배란

② 호르몬의 처치

    ⊙ 황체존속제(프로제스테론제) : 큐메이트(Cue-mate), 시더(CIDR), 프리드(PRID)

    ⓛ 성선자극호르몬 방출호르몬제(GnRH제) : 퍼타길(fertagyl), 고나돈 등

    ⓒ 황체퇴행제($PGF_{2\alpha}$ 제제) : 루텔라이스(lutelyse), 이리렌, 레프로딘, 프로솔빈, 프로글란딘

    ⓔ 엔자프로스트, 플라네이트, 에스트루메이트(estrumate) 등

    ⓜ sulpiride나 domperidone 같은 도파민 길항제의 사용

2. 발정동기화

(1) 발정동기화의 개념

① 발정동기화를 실시하는 주된 목적은 자금회전율과 번식효율을 향상하는 데 있다.

② 발정동기화 또는 발정주기(성주기)의 동기화는 인위적인 방법(우군의 번식효율증진을 위해 $PGF_{2\alpha}$과 황체호르몬의 계획적인 투여)으로 한우군 암소의 발정 및 배란을 일시적·집중적으로 동기화하는 작업이다.

③ 배란기가 서로 다른 많은 수의 암컷의 배란을 인위적으로 단기간의 범위 내에 집중시켜 유기하는 것으로 발정과 배란시기를 동기화시키는 방법이다.

④ 번식기간을 단축할 수 있고, 분만시기를 조절하며, 이유 시 체중의 증가를 위해 많은 도움이 된다.

> ※ 계획번식은 우군의 번식기에 조기의 특정된 날에 인위적으로 발정을 유도하여, 인공수정 후에 수태가 되도록 하는 것이다.

(2) 발정동기화의 장단점

장점	단점
• 발정관찰이 정확하여 인공수정의 실시가 용이하다. • 정액공급 및 보관 등 제반업무를 효율적으로 수행할 수 있다. • 분만 관리와 자축 관리가 더욱 용이하다. • 계획번식과 생산조절이 가능하다. • 발정의 발견과 교배적기 파악이 용이하다. • 수정란이식기술의 발전에 공헌한다. • 가축개량과 능력검정사업을 효과적으로 수행할 수 있다.	• 사용약품(호르몬제의 처리)에 따른 부작용이 나타날 위험성이 있다. • 인건비와 약품비의 부담 • 전문지식과 숙련된 기술이 필요

(3) 발정동기화방법

① 프로제스테론 제제 사용(황체존속제)

　㉠ 황체의 존재 유무에 관계없이 프로제스테론을 일정하게 투여하다가 중단시킴으로써 발정을 유기시키는 방법이다.

　㉡ 난포의 발육과 성숙을 인위적으로 일시 억제하여 모든 암컷의 난포발육 정도를 같은 상태로 만들어 두었다가 발정과 배란이 집중적으로 오도록 하는 방법이다.

　㉢ 발정주기(황체기)에 프로제스테론 투여 – 황체기 연장 – 투여 중지 – FSH 분비 – 발정

② 프로스타글란딘(Prostaglandin $F_{2\alpha}$; $PGF_{2\alpha}$) 제제 사용(황체퇴행제)

　㉠ 프로스타글란딘은 원래 자궁에서 생산·분비되며 이는 황체퇴행에 결정적인 역할을 한다.

　㉡ 황체의 수명을 인위적으로 단축 또는 연장시켜 모든 암컷의 황체퇴행시기를 같게 하여 발정과 배란이 같이 오도록 하는 방법이다.

　㉢ $PGF_{2\alpha}$를 1차 주사 후 황체기가 아니라서 발정이 유도되지 않더라도 10~12일 후 2차 처리 시에는 황체기가 되므로 $PGF_{2\alpha}$제제에 의해 발정이 일어난다.

　㉣ 주사 후 보통 2~4일 사이에 68% 정도가 발정을 나타내며, 반응하지 않는 경우는 30% 내외 정도이다.

③ 프로제스테론과 $PGF_{2\alpha}$ 제제 병행 사용

　※ GnRH–$PGF_{2\alpha}$–GnRH–(Ov–synch) 방법, 배란동기화법

　㉠ 임신되지 않은 암소에게 1차적으로 GnRH(성선자극호르몬 방출호르몬)제제(100mL)를 투여한다.

　㉡ 7일 경과 후 2차로 $PGF_{2\alpha}$를 5mL 투여한다.

　㉢ 2일 경과 후 3차로 GnRH를 $100\mu g$ 투여한다.

　㉣ 3차 처리 후 24시간 경과하면 전두수 인공수정을 실시한다.

④ 프리드(PRID) : 프로제스테론＋에스트로젠

　㉠ 프리드는 플라스틱 코일모양의 프로제스테론 질내 삽입기구를 뜻하는 영어의 약자이다.

　㉡ 프리드는 삽입과 동시에 에스트로젠은 질내에서 녹아 흡수되며 프로제스테론은 11~12일 간 일정량이 계속 분비되어 발정이 억제되다가 프리드를 제거하면 일시에 난포가 급격히 발육 성숙되면서 2~3일 사이에 발정이 오도록 하는 방법이다.

　㉢ 삽입 시 질 주위를 깨끗이 세척하여 오염을 방지하고 질내 깊숙하게, 즉 자궁경 가까이에 주입하여 빠져나오지 않도록 한다.

더 알아보기　소의 발정동기화를 위해서 사용되는 방법

- 프로스타글란딘
- 프로제스테론 제제 사용
- 에스트로젠＋프로제스테론
- 프로제스테론＋프로스타글란딘(prostaglandin, $PGF_{2\alpha}$)

---

3. 인공수정 ☑ 빈출개념

(1) 인공수정의 장단점

장점	단점
• 우수한 씨가축(종모축)의 이용범위가 확대된다. • 후대검정에 다른 씨가축의 유전능력을 조기판정할 수 있다. • 씨가축(종모축) 사양 관리의 비용과 노력이 절감된다. • 정액의 원거리 수송이 가능하다. • 자연교배가 불가능한 가축도 번식에 이용이 가능하다. • 교미 시 감염되는 전염병(전염성 생식기병 등)의 확산을 방지할 수 있다. • 우수 종모축을 이용한 가축개량을 촉진시킬 수 있다. • 특별한 주의 없이도 생식기 질병을 일으킬 확률이 매우 낮다.	• 숙련된 기술자와 특별한 기구 및 시설이 필요하다. • 1회 수정에 자연교배보다 많은 시간이 소요된다. • 부주의에 의한 생식기 전염병 발생의 위험이 있다. • 기술결함에 의한 생식기 점막의 손상 위험이 있다. • 잘못 선발된 씨가축을 이용할 경우 확산범위가 넓다. • 방목하는 집단은 인공수정이 불편하다.

(2) 정액의 채취

① 인공질법

ⓐ 동물의 생식기(암소의 질)와 유사한 온도와 압력조건을 가진 암소의 질을 모방하여 만든 인공질 내에 사정시켜 정액을 채취하는 방법으로써 가장 이상적인 방법이며 세계 도처에서 널리 사용되고 있다.

ⓑ 소, 말, 양, 토끼 등에서 주로 이용되고 돼지에서는 부분적으로 이용된다.

② 마사지법

ⓐ 주로 칠면조나 닭에 이용되는 방법이다.

ⓑ 닭의 경우 머리가 아래로 가도록 보정한 후 음경, 복부를 마사지하고 사정중추를 자극하여 누출된 정액을 채취한다.

③ 전기자극법 : 돼지, 소, 양, 개 등에 이용되며 직장 내에 전기적인 자극을 가하여 사정중추를 흥분시켜 정액을 채취하는 방법이다.

※ 정액채취 시 일반적 주의사항
• 위생관념에 투철할 것
• 온도충격을 피할 것
• 채취 전에 종모축의 성적 흥분을 앙등시킬 것
• 정액은 오전 중에 채취할 것
• 사출된 정액의 손실을 줄일 것

(3) 정액의 검사

① 정액의 육안적 검사 ☑ **빈출개념**

　㉠ 육안적 검사는 정액량, 색깔, 냄새, 농도(점조도), pH 등으로 구분하여 실시한다.

　㉡ 주의할 점은 30~35℃의 보온이 유지되어야 하며, 직사광선이나 한랭한 장소는 피하는 것이 좋다.

　㉢ 정액의 외관

　　• 정자농도가 높으면 균일하게 불투명하다.

　　• 색깔은 유백색이 정상, 황색을 띠면 정액속에 요가 포함되었을 가능성이 있고, 붉은색을 띨 경우 혈액이 섞여있을 가능성이 있고, 청색을 띨 경우 질병에 감염되어 있을 가능성이 높다(정액의 농도가 진하고 우수할 때에는 운무상을 띤다).

　　• 소의 정액색깔은 진하고 돼지는 옅다.

　㉣ 정액의 양

　　• 정액의 양은 각 동물종에 따라 피펫, 정액채취관, 메스실린더 등으로 측정한다.

　　• 소의 사정량은 5~8mL, 돼지는 240~250mL이다.

　㉤ 정액의 pH

　　• 지시지법은 비색지에 묻혀 색조도와 비교한다.

　　• 초자전극법은 2~3mL의 시료를 미터를 이용하여 측정한다.

　　※ **성숙한 한우에서 곧바로 채취한 정액(신선한 정액)의 pH : 6.5~7.5**

② 현미경검사

　㉠ 현미경의 종류와 사용법: 투과전자현미경, 주사전자현미경을 사용하며 시료장착−홀더장착−시료확인−배율과 밝기 조정−초점 조절−이미지 확인 순으로 진행한다.

　㉡ 정자의 활력, 생존율, 정자의 형태 및 정자수 등을 측정하여 검사한다.

　㉢ 전기가온장치가 장착된 현미경을 이용하여 약 400배율로 확인한다.

　㉣ 정자의 운동성 : 직선적 직진운동, 선회운동, 진자운동으로 구분하여 표시한다.

※ **정자의 활력표기**

5단계	운동상태	지수	측정치(예)
+++	가장 활발한 전진운동	100	40
++	활발한 전지운동	75	30
+	완만한 전진운동	50	20
±	선회 또는 진자운동	25	10
−	운동하지 않는다.	0	0

$$생존지수(VI) = \frac{(40 \times 100) + (30 \times 75) + (20 \times 50)}{100} = 75$$

ⓜ 정자의 생존율 : 정자가 완전히 사멸되지 않아도 운동성은 중지되는 경우가 있기 때문에 염색에 의한 생사를 구분한다.

ⓗ 정자의 농도 : 혈구계산기나 비탁계 또는 분광광도계를 이용하여 측정한다.

ⓢ 정자의 형태 : 정자를 염색하여 현미경에서 기형의 종류와 그 비율을 파악한다.

(4) 정자수 측정방법

① 광전비색계법

㉠ 일반적으로 많이 쓰이는 측정방법으로 빛의 투과 정도에 따라 농도를 평가한다.

㉡ 간편하고 빠르게 측정할 수 있다.

㉢ 비색계가 고가이므로 인공수정센터에서 이용된다.

② 혈구계산판 이용법(현미경관찰법)

㉠ 희석한 정액을 작은 공간의 혈구계산판에 넣어 정자수를 현미경을 이용하여 센 다음 환산하여 측정한다.

㉡ 혈구계산판 이용 방법에 숙련이 필요하고 일일이 정자의 수를 세야 함으로 번거로운 단점이 있으나 경제적인 부담은 작다.

㉢ 수억마리의 정자를 일일이 셀 수 없으므로 보통 3%의 생리식염수 등을 이용하여 100배 또는 200배로 희석한 다음 혈구계산판 내에 넣어 정자수를 세어 1mL의 양으로 환산한다.

㉣ 큰 칸 경계에는 3개의 선이 있는데 머리를 기준하여 1/2 이상 들어온 것을 그 칸의 정자수로 세는 것이 좋다.

※ 0.05mL의 원정액을 100배로 희석할 경우의 예 100배 희석이란 원정액의 양에 100을 곱했을 때의 양으로 0.05mL의 100배는 5mL가 된다. 따라서 5mL−0.05mL=4.95mL가 된다.

※ 3% NaCl용액 또는 3%의 구연산나트륨 용액 4.95mL를 마이크로피펫을 이용하여 시험관에 뽑아 넣는다.

㉤ 혈구계산판의 정자수 계산

• 적혈구 계산판에서 25구획의 정자수를 모두 세었을 때 그 수에다 100만을 곱하면 그 정액의 mL당 정자수가 된다.

> 정자수(mL당)=혈구계산판 내 총정자수 × 희석배율 × 혈구계산판용량(10 × 1,000)

예 위와 같은 방법으로 정자수를 세었을 때 정자수가 200마리였다면 1mL당 정자수는 2억마리이다.

• 25구획의 정자수를 모두 세기가 번거로울 경우 네 군데 모서리와 중앙의 1구획, 총 5구획의 정자수만 세어서 500만을 곱할 수도 있다.

> • 정자수(mL당)＝5개의 중구획 내 정자수 × 5 × 10 × 희석배율 × 1,000
> • 정자수(mL당)＝1개의 중구획 내 정자수 × 25 × 10 × 희석배율 × 1,000

- 오차를 줄이기 위하여 2~3회 반복검사하는 것이 좋다.

(5) 정액의 희석과 보존

① 정액의 희석

㉠ 희석의 목적
- 정자 생존에 필요한 에너지 공급
- 정자의 생존성 연장
- 정액의 증량

㉡ 희석의 장점
- 원정액이 갖고 있는 불리한 조건을 제거하여 정자의 생존에 유리한 조건을 부여한다.
- 정액량을 증가시켜 다두 수정이 가능하도록 한다.
- 보존기간 동안에 정자의 활력 및 생존율에 최적의 조건으로 수정능력을 연장한다.

㉢ 희석액의 구비조건 ☑ **빈출개념**
- 정자의 생존에 유리한 작용을 하여야 한다.
- 외부충격에 대한 완충효과가 있어야 한다.
- 삼투압 및 pH가 정액과 같게 유지되어야 한다.
- 세균증식을 억제하고 영양물질을 공급하는 에너지원이 함유되어야 한다.

㉣ 정액의 희석 시 첨가물
- 에너지원으로 포도당과 같은 당류, 저온충격의 방지제로 난황이나 우유, 완충제로서 시트르산, 인산 등이 사용된다.
- 세균증식을 방지할 목적으로 설파닐아마이드(sulfanilamide), 페니실린 등과 같은 항생물질을 첨가하기도 한다.

  ※ **구연산**
  - 정액 희석액 구성성분 중 pH를 조절하는 물질이다.
  - 정장 중에 함유되어 있는 유기산으로서 정액의 응고방지와 삼투압 유지에 관계하며, 정낭선의 분비기능의 진단에 이용되는 물질이다.

㉤ 정액의 희석비율
- 정자의 농도(정자수와 활력)를 기준으로 결정한다.
- 정자수 1mL 중 500만을 기준으로 한다.

$$\text{• 정액의 희석배율} = \frac{\text{1mL당 활력정자수}}{\text{제조할 정액의 1mL당 정자수}}$$

• 총희석액량 = 정액의 희석배율 × 원정액 채취량

$$\quad\quad\quad\quad\quad = \frac{\text{원정액 전체의 활력 정자수}}{\text{제조할 정액의 1mL당 정자수}}$$

= 원정액 + 희석액

ⓗ 정액 희석 시 주의사항

• 온도충격을 피해야 한다.
• 장갑을 착용하고 유류접촉을 금지, 금연한다.
• 냉동정액의 외부 노출을 피한다.
• 복사열, 태양열, 화기를 피해야 한다.
• 융해 중인 정액은 흔들지 않는다.
• 신속하게 이동한다.

② 정액의 보존

㉠ 돼지
• 실온에서 보존할 때는 적절한 보존액을 희석하면 15~20℃의 온도에서 약 2~3일간 양호한 생존성과 활력을 유지할 수 있다.
• 4~5℃ 저온에서 보관 시는 보존시간이 3~4일로 다소 길어지나 15~20℃에 보관할 때보다 정자의 생존성과 운동성이 떨어질 뿐만 아니라 수태율도 낮다.

㉡ 개 : 채취 직후 원정액을 35~37℃에 보존할 경우 약 20~24시간 생존이 가능하고, 희석을 하여 보존하면 생존성이 좋아지고 1주일까지 연장도 가능하다.

㉢ 동결보존 : 정액을 항동해제인 글리세롤 등을 함유한 희석액으로 희석한 다음 스트로에 분주하여 예비동결을 거쳐 −196℃의 액체질소에 넣어 동결보존한다. 소의 경우 앰플로 된 액상보존에서 현재는 스트로로 동결보존하여 사용하고 있다.

(6) 정액의 주입

① 정액주입법

㉠ 발정한 암소가 놀라지 않게 자연상태로 보정한다. 스트레스를 받으면 부신수질에서 아드 레날린이 분비되어 배란을 지연시키고 자궁의 수축운동을 억제하여 수태율이 저하된다.

㉡ 왼쪽팔에 직장검사용 장갑을 끼고 비눗물을 충분히 바른 후에 직장 내에 삽입해서 배분시 킨다.

㉢ 생식기를 부드럽게 검사한다.

② 수정할 정액의 가축명을 확인한 후 스트로정액을 개봉한다.

　　⑩ 왼팔을 직장에 넣은 상태로 외음부를 깨끗이 닦아 준다.

　　⑪ 왼손으로 자궁경관을 잡고 오른손에 주입기를 잡고 외음부를 넓게 벌려 주입기를 질
　　　내에 천천히 삽입을 유도한다.

　　⑫ 주입기의 선단이 자궁경관의 마지막 삼추벽을 통과하였을 때 왼손의 둘째 손가락으로
　　　주입기 끝을 확인한 후 자궁경심부에 서서히 정액을 주입한다.

　　⑬ 주입기와 왼손을 뺀다.

　　⑭ 수정증명서를 양축가에게 발급하여 주고 필요한 기록을 한다.

　② 가축 인공수정 시 정액을 주입할 때 주입기를 삽입하는 부위

　　㉠ 소 : 자궁체

　　㉡ 돼지 : 자궁경 심부

　　㉢ 닭 : 난관개구부

　　※ 수정란 이식부위
　　　• 소 : 자궁
　　　• 돼지, 면양, 산양 : 난관(4세포기 이하), 자궁(4세포기 이상)

(7) 동결정액 제조와 활용

　① 스트로에 의한 동결법

　　㉠ 원정액을 25~30℃에서 1차 희석하고 수 시간에 걸쳐 5℃로 냉각한다.

　　㉡ 글리세롤이 함유되어 있는 2차 희석액으로 1시간에 걸쳐 2차 희석을 하여 글리세롤이
　　　최종농도가 7~8%로 되게 한다.

　　㉢ 5℃에서 6~12시간 글리세롤 평형을 실시하여 동결하며, 동결은 -100℃의 액체질소가스
　　　내에서 5~10분간 정치한 후 급속동결하고 -196℃ 액체질소에 침지하여 보관한다.

　　　※ 처음으로 소정액의 동결보존에 성공한 사람 : Polge와 Rowson
　　　※ 동결정액을 제조하는 과정 : 정액희석 → 글리세롤 평형 → 예비동결 → 액체질소 내 침지

　② 정액의 동결보존과정에서 동해방지제로 이용되는 물질 ☑ **빈출개념**

　　㉠ 세포막을 통과할 수 있는 것

　　　• 1,2-프로판디올(PROH ; 1,2-propandiol)

　　　• 다이메틸설폭사이드(DMSO ; dimethyl sulfoxide)

　　　• 글리세롤, 글루코스

　　㉡ 세포막 통과가 불가능한 동해방지제(세포외 동해방지제)에는 수크로스(sucrose)가 있다.

　　※ 글리세롤의 평형조건 : 2차 희석을 끝내고 분주 및 봉인한 정액은 2~5℃에서 4~8(6)시간 정치한 후에 동결한 경우
　　　양호한 생존성을 얻을 수 있다. 이 시간을 글리세롤 평형시간이라고 한다.

③ 동결정액의 융해

    ⊙ −196℃의 액체질소 중에 동결되어 있는 정액을 주입할 때에는 일단 융해한다.

    ⓛ 저온융해 : 깨끗한 물에 얼음을 넣어 4~5℃의 빙수를 만든 다음 액체질소 중에 보관된 스트로를 들어내어 빙수 중에 4~5분이 지나면 정액이 완전히 융해되므로 곧 가축에 주입한다.

    ⓒ 고온융해 : 동결정액의 융해는 35~37℃ 온수에서 20초 이상 1분 이내 융해하여 주입기에 장치하고 5분 이내 수정한다.

    ※ 정자 동결보존 시 과냉각상태와 빙정형성으로 인하여 정자의 대사능력과 생존성을 저하하게 하는 위기온도 범위 : −25~−15℃

4. 수정란이식

(1) 수정란이식의 개념

① 수정란이식이란 생체 내(in vivo), 생체 외(in vitro)에서 만들어진 수정란을 동종의 동품종 또는 이품종의 생식기에 이식하여 착상→임신→분만을 유도하는 일련의 과정이다.

② 소에서 수정란이식 : 호르몬처리 다배란 유기→다수의 난자배란→생체 내 수정→배의 회수(착상 전 회수)→배의 검사→체외보존→수란축과 공란축 발정동기화→배의 이식(신선란, 동결란)→송아지

(2) 수정란이식의 장단점

장점	단점
• 우수한 공란우의 새끼를 많이 생산할 수 있다. • 수정란의 국내외 간 수송이 가능하다. • 특정 품종의 빠른 증식이 가능하다. • 우수 종빈축의 유전자 이용률을 증대할 수 있다. • 가축의 개량기간을 단축할 수 있다. • 가축 대신 수정란의 수송으로 경비를 절감시킬 수 있다. • 인위적인 쌍태유기에 이용하여 가축의 생산성을 높일 수 있다. • 계획적인 가축생산이 가능하다. • 후대검정을 하는 데 편리하게 사용할 수 있다.	• 다배란처리 시 배란수를 예측할 수 없다. • 비외과적 혹은 외과적 방법에 의한 수정란이식의 수태율은 아직도 낮다. • 수정란이식을 위해서는 특별한 기구와 시설이 확보되어야 한다. • 숙련된 기술자가 필요하다.

(3) 다배란처리

공란우 선발→공란우 다배란처리 및 인공수정→수정란 회수→수란우 선발→발정동기화 →수정란이식 및 임신

① 공란우의 선정조건

    ⊙ 유전적으로 우수형질을 보유한 소

    ⓛ 전염성 질병, 유전성 질병이 없는 건강한 소

© 번식능력이 높고 발정주기가 정상인 소

② 자궁 및 자궁경관에 염증이 없고 하수되지 않은 소

© 영양상태가 양호한 소

② 다배란(과배란) 유기

　　⊙ 자연발정주기를 이용하는 방법 : 임마혈청성성선자극호르몬(PMSG)을 다음 발정예정일을 기준으로 하여 발정주기 16일째 투여 → 3일, 4일째 난포호르몬인 에스트라다이올(Estradiol)을 각각 2회 주사 → 발정 당일 황체형성호르몬(LH) 또는 hCG 주사

　　ⓛ 프로스타글란딘(PGF$_{2\alpha}$)을 이용하는 방법 : 프로스타글란딘을 PMSG나 FSH와 병행하여 소의 발정주기에 맞춰 사용한다.

　　※ 다배란 유기에 사용되는 호르몬
　　　• 임마혈청성성선자극호르몬(PMSG)
　　　• 난포자극호르몬(FSH)
　　　• 프로스타글란딘(PGF$_{2\alpha}$)
　　　• 임부융모성성선자극호르몬(hCG)
　　　• 황체형성호르몬(LH)

③ 수란우의 선정조건

　　⊙ 번식적령기에 도달한 건강한 처녀우

　　ⓛ 적절한 영양상태를 유지하고 있는 소

　　© 건강한 생식기를 보유하고 있는 소

　　② 질병 및 대사장애가 없는 건강한 소

　　© 번식기록을 보유하고 있는 소

(4) 수정란의 채란과 검사

① 수정란 채란

　　⊙ 수정란 채취방법은 외과적 방법과 비외과적 방법이 있다.

　　ⓛ 수정란은 대체로 수정 후 4일간은 난관 내에, 5일째는 자궁-난관접합부에, 6일째는 자궁관 선단에 존재한다. 따라서 난회수를 위한 관류는 수정 후 4일까지는 난관에서, 5일째는 난관과 자궁각의 양측에서, 6일 이후에는 자궁각에서 실시한다.

　　　• 발정일을 0일로 하여 수정란 채란일은 7일째이다.

　　　• 수정란 채란일 당일에 가장 먼저 할 일은 모든 수란우 중에서 발정이 6, 7 혹은 8일 아침에 발생한 개체를 선발하는 것이다.

　　© 호르몬을 처리하여 다배란을 유도시킨 젖소로부터 수정란을 비외과적으로 채취할 때 가장 적당한 시기는 착상 직전 자궁에서 한다.

　　② 인공수정을 실시한 소에서 배반포기의 수정란은 수정 후 7일경 자궁에서 채취한다.

　　※ 다배란처리된 공란우에서 수정란이식에 가장 적합한 수정란의 채란시기는 수정 후 6~7일이다. 즉, 수정란은 인공수정 후 6~7일째 되는 날 채취하게 되는데, 이때는 수정된 난이 자라서 자궁에 착상되기 직전의 상태이다.

※ 공란우의 수정란을 회수하는 외과적(外科的) 방법 : 자궁관류법, 난관관류법

② 수정란 검사

　　㉠ 수정란의 회수 및 검사에 사용되는 모든 기구, 보존액 및 시약은 반드시 멸균된 것을 사용하고 독성이 없으며, 독소가 없는 것을 사용하여야 한다.

　　㉡ 작업은 오염되지 않은 무균적 상태에서 수행되어야 하며 가능한 생체 내와 같은 조건을 유지하도록 온도, 기압, 빛 또는 자외선의 차단, pH, 삼투압 등을 일정하게 유지하여야만 한다.

(5) 수정란의 보존

① 동결보존법 : 난포란을 체외성숙시키고 나서 한우 동결정액과 체외수정한 후 7~9일에 배반포 단계로 발달된 수정란을 동결한다.

　　㉠ 직접이식법 : 동결보존한 수정란을 융해하여 동해방지제에 희석 제거하지 않고 직접 이식에 이용하는 방법이다.

　　㉡ 다단계법 : 동결보존한 수정란을 융해하여 스트로에서 꺼내어 동결보존에 사용한 동해 방지제를 단계희석에 의해 제거한 후 수정란의 생존성을 확인한 후에 이식에 이용한다.

② 완만동결법으로써 직접 이식하는 동결법

　　㉠ 동결방지제로써 1.8 에틸렌글리콜이 첨가된 동결배지에서 15~20분간 평형을 실시한 후 수정란 동결기를 사용하여 동결한다.

　　㉡ 수정란이 장착된 스트로를 동결기의 체임버에 넣고 -7℃에서 10분간 식빙(Seeding)한 후 -35℃까지 분당 -0.3℃의 속도로 온도를 하강시켜 동결한다.

　　㉢ 액체질소에 10분 이상 침지한 후 액체질소탱크에 넣어 보관한다.

③ 다단계를 이용한 동결법

　　㉠ 수정란의 동결을 위한 평형액은 세정액에 7.5% 에틸렌글리콜(Sigma), 7.5% Dimethyl sulfoxide(DMSO, Sigma)가 되도록 조성한다.

　　㉡ 유리화 동결액은 세정액에 0.5M Sucrose(Sigma), 16% 에틸렌글리콜, 16% DMSO를 첨가하여 제조한다.

　　㉢ 수정란의 동결은 수정란을 세정액으로 2~3회 세정하여, 평형액에서 3분 동안 평형시킨 후 유리화 동결액에서 수정란을 일정 간격으로 로딩한 후 액체질소탱크에 넣어 보관한다.

　　※ 수정란 동결보존 시 동해방지제 ☑ 빈출개념
　　　• DMSO(Dimethyl Sulphoxide)
　　　• 글리세롤(glycerol)
　　　• 에틸렌글리콜(ethylene glycol)

④ 수정란의 융해 : 액체질소통에서 수정란이 들어 있는 스트로를 겸자로 집어 올려서 공기 중에 10초간 노출시킨 후, 37~38℃의 온수에 15~20초간 넣어 급속융해 후 멸균거즈로 닦고, 스트로 선단부 1.5cm 부위를 절단하고 수정란이식기에 장진하여 빠른 시간 내에 비외과 적 방법으로 이식한다.

(6) 수정란의 이식

수정란이식 방법은 외과적인 수술방법과 인공수정과 같이 경관을 경유하여 주입하는 비외과적 방법이 있다.

<table>
<tr><td>더 알아보기</td><td>비외과적인 수정란이식 방법</td></tr>
</table>

자궁경관경유법과 질벽경유법이 있다. 자궁경관경유법은 야외에서 실시가 가능하고 시간이 절약되며, 기술자 혼자서도 시술이 가능한 간단한 방법이기 때문에 수술적인 방법이나 질벽경유법보다는 실용적인 방법이다. 이식기구를 인공수정과 같은 방법으로 자궁경관을 통과시킨 후 자궁각 심부까지 더 진입시켜서 수정란을 이식하는 방법이다.

① 수란우의 보정

ㄱ 수란우를 보정틀에 기립 보정시키고 직장검사를 통하여 발정주기 동기화의 적합성과 영양상태 및 생식기의 정상유무를 확인한다.

ㄴ 적합으로 판정된 수란우는 직장 내에 있는 분변을 완전히 제거한 후 온수 또는 비눗물로 음부 및 그 주위를 깨끗이 세척하고 건조시킨 다음 다시 소독액으로 세척한다.

② 경막외 마취

ㄱ 경막외 마취는 직장 및 자궁을 충분히 이완시켜 이식기구의 삽입 조작이 용이하도록 하기 위한 조치이다.

ㄴ 마취제는 2% 염산프로카인 또는 리도카인으로 제1미추와 제2미추 사이의 함몰부에 주사침을 45°로 3~4cm 삽입한 다음 2~5mL의 마취제를 서서히 주입한다.

③ 수정란의 세척

ㄱ 회수된 수정란에 부착된 점액이나 채란액과 같이 혼입된 혈액 등의 이물질을 제거하기 위하여 신선한 채란액으로 수회 세척 후 스트로 내에 장진한다.

ㄴ 동결수정란은 융해 후(동결수정란의 융해법 참조) 동결보존제의 제거를 위하여 동결보호 물질이 함유되어 있지 않은 보존액(혈청이 첨가된 PBS나 BMOC-3)으로 세척하여 스트로에 장진한다.

④ 스트로 내 수정란의 장진

ㄱ 스트로 내로 수정란을 장진하는 과정은 먼저 0.25mL 스트로에 배양액을 약 1/3 수준이 되도록 흡인한 후 공기를 3~4mm 정도 흡인하여 스트로 내에 공기층을 만든다.

ㄴ 수정란을 배양액과 함께 약 1/3 수준으로 흡인하고, 한 번 더 공기를 흡인하여 공기층을 만든 후 최종적으로 배양액을 흡인한다.

ㄷ 끝으로 흡인하는 배양액의 양은 최초에 흡인된 보존액이 스트로 한쪽에 있는 면사와 파우더가 배양액에 젖어서 파우더가 팽창할 때까지 흡인한다.

⑤ 이식기의 결합
　㉠ 야외에서나 또는 실내에서 할지라도 낮은 기온하에서는 금속성 재질로 된 이식기는 체온 정도로 가온한 다음 스트로를 결합한다.
　㉡ 이식기구의 외면으로 질 내에서의 오염을 방지하는 덮개를 삽입하여 주입할 때까지 보온 유지한다.
　㉢ 보정틀에 수란우를 보정하고 2% 리도카인 5~7mL로 미추 경막외 마취를 한다.
　㉣ 직장으로부터 분변을 제거하고 외음부를 깨끗이 닦고 70% 알코올면으로 소독한 후 멸균된 비닐커버를 씌운 수정란이식기를 질 내로 삽입한다.
　㉤ 이식기 끝이 자궁경관 입구에 도달 시 비닐커버를 통과하고 자궁경관을 경유하여 황체가 있는 쪽의 자궁각까지 이식기를 밀어 넣어 가능한 한 자궁각 선단부에 삽입한 후 이식기를 조작하여 수정란을 이식한다.

⑥ 이식기의 질 및 자궁경관 삽입
　㉠ 덮개로 감싸진 이식기를 질 내로 삽입하여 덮개의 선단부가 자궁경관의 입구에 잘 접촉되도록 삽입한다.
　㉡ 미경산우를 수란우로 사용하는 경우에는 먼저 자궁경관 확장봉을 무균상태로 삽입하여 자궁경관을 확장시킨 다음 이식기를 삽입한다.

⑦ 자궁각 삽입과 수정란의 주입
　㉠ 무균상태로 자궁경관을 통과하게 된 이식기구의 선단부를 황체가 존재하는 측의 자궁각으로 될 수 있는 한 심부까지 진입시킨 다음 수정란을 주입한다.
　㉡ 주입기를 자궁각의 심부로 진입시킬 때는 자궁내막에 최소한의 자극으로, 심부까지, 신속하게 주입하여야 수태율이 높아진다.

⑧ 수정란의 주입 확인
　㉠ 수정란 주입 후 이식기의 선단부를 육안으로 확인하면 스트로의 면사에 혈액이 묻어 있는 경우는 자궁경관이나 자궁내막에 상처를 입힌 증거로서, 이러한 경우에는 수태율이 매우 낮다.
　㉡ 이식기구의 선단과 스트로의 선단부를 세척하여 수정란이 잔류해 있는지를 확인한다.

(7) 소 수정란이식 시 주요사항

① 소의 수정란이식 과정 : 다배란 처리 → 발정동기화 → 채란 → 검사 → 이식
② 비외과적 방법에 의거 난자를 회수할 경우 배란 후 4일 이후 실시하는 것이 바람직하다.
③ 이식하고자 하는 수정란의 일령이 수란우의 배란 후 일수와 일치하지 않으면 임신율이 매우 저하된다.
④ 수정란의 형태적 이상은 이식 후의 임신율을 저하시킨다.

⑤ 비외과적 수정란이식 시 수정란은 상실기~배반포기 시기에, 이식부위는 자궁각 선단이 가장 적당하다.

⑥ PMSG는 공란우의 발정주기 5~14일째에 주사한다.

⑦ 소(성우)의 난포발육을 위해서는 FSH나 PMSG를 주사한다.

⑧ 수정란의 보존액의 pH는 7.2~7.6이다.

⑨ 소의 4세포기 수정란을 일시적으로 토끼에 이식하여 배양할 경우 적절한 이식장소는 난관이다.

> ※ **수정란의 이식부위**
> • 소 : 자궁각 선단부
> • 돼지, 면양, 산양 : 4세포기 이하는 난관, 4세포기 이상은 자궁에 이식

5. 분만유도

(1) 분만유도의 개념

① 정상적인 분만이 일어나기 전에 인위적으로 분만시기를 조절하는 것을 말하며, 주로 조기 분만유도, 장기재태 및 분만동기화를 위해서 이용된다.

② 분만유도에는 옥시토신, 프로스타글란딘이 이용된다.

(2) 분만유도의 장단점

① 임신기간 단축에 따른 번식회전율을 향상시킨다.

② 휴일이나 야간 특근시간이 절약된다.

③ 집중 조산으로 신생자 생존율을 향상시킨다.

④ 분만에 소요되는 노동력의 효율성이 제고된다.

⑤ 장기재태의 예방 및 분만시기를 동기화할 수 있다.

(3) 분만유도 방법

① **부신피질호르몬에 의한 방법** : ACTH의 자극을 받은 태아의 부신피질에서 글루코코르티코이드의 분비증가를 일으키는 방법으로 합성 글루코코르티코이드인 덱사메타손(dexamethason)이 이용된다.

② **프로스타글란딘에 의한 방법** : 프로스타글란딘(PGE_2, $PGF_{2\alpha}$ 등)을 주사하여 분만유도를 일으키는 방법이다.

(4) 주간분만 유도법

① 야간사료 급여법 : 어미소에게 급여하는 사료(농후사료, 조사료)를 오후 7~9시 사이에 급여하여 아침까지 먹도록 하고 아침 사료조에 남아 있는 사료를 깨끗이 치워버린 다음 물만 주면 낮에 분만하는 비율을 높일 수 있다.

② 자궁이완제 사용

　㉠ 분만예정된 암소를 선발하여 자궁이완제인 염산리드드린제제를 25mg 투여하면 낮 분만율을 크게 높일 수 있다.

　㉡ 자궁이완제를 투여할 때에는 손을 소독하고 소의 외음부 주위를 위생적으로 청결히 한 후 질속에 손을 삽입하여 경관 이완상태를 검사하여 손가락 2개 이상 삽입이 가능한 소에게 1차 투여를 오후 6시에, 2차 투여를 오후 10시에 하면 다음날 새벽 5시경 이후에 분만이 이루어진다.

　㉢ 이미 산출기에 들어간 소에게는 자궁이완제를 투여해서는 안 된다.

6. 기타 인위적 지배

(1) 체외수정(in vitro)

① 난자 준비

　㉠ 체내성숙 난자(배란된 난자)

　　• 체내에서 배란 직전의 난포란 또는 배란 직후 난관상단부에서 채취한 난자

　　• FSH 또는 LH를 처리하여 과배란 유기된 난자

　　• 체내에서 성숙한 난자의 채란은 도살 또는 마취 후 개복하여 난관으로부터 배란 직후 성숙난자를 채취하여 체외수정에 사용한다.

　㉡ 체외성숙 난자(미성숙 난포란)

　　• 해부 또는 도축 후 난포를 채취한다.

　　• 난구세포층이 투명대에 긴밀히 부착된 것을 사용한다.

　　• 성숙배양액에서 24~48시간 배양 후 사용한다.

② 체외성숙과 수정능력 획득
　　㉠ 난포란의 체외성숙 : 성선자극호르몬의 영향으로 난자가 감수분열을 재개하여 제1감수분열을 완성한 후 제2감수분열 중기로 진행하는 과정을 말한다.
　　㉡ 정자의 수정능획득 유기
　　　　• 수정능획득에 중요한 물질은 칼슘이온(Ca^{2+})이다.
　　　　• 정자의 첨체외막이나 원형질막은 칼슘이온의 도움을 받아 성상변화가 시작하고 첨체반응이 시작되기 때문이다.
　　　　• 칼슘이온 흡수를 촉진하여 수정능획득 유기물질에는 헤파린(heparin), IA9[아이노포어(ionophore) A23187] 등이 있다.
③ 체외수정(in vitro)
　　㉠ 적합한 농도로 희석된 정자부유액에 난자를 첨가하는 방법
　　㉡ 준비된 난자배양액에 농축된 정자부유액을 첨가하는 방법
　　㉢ 수정완료 후 체외수정 판단방법 : 수정 중이나 수정완료 직후에 고정 염색하여 위상차현미경으로 관찰하여 다음과 같은 변화가 오면 수정으로 판정할 수 있다.
　　　　• 세포질 내에 침입하여 팽대한 정자의 두부 확인
　　　　• 자웅전핵의 형성 확인
　　　　• 제2극체의 방출 여부 확인
　　　　• 체외수정 시 정자의 꼬리동반 여부 확인

(2) 동물복제
복제동물은 수정란 절단방법, 분할구 분리방법, 핵이식이나 핵치환 등으로 복제동물을 만들 수 있다.
① 분할구 분리방법
　　㉠ 수정란의 분할과정에 있는 난세포(할구)를 분할하거나 분리하는 방법이다.
　　㉡ 2~4세포기배의 할구(분열된 단세포)를 분리하여 결찰(결합)한 난관에 이식하여 발육된 수정란을 수란축에 이식한다.
② 수정란의 절단
　　㉠ 수정란 절단은 상실배나 배반포단계의 수정란을 마이크로나이프 또는 레이저로 이등분한 다음, 양분된 수정란을 각각 빈 투명대에 넣어 수란우의 자궁으로 이식하여 일란성 쌍태를 생산하는 방법이다.
　　㉡ 개체수를 쌍태 이상 생산할 수 없다는 단점은 있으나 개체생산이 상대적으로 확실한 방법이다.

③ 핵이식

㉠ 수정란에서 핵을 분리한 후 미리 핵을 제거한 난자에 이식하는 방법이다.

㉡ 복제과정은 수핵세포질(난자) 준비, 공여핵 세포의 준비와 핵이식, 난자 활성화와 리프로그래밍, 복제수정란 배양, 이식단계를 거친다.

④ 핵치환

㉠ 난자의 핵을 제거한 후 거기에 체세포의 핵을 집어넣어 영양분 공급을 중단한 채 온도를 낮춰주면(4℃ 정도) 수정란처럼 난할이 일어나는데 이것을 대리모에 착상시켜 체세포핵의 공급자와 같은 유전자형의 개체를 얻을 수 있는 방법이다.

㉡ 핵을 이식받은 난자는 핵을 제공한 동물의 세포와 동일한 유전형질을 가진 개체로 자라며, 핵이식기술을 이용하면 핵을 제공한 동물과 유전형질이 동일한 복제동물을 만들 수 있다.

(3) 주조직 적합성 복합체(MHC ; Major Histo-ompatability Complex)

① MHC는 포유동물에 존재하는 유전자 중에서 가장 다형성이 높은 유전자로 self와 nonself를 구분하여 nonself에 대한 면역반응을 조절하는 가장 상위에 위치하는 단백질이다.

② MHC는 생쥐(H-2), 사람(HLA), 돼지(SLA) 및 소(BoLA)라고 부른다.

③ MHC 단백질 복합체가 세포의 표면에 위치하면, 근처에 있는 면역세포(주로 T세포나 자연살해세포)가 합성된 단백질을 확인할 수 있게 된다. 만약 확인된 단백질이 자기단백질이 아닌 것으로 판명되면, 면역세포는 그 감염된 세포를 죽인다.

※ 관류세포계수기(flow cytometer)분리법 : 포유동물 산자의 성비를 조절하기 위하여 X-Y 정자를 분리하는데 유효한 생명공학기법

> **더 알아보기** X 정자와 Y 정자를 분리하는 방법
>
> • 피콜(Percoll) 중층 분리법: 농도가 다른 층을 만들어 정액을 넣은 다음 침지된 각 층을 분리한다.
> • 염색을 통한 분리 : 염색물을 정액에 부은 후 현미경으로 염색된 정자와 염색되지 않은 정액을 분리한다.
> • 전극을 이용한 분리 : +, -전자를 이용하여 X 정자와 Y 정자를 분리한다.

(4) 형질전환동물

① 형질전환동물의 개념

㉠ 인위적으로 외래유전자가 도입되어 새로운 형질을 가진 가축을 생산하는 것이다.

㉡ 특정형질을 가진 외래유전자를 배의 세포에 주입하여 그 유전자를 새롭게 조합한 동물을 말한다.

② 형질전환동물의 생산기법

　㉠ 전핵 내 미세주입법(gordon)

　　• 새로운 유전자를 수정란의 핵에 직접 주입하는 방법으로 주입된 유전자는 세포분열과
　　　정 중 염색체에 무작위적으로 삽입되어 그 형질을 나타나게 된다.

　　• 형질전환동물 생산방법 중 가장 쉬우며, 효율도 어느 정도 높으므로 현재 가장 산업적으
　　　로 많이 사용되기도 한다.

　㉡ retrovirus 매개법

　　• 인위적으로 병원성이 없도록 미리 조작된 유전자를 바이러스를 통하여 주입하는 것이다.

　　• 강력한 바이러스의 감염방법을 이용하여 유전자를 주입하게 되므로 유전자 주입효율은
　　　좋으나, 새로운 유전자가 무작위로 삽입되어 발현조절이 어려운 단점을 갖고 있다.

　　※ **레트로바이러스** : 유전자로서 RNA를 가지고 있으면서 감염된 세포에서는 이 RNA를 주형으로 DNA를 합성하여
　　　provirus가 되는 것의 총칭

　㉢ 배아줄기세포(ES cell ; Embryonic Stem cell, 배성간세포) 이용법

　　• 배아줄기세포는 배반포의 내세포 집단에서 유래한 전분화능줄기세포이다.

　　• 배아줄기세포는 배아에서 유래한 미분화세포로 신체 내의 어떠한 조직이나 세포로 분
　　　화할 수 있는 전능성을 갖고 있다. 따라서 배아줄기세포에서는 새로운 유전자를 특정부
　　　위에 주입할 수 있는 특징을 갖고 있다.

　　• 세포가 생식계열세포에 기여하면 다음 세대에서는 도입유전자를 Hetero로 갖는 자웅
　　　의 개체가 얻어지며, 이들의 형매 간 교배에 의하여 다음 세대에는 계통화된 형질전환동
　　　물을 얻을 수 있다.

　㉣ 정자세포이용법

　　• 체외수정(시험관아기)은 정자와 난자의 수정과정을 체외에서 수행한 후 모체에 이식하
　　　여 임신이 성립되도록 하는 방법인데 이 과정을 통해서도 형질전환동물을 생산할 수
　　　있다.

　　• 체외수정을 실시하기 전에 정자의 머리 부분에 주입하고자 하는 DNA를 부착시켜서
　　　이를 난자와 수정시키게 되면 DNA가 수정란의 핵으로 유입되어 새로운 형질을 발현하
　　　게 되어 형질전환동물의 생산이 가능하게 된다.

번식장애

1. 수컷의 번식장애

(1) 정자형성 장애

① **성 성숙의 지연** : 수가축의 영양상태가 적절하지 않으면 FSH와 LH의 분비가 억제되므로 정자형성의 기능이 떨어져 성 성숙의 지연 또는 불임의 원인이 된다.

② **하계불임** : 고온, 다습한 환경에서는 정자농도가 감소하고, 기형정자수가 증가한다.

③ **잠복정소** : 정소가 음낭 내에 하강하지 않고 복강 내에 머무는 현상으로 정자형성이 비정상적으로 이루어진다.

④ **정소발육 이상** : 유전적 및 영양적 요인으로 정소발육과 정소형성의 불충분에 의해 정자형성이 저해된다.

⑤ **정소의 퇴화** : 섬유화가 일어나 탄력성이 감소하고 딱딱해지는 현상으로 이상정자수가 증가하고, 정자의 운동성 저하 및 정자수 감소증세가 나타난다.

※ **정자형성상의 장애요인** : 성 성숙의 지연, 하계불임, 잠복정소, 정소발육 이상, 정소의 퇴화 등

(2) 정액과 정자의 이상

① **정액이상** : 무정액증, 무정자증, 정자감소증, 정자무력증, 정자사멸증

② **정자이상**

㉠ 면역학적 요인 : 암컷의 생식기로 침투한 혈청의 항체가 정자나 정장액을 항원으로 인식하여 면역반응을 일으킨다.

㉡ 유전적 요인 : 정자에 존재하는 치사인자

㉢ 노화정자, 체외사정 후 발생하는 이상, 정자형성과정의 기형정자

(3) 교미장애

① 교미욕 감퇴, 발기불능증

② 음낭헤르니아, 복부비대

③ 음경이나 포피의 기형 및 해부학적 결함

(4) 기타 번식장애

선천적 기형, 퇴행성 질병, 전염성 미생물에 의한 부생식기 이상 발생 등

2. 암컷의 번식장애

(1) 난소 기능장애

① 난포발육장애

　㉠ 난소발육 부전 : 난소가 작고 단단하며, 원시난포가 없어 발정이 오지 않는 것

　㉡ 난소정지 또는 휴지 : 난포의 발육 및 황체형성이 촉진되지 않아 배란이 안 되는 상태

　　※ 난소정지는 난소는 어느 정도 발육하고 있으나, 뇌하수체로부터 성선자극호르몬이 충분히 분비되지 못하기 때문에 난포가 성숙하지 않은 채로 퇴행하는 것을 말한다. 이는 에너지의 섭취부족으로 인해 황체형성호르몬 분비를 억제하기 때문이며, 무발정을 나타낸다.

　㉢ 난소위축

　　• 착유를 너무 자주하거나, 노령기의 소에게 양질의 조사료공급이 부족할 때 난소가 작아져 단단하게 되는 암소의 번식장애이다.

　　• 영양불량, 바이러스 감염 등의 원인으로 성선자극호르몬의 분비가 저하된다.

　　• 난소위축성 무발정치료에 사용하는 호르몬은 융모성성선자극호르몬(hCG)이다.

　㉣ 폐쇄난포 : 난소 중의 난포가 배란에 이르지 못하고 퇴화한 것으로 난포의 모든 성숙단계에서 일어나며, 어느 것이든 난세포의 변성에서 시작되어 최종적으로는 결합조직으로 치환된다.

② 난소낭종 : 고단백 농후사료의 과도한 급여는 낭종발육을 조장한다.

　※ 증상 : 분만 후 60일까지는 무발정형(75%)이 많으며, 그 이후는 사모광증이 많다.

난포낭종	• 난포가 어떤 원인에 의해 배란되지 않고 성숙난포 이상의 크기에 달하여 난자가 사멸하거나 난포액이 흡수되지 않고 남아 있게 된다. • 계속적으로 다량의 에스트로젠이 분비되어 발정이 지속되나 난포벽이 황체화하는 것은 없고 지속성, 빈발성이나 사모광형 또는 불규칙한 발정이 특징이다. • FSH의 과잉분비, LH의 부족으로 성숙난포가 파열되지 않아 배란 및 황체형성이 진행되지 않기 때문이다. • 호르몬제제인 LH작용을 나타내는 융모성성선자극호르몬(hCG)나 성선자극방출호르몬(GnRH) 투여 후 황체퇴행인자($PGF_{2\alpha}$)를 주사하면 발정이 온다. 　※ 사모광증 소는 강하고 지속적이고 불규칙적인 발정행동을 나타내며, 다량의 투명한 점액을 분비한다.
황체낭종	• 황체낭종은 직경이 2.5cm 이상의 무배란성 난포가 존재하여 있고, 내벽에 부분적인 황체화 즉, 황체조직층이 있고 중심부에는 내용액이 저류하여 장기간 존속하여 무발정이 특징이다. • LTH, LH 등의 호르몬 부족에서 기인된다.
낭포성 황체	• 정상적으로 배란된 후에 황체가 형성된 경우이기 때문에 황체돌출부(배란점)가 있다. • 불임증과 관계가 없으며 정상적인 성주기가 반복된다. 만약 임신이 성립되면 내강이 충실한 황체조직으로 채워진다. • 임신황체가 낭포성 황체일 때는 임신유지는 가능하나 불완전하다.

간접적 원인	• 유전적인 소인 • 고비유우에 다발 : 2~5산차에 다발 • 농후사료 과다급여 • 고영양사료 급여 • 겨울철 다발 : 햇빛 및 운동부족 • 스트레스 : 분만 전후에 발생하는 질병(유열, 유방염, 태반정체, 자궁염) • 곰팡이 난 사료 : 에스트로젠 물질
직접적 원인	• 난소유착 • 뇌하수체호르몬의 분비이상 : FSH 분비과잉 및 LH 분비저하 • 스트레스에 의한 ACTH 증가 • 베타카로틴 저하→ 에스트로젠 분비저하→ LH Surge 부족 • 에스트로젠이 다량 함유된 알팔파 등의 대량 급여 • 지방간

③ 황체의 이상(영구황체)

　㉠ 미임신 시에도 황체가 퇴행하지 않은 채로 남아 무발정이 된다.

　㉡ 자궁 내에 이물질이 존재하여 내분비 이상이 발생한다.

　㉢ 영구황체가 존재하는 가축에 있어서는 난포발육과 배란이 억제되어 무발정상태가 계속된다.

　㉣ 영구황체는 주로 자궁의 병적 상태와 수반되어 난소에 계속 존재하는 경우가 흔하며, 자궁축농증, 자궁감염, 태아미라변성, 태아의 조기사 등의 원인으로 인하여 자궁 내에 마치 태아가 존재하는 것과 같이 황제가 퇴행되지 않음으로 발생한다.

　㉤ 난포가 자라지만 프로제스테론의 LH 분비억제로 발정과 배란이 되지 않는다.

　㉥ 직장검사 시 황체는 발정황체보다 작고 딱딱하며, 황체경이 없고 끝이 뾰쪽한 것이 특징이다.

　㉦ 치료 : $PGF_{2\alpha}$ 제제의 투여로 황체를 퇴행시킴으로서 발정을 유도하고 자궁 내에 아이오딘제를 주입하면 황체의 퇴행이 일어난다.

※ 자궁 내 미라변성 태아가 존재하면
　• 난포의 발육이 억제되어 발정이 나타나지 않는다.
　• 감염으로 태아와 태막의 탈수에 의해 발생한다.
　• 프로스타글란딘의 투여로 태아를 배출시켜야 한다.

더 알아보기 　황체의 종류

• 임신황체(진성황체) : 임신기간 중 황체가 계속 존속하면서 크기도 계속 유지되는 황체이고, 프로제스테론을 분비하여 임신유지와 태아의 착상과 발육, 비유 등에 관여한다.
• 발정황체 : 발정주기에 따라 발육과 소멸을 반복하는 황체
• 영구황체 : 임신이 되지 않은 동물의 난소에 비정상적으로 존속하면서 프로제스테론을 분비하여 물임을 초래하는 황체

④ 발정이상
  ㉠ 무발정
    • 성 성숙시기 또는 분만 후 생리적 휴지기를 지나도 발정 및 발정징후가 발현되지 않는
      상태를 말한다.
    • 난소이상에 의해 난소주기가 비정상적으로 발정을 나타내지 않는다.
    • 성숙한 암컷의 포유가축에서 성선자극호르몬의 결핍, 난소이상 및 황체퇴행장애 등에
      의해서 난포의 발육이 되지 않은 경우 나타나는 증상이다.
    • 무발정의 원인
      – 난소이상 : 형성부진, 난소낭종, 프리마틴 등으로 인한 난포발육이상
      – 자궁요인 : 임신, 위임신, 태아미라, 자궁염증 등으로 인한 황체퇴행장애
      – 환경적 요인 : 계절, 비유, 영양공급으로 성선자극호르몬 결핍
  ㉡ 둔성발정
    • 난포의 발육, 성숙, 배란, 황체형성 및 퇴행(난소주기)은 정상적으로 이뤄지나, 난포의
      발육·성숙시기에 발정이 나타나지 않는 상태를 말한다.
    • 소의 난소질환 중에서 둔성발정의 발생률이 높으며, 유량이 많은 소, 1일 3회 착유하는
      소, 포유 중인 한우, 사양 관리조건이 나쁜 사사우에게 다발한다.
    • 치료는 황체기에 PGF$_{2\alpha}$ 투여나 질내 삽입형 프로제스테론 제제를 이용한다.

    더 알아보기 리피트브리더(repeat breeder)
    • 경산우 중 질과 직장검사결과 이상이 없는데도 3~4회 이상 교배하여도 수태되지 않으면서 계속 발정이
      반복되는 번식장애가 있는 소
    • 원인 : 수정장애, 호르몬이 불균형 상태, 암축의 생식관 내 정자수송에 장애가 있을 때

  ㉢ 지속성 발정
    • 발정이 비정상적으로 길게 지속되는 상태(10~40일간)로, 배란장애를 병발하고 있는
      것이 많다.
    • 성숙한 난포가 장기간에 걸쳐 존속하는 경우 난포의 발육, 성숙, 폐쇄, 퇴행이 점차
      일어나거나, 난포가 낭종화하는 경우에 보인다.
    • 젖소에서 많이 발생하며, 정상적인 발정 지속시간은 10~27시간(평균 18시간)인데 3~5
      일 이상 지속되는 것으로 알려져 있다.

ㄹ 그 외 발정 지속시간이 짧은 단발정(short period estrus), 배란을 수반하지 않는 무배란성 발정(정상상태 발정)이 있다.

발정형태	원인	생리적 기능
무발정	자궁축농증, 태아미라변성 비유	황체유지 : 포유자극은 성선자극호르몬이 저해받음
	난소낭종, 난소형성 부전, 프리마틴 영양 및 비타민 결핍증	LH/GnRH 부족 • 난소 에스트로젠 비생산 • 뇌하수체 전엽의 성선자극호르몬 생산
둔성발정	고비유	–
사모광	난소낭종	내분비 이상

(2) 수정장애

① 저수태우에서 수정장애의 주요한 원인으로는 비적기 수정, 배란지연 및 배란난자의 노화, 내분비 이상 또는 생식기의 염증에 의한 난자 및 정자의 이송장애와 사멸이다.

② 고능력 젖소에서는 발정발견이 어렵고, 비적기 수정이 증가함으로써, 수정률이 저하하는 경우가 있다.

③ 수정 후의 배란확인이 이뤄지지 않는 우군에서는 비적기 수정 및 배란지연에 의한 비수태의 빈도가 높은 경향에 있다.

ㄱ 난자이상 : 노화된 난자는 거대난자, 난형난자, 투명대의 파열 등으로 수정력과 생존배를 만드는 능력이 저하된다.

ㄴ 이상수정 : 배우자의 노화, 환경조건의 변화, 독성물질 등에 의해 일어날 수 있다.

(3) 임신 이상

① 배폐사(배사멸)

ㄱ 호르몬 이상(불충분한 프로제스테론), 박테리아에 의한 자궁감염, 수정란의 유전적 기형(이상) 등으로 자궁 내 환경이 태아발육에 불량하기 때문이다.

ㄴ 발정주기의 연장이 나타나지 않는 경우를 조기 배사멸, 정상적인 발정간격(18~24일)을 지나 발정이 재귀하는 경우를 후기 배사멸(또는 단순히 배사멸)로 구분한다.

조기 배사멸	• 수정장애와 동시에 저수태의 원인이 되며, 발생빈도는 경산우에서는 미경산우보다 높고, 유량이 많은 시기 및 더운 여름철보다 증가한다. • 사양 관리의 수준과 밀접한 관계가 있고, 영양·안락(cow comfort) 등의 저하는 조기배사멸을 증가시켜 우군의 임신율 저하를 수반한다.
후기 배사멸	• 배사멸은 기관형성완료 전의 수태산물(수정란)의 사멸을 말하며, 이후의 유산(태아사망)과 구분된다. • 조기 배사멸에 비해 발생빈도가 낮고, 유량이나 더위의 영향을 받아 증가하지 않으나, 후기 배사멸 및 유산은 분만간격을 크게 연장하기 때문에 소 사육농가의 손실을 크게 초래한다.

ⓒ 고능력우에 있어서 조기배사멸이 증가하는 원인 : 분만 후 에너지 부족, 스트레스, 저칼슘 혈증, 단백질의 과다급여, 마이코톡신에 의한 사료의 오염 등에 기인하는 내분비 및 면역계의 이상이며, 자궁의 염증, 배란 전후 및 황체형성기의 내분비 이상을 초래하여 배사멸을 증가시킨다.

ⓔ 배사멸의 분류
- 소 : 프로제스테론 결핍, 근친번식, 중복임신
- 면양 : 식물성 에스트로젠, 근친번식, 중복임신, 고온환경
- 돼지 : 근친번식, 과다사육, 과식, 고온환경
- 말 : 비유, 쌍태, 영양상태

② 태아의 미라변성

ⓐ 태아가 자궁 내에서 죽은 뒤에 배출되지 않고 장기간 잔류하는 동안 수분이 흡수되어 건조위축된 상태로 임신이 유지된 것이다.

ⓑ 황체퇴행이 억제되어 미라화된 태아가 자궁 내에 잔존하게 된다.

ⓒ 미라변성의 원인은 태아에 대한 혈액공급의 장애, 태반형성의 결함, 태아제대의 기형 및 임신자궁의 바이러스감염 등에 기인한다.

③ 자연유산

ⓐ 유전적 요인, 염색체 이상, 호르몬 이상 및 영양적 요인 등에 의해 분만 전에 태아가 나오는 현상이다.

ⓑ 맥각곰팡이가 호밀밭에 퍼지면 그 곡식을 먹은 가축들은 자연유산을 하게 된다.

※ 자연유산과 인공유산, 진행유산과 완전유산, 비감염성 유산과 감염성 유산으로 분류하며 비감염성 유산은 산발성 유산과 습관성 유산으로 감염성 유산은 감염원에 따라 세균성, 바이러스성, 원충성 유산 등으로 구분한다.

02

적중예상문제

01 수컷의 부생식선 3가지를 쓰고 그 기능을 쓰시오.

정답
- 정낭선 : 분비액은 정자를 보호하는 유백색을 띤 점조된 액체로서 고농도의 단백질, 칼슘, 구연산, 과당 및 여러 종류의 효소를 함유한다.
- 전립선 : 정액 특유의 냄새를 부여하는 엷고 불투명한 액체를 분비한다. 이 액체는 유백색으로 알칼리성이며, 정자의 운동과 대사에 관여한다.
- 요도구선 : 요도의 세척 및 중화와 관련된 액체를 분비한다.

02 정소의 조직을 구성하는 세포 3가지의 명칭과 기능을 쓰시오.

정답
- 간질세포 : 테스토스테론 분비
- 정세포 : 성숙 정자로 분화
- 세르톨리 세포 : 정자형성 촉진, 지지세포의 역할, 영양 공급과 대사물질 배설

03 자궁의 형태 4가지를 쓰시오.

정답 쌍각자궁, 분열자궁, 중복자궁, 단자궁

해설

쌍각자궁	• 자궁경관 바로 앞의 작은 자궁체와 두 개의 긴 자궁각이 있다. • 돼지의 자궁각은 소의 자궁각보다 훨씬 더 길다.
분열자궁	• 자궁경관 앞까지 현저한 자궁체가 있다. • 쌍각자궁에서처럼 길고 뚜렷하지는 않지만 2개의 자궁각이 있다.
중복자궁	• 2개의 자궁경관에 각각 1개씩의 자궁이 있다. • 자궁경관은 질에서 각각 개구된다.
단자궁	사람, 영장류에서 볼 수 있다.

04 정자의 완성과정 4단계를 순서대로 쓰시오.

정답 골지기, 두모기, 첨체기, 성숙기

해설
- 골지기 : 골지체 내에 PAS 양성의 전첨체과립이 형성되는 시기
- 두모기 : 첨체과립이 정자세포의 핵표면에 확산되는 시기
- 첨체기 : 핵, 첨체 및 미부의 형태가 변화하는 시기, 수피상판(포켈상판 : manchette)이 나타나는 시기

05 난자의 형성과정을 순서대로 서술하시오.

> **정답** 난원세포(2n)는 제1난모세포(2n)로 변한 후 제1난모세포는 제2난모세포(n)와 제1극체로 나누어진다. 난모세포는 두 번의 감수분열, 즉 제1성숙분열과 제2성숙분열을 거쳐서 난자(난자세포)가 된다.

06 난자의 형성과정에서 제1극체와 제2극체의 방출시기를 쓰시오.

> **정답** • 제1극체의 방출시기 : 배란 직전 제1난모세포는 제1성숙분열로 염색체수가 반감되면서 제2난모세포가 되어 제1극체를 방출한다.
> • 제2극체의 방출시기 : 배란 후 수정 직후 제2성숙분열을 하고 제2극체를 방출한다.

07 정자의 운동성에 영향을 미치는 요인 2가지를 쓰시오.

> **정답** 온도, 전해질, 비전해질, pH, 삼투압

08 릴랙신에 대해 쓰시오.

> **정답** 임신기의 암컷에서 분비되는 단백질계(polypeptide)호르몬으로 주로 임신황체에서 분비되지만 말, 토끼, 고양이 및 원숭이 같은 동물에서는 태반에서도 분비된다. 난포호르몬의 전처리를 받은 릴랙신은 치골결합을 분리시켜 태아가 용이하게 골반을 통과하도록 한다. 난포호르몬과 협동하여 유선발육을 촉진시킨다. 임신시에는 릴랙신과 프로게스테론과 공동작용으로 자궁근의 수축을 억제하여 임신을 유지시키며, Estradiol과 동시에 투여하면 유선의 성장을 촉진시킨다.

09 호르몬(hormone)과 표적기관에 대해 쓰시오.

> **정답** 내분비선에서 분비되는 특수한 물질을 호르몬이라 하며, 호르몬의 지배를 받아 생리작용을 발휘하는 신체의 부위를 표적기관이라 한다.

10 프로락틴의 생리적 기능을 쓰시오.

> **정답** • 설치류 동물의 황체를 유지하는 호르몬이다.
> • 선세포 발육, 유즙분비, 모성행동 유발(취소성, 모성애)

11 옥시토신의 생리적 기능에 대해 쓰시오.

정답 • 포유동물의 유선에서 유즙을 배출시키고 분만 시에 자궁근을 수축시켜 태아를 만출시키는 기능을 수행한다.
• 분만 후 자궁의 수축과 유즙분비를 촉진시키는 뇌하수체 후엽호르몬이다.
• 축산 분야의 응용에서 분만이 지연될 때 분만촉진제로서 또는 유즙의 유하(流下)를 유도하기 위하여 사용되기도 하는 단백질계(peptide) 호르몬이다.

12 FSH의 생리적 기능을 쓰시오.

정답 • 생식선을 자극하여 에스트로젠을 분비하고 난자와 정자가 자라는 것을 돕는다.
• 정소 간질세포를 자극하여 테스토스테론 분비, 정자형성을 촉진한다.
• 난포의 성장과 성숙을 자극한다.

13 뇌하수체 전엽에서 분비되는 호르몬에 대하여 쓰시오.

정답 성장호르몬(GH), 갑상선자극호르몬(TSH), 부신피질자극호르몬(ACTH), 난포자극호르몬(FSH), 황체형성호르몬(LH : 당단백질호르몬), 프로락틴 등

14 호르몬의 생화학적 특징을 쓰시오.

정답 • 특정한 분비선에서 분비되는 화학적 신호이다.
• 특정한 수용체가 있는 표적세포나 기관에만 영향을 준다.
• 적은 양으로도 생리조절이 가능하며 반응은 느리지만 지속적이다.

15 임신진단법의 종류를 쓰시오.

정답 외진법(Non-Return, 발정무재귀관찰법), 직장검사법, 질검사법, 초음파진단법, 자궁경관점액검사법, 발정검사법 등

16 내배엽, 중배엽, 외배엽에서 생성되는 기관을 각각 쓰시오.

> 정답
> • 내배엽 : 간·췌장·폐·소장·대장과 같은 내장기관
> • 중배엽 : 근육·신장·심장·혈액·혈관과 같은 심혈관계
> • 외배엽 : 뇌·척수 등의 신경기관

17 암컷의 발정징후 3가지를 쓰시오.

> 정답
> • 승가를 허용한다.
> • 불안해하고 자주 큰소리로 운다.
> • 식욕이 감퇴되고 거동이 불안해진다.
> • 외음부는 충혈되어 붓고 밖으로 맑은 점액이 흘러나온다.
> • 거동이 불안하고 평상시보다 보행수가 2~4배 증가한다.
> • 눈이 활기 있고 신경이 예민하며, 귀를 자주 흔들고 소리를 지른다.
> • 오줌을 소량씩 자주 눈다.

18 다정자 침입 방지를 위한 반응을 쓰시오.

> 정답
> • 투명대 반응 : 정자가 침입하면 다음 정자가 못 들어오게 한다.
> • 난황막 차단 : 하나의 정자가 투입되면 나머지의 정자는 출입금지시킨다.

19 분만이 개시되는 기전에 대해 쓰시오.

> 정답 임신 말기 태아의 혈액 중에 글루코코르티코이드의 농도가 급속히 증가되면 태아를 자극하여 프로스타글란딘
> ($PGF_{2\alpha}$)과 에스트로젠의 분비를 증가시키게 된다. $PGF_{2\alpha}$는 급격한 황체퇴행을 일으키며 이에 따라 모체혈액
> 에 프로제스테론이 급감하고 에스트로젠이 급증한다. 에스트로젠은 자궁의 운동성 증가와 함께 옥시토신에
> 대한 감수성을 높여, 옥시토신의 방출로 자궁의 수축과 함께 진통의 개시로 분만이 시작된다는 주장이다.

20 유선포에 대해 쓰시오.

> 정답 유선포는 난원형의 주머니모양으로 안쪽에는 유선상피세포가 있고, 바깥쪽부분에는 근상피세포가 방사상으
> 로 분포되어 있다. 유선상피세포는 우유를 만들어서 유선포 내측의 선포강(腺胞腔)에 분비한다. 우유는
> 세유관으로 이동한 다음 유관 → 대유관 → 유선조 → 유두조 순으로 이동한다. 근상피세포는 옥시토신의
> 반응에 의해 유선포를 수축하여 유선포강 내의 젖을 배출시킨다.

21 유즙의 분비 과정을 순서대로 쓰시오.

> **정답** 유선세포 → 유선포 → 유선소엽 → 유선엽 → 유선관(소유관 → 대유관) → 유선조 → 유두조 → 유두관

22 25칸으로 된 혈구계산판에서 200배로 희석한 정액의 경우 5칸의 혈구계산판 정자 수의 총계가 100개라고 할 때 정액 1mL당 정자수를 구하시오.

> **정답** 1mL당 정자수 = 100(혈구계산판 5개의 총합) × 5(총혈구계산판이 25칸이므로) × 200(희석배율 내)
> × 10(1mm^{2}의 환산) × 1,000(1mL로 환산) = 10억마리

23 소를 인공수정 하기 위하여 채취한 정액의 양은 5mL이고, mL당 정자 수는 10억마리, 생존율이 80%일 때, 1회 주입정자 수를 2천만마리로 한다면 몇 두의 암소에 인공수정 할 수 있는지 계산하시오.

> **정답** $\dfrac{(채취한\ 1mL당\ 정자\ 수 × 총정액량) × 생존율}{1회\ 주입량} = \dfrac{(10억마리 × 5) × 0.8}{2천만} = 200두$

24 정액의 육안적 검사항목에 대해 쓰시오.

> **정답** • 정액량, 색깔, 냄새, 농도(점조도), pH 등으로 구분하여 실시한다.
> • 주의할 점은 30~35℃의 보온이 유지되어야 하며, 직사광선이나 한랭한 장소는 피하는 것이 좋다.
> • 정자농도가 높으면 균일하게 불투명하다.
> • 색깔은 유백색이 정상적이고, 황색을 띠면 정액속에 요가 포함되었을 가능성이 있고, 붉은색을 띨 경우 피가 감염되었을 가능성이 있고, 청색을 띨 경우 질병에 감염되어 있을 가능성이 높다(정액의 농도가 진하고 우수할 때에는 운무상을 띤다).
> • 정액의 양은 각 동물종에 따라 피펫, 정액채취관, 메스실린더 등으로 측정한다.

25 정액동결 시 저온충격의 예방 방법을 쓰시오.

정답 예비냉각(저온에서 천천히 냉각), 글리세롤 첨가

26 인공수정의 장점과 단점을 2가지씩 쓰시오.

정답
• 장점
  – 우수한 씨가축(종모축)의 이용범위가 확대된다.
  – 후대검정에 다른 씨가축의 유전능력을 조기판정할 수 있다.
  – 씨가축(종모축) 사양 관리의 비용과 노력이 절감된다.
  – 정액의 원거리 수송이 가능하다.
  – 자연교배가 불가능한 가축도 번식에 이용이 가능하다.
  – 교미 시 감염되는 전염병(전염성 생식기병 등)의 확산을 방지할 수 있다.
  – 우수 종모축을 이용한 가축개량을 촉진시킬 수 있다.
  – 특별한 주의 없이도 생식기 질병을 일으킬 확률이 매우 낮다.
• 단점
  – 숙련된 기술자와 특별한 기구 및 시설이 필요하다.
  – 1회 수정에 자연교배보다 많은 시간이 소요된다.

27 정액 희석 시 희석액의 구비조건 3가지를 쓰시오.

정답
• 정자의 생존에 유리한 작용을 하여야 한다.
• 외부충격에 대한 완충효과가 있어야 한다.
• 삼투압 및 pH가 정액과 같게 유지되어야 한다.
• 세균증식을 억제하고 영양물질을 공급하는 에너지원이 함유되어야 한다.

28 동결정액의 제조 과정을 쓰시오.

정답 정액희석 → 글리세롤 평형 → 예비동결 → 액체질소 내 침지

29 정액 희석 시 유의점 2가지를 쓰시오.

정답
- 급격한 온도변화로 인한 충격을 방지한다.
- 가급적 빠른 시간에 정액 희석작업을 끝낸다.
- 정액의 희석 배율은 저배율에서 고배율로 높여나간다.

30 소에서의 프리마틴의 ① 개념, ② 원인, ③ 특징에 대해 쓰시오.

정답
① 성(性)이 다른 다태아(쌍둥이, 세쌍둥이)로 태어난 암송아지 중에 생식기의 발육불량으로 번식능력이 없는 것을 말한다.
② 암수 쌍태로 수컷의 호르몬에 의해서 즉, 암컷과 수컷, 쌍방의 혈액이 태반을 통해 교류되어 수컷의 성호르몬이 암컷의 생식기 발육을 억제함으로써 생긴다.
③ 특징
- 이성 쌍둥이의 암송아지 중 약 10%는 정상적인 생식능력을 갖는다.
- 중간적인 양성의 생식기관을 갖는다.
- 정상적인 암컷과 비슷한 외부생식기를 갖는다.
- 정소와 여러 가지 유사점을 가진 변이한 난소를 갖는다.
- 출생 직후 프리마틴 송아지는 외견상 정상 암송아지와 별 차이가 없다.
- 일반적으로 외음부가 약간 작고, 음모가 길며, 음핵이 커 눈에 띄기도 한다.
- 성(性) 성숙기가 지나도 발정이 오지 않는다.
- 만 한 살이 지나면 외모와 성격이 수컷과 비슷해진다.

31 동해방지제로 이용되는 ① 물질 3가지와 ② 조건 3가지를 쓰시오.

정답
① 1,2-프로판디올, 다이메틸설폭사이드(DMSO), 글리세롤, 글루코스, 수크로스(세포막 통과가 불가능)
② 세포막을 통과할 수 있는 것, 중성 물질일 것, 친수성이 강해야할 것, 세포 독성이 적을 것

32 단순생식(처녀생식)에 대해 서술하시오.

> **정답** 단위생식 또는 처녀생식은 남성정자에 의한 수정없이 배아가 성장, 발달하는 것으로, 난자의 염색체가
> 극체(polar body)와 결합하여 두 벌이 되어 수정란이 되는 형태로 일어난다.

33 유도분만의 방법과 장점을 쓰시오.

> **정답** • 부신피질호르몬에 의한 방법, 프로스타글란딘에 의한 방법, 주간분만 유도기법(야간사료 급여법, 자궁이완
> 제 사용)
> • 장점
>   – 임신기간 단축에 따른 번식회전율을 향상시킨다.
>   – 휴일이나 야간 특근시간이 절약된다.
>   – 집중 조산으로 신생자 생존율을 향상시킨다.
>   – 분만에 소요되는 노동력의 효율성이 제고된다.
>   – 장기재태의 예방 및 분만시기를 동기화할 수 있다.

> **해설** • 부신피질호르몬에 의한 방법 : ACTH의 자극을 받은 태아의 부신피질에서 글루코코르티코이드의 분비증가
> 를 일으키는 방법이다.
> • 프로스타글란딘에 의한 방법 : 프로스타글란딘(PGE$_2$, PGF$_{2\alpha}$ 등)을 주사하여 분만유기를 일으키는
> 방법이다.
> • 주간분만 유도기법
>   – 야간사료 급여법 : 어미소에게 급여하는 사료(농후사료, 조사료)를 오후 7~9시 사이에 급여하여 아침까지
>   먹도록 하고 아침 사료조에 남아 있는 사료를 깨끗이 치워버린 다음 물만 주면 낮에 분만하는 비율을
>   높일 수 있다.
>   – 자궁이완제 사용 : 분만예정 된 암소를 선발하여 자궁이완제인 염산리드드린 제제를 25mg 투여하면
>   낮 분만율을 크게 높일 수 있다.

34 X 정자와 Y 정자를 분리하는 방법에 대해 쓰시오.

> **정답** • 피콜(percoll) 중층 분리법 : 농도가 다른 층을 만들어 정액을 넣은 다음 침지된 각 층을 분리한다.
> • 염색을 통한 분리 : 염색물을 정액에 부은 후 현미경으로 염색된 정자와 염색되지 않은 정액을 분리한다.
> • 전극을 이용한 분리 : +, −전자를 이용하여 X 정자와 Y 정자를 분리한다.

35 정액 희석의 목적에 대해 쓰시오.

정답
- 원정액이 갖고 있는 불리한 조건을 제거하여 정자의 생존에 유리한 조건을 부여한다.
- 정액량을 증가시켜 다두 수정이 가능하도록 한다.
- 보존기간 동안에 정자의 활력 및 생존율에 최적의 조건으로 수정능력을 연장한다.

36 발정주기 동기화의 장점과 단점을 2가지씩 쓰시오.

정답
- 장점
  - 발정관찰이 정확하여 인공수정의 실시가 용이하다.
  - 정액공급 및 보관 등 제반업무를 효율적으로 수행할 수 있다.
  - 분만 관리와 자축 관리가 더욱 용이하다.
  - 계획번식과 생산조절이 가능하다.
  - 발정의 발견과 교배적기 파악이 용이하다.
  - 수정란이식기술의 발전에 공헌한다.
  - 가축개량과 능력검정사업을 효과적으로 수행할 수 있다.
- 단점
  - 사용약품(호르몬제의 처리)에 따른 부작용이 나타날 위험성이 있다.
  - 인건비와 약품비의 부담
  - 전문지식과 숙련된 기술이 필요

37 소의 발정동기화를 위해서 사용되는 방법을 쓰시오.

정답
- 프로스타글란딘
- 프로제스테론 제제 사용
- 에스트로젠＋프로제스테론
- 프로제스테론＋프로스타글란딘($PGF_{2\alpha}$)

38 정자의 활력표기 방법을 쓰시오.

정답

5단계	운동상태	지수	측정치(예)
+++	가장 활발한 전진운동	100	40
++	활발한 전지운동	75	30
+	완만한 전진운동	50	20
±	선회 또는 진자운동	25	10
−	운동하지 않는다.	0	0

39 소, 돼지, 닭의 가축인공수정 시 정액을 주입할 때 주입기를 삽입하는 부위를 각각 쓰시오.

> **정답** • 소 : 자궁체 내
> • 돼지 : 자궁경관(자궁경 내)
> • 닭 : 난관개구부

40 폐쇄 난포의 정의를 쓰시오.

> **정답** 난소중의 난포가 배란에 이르지 못하고 퇴화한 것. 폐쇄는 난포의 모든 성숙단계에서 일어나며 어느 것이든 난세포의 변성에서 시작되며, 최종적으로는 결합조직으로 치환된다.

41 난포낭종에 대해 서술하시오.

> **정답** 난포가 어떤 원인에 의해 배란되지 않고 성숙난포 이상의 크기에 달하여 난자가 사멸하거나 난포액이 흡수되지 않고 남아 있게 된다. 계속적으로 다량의 에스트로젠이 분비되어 발정이 지속되나 난포벽이 황체화하는 것은 없고 지속성, 빈발성이나 사모광형 또는 불규칙한 발정이 특징이다.

42 황체낭종에 대해 서술하시오.

> **정답** 황체낭종은 직경이 2.5cm 이상의 무배란성 난포가 존재하고, 내벽에 부분적인 황체화, 즉 황체조직층이 있고 중심부에는 내용액이 저류하여 장기간 존속하여 무발정이 특징이다. LTH, LH 등의 호르몬 부족에서 기인된다.

교육은 우리 자신의 무지를 점차 발견해 가는 과정이다.

– 월 듀란트 –

PART 03

가축사양학

사료 내의 영양소

1. 영양소의 종류와 생리적 기능

(1) 영양소의 분류와 종류

① 영양소의 분류

  ㉠ 유기영양소와 무기영양소

  ㉡ 영양소의 종류

   • 3대 영양소 : 단백질, 지방, 탄수화물
   • 5대 영양소 : 단백질, 지방, 탄수화물, 비타민, 무기물
   • 6대 영양소 : 단백질, 지방, 탄수화물, 비타민, 무기물, 물

② 단백질의 분류와 특징

  ㉠ 동물세포 원형질의 주요한 성분이다.

  ㉡ 생물체 내에서 효소 및 호르몬의 주성분으로 유전현상 및 생명현상에 관여한다.

  ㉢ 특히 성장 중인 가축에서 체내 축적이 왕성하게 이루어지므로 다량 요구되는 성분이다.

  ㉣ 각종 기관과 연조직의 주요 구성성분이다.

  ㉤ 단순단백질, 복합단백질, 유도단백질이 있다.

  ㉥ 필수 및 비필수아미노산 : 동물체 단백질을 구성하는 아미노산에는 체내에서 합성이 되는 아미노산과 합성이 불가능한 아미노산이 있다.

필수아미노산		비필수아미노산
대치 불가능 아미노산	대치 가능 아미노산	
아르지닌(arginine)	–	글리신(glycine)
라이신(lysine)	–	알라닌(alanine)
트립토판(tryptophan)	–	세린(serine)
히스티딘(histidine)	–	아스파트산(aspartic acid)
페닐알라닌(phenylalanine)	타이로신(tyrosine)	글루탐산(glutamic acid)
류신(leucine)	–	프롤린(proline)
아이소류신(isoleucine)	–	하이드록시프롤린(hydroxyproline)
트레오닌(threonine)	–	시스테인(cysteine)
메티오닌(methionine)	시스틴(cystine)	타이로신(tyrosine)
발린(valine)	–	하이드록시라이신(hydroxylysine)

   • 닭의 필수아미노산 : 글리신
   • 유황을 함유한 아미노산 : 메티오닌, 시스테인, 시스틴

- 질소를 포함하고 있는 것 : 메티오닌, 라이신, 시스틴

  ※ 메티오닌(methionine, 메싸이오닌)은 유황을 함유하고 있는 아미노산이며, 동물성 단백질에 많이 함유되어 있고 식물성 단백질에는 함량이 적으므로 어분 등의 사용량이 적을 때에는 사료에 첨가하면 효과적이다.

③ 탄수화물의 분류와 특징

  ㉠ 보통의 반추가축사료에서 주된 에너지 공급원이 되는 영양소로 제1위 내 미생물에 의해 생산되는 휘발성 지방산을 흡수하여 에너지원으로 사용하고 일부는 유지방, 체지방 합성에도 이용된다.

  ㉡ 사료영양소의 분류 중 가용무질소물 : 전분, 당류

  ※ **가용무질소물(NFE)** : 사료의 전체 함량에서 수분, 조단백질, 조지방, 조섬유 및 조회분을 뺀 나머지를 가용무질소물이라 하며 백분율로 나타내는데 NFE는 전분당류, 덱스트린 등으로 되어 있고 식물성 사료에 함량이 높으며 비교적 값이 싸고 소화가 잘된다.

  ㉢ 단당류 구성원소(C : H : O)의 결합비율은 1 : 2 : 1이다.

    [예] 삼탄당 $C_3H_6O_3$, 사탄당 $C_4H_8O_4$, 오탄당 $C_5H_{10}O_5$, 육탄당 $C_6H_{12}O_6$

  ㉣ 유당(lactose) : 포도당과 갈락토스가 각각 1분자씩 결합된 것으로서 포유동물의 젖 속에 들어 있다.

  ㉤ 탄수화물의 최종 분해 산물은 포도당이며 대부분 에너지원으로 쓰이고 일부분은 글리코겐형태로 간과 근육에 저장된다.

  ㉥ 리그닌(lignin) : 탄소, 수소, 산소의 비율이 다른 다당류와 달라 탄수화물이라고 간주하지 않는다. 즉, 리그닌은 셀룰로스 외의 탄수화물과 결합하여 존재하는 페닐프로파노이드 중합물이다.

④ **지방의 분류와 특징**

  ㉠ 단순지질(simple lipids)

  - 중성지방
    - 글리세롤과 지방산의 에스터 결합산물로 저장지방, 에너지원이다.
    - 상온에서 액체상태는 기름(oil)이라 하고 고체상태는 지방(fat)이라 한다.
    - 중성지방의 기능 : 주요 에너지원, 필수지방산의 공급, 세포막의 유동성, 유연성, 투과성을 정상적으로 유지, 두뇌발달과 시각기능 유지, 효율적인 에너지 저장, 지용성 비타민의 흡수 촉진과 이동, 장기보호 및 체온조절
  - 왁스 : 고급 알코올과 지방산의 에스터 결합산물로 동·식물체의 표면에 존재하고 습윤 건조방지를 하며, 영양적 의의는 없다.

  ㉡ 복합지질(compound lipids)

  - 인지질
    - 글리세롤과 2개의 지방산에 염기가 결합된 형태이다.
    - 핵, 미토콘드리아 등의 세포성분의 구성요소로 뇌조직, 신경조직에 다량 함유되어 있다[레시틴(lecithin), 세팔린(cephalin), 스핑고미엘린(sphingomyelin)].

- 세포막에서 발견되는 인지질 중 중요한 것은 레시틴으로, 유화제로 쓰인다.
- 당지질
  - 지방산, 당질 및 질소화합물을 함유한다(인산, 글리세롤은 함유하지 않는다).
  - 뇌, 신경조직에 많다.
- 지단백질(혈장 단백질)
  - 단백질＋지방(중성지방, free 콜레스테롤, 콜레스테롤 에스터, 유리지방산)으로 구성된다.
  - 혈액 내에서 지질운반에 관여하는 킬로마이크론, 초저밀도 지단백질(VLDL), 저밀도 지단백질(LDL), 고밀도 지단백질(HDL) 등이 있다.

ⓒ 유도지질
- 콜레스테롤
  - 동물성 식품에만 존재하며, 뇌, 신경조직, 간 등에 많이 들어 있고, 물에 녹지 않는다.
  - 성호르몬, 부신피질호르몬, 담즙산, 비타민 D 등의 전구체(7-하이드로콜레스테롤)이다.
  - 간에서 분해되어 담즙산을 생성하며, 지질의 유화와 흡수에 관여한다.
- 에르고스테롤(ergosterol)
  - 식물계에 존재하는 스테롤로 효모나 표고버섯에 많다.
  - 식물성 스테롤은 혈청 콜레스테롤의 농도를 낮추는 작용을 한다.
  - 비타민 D의 전구체로 자외선을 조사하면 비타민 D_2가 생성된다.

ⓓ 포화지방산과 불포화지방산

포화지방산	불포화지방산
$C_nH_{2n}＋COOH$	$C_nH_{2n}－2_xO_2$
녹는점이 높고, 실온에서 주로 고체이다.	녹는점이 낮고, 실온에서 주로 액체이다.
탄소는 단일결합한다.	탄소는 이중결합한다. • 이중결합 개수 : 올레산 1개, 리놀레산 2개, 리놀렌산 3개, 아라키돈산 4개 • 이중결합이 가장 많은 지방산 : 아라키돈산
• 동물성 지방에 많다. • 축육지방에는 팔미트산(C_{16}), 스테아르산(C_{18})이, 어유나 식물유에는 C_{16}의 함량이 많다.	• 견과류, 식물성 지방에 많다. • 탄소수 20개 이상 불포화지방산 : 올레인산, 리놀산, 리놀렌산, 아라카돈산

- 닭은 포화지방산과 불포화지방산이 70 : 30의 비율로 포화지방산을 많이 섭취하면 불포화지방산도 증가를 요한다.
- 불포화지방산 섭취 시 포화지방산 섭취 시보다 혈중콜레스테롤 함량이 저하된다면 고콜레스테롤 환자의 경우 닭고기가 적합하다.
- 고기 중 불포화지방산의 함량이 많고 리놀레산 등의 필수지방산이 많이 들어 있는 고기 : 돼지고기

- 불포화지방산의 요구량에 영향을 주는 요인
  - 콜레스테롤의 공급이 많으면 불포화지방산도 많이 주어야 한다.
  - 포화지방산을 많이 주면 불포화지방산도 많이 주어야 한다.
  - 불포화지방산의 결핍에 어린 생물 또는 수컷이 더 예민하다.
- ㉤ 필수지방산(비타민 F)
  - 체내에서 합성이 되지 않거나 불충분하게 합성되어 반드시 식사로부터 매일 일정량을 섭취해야 한다.
  - 종류와 기능 ☑ **빈출개념**

종류	기능
리놀레산(linoleic acid)	가장 중요한 필수지방산으로 하루 총열량의 1~2%를 섭취해야 한다.
리놀렌산(linolenic acid)	신체기능을 조절하고 EPA, DHA(생선이유)를 합성한다.
아라키돈산(arachidonic acid)	리놀산으로부터 합성한다.

  - 필수지방산의 기능 ☑ **빈출개념**
    - 세포막이나 혈청 지단백질의 구성성분으로 아이코사노이드(eicosanoids, 프로스타글란딘 등)의 전구체이다.
    - 성장촉진, 피부병 예방, 지방간 예방
- ⑤ 광물질의 분류와 특징
  - ㉠ 무기영양소(mineral, 광물질, 조회분) : 여러 가지 원소 중 C, H, O, N 등 원자량이 16 이하인 원소들을 제외한 3~5주기의 금속원소들이 해당한다.
  - ㉡ 광물질의 분류

필수광물질	성장효과가 있고, 공급이 없으면 결핍증이 나타나는 광물질 • 다량광물질 　- 양이온(알칼리성) : Ca, Na, Mg, K 　- 음이온(산성) : Cl, S, P • 미량광물질 : Mn, Fe, Cu, I, Zn, Co, Se, F, Mo, As
준필수광물질	• 가축이 공급을 요구하는 광물질 • Ba, Br, Sr, Mo, F
중독광물질	• 극히 소량에 의해서도 중독을 일으킨다. • F, Cu, Se, Mo, As
비필수광물질	• 체내에 들어 있으나 특수기능이 알려지지 않았다. • Al, As, B, Ni, Rb, Si, Pb

---

더 알아보기 필수광물질의 조건

- 건강한 동물, 식물에 반드시 존재할 것
- 같은 종류의 생체 내에서 특정 부위의 함량이 동일할 것
- 결핍 증상이 유사하며, 공급 시에는 회복될 것
- 어린 동물에서 성장을 촉진할 것

⑥ 비타민의 분류와 특징

㉠ 지용성 비타민 : 비타민 A・D・E・K

비타민 A (retinol) 항안구건조증인자	• 식물계에서는 provitamin A로 카로틴(carotene)의 형태로 존재한다. • 가축이 카로틴을 섭취하면 체내에서 비타민 A로 전환된다. • 우유 중에 카로틴 함량이 가장 풍부한 계절은 여름이다. • 시력, 상피조직의 형성과 유지, 항암제, 정상적 성장유지, 생식기능 촉진 ※ 과독증 : 식욕저하, 두통, 피부건조, 머리털이 잘 벗어지며, 장골이 부풀어오르고, 신장과 　 간 등이 확장, 설사 유발 • 결핍증 ☑ **빈출개념** : 번식장애, 상피세포 및 점막의 생장장애(심하면 경화현상), 질병에 　 대한 저항력의 감퇴, 신경조직의 이상현상, 정상적인 뼈 형성의 장애 　 – 소는 번식력이 약해지고 닭은 산란율, 부화율이 뚜렷이 저하된다. 　 – 보행장애를 일으키고, 식욕이 없어지며, 야위어 쇠약해지고, 깃털이 거꾸로 서는 것 　 같이 된다. • 비타민 A는 간유, 카로틴은 녹엽(綠葉), 황색옥수수에 많이 함유되어 있다.
비타민 D (calciferol) 항구루병인자	• 분만 후 유열에 걸린 적이 있는 젖소의 유열 발생 예방에 관여한다. • 칼슘, 인의 흡수 이용 및 골격형성에 영향을 준다. • 반추위 내에서 합성되지 않고, 성장한 가축에서 주로 골연화증의 원인이 된다. • 결핍증 ☑ **빈출개념** : 칼슘과 인의 대사장애(골격형성장애, 구루병), 산란율 및 부화율 　 저하, 난각질 불량 등 • 비타민 D_2는 포유류, 비타민 D_3는 가금류에 유리하다. ※ 항구루병 인자 : 에르고칼시페롤[Ergocalciferol(D_2)], 콜레칼시페롤[Cholecalciferl(D_3)] 　 이다. • 비타민 D_3의 활성이 가장 높은 물질 : 1.25$(OH)_2$ cholecalciferol • 비타민 국제단위(IU ; International Unit)를 사용하고 있는 영양성분은 비타민 E, 비타민 　 A, 비타민 D이다.
비타민 E (tocopherol) 항불임증, 항산화제인자	• 비타민 E는 알파 토코페롤(α-tocopherol)의 공식 이름이다. • 주로 식물성 기름과 푸른 채소에 존재한다. • 세포막 손상을 막는 항산화제, 비타민 A・불포화지방산의 항산화제, Se과 관련, 혈액세포 　 막 보호 등의 기능을 한다. • 결핍증 ☑ **빈출개념** : 번식장애(태아사망, 유산, 정충생산불능), 병아리의 뇌연화증 또는 　 근육위축증 등 • 반추위 내 미생물이 합성 공급할 수 없으므로 보충해 주는 것이 좋다.
비타민 K (menaquinone) 항혈액응고인자	• 혈액응고 prothrombin 합성에 필수적이며 단백질 형성에 도움을 준다. • K_1은 푸른 잎에 함유, K_2는 박테리아가 합성, K_3는 옥수수의 생장점 부위에 함유 • 반추동물은 반추위 내 미생물이 합성한다. • 대장에서 합성되나 재이용하지 못한다. • 가금류는 대장의 길이가 짧아 합성량이 적고, 결핍 가능성이 크다. • 결핍증 ☑ **빈출개념** : 혈액응고시간 연장, 병아리의 피하출혈, 산란율・부화율 감소 등 • 필요한 물질 : Ca, 비타민 K, prothrombin

ⓒ 수용성 비타민

티아민 (thiamin, 비타민 B_1) 항각혈병인자	• 당질대사의 보조효소(thiamin pyrophosphate, transketolase) • 생체 내에서는 인산과 결합해서 보효소로 되고 탄수화물의 대사에 중요한 역할을 하고 있다. • 효모, 탈지 쌀겨 같은 곡류부산물, 어분 같은 동물성 사료, 양질의 건초 등에 많다. • 반추가축에는 반추위 내 미생물에 의해서 합성되므로 부족한 경우가 없지만 돼지나 닭에서는 부족한 경우가 있다. • 우리나라의 경우 사료첨가제로서 염산티아민 또는 초산티아민의 형태로 사용한다. • 결핍증 ☑ **빈출개념** : 식욕 저하, 메스꺼움, 구토, 맥박수의 감소, 수종, 심장확대, 사람의 각기병(beriberi) 및 조류의 다발성 신경염 ※ 조류의 다발성 신경염 : 닭은 머리를 등쪽으로 구부려 위를 향해서 경련을 일으키는 특징이 있다.
리보플라빈 (riboflavin, 비타민 B_2) 항구순구각염인자	• 단백질, 지방, 탄수화물의 대사에 매우 중요한 성분으로 생리학적 기능으로는 체내 산화환 원작용에 중요한 조효소의 구성성분으로 돼지사료에서 부족하기 쉬운 비타민이다. • 생체 내에서는 인산과 결합해서 황색효소를 구성하고 또는 플라빈·아데닌·다이뉴클레 오타이드(FAD ; dinucleotide)라고 해서 산화반응에 중요한 역할을 하고 있다. • 효모, 탈지유, 어분, 양질건초 등에 많지만 사료 중에는 가장 부족하기 쉬운 비타민의 하나이다. • 결핍증 ☑ **빈출개념** : 구순구각염, 설염, 눈이 부시는 현상, 다리 마비, 피부 각질화, 성장률 감퇴 등 - 닭 : 발가락이 구부러지는 각약병(curled toe paralysis), 그 밖에 설사, 성장저해, 좌골신경 등의 종대(腫大), 산란율·부화율의 저하 등 각종 장애를 일으킨다. - 돼지 : 다리가 움직일 수 없게 되고 피부가 트고, 눈의 백내장, 성장저해, 번식장애 등을 볼 수 있다. • 반추가축에서는 제1위 내에서 합성되므로 부족한 일은 없으나 어린 가축에서는 제1위가 미발달상태이므로 부족해지는 일이 있다. • 사료첨가물로서는 리보플라빈 또는 리보플라빈낙산에스터의 형태로 이용된다.
나이아신 (niacin, nicotinic acid, 비타민 B_3) 항펠라그라 인자	• 니코틴산(nicotinic acid)이라고도 하며, 인간의 항펠라그라(antipellagra)인자이다. • 당질산화, 지방산 생합성, 전자전달계에 작용한다. • 체내에서 트립토판(tryptophan)으로부터 합성된다. • 밀기울, 쌀겨, 효모, 어분, 알팔파 밀에 많이 함유되어 있고, 곡류나 유박(油粕)에는 적게 함유되어 있다. • 사료첨가물로서는 니코틴산 또는 니코틴산아마이드의 형태로 이용된다. • 보효소, DPN, TPN에 함유되어 있고 해당(解糖)이라든지 호흡 같은 생체 내의 기본적인 대사(代謝)에 관여한다. • 결핍증 ☑ **빈출개념** : 홍반증, 심한 설사, 피부염, 신경장애, 전신쇠약, 펠라그라(pellegra) ※ 과잉증 : 구역질, 토사, 설사, 얼굴·목·손이 붉어짐 - 돼지 : 체중감소, 설사, 구토, 피부염 등 - 닭 : 성장저하, 구강염, 볏과 다리에 피부염, 산란저하 등 - 반추가축에는 제1위 내에서 합성되므로 결핍이 일어나지 않는다. ※ 티아민(B_1), 리보플라빈(B_2), 나이아신(B_3)은 특히 탄수화물에서 에너지를 얻는 데 필수적 인 비타민이다.
판토텐산 (pantothenic acid, 비타민 B_5)	• 에너지대사의 보조효소(coenzyme A), acetyl choline, 콜레스테롤, 케톤체 합성에 관여한다. • 화학적으로는 β-알라닌과 판토인산이 결합된 것이며, 아세틸기의 전이에 필요한 coenzyme A 구조의 일부이다. • 지방 또는 탄수화물의 대사에 필수적인 물질이며, 여과성 인자라고도 부른다. • 옥수수와 대두박에는 부족하고 알팔파 분말, 어간, 밀기울 등에는 풍부하다. • 결핍증 ☑ **빈출개념** : 피로, 불면증, 복통, 수족의 마비 등 - 돼지 : 번식돈의 설사, 식욕 및 음수량 감소, 보행불안 등 - 쥐 : 털의 회색화·피부염·부신손상 - 병아리 : 피부염, 개에서는 위장증상

비타민 B₆
(pyridoxine)
항피부병인자
	• 아미노산대사의 보조효소(PLP), 단백질대사, 적혈구 합성, 신경전달체대사, 근육기능 유지 등을 한다.
	• 아데르민(adermin)이라고도 하며 화학구조에서 피리독신(pyridoxine)이라고 불려진다.
	• 효모, 곡류 및 강류에 많으며, 보통은 결핍되는 경우가 없지만 강류(糠類)가 적은 고열량사료에서는 부족할 수 있다.
	• 결핍증 ☑ **빈출개념** : 유아(발작)지루성 피부염, 빈혈, 신경염
	  – 돼지 : 빈혈, 경련 및 성장부진, 발작 등의 증세를 일으킨다.
	  – 닭 : 성장저해, 식욕부진이 일어나고 산란율, 부화율이 저하, 흥분과 경련을 일으키고 쓸데없이 돌아다니며 날개를 텁석거리다가 폐사한다.
	• 사료 첨가물로서는 염산피리독신이 이용된다.

비타민 B₁₂ 항악성빈혈인자	• RNA와 DNA 보조효소, 메티오닌 합성 관여, 신경섬유의 수초유지 등에 관여한다. • 생체 내에서는 보조효소로서 아미노산대사, 핵산대사에 중요한 역할을 하고 있다. • 어분, 어즙 등에 많고 발효부산물, 알팔파분말 등에 함유되어 있다. • 성숙한 반추동물은 필요한 비타민 B₁₂를 1위에서 합성한다. • 결핍증 ☑ **빈출개념** : 거대적 아구성 악성빈혈(IF 부족인 경우), 신경계질환 등 – 닭은 부화율이 저하되고 부화된 병아리는 다리에 이상(異常)을 일으킨다. • 반추위 내에서 미생물이 비타민 B₁₂를 합성할 때 꼭 필요한 무기물은 코발트(Co)로 코발트가 부족하면 제1위에서의 합성이 저해되어 비타민 B₁₂의 결핍이 일어난다. • 우리나라에서는 사료첨가용으로 사이아노코발아민(cyanocobalamin)이 인정받고 있다.
엽산 (folic acid, 비타민 M)	• 폴라신(folacin) 또는 비타민 M이라고도 한다. • RNA와 DNA대사의 보조효소, 단일탄소전달의 보조효소, 핵산·아미노산대사, 적혈구 생성에 관여한다. • purine, pyrimidine 또는 특수한 아미노산의 생합성에 필요한 비타민이다. • 결핍증 ☑ **빈출개념** : 거대적 아구성 빈혈(megalo blastic anemia), 신경계 장애, 우모착색불량 등 • 사료 중의 부족보다는 오히려 그의 흡수 혹은 이용기구의 결함에 원인이 있다.
바이오틴 (biotin, 비타민 H) 항난백장애인자	• 당질, 지방대사에서 탄소길이를 늘이는데 필요한 보조효소, 아미노산대사(지방산 합성·분해) 등에 관여한다. • 생체 내에서는 탄산가스 고정의 반응에 관여하고 있으며, 아미노산이나 지방의 합성·대사에 중요하다. • 젖소의 산유량 증진, 피부병 및 젖소의 발굽질병을 예방할 수 있는 비타민이다. • 일반적으로 사료에 널리 분포해 있으므로 보통은 결핍되는 일이 없지만 생난백(生卵白)을 주면 난백에 함유된 아비딘이 장내에서 바이오틴과 결합해서 바이오틴의 흡수를 방해하기 때문이며 난백장애라고 한다. • 결핍증 ☑ **빈출개념** : 비늘이 벗겨지는 피부염, 탈모 및 성장부진 등 • 병아리 : 발바닥이 갈라지게 되고 부리나 눈 주위에 부스럼딱지가 생기는 피부염이 생기고 또 각약증(perosis)의 발병원인이 되며, 종계(種鷄)에서는 부화율이 저하된다. • 돼지 : 피부염, 피부의 건조, 성장저해 등을 일으킨다. • 우리나라에서는 사료첨가물로서 바이오틴이 쓰여지고 있다.
콜린 (choline)	• 인지질 레시틴의 구성성분이고 지질의 대사에 관계한다. • 간장, 어분, 효모, 대두박, 곡류, 초류에 함유되어 있다. • 가축이나 가금이 결핍되면 지방간이 되고 성장저하 등의 장애를 일으킨다. • 결핍 시 각약증에 걸린다. • 병아리나 자돈은 콜린의 요구량이 많아 이들의 사료에는 보통, 염화콜린이 첨가된다.
비타민 C 항괴혈병인자	• 콜라겐 합성, 항산화제, 철분 흡수, 혈액응고, 모세혈관기능 유지, 산화·환원계 관여, 호르몬·신경계 전달물질 생성 등에 관여한다. • 결핍증 ☑ **빈출개념** : 괴혈병, 정상출혈, 허약증세, 상처회복의 지연, 면역체계, 치아손상

- 사람, 동물의 정상적인 성장과 생명현상의 유지 및 번식 등 대사활동에 필수적이다.
- 체내에서 합성되지 않기 때문에 음식이나 다른 공급원으로부터 반드시 공급받아야 하는 유기화합물이다.
- 다른 영양소와는 달리 아주 소량으로 필요한 물질이다.

(2) 영양소의 생리적 기능과 역할

① 단백질의 기능과 중요성

ㄱ 세포막의 구성성분으로서 성장 및 발육에 필요한 영양소이다.

ㄴ 혈장단백질, 헤모글로빈(hemoglobin)의 합성, 아미노산 풀(pool)의 형성, 뼈의 신장, 장기·근육·피부, 털, 발굽 및 뿔 등의 구성성분이다.

ㄷ 당질이나 지질섭취량이 부족하면 체단백질이 분해되어 에너지를 공급한다.

ㄹ 효소와 호르몬의 주성분으로서 영양소의 대사와 소화에 있어서 중요한 역할을 한다.

ㅁ 펩타이드계 호르몬이나 아민호르몬(갑상선호르몬, 아드레날린, 인슐린, 글루카곤 등)을 생성하여 대사속도나 생리기능을 조절한다.

ㅂ 기타 pH 조절, 신경자극전달계 형성, 아미노산의 생리적 기능 등이 있다.

② 탄수화물의 기능과 중요성

ㄱ 뇌와 신경조직의 구성성분이다.

ㄴ 유선에서 유당의 합성물질로 이용된다.

ㄷ 동물체 내에서의 중요한 에너지 공급원이다.
- 1g당 4kcal의 에너지를 공급(소화흡수율 평균 98%)한다.
- 포도당(glucose)은 뇌의 유일한 에너지 급원이다.

ㄹ 지방과 단백질의 합성원료(지방산과 비필수아미노산의 합성원료)이다.

ㅁ 지질대사를 원활하게 하여 케톤체가 생성되지 않도록 한다.

ㅂ 셀룰로오스, 헤미셀룰로오스, 펙틴, gum 등의 식이섬유를 공급한다.

③ 지방의 기능과 중요성

ㄱ 고열량 영양소로 1g당 9kcal의 열량을 내는 효과적인 에너지 공급원이다.

ㄴ 필수지방산(리놀레산, 리놀렌산, 아라키돈산 등)의 공급원이다.

ㄷ 지용성 비타민(A, D, E, K)의 공급원이다.

ㄹ 지방조직, 세포막, 호르몬, 신경보호막 등의 구성성분이다.

ㅁ 체지방조직의 피하지방으로 체온유지에 관여하고 중요 내장기관을 보호한다.

ㅂ 유지는 UGF의 공급원으로 병아리의 성장을 촉진하고 사료의 기호성을 증진시킨다.

ㅅ 지방산 3분자, 글리세롤 1분자로 최종 분해된다.

④ 광물질(무기물)의 기능과 중요성
  ㉠ 골격, 난각의 주요 구성성분이다.
  ㉡ 체액의 삼투압을 조절한다.
  ㉢ 세포막의 투과성 조절로 영양소의 이동을 조절한다.
  ㉣ 신경과 근육 간의 자극전달에서 매개역할을 한다.
  ㉤ 체액 내 산과 염기의 평형을 조절한다.
  ㉥ 효소나 호르몬의 활성제 역할을 한다.
  ㉦ 에너지 발생을 위한 작용을 조절한다.
  ㉧ 혈액응고에 필수적인 역할을 한다.
  ㉨ 호르몬의 분비와 비타민의 합성에 관여한다.
⑤ 비타민의 기능과 중요성
  ㉠ 번식, 시력, 골격형성 등의 고유한 생리현상을 지배한다.
  ㉡ 조효소의 구성성분으로 탄수화물대사 및 에너지대사에 관여한다.
  ㉢ 여러 영양소의 효율적인 이용에 관여한다.
  ㉣ 피부병, 빈혈, 신경증 등의 질병을 예방한다.
  ㉤ 비타민 C, E는 항산화제로 지방의 산화방지역할을 한다.

구분	영양상태		관련 대사성 질병
	결핍	과잉	
산독증	조섬유	에너지(농후사료)	전위
난산	에너지, 단백질	에너지	유열
유열	칼슘, 마그네슘, 단백질	칼슘, 인, 나트륨, 칼륨, 비타민 D	난산, 후산정체, 케토시스, 유방염
그래스테타니 ☑ 빈출개념	마그네슘	칼륨, 단백질	–
기립불능	칼륨, 염소, 칼슘, 마그네슘	단백질, 칼륨, 유방염 (대장균이 원인)	유열
후산정체	셀레륨, 구리, 아이오딘, 인, 단백질, 에너지, 비타민 A・E	에너지, 칼륨	유열, 케토시스
유방부종	단백질, 마그네슘	나트륨, 칼륨	–
케토시스 ☑ 빈출개념	에너지, 단백질	–	유열, 후산정체, 전위
제4위 전위	조섬유	에너지(농후사료)	유열, 케토시스, 유방염

(3) 영양소의 체내 대사작용

① 단백질의 대사작용

㉠ 체내 단백질의 작용
- 혈액, 근육, 골격 등 조직단백질의 합성에 이용 및 호르몬, 효소, 비타민 및 핵산 등의 합성재료를 제공한다.
- 산화되어 에너지원으로 사용하며, 탈아미노화 후의 아미노기는 요소로 배출한다.
- 탄수화물 및 지방질로 전환되고 혈당원, 비필수아미노산 생성 등에 작용한다.
- 세포 내의 암모니아는 혈액을 거쳐서 간에서 이산화탄소가 첨가되어 요소회로를 거치고 요소가된다. 요소는 신장을 통해 최종적으로 배출된다.

㉡ 아미노산의 변화
- 탈아미노화 반응(deamination) : 아미노산을 NH_3와 α-케토산으로 분해하는 반응이다.
  - 아미노산이 암모니아와 케토산으로 나누어지는 것이다.
  - NH_3 : 요소회로(urea cycle)에 의해 오줌으로 배설된다.
  - α-케토산 생성, 간과 신장에서 발생한다.
- 아미노기 전이반응(transamination) : α-아미노산의 아미노기가 다른 α-케토산으로 이동되어 새로운 아미노산과 케토산을 생성하는 반응이다. 이때 PLP(Pyridoxal-Phosphate)를 보효소로 사용한다.

㉢ 미생물에 의한 단백질대사 ☑ 빈출개념
- 반추동물은 셀룰로스나 탄수화물 중합체들을 분해할 수 있는 효소가 없으므로, 반추미생물은 반추가축이 섭취한 섬유질사료를 소화하고 발효시키는 역할을 한다.
- 반추미생물은 크게 세균(박테리아), 원생동물(protozoa), 혐기성 곰팡이 3가지가 있다.
- 반추미생물은 휘발성 지방산(VFA), 메탄, 이산화탄소 및 암모니아를 생성한다.
- 반추동물미생물은 모두 단백질분해효소인 urease를 가지고 있다.
- 분해단백질은 반추위 내에서 반추미생물에 의해 암모니아로 분해된 후 반추미생물의 체구성에 이용되어 미생물체단백질을 형성하며 미생물체단백질은 장에서 흡수된다.
- 비분해단백질은 반추위 내에서 미생물에 의해 분해되지 않고 반추위를 통과한 후 소장에서 직접 흡수된다.
- 반추동물의 사료 중에 평균 60%가 반추위에서 분해되어 암모니아로 된 다음 미생물체단백질로 합성되어 이용되고, 나머지 40%는 제4위로 이행되어 소장에서 소화, 흡수된다.

- 일반적으로 사료단백질은 단백질분해효소나 자체적으로 용해되어 더 작은 형태인 펩타이드로 변하고 다시 아미노산으로 분해된다.
- 암모니아는 아미노산으로부터 생성되거나 사료 내 존재하는 비단백태질소물의 분해로 생성이 되어진다. 이러한 단백질 분해과정에서 생산된 작은 펩타이드, 아미노산 및 암모니아는 미생물에 의해 흡수가 되어 미생물체단백질을 생산해낸다.

> **더 알아보기** **미생물의 단백질대사**
>
> - 사료 중 단백질의 반추위 내 미생물의 분해작용 : 단백질 → 펩타이드 → 아미노산 → 암모니아, 휘발성 지방산 및 탄산가스
> - 대사과정 중 과잉 생산된 암모니아
>   - 타액(saliva)으로 이동하여 다시 반추위로 돌아와 미생물체단백질로 이용된다.
>   - 혈액 중 암모니아 과대축적으로 암모니아중독증을 유발할 가능성이 있다.
> - 반추동물의 단백질의 이용 : 증식한 미생물(체단백질), 미분해사료단백질은 소장으로 유입되어 소화효소에 의해 아미노산으로 분해 및 흡수·이용된다.
>   - 사료 내 질소화합물의 이용
>   ⓐ 질소화합물 → 아미노산 → 암모니아
>   ⓑ 반추위에서 흡수되어 간에서 요소형성 후 요(뇨)로 배출되거나 질소재순환에 활용된다.

② 탄수화물의 대사작용
　㉠ 간에서의 글루코스대사
- 혈당 공급원
  - 음식물 중 당질의 소화흡수에 의한 포도당(외인성)
  - 간 글리코겐의 분해에 의해 생성된 글루코스
  - 근육 글리코겐의 분해에 의해 생성된 유산이 간으로 운반되어 생성된 글루코스
  - 당질의 이성화(galactose, mannose, fructose)에 의해 생성된 글루코스
  - 당질 이외의 물질로부터 생성된 글루코스(당신생 : gluconeogenesis)
- 당류가 포도당으로 변화되어 사용되는 예
  - 지방합성에 쓰인다.
  - CO_2와 H_2O로 산화되어 에너지를 발생한다.
  - 여분이 있으면 글리코겐으로 저장된다.
  - 비필수아미노산의 탄소골격으로 쓰인다.
- 대사경로
  - 혈당(근육에서 글리코겐 합성 또는 산화)
  - 글리코겐으로 합성되어 간에 저장
  - 당질의 산화 : 해당작용 → TCA회로 → 전자전달계 → 에너지
  - 지방합성 : 해당작용 → acetyl-CoA → 지방산

ⓒ 근육에서의 글리코겐 대사
- 근육 글리코겐의 합성
  - 혈액에 의해 운반된 글루코스는 근육에서 글리코겐으로 합성된다(간과 동일).
  - 근육에는 글루코스-6-p를 글루코스로 분해하는 효소(glucose-6-phosphatase)가 없기 때문에, 근육 글리코겐은 글루코스로 분해되지 않으므로 혈당에 영향을 미치지 않는다.
- 근육 글리코겐의 분해
  - 근육 수축 시 근육 글리코겐이 분해된다.
  - 심근에서는 호기적인 분해가 일어나며, 다량의 에너지(ATP)와 CO_2, H_2O가 생성된다.
  - 골격근에서는 급격한 근수축 시 주로 혐기적인 분해가 일어나서 에너지와 유산을 생성한다.
  - 생성된 과잉의 유산은 혈액에 의해 간으로 보내져서 포도당으로 전환되고 다시 혈액을 따라 근육으로 이동하여 글리코겐의 형태로 재합성된다.

> **더 알아보기**
>
> - 물체의 간과 근육에 주로 저장되어 있는 탄수화물 : 글리코겐
> - 동물체 내에서 포도당의 해당과정(glycolysis)으로부터 8ATP가 생성된다.
> - 포도당 1분자가 체내에서 완전히 산화될 때 ATP생성량 : 38ATP
>   - 1분자의 포도당이 완전히 산화할 때 688kcal의 에너지가 방출되지만, 세포호흡에서는 이 중의 약 40%에 해당하는 277.4kcal만이 38ATP에 저장된다.
>   7.3kcal × 38ATP = 277.4kcal
>   - 표준조건하에서 포도당 1분자가 해당작용과 TCA회로를 거쳐 완전산화될 때 열발생효율은 약 40%이다.

ⓒ 미생물에 의한 탄수화물대사
- 전분은 곡류의 종자에 저장된 탄수화물로서 단위가축과 반추가축 모두가 쉽게 분해 이용할 수 있지만 조사료의 잎과 줄기에 함유되어 있는 탄수화물인 헤미셀룰로스와 셀룰로스는 반추가축의 반추위 내 미생물에 의해서 천천히 분해되는 특성을 가지고 있다.
- 반추위 내 미생물은 탄수화물 분해효소를 분비하여 탄수화물을 단당류로 분해시킨다.

> **더 알아보기** 탄수화물 분해효소
>
> - maltase : maltose → 2glucose
> - lactase : lactose → glucose+galactose
> - sucrase : sucrose → glucose+fructose

- 분해된 단당류들은 미생물세포 내로 들어가 대사과정을 거치면서 최종적으로 휘발성 지방산이 생성되는데 탄수화물의 55~65%가 휘발성 지방산으로 변한다.
- 휘발성 지방산은 초산, 프로피온산, 낙산 등으로 대별되며 이들의 생성비율은 일반적으로 초산 65%, 프로피온산 20%, 낙산 9%의 비율로 생산된다.
- 생성된 휘발성 지방산의 대부분은 반추위벽을 통해 흡수되며, 그 중 프로피온산은 간에서 다시 글루코스로 재합성된 후 에너지원 또는 체지방의 합성에 이용되고, 초산은 체내에서 에너지원 및 유지방의 합성에 이용된다.
- 휘발성 지방산과 미생물발효의 최종생산물은 제1위 벽을 통하여 간으로 흡수되어진다.
- 대부분의 초산과 모든 프로피온산은 간으로 이동하지만 낙산의 대부분은 제1위벽에서 베타 하이드로뷰티레이트(β-hydrobutyrate)라고 불리우는 케톤체로 전환된다.
- 케톤체는 체내 대부분의 조직에 에너지 공급원으로 사용되어진다. 한편, 케톤체는 주로 제1위에서 생성된 낙산으로부터 유래하지만 비유 초기에는 체내지방조직의 이동으로부터 생긴다.

③ 지방의 대사작용
  ㉠ 간 효소와 호르몬 분비
  - 지방산+글리세롤과 새로운 TG(VLDL)에 의해 간 밖으로 운반되어 지방조직에 저장된다.
  - 지질운반 인자는 콜린, 메티오닌이다.
  - 당질 다량 섭취 시 지질로 전환(지방조직에 저장)된다.
  - 포화 Fa : 불포화 Fa(스테아르산→올레인산, 리놀레산→아라키돈산)
  - TG : 에너지 필요시 공급, 인지질·콜레스테롤·기타 지방합성에 사용
  - 2개 탄소의 acetyl-CoA→콜레스테롤 합성→담즙산을 생성한다.
  ㉡ 지방의 β-산화
  - 지방산은 산화 시 카복시기(-COOH)로부터 베타 위치에 있는 탄소들이 2개씩 산화·분리되는데 이를 β-산화라고 한다.
  - 지방이 글리세롤과 지방산으로 분해되면, 글리세롤은 α-글리세롤포스페이트가 되어 해당과정을 거치며, 지방산은 β-산화(β-oxidation)로 분해된다.
  - 지방산이 β-산화작용을 받게 되면 TCA회로 중의 acetyl-CoA를 생성한다.
  - 생성된 acetyl-CoA는 TCA회로에서 완전산화된다.
  - 한 개의 acetyl-CoA가 TCA회로 중에서 완전산화하면 12개의 ATP가 생성한다.

ⓒ 케톤체 형성
- acetyl-CoA가 옥살로아세테이트(oxaloactic acid)의 결핍이나 부족으로 인해 TCA회로로 순조롭게 들어가지 못해 과잉축적되면, acetyl-CoA 2분자가 축합하여 케톤체 생성반응으로 진행된다.
- 케톤체는 아세토아세트산, β-하이드록시부티르산, 아세톤 등이다.
- 굶었을 경우 케톤체는 주요 에너지원이 되기도 한다.
- 과잉의 포도당이 있으면 지방의 산화가 감소되고 케톤체 형성이 감소한다.

ⓓ 미생물에 의한 지방대사
- 사료 중의 지방은 대부분 반추미생물에 의하여 글리세롤과 지방산으로 분해되는데 반추미생물은 이를 이용하여 휘발성 지방산과 미생물체지방을 형성한다.
- 글리세롤은 반추미생물에 의한 발효과정에서 주로 프로피온산으로 전변되어 위벽에서 흡수된다.
- 미생물체지방은 4위와 소장을 경유하면서 소화흡수가 이루어지는데 흡수된 지방은 에너지로 발산되거나 체내에 에너지원으로서 축적된다.
- 소화기관에서 흡수된 중성지방은 체내의 에너지원으로서 간에 저장되거나 체지방에 저장되어 에너지원으로 이용된다.

ⓔ 생산되는 휘발성 지방산 ☑ **빈출개념**
- 아세트산(acetic acid, 초산) : 유지방의 합성에 가장 영향을 많이 미친다. 즉, 체내에서 에너지원 및 유지방의 합성에 이용된다.
- 프로피온산(propionic acid) : 에너지원 또는 체지방의 합성에 이용된다.
- 부티르산(butyric acid, 낙산) : 에너지원으로 이용된다.

2. 사료의 영양가치 평가

(1) 소화율

① 소화율의 의의 : 가축이 섭취한 사료영양소 중 소화, 흡수된 부분의 비율이다. ☑ **빈출개념**

- 소화율 $= \dfrac{\text{흡수한 영양소}}{\text{섭취한 영양소}} \times 100 = \dfrac{\text{섭취한 영양소} - \text{분으로 배설된 영양소}}{\text{섭취한 영양소}} \times 100$

- 진정소화율 $= \dfrac{\text{섭취한 사료 성분량} - (\text{분으로 배설된 사료성분량} - \text{대사성성분량})}{\text{섭취한 영양소량}} \times 100$

※ **진정소화율(순소화율, true digestibility)** : 분의 성분 중 소화액, 장상피세포, 박테리아 등의 함량과 대사분질소를 제외한 순수한 불소화영양소에 근거한 소화율이다.

② 소화율에 영향을 주는 요인

　ⓐ 가축에 의한 요인
- 반추동물과 비반추초식동물은 조사료에 대한 소화율이 높다.
- 단위동물은 농후사료에 대한 소화율이 높다.
- 대체적으로 재래종은 개량종보다 같은 영양소에 대한 소화율이 5% 정도 우수하다.
- 나이가 어린 가축과 늙은 가축일수록 성체보다 소화율이 낮다.

　ⓑ 사료에 의한 요인
- 조섬유나 실리카 등을 많이 함유하면 소화율이 낮다.
- 적당한 지방첨가는 소화율을 높이지만 지나치면 사료의 표면에 피막을 형성하여 소화율이 낮아진다.
- 반추동물에서 전분을 소량 첨가하면 소화율은 높아지나, 과다하게 첨가하면 조사료의 소화율을 저하시킨다.
- 일반적으로 아밀로펙틴은 아밀로스에 비해 소화율이 높다. 즉, 반추위 내 전분 분해속도는 귀리, 밀, 보리, 옥수수, 수수의 순이다.
- 사료의 입자도는 소화율에 영향이 있다. 즉, 곡류를 가공할 경우 대부분은 반추위 내에서 전분의 소화율과 소화속도가 증가한다.
- 곡류와 옥수수를 이용하여 사일리지를 제조할 경우 반추위 내 전분 소화율은 증가된다.
- 사료의 소화율과 발효 속도를 보면 소화율이 낮을수록 소화물질로 발효되는 시간이 길어진다.
- 당밀 소화율이 가장 빠르며 비트펄프, 곡류사료의 소화속도가 빠름과 동시에 소화율이 높다.
- 비트펄프의 기호성과 소화율이 좋으나, 소화속도가 빨라 과다급여 시 반추위 내 이상발효가 일어난다.
- 사료섭취량이 과다하면 소화율이 낮아지고 너무 적으면 대사분의 질소가 많아져 진정 소화율이 떨어진다.
- 단위동물에서 감자, 고구마, 곡류 등을 삶아 급여하면 전분질이 덱스트린으로 변화해서 쉽게 소화되어 효과적이며 특히 비육돈이나 어린 자돈에는 유리하다.
- 같은 영양소도 사료의 종류에 따라 소화율이 달라진다.
- 리그닌 함량이 높으면 소화율은 낮다.

※ 사료의 소화율에 영향을 미치는 요인 : 동물의 종류, 품종, 연령, 조섬유, 지방첨가의 영향, 전분질 첨가의 영향
※ 반추가축 사료의 소화율 감소에 영향을 미치는 요인 : 배합사료 섭취량 증가, 섬유소 함량 증가, 분쇄곡류나 분말조사료

③ 소화율 측정방법

　㉠ 직접측정방법(전분채취법, Total Collection Method)

　　• 시험동물을 대사틀(metabolic cage)에 넣고 분을 채취한다.

　　• 사료섭취량과 배분량을 측정하여 성분량으로 계산한다.

　　• 일반적으로 외관소화율 측정에 이용한다.

> **더 알아보기**　**외관소화율(apparent digestibility)**　☑ **빈출개념**
>
> 외관상으로 흡수된 영양소의 비율
>
> $$소화율(\%) = \frac{흡수한\ 영양소}{섭취한\ 영양소} \times 100$$

　㉡ 간접측정법　☑ **빈출개념**

　　• 표시물을 이용하는 방법

　　　– 사료에 소화할 수 없는 표시물을 넣어 먹이고 사료와 분의 표시물 함유량의 비율을 토대로 소화율을 측정한다.

　　　– 표시물의 종류 : 산화철(Fe_2O_3), 산화크로뮴(Cr_2O_3), 황산바륨($BaSO_4$), 동위원소 색소원(chromogen) 또는 리그닌 등이 있는데, 그 중 산화크로뮴이 많이 이용된다.

$$100 - \left(\frac{사료지시제\ 함량}{분지시제\ 함량} \times \frac{분영양소\ 함량}{사료영양소\ 함량} \right) \times 100$$

　　※ **외부 표시물의 조건**　☑ **빈출개념**
　　• 생리적으로 불활성물질일 것
　　• 소화율을 구하는 목적성분이 아닐 것
　　• 독성이 없고, 색의 구별이 쉬울 것
　　• 정량분석이 용이할 것

　　• 인공 소화시험에 의한 방법(in vitro)

　　　– 반추위의 환경조건을 유지한 시험기를 이용한다.

　　　– 펩신, 트립신 등의 약품이나 효소로 시험사료의 불소화물을 산출하여 소화율을 측정한다.

　　※ **대사분질소(metabolic fecal nitrogen)** : 분으로 배설된 질소성분 중 체내에서 단백질의 분해로 생성된 질소성분

(2) 사료의 영양가치 평가방법

① 화학적 평가방법

　㉠ 일반성분 분석법

수분	• 100~150℃에서 건조하여 수분함량을 산출한다. • 주요 성분 : 수분과 휘발성 물질(100% − H_2O = DM%)
조회분	• 시료를 연소로에서 500~600℃에 2시간 이상 완전히 태운 후 남는 중량으로 산출한다. • 주요성분 : 광물질

조단백	• 황산을 이용하여 사료 중 질소 함량을 켈달(Kjeldahl)법으로 분해하여 질소정량하여 6.25를 곱한 값(N × 6.25 = 조단백질) ※ 켈달법의 원리 : 사료 중의 모든 유기물을 황산으로 소화하면 질소는 ($NH_4(2SO_4)$로 남고 나머지는 유실된다. 소화 후 용액을 식힌 후 증류수로 희석하고 다량의 NaOH를 더한 후 중화시키면 암모니아가 생성된다. 생성된 암모니아를 증류하여 HCl 또는NaOH 표준용액으로 적정하여 질소의 함량을 구할 수 있다. • 주요 성분 : 단백질, 아미노산, 비단백태질소화합물
조지방	• 에테르에 의해 용출되는 지방의 함량으로 산출한다. • 주요성분 : 지방, 유지, 왁스, 수지, 색소물질
조섬유	• 약산과 약알칼리로 끓인 후 용출되지 않는 성분 중 회분 함량을 제한 값이다. • 주요 성분 : 셀룰로스, 헤미셀룰로스, 리그닌
가용무질소물 (nitrogen free extract)	• 전체 100에서 수분, 조회분, 조단백, 조지방, 조섬유를 제외한 잔량(100 - 수분, 조회분, 조단백, 조지방, 조섬유) • 주요 성분 : 전분, 당류, 약간의 셀룰로스, 헤미셀룰로스, 리그닌

ⓒ 반 소에스트(van soest)법 ☑ **빈출개념**

• 개념
 - 섬유질성 탄수화물 성분을 분석한다.
 - 사료의 건물을 세포 내용물, 세포막 구성물질로 분류하여 정량한다.
 - 세포막 구성물질을 셀룰로스, 헤미셀룰로스, 리그닌으로 정량한다.

• 정량되는 내용물의 특성
 - NDS(Neutral Detergent Solubles) : 중성세제에 끓여서 용해되는 물질로 세포내용물을 의미하며, 일반분석방법에서의 조단백질, 조지방, 가용무질소물 중 대부분이 여기에 속한다.
 - NDF(Neutral Detergent Fiber) : 중성세제에 끓여도 용해되지 않는 물질로 세포막 성분에 해당하며, 셀룰로스, 헤미셀룰로스, 리그닌, 실리카 등을 정량한다.
 ※ 가용성 물질인 셀룰로스, 헤미셀룰로스는 소, 면양, 산양 등의 반추위 내 미생물에 의해서 소화된다. 그러나 리그닌과 실리카는 미생물에 의해서 소화되지 않는다.

• ADF(Acid Detergent Fiber) : NDF 중 산성세제에 용해되지 않는 물질로 셀룰로스, 리그닌, 실리카 등을 정량한다. NDF - ADF = 헤미셀룰로스의 양이 계산에 의해 구해진다.
• ADL(Acid Detergent Lignin) : 리그닌의 함량을 분석한다.

② 에너지대사의 개념
 ㉠ 에너지란 물리적으로 일을 수행할 수 있는 능력을 말한다.
 ㉡ 가축은 사료로부터 에너지를 얻으며, 생명활동을 유지한다.

© 반추위 내에서 소화되는 것은 조단백질로서 비단백태질소화합물(NPN)이나 peptide와 같이 매우 급속히 분해되는 가용성 단백질(SIP)과 다양한 속도로 미생물에 의해 분해되는 분해성 단백질(RDP) 및 탄수화물과 섬유소 등을 들 수 있다.

② 사료에너지 : 총에너지(GE), 가소화에너지(DE), 대사에너지(ME) 및 정미에너지(NE)로 분류되고, 가소화영양소총량(TDN)을 이용하여 표기한다.

③ 생물학적 평가 ☑ 빈출개념

총에너지 (GE ; Gross Energy)	• 섭취한 사료의 총에너지 • 사료를 완전히 산화시키면 사료 중의 화학에너지가 물(H_2O)과 이산화탄소(CO_2) 및 그 밖의 가스로 분해되면서 일정한 열을 발생하는데, 이때 발생하는 열량을 말한다. • 사료의 에너지를 측정하기 위해서는 열량계(calorimeter)를 사용한다.
가소화에너지 (DE ; Digestible Energy)	• 섭취한 사료의 총에너지(GE)에서 분으로 배설된 에너지를 공제한 값으로 계산한다. ☑ **빈출개념** 총에너지 - 분에너지 • 소와 돼지에서는 비교적 측정이 간단하다. • 닭은 총배설강(cloaca)를 통하여 동시에 분과 오줌을 배설하기 때문에 분으로만 배설된 에너지를 측정하기는 어렵다.
대사에너지 (ME ; Metabolizable Energy)	• 가소화에너지(DE)에서 오줌 및 가연성 가스 등으로 손실되는 에너지를 공제한 값이다. ☑ **빈출개념** 총에너지 - 분에너지 - (뇨에너지 + 가스에너지) • 가금에 주로 이용되는 에너지 표시방법이다. • 가축의 질소균형에 따라 크게 영향을 받는다. • 질소정정대사에너지 산출 시 동물에 따라 각각 다른 정정계수를 사용한다. • 단위가축(돼지, 닭)에서 가소화에너지와 대사에너지의 차이는 주로 오줌으로 인한 손실에 기인한다.
정미에너지 (NE ; Net Energy)	• 대사에너지(ME)에서 열량증가로 손실되는 에너지를 뺀 에너지이다. 총에너지 - 분에너지 - (뇨에너지 + 가스에너지) - 열에너지 • 순수하게 가축의 생명유지, 성장, 축산물 생산, 기초대사, 체온조절 등으로 쓰이는 가장 과학적인 에너지 표현방법이다. • 가축이 사료로 섭취한 에너지 중 순수하게 동물의 유지 및 생산을 위하여 이용되는 에너지이다. • 정미유지에너지(NEm ; Net Energy for maintenance) : 유지(維持)를 위한 정미에너지는 동물이 에너지 균형상태에 있을 때 소요되는 에너지를 말한다. 동일 체중이라도 생산의 여부에 따라서 달라지게 되는데, 이는 호르몬의 분비량 또는 자율활동 증가의 차이에 기인한다. • 증체를 위한 정미에너지(NEg ; Net Energy for gain) : 정미에너지 중 유지를 위하여 사용된 NE는 대부분 열(熱)의 형태로 체외로 분산되지만 성장하는 데 사용된 NE는 화학에너지의 형태로 이 에너지는 생산물에 축적하게 된다. • 유생산을 위한 정미에너지(NEl ; Net Energy for lactation) : 착유우에 있어 섭취한 에너지가 최종적으로 이용되는 단계에 이르기까지 여러 과정에서 소실되어 최종적으로 우유생산이나 증체를 위해 이용된다.

⊙ 가소화영양소 총량(TDN ; Total Digestible Nutrients) ☑ **빈출개념**
- 사료에 들어 있는 가소화열량가의 총합으로 소화율을 기초로 계산한다.
- 측정이 간단하나 저질조사료의 사료가치평가에 문제가 있다.
- TDN과 DE는 상호전환이 가능하다(1kg TDN = 4,400kcal).

> TDN = 가소화조단백질 + (가소화조지방 × 2.25) + 가소화조섬유 + 가소화가용무질소물
> = 가소화탄수화물 × 가소화단백질 + 가소화지방 × 2.25

- 가소화조지방에 2.25배를 곱하는 이유는 조지방의 열량이 단백질이나 탄수화물보다 2.25배 높기 때문이다.
- TDN의 결점을 보완하고자 개정하였다.

> TDN = (가소화조단백질 × 1.36) + 가소화탄수화물 + (가소화조지방 × 2.25) + 가소화조섬유

ⓛ 전분가(SV)
- 사료의 에너지가치를 녹말의 체지방 생산능력을 기준으로 만든 에너지단위이다.
- 독일의 켈네르(Kellner, 1907)가 비육우를 이용하여 만든 정미에너지평가법이다.
- 비육축에는 비교적 정확하나 젖소 등에는 부정확하다.

ⓒ 사료의 단위
- 사료단위란 보리 1kg이 가지고 있는 우유 생산효과를 말한다.
- 스웨덴의 한슨(Hanson)이 창안한 것으로 스칸디나비아 사료단위라고도 한다.
- 젖소의 우유 생산효율을 기준으로 하였다.
- 1사료단위(SFU)는 0.75 유생산가와 같다. 따라서 사료별 유생산가를 계산하여 0.75로 나누면 사료단위(SFU)가 계산된다.

※ 몰가드(mollgard) 사료단위는 소의 비육에 있어서 1kg의 전분가는 2,365kcal의 정미에너지에 해당한다.

④ 사료의 단백질가 표시
⊙ 가소화조단백질(DCP) = 조단백질 × 단백질소화율
- 가축이 섭취하여 소화가 가능한 사료중의 조단백질 함량을 나타내는 것이다.
- 조단백질이란 순단백질과 비단백태질소화합물(NPN)을 총칭한다.
- 사료의 조단백질 함량에 소화율을 곱한 것이다.

ⓛ 단백질 당량(PE ; Protein Equivalent)
- 가소화조단백질과 가소화순단백질의 장단점을 보완하기 위해 영국에서는 단백질 당량이라고 하는 단위를 사용하고 있다.
- 비단백태질소화합물(NPN)이 가소화순단백질의 1/2에 상당하는 영양가치를 지니고 있다는 데 근거를 두고 있다.
- 반추동물의 경우 요소와 같은 NPN도 유효하게 이용된다.

> PE = 가소화순단백질 + 2/1NPN = DCP + DTP/2

ⓒ 단백질효율(PER ; Protein Efficiency Ratio)
- 단백질섭취량에 대한 체중 증가량의 비율로 측정한다.
- 성장하는 동물의 체중 증가에 기여하는 단백질의 이용을 기준으로 단백질의 질을 평가하는 방법이다.

$$PER = \frac{증체량(g)}{단백질섭취량(g)}$$

ⓔ 단백질가(GPV ; Gross Protein Value) : 단백질 함량 8%의 기초사료에 공시단백질을 첨가한 사료, 또 하나는 기초단백질을 첨가한 사료를 병아리에게 주었을 때 두 구간의 증체비율을 단백질가라고 한다.

$$GPV = \frac{공시단백질\ 첨가구병아리\ 1g의\ 증체량}{기준단백질\ 첨가구병아리\ 1g의\ 증체량} \times 100$$

ⓜ 생물가(BV ; Biological Value)
- 소화 흡수된 분해단백질의 체단백질 합성량을 기준으로 단백질을 평가하는 방법이다. 즉, 흡수된 단백질이 얼마나 효율적으로 체단백으로 전환되었는가를 측정한다.
- 가축 체내에 축적 또는 이용된 단백질의 양으로 사료의 단백질가치를 평가하는 방법이다(가소화단백질의 체단백질로의 이용가치).
- 단점 : 흡수된 질소를 기준으로 단백질의 질을 판정하기 때문에 소화흡수율에 차이가 있는 식품단백질의 평가로는 적절하지 못하다.

$$\bullet\ 단백질생물가 = \frac{체내\ 축적된\ 질소량}{흡수된\ 질소량} \times 100$$

$$\bullet\ BV = \frac{섭취한\ 질소 - (분질소 + 요질소)}{섭취한\ 질소 - 분질소} \times 100$$

ⓗ 정미단백질가(NPV ; Net Protein Value)
- 섭취한 사료단백질에 대한 체단백질로 재합성량을 토대로 한 단백질의 가치평가법이다.
- 생물가에 소화율을 곱해서 구하거나, 섭취한 질소량 중에 체내흡수 · 이용질소량 비율로 측정한다.
- 체내단백질의 이용효율이라는 면에서 생물가와 유사하나 생물가는 흡수된 단백질을 기준으로 이용률을 평가하는 반면, 정미단백질가는 사료단백질의 효율과 체내 흡수이용률이 모두 고려된 단백질평가법이다.

$$NPV = BV \times 소화율 = \frac{체내\ 이용성\ 질소량}{섭취한\ 질소량} \times 100$$

ⓥ 순단백질 이용률(NPU ; Net Protein Utilization)

- 섭취단백질의 체내 보유량을 성장하는 동물에서 측정하는 방법이다.
- 생물가는 흡수된 단백질이 몸 안에서 이용되는 것을 나타내지만 소화율이 고려되지 않은데 비하여 순단백질 이용률은 소화율을 배려한 값이다.

$$NPU = \frac{\text{체내 축적 질소량}}{\text{섭취한 질소량}} = \text{생물가} \times \text{소화흡수율}$$

ⓞ 화학가(아미노산가)

- 평가단백질의 필수아미노산 조성을 분석하여 인체단백질 합성에 이상적인 단백질의 필수아미노산 조성과 비교한다.
- 표준단백질의 선택에 따라 그 값이 달라지며 생체 이용률이 고려되지 않았고, 평가단백질의 구성 아미노산 간의 균형이 평가되지 않는다는 단점이 있다.

$$\text{화학가} = \frac{\text{평가단백질의 g당 제1제한아미노산의 mg}}{\text{이상적인 단백질의 g당 위와 같은 필수아미노산의 mg}} \times 100$$

⑤ 사료의 종합적 평가

㉠ 영양률(NR ; Nutritive Ratio) ☑ **빈출개념** : 가소화단백질에 대한 비단백질 가소화영양소 총량(가소화지방×2.25, 가소화탄수화물)의 비율을 말한다.

$$NR = \text{가소화탄수화물} + \text{가소화지방} \times 2.2/\text{가소화단백질} = TDN - DCP/DCP$$

㉡ 사료효율(FE ; Feed Efficiency) ☑ **빈출개념**

- 성장 중인 가축에서 증체량의 사료섭취량에 대한 비율로 나타낸다.
- 사료의 이용효율을 나타낼 뿐만 아니라 비용 대비 생산성을 측정하는 지표로 활용된다.
- 사료효율이 클수록 좋다.
- 사료효율을 역으로 계산하면 사료요구율(FCF ; Feed Conversion Rate)이 된다.

$$\cdot \, FE = \frac{\text{증체량(kg)}}{\text{사료건물 섭취량(kg)}}$$

$$\cdot \, FCF = \frac{\text{사료건물 섭취량(kg)}}{\text{증체량(kg)}}$$

ⓒ 칼로리단백질비율(CPR)
- 사료 중 조단백질에 대한 대사에너지의 비율로 사료의 가치를 평가하는 방법이다.
- 사료 1kg에 들어 있는 대사에너지의 칼로리를 조단백질 함량으로 구한다.
- 단백질과 에너지 수준이 높을수록 성장률과 사료효율이 향상된다.
- 닭에 주로 사용된다.

$$CPR = \frac{대사에너지}{조단백질}$$

(3) 사료 분석방법

① 수분 정량분석

㉠ 시료분석

- 칭량병(도가니)의 항량을 구한다.
  - 빈 칭량병을 105℃ dry oven에서 2시간 건조(이때 칭량병의 뚜껑을 반드시 열 것)
  - 데시케이터에서 30분 방랭(칭량병의 뚜껑을 반드시 닫을 것)
  - 칭량병 칭량(이 조작을 항량이 될 때까지 반복)
- dry oven(105℃)에서 뚜껑을 반쯤 열고 30분 건조 → 데시케이터에서 10분 방랭 → 칭량한다.

㉡ 계산 ☑ **빈출개념**

$$수분(\%) = \frac{W_1 - W_2}{W_1 - W_0} \times 100$$

여기서, W_0 : 칭량병의 중량

W_1 : (사료＋칭량병)의 중량(g)

W_2 : W_1을 건조하여 항량이 되었을 때의 중량(g)

② 조단백질 정량분석

㉠ 시료분석(적정)

- 암모니아를 포집한다.
- 플라스크 중에 잔존하고 있는 N/10 황산 용액에 혼합지시약(methyl red : methylene blue＝2 : 1)을 넣고 N/10 수산화나트륨(NaOH) 용액으로 적정한다(종말점 : 담초록).
- 암모니아에 의해서 중화한 N/10 황산 용액의 용량을 알 수 있다.
- 이상의 조작과 같게 별도로 바탕시험(공시험)을 행한다.

ⓛ 계산

$$조단백질 = \frac{(b-a) \times F \times 0.0014 \times V \times 6.25}{S} \times 100$$

여기서, a : 본시험에 대한 N/10 NaOH 용액의 적정치(mL)

b : 공시험에 대한 N/10 NaOH 용액의 적정치(mL)

F : N/10-NaOH 용액의 역가(g)

V : 희석배수

S : 시료의 평취량(g)

0.0014 : N/10-NaOH 용액 1mL에 상당하는 질소량(g)

③ 조지방 정량분석

㉠ 시료분석

- 105℃ dry oven에서 수기를 1시간 건조한 후 데시케이터에서 30분간 방랭한다(W_0).
- 분쇄한 시료 5g을 원통여지에 넣고 칭량한다(S).
- 시료의 뜸을 방지하기 위해 탈지면을 위시료 위에 덮는다.
- 단, 시료의 수분함량이 많을 경우에는 dry oven(105℃)에서 2~3시간 건조하고 데시케이터 안에서 방랭한 후 사용한다.
- 시료를 Soxhlet 추출장치의 추출관에 넣는다.
- 50~60℃의 물중탕 위에서 약 8~16시간 가열한다.
- 지방질이 완전히 추출되면 원통여지를 추출관에서 속히 핀셋으로 꺼내고 다시 냉각기를 연결해 물중탕 위에서 가열한다.
- 수기(정량병) 중의 에테르가 전부 추출관에 모이면 수기만을 분리하여 물중탕에서 남은 에테르를 휘발시킨다.
- 수기 주위를 거즈로 깨끗이 닦고 dry oven(100~105℃)에서 1시간 건조시킨다.
- 데시케이터에서 30분간 방랭한 후 칭량한다(W_1).

㉡ 계산 ☑ 빈출개념

$$조지방 = \frac{W_1 - W_0}{S} \times 100$$

여기서, W_0 : 수기의 무게(g)

W_1 : 지방 추출 후 수기의 무게(g)

S : 시료의 채취량(g)

④ 조섬유 정량분석[헨네베르크-스토만(Henneberg-Stohmann) 개량법에 의한 정량법] ☑ 빈출개념
  ㉠ 시료분석
    • 시료 1~2g을 500mL 톨비커에 취하고 5% 황산액 50mL와 증류수 150mL를 가하고 거품방지제 2~3방울을 떨어뜨린 다음 30분간 끓인 후 뜨거운 증류수로 여러 번 세척한다.
    • 산 불용해물은 증류수 130~140mL로 톨비커에 씻어 넣고 5% 수산화나트륨용액 50mL를 가한 다음 200mL 표선까지 증류수로 채운다.
    • 다시 30분간 끓이고 여과지 또는 유리여과기로 여과하는데 알칼리성이 없어질 때까지 뜨거운 증류수로 세척한다.
    • 다시 95% 에틸알코올로 3회, 에틸에터로 2회 세척하고 95~100℃에서 2시간 예비 건조한 다음 135±2℃에서 2시간 건조 후 데시케이터 내에서 30분간 방랭한다.
    • 칭량 후 5A여과지에 사용 시에는 자제크루시블(600℃ 전기로에서 2시간 태워 항량을 구한 것)에 넣고, 유리여과기의 경우 직접 전기로에 넣어 600℃에서 2시간 회화하고 40분간 데시케이터 내에서 방랭한 후 무게를 측정한다.
  ㉡ 계산

$$조섬유(\%) = \frac{d-a}{s} \times 100$$

여기서, d : 분해 후 여과한 잔사의 건조중량(g)
a : 잔사를 회화한 후 남은 회분량(g)
s : 공시료의 중량(g)

⑤ 조회분 정량분석
  ㉠ 시료분석
    • 600℃ 전기로에서 1~2시간 태운 크루시블(crucible)을 데시케이터 내에서 40분간 방랭한 후 칭량한다.
    • 시료 2~3g을 취하여 전기곤로 또는 가스버너로 열을 가하여 예비 회화시킨 후 600℃ 전기로에 넣어 2시간 태운 다음 데시케이터 내에서 40분간 방랭 후 칭량하여 이중량으로부터 크루시블의 중량을 감(減)한 것을 조회분 함량으로 한다.
  ㉡ 계산

$$조회분(\%) = \frac{회화\ 후\ 무게(시료±크루시블) - 크루시블\ 무게}{시료중량(g)} \times 100$$

⑥ 가용무질소물(Nitrogen Free Extract)

　　㉠ 시료를 100으로 하여 여기에서 수분, 조단백질, 조지방, 조섬유, 조회분 함량(%)을 감해서 구한다.

　　㉡ NFE의 주성분은 가용성 당과 전분이고 일부 셀룰로스와 헤미셀룰로스 및 리그닌이 포함된다.

　　㉢ 특히 조사료 분석 시 NFE 중에는 농후사료보다 상당량의 셀룰로스, 헤미셀룰로스 및 리그닌이 포함되어 있다.

$$NFE = 100 - [수분(\%) + 조단백질(\%) + 조지방(\%) + 조섬유(\%) + 조회분(\%)]$$

(4) 사료의 품질감정

① **경험적 방법** : 오감(시각, 미각, 후각, 촉각 등)에 의하여 사료의 품질을 판별하는 방법

② **이학적 방법** : 기구, 시약을 사용하여 사료의 품질을 판별하는 방법

　　㉠ 사별법(篩別法, 체별법) : 각기 다른 구멍이 있는 체를 사용하여 크기별로 분류한 후 사용된 원료, 혼입된 잡사료를 판정한다.

　　㉡ 비중선별법 : 비중이 다른 액체에 사료를 넣어 뜨는 것과 가라앉는 것을 분류하여 이물질의 혼입비율, 단미사료의 종류를 판정한다.

　　㉢ 용적중 칭량법 : 용적중(일정용적에 대한 사료의 중량 ; bulk density)을 측정하여 원료의 충실도, 이물질의 혼입여부, 사료가공의 정도로 사료의 질을 판정한다.

　　㉣ 확대경 및 현미경검사 : 분리, 정성검사, 정량검사, 기타 검사가 있으며, 크기가 작은 사료의 식별에 이용된다.

　　㉤ 자석에 의한 방법 등이 있다.

③ **화학적 방법**

　　㉠ 정성분석법 : 리그닌의 검출·사료 중의 무기염류의 검출

　　㉡ 정량분석법 : 사료의 영양소 함량을 측정하여 그 성분량으로 사료의 가치, 이물질의 혼입여부를 판정한다.

④ **이화학적 감정법**

　　㉠ 무기염의 검출

　　㉡ 항생물질의 검사

⑤ **미생물학적 감정법** : 원료나 배합사료 내에 미생물의 존재 유무를 직접 또는 배양하여 검사하는 것이다.

⑥ 동물시험에 의한 감정법

02 소화기관과 소화·흡수

1. 소화기관의 구조와 기능

(1) 단위가축

① 단위가축의 개념

    ㉠ 단위동물 : 돼지, 말, 토끼, 가금

    ㉡ 단위소화기관의 구조 : 식도-위-소장-대장

      ※ 돼지, 가금 등은 맹장의 기능이 거의 없어 조섬유를 소화하지 못한다.

    ㉢ 단위동물 중 비반추동물인 말과 토끼는 대장과 맹장이 발달하였고 많은 미생물이 서식하고 있어 반추위에서와 같이 조사료의 소화가 가능하다.

      ※ **비반추초식동물** : 초식동물이나 위가 하나이며, 반추위가 없다.

    ㉣ 닭은 소낭, 선위, 근위를 가지고 있고 항문은 총배설강이다.

② 돼지의 소화기관

입	• 구강에는 혀(사료의 혼합, 연하), 이빨(연하, 저작), 침샘이 있다. • 사료의 입자를 잘게 하는 기계적 소화로 사료를 분쇄하므로 효소의 공격면적을 증가시켜 소화에 도움을 준다. • 타액(침)은 수분, 뮤신, 중탄산염, 효소 등으로 구성되어 있다. • 입에서 침과 섞이고 전분은 아밀레이스, 프티알린에 의해 덱스트린과 맥아당으로 변한다. ※ 닭에는 이빨, 침샘이 없어서 이런 기능이 없다.
식도	윤충근에 의한 연동작용으로 내용물을 구강에서 위까지 보낸다.
위	• 배 모양으로 근육성 소화기관이다. • 기능은 사료 내용물 저장, 근육운동(물리적 소화), 위액분비(염산, 펩신, 레닌 등)이다. • 위점막세포에서 염산을 분비하여 pH 2 정도의 강산성이 된다.
소장	• 소장은 십이지장, 공장, 회장으로 구성되며, 장내에서 강력한 소화효소가 분비된다. • 십이지장 : 췌장액, 담즙을 분비하여 내용물을 소화한다. • 공장 : 소장의 중심부분으로 영양소를 흡수한다. • 회장 : 소장의 아랫부분으로 영양소를 흡수한다.
대장	• 돼지대장은 맹장, 결장, 직장으로 구분된다. • 대장은 수분의 재흡수, 칼슘 등 무기물의 흡수, 단백질 및 수용성 비타민의 합성, 섬유질소화 등의 기능을 한다.

③ 말의 소화기관

    ㉠ 위는 상대적으로 작고, 대장은 크게 발달하였다.

    ㉡ 사료를 대장의 미생물 발효작용으로 반추위 역할을 한다.

    ㉢ 대장은 맹장, 대결장, 소결장, 직장으로 구성되어 있다.

    ㉣ 맹장과 대결장에는 미생물이 서식하여 휘발성 지방산생성, 수용성 비타민합성, 균체단백질합성 등의 기능을 한다.

    ㉤ 휘발성 지방산은 맹장에서 흡수하고, 소결장에서는 수분을 흡수한다.

(2) 반추가축

① 소의 소화기관

㉠ 입

- 위턱에는 앞 이빨이 없고 입천장이 단단한 각질의 상피세포조직으로 되어 있다.
- 반추동물의 입에서는 물리적 소화작용이 일어난다(저작작용, 연하작용, 반추작용, 섭취작용 등).
- 입에서는 많은 타액이 분비(50L)된다. ☑ **빈출개념**

짝을 이루는 침샘		짝을 이루지 않는 침샘	
• 귀밑샘(이하선)	• 턱밑샘(하악선)	• 입천장샘(구개선)	• 인두샘(인두선)
• 하구치샘(하구치선)	• 혀밑샘(설하선)	• 입술샘(구순선)	
• 볼샘(구강선)			

> **더 알아보기** **반추동물의 타액(침)의 기능** ☑ **빈출개념**
>
> - 건조한 사료의 수분함량을 높이고 저작과 삼키는 일을 돕는다.
> - 반추위 내 내용물의 수분농도를 미생물의 작용에 알맞도록 조절한다.
> - 미생물의 성장에 필요한 영양소를 공급한다(뮤신, 요소, Na, K, Cl, P, Mg 등).
> - 반추위 내의 pH를 5~7 정도로 유지하게 한다(HCO_3와 Cl, P, Mg의 작용).
> - 거품생성을 방지하여 고창증을 예방한다(뮤신의 작용).
> - 소량의 라이페이스를 분비하여 지방의 가수분해를 돕는다.

㉡ 위 ☑ **빈출개념**

제1위 (혹위, 반추위, Rumen)	• 소의 복부 왼쪽에 위치되어 있으며, 내부는 근대에 의하여 배낭, 복낭, 2개의 후맹낭 등으로 이루어진다. • 반추동물의 4개 위 중 용량이 가장 크다. • 미생물이 서식하여 발효가 일어나는 위이다. 즉, 주로 혐기성 미생물들이 서식하면서 가축이 섭취하는 영양소를 이용하여 미생물 대사작용을 한다. • 내부 표면은 유두(papillae)라고 하는 케라틴화된 돌기로 덮여져 있다. • 2위와 함께 사료의 저장, 연화, 혼합, 미생물의 서식처를 제공한다. • 반추위는 용적이 커서 큰 소의 경우 180L 정도되며, 점막에 많은 반추위 유두가 분포되어 있다.
제2위 (벌집위)	• 반추위와 연결된 제2위, 조직과 기능이 반추위와 비슷하다. • 위벽 점막이 벌집과 같은 모양을 하고 있다. • 용적은 약 8L 정도이다. • 사료를 되새김질하는 기능이 있다.
제3위 (겹주름위)	• 벌집위와 진위 사이에 있는 근엽이 잘 발달된 위로, 용적이 약 17L 정도이다. • 근엽을 통해서 사료 내용물의 수분을 흡수하여 식괴를 형성하며, 분해가 잘된 위 내용물을 제4위로 넘어가도록 하는 체의 역할을 한다. • 위(胃) 내용물의 수분을 흡수하여 희석된 상태의 내용물을 농축시켜 다음 소화기관에서 소화작용이 잘 이루어질 수 있도록 돕는다.
제4위 (진위)	• 분문부, 위저부, 유문부로 구성되며 용적이 21L 정도 된다. • 반추동물의 4개의 위 중에서 단위동물의 위와 같이 소화액에 의한 화학적인 소화작용이 일어나는 곳이며, 담즙이 위 내로 역류하는 것을 방지하는 역할을 한다. • 제4위는 갓 태어난 송아지의 위 중 가장 크고, 점차 성장하여 성우가 되면서 위의 용적이 변화된다.

※ **위액(胃液)의 주된 작용** : 살균과 단백질의 분해작용을 하며, 섬유소를 가장 잘 이용할 수 있다.

② 반추동물 소화기관의 특징

  ㉠ 식도구 : 송아지가 먹은 우유를 제1, 2위를 거치지 않고 제3위로 들어가도록 한다.

  ㉡ 반추 : 처음 먹은 거친 목초나 조사료를 역출하여 되새김질하고 타액을 분비한다.

  ㉢ 트림(eructation) : 미생물에 의한 이산화탄소와 메탄가스가 트림에 의하여 반출된다.
    트림이 잘되지 않으면 고창증이 발생한다.

  ㉣ 반추위 발달 : 어린 송아지는 제4위가 약 70%를 차지하나 성장하면서 1, 2위가 더 커진다.
  ※ 소는 소화기관의 해부학적 기능 차이로 인해 혈당치가 가장 낮다.

(3) 가금

① 닭의 소화기관

입	• 이빨과 입술이 없어 저작을 하지 못한다. • 부리가 있어 사료를 쪼아 먹는다.
식도 및 소낭(crop)	• 소낭은 닭에만 있는 소화기관으로 식도가 변형되어 내용물을 저장하고 수분공급 및 연화작용을 한다. • 미생물에 의한 발효작용 또는 아밀레이스에 의한 소화 등이 이루어진다.
선위	• 음식물의 소화를 위해 위산과 펩신 등의 소화액을 분비한다(화학적 소화). • 전위라고도 하며, 내용물을 위선성 전위부로 신속하게 통과시킨다.
근위	• 사료의 분쇄기능을 한다(기계적 소화). • 근위 속에는 모래가 들어 있어 단단한 곡류 등의 분쇄에 도움을 준다.
소장	• 다른 포유동물과 같이 효소가 들어 있어 소화작용을 한다. • 아밀레이스(amylase), 라이페이스(lipase), 펩티데이스(peptidase) 등의 효소가 분비된다.
맹장 및 대장	• 맹장은 두 개로 갈라져 장간막에 연결되어 있다. • 맹장과 대장은 미생물발효를 통해서 수용성 비타민의 합성 및 섬유소 소화 등을 한다. • 대장은 총배설강으로 연결되어 있다.

② 닭의 소화작용

  ㉠ 탄수화물

    • 소낭에서 부드럽게 연화되어 선위와 근위를 거쳐 소장에서 소화가 완료된다. ☑ **빈출개념**

    • 최종 소화산물인 글루코스 등의 단당류는 소장점막을 통해 흡수된다.

  ㉡ 지방

    • 소장에서 지방분해효소에 의해 지방산과 글라이세린으로 분해된다.

    • 지방산과 글라이세린은 장점막에 흡수된 후, 킬로미크론을 형성하여 임파선과 모세혈관을 통해 흡수된다.

  ㉢ 단백질

    • 소장에서 트립신, 키모트립신, 엘라스타제, 카복시펩티데이스 등의 췌장 및 장액분비효소에 의해 아미노산으로 분해되어 소장점막으로 흡수된다.

    • 닭의 필수아미노산은 포유동물의 10종 이외에 글리신이 포함되어 11종이 된다.

    • 글리신은 닭의 질소노폐물을 요산형태로 배설하는 데 중요한 역할을 한다.

2. 영양소의 소화 및 흡수

(1) 탄수화물의 소화와 흡수

① 모든 단당류는 거의 소장에서 완전히 흡수된다.
  ㉠ 반추동물의 소화기관 중 섭취한 영양소를 가장 왕성하게 흡수하는 곳은 소장이다.
  ㉡ 탄수화물인 당류의 흡수부위로 가장 적합한 곳 : 소장의 상부, 십이지장
② 단당류의 흡수율 : 갈락토스(galactose) > 글루코스(glucose) > 프럭토스(fructose) >
  만노스(mannose) > 펜토스(pentose)
  ㉠ 활성흡수 : 갈락토스, 글루코스
  ㉡ 단순확산 : 프럭토스, 만노스, 펜토스
③ 반추위 미생물
  ㉠ 반추위 내 미생물의 기능
    • 휘발성 지방산(VFA)의 생산
    • 비타민의 합성
    • 섬유질의 분해 및 발효와 소화
    • 단백질(질소)을 암모니아로 분해하여 미생물체단백질을 합성
    • 미생물체 영양소의 공급
  ㉡ 반추위 내에서 미생물에 의한 섬유소의 최종 분해물 : 휘발성 지방산
    • 휘발성 지방산은 제3위에서도 흡수된다.
    • 탄수화물 발효로 생성된 휘발성 지방산은 단순확산에 의해 제2위벽으로 흡수된다.
    • 흡수된 휘발성 지방산은 제1위 정맥을 통해 문맥을 거쳐 간장으로 들어간다.
    • 전분이나 당류가 풍부한 소화물은 장내 통과속도가 짧아진다.
    • pH가 낮으면 휘발성 지방산은 이온화되지 않은 상태이므로 빨리 흡수된다.
    • 휘발성 지방산의 조성은 조사료와 농후사료의 비율에 따라 크게 변한다.
    • 불용성 탄수화물인 섬유소와 전분의 일부는 반추위 미생물에 의해서 휘발성 지방산으
      로 분해되어 반추위벽을 통해 흡수된다.
    • 젖소에 있어서 휘발성 지방산의 일일 총생산량은 건우유가 30~40mol, 착우유가
      108mol 정도이다.
    • 반추동물은 단위동물과 달리 반추위 내 미생물 중에 섬유소 분해효소를 가지고 있기
      때문에 섬유질성 탄수화물을 주사료로 이용할 수 있다.
    • 다량 광물질들의 반추위 내 대사작용
      – K는 반추위 박테리아의 성장에는 필요하나 휘발성 지방산 생성을 촉진하지는 않는다.
      – S은 셀룰로스의 소화를 촉진한다.
      – Ca는 반추위 내 원생동물에 의한 휘발성 지방산 생산을 촉진한다.

ⓒ 반추위 내 미생물에 의하여 생성되는 휘발성 지방산 : 초산(acetic acid), 부티르산
(butyric acid), 프로피온산(propionic acid)

ⓓ 반추위 내 휘발성 지방산의 생성비율 : 초산＞프로피온산＞부티르산 ☑ **빈출개념**

  • 초산

    – 휘발성 지방산 중 유지방 합성에 가장 많은 영향을 미친다.

    – 반추동물이 조사료로 건초를 섭취하는 경우 가장 많이 생성되는 휘발성 지방산이다.

    – 급여사료 중의 조사료의 비율이 높아지면 초산이 증가한다.

  • 프로피온산

    – 조사료보다 농후사료를 더 많이 섭취하면 반추위 내에 생성되는 휘발성 지방산 중
생성비율이 가장 많이 증가된다.

    – 코발트는 반추위에서 생성된 프로피온산이 체내에서 포도당으로 전환되는 데 반드시
필요한 미량원소이다.

    – 프로피온산은 흡수되어 유당합성에 이용된다.

ⓔ 간의 흡수속도 : 부티르산 ＞ 프로피온산 ＞ 아세트산 ☑ **빈출개념**

④ **전분을 분해 이용하는 반추미생물** : 아밀로필루스(amylophillus), 아밀로라이티카(amylolytica),
bacteroides, butyrlvibrio, 숙시니모나스(succinimonas)

⑤ C_{13}, C_{15}, C_{17} 같은 홀수인 지방산을 3개 모두 합성할 수 있는 미생물 : *Selenomonas ruminantium*

더 알아보기　반추동물에서 제1위 내 미생물의 주요작용

• 불포화지방에 수소를 첨가하여 트랜스지방산을 만든다.
• 반추동물의 타액에는 아밀레이스가 전혀 없거나 조금밖에 없으므로 탄수화물은 소화되지 않은 채 제1위로
들어간다.
• 제1위 내에 존재하는 미생물의 작용에 의하여 비타민 B군과 비타민 K가 합성된다.
• 단백질이나 비단백태질소화합물의 일부는 제1위 안에서 소화되지 않고 제4위나 소장에서 소화되기도
하지만 대부분은 미생물의 작용을 받아 아미노산이나 암모니아로 분해된다.
• 요소를 이용하여 단백질을 합성한다.
• 주로 세균과 원생동물에 의해 탄수화물 분해작용, 단백질 합성작용, 지방대사작용, 비타민 합성작용을
한다.

※ **호흡상** : 체내 흡수된 영양소는 에너지를 생성하는데 이때 소비된 O_2와 생성된 CO_2의 비율을 호흡상이라 하고, 일반적으로
탄수화물 1, 지방 0.70, 단백질 0.82이다.

(2) 단백질의 소화와 흡수

① 사료단백질은 반추위 미생물에 의해 아미노산으로 분해된 다음 미생물체단백질합성에 이용
된다.

② 합성된 미생물체단백질은 소화효소에 의해 아미노산으로 분해되어 소장벽을 통해 흡수된다.

③ 사료단백질 중 분해되지 않은 단백질은 소화효소에 의해 아미노산으로 분해되어 소장벽을 통해 흡수된다.

④ 반추위 미분해단백질(RUP ; Rumen Undegradable Protein)을 반추위 통과단백질이라 한다.

⑤ 산유량이 많은 유우의 경우 미생물체단백질에 의한 단백질 부족을 충족시키기 위하여 반추위 통과단백질(보호단백질)을 급여하여 생산성을 증진시킬 수 있다.

⑥ 질소(요소의 형태로 공급)는 반추위 미생물 단백질 합성에 원료로 이용될 수 있어 사료단백질의 절약효과를 기대할 수 있다.

⑦ 생성된 암모니아 중 일부는 반추위벽을 통해 흡수되어 침을 통해 재순환된다.

⑧ 아미노산으로 분해된 단백질이 소장에서 흡수되어 체조직, 우유, 달걀, 호르몬, 효소 등의 합성과 노쇠된 조직의 대체(손톱, 발톱) 등에 쓰인다. 그러나 필수아미노산 합성에는 쓰이지 않는다.

⑨ 요소(urea) 이용의 특징

　㉠ 섭취한 순단백질이 반추위 미생물에 의해 아미노산 및 VFA로 분해될 수 있다.

　㉡ 반추위 내의 미생물은 요소를 이용하여 필수아미노산을 합성할 수 있다.

　㉢ 요소중독으로 신경장애, 호흡곤란, 근육경련과 강직현상 그리고 구토증상이 나타난다.

　㉣ 한 번에 많은 양을 급여하는 것보다 소량씩 나누어 여러 번에 걸쳐 급여한다.

　㉤ 콩이나 콩깻묵과 함께 급여하지 않는다.

　㉥ 물에 타서 급여하지 않는다.

　㉦ 반추위 발달이 충분치 못한 송아지에게는 급여하지 않는다.

　㉧ 소, 양 등은 요소를 이용하기 적합하나 돼지는 부적합하다.

⑩ 트립신 저해인자(trypsin inhibitor) ☑ 빈출개념

　㉠ 생콩을 급여하면 설사를 한다.

　㉡ 끓이면 파괴된다.

　㉢ 단백질 이용을 저해한다.

더 알아보기	위내 점막세포에서 분비되는 염산의 기능

• 위에서 미생물에 의해 일어나는 발효 및 부패를 억제한다.
• Fe^{2+}의 흡수를 돕는다.
• 단백질을 변성시키고 이당류의 가수분해를 약간 일으킨다.
• 펩시노겐(pepsinogen)을 활력이 있는 펩신(pepsin)으로 만든다.

(3) 지방의 소화와 흡수

① 사료 내 지방은 반추위미생물에 의해 수소가 첨가(포화)된 다음 소화효소에 의해 지방산과 글리세롤로 분해되어 소장벽을 통해 흡수되고, 일부분은 반추위 미생물에 의해 측쇄지방산을 형성한다.

② 지방이 소장벽에서 흡수되는 주형태는 zingkomin이다.

③ 사료지방의 일부분은 반추위 미생물에 의해 휘발성 지방산으로 분해되어 반추위벽을 통해 흡수된다.

④ 간문맥으로 흡수되는 지방은 짧은 사슬지방이다. 즉, 소장에서 중성지방이 재합성된 후 긴 사슬지방은 유미지립 형태로 림프관을 통해 흡수되고, 짧은 사슬지방산은 알부민과 함께 문맥을 통해 간으로 직접 흡수된다.

※ 유미지립(chylomicron) : 혈액 중 분자량이 낮은 지질운반체

⑤ 사료지방은 췌장과 소장에서 분비된 라이페이스에 의해서 글리세롤, 트라이글라이세라이드, 다이글라이세라이드, 모노글라이세라이드, 지방산으로 분해되어 흡수된다.

⑥ 간으로부터 분비되는 담즙산염(bile salt)의 기능

　㉠ 유화작용(표면장력의 약화)으로 지방의 소화를 촉진한다.

　㉡ 췌장에서 분비되는 라이페이스를 활성화시킨다.

　㉢ 지방산, 콜레스테롤, 비타민 A·D와 카로틴의 흡수를 돕는다.

　㉣ 담즙의 분비와 교류를 자극한다.

　㉤ 콜레스테롤이 혈관 내에서 침전없이 녹아 있도록 한다.

(4) 기타 영양소의 소화와 흡수

① 물의 생리적 기능

　㉠ 용매로서 우수하고 이상적인 분산배지이다.

　㉡ 용질의 화학적 성질을 안정된 상태로 유지한다.

　㉢ 물은 비열이 커서 발생되는 열을 효과적으로 흡수하여 급격한 체온 상승을 막아 준다.

　㉣ 증발열이 커서 체온을 발산할 수 있으므로 과잉생산된 열을 방출할 수 있다.

　㉤ 영양소의 가수분해에 관여하고, 영양소와 대사생성물의 수송을 돕는다.

　㉥ 체액의 구성물질이며, 조직기관의 관절부에서 윤활유 역할을 한다.

※ 물은 동물체 구성의 50% 이상을 차지하면서 체지방과 역의 관계에 있는 영양소이다.

② 대사수(metabolic water)

　㉠ 호기성 대사작용 시 에너지와 함께 생성되는 물

　㉡ 탄수화물의 경우 다당류에서 단당류로 분해될 때 생성되는 물

ⓒ 펩타이드 결합 시 생성되는 물

② 불포화지방산의 생성 시 이용되거나, 지방산의 산화 시에 발생하는 물

※ **대사수 생성량에 영향을 주는 요인** : 사료영양소의 화학적 조성, 사료의 섭취량

③ 수분의 배출형태

㉠ 오줌 : 체내 수분조절에 가장 큰 비중 차지하고, 신장은 오줌의 배설량을 조절한다.

㉡ 분 : 초식동물은 분 중 수분함량이 높고, 잡식동물과 육식동물은 낮다.

㉢ 피부 : 땀에 의한 수분소실과 피부를 통한 불감수분 소실이 있다.

※ **불감수분 소실** : 쾌적한 온도조건이나 그 이하의 온도에서 감각적으로 느끼지 못하는 형태로 수분이 소실되는 것

㉣ 호흡 : 체온상승 및 환기량 증가는 호흡을 통한 수분배출량을 증가시킨다.

※ **항이뇨호르몬(ADH)** : 체수분 부족 시 신장에서 수분배설을 억제시키는 호르몬

④ 수분의 결핍증상

㉠ 식욕감퇴로 사료섭취량이 감소한다.

㉡ 활기가 저하되고 체액 및 혈액량이 감소되며 체온조절이 곤란하다.

㉢ 호흡장애와 소화작용이 저해되어 질소손실량이 증가한다.

더 알아보기 　**영양소의 흡수방법**

- 단순확산(simple diffusion)
  - 물질의 농도가 높은 곳에서 낮은 곳으로 이동하는 현상이다.
  - 확산에 에너지를 필요로 하지 않는다.
- 활성흡수(능동수송, active transport)
  - 농도가 낮은 곳에서 높은 곳으로 즉, 물질의 분자농도에 역행하여 흡수되는 과정을 말한다.
  - 매개물(carrier)과 에너지가 요구된다.
  - 나트륨이나 칼륨, 포도당(glucose), L-아미노산은 능동수송으로 흡수되고 있다.
- 영양소 흡수에 미치는 요인 : 흡수면적(소장벽의 미세융모), 혈액순환, 전압차(세포와 혈액 간의 차), 상피세포의 투과성 등

사료의 종류와 특성

1. 사료의 분류

(1) 좋은 사료의 조건

① 가축에 영양소 공급능력이 높고 가축에게 무해, 무독하여야 한다.

② 생산량이 많고 손쉽게 이용할 수 있어야 한다.

③ 영양소가 쉽게 변질되지 않고 신선해야 한다.

④ 영양소의 소화율이 높아야 한다.

(2) 사료의 분류

① 영양가치에 따른 분류

  ㉠ 농후사료

    • 용적이 작고 조섬유 함량이 적은 것

    • 곡류(옥수수 등), 당류(대두박 등), 어분, 동물성 사료, 배합사료 등

  ㉡ 조사료

    • 부피가 크고 가소화영양소의 함량이 낮은 것

    • 볏짚, 엔실리지, 콩깍지, 산야초, 목초 등

  ㉢ 특수사료(과학사료, 보충사료)

    • 과학적인 연구의 결과로 생산과 이용의 길이 열린 사료로서 공업적으로 고도의 기술을 응용해서 만들어지는 것

    • 무기질, 비타민, 성장촉진제, 요소, 아미노산, 효소, 향미료, 항생물질 및 미네랄 등

② 성분에 따른 분류

  ㉠ 단백질사료 : 단백질이 20% 이상 들어 있는 것으로 어분, 우모즙, 육골분, 대두박, 들깻묵(임자박), 면실박, 박류 등

  ㉡ 전분질사료 : 전분이 주성분인 사료로 곡류 및 그 부산물, 감자류, 고구마 등

  ㉢ 지방질(유지)사료 : 지방의 함량이 15% 이상 함유된 것으로 콩, 유실류, 누에, 번데기, 쌀겨 등

  ㉣ 섬유질사료 : 조섬유 함량이 20% 이상인 사료로 볏짚, 대맥강, 콩껍질, 사일로, 목초류 등

ⓜ 무기질사료 : 가축에 무기영양소를 공급할 목적으로 급여되는 것으로 석회석, 인산칼슘, 소금, 골분, 무기물혼합제 등

　　ⓗ 비타민사료 : 비타민을 공급할 목적으로 급여하는 것으로 간유분말, 발효탈지유, 비타민 프리믹스 등

　　ⓢ 항생물질사료 : 불량한 환경에서 가축의 성장이나 생산을 높이기 위하여 사료에 첨가하는 항생물질

　　ⓞ 아미노산사료 : 곡류위주의 사료에서 부족되기 쉬운 라이신이나 메티오닌을 보급하기 위하여 사용하는 화학제품

　　ⓩ 다즙사료 : 무우, 배추 등

　　※ **에너지사료** : 건물기준 단백질 함량이 20% 이하, 조섬유의 함량이 18% 이하 그리고 NDF 함량이 35% 이하인 사료

③ 배합상태에 따른 분류

　　㉠ 단미사료 : 배합사료의 원료가 되는 것(옥수수, 수수 등)

　　㉡ 혼합사료 : 몇 가지 단미사료를 혼합한 것

　　㉢ 배합사료 : 사양표준에 의거 각 영양소를 균형 있게 사료공장에서 만든 사료

　　㉣ 완전배합사료 : 여러 가지 원료를 일정한 비율로 배합하여 가축의 영양소 요구량에 과부족이 없도록 만들어진 사료

④ 가공형태에 따른 분류

알곡사료	• 알곡(옥수수, 수수, 밀, 보리 등)사료이다. • 주로 닭사료에 이용된다.
가루사료	사료를 분쇄한 것이다.
펠렛 (pellet)	• 분말사료를 특수한 기계(펠레터)를 사용하여 특정한 모양으로 굳힌 것이다. • 장점 　－ 고온고압으로 인해 세포막이 파괴되어 소화율이 증진된다. 　－ 고온으로 인해 독소와 세균을 사멸시킨다. 　－ 사료의 밀도가 높아져 사료섭취량이 증가한다. 　－ 취급과 운반이 편리하다.
크럼블 (crumble)	• 펠렛을 다시 거칠게 부순 것이다. • 장점 　－ 사료의 부피를 줄일 수 있다. 　－ 사료의 섭취량을 늘린다. 　－ 어린가축의 사료섭취 용이하다. 　－ 증체량 개선 및 소화율 향상에 용이하다. • 단점 : 사료 가공비가 추가되어 가격이 비싸다.
큐브(cube)	• 고형사료 중에서 각형(角形)으로 성형한 사료이다. • 일반적으로 알팔파 등의 건초를 큐브로 만든다.
플레이크(flake)	곡류를 찐 후 단순히 롤러로 압편(壓片)한 것으로, 박편(薄片)이라고도 한다.

2. 농후사료

(1) 곡류사료

① 곡류사료의 특성

ⓐ 단백질 함량이 낮고 아미노산 조성이 좋지 않다.

ⓑ 에너지 함량이 높고 조섬유 함량이 낮다.

ⓒ 영양소의 소화율이 높고 기호성이 좋다.

ⓓ 일반적으로 Ca과 P, 비타민 B, B_1 및 나이아신의 함량이 적다.

ⓔ 비타민 A와 D의 함량이 낮다(황색옥수수 제외).

ⓕ 에너지 공급원으로 가장 중요한 원료사료이다.

ⓖ 일반적으로 곡류의 가소화조단백질 함량 범위는 6~9%이다.

② 곡류의 종류

옥수수	• 농후사료로 가장 많이 사용되며, 전분질이 많고 에너지가 높다.
	• 비육우 사육에서 에너지사료로 가장 많이 이용된다.
	• 황색 옥수수는 카로틴을 함유하고 있어 비타민 A의 효과가 높다.
	• 조섬유 함량과 니코틴산 함량이 낮다.
	• 옥수수는 곡류 중에서 조단백질 함량이 비교적 낮은 편이고 질도 좋지 않다.
	• 가용무질소 함량이 높고, 지방 함량도 비교적 높다.
	• 아미노산 조성에 있어서 라이신과 트립토판이 부족하고 Ca와 P의 함량도 다른 곡류보다 낮다.
	• 옥수수를 과다하게 섭취 시에 나이아신(niacin)결핍증이 유발되기 쉽다.
	※ 옥수수를 과다하게 섭취 시에 나이아신결핍증이 유발되기 쉬운 원인
	  • 옥수수에는 나이아신이 결핍되고 불용성 형태로 존재하기 때문
	  • 트립토판의 함량이 낮아져 나이아신으로 전변되는 양이 적음
	  • 류신(leucine)의 함량이 많아져 나이아신의 생성과정을 억제함
	※ 트립토판(tryptophan)
	  • 돼지나 닭과 같은 단위동물은 나이아신이 부족할 경우 피부병 및 체중감소 등이 발생할 수 있다. 그러나 트립토판을 충분히 급여할 경우 트립토판에서 나이아신으로의 합성이 가능하기 때문에 나이아신을 별도 급여하지 않아도 된다.
	  • 600mg의 트립토판은 10mg의 나이아신 합성이 가능하다.

밀(소맥)	• 양질의 밀(wheat)은 옥수수에 떨어지지 않는 영양가를 가지고 있다. • 주성분은 전분으로 TDN과 티아민 함량이 높고 소화율이 좋다. • 에너지 함량은 옥수수보다 약간 낮고 보리보다는 훨씬 높다. • 옥수수나 보리보다 단백질 함량이 높다.
수수	• 주로 전분이며 섬유소 함량이 적어 TDN가가 옥수수만큼 높다. • 지방과 비타민 A의 공급능력이 적고 Ca과 비타민 D 함량도 매우 낮다. • 니코틴산 함량이 높다. • 타닌(Tannin) 성분을 가지고 있기 때문에 단백질의 소화를 억제한다. • 타닌 함량이 많아 수수의 사료가치를 저해하는 가장 큰 요인이 된다.
보리(대맥)	• 단백질의 함량이나 단백질의 아미노산 조성이 옥수수에 비하여 우수한 편이다. • 곡류 중 섬유소가 풍부하다. • 비타민 D, B_2, 카로틴 함량이 낮다. • 비육 후기사료로 급여 시 좋다. • 겉보리는 껍질이 있어서 소화하기 힘들고 섬유소가 많아 영양소 함량도 떨어지나 분쇄하여 주면 소화가 양호해진다.

| 기타 | • 호밀(호맥) : 밀보다 영양가치가 떨어지고 다른 곡류에 비하여 기호성이 떨어진다.
• 귀리(연맥) : 단백질 함량은 12% 정도이고 겨층이 두터워 조섬유 함량이 10% 이상이며, TDN은 70% 정도이다.
• 조 : 조섬유의 함량이 높고 TDN도 낮은 편(55.7%)이며, 단백질에 있어서 라이신의 함량이 낮으나 트립토판의 함량은 높다.
• 메밀 : 단백질의 함량은 귀리보다 낮고 지방의 함량은 귀리의 절반 정도이나 TDN은 비슷하다. 사료가치는 거의 없다.
※ 인은 피틴(phytin)태 형태로 되어 있어 돼지사료에서 소화율이 낮고, 이로 인해 환경을 오염시킨다. 또 피타테(phytate)는 식물성 사료에서 인의 이용에 방해되는 형태의 물질이다.
• 라이밀 : 밀과 호밀의 중간교잡종 |

(2) 강피류 사료

① 강피류 사료의 특성

㉠ 조단백질 및 인의 함량은 곡류보다 높다.

㉡ 곡류에 비하여 부피가 크고 전분은 적다.

㉢ 조섬유 함량은 높고 가용무질소물의 함량이 낮아 에너지는 곡류보다 낮다.

㉣ 리보플라빈, 티아민, 나이아신 등 비타민 B군의 함량은 비교적 풍부하다.

㉤ 광물질 중 P의 함량이 많은 것이 특징이다.

㉥ 라이신, 메티오닌, 트립토판 함량은 곡류보다 높으나 메티오닌은 낮아 제한아미노산이다.

㉦ 곡류를 도정하거나 제분할 때 생산되는 농산가공부산물로 밀기울, 쌀겨, 보릿겨, 대두피, 옥수수겨, 전분박, 해조분 등이 있다.

② 강피류의 종류

밀기울 (소맥피, wheat bran)	• 과피, 종피, 배유, 호분층, 배아, 밀가루 일부를 포함하고 있다. • 조단백질과 조섬유가 곡류보다 높은 편이고, 에너지값은 낮다. • 인 함량도 비교적 높으나 닭·돼지 등의 단위동물은 잘 이용할 수 없는 형태이다(피틴태(態) 형태의 인). • 아미노산 조성은 옥수수보다는 양호하나 깻묵류보다는 저조하다.
쌀겨 (미강, rice bran)	• 벼를 현미로 도정하는 과정에서 생긴 부산물로 과피, 종피, 외배유, 호분층 등이 혼합된 것이다. • 단백질은 13~16%, 지방의 탈지여부에 따라 2~14%이며, 비타민 B군이 많다. • 아미노산은 시스틴과 트립토판의 함량이 낮고, 칼슘 소량, 인은 피타테(態)으로 이용성이 낮다. • 지방 함량이 높음으로 산패되는 것을 방지하기 위해 탈지하는 것이 좋다. • 생미강은 지방이 많이 함유되어 있어 에너지값은 높으나, 산패 또는 연지방이 형성된다. • 쌀겨를 돼지에게 많이 급여하면 연한 지방이 축적되고 체지방의 색깔이 황색을 띠게 되어 돼지의 도체 품질을 저하시키므로 비육 말기에는 급여하지 않는 것이 좋다. • 탈지강은 생미강에서 지방을 제거한 것으로, 배합사료의 원료로 사용할 수 있으나 에너지 함량이 낮다.
보릿겨 (맥강, barley bran)	• 보리를 도정할 때 생성되는 부산물로 정맥강과 황맥강이 있다. • 황맥강은 조단백질 함량이 낮고, 조섬유 함량이 높다. • 정맥강은 티아민, 나이아신, 인 함량이 높고 기호성이 좋다. • 조섬유 함량이 높기 때문에 단위동물의 배합사료에는 소량만 첨가되고 있다. • 기호성은 밀기울보다는 떨어지나 돼지와 고기소에 급여하는 것이 좋다. • 돼지나 소의 근육에 굳은 흰 지방을 생성케 하여 축산물의 가치를 높일 수 있다.

옥수수겨	• 옥수수에서 가루를 제조할 때 나오는 부산물로 종피, 배아, 전분을 함유한다. • 조섬유의 함량이 높아 소 · 양 등의 반추동물에 급여하는 것이 좋다.
기타	• 대두피 : 조섬유 함량은 높으나 단백질과 인의 함량이 낮아 사료가치가 적다. • 전분박 : 감자, 옥수수 등에서 전분을 생산하면서 부산물로 생산된 것으로 반추동물에서 사일리지로 만들어 사용할 수 있다. 또 변질되기 쉽고 부피에 비해 영양소 함량은 낮다. • 해조분 : 주로 갈조류가 사용되며 주로 강피류 사료의 대체제로 사용된다.

(3) 식물성 단백질사료

① 식물성 단백질사료의 특성

㉠ 콩, 목화씨, 땅콩, 해바라기 등 각종 종실에서 기름을 짜고 남은 깻묵(유박)류이다.

㉡ 열대지방에서 생산되는 야자나 팜에서 기름을 짜고 남은 찌꺼기도 있다. 조단백질의 함량이 높아 배합사료에서 단백질 함량 조절역할을 한다.

㉢ 단백질 함유량은 40% 정도로 동물성보다 낮다.

㉣ 동물성보다 메티오닌, 라이신, 트립토판이 함량이 낮고 아미노산 조성이 불량하다.

㉤ 비타민 B군의 함량이 높다.

㉥ 조단백질 함량(%) : 대두박 44.95 > 임자박 39.01 > 채종박 36.24 > 아마박 35.79

※ 가축에 옥수수와 대두박 위주 사료 급여 시 부족하기 쉬운 제1, 2 필수아미노산은 메티오닌(methionine)과 라이신(lysine)이 제한아미노산이다.

② 식물성 단백질사료의 종류

대두박 (soybean meal)	• 콩에서 기름을 짜고 남은 부산물로 식물성 단백질 공급원의 대표라고 할 수 있다. • 조섬유의 함량이 낮고 기호성이 좋다. • 메티오닌, 시스틴은 제한아미노산 인자이다. • 트립신 저해인자 등 유해인자를 제거하기 위하여 가열처리하여 이용된다. • 가소화조단백질 함량이 매우 높아, 가축에게 단백질 및 아미노산 공급원으로 이용된다. • 적당한 가열처리를 한 것이 그렇지 않은 것보다 영양가가 높고, 단백질원으로서 소, 돼지, 닭 등에 널리 이용되지만 가축에 과다급여 시 체지방이 연하게 된다. • 닭의 경우 이것만으로는 메티오닌 등이 충분하지 못하므로 어분과 같은 단백질원이나 메티오닌 첨가물 등과 함께 배합하는 것이 좋다.
면실박 (cottonseed meal)	• 목화씨의 기름을 짜고 남은 부산물로, 항영양인자 고시폴(gossypol)이 함유되어 있다. • 고시폴은 단위동물에는 그 사용이 제한되어 있으며, 젖소에게는 일반적으로 15% 이하로 첨가되고 있다. • 단백질은 탈피하지 않은 것은 25~30%, 탈피한 것은 40% 이상 함유하고 있다. • 고시폴은 페놀성 화합물의 함량이며, 사료에 다량 배합되면 성장률 및 사료효율이 나빠지므로, 고시폴의 함량을 낮추기 위해서 열처리하면 효과적이다. • 돼지에 있어 대두박과 혼용 또는 라이신을 보급하면 대두박과 같은 가치가 있다. • 단백질 함량이 약 35% 정도이다. • 산란계의 단백질사료에 있어서 항영양인자의 함유로 사용이 제한된다. • 산란계 사료로 사용될 경우 난백을 핑크색으로 변색시키며, 난황의 색을 퇴색시키고 흑색 반점이 생긴다. • 소사료의 면실박은 다른 가축사료보다 안전하다.

임자박	• 들깨묵을 말하며, 생산량이 적어 사료로 이용하는 것은 극히 드물다. • 라이신이 제한아미노산으로 다른 깻묵류와 혼합하여 사용하는 것이 좋다. • 가축의 사료로 10% 정도 사용 가능하다. ※ 옥수수, 임자박, 밀은 라이신(lysine)이 제한아미노산이다.
채종박 (rapeseed meal)	• 유채에서 기름을 짜고 남은 깻묵으로 조단백질 함량은 35% 정도이다. • 항영양성 인자 : 글루코시놀레이트(glucosinolate : 항갑상선물질), 에루크산(erucic acid : 심근괴저, 지방침윤 유발), 미로시나제(mirosinase : 갑상선 비대), 비타민 B군 흡수저해물질 (각약증 유발)을 함유하고 있다. • 항영향성 인자 결점을 보완한 캐놀라(canola) 품종이 개발되어, 국내에서는 대두박 다음으로 많이 사용되는 단백질 공급원이다. • 아미노산 조성에 있어서 라이신이 모자라는 것을 제외하고는 우수한 편이다. • 0.2~0.5%의 겨자유, 3%의 타닌, 시나핀(sinapin)이라는 쓴맛을 내는 물질을 포함하고 있어서 기호성을 떨어뜨린다.
아마박 (linseed meal)	• 아마(삼씨)에서 기름을 짜고 남은 찌꺼기이며 반추동물에게 기호성이 높은 단백질공급원이다. • 닭의 사용한도는 3%이며, 제1제한아미노산은 라이신이다. • 반추가축은 정장효과가 있고 5~10% 정도 사용하는데, 양질의 목초와 함께 급여하면 좋다. • 돼지는 아마박을 사용할 경우 옥수수보다는 밀이나 보리를 혼합하는 것이 효과적이다.
호마박	• 참깨에서 기름을 짜고 남은 찌꺼기로 조단백질의 함량은 44~48% 내외이다. • 다른 박류에 비해서 메티오닌과 트립토판의 함량이 높다. • 호마박을 가금에게 단용 시 아연결핍증이 나타나므로 혼합하여 사용한다. • 젖소에게 너무 많이 급여하면 체지방 및 유지의 연화현상이 나타난다. • 돼지는 라이신이 제한아미노산으로 동물성 단백질과 함께 사용한다. 그러나 과용하면 연지방 이 축적된다.
옥수수글루텐 (corn gluten)	• 옥수수에서 전분과 포도당을 만들 때 생기는 부산물로 조단백질이 주성분이다. • 크산토필이 다량 함유되어 달걀 및 브로일러육의 착색효과물질이다. • 닭은 사료의 10%, 돼지는 다른 단백질사료와 함께, 반추가축도 다른 박류와 혼합하여 급여한다.
밀글루텐 (wheat gluten)	• 밀에서 전분을 만들 때 분리되는 성분으로, 조단백질 함량이 높다. • 가금의 사료로 쓸 때 10%까지 사용이 가능하다.
낙화생박 (peanut meal)	• 땅콩에서 기름을 짜고 남은 부산물로 조단백질 함량은 45% 내외로 높으나 라이신과 메티오닌 이 부족하다. • 저장 시 아플라톡신이라는 독소가 생성되며, 과용하면 설사의 우려가 있다.
야자박 (coconut meal)	• 야자를 건조한 코프라(코코넛)에서 생산된 것으로 단백질은 20% 정도이고 기호성이 좋다. • 라이신은 제한아미노산이며, 메티오닌이나 시스틴의 함량도 낮다. • 병아리 및 산란계 사료에는 사용하지 않은 것이 좋고, 돼지에게는 동물성 단백질사료와 혼용하여 사용한다. • 반추가축 특히 젖소는 유지율이나 산유량에 영향을 미치지 않고 지방을 단단하게 한다.
해바라기씨박 (sunflower seed meal)	• 해바라기씨 기름을 짜낸 부산물로 유박류보다 비타민 B군 함량이 크다. • 산란계 사료로 사용하면 난각에 반점이 생기고 듀록종 돼지에 급여하면 모색이 바랜다. • 라이신이 제한아미노산이다.
주정박 (distillers feed)	• 고구마, 감자, 옥수수 등에서 알코올을 발효시켜 주정을 생산할 때 나오는 부산물이다. • 육성비육돈은 10% 정도를 다른 유박류와 함께 급여한다.
맥주박 (brewers dried grain)	• 맥주 제조 시 생산되는 부산물로 단백질 함량은 25%, TDN의 함량은 낮다. • 조섬유 함량이 높고, 건조맥주박은 젖소의 사료로 사용이 가능하다. ※ 액상상태로 전 축종에 단백질공급원으로 이용되고 있는 맥주효모 : Saccharomyces속
옥수수배아박 (corn gern meal)	옥수수로 전분, 물엿 등을 제조할 때 생기는 부산물로 닭 및 돼지의 사료로 사용된다.

더 알아보기 **식물성 단백질사료 중 유박류에 함유되어 있는 독성물질** ☑ **빈출개념**

대두박	트립신(trypsin)
면실박(목화씨깻묵)	고시폴(gossypol)
낙화생박	아플라톡신(aflatoxin)
아마박	청산(prussic acid)
채종박	미로시나제(mirosinase)

(4) 동물성 단백질사료

① 동물성 단백질사료의 특성

㉠ 단백질 함량이 높고 미지성장인자(UGF ; Unknown Growth Factor)가 함유되어 있다.

㉡ 아미노산 조성이 좋기 때문에 식물성 단백질사료에서 부족하기 쉬운 메티오닌과 라이신의 함량이 높다.

㉢ Ca, P과 같은 광물질 함량이 어분, 육분, 육골분, 새우박 등의 경우는 상당히 높고 우모분, 피혁분의 경우는 낮다.

㉣ 우모분, 모발분과 같은 동물성 단백질은 케라틴태(態)단백질로서 가축에 의한 이용성이 어렵다(어분이나 탈지분유를 제외).

㉤ 우모분, 모발분, 제각분, 혈분, 피혁북 등은 단백질 함량이 75~80%로 높다.

㉥ 탈지분유, 가금부산물, 새우박 등은 25~30%로 단백질 함량이 비교적 낮다.

㉦ 반추동물의 경우 동물성 단백질사료는 비분해성 단백질의 중요한 공급원이 될 수 있다.

㉧ 동물성 단백질사료는 반추위 내 분해율이 낮아 고능력우의 경우 필요한 비분해성 단백질의 중요한 공급원이 될 수 있다.

※ **동물성 단백질의 종류**
- 버터밀크, 탈지분유, 유청, 육분, 육골분, 혈분, 우모분, 모발분, 제각분, 가금부산물
- 어분, 어즙, 새우박, 피혁분(제혁부산물), 잠용분(잠업부산물)

② 동물성 단백질의 분류

어분 **(fish meal)**	• 각종 어류에서 기름을 짜고 남은 생선 부스러기 등을 건조시켜 분말로 만든 것이다. • 라이신, 메티오닌, 시스틴 등 황 함유 아미노산이 풍부하다. • 단백질 함량은 우수하고, 비타민 B, 특히 리보플라빈과 나이아신의 함량이 미지성장인자를 함유하고 있다. • 가금은 10% 정도를 혼합하고 산란계에서는 5% 정도가 적정하다. • 돼지의 육성돈과 종돈에 있어 양질 어분은 육분보다 양호하다. 단, 지나친 어분의 급여는 체지방을 연하게 하고 고기에서 어취가 날 수 있다. • 성장이 끝난 반추가축에 있어 어분은 성장에 큰 영향을 미치지 않고, 성장 중인 송아지나 대용유를 만드는 원료로 사용하고 있다. • 반추위 미분해율이 가장 높은 단백질공급원인 사료이다.

우모분 (feather meal)	• 닭의 도축처리과정에서 나오는 깃털을 고압·가열처리하여 건조한 분말이다. • 조단백질의 함량은 85.6%로 높으나 케라틴태로 되어 있어 소화율이 낮다. • 브로일러에 대두박의 대용으로 과잉 사용하면 성장에 저해가 되고, 산란계에 많이 배합하면 산란율도 떨어지고 난중도 가벼워진다.
어즙 (fish soluble)	• 생선통조림, 어박 제조 시 생기는 어즙, 어간유 비타민 제조 시에 나오는 어즙, 생선의 내장 및 찌꺼기를 자가소화시킬 때 나오는 어즙 등이 있다. • 단백질, 비타민 B_{12}, 리보플라빈, 판토텐산, 나이아신 등 B군이 풍부하다. • 미지성장인자의 공급원이나 염분 함량이 높다. • 종계사료에 첨가하면 부화율이 향상된다.
육분(meat meal)과 육골분(meat and bone meal)	• 육분은 도축장, 육가공 공장에서 나오는 고기찌꺼기를 증기로 쪄서 건조·분쇄한 것이다. • 육골분은 육분에 뼈가 함유된 것이다. • 비타민 b군이 많고 칼슘, 인 등의 함량이 풍부하다. • 어분에 비해 트립토판, 시스틴 및 메티오닌의 함량이 상대적으로 낮다. • 소해면상뇌증(bse)을 유발하는 변형단백질로 알려진 프리온(prion) 생성의 원인이 되므로 반추동물에서는 2000년부터 사용이 금지되어 있다.
가금부산물분(poultry byproduct meal)	• 닭처리공장 등에서 나오는 닭의 불가식 부분을 건조·분쇄한 것이다. • 단백질, 광물질, 비타민 B군이 많이 함유되어 있다.
모발분 (hair meal)	• 돼지털, 우모를 가공처리하여 만든 사료이다. • 조단백질의 함량이 85.5%로 높으나 케라틴태로 이용성이 낮다(고온·고압처리해서 사용). • 비필수아미노산의 함량은 높고, 필수아미노산의 함량은 낮다.
새우분 (shrimp meal)	• 새우 가공 시 생기는 부산물이다(머리, 껍질, 다리). • 단백질, 칼슘, 인의 함량이 비교적 높다. • 아미노산의 조성이 어분보다는 떨어지고 염분의 함량이 높다. • 식물성 단백질과 혼용하여 급여한다(사용량은 10% 이내).
잠용분(silk warm pupa meal)	• 누에번데기로 어분보다 지방 함량이 높다. • 지방의 함량이 높기 때문에 탈지하여 사용해야 한다.
제각분(hoof and horn meal)	• 도축장에서 나오는 발굽, 뿔 등 가축부산물을 사료화한 것이다. • 조단백질 함량이 높으나 케라틴태로 되어 있어 가공해야 소화율이 높아 이용 가능하다.
탈지분유 (dried skim milk)	• 우유에서 크림을 분리한 탈지유를 건조시킨 것이다. • 포유자축에게 이유 후의 에너지 공급원으로 이용가능하다. • 자돈 전용사료인 입질사료(prestarter)의 가장 중요한 주원료 사료이다. • 필수아미노산과 비타민 b군의 함량은 비교적 높으나 지방 함량은 낮다.
피혁분 (leather meal)	• 제품을 만들고 남은 가죽찌꺼기로 만든 사료이다. • 조단백질 함량이 78% 정도이나 콜라겐태 단백질로 구성되어 있어 소화·이용성이 낮다. • 상당량의 크로뮴이 잔류한다.
혈분(blood meal)과 혈장단백질(plasma protein)	• 도축장에서 나온 혈액으로 조단백질의 함량이 80%로 높으나 질과 소화율이 낮다. • 초생추사료에 라이신의 공급원으로 사용될 수 있고, 안전 사용량은 2~4%이다. ※ 건조혈장단백(SDPP ; Spray Dried Plasma Protein) : 비싼 우유단백질과 항영양성 인자 등이 있는 식물성 단백질을 대체할 수 있는 조기 이유자돈을 위한 새로운 단백질원이다.

(5) 유지사료

① 유지사료의 특성 ☑ 빈출개념

ㄱ 사료의 에너지 함량을 높여 주고 사료효율을 개선한다.

ㄴ 필수지방산과 지용성 비타민(A, D, E, K)의 공급원이다.

ⓒ 사료의 기호성과 색상을 향상시킨다.

ⓔ 사료배합 시 먼지발생을 감소시키고 배합기 마멸을 감소한다.

ⓓ 펠렛사료 제조능력을 향상시킨다.

② 유지사료의 종류

동물성	동물	우지, 돈지, 계유, 사료용 동물성 분말유지, 특정 동물성 유지
	어류	정어리기름, 청어기름
	우유	버터
식물성	종실	대두유(콩기름), 채종유(유채기름), 아마기름, 해바라기기름
	과일	팜유, 올리브유
	과핵	야자유, 팜핵유
	배아	쌀기름, 옥수수기름
	기타	식물성 검(gum)물질, 팜유 지방산칼슘, 사료용 식물성 분말유지

(6) 기타 농후사료(근괴사료)

① 근괴사료의 특징

㉠ 뿌리나 근괴를 이용하는 사료이다.

㉡ 근괴에는 고구마, 감자, 뚱딴지, 무, 사료용 비트, 타피오카 등이 있다.

㉢ 가용무질소 함량이 많으나 단백질 함량이 매우 낮다.

② 고구마

㉠ 고구마는 단위면적당 영양소의 생산량이 가장 많다.

㉡ 조단백질과 칼슘, 인, 등의 광물질의 함량이 낮고, 아미노산 조성이 불량하다.

㉢ 에너지는 많으나 저장성 낮다.

㉣ 병아리의 경우 삶아 성장저해인자를 파괴한 후 사용 가능하다.

㉤ 닭보다는 돼지사료(경지방 형성)로, 또한 돼지보다는 소에게 좋은 사료이다.

㉥ 저장적온은 13℃이다.

③ 타피오카

㉠ 카사바(cassava), 만디오카(mandioca)라고 불리는 고구마 모양의 열대작물이다.

㉡ 열대지방의 중요한 에너지사료로 단위면적당 건물생산량이 높다.

㉢ 단백질 등의 영양소 함량은 적으나 가용성 탄수화물 함량이 높다.

㉣ 타피오카 외피에 리나마린(linamarin)이라는 배당체가 있어서 리나마라제(linamarase) 라는 효소에 의해 청산을 생성시켜 가축에게 해가 될 수 있다.

3. 조사료

(1) 조사료의 특성

① 조사료의 개념

ㄱ 일반 성분상으로 볼 때 건물 중 조섬유의 함량이 18% 이상인 사료를 말한다.

ㄴ 부피가 크고 가소화영양소 함량이 적으며 섬유질이 많은 사료의 총칭이다.

ㄷ 조사료에는 볏짚, 건초류, 생초류, 강피류, 산야초, 옥수수 엔실리지, 수입조사료 등이 이용되고 있다.

② 조사료의 일반적인 특징

ㄱ 에너지의 함량이 낮고 조섬유의 함량이 높으며 반추가축에게 포만감을 줄 수 있다.

ㄴ 농후사료에 비하여 미량광물질과 칼슘의 함량이 높으며, 반추가축에 기호성이 높다.

ㄷ 단백질 함량이 4~5%로 극히 낮고 아미노산의 공급능력도 적다.

ㄹ 70% 정도가 셀룰로스, 헤미셀룰로스로 되어 있고 실리카의 함량도 높다.

ㅁ 젖소의 사료로는 일정 수준의 유지방을 유지하기 위해서는 반드시 급여해야 한다.

ㅂ 돼지의 비육 말기의 사료로는 사용하지 말아야 한다.

ㅅ 축우에 있어서 조사료의 상대적 영양가치는 추운 겨울에 가치가 높다.

③ 반추가축에서 조사료의 기능

ㄱ 단위동물은 필요한 영양소를 농후사료로부터 공급받는데 비해 반추(되새김)가축은 조사료와 농후사료를 통해 필요한 영양소를 공급받는다.

ㄴ 반추가축은 소화기관의 기능과 미생물의 활동을 촉진하고, 소화기관의 용적과 골격을 발달시켜 산유, 산육능력을 높여 준다.

ㄷ 반추위벽에 물리적 자극을 가하여 반추위의 되새김작용과 침의 분비를 촉진한다.

ㄹ 양질의 목초나 청예사료작물은 비타민과 광물질 함량이 풍부하여 소가 필요한 영양소를 충분히 공급할 수 있다.

ㅁ 소는 섭취한 조사료를 되새김질함으로써 사료입자를 더욱 미세하게 하여 미생물 등이 분해하는 데 용이하게 한다.

ㅂ 침과 사료를 혼합하여 가스제거를 위한 트림을 한다.

ㅅ 조사료에 의해 분비가 촉진된 타액은 pH가 7.7~8.7로 반추위의 산성을 방지한다.

ㅇ 반추위의 적정산도는 미생물을 균형 있게 성장시켜 기능을 활성화하고 섭취된 사료의 소화율을 높여 사료효율 개선과 섭취량 증가를 통해 생산성을 향상시킨다.

④ 조사료공급이 부족 시 폐해

ㄱ 조사료의 양이 부족하면 우유성분 중 유지방의 함량이 감소된다.

※ 젖소의 조사료를 세절, 분쇄 또는 펠렛화하면 유지방의 함량이 나빠진다.

ⓒ 미생물에 의하여 충분히 발효되지 않은 사료가 제4위로 유입되어 소화장애를 일으키고 이완 또는 무력상태가 되어 확대되는 제4위전이증을 유발하게 된다.

ⓒ 양질의 조사료 부족과 농후사료 다량급여에 의해 형성된 체지방은 반추 가축에게 과비우 증후군을 유발하며 체지방이 간에 축적되어 지방간이 발생하게 되고, 지방간이 발생하게 되면 케토시스 및 간기능장애가 초래된다.

ⓔ 지방간과 과비우증후군을 보이는 소 중에 64%가 분만 후 기립불능, 태반정체, 자궁내막 염, 유열, 산욕열 등의 번식장애를 보이고 있다.

(2) 화본과 목초

① 화본과 목초의 특징 ☑ 빈출개념

ⓐ 어린 목초는 단백질 함량이 높고 영양가 높으나 성숙할수록 영양가가 떨어진다.

ⓑ 두과 목초에 비해 단위면적당 수량과 가소화영양소 총량이 상당히 높다.

ⓒ 두과 목초와 혼파에 의하여 수량 및 단백질 등의 영양성분을 증가할 수 있다.

② 화본과 목초의 종류

오처드그라스 (Orchard grass)	• 원산지인 유럽에서는 콕스풋(Cock's foot)이라 부른다. • 다년생 목초로 우리나라에서 가장 많이 재배되며, 다발성이고 상번초이다. • 건물기준으로 8~18%의 조단백질을 함유하고 있다. • 두과와 혼파하면 더 많은 수확량을 얻을 수 있고, 청예용 뿐만 아니라, 건초나 엔실리지 재료로도 사용할 수 있다.
티머시 (Timothy)	• 다년생으로 내한성이 강한 목초로 다발형을 이루며 상번초이다. • 건물기준 8~12%의 조단백질을 함유하고 있다. • 알팔파나 클로버와 같이 혼파하면 수량과 기호성을 더욱 증가시킬 수 있다. • 개화 후 사초의 가치가 저하하므로 출수 말기에서 개화 초기에 예취하는 것이 좋다.
퍼레니얼라이그래스 (Perennial ryegrass)	• 유럽, 아시아의 온대지방에 분포한 다년생 하번초로 기호성이 좋다. • 방목용 초지로 효과적이며, 여름에는 심한 하고현상을 일으킨다. • 건물 중에는 6~13%의 조단백질을 함유하고 있다.
이탈리안라이그래스 (Italian ryegrass)	• 일년생 · 월년생으로 우리나라의 남부지방에서 답리작으로 많이 재배된다. • 청예, 건초, 사일리지로 이용할 수 있으나 청예가 가장 일반적이다.
켄터키블루그래스 (Kentucky bluegrass)	• 다년생 하번초로 건조지대를 제외하고 세계적으로 재배되고 있다. • 기본적으로 방목용 목초이고, 정원, 축구장의 잔디로 이용되기도 한다. • 라디노클로버와 혼파하여 방목지를 조성하는 것이 좋다.
톨페스큐 (Tall fescue)	• 다년생 상번초로 방석모양이며, 세계의 냉 · 온대지역에 널리 분포하고 있다. • 개간지, 척박지, 하천제방 등 사방용으로 이용되며, 출수 이전에 방목용으로 사용된다. • 면양이나 육우를 장기간 방목 시 페스큐 풋(Fescue-foot ; 소 발의 질환) 질병발생 우려가 있다.
리드카나리그래스 (Reed canarygrass)	• 다년생 상번초로 건물 중에는 약 9~13%의 조단백질을 함유하고 있다. • 잎이 거칠고 무성하게 자라는 것이 특징이며, 습한 곳에서 잘 자란다. • 청예, 건초, 사일리지로 이용된다.
스무드브롬그래스 (Smooth bromegrass)	• 온대지방원산으로 토양비옥도와 배수가 양호한 곳에서 방석을 형성하여 토양보존을 할 수 있는 목초이다. • 한발에 잘 견디고 기호성이 좋으며, 건초생산과 방목용으로 이용된다. • 방목용으로 단파하는 것이 보통이나 알팔파와 혼파하면 좋다.

(3) 두과 목초

① 두과 목초의 특징 ☑ **빈출개념**

ⓐ 잎, 줄기에 단백질의 함량이 풍부하여, 고단백 영양공급제의 역할을 한다.

ⓑ 생초는 비타민 A(카로틴), 건초는 비타민 D가 많이 함유되어 있다.

ⓒ 골격형성 영양소인 P, K, Ca와 같은 광물질의 함량이 높다.

ⓓ 화본과 목초와 혼파하면 수량과 단백질 함량을 늘릴 수 있고 초지의 비옥도를 증진시킬 수 있다.

② 두과 목초의 종류

알팔파	• 목초의 여왕이라 불릴만큼 단백질, 비타민, 무기물이 다량 함유되어 있다. • 알팔파와 화본과 목초의 혼파는 토양보존, 질산 제거능력이 탁월하다.
화이트클로버 (White clover)	• 포복경으로 지면에 따라서 번식하기 때문에 과방목에 잘 견디고, 토양 및 수로 보존에 효과적이며 질소고정 식물이다. • 화본과 목초와 혼파된 목초지에서 고창증의 발병을 줄여 줄 수 있다.
레드클로버 (Red clover)	• 화본과 목초와 혼파하여 건초로 만들면 아주 좋은 사료가 된다.
크림슨클로버 (Crimson clover)	• 온난한 지방에서 재배되며 건초, 엔실리지, 생초 등으로 사용할 수 있다. • 라이그래스류와 혼파하면 좋고 녹비나 토양 보존을 위한 사초로 이용된다.
버즈풋트레포일 (Birdsfoot trefoil)	• 다년생 목초로 척박지, 산성토양, 염분이 있는 지역에서도 생육이 가능하다. • 영구 초지로 이용 가능한 목초로 고창증이 없다.
크라운베치 (Crown vetch)	• 포복성이 있어 토양 보존 및 초지 개량의 목적으로 이용할 수 있다. • 방목용 목초로 고창증이 없으나 단위가축은 배당체가 있어 해를 준다.
라디노클로버 (Ladino clover)	• 다년생이고, 온화한 기후에서 잘 자란다. • 우리나라 혼파 초지에 흔히 파종하며, 방목용으로 알맞은 목초이다.

(4) 사료작물

① 청예사료작물

수단그라스 (Sudan grass)	• 여름철 가장 선호하는 풋베기 작물로, 풋베기로 이용할 때는 1m 이상 자란 것을 이용하는 것이 좋다(너무 어린 것은 청산을 함유함).
호밀(Rye)	• 답리작으로 재배이용이 가능하다. • 가을호밀은 초봄의 생육이 왕성하여 봄철 청예작물 공급원으로 중요하다. • 건물 중 조단백질은 8~12% 정도이며, 사일리지로도 제조할 수 있다.
유채(Rape)	• 단백질이 풍부하고 섬유소가 적으며, 수분함량이 많아 가축의 기호성이 좋다. • 답리작으로 재배가능하며, 다른 목초에 비해 광물질 함량 및 비타민 A, C도 풍부하다.

피 (Japanese millet)	• 논이나 밭의 잡초로 재배와 종자생산이 용이하고, 빠른 시일에 사초생산이 가능하여 청예로 이용되고 있다. • C_4작물로서 고온에서 생산력이 높아서 수단그라스와 함께 여름철의 사료작물로 많이 재배되고 있다. • 질소를 과다 시용하면 식물체 내 질산이 축적되어 가축이 질산에 중독될 염려가 있다.
연맥(Oat)	• 내한성이 약하여 우리나라에서 가을연맥은 수원이남 지방에서만 월동이 가능하다.
보리(Barley)	• 한지에서 재배가 가능하며, 청예용으로도 사용되고 있다.

② 사일리지 사료작물

㉠ 옥수수

• 사일리지용으로 경립종과 마치종을 재배한다.

• 50% 종실(자루)과 50% 줄기·잎의 양분구성으로 유숙 말기 또는 황숙기(8월 중·하순 수확)에 예취한다.

㉡ 수수, 수수×수단그라스 교잡종

• 옥수수 재배에 부적합한 땅에서도 재배가 가능하다.

• 어린 것은 청산배당체가 존재하기 때문에 1m 이상 자란 것을 이용한다.

• 유숙기에 예초하여 건초, 사일리지로 제조 이용한다.

(5) 기타 조사료

① 야초(야생의 풀)

㉠ 야초는 논두렁, 밭가, 길섶, 산에서 자생하는 모든 종류의 야초류를 총칭한다.

㉡ 야초에는 화본과 야초, 국화과 야초, 국화과, 두과, 마디풀과, 석죽과 등이 있다.

㉢ 화본과 야초 : 강아지풀, 새, 억새, 솔새, 그령, 띠, 개밀, 조개풀, 안고초, 큰기름새, 기름새, 참억새, 바랭이 등이 있다.

㉣ 두과 야초 : 자운영, 싸리, 칡, 족제비싸리, 살갈퀴, 벌노랑이, 비수리, 매듭풀, 차풀, 돌콩 등이 있고 쑥, 제비쑥 등의 엉거시과 등이 있다.

㉤ 사료적 가치

• 어릴 때는 높으나 생육이 진행됨에 따라서 조섬유의 함량이 많아져 가치가 떨어진다.

• 유해, 유독초의 함량이 적고 질이 좋은 화본과와 두과가 많이 섞여 있되 특히 토끼풀이 많이 섞여 있는 것이 좋다.

- 유해초 : 고사리, 산딸기, 짚신나물 등
- 유독초
  - 다년생 : 파리풀, 독미나리, 대극, 진범, 미나리아재비, 할미꽃, 천남성, 수염가래꽃, 자리공, 호장근, 마취목, 철쭉꽃 등
  - 2년생 : 자주괴불주머니, 깻괴불주머니, 애기똥풀, 외젖가락풀 등
  - 1년생 : 까마종이(까마중), 개여뀌, 도꼬마리 등
- 야생초 중 유해, 유독한 성분
  - 식물체 내의 알칼로이드, 알데하이드, 글리코사이드 등
  - 고사리에는 aneurase라고 하는 효소가 있으므로 많이 먹지 않도록 하여야 한다.

② 고간류

ㄱ) 벼, 보리, 밀, 호밀, 옥수수 등의 짚과 대를 총칭한다.

ㄴ) 볏짚은 축산농가가 많이 이용하고 있는 대표적인 고간류이다.

ㄷ) 우리나라와 같이 목초의 생산량이 많지 않은 곳에서 경제적인 조사료 공급원이다.

ㄹ) 볏짚의 영양적 특징

- 단백질의 함량이 4~5%로 낮고 아미노산의 공급능력도 적다.
- 조섬유가 많아 소화율이 낮고 칼슘과 인 및 비타민도 매우 부족하다.

ㅁ) 볏짚의 사료가치 증진

- 보조적으로 소량 사용해야 한다.
- 이용성을 높이기 위해 적당한 길이로 잘라 먹이거나 사일리지를 담글 때 적당량을 넣어 주면 고간류가 부드럽게 되어 먹기 좋은 사료가 된다.

4. 특수사료

(1) 광물질사료

① 칼슘, 인 첨가제

ㄱ) 칼슘 사료공급원 : 패분, 탄산칼슘, 석회석, 석고

- 칼슘은 골격, 치아 구성 성분 및 생리적 기능을 한다.
- 가금에서 탄산칼슘은 산란율이나 난각의 품질에 가장 큰 영향을 준다.
- 돼지는 다량 급여 시 증체량이 저하되고, 피부병 발생빈도가 상승한다.
- 반추동물은 과량급여 시 증체율이 감소한다.

※ **석회석** : 산란사료나 착유사료에서 칼슘 함량 하나만이 부족할 때 가장 경제적인 광물질사료로 양계사료의 칼슘공급제로 가장 많이 쓰이고 있다.

ⓒ 칼슘·인사료공급원[인(P)과 칼슘을 동시에 공급할 수 있는 물질]

- 골분 : 주성분은 인산제3칼슘으로 가장 이상적인 칼슘·인공급제이다.
- 인산칼슘제 : 동물의 뼈를 산에 녹여 인산염을 추출한 후 건조한 것이다.
  - 인산제1칼슘, 인산제2칼슘 등으로 인산과 칼슘이 각각 15.9~38.8% 사이 및 18~ 24.5% 함유하고 있다.
  - 탈불인광석 : 플루오린 함량이 높아 탈불처리가 필요하다.
  - 인광석 분말 : 인광석을 분말로 만든 것으로 플루오린이 다량 함유되어 있다.

ⓒ 인 공급제 : 사료용 인산, 인산요소, 인산암모니아

- 이용성 : 인산나트륨, 인산제1칼슘 > 인산제2칼슘 > 저불인광석 > 피틴태인
- 사료용 인산 : 수용성 인산으로 식수에 타서 당밀과 함께 급여해야 기호성이 저하되지 않는다.

> **더 알아보기** **당밀의 사료적 가치**
>
> - 기호성이 우수하고 에너지 함량이 높다.
> - 반추위 미생물의 성장 촉진
> - 무기물 공급
> - 미지성장인자 공급
> - 사용법 : 사료를 배합할 때 혼합하여 먼지 발생을 줄이고 펠릿, 큐브 등의 사료를 제조할 때 결착제로 쓰인다.

② 나트륨, 염소첨가제

ⓐ 산과 염기 균형, 물질수송, 삼투압조절, 반추동물에서 산도조절의 기능을 한다.

ⓑ 염화나트륨인 식염형태로 공급한다.

ⓒ 초식동물이 단위동물보다 요구량이 많다(농후사료의 1% 미만, 단위동물은 0.3% 공급).

③ 칼륨, 마그네슘, 황 첨가제

ⓐ 칼륨 : 세포의 물질이동과 근육의 수축과 이완에 관여하며, 과다공급 시 그래스테타니를 유발한다.

ⓑ 마그네슘 : 체내효소작용 및 에너지대사와 관련이 있다. 즉, ATP 합성, 세포막 물질수송, 당분해, 유전물질 및 신경물질의 전달 등과 관련이 있다.

> **더 알아보기** **그래스테타니(Grass tetany)**
>
> 봄철에 방목하는 육우나 젖소에서 가끔 발생되는 질환으로 강직성 경련을 일으키는데, Mg 물질이 결핍되면 발생한다.

ⓒ 황 : 아미노산(메티오닌, 시스테인, 시스틴)과 비타민의 구성물질로 반추동물에게 비단백 태 질소화합물 급여 시 보충급여한다.

④ 미량광물질 첨가제

　ⓙ 구리(Cu)

　　• 혈구생성, 헤모글로빈, 산화효소의 합성에 관여한다.

　　• 결핍 시 빈혈, 골격기형, 피모 퇴색 등의 증상이 발생한다.

　ⓛ 철(Fe)

　　• 헤모글로빈의 구성요소로서 영양성 빈혈방지에 큰 역할을 한다.

　　• 어린 자축에게 특히 중요한 물질이다.

　ⓒ 아연(Zn)

　　• 효소 구성성분으로 면역기능 발현에 중요한 역할을 한다.

　　• 부족 시 생장 및 피모의 발육이 나빠지고 영양성 피부병인 부전각화증에 걸리기 쉽다.

　　• 각기병 예방에도 효과 있다.

　ⓡ 아이오딘(I)

　　• 갑상선에 들어 있으며, 티록신이라는 호르몬의 합성에 중요한 물질이다.

　　• 결핍 시 갑상선종을 유발한다.

　ⓜ 망간 : 효소 구성물질이며, 펩타이드 분해효소의 활성제이다.

　ⓗ 코발트 : 비타민 B_{12}의 구성성분이며, 결핍 시 식욕감퇴, 체중감소, 빈혈 등이 발생한다.

　ⓢ 셀레늄(Se)

　　• 비타민 E와 함께 중요한 항산화제로 작용하며, 글루타티온퍼옥시다제(glutathione peroxidase)의 구성물질이다.

　　• 결핍 시 간괴사, 근육경련, 마비증 등이 발생한다(소량 첨가만으로 결핍증 예방).

　ⓞ 규산염 광물질 첨가제

　　• 산란계, 육성돈 사료에 소량 첨가할 경우, 증체율, 산란율, 사료효율 개선효과가 있다.

　　• 종류 : 제올라이트, 벤토나이트

　　　– 제올라이트 : 주성분은 조회분(규소, 알루미늄, 칼슘)으로 연변방지, 장내 통과속도 지연으로 소화율 향상 등의 기능이 있다.

　　　– 벤토나이트 : 주성분은 나트륨, 칼슘으로, 연변방지, 유해가스흡착, 펠렛사료결착제의 기능이 있다.

　　※ 돼지에게 필요한 미량광물질
　　　• 갑상선, 칼슘과의 길항작용 : 아이오딘
　　　• 헤모글로빈 : 구리

(2) 비타민 및 아미노산 공급제

① 비타민 첨가제

　ⓙ 지용성 비타민 첨가제 ☑ 빈출개념

　　• 비타민 A : 시각, 성장, 번식 및 면역기능 증진

- 비타민 D : 식물체는 건조된 과정에서 생성
- 비타민 E : 세포 파괴 방지, 육질 개선 및 신선도 유지
- 비타민 K : 혈액응고에 관여, 반추동물은 반추미생물에 의한 합성이 가능
  - ㉡ 수용성 비타민 첨가제 ☑ **빈출개념**
    - 비타민 B와 C 계열로 축적이 되지 않기 때문에 중독증상이 없다.
    - 반추동물은 미생물에 의한 비타민 B 계열을 합성하므로 추가적인 공급이 필요 없다.
- ② 아미노산제
  - ㉠ 아미노산 공급제
    - 합성아미노산을 식물성 단백질사료와 함께 첨가한다.
    - 주로 라이신과 메티오닌이 사료에 첨가되고, 트립토판, 트레오닌, 글리신 등의 아미노산 제제도 이용된다.
  - ㉡ 아미노산 첨가효과 ☑ **빈출개념**
    - 가금
      - 옥수수·대두박 위주의 사료에 메티오닌을 첨가하면 산란율과 사료효율이 개선된다.
      - 사료단백질의 수준이 낮을 경우 효과적이다.
    - 돼지
      - 곡류를 많이 사용할 경우 대부분 라이신이 부족한 경우가 발생한다.
      - 첨가하면 사료효율, 성장률 및 육질 개선효과가 있다.
    - 반추동물 : 반추동물은 비단백태질소화합물을 이용할 수 있어 스스로 합성이 가능하지만, 젖소의 경우 생산성을 증진시킬 수 있다.

(3) 호르몬 및 항생제

- ① 호르몬제
  - ㉠ 목적
    - 가축의 성선이나 갑상선의 기능을 인위적으로 변화시켜 신진대사를 억제한다.
    - 에너지의 체내축적을 극대화하여 육질과 성장률을 개선하기 위함이다.
    - 가축의 성장률, 비육능력, 산란능력 향상에 그 목적이 있다.
  - ㉡ 호르몬제의 종류 : DES, 메틸테스토스테론, 타이오우라실, 타이로프로틴 등
  - ㉢ 호르몬제의 영양적 특성
    - DES(다이에틸스틸베스테롤) : 여성호르몬의 일종이며, 반추가축의 어린 숫가축에 사용되나 그 작용기전은 정확히 밝혀지지 않았다.
    - 메틸테스토스테론(MT) : 남성호르몬의 일종으로 세포 내에서 단백질합성을 촉진한다.
    - 타이오우라실 : 갑상선호르몬의 분비억제 및 기초대사량을 감소시킨다.
      - 예 닭 : 사료효율 개선효과, 돼지 : 지방의 과다축적

② 타이로프로틴 : 젖소에 투여하면 갑상선호르몬의 분비를 촉진하여 비유량 증가(타이오우라실과는 반대되는 작용)

> **더 알아보기** 시험에 자주 나오는 주요 호르몬 ☑ 빈출개념
>
> • 비육과 관계 깊은 호르몬 : 갑상선호르몬
> • 티록신 : 갑상선에서 생성되는 호르몬으로서 결핍 시 체단백질합성을 감소시키며, 과잉 시 아미노산의 산화를 촉진시킨다.
> • 글루카곤 : 혈당을 증가시키는 호르몬이다.
> • 옥시토신 : 뇌하수체호르몬인 프로락틴의 분비가 감소되면 유즙분비상피세포의 자극이 불충분하게 되어 유선포 등 분비조직이 퇴행하게 되는데, 이러한 유선의 퇴행을 억제할 수 있는 호르몬이다.

② 항생제

㉠ 어린 가축의 설사를 예방하고, 사료효율, 증체량을 개선시킨 사료첨가제이다.

㉡ 최근에는 항생제 내성, 잔류 등의 문제를 야기하여, 유럽국가들을 시작으로 지금은 전세계에서 사용을 금지하고 있는 추세이다.

(4) 기타 사료첨가제

① 비단백태질소화합물(NPN ; Non-Protein Nitrogen compound)

㉠ 반추동물에서는 요소나 암모니아와 같은 물질이 단백질원으로 이용되고 있는 물질을 말한다.

㉡ 반추위 내 섬유소를 분해, 이용하는 미생물이 단백질합성을 위해 중요한 질소원으로써 이용된다.

㉢ NPN의 특징

• 단백질 침전제로써 침전하지 않는 부분에 함유되는 질소화합물의 총칭이다.

• 요소가 대표적이며 암모니아, 아미노산 및 아마이드 등이 있다.

• 단백질은 아니지만 조단백질 중에 함유되어 있다.

• 수용성이고 흡수가 잘된다.

㉣ 비단백태질소화합물 중 요산 구조식

사료의 배합과 가공

1. 사료의 배합과 급여

(1) 배합비의 작성

① 사료배합비 작성에 필요한 정보

㉠ 합리적인 사료배합표를 작성하는 방법

- 축종별과 생산단계별로 정확한 영양소 요구량을 알아야 한다.
- 원료의 성분분석표가 필요하다.
- 원료의 사용가격이 제시되어야 한다.

㉡ 위의 세 가지 자료를 활용하면 가축이 필요로 하는 영양소 요구량을 최소가격으로 충족시킬 수 있는 배합비율표의 작성이 가능한데, 이를 최소가격배합표라 한다.

② 배합비의 계산

㉠ 대수방정식 ☑ **빈출개념** : 사료 X, Y 를 혼합하여 일정한 단백질 함량을 맞추어 주는 계산법이다.

㉖ 조단백질 44%인 대두박과 조단백질 16%인 밀기울을 가지고 조단백질 함량 35%인 사료 100kg을 만들 때

- 관계식을 만든다.

$X + Y = 100$ --------- ⓐ

$0.44X + 0.16Y = 35$ ---- ⓑ

여기서, X : 대두박의 사용비율(%)

Y : 밀기울의 사용비율(%)

- ⓐ에 0.44를 곱하면 ⓒ식이 되는데 여기에서 ⓑ식을 뺀다.

$0.44X + 0.44Y = 44$ -- ⓒ

$-0.44X + 0.16Y = 35$ -- ⓑ

$\overline{\qquad\qquad\qquad\qquad}$

$0.28Y = 9$

$\therefore\ Y = 9/0.28 = 32,\ X = 100 - 32 = 68$

- 밀기울 32%(kg)과 대두박 68%(kg)을 혼합하면 된다.

ⓛ 방형법(Pearson' square method) : 방형법은 단순히 두수의 비율을 이용하여 두 사료의 배합비를 구하는 방법이다.

사료 X, 사료 Y, 목적하는 사료 A일 때

$$X \qquad A-Y$$
$$\searrow \qquad \nearrow$$
$$A$$
$$\nearrow \qquad \searrow$$
$$Y \qquad X-A$$

• 사료 $X = \dfrac{A-Y}{X-Y} \times 100$

• 사료 $Y = \dfrac{X-A}{X-Y} \times 100$

※ 방형법은 두 가지 사료에만 적용되고 중앙에 있는 배합목적수는 왼쪽 두 숫자의 중간숫자이어야 한다.

ⓒ 연립방정식 : 가축이 필요한 영양소 요구량에서 단백질, TDN 등의 주성분을 만족시키기 위해 두 사료를 이용하여 배합비를 구하는 방법이다. 즉, 연립방정식을 이용하여 에너지와 단백질을 구하는 것이다.

ⓔ 젖소의 영양소 요구량이 조단백질 16%, TDN 70%이고, 농가가 배합할 수 있는 농축사료 X의 영양소 함량이 조단백질 30%, TDN 60%, 옥수수 Y의 함량이 조단백질 8%와 TDN 78%일때

• 젖소사료의 영양소 요구량에 맞추어 연립방정식을 세운다.

$0.3X + 0.08Y = 16$ ------- ⓐ

$0.60X + 0.78Y = 70$ ------ ⓑ

• 한 미지수를 없애주기 위해서는 ⓐ식에 0.60을 곱하고 ⓑ식에 0.30을 곱하여 식 ⓒ와 ⓓ를 만들고, ⓓ식에서 ⓒ식을 빼 준다.

$0.18X + 0.048Y = 9.6$ --- ⓒ

$-0.18X + 0.234Y = 21.0$ -- ⓓ
─────────────────────────────
$0.186Y = 11.4$

∴ $Y = 11.4/0.186 = 61.3$

• Y값 61.3을 ⓐ식에 대입하여 X를 구한다.

$X = 16 - (0.08 \times 61.3)/0.30 = 37.0$

• 농축사료 X 37.0%와 옥수수 Y 61.3%를 배합하면 영양소 요구량인 조단백질 16%, TDN 70%의 젖소사료를 만들 수 있다.

ⓜ 두 사료배합비의 합이 98.3%이므로, 100%가 되기 위해서는 나머지 1.7%는 TDN과 단백질이 함유되지 않은 다른 원료나 첨가제를 혼합한다.

ⓡ 선형계획(LP ; Linear Programming)

• 대규모, 사료공장에서 컴퓨터를 이용하여 선택할 수 있는 여러 가지 요인들 중 최적조합의 배합비를 구하는 방법이다.

• 선형계획에는 최소가격사료배합(LCR ; Least Cost Ration)과 최소가격생산(LCP ; Least Cost Production)법이 있다.

- 선형계획의 과정
  - 문제를 수식화하고, 수식화된 문제를 풀어서 미지수를 구한다.
  - 얻어진 해답을 검토하고 구체적인 계획을 작성한다.
- 선형계획과정의 전제조건
  - 각 원료사료의 단가는 일정하고, 얼마든지 구할 수 있다.
  - 원료사료의 영양소 함량을 확실히 알고 있고, 한 종류의 영양소 함량은 그 사료의 사용량에 비례한다.
  - 두 종류 이상의 사료를 배합하였을 때의 영양소 함량은 각 사료 중의 함량을 합계한 것과 같다.
- 선형계획법의 장단점
  - 비용을 최소로 하는 배합비를 계산할 수 있고, 배합비의 정밀도를 높인다.
  - 단시간 내에 많은 양의 자료를 계산하고 수정이 용이하다.
  - 세밀한 감도분석을 통해 원료의 수급계획에 도움을 준다.
  - 단점은 사료의 품질에 대한 고려가 어렵다(영양학적 경험이 필요한 부분).

(2) 사료의 배합방법

① 배합사료의 일반적인 제조과정 : 원료반입 → 저장 → 분쇄 → 배합 → 포장 및 저장 → 출하

② 원료
  ㉠ 주원료 : 옥수수, 소맥, 수수
  ㉡ 부원료 : 대두박, 채종박, 밀기울, 어분

③ 원료반입시설 및 기계
  ㉠ 반송용 컨베이어 : 스크루 컨베이어, 드래그 컨베이어, 공기 컨베이어 등이 있다.
  ㉡ 반입정선기 : 이물질을 거르는 것 즉, 원료에 혼입되어 있는 이물질 또는 입자크기가 너무 크거나 작은 것을 제거하기 위한 장치로 반입호퍼와 버킷엘리베이터 사이에 설치한다.
  ㉢ 버킷엘리베이터 : 원료사료 및 제품 수직이동장비이며, 벨트 또는 체인에 바가지가 부착되어 있다(집진기 부착 필수).
  ㉣ 디스트리뷰터 : 버킷엘리베이터에 의해 운송된 원료와 제품을 지정된 저장사일로, 또는 제품 빈에 보내 주는 역할을 한다.
  ㉤ 호퍼빈 : 곡물을 중력으로 배출시키는 장치로 저장용량이 평바닥보다 훨씬 적고 설치비용이 비싸며, 곡물의 장기저장이 어려워 단기저장용으로 이용된다.
  ㉥ 저장사일로 : 주원료 저장반입시설, 호퍼 빈과 평바닥 빈의 두 종류가 있다.
  ㉦ 원료 빈 : 원료가 배합되기 전 1~2일 정도 임시저장하는 장소이다.
  ㉧ 오거 : 저장된 곡물을 배출시킬 때 이용된다.

④ 분쇄시스템 : 분쇄기의 종류에는 해머밀, 버밀, 롤러밀 등이 있다.

    ※ **분쇄의 주목적** : 소화율 증가, 배합용이, 취급용이, 펠렛작업의 원활화, 소비자선호도 만족 등

⑤ 배합시스템

    ㉠ 예비배합 : 미량원료(무기물, 비타민, 항생물질)들을 사전에 부형제(밀기울 등)와 혼합하여 성분을 희석시켜 저장해 두는 과정이다.

    ㉡ 본배합 : 주원료(옥수수, 소맥, 대두박)와 부원료(대두박, 채종박, 밀기울, 어분)를 본격적으로 혼합하는 것으로, 배치식과 연속식으로 구분된다.

(3) 사료의 급여방법

① 급여방법

    ㉠ 제한급여

      • 육성기에 배합사료를 제한급여하는 것, 즉 조사료의 섭취량을 늘리고 조기과비를 막기 위해 기준에 의한 정량만을 급여하는 방법이다.

      • 번식우, 번식돈, 종모우, 웅돈, 육용 종계 등 번식가축에 적용한다.

      • 제한급여의 효과 ☑ **빈출개념**

         – 조사료의 섭취량을 늘리는 것과 같은 효과를 기대할 수 있다.

         – 조사료 섭취량 증가는 소화기관의 발달, 골격의 발달 등 비육기에도 지속적인 증체가 가능해 출하체중을 늘려 육생산량을 극대화할 수 있다.

         – 조기과비를 막아 도체에 등지방 등 불가식 지방의 부착을 감소시켜 육량등급도 개선된다.

         – 고급육을 생산할 가능성이 높아진다.

    ㉡ 무제한급여

      • 비육기에 좋은 고기를 생산하는 사양 관리체계를 유지하기 위해서 육성기에 양질의 조사료를 다량 급여하여 장기비육에 대비하는 것이다.

      • 개체 관리가 필요치 않고 무제한급이가 필요한 송아지, 육성우, 비육우, 자돈, 육성돈, 비육돈 등에 적용된다.

      • 육성기 조사료 다급효과 ☑ **빈출개념**

         – 조사료의 거침과 부피에 의해 제1위와 소화기관의 충분한 발달과 골격도 잘 발달되어 출하체중을 늘릴 수 있는 기초체형을 형성시켜 지속적인 증체가 가능하다.

         – 내장 주위나 근육과 근육 사이에 지방이 조기 부착되는 것을 예방할 수 있다.

         – 침의 다량분비를 촉진하여 제1위의 미생물의 활동을 활성화시켜 발효상태를 양호하게 하여 반추위의 기능을 원활하게 한다.

         – 조사료는 볏짚과 알팔파나 옥수수담근먹이를 다량 급여하면 일당 증체량이 늘어날 뿐만 아니라 체중 대비 조사료섭취량이 증가하여 반추위 등 소화기관의 발달에도 도움이 된다.

– 양질 조사료인 옥수수 담근 먹이를 많이 급여하면 발육과 사료 이용성도 좋아지고 육질도 개선되는 효과가 있을 뿐만 아니라 생산비 절감도 기대할 수 있다.

| **더 알아보기** | **조사료를 너무 적게 급여하고 농후사료를 다량 급여한 경우** |

• 반추위의 기능 저하로 사료섭취량이 감소한다.
• 우유의 유지율이 감소한다.
• 장기간 급여 시 각종 대사성 질병이 발생한다.
• 농후사료를 다량 급여한 경우 유지방의 감소를 방지하기 위해서는 적어도 최소 17%의 조섬유가 사료 중에 함유되어야 한다.
• 산유량에 따른 조섬유 적정함유량

산유량	30kg 이상일 때	20~29kg일 때	20kg 이하일 때
조섬유	16~17%	18%	19~21%

• 산유량이 적을수록 조섬유 함량은 약간 증가한다.
• 농후사료의 TDN 기준 : 50% 이상은 농후사료이고 50% 미만은 조사료로 구분한다.

※ 젖소가 정상적인 제1위 발효와 유지율을 유지하기 위하여 반드시 섭취해야 하는 최소사료섭취수준은 체중의 1.5%이다 (단, 고형물 기준으로 건초나 사일리지의 섭취 시).
※ **사료의 섭취를 억제하는 호르몬**
 • 렙틴 : 중추신경계에 작용하여 체내 지방 분해 및 식욕 억제
 • 글루카곤 : 위산분비 억제, 위장의 사료 배출 지연
 • 아드레날린 : 성수용체 자극, 배고픔을 덜 느끼게 하고 포만감 증가

② 급여형태

㉠ 습식급이

• 물과 혼합한 급여형태이다.
• 사료섭취율 및 소화율 향상의 효과를 가져 올 수 있다.
• 여름철 사료의 변성과 부패 등의 문제점이 있다.

㉡ 건식급이

• 일반적으로 배합사료를 그대로 급여하는 형태이다.
• 관리가 수월하다는 장점이 있으나 먼지 등의 발생과 채식 중 사료손실이 있다.

③ 소의 TMR(Total Mixed Ration)사료 급여

㉠ TMR의 개념

• 젖소가 하루 동안에 필요한 조사료, 농후사료, 무기물, 비타민, 기타 미량요소 등 모든 영양소를 함유하도록 여러 종류의 사료를 혼합한 사료를 TMR(완전혼합사료)이라 한다.
• 농후사료와 조사료를 모두 혼합해서 완전사료로 급여하는 방법이다.

※ **거세우에게 저에너지사료(L), 중에너지사료(M) 및 고에너지사료(H)를 90일 동안 각각 급여했을 때 도체의 최종 체지방 함량을 가장 높이는 급여방법** : H – H – H

ⓛ TMR의 장점
- 고능력우 사양에 적합하고 산유량과 유지율이 증가된다.
- 가장 단순한 방법으로 노동시간 단축 및 시간의 활용이 용이하다.
- 편식을 방지하고 영양소가 균형 있게 섭취되어 사료의 이용효율을 높인다.
- 기호성이 좋으므로 사료섭취량이 증가하고 산유량 및 유지율이 향상된다.
- 한 가지 사료를 한꺼번에 급여하므로 고용인력이나 헬퍼 요원들에게도 안심하고 사료 급여를 맡길 수 있다.
- 적절한 조사료 첨가로 인해 반추시간이 길어져 반추위조건이 좋아진다.
- 계약진료에 의해 분만간격 단축, 도태율 및 질병발생빈도가 감소된다.
- 번식효율과 건강이 개선되어 약값, 진료비 등의 지출 감소로 농가의 소득이 향상된다.
- 우군의 성질이 온순해지고 능력도 향상된다.
- 자유 채식을 해도 식체 발생빈도가 감소된다.
- 추가 조사료 구입이 필요치 않게 되고 다른 조사료 급여량도 감소된다.
- 농가 부산물의 이용이 가능하여 부산물의 폐기에 따른 환경오염 방지에도 공헌을 한다.
※ **브로일러(broiler) 생산에서 에너지가 높은 사료를 급여할 때 나타나는 효과** : 증체율이 높음, 사료효율이 좋음, 출하일령이 단축됨
※ **가축의 음수량 제한 시 나타나는 현상** : 분뇨 배설량 감소, 가축의 활력 저하, 사료섭취량 감소, 체중감소

ⓒ TMR의 단점
- TMR에 대한 충분한 이해와 지식이 필요하다.
- TMR배합용 단미사료의 확보 및 유통이 원활해야 한다.
- 사양 관리상의 시설투자에 큰 비용이 소요된다.
- TMR배합을 위한 사료배합프로그램의 확보와 운영에 대한 지식이 필요하다.
- 비유단계별, 성장단계별, 산유능력별 등 우군분리가 전제되어야 하나 중소규모 낙농가의 경우 군분리가 어려워 과비우나 마른소가 나올 수 있고 번식장애 및 각종 대사장애가 발생할 가능성이 높다.
- 원료의 변화가 있을 때 정확한 사료적 가치를 평가하기 어렵다.
- 볏짚이나 베일형태의 긴 건초는 배합기에 넣기 전에 적당한 길이로 세절해야 하는 번거로움이 있다.
- 소규모 사육농가에 부적당하다.
- 사양 관리상의 시설개선 및 기술이 필요로 한다.
- 습식사료이므로 장기간보관이 어렵고 사료 내 이물질이 함유될 경우가 있다.
※ 사료로 사용하는 것을 금지한 물질(사료 등의 기준 및 규격 제11조 제5항 관련 [별표 19])

2. 사료의 조리가공

(1) 농후사료의 가공방법

① 분쇄(grinding)

㉠ 일반적으로 곡류 등의 농후사료를 분쇄하는 것이다.

㉡ 분쇄의 효과

- 에너지 이용률이 향상된다.
- 조작하기가 용이하다.
- 다른 사료와 혼합하기가 용이하다.
- 소화율이 증진된다.
- 소는 거칠게, 돼지는 곱게(제한급식 시 거칠게) 한다.

② 수침(soaking)

㉠ 사료원료 중의 단단한 알곡이나 조사료원을 적정시간 물에 담가두었다가 사료로 이용하는 방법이다.

㉡ 곡류의 수침처리 효과

- 저작이 용이해진다.
- 돼지의 경우 유리하다.
- 소화율을 높인다.
- 유해물질이 우러나와 무독화되는 효과가 있다.
- 원료의 수분함량이 증가되어 저장성은 매우 불리하다.

③ 펠레팅(pelleting)

㉠ 가루사료를 고온·고압하에서 단단한 알맹이(펠렛)사료로 만든다.

㉡ 원료사료의 입자도 조절 과정, 펠렛용 가루사료에 대한 사전 수열처리, 성형, 절단, 건조의 과정을 거친다.

㉢ 배합사료 제조 시 사료회사에서 가장 많이 이용되는 가공처리법이다.

㉣ 펠레팅의 장단점 ☑ **빈출개념**

장점	단점
• 사료의 부피를 줄여 취급 및 수송이 용이해진다. • 사료로부터 발생하는 먼지를 줄일 수 있다. • 가공과정에서 열에 약한 병원성 세균 및 독성물질이 파괴된다. • 사료 섭취량과 소화율을 향상시킨다. • 사료 이용효율 및 기호성을 증진한다. • 영양소 불균형과 사료 허실 발생을 예방한다.	• 가공과정에서 비타민 등 열에 약한 영양소가 파괴될 수 있다. • 음수량이 증가한다. • 젖소에 급여하는 조사료를 분쇄 및 펠레팅하면 유지방의 함량이 나빠진다. • 가공을 위한 시설투자 비용이 비싸고 가공비용이 소요되는 단점이 있다.

④ 박편처리(flaking)

㉠ 사료를 납작하게 압편한 것으로 플레이크 또는 박편이라고도 한다.

㉡ 곡류를 단순히 롤러로써 압편한 것, 쪄서 압편한 것, 건열가열 후 압편한 것 등이 있다.

㉢ 비유젖소의 배합사료를 가공하는 방법 중 이용효율이 가장 높은 방법이다.

㉣ 스팀 또는 적외선으로 가열한 뒤에 압편한 옥수수, 수수, 보리 등이 있다.

㉤ 옥수수는 주로 원료를 분쇄하지 않고 롤러밀로 압편하기 전에 30~40분간 스팀처리한 후 압편하여 생산한다.

㉥ 기호성, 섭취량, 옥수수 내 전분의 이용성을 증진시키는 데 초점을 두고 있다.

㉦ 박편처리의 장단점

장점	단점
옥수수 내 전분이 젤라틴화(호화)되어 구형의 전분 입자들이 열, 수분 등의 영향으로 부피가 증가하고 가용성이 증가되며 점성 증가현상이 나타나서 소화율이 증가하게 된다.	• 가공에 필요한 시설이나 가공비용에 따른 사료값이 비교적 비싸다. • 플레이크 사료의 부패도 및 곰팡이 오염가능성이 높다.

※ 곡류의 이용성을 높이기 위하여 전분을 알파화시킨 가공처리에는 증기압편(플레이크), 가압압편(플레이크), 건열처리 가공 등이 있다.

⑤ 익스트루딩(extruding)

㉠ 원료사료에 고열·고압을 가한 후 조그만 구멍을 통하여 밀어내면 갑작스런 압력 저하로 인하여 사료가 부풀어 오르면서 기공이 생기게 되는데 이것을 적당한 틀을 이용하여 여러 가지 모양으로 만든다.

㉡ 익스트루전(extrusion) 사료는 주로 애완동물용 또는 갓난 돼지의 원료 가공용으로 많이 사용된다.

㉢ 익스트루딩은 펠레팅과 매우 유사하지만, 중간과정에 열처리를 담당하는 익스트루더(extruder)가 사용되며 열처리가 높은 압력하에서 이루어진다는 점이 다르다.

㉣ 사료 가공형태 중 비용이 가장 많이 든다.

㉤ 익스트루딩을 했을 때 기대효과

• 사료 중 배합된 전분이 젤라틴화된다.

• 사료의 기호성이 향상된다.

• 비중이 적고 수분을 잘 흡수하게 된다.

• 항영양성 인자나 성장저해 요소 중 열에 약한 성분을 효과적으로 파괴하거나 불활성화 시킬 수 있다.

㉥ 단백질의 열변성에 의해 구조상의 변화를 유발하여 보호단백질이나 인조육단백질의 생산이 가능하다.

㉦ 가공 대상사료의 밀도, 비중, 부피 등의 변화를 자유롭게 할 수 있다.

㉧ 익스트루딩 공정 : 사료의 사전 열처리 → 익스트루전 → 절단 → 건조 및 냉각

⑥ 익스팬딩(expanding)

　㉠ 익스팬딩은 익스트루딩과 비슷한 원리를 가지나 가공목적에 있어서 약간의 차이가 있다.

　㉡ 펠레팅 전에 에너지 투입을 증가시켜서 펠렛의 품질을 개선시키는데 사용되며, 펠레팅보
　　 다는 온도가 높아서 전분의 열처리 정도가 커지게 된다.

　㉢ 펠렛제품의 품질을 향상시키기 위하여 펠렛기와 전처리기 사이에 익스팬더(expander)를
　　 도입했다.

　㉣ 구조는 건식 익스트루딩과 유사하며, 익스팬더 내의 평균압력은 35~30bars이며, 최종
　　 제품의 수분함량은 18% 정도이다.

⑦ 자비 및 증기처리

　㉠ 사료를 찌거나 삶는 것이다.

　㉡ 병원균 사멸, 풍미증진, 잡초종자 사멸, 유독성분 제거

　　※ 유독성분

감자	날콩	목화씨	아마박	유채종자
솔라닌	항트립신 인자	고시폴	리나마린	마이로신

　㉢ 단백질이 응고하여 소화율 저하, 비타민 파괴, 연료와 노력의 손실 증가 등의 단점이 있다.

(2) 조사료의 가공방법

① 세절

　㉠ 볏짚, 건초, 생초, 근채류 등을 적당한 크기로 잘라주는 것이다.

　㉡ 길이는 볏짚에서 소 2.5~3.5cm, 말·양 1.5~2.5cm가 적당하며 생초와 건초는 이보다
　　 조금 길어도 된다.

　㉢ 씹고 삼키기 쉬워서 단위시간당 섭취량이 증가하고 골라먹지 않으며, 다른 사료와 같이
　　 주기도 좋다.

　㉣ 너무 잘게 썰어 먹이면 침과 잘 섞이지 않고 미생물에 의한 발효작용을 적게 받아 소화율
　　 이 떨어지고 고창증과 같은 병증을 유발할 수 있다.

② 알칼리 처리

　㉠ 조사료세포에 알칼리가 작용하여 섬유질이 부드러워지고 세포표면이 파괴되어 이때 규
　　 산이 녹아 나와 소화율 증진, 칼슘 보충효과, 전분가 증가 등의 효과가 있다.

　　※ 목질화된 조사료를 알칼리로 처리하면 리그닌이 없어져 소화율이 향상된다.

　㉡ 단백질, 비타민은 파괴되어 못쓰게 되고, 품이 많이 들어 실용화에 장애가 된다.

　㉢ 처리방법

　　• 알칼리 처리 및 산 처리가 대표적인 방법이다.

　　• 다즙사료와 수분조절제 및 목초와 함께 급여한다.

　　• 세절, 분쇄, 침적, 삶기 펠레팅, 효소처리, 계분발효처리 등이 있다.

② 알칼리 처리한 볏짚, 밀짚, 보리짚의 사료가치
- 짚이 부드러워져서 소화효소의 침투가 잘되어 소화율이 향상된다.
- 전분가가 2~3배로 증가한다.
- 칼슘의 보급효과가 있다.
- 알칼리에 의해 단백질, 비타민이 파괴된다.

③ 가성소다 처리
㉠ 가성소다(5%)와 보리짚(100kg)을 중성반응 시까지 끓인 다음 물로 씻어 이용한다.
㉡ 장점 : 헤미셀룰로스를 용해하고 팽창시켜 반추미생물의 소화를 돕는다.
㉢ 단점
- 가성소다 가격이 비싸고 취급이 어려우며 다량의 가용성 영양소가 유출된다.
- 세척 시 많은 물이 필요하고 토양오염의 문제가 있다.
- 단백질, 탄수화물, 지방, 비타민 등은 알칼리 처리에 의해 파괴된다.

④ 암모니아 처리
㉠ 농산부산물에 암모니아액을 처리하여 사료가치를 증진시키는 것이다.
㉡ 흡착된 암모니아가 반추위 내 미생물에 의해 미생물체단백질로 전환가능하다.
㉢ 볏짚을 암모니아로 처리하면 암모니아가 리그닌과 작용해 질소원을 공급하는 동시에 소화율을 향상시킨다.
㉣ 암모니아 처리는 처리비용이 적게 들고, 처리 후에는 반추가축이 이용할 수 있는 질소 함량이 증가하며, 소화율도 향상되므로 농가에서 소규모로 실시되고 있다.
㉤ 소나 닭에게 암모니아 흡착 당밀을 급여 시 중독현상을 일으킬 수 있다.

※ **수산화나트륨 처리** : 볏짚의 목질화한 세포벽 내의 리그닌, 큐틴 및 규산의 일부가 제거되고, 그 함유물질과 섬유소, 펜토산 등의 결합부위에 균열이 생겨 소화효소의 작용이 좋아지므로 소화율이 개선된다.

⑤ 석회처리
㉠ 볏짚 100kg와 소석회 10~12kg, 물 800L에 처리 후 2~3일 방치 후 물에 씻어 말리거나 또는 그대로 말려서 이용한다.
㉡ 산 처리와 같은 원리에 의해 사료의 소화율을 향상시킨다.
㉢ 알칼리는 알칼리성이 강하고 값이 비싸며, 볏짚 같은 부드러운 조사료를 처리하기에는 알칼리성이 너무 강하므로 이러한 단점을 처리하기 위해 석회수를 이용한다.

⑥ 과산화수소처리
㉠ 굴드(Gould, 1984)가 개발한 것으로 알칼리화 과산화수소처리를 하면 셀룰로스복합체의 구조를 파괴하고 리그닌 함량이 감소되어 조사료의 소화율을 개선과 생산성이 증가된다.
㉡ 장점
- 세포막물질이 파괴되어 소화가 용이하고 사료의 밀도를 높여 섭취량이 증가한다.
- 증기 및 가압처리에 의하여 병원성 세균 및 독소물질이 파괴된다.
- 사료의 취급·수송·저장(저장면적이 작게 소요) 등이 용이하다.

• 허실량이 적고 제조 시 공해발생이 저하된다.

© 단점 : 시설비용이 많이 들고, 열에 약한 비타민류가 파괴된다.

3. 사료의 저장과 이용

(1) 배합사료의 저장방법

① 원료의 저장

　㉠ 원료의 상태 : 알곡상태로 저장한다.

　㉡ 수분

　　• 수분이 8% 이하이면 생물적 활동은 중지되고 화학적 변화는 진행되며, 25% 이상이면 원료사용이 불가능하게 된다.

　　• 안전저장을 위한 수분함량은 최저 10%, 최고 13% 사이이다.

　㉢ 온도

　　• 저온상태에서 저장한다.

　　• 고온 시 곰팡이 발생 우려가 있으므로 통풍장치를 설치한다.

② 배합사료

　㉠ 공장에서 생산된 제품은 생산된 순서대로 출고될 수 있도록 한다.

　㉡ 사료의 최대보관기간은 일반적으로 60일이다.

　㉢ 플레이크 사료는 곰팡이가 발생하기 쉽기 때문에 항곰팡이제의 첨가 없이 2~4주를 넘기지 도록 한다.

　㉣ 사료공장에서 농장에 도착된 후 보관기간이 길어질수록 사료 내에 아플라톡신 오염도와 함량이 증가할 수 있다.

　㉤ 생산된 배합사료는 빠른 시간 내에 신선한 상태에서 급여하여야 하고 건식사료는 수분함량이 낮은 상태에서 보관하여야 한다.

　㉥ 상대습도가 높으면 제품의 수분함량이 크게 증가하고, 미생물의 활동이 더욱 활발해져서 발열하거나 곰팡이의 발생을 촉진하게 된다.

　㉦ 고온·다습한 여름철에는 사료에 직사광선이나 습기를 피하고, 통기성을 개선시켜야 미생물의 증식과 영양소 파괴에 의한 손실을 줄일 수 있다.

　㉧ 농장에 설치되어 있는 벌크 빈의 내벽에 사료 입자들이 부착되면 미생물에 의한 변질이 발생하므로, 벌크 빈 내부를 주기적으로 완전히 비워서 잔류되지 않도록 해야 한다.

　㉨ 농후사료는 저장하는 과정에서 일어나기 쉬운 영양소의 손실과 변질을 막으려면, 사료를 충분히 말려 통풍이 잘되는 저온·저습한 곳에 저장해야 한다.

　　※ 배합사료의 저장 시 사료가치 저하 및 풍미 저하를 가장 줄일 수 있는 수분함량 : 11~13%

(2) 건초

① 건초 만들기

㉠ 야생초나 목초를 이삭이 패는 때부터 꽃피기 시작하는 사이에 베어, 햇빛이나 열풍으로 건조한다.

㉡ 건초의 안전한 저장을 위한 수분함량은 15% 이하여야 한다.

㉢ 생초에서 수분만 제거하고, 그 밖의 영양소의 손실과 분해를 적게 하기 위해 포장건조법, 초가건조법, 발효건조법, 상온통풍건조법, 화력건조법 등이 이용되고 있다.

② 건초제품

㉠ 알팔파 밀 : 리프밀, 알팔파 스템밀 등이 있다.

㉡ 건초펠렛 : 분쇄하여 펠렛 성형기에 넣어 가압 성형한 것이다.

㉢ 헤이 큐브 : 각형인 것으로 알팔파 큐브 등이 있다.

㉣ 웨이퍼 : 피스톤에 성형한 것

③ 건초의 급여

㉠ 체중의 1~2%를 급여한다.

㉡ NDF 함량에 의한 1일 섭취량을 구하여 급여한다(120/NDF 함량).

(3) 사일리지(silage)

① 사일리지의 개념

㉠ 명칭은 엔실리지, 매초, 매장사료라고도 하며, 용기는 사일로라고 한다.

㉡ 저장성을 극대화하기 위해 청초에 유산균을 이용하여 발효시킨 다즙질 사료이다.

㉢ 자연계에 존재하는 유산균을 잘 이용하여 재료 중의 수분을 그대로 보존하면서 저장하는 방법이다.

㉣ 건초와 달리 재료를 말리지 않고 만들기 때문에 날씨의 제약을 덜 받고, 저장용적이 덜 들며 만드는 과정 중 영양소 손실이 적고, 기호성이 향상되어 소가 즐겨 먹는다.

② 사일리지를 만드는 기본원리

㉠ 혐기적인 젖산발효에 의해 조사료를 발효시키는 것이다.

㉡ 재료를 잘게 썰어 사일로 안에 빈틈없이 채워 넣는다. 이때 사일리지 제조 중 공기가 유입되면 사일리지가 발효되지 않고 부패하게 된다(낙산 생성).

㉢ 수분을 조절하기 위하여 재료를 예비 건조하거나 짚이나 건초를 첨가하기도 한다.

② 사일로는 원통형, 기밀형, 트렌치형, 벙커형 및 스택형, 비닐백 사일로, 퇴적사일로 등이 있다.

⑩ 사일리지는 흔히 목초, 풋베기 작물, 곡식용 작물 및 농산부산물로 만든다.

⑭ 재료에 당분이 모자라면 당밀이나 녹말을 첨가하기도 한다.

⑭ 인공적으로 pH를 조절하기 위해 염산과 황산의 혼합액이나 폼산을 첨가하기도 한다. 재료를 넣은 지 50~60일이 지나면 엔실리지가 된다.

③ 사일리지에 첨가하는 물질(첨가제)

㉠ 발효 자극제(pH를 4.0 이하로 낮추어야 함)
  • 젖산균 첨가제
  • 영양소 첨가제 : 효소 및 당밀

㉡ 발효 억제제
  • 사일리지의 산도를 저하시켜 보존 능력 증진 : 개미산, 프로피온산

㉢ 양분 첨가제(단백질 첨가제) : 요소, 암모니아, 모레아, 기타 무기물, 곡류

㉣ 기타
  • 수분조절 : 비트펄프, 밀기울, 볏짚
  • 세포벽 분해 : 셀룰로스 및 곰팡이
  • 부산물 : 계분, 채소잎 등

더 알아보기 | **사일리지 제조에 적당한 조건**

• 적당한 온도와 수분을 부여할 것
• 다져 넣을 때 공기를 배제할 것
• 잡균의 번식을 방지할 것
• 적절한 탄수화물의 함량을 가질 것
• 필요시 적절한 첨가제를 사용할 것
• 기계화 작업체계가 확립될 것

---

④ 사일리지의 급여

㉠ 사일리지 제조 후 40~50일부터 급여한다.

㉡ 한 번에 꺼내는 두께는 4~6cm 정도로 하고 비닐로 덮어 놓는다.

㉢ 가축별 급여방법
  • 젖소 : 50~70kg/1일, 체중의 5~6%
  • 한우 : 볏짚 4kg와 엔실리지 15kg 급여
  • 송아지 : 생후 6개월이 지난 후

(4) 헤일리지(haylage)

① 헤일리지의 개념

㉠ 저수분 사일리지라고도 부르며 수분 함량을 40~60%로 낮추어 제조한 사일리지를 말한다.

| 더 알아보기 | 수분함량에 따른 분류, 장단점 | | |

구분	건초	헤일리지	사일리지
수분 함량	15~20% 이하	40~60%	60~70% 또는 이상
장점	• 정장제 효과(설사 방지) • 수분함량이 적어 운반과 취급이 용이하다. • 비타민 D 함량이 높다.	2~3일 예건으로 생산이 가능하다.	• 날씨의 영향이 적다. • 건초에 비해 단백질 비타민 함량이 높다. • 기호성과 저장성이 좋다.
단점	• 기상의 영향을 많이 받는다. • 강우 시 품질 저하가 우려된다.	발효가 잘 되지 않아 미생물 첨가제가 필요하다.	특수한 기계나 시설이 필요하다.

㉡ 헤일리지는 건초와 사일리지의 중간단계로 수확 중 혹은 저장중에 발생하는 손실이 가장 적다.

㉢ 헤일리지의 장점
- 고수분 사일리지보다 유통과 보관이 쉽다.
- 건초보다 만들기 쉽다.
- 수분 함량을 낮춰 건물 섭취량을 증가시킨다.
- 재료의 운반이 편리하다.
- 즙액의 유실로 인한 손실이 적다.
- 발효가 억제되어 ph가 일반 사일리지에 비해 높다.
- 건물 손실이 적다.
- 겨울에 얼지 않는다.

㉣ 헤일리지의 단점
- 카로틴이 파괴되고 소화율이 떨어진다.
- 발효가 잘 안된다.

05 가축의 사양원리

1. 사양표준

(1) 한국사양표준

① 2002년 한우, 젖소, 돼지 및 가금류에 대한 한국사양표준을 제정

② 2007년 1차 개정, 2012년 2차 개정, 2017년 3차 개정

③ 단백질 : CP(조단백질)

④ 에너지 : TDN, ME, DE

⑤ 광물질, 비타민 요구량

⑥ 사양 관리 방법 및 사료급여량, 가용부산물 사료자원의 종류 등 고려사항 포함

⑦ 컴퓨터를 이용한 사료배합 프로그램 제공

(2) NRC(National Research Council) 사양표준의 특징

① 1942년 미국의 국가연구위원회의 가축영양위원회에서 제정한 것이다.

② 대상동물을 젖소·육우·말·돼지·닭을 비롯해 면양·토끼·개와 고양이, 밍크와 여우 등 실험동물에 이르기까지 다양하게 포함하고 있다(실험동물, 애완동물을 포함한 모든 종류의 축종).

③ 영양소 요구량 표현방법

　㉠ 단백질 : 조단백질(CP ; Crude Protein), 총단백질(TCP ; Total Crude Protein)

　㉡ 에너지 : 가소화에너지(DE), 대사에너지(ME), 정미에너지(NE)로 표기하며 NE의 요구량을 NEm, NEg 및 NEl로 구분하여 제시

　㉢ 아미노산 요구량, 광물질 및 비타민 요구량 명시

　㉣ 젖소 : TCP, TDN

　㉤ 돼지 : CP, 라이신, 가소화라이신, DE

　㉥ 가금 : DCP, ME

　※ **우리나라 돼지에서 가장 널리 쓰이고 있는 사양표준** : NRC

(3) ARC(Agricultural Research Council) 사양표준

① 영국의 농업연구위원회(Agricultural Research Council)의 농업연구기술분과위원회에서 제정한 가축사양표준이다.

② 대상가축은 가금, 반추동물, 돼지이다.

③ 영양소 요구량 표현방법

㉠ 에너지 : 대사에너지(ME)를 사용하며, 단위는 줄(Joul)을 사용한다.

㉡ 단백질 ☑ 빈출개념 : DCP(Digestible Crude Protein)를 사용하며 반추가축의 경우 RDP, UDP를 구분하여 사용한다.

RDP(Rumen Degraded Protein, 반추위 분해단백질)	반추위 내에서 미생물에 의해 분해되어 미생물체단백질합성에 이용되거나 암모니아로 손실되는 단백질을 의미한다.
UDP(Undegraded Protein, 반추위 비분해단백질)	반추위에서 미생물에 의해 분해되지 않고 소장으로 흘러가 소장에서 분해되어 이용되는 단백질을 의미한다.

㉢ ARC 사양표준은 ☑ 빈출개념 : NRC 사양표준과 함께 오늘날 가장 합리적인 사양표준으로 인정되고 있으며, 반추동물에서 DCP를 RDP와 UDP로 구분하고 있는 면에서는 더 발전된 표시방법으로 볼 수 있다.

(4) 볼프-레만(Wolf-Lehmann) 사양표준

① 1864년 독일의 볼프가 창안하였고, 1897년 레만이 개량한 사양표준이다.

② 가축이 필요한 건물, 가소화단백질, 가소화지방, 가소화탄수화물 및 영양률을 가지고 요구량을 표시하였다.

③ 이 사양표준은 그 후 제정된 사양표준의 기준서 역할을 했다.

(5) 켈너(Kellner)의 사양표준

① 1907년 켈너가 만든 사양표준으로 역용 및 비육용 가축에 효과적이다.

② 영양소는 건물, 가소화조단백질, 가소화조지방, 가소화탄수화물, 및 가소화순단백질(DPP)과 전분가(SV)를 가축별로 제시하고 있다.

③ DPP와 SV를 사용하고 있는 것이 특징이다.

④ 전분가 : 체지방 생성력을 기준으로 하는 영양가 표시단위

(6) 한손(Hanson)의 사양표준

① 1915년 스웨덴의 한손과 덴마크의 피오르(Fjord)가 만든 사양표로서 보리 1kg을 시료 1단위로 한 표준이다.

② 스칸디나비아 등 각 국에서 젖소나 돼지 등에 주로 사용되고 있다.

③ 영양소는 건물량, 가소화순단백질, 사료단위, 전문가에 기초한 사양표준이다.

④ 단백질의 경우 체지방보다 유생산에 효율적이라는 점에 착안하여 전문가를 수정하여 사료단위를 제정하였으므로 젖소에 합리적이다.

(7) 암스비(Armsby)의 사양표준

① 미국의 암스비(Armsby)에 의해 1915년 제정된 사양표준이다.

② 정미에너지(NE)와 가소화순단백질을 기준으로 제정하였다.

③ 가축이 필요로 하는 총영양소를 에너지로 나타내고 이를 정미에너지로 표시한다.

④ 젖 생산에 있어서 유지영양소와 생산영양소를 구분하고 있다.

(8) 모리슨(Morrison)의 사양표준

① 1936년 미국의 모리슨(Morrison)이 독일의 볼프-레만의 사양표준에 근거하여 제정하였다.

② 영양소는 건물(DM), 가소화조단백질(DCP), 가소화영양소총량(TDN), Ca, P, Carotene, NE까지 구체적으로 제시하고 있다.

③ TDN을 사양시험이나 대사시험을 거치지 않고 화학적 분석결과에 근거하고 있다는 단점이 있다.

(9) 일본 사양표준

① 일본 농림수산기술회의 주관 아래 농림성 축산시험장에서 제정되었다.

② 대상가축은 가금, 젖소, 고기소, 돼지이다.

③ 영양소 요구량은 체중별, 증체량별로 되어 있다.

④ 단백질은 CP, DCP, TDN, DE로 표시되고 칼슘과 인 및 비타민 A가 표시되고 있다.

2. 생활주기 단계별 사양

(1) 유지사양

① 절식대사

㉠ 절식대사 : 외부 영양소가 공급되지 않는 상태에서 생명유지에 필요한 영양소를 자체의 체조직을 분해하여 이용하는 대사를 의미한다.

- 완전기아(complete starvation) : 열량증가가 일어나지 않는 절식상태에서 체조직의 수분과 영양소만으로 최소의 활동을 유지할 경우의 기아를 말한다.
- 절대기아(absolute starvation) : 체조직의 이용한계를 넘어 사료의 형태로 영양소를 다시 급여해도 정상적인 건강상태로 회복이 어려운 경우의 기아를 말한다.

ⓒ 절식상태

- 절식상태는 외부로부터 섭취한 사료영양소를 완전히 소화한 공복의 상태를 말하며, 절식이 계속되면 기아상태가 된다.
- 절식상태의 판정
    - 단위동물 : 사료섭취 후 12시간 이후이다.
    - 반추동물 : 반추위 내 메탄 발생량 최저시점이다. 사료섭취 후 조사료는 90~120시간, 농후사료는 30~70시간 이후이다.

② 기초대사(basal metabolism)

㉠ 기초대사 : 건강한 동물이 쾌적한 환경온도 조건에서 편안하게 휴식하는 상태에서 섭취한 영양소의 소화 및 흡수가 끝난 후 소요되는 에너지를 말한다.

ⓒ 기초대사량

- 몸 유지에 소모하는 최소한의 에너지이다.
- 절식 시 열 생산량 즉 완전기아 상태에서 생산되는 열량을 의미한다.
- 생명유지를 위하여 생산하는 열량을 의미한다.

ⓒ 가축의 기초대사 측정조건

- 동물의 영양상태가 양호할 것(영양상태가 불량하면 절식 시 열생산이 감소될 수 있다)
- 완전한 기아상태일 것(동물의 소화가 완전히 끝난 상태)
- 근육이 완전히 휴식상태일 것(움직이면 불필요한 열생산이 증가함)
- 최적의 온도조건에서 실시할 것(약 25℃ 정도일 때를 기준)

  ※ **기초대사율(BMR)**
  - 기초대사율이란 평균 또는 표준 기초대사량에 대하여 동물 개체별 편차를 나타내는 지수를 말한다.
  - 동물의 기초대사율은 체중보다는 동물의 크기가 더 관계가 깊다.
  - 기초대사율(kcal) = $K \times$ 체중(kg)$^{0.75}$ = 70 × 체중(kg)$^{0.75}$
    여기서, K : 축종별 단위체중당 발생하는 기초대사량
    체중(kg)$^{0.75}$: 대사체중
  - 기초대사율은 수가축이 암가축보다 크고 임신기가 비임신기보다 크다.
  - 기초대사율은 나이가 적은 가축이 나이가 많은 가축보다, 오전이 오후보다, 그리고 비거세우가 거세우보다 더 크다.

② 내생질소대사

- 절식 시에도 무기물대사는 활발히 이루어지며, 체내에서 분해된 후 모두 배설되지 않고 일부는 재이용된다.
- 내생질소대사의 기초가 되는 것은 절식 후 완전기아상태에서 배설되는 질소량이다.

- 내생요질소(EUN ; Endogenous Urinary Nitrogen) : 내생질소의 대부분을 차지하는 것으로, 절식 후 완전기아상태에서 오줌으로 배설되는 최소한의 질소이다.
- 대사성 분질소(endogenous fecal nitrogen, 혹은 metabolic fecal nitrogen) : 분으로 배설되는 최소한의 질소를 말한다.

ⓗ 내생질소(endogenous nitrogen) : 내생요질소와 대사성 분질소의 합이다.

> - 1일 내생요질소량(mg) = 146 × 대사체중
> - 내생요질소량 = 2.1mg/기초대사(kcal)

③ 유지요구량

㉠ 유지를 위한 에너지 요구량
- 유지요구량이란 동물이 체조성의 변화가 없고 생산적인 활동을 하지 않으면서 기본적인 생명현상의 유지를 위해서 소요되는 영양소의 양을 말한다.
- 가축 체내조직의 손실 없이 영양소의 균형을 유지하기 위해 필요한 최소한의 영양소를 말한다.
- 유지에너지 요구량의 측정은 사양시험방법, 에너지평형법 및 도체분석법을 이용하여 측정한다.
  ※ 도체분석법 : 유지에너지 요구량 결정시험 중 시험개시 시와 종료 시의 체조성과 공복 시 체중을 측정하여 유지와 증체에 필요한 요구량 결정법이다.
  ※ 가축의 성장에 필요한 에너지 요구량 : 가축의 체(體) 유지와 새로운 조직에 필요한 에너지

㉡ 유지를 위한 단백질 요구량
- 유지단백질 요구량이란 동물체 내의 단백질 균형을 유지하기 위해 사료의 형태로 공급되어야 하는 최소한의 단백질 요구량이다.
- 반추동물은 양질의 미생물체단백질을 공급받을 수 있기 때문에 아미노산 조성이 크게 문제되지 않으나, 단위동물은 사료의 단백질의 아미노산 조성에 영향을 받는다.
- 유지단백질 요구량의 결정은 요인법, 질소균형법 혹은 사양시험법 등을 이용한다.

> **더 알아보기** 유지단백질 요구량 결정 시 고려사항
>
> - 성장, 임신을 위한 단백질 축적, 체단백질 손실
> - 젖생산, 털생산 등의 이용량
> - 사료의 생물가

④ 유지 요구량에 영향을 미치는 요인

㉠ 가축의 적정 임계온도를 벗어나면 요구량이 증가한다.

㉡ 임계온도 내에서는 유지요구량이 낮다.

㉢ 유지요구량은 쾌적한 환경에서 가장 적으며, 온도·습도·풍속 등이 부적절하면 증가한다.

② 기후나 사료급변, 운송 등의 환경스트레스를 받게 되면 요구량이 증가한다.

⑩ 가축의 건강상태가 허약하거나 만성적인 질병에 감염되어 있을 때 요구량이 증가한다.

⑭ 신경이 예민한 가축은 온순한 가축에 비하여 유지요구량이 높다.

⑭ 체구가 작을수록 요구량이 감소하고, 체구가 크면 유지요구량이 증가한다.

⑥ 생산능력이 높은 가축일수록 유지요구량이 높고, 생산능력이 낮은 가축이 일반적으로 유지요구량이 적게 요구된다.

㉣ 대동물보다는 소동물이 체중당 유지요구량이 높다.

㉤ 산유 중인 가축은 건유 중인 가축에 비하여 유지요구량이 더 높다.

> **더 알아보기** **유지 요구량 결정에 영향을 주는 요인**
>
> • 외적 요인 : 운동, 기후, 스트레스, 건강상태, 사료의 급변 등
> • 내적 요인 : 체구의 크기, 체질, 개체의 차이, 생산 수준, 비유 등

(2) 성장사양

① 성장생리

㉠ 성장의 개념
  • 성장이란 세포수와 세포크기의 증가를 말한다.
  • 근육·골격·장기 등과 같이 생명현상과 직접 관계가 있는 조직의 증대를 의미한다.
  • 일반적으로 성장은 임신 중 태아발육을 제외하고, 출생 후부터의 발육을 의미한다.
  • 육성비육 시 성장형태의 3단계 : 골격최대성장기 → 근육최대성장기 → 지방최대축적기(골격 → 근육 → 지방)

㉡ 세포의 종류
  • 영구세포 : 태아발육 초기에 분열, 증식하여 세포가 증가한 이후엔 일정한 수가 유지되는 세포로, 파괴되면 재생이 곤란한 신경세포 등이 있다.
  • 안정세포 : 동물이 성장하는 동안 계속 분열, 증식하고 성장이 완료되면 분열이 정지되는 세포로, 재생이 가능한 동물의 조직세포 등이 있다.
  • 역변세포(이변세포) : 동물이 일생을 통하여 분열하는 세포들로, 파괴와 재생이 계속되는 세포이다(상피세포, 혈액세포 등).

㉢ 체부위별 성장과정
  • 체구성 성분의 발육이 빠른 순서 : 뇌 → 뼈 → 근육 → 지방
  • 뇌는 태아의 발육에서부터 성장이 될 때까지 가장 먼저 발달한다.

- 근육의 성장
  - 근육은 골격근의 섬유와 관련된 세포로 구성되어 있으며 성장과 가장 관계가 깊은 조직이다.
  - 근육의 성장은 근섬유 수의 증가와 증대로 이루어지며, 어린 동물이 성장을 하는데 중심적인 역할을 한다.
  - 근육의 성장은 태아기에는 근섬유수가 증가하고 후기에는 근섬유의 증대가 일어난다.
- 골격의 성장
  - 골격은 생육 초기에 많이 발달하고 이후에는 둔화된다.
  - 골격은 근육에 앞서 성장하며 체구의 크기에 영향을 준다.
- 지방의 성장
  - 지방은 성장기에 증가한다.
  - 지방조직은 가축이 영양소를 섭취하여 체내에서 영양소를 활용하는 순서 중 가장 늦다.
  - 지방축적은 근육 증대기 이후에 시작하여 성장완료기에 주로 많이 이루어진다.
  - 가축 체내의 축적지방의 주 형태 : 트라이글라이세라이드(triglyceride)
- 송아지의 성장단계에 따른 지방 발달순서 : 신장지방 → 피하지방 → 근간지방 및 근내지방
  - 한우의 지방의 침착순서 : 신장 → 내장 → 피하 → 근육 내
  - 가축의 체중(연령) 증가에 따른 체조성의 변화 : 수분함량이 감소되고 지방 함량이 증가된다.
  - 지방이 근육 내 침착되어 마블링이 많이 생성되도록 하기 위해 비육 말기에는 고열량 사료를 급여해야 한다.

  ※ **동물의 체중과 체부위별 중량과의 관계식**
  $y = bxa$
  여기서, y : 체부위별 중량, b : 상수
  $\qquad x$: 체중, a : 성장계수
  $a = 1$: 해당 부위의 성장이 전체의 성장보다 빠르다.
  $a < 1$: 해당 부위의 성장이 전체의 성장보다 늦다.

ⓔ 생장과 생산성
- 가축의 성장곡선(S자곡선)
  - 가축의 성장기별 체중과 나이와의 관계를 그래프로 그린 것으로 S자곡선을 이룬다.
  - 태아시기와 출생 후 성 성숙기까지는 성장률이 빨리 증가한다.
- 보상성장 ☑ **빈출개념**
  - 일정기간 영양소가 부족한 저영양사료를 급여하여 성장을 지연시킨 후 고영양사료를 급여하여 일시적으로 성장을 원래의 상태로 회복시켜 주는 사육방법이다.

- 성장기 전반에 영양소 급여를 적정수준에서 제한하고, 성장 후기에 집중적으로 영양소를 보충하면 급속하게 성장을 회복하는 효과가 있다.
- 사료의 양이나 질을 떨어뜨렸을 때 발육이 억제되었던 소에게 그 후 충분한 영양소를 공급해 주면 다시 성장이 회복되는 현상이다.
- 비육우의 단기비육에 많이 이용된다.

② 성장을 위한 영양소 요구량

㉠ 성장에 필요한 에너지
- 체구의 증가와 유지에너지의 증가가 비례하기 때문에 유지에 필요한 에너지는 가축의 성장에 따라 증가한다.
- 자라면서 성장이 둔화되므로 자체 조직의 생성에 필요한 에너지는 상대적으로 비율이 감소한다.
- 성숙에 따라 체조직이 성장하면 수분함량이 감소하고, 지방의 생성이 증가한다.

㉡ 성장에 필요한 단백질
- 성장 중에는 단백질의 축적이 활발하여 요구량이 높으므로 충분히 공급해 주어야 한다.
- 병아리는 필수아미노산 중 아르기닌, 트립토판, S 등을 보충해 주어야 한다.
- 사료 중 함유된 질소의 생물가 등을 고려해 공급한다.
- 단위동물인 돼지와 닭에서는 아미노산이 부족·결핍되면 성장이 저하 또는 중지되므로 아미노산 요구량도 동시에 표시해 주어야 한다.
- 반추동물인 소에 있어서는 반추위 내 미생물에 의해 단백질이 재합성되므로 아미노산 요구량이 중요하지 않다.

※ 동물성 단백질에는 식물성 단백질보다 필수아미노산인 라이신이 더 많이 들어 있기 때문에 성장하는 가축에서 동물성 단백질 이용성이 더 높다.

㉢ 단백질 요구량 표시방법
- 가축 개체별 아미노산 일당요구량
- 사료 중 함량(%), 사료 단백질 중 함량(%)
- 대사에너지(ME) : 1,000kcal당 요구량(g) → 닭에 많이 이용된다.

㉣ 성장을 위한 광물질·비타민 요구량
- 성장 중인 가축은 영양소에 대한 대사작용이 왕성하므로 체내대사와 관련된 미량광물질의 요구량이 증가하게 된다.
- 가축에서 광물질의 요구량은 성장기에 높으며, 결핍 시에는 성장장애가 유발된다.
- 비타민 D는 Ca의 흡수이용과 관계를 가지며, 골 형성에 직접 영향을 준다.
- 성장 중인 돼지와 닭에서 비타민 B군은 필수적인 성분이나, 반추동물에서의 비타민 B군의 요구량은 체내 합성이 되기 때문에 큰 의미가 없다.

※ 자기분식성(coprophagy) : 비반추동물 중에서 쥐나 토끼 같은 설치류는 대장 내에서 비타민 K를 합성하므로 자신의 분(糞) 속에 들어 있는 비타민 K를 섭취하기 위해 분을 먹어 비타민 K결핍증을 예방하는 습성을 말한다.

ⓜ 성장을 위한 영양소 요구량에 영향을 주는 요인
- 가축의 연령(age) : 어린 가축은 발육이 빠르고, 체중단위당 음수량, 사료섭취량이 많고, 사료의 이용효율이 높다.
- 품종(breed) : 소형종은 조숙종이 많아서 성장이 빠르고, 영양소 요구량이 높다.
- 성(sex) : 암가축보다 수가축의 성장이 빠르고 사료 요구량도 높다. 그러나 수가축도 거세하면 비거세축에 비하여 성장이 둔화된다.
- 성장률(rate of growth) : 성장률이 높으면 영양소 요구량도 높아진다.

(3) 축산물 생산사양

① 번식과 영양

ⓐ 번식과 영양의 관계
- 번식기능은 개체의 능력, 번식기술, 환경조건, 질병 및 영양수준에 영향을 받는다.
- 영양부족은 뇌하수체의 성선자극호르몬의 생성 및 분비가 지연되어 춘기발동기의 개시가 지연된다.
- 가축의 성 성숙은 암·수에 따라 차이가 있으며, 영양소의 수준에 영향을 받는다.
- 영양소의 과다급여 또는 과소급여는 영양수준이 호르몬분비 개시시기와 그 양에 영향을 준다.
- 번식가축에서 영양조건은 직접 생식기의 기능과 내분비계통에 영향을 준다.
- 번식용 가축에 에너지, 단백질, 광물질 및 비타민 등 어느 한 가지 영양소라도 부족하게 되면 생식기관의 정상적인 발육이 되지 않으며, 내분비에 영향을 주어 생식기능의 발휘도 어려워진다.

ⓑ 종모축(수컷)에 대한 번식과 영양
- 수가축의 영양상태 불량 : 정자형성기능 저하, 승가의욕이 저하, 불임의 원인이 된다.
- 정자형성에 영향을 주는 영양소 : 에너지, 단백질·광물질·비타민 등이다.
- 저에너지 사료 : 성적충동과 테스토스테론의 생산에 영향을 준다.
- 단백질의 결핍 : 성장 중인 가축에서 성적인 충동과 특성을 감소시킨다.
- 무기물 중 Cu, Co, Zn, Mn 등의 보충 : 정자형성과 수태율을 개선시킨다.
- 비타민 A나 카로틴의 결핍 : 모든 가축에서 고환의 퇴화를 초래한다. 특히 비타민 A는 뇌하수체 생성 자극호르몬의 분비를 억제시킨다.

ⓒ 종빈축(암컷)에 대한 번식과 영양
- 암가축의 난자형성과 배란, 수정, 착상은 FSH와 LH 등 뇌하수체호르몬과 난소호르몬의 영향을 받는다.
- 에너지 결핍은 난소의 기능을 저해하고 무발정의 원인이 된다.

- 비타민 A와 E, 무기물 중 P, Mg 등의 결핍은 불규칙한 발정과 무발정을 가져온다.
- 분만 전 저에너지 사양은 분만 후 재발정을 지연시키고 분만 후 저에너지 상태는 수태율의 저하를 가져온다.
- 임신 중인 가축에 영양소가 부족하면 사산, 유산을 일으키며, 분만을 하더라도 새끼가 허약한 경우가 많다.
- 돼지 같은 다태동물인 경우 임신 중 영양소가 부족하면 태아의 조기사멸과 유산 또는 사산을 가져오며, 산자수가 감소되기도 한다.
  ※ **임신 중 영양결핍** : 사산, 유산, 산자수 감소, 비유량 감소, 폐사율 증가
② 번식을 위한 에너지 요구량
- 임신기간 중 자궁 및 태아의 발달은 임신 말기에 특히 높다.
- 임신 중 태아의 발육, 태막과 자궁 및 유방조직의 발달에 에너지가 필요하다.
- 임신 중 에너지 요구량은 태아발육을 위한 에너지와 임신에 의한 열량증가가 포함된다.
- 임신에 의한 열량증가로 에너지를 고려해야 되는 시기는 조직 내 대사활동이 증가하는 분만 전 60~90일간이다.
- 소의 경우, 임신 중에는 에너지 이용효율이 낮아 체지방의 손실이 늘어나기 때문에 유지에너지 요구량이 증가한다.
- 돼지의 경우 임신기간 중 증체량은 임신돈의 성숙 정도에 따라 다르다.
⑩ 번식을 위한 단백질 요구량
- 태아 및 태반, 양수, 자궁 등의 발달을 위해 단백질이 필요하다.
- 단백질 요구량은 임신기간이 경과할수록 증가한다.
- 임신 말기에는 단백질 요구량의 50~100%가 더 필요하다.
- 태아의 주성분은 단백질이므로 추가공급을 요한다(특히 임신 말기에 다량).
- 소의 임신기간 중 태아발달과 관련한 단백질 요구량이 단백질 축적량보다 높은 것은 생물가와 소화율이 고려되기 때문이다.
- 단백질이 부족하면 발정부진 및 태아의 사망, 비유량 부족 등의 원인이 된다.
  ※ **육성비육돈에 있어서 필수아미노산의 요구량과 그 효율이 가장 큰 것** : 라이신
⑪ 번식을 위한 광물질 요구량
- Ca, P 결핍 : 번식장애, 태아 및 어미의 골격발달과 유지에 심한 장애를 가져온다.
- 소의 경우 임신기간 중 Ca, P은 태반보다 태아에 많이 축적되고, 임신 말기에 주로 이루어진다(250~280일).
⑫ 번식을 위한 비타민 요구량
- 비타민 A : 결핍 시 발정부진, 수태율 저하
- 비타민 D : 결핍 시 태아의 골격형성, Ca · P의 보조역할

- 비타민 E : 부족 시 새끼에서 근육위축병 발생
- 비타민 B군 : 성장에 필요한 모든 B-Factor
- 수용성 비타민은 반추동물에서보다 닭, 돼지 등 단위동물에서 더 중요한 역할을 한다.

② 비육과 영양

㉠ 성장과 비육
- 성장(growth) : 골격과 근육, 장기 및 지방조직의 균형적인 발달이다.
- 비육(fattening) : 섭취한 영양소를 근육조직이나 지방조직에 최대한으로 축적시키는 형태로 이루어진다.
- 비육은 체지방을 증가시키는 목적이기 때문에 초기보다 말기에 더 많은 에너지를 공급한다.
- 비육 시 양분 요구량을 결정할 때 고려할 사항 : 증체량, 건물, 사료 사정, 생체중 등
  ※ **상강육** : 근육의 발육은 세포의 수적, 양적으로 증가하는 것과 동시에 지방이 복강과 피하에 축적되는데 이때 근섬유 세포 간에 지방이 축적되는 고기
  ※ **NRC의 영양소 요구량(닭, 돼지)에 명시된 필수지방산** : 리놀레산(linoleic acid)

㉡ 증체량과 사료효율과의 관계
- 지방이 체내에 축적되어 비육이 진행되기 때문에 비육진행 시 사료효율이 감소하게 된다.
- 단위증체에 필요한 사료 에너지량은 비육이 진행될수록 저하된다.
- 증체량이 높은 가축이 사료효율이 우수하다.

③ 젖 생산과 영양

㉠ 유성분의 특징
- 유성분은 수분 80~88%와 고형분(지방+무지고형분) 12~20%로 구성되어 있다.
- 수분을 제외한 고형분은 일반적으로 지방과 무지고형분(SNF ; Solid Non-Fat)으로 구분·표시한다.
- 지방이나 무지고형분은 유산양·돼지 등 소형동물에 많이 들어 있고, 같은 젖소에서도 홀스타인과 같은 대형품종보다 저지나 건지 또는 유량이 적은 품종에서 많다.
- 초유는 상유보다 황색을 띠며, 무지고형분(유단백질)이 현저히 많다.
- 초유에는 특히 유단백질 함량이 많다. 이는 갓 낳은 어린 가축의 질병저항력을 공급하기 위한 면역글로불린이 많이 들어 있기 때문이다.

㉡ 혈액성분과 유성분
- 유성분의 원료는 혈액으로부터 공급되어 유방조직 내 유선세포에서 합성된다.
- 혈장 중 수분함량은 우유 중 수분함량보다 많다.
- 우유의 단백질은 락토글로불린, 락트알부민, 면역글로불린 등의 유단백질 성분으로 구성되어 있다.

- 우유에는 혈장에서보다 Ca, P 및 K 함량이 훨씬 높고, Na와 Cl 함량은 훨씬 적은 편이다.
  - 수분 : 혈장 > 우유
  - 당분 : 혈당 < 유당
  - 지방 : 혈장 내 지방 < 유지방(아세트산이 유지방으로 이용)
ⓒ 유단백질, 유당 및 유지방의 합성
- 유단백질 합성 : 혈액 내 아미노산 → tRNA → mRNA → rRNA → 유단백
- 유당의 합성
  - 유당의 합성은 골지체에서 글루코스가 갈락토스로 전환된다.
  - 글루코스 중 50%가 유당 합성에 이용된다.
  - 유지방은 대부분 중성지방으로 구성된다.
  - 반추동물은 단쇄지방산(short chain fatty acid)의 비율이 높다.
  - 우유 중 지방산의 50%는 사료로부터 공급된다.
  - 단쇄지방산은 분비세포 내에서 초산과 β-hydroxybutyrate로부터 합성된다.
ⓔ 광물질 및 색소
- 우유의 광물질은 혈액으로부터 이행되어 유성분이 된다.
- 우유 중에는 Ca(25%)과 인P(인산염의 형태), Cl, Na, Mg 등이 들어 있다.
- 유즙색소는 주로 카로틴(지용성 색소)과 리보플라빈(수용성 색소)이 혈액에서 유즙으로 이행된다.
- 반추동물은 반추위 내에서 수용성 비타민이 합성되어 유즙 중 일정한 수준을 유지하나 지용성 비타민은 사료의 공급에 의한다.
ⓜ 산유량 및 유성분에 영향을 미치는 요인
- 산유량은 분만 후 6~8주에 최고에 이르고, 이후 점차 감소한다.
- 산유량이 많은 젖소는 최고 비유기의 유량이 많고 지속성이 높다.
- 산유량이 많을수록 우유 내 지방과 단백질 함량이 낮다. 즉, 최고비유기에 가장 낮으며, 산유기 말기로 갈수록 높아진다.
- 착유간격이 길면 유방압이 높아져 유지율이 낮아진다.
- 아침에 착유한 우유보다 저녁에 착유한 우유가 유지율이 높다.
- 최대산유량을 얻기 위한 가장 적절한 건유기간은 50~60일이다.

- 비유기 모체 영양손실 회복
- 비유 중 농후사료를 섭취한 소화기관의 휴식
- 유방염 등 질병 치료
- 다음 착유 기간을 위한 영양 축적
- 건유 후 착유 시 우유 품질 개선

- 젖소는 6세가 되어야 성숙하여 산유량이 최대가 되며, 8~9세부터는 산유량이 감소하기 시작한다. 그러나 우유 중의 무지고형물과 지방 함량은 5세까지 감소하고, 이후에는 증가한다.
- 체중이 무겁고 체구가 크면 산유량도 매우 높다. 그러나 유지율은 체구가 작은 것이 높다.
- 임신 5개월 이후 태반호르몬의 작용으로 산유량은 감소한다.
- 환경적 스트레스는 유생산량 감소의 원인이다.
- 산유량은 10~15℃의 쾌적한 온도에서 가장 높다(15~25℃에서도 크게 영향을 받지 않는다).
- 봄·여름보다 가을과 초겨울에 분만한 젖소의 연간산유량이 높다.
- 사료 중 단백질이 부족하면 산유량과 무지고형분이 감소한다.
- 조사료는 에너지 함량이 낮아, 유지율 향상에 효과적이다.
ⓑ 젖 생산을 위한 에너지 요구량
- 비유 중인 젖소의 에너지 요구량은 유생산량과 성분의 함량에 따라 다르며 유지방 함량과 높은 상관관계를 가진다.
- 지방보정유(FCM ; Fat Corrected Milk) : 가축에 따라 유지율과 산유량이 다른데, 우유의 에너지 함량을 비교하기 위해서 유지율을 4%로 환산하여 계산한다. 이를 4% 보정유라 한다.

> 4% 보정유＝0.4M＋15F ☑ **빈출개념**
> 여기서, M : 유량
> F : 지방량(유량×유지율)

④ 달걀생산과 영양
   ㉠ 달걀의 구성
   - 달걀은 타원형으로 비중 1.08~1.09, 표준중량 55~60g이다.
   - 난황은 전체의 30%이며, 단백질, 무기물, 지방, 비타민의 함량이 많다.
   - 난백은 전란의 58%이며, 수양성 난백과 농후난백으로 구분된다.
   - 난각은 탄산칼슘($CaCO_3$) 94%, $MgCO_3$과 $Ca_3(PO_4)_2$이 각각 1% 정도이다.

ⓛ 난 생산을 위한 에너지 요구량
- 기초대사에 필요한 에너지: 대사체중당 83kcal
- 활동에너지 : 기초대사에너지의 약 50%(케이지 사육 시 37%)
- 달걀에 축적되는 에너지 : 달걀 한 개의 에너지 함량은 360kcal이다.
- 추운 겨울철의 에너지 요구량은 평시보다 10~15% 증가한다.
- 산란사료의 대사에너지 함량이 kg당 11.09MJ 또는 2,650kcal(겨울 11.5MJ 또는 2,750kcal)이하로 떨어질 때 최대산란율을 얻을 수 없다.
- 산란계의 기초대사량(kcal NE/일) : $68Wkg^{0.75}$

> **더 알아보기** **닭의 에너지 이용**
>
> - 체중이 적을수록 에너지 이용효율이 높다.
> - 산란능력이 높은 닭이 낮은 닭보다 에너지 이용효율이 높다.
> - 에너지 요구량은 케이지 사육에 비하여 평사에 사육 시 높게 제시되고 있다.
> - 체중이 가벼운 닭은 전체 에너지 소비량이 더 낮다.

ⓔ 난 생산을 위한 단백질 요구량
- 산란에 필요한 단백질은 달걀 내 단백질 함량이 기준이 된다.
- 달걀 내 단백질 함량이 12%일 때(달걀 중량이 56g → 단백질 6.7g), 사료단백질의 이용효율이 55%이므로 달걀 1개를 생산하는 데 12.29g의 단백질이 필요하게 된다.
- 체유지에 필요한 단백질 : 3g
- 성장에 필요한 단백질 : 1.4g
- 깃털형성에 필요한 단백질 : 0.4~0.1g
- 산란계의 1일 단백질 요구량 : 16g
- 적당하고 성숙한 산란계의 칼로리·단백질비(C/P) : 193~195
- 양계사료에서 초생추사료 중에 현저히 더 많은 함량을 요구하는 영양소 : 단백질
- 산란예비계 사양프로그램-초생추의 적정 단백질 및 에너지 수준 : 단백질 18~20%, 에너지 약 3,000kcal/kg ME
- 닭에 있어서 필수아미노산으로 분류되는 것 ☑**빈출개념** : 글리신(glycine), 라이신(lysine), 류신(leucine), 메티오닌(methionine), 발린(valine), 아르지닌(arginine), 아이소류신(isoleucine), 트레오닌(threonine), 트립토판(tryptophan), 페닐알라닌(phenylalanine), 히스티딘(histidine)

- 병아리에 있어서 필수아미노산 아르지닌(arginine)의 역할 : 가축의 체내에서 요소의 합성에 중요한 역할을 한다.

※ **NRC 사양표준**
  - 갈색 산란계의 단백질 요구량 : 16%
  - 브로일러 초생추의 단백질 요구량 : 23%
  - 브로일러 사료단백질 이용효율 : 64%
  - 체중 1.8kg인 산란계의 1일 사료섭취량 : 110g

② 광물질 및 비타민 요구량

- 산란계에 가장 많이 필요한 무기물 : Ca
- 산란계 사료는 난각형성을 위한 적정 Ca 함량(%) : 3.5% 이내
- 난각을 구성하는 무기물 중 가장 많은 비중을 차지하는 것 : $CaCO_3$
- 연령증가에 따라 유기태인의 이용효율은 증가한다.
- Mn, Zn, NaCl이 부족되지 않도록 유의한다.
- 산란계의 부화율을 높이는 비타민 : 비타민 B_{12}
- 비타민은 체내합성을 못하므로 비타민 요구량이 높고, 부족 시 결핍증상 발생

더 알아보기 　**부화율에 악영향을 미치는 영양결핍**

- 비타민 A : 부화 2~3일째 사망, 정상적인 혈액의 발육 실패
- 리보플라민 : 부화 9~14일 째 사망, 수종, 기형의 발, 발가락 위축, 왜소증
- 판토텐산 : 비정상적인 깃털, 발생되지 못한 배자의 피하출혈
- 칼슘결핍 : 발생률 저하, 짧고 굵은 다리, 짧은 날개, 처진 하악골, 굽은 부리와 다리
- 바이오틴 : 장골의 위축, 다리, 날개, 두개골의 위축, 18~21일째 사망
- 비타민 B_{12} : 수종, 짧은 부리, 굽은 발가락, 근육발달의 불량, 부화 8~14일째 사망
- 비타민 K : 배자와 배자의 혈관에서 출혈 또는 혈액응고
- 비타민 E : 부화 1~3일째 사망, 수종, 부푼 눈
- 폴라신 : 바이오틴 결핍현상과 유사함, 부화 18~21일째 사망
- P : 부화 14~18일째 사망, 연약한 부리와 다리, 부화율 감소
- Zn : 골격 기형, 날개와 다리가 형성되지 않음
- Mn : 부화 18~21일째 사망, 날개와 다리가 짧고 비정상적인 머리, 성장지연, 수종

축종별 사양 관리

1. 한·육우의 사양 관리

(1) 육성우의 사양 관리

① 육성우 사양 관리

㉠ 우량한 송아지의 구입

- 우량한 암소에서 생산된 송아지를 구입해야 한다.
- 우량한 암소는 외모나 체격이 좋고 건강하여 1년에 한 마리씩 송아지를 생산하고, 분만한 송아지에게 충분히 포유할 수 있는 소를 말한다.
- 육질이 우수한 보증종모우의 정액으로 인공수정한 송아지를 구입한다.
- 비육 중인 소가 자연교미로 생산된 송아지를 구입하지 않는다.
- 구입한 송아지는 소독약을 살포하고, 스트레스 감소를 위해 전해질제, 수용성 비타민제, 소화촉진제를 급여한다.

㉡ 소의 발육 특성

- 소의 체는 뇌 → 뼈 → 근육 → 지방 순으로 발육이 진행된다.
- 발육순서는 영양에 관계없이 동일하나 저영양으로 사육 시에는 발육기간이 연장될 뿐이다.
- 소에게 공급된 영양분은 발육이 빠른 순서대로 우선 공급된다.
- 생체중은 생후 4~20.7개월령까지 왕성하게 자란다.
- 살코기(적육)는 생후 3~18개월령까지 발육이 왕성하다.
- 지방은 생후 12~23개월령, 뼈는 -0.6~10.7개월령까지 발육이 왕성하다.
- 소화기관은 0.6개월령부터 발육하여 12개월령 전후까지 발육이 완료된다.
- 소 몸조직의 발육이 가장 잘되는 시기는 1세(12개월령) 전후이다.

※ 소의 품종 분류
- 유용종 : 홀스타인종, 저지종, 건지종, 에어셔종, 브라운스위스종 등
- 육용종 : 한우, 헤리퍼드종, 애버딘 앵거스종, 쇼트혼종, 샤롤레종, 브라만종

② 거세

㉠ 거세 개념

- 종축으로서 가치가 없어 육, 역용으로 쓸 가축의 정소(고환) 또는 난소를 제거해 성욕을 없애는 것이다.
- 고환기능의 완전중지 및 병적인 고환을 제거함으로써 동물의 이용가치를 높인다.
- 거세는 주로 수컷에게만 실시하며, 암컷은 별로 하지 않는 것이 보통인데, 이는 난소를 제거하는 수술이 극히 어려울 뿐만 아니라 그 효과도 적기 때문이다.

ⓛ 거세시기
- 일반적으로 거세의 영향이 적은 이유 전 포유기에 주로 실시한다.
- 통상의 경우는 6개월 전후에 실시한다.
- 육용 비육의 경우
  - 포유 중일 때는 생후 1~2개월령
  - 이유 중일 때는 생후 4~5개월령
- 역용의 경우 : 생후 15~24개월령
- 거세의 계절 : 봄(4, 5월) > 가을 > 겨울 > 여름 순으로 나쁘다.

ⓒ 거세의 방법
- 무혈거세 : 정계의 혈관을 무혈거세기를 이용하여 압박한다. 압박된 혈관은 혈액이 차단된다. 상처가 생기지 않고 화농의 위험은 없으나 확실하지 않다.
- 고무줄(링)법 : 정관을 고무줄로 동여매거나 고무링 장착기를 이용하여 고무줄을 장착한다. 간편한 방법이지만 장시간 스트레스가 지속되는 단점이 있다.
- 외과적 방법 : 음낭을 절개하여 정소를 적출한다. 가장 확실한 방법이지만 전문적으로 숙련된 기술이 있어야 하고 수술 후 관리를 해주어야 한다.

ⓔ 거세의 장단점 ☑ 빈출개념

장점	단점
• 근내지방도가 증가하고, 근섬유가 가늘어지며 향미가 좋아진다. • 고기의 연도(전단력)가 비거세우보다 현저히 낮아(연해)진다. • 교미능력의 상실로 암수 합사사육이 가능하다. • 소의 성질은 온순하고, 투쟁심이 없어지며, 사양 관리가 쉽다. • 출하 시 좋은 등급으로 높은 가격을 받을 수 있다. • 종축으로서의 가치가 없는 가축의 번식을 중단시킬 수 있다. • 체지방 축적이 많아지고, 다즙성이 향상된다.	• 거세우의 발육은 비거세우보다 일반적으로 떨어진다. • 일당 증체량은 다소 떨어지고 사료효율 역시 낮다. • 체지방량이 많아 정육량이 다소 떨어진다. • 출하체중 도달일수가 지연된다.

더 알아보기 조기 거세의 단점 ☑ 빈출개념

- 요결석
- 일당 증체량 감소
- 피하지방 증가로 인한 육량 감소
- 사료 요구율 증가(사료 효율 감소)

(2) 비육우의 사양 관리

① 비육밑소의 선발요령

ⓐ 건강상태

- 외모상 전체적으로 원기가 있고, 활력이 있으며, 피모에 윤기가 흘러야 한다.
- 눈곱이 없고 콧등에 습기가 촉촉하여 이슬방울처럼 맺혀 있어야 한다.
- 배분이 정상적이고, 배가 크게 늘어지지 않아야 한다.

ⓑ 체형

- 월령에 알맞게 자란 균형잡힌 소로 체고는 크고 발굽이 건강하게 발달해야 한다.
- 머리가 너무 크지 않고, 앞다리와 가슴이 넓고 충실한 것이어야 한다.

ⓒ 육질

- 귀안에 털이 부드럽고 귀가 작으며, 털은 가늘고 부드러우며, 밀생한 것이어야 한다.
- 뿔은 가늘고 매끈하게 보이며 곤폭이 넓고 전관위가 가는 것을 선발한다.

※ 비육대상우를 선정할 때 지육비율이 높은 소로 가장 적합한 것 : 목이 짧고, 주름이 잡혀 있는 소

② 비육기별 사양 관리

비육 전기
(고영양)
	• 생후 12개월령(체중 292kg)에서 15개월령(체중 367kg)까지의 시기이다.
	• 급격한 지방이 축적되는 것을 방지하는 비육완충기라고도 할 수 있다.
	• 단백질 함량이 높은 농후사료와 양질의 조사료를 많이 급여한다.
	  ※ 비육용 사료를 선택할 때 고려할 사항 : 기호성, 경제성, 영양가
	• 비타민 A를 결핍시킨다. 비타민A는 지방전구세포가 지방세포로 분화되는 것을 방해하기
	  때문이다.

비육 중기 (중등 및 고영양)	• 생후 16개월령(체중 395kg)에서 21개월령(체중 536kg)까지 시기이다. • 근내지방의 왕성한 축적이 되는 시기이다. • 일당 증체량이 최고가 되는 시기이다. • 배합사료 내 TDN 함량과 조단백질 함량을 적절히 조절해야 한다.
비육 후기 (저영양)	• 생후 22개월령(체중 560kg)~출하 시까지를 말한다. • 근내지방이 계속 증가되는 시기이다. • 농후사료의 절대섭취량을 유지하고, 조사료 급여량은 제한적으로 급여한다. • TDN 함량은 높이고, 조단백질 함량은 감소시킨다. • 사일리지나 청초를 급여하면 케로틴으로 인한 지방색이 황색으로 변하여 육질등급이 낮아지 므로 건초나 볏짚을 급여한다. • 보리를 급여하면 지방색이 백색으로 되어 육질등급이 좋아진다.

※ 한우의 육성 비육 시 영양시스템 : 조사료로 육성 후 농후사료로 비육한다.

③ 비육우의 육성 시 조사료 다급 시 장점 ☑ **빈출개념**

    ㉠ 지속적인 증체가 가능한 건강한 비육밑소를 육성할 수 있다.

    ㉡ 조사료의 거침과 부피에 의해 제1위와 소화기관 및 골격 발달된다.

    ㉢ 조사료를 많이 급여함으로써 내장 주위나 근육 사이에 불가식 지방의 조기침착을 방지한다.

    ㉣ 침의 다량분비를 촉진하여 제1위 내 미생물을 활성화시켜 발효가 양호해지고 반추위의 기능을 원활하게 한다.

④ 비육우의 사양의 특징

    ㉠ 비육우의 효과를 높이기 위한 조건 : 조숙성·조비성일 것, 사료의 이용성이 높을 것

    ㉡ 한우고기의 품질에 있어서 가장 크게 영향을 미치는 요인 : 지방의 함량

    ㉢ 비육우의 성장과 도체 특성에 영향을 미치는 요인 : 성별, 품종, 사료의 영양수준

    ㉣ 대두박이나 옥수수를 많이 급여하면 체지방이 연해진다.

    ㉤ 비육 말기에 지방을 많이 공급할수록 육질이 더 좋아진다.

    ㉥ 소와 같은 반추동물은 반추위미생물이 대부분 수용성 비타민과 비타민 K를 합성할 수 있기 때문에 특별한 경우를 제외하고는 수용성 비타민의 추가공급이 필요하지 않다.

    ㉦ 고기의 상품가치는 경지방이 많을수록 좋다.

    ㉧ 비육우 사양에 있어서 비육촉진제에는 항생제, 생균제제, 호르몬제, 반추위 발효조정제, 유기비소제, 황산구리, 효소, 효모, 미지성장인자 등이 있다.

(3) 번식우의 사양 관리

① 임신우 관리

    ㉠ 한우 암소의 임신기간은 평균 280~285일이다.

    ㉡ 분만일의 계산 : 수정일에 10을 더하고, 수정월에서 3을 빼면 분만예정일이 된다.

임신 초기 (3개월까지)	유산의 가능성이 있으므로 과격한 운동을 피한다.
임신 중기 (6개월까지)	약 6~7kg의 태아가 성장하는 단계이다.
임신 말기	• 태아성장률이 약 70%를 나타낸다. • 임신 말기에는 급격하게 성장하므로 전체 급여영양소를 약 20~30% 가량 증량급여 한다. • 임신우의 경우 영양소 공급이 가장 많아야 하는 시기이다.

② 임신우 사료급여

㉠ 임신우에게 녹엽의 건초류나 황색 옥수수사료를 많이 급여한다. 이는 사료 중의 β-카로틴의 함량을 높여 주게 되어 번식기간을 단축하는 효과를 기대할 수 있다.

㉡ 분만 약 1개월 전에 항산화제인 비타민 E와 셀레늄(Se) 제형을 근육으로 투여한다. 이는 송아지의 출생 후 백근증을 예방할 수 있으며, 분만 후 어미소의 후산정체, 유산 및 사산 등을 예방할 수 있다.

　※ Se 부족 시 육성우에서 가끔 설사를 유발하고 임신우에서는 분만 후 후산정체를 일으킨다.

㉢ 지용성 비타민 제제를 임신 말기에 투여한다. 이는 초유 중의 면역단백질의 농도와 질을 높일 수 있다.

㉣ 분만 직전에 농후사료량을 증가하여 전체 TDN가를 높여 준다. 이는 어미소에서는 발정재 귀일수를 단축하는 효과와 더불어 수태율을 높일 수 있고, 수태당 종부횟수를 줄여 번식 능력을 개선할 수 있으므로 분만간격도 당연히 줄어들게 된다.

③ 분만우 사양 관리

㉠ 포유기는 조단백질 및 대사에너지 요구량이 급격히 증가한다.

㉡ 발정재귀 단축, 수태율 향상을 위해 임신우보다 20% 정도를 더 급여한다.

㉢ 영양상태가 육안으로 보아 불량할 때는 기준량보다 약 10% 정도 증량급여한다.

㉣ 조사료원으로 볏짚만 급여하는 농가에서는 종합비타민제와 광물질제제를 반드시 보충급여 하여야 한다.

더 알아보기　한우 번식우의 분만 전후 주요 관리사항

- 영양소 요구량 충족, 사료의 건물섭취량 증가
- 운동과 일광욕을 통한 대사활성과 비타민 D 합성 이용
- 조사료와 대사에너지 요구량 증가
- 자궁회복 촉진과 발정재귀일수 단축
- 첨가제나 이온(음, 양이온)균형자료 급여

---

④ 번식우 관리

㉠ 정액생산과 교배를 목적으로 사육하고, 비만과 영양소결핍에 유의한다.

㉡ 단백질과 비타민 A, C, E 및 칼슘과 인 등의 영양소를 공급하고 운동을 충분히 시킨다.

㉢ 농후사료 급여량은 제한급여하고, 양질의 조사료급여를 통하여 반추위를 포함한 소화기 관을 건강한 발달을 촉진시키도록 해야 한다.

㉣ 영양결핍 시 정자 수 감소, 정자의 활력 저하, 기형률이 높아진다.

2. 젖소의 사양 관리

(1) 송아지 및 육성우의 사양 관리

① 젖소의 품종

홀스타인(Holstein)	• 원산지는 네덜란드와 북부 독일이다. • 유량은 많으나 유지율이 낮다. • 환경적응력이 강하나 추위에 약하다. • 외관이 뚜렷하고 주둥아리가 넓으며, 콧구멍이 열려지고 매우 강한 턱이 있다.
저지(Jersey)	• 영국 저지섬이 원산지이다. • 성 성숙이 빠르다. • 유지율 및 전고형분 함량이 다른 품종보다 높다.
건지(Guernsey)	• 영국 건지섬이 원산지이다. • 추위에 강하고 유지율은 5% 정도로 높으며, 전고형분의 함량도 많다.
에어셔	영국 원산으로 환경적응력이 강하다.
브라운스위스	스위스 원산으로 유·육 겸용종이다.

② 출생 후 송아지(분만으로부터 생후 3일까지) 사양 관리

㉠ 분만 후 콧구멍과 입에 있는 점액을 닦아 준다.

㉡ 호흡 곤란 시 흉벽을 눌러 주거나 송아지 뒷다리를 잡고 거꾸로 하여, 기관지나 콧구멍에 있는 점액을 제거해 준다.

㉢ 마른 헝겊으로 양수와 오물을 닦아낸다.

㉣ 탯줄은 배꼽에서 5~7cm 정도를 가위로 잘라 주고 소독한다.

㉤ 즉시 초유를 급여하며, 1시간 내에 송아지가 못 일어나면 세워 준다.

㉥ 포유하지 않는 송아지는 강제로 초유를 먹인다.

③ 송아지 초유급여

㉠ 초유의 개념

• 초유는 단백질과 유지방 함량이 높고 유당 함량은 낮다.

• 보통 우유에 비하여 진한 황색이다.

• 면역물질이 되는 글로불린 함량이 높다.

• 카로틴, 비타민 A의 함량이 높다.

• 태변의 배설을 도와준다.

• 송아지에게 이행된 항체의 효력은 생후 2개월간 지속된다.

• 나이가 많은 경산우의 초유가 어린 초산우의 초유보다 항체 함량이 2배 정도 높다.

ⓒ 초유의 급여

- 분만 2~3일 전에 어미소의 유방을 미지근한 물을 수건에 적셔 깨끗하게 닦아 준다.
- 분만 후에 반드시 30~40분 이내에 즉시 급여하거나 포유할 수 있도록 도와준다(6시간 이내 급여).
- 최소한 생후 3일 동안 하루 2번씩 반드시 충분한 양의 초유를 흡유해야 한다.
- 초유의 양은 송아지 체중의 4~5%(25kg인 송아지는 1.0~1.2L)를 24시간 이내 섭취할 수 있도록 해야 한다.

> **더 알아보기**   **냉동초유 저장 및 이용방법**
>
> - 3살 이상의 나이 많은 젖소의 초유를 이용한다.
> - 생산일자, 어미소 이름 등을 기입한 비닐포장에 옮겨 담아 보관한다.
> - 1~2kg 단위로 나누어 냉동시켜 보관한다.

④ 젖소 송아지 사양 관리

㉠ 생후 4일령부터 2주령까지

- 생후 4~5일령이 되면 저장해 놓은 초유나 전유를 급여한다.
- 7일부터 서서히 대용유로 전환하고 1일 2회로 나누어 급여한다.
- 반추위 발달을 위해 7일령부터 양질의 건초를 급여한다.

> **더 알아보기**   **대용유 급여 요령**
>
> - 대용유는 45℃에 용해시켜 따뜻하게(39℃) 1일 2회 정량급여 한다.
> - 모유 대신 탈지유를 급여해도 된다.
> - 항상 깨끗한 물을 급여한다.

㉡ 생후 15일령부터 이유 시까지

- 대용유는 체중의 5~8% 정도 급여하고, 양질건초를 급여하여 반추위의 발달을 촉진시킨다.
- 수분이 많은 청초나 사일리지 급여는 건물섭취량을 떨어뜨리므로 피한다.
- 수송아지 42일령, 암송아지 49일령까지 대용유를 포유시킨 후 이유한다.
- 이유는 5~6주령 이후에 사료를 700g 이상 섭취할 때 실시한다.
- ※ 송아지를 어미와 떼어서 새끼 따로 먹이기(creep feeding)의 기대효과
  - 이유 시 송아지 체중이 증가되고 건강이 증진된다.
  - 어미소의 체중감소량이 적어진다.
  - 어미소의 번식횟수를 증가시킬 수 있다.

㉢ 어린 송아지 사양 관리(이유~3개월령) : 과도한 비육은 유선조직에 지방침착을 가져오게 되므로 유선발달이 저해되고, 분만 후 산유량이 떨어지며 대상성 질병이나 난산 발생률이 높아지므로 피해야 한다.

농후사료	• 건초를 자유 채식시키면서 농후사료 급여량을 조절하여 급여한다. • 육성우나 착유우 사료에는 단백질의 함량이 낮고 어린 송아지가 이용할 수 없는 요소 등의 비단백태질소화합물(NPN)이 함유되어 있으므로 급여하지 않는다.
조사료	• 청초나 사일리지 등 수분이 많은 조사료는 송아지의 건물섭취량이 적어지므로 발육이 늦어진다. • 옥수수 사일리지의 처음 급여시기는 6개월령 이후로 미루는 것이 좋다. • 가급적 방목을 피한다. 방목은 기생충의 감염이 늘고 풀의 질이 계절적으로 고르지 않아서 송아지의 발육이 균일하지 못하며, 방목을 하다 보면 송아지를 제대로 돌볼 수 없다.

ㄹ 중송아지 사양 관리(4~6개월령)
- 발육부진, 과다비육이 되지 않도록 일당 증체량을 0.6~0.8kg으로 유지한다.
- 6개월령까지는 청초나 사일리지 등 수분이 많은 조사료는 제한 급여하고(일당 4~5kg 이내) 건초 위주로 사육한다.
- 조사료는 부드러우며 단백질 함량이 높은 것을 급여한다.
- 부득이 볏짚, 산야초 등 저질조사료를 급여할 때는 단백질사료와 비타민 첨가제를 별도로 보충한다.
- 아직 반추위의 발달이 완전하지 못하므로 조사료 외에 농후사료를 보충 급여한다.
- 비육용 사료, 착유우 사료 등을 먹이지 않도록 한다. 이들 사료들은 단백질 함량이 낮고 요소가 함유되어 있으므로 발육이 감소하기 때문이다.
- 6개월령에 구충제를 투여한다.

⑤ 제각(뿔 자르기)
ㄱ 뿔 자르기는 생후 7일령에 실시한다.
ㄴ 제각의 이유
- 치료목적 : 성우의 뿔이 끝부분에서 부러졌을 때에는 화농되어 전두동염을 일으킬 가능성이 있으므로 치료목적으로 제각한다.
- 사고방지 : 뿔이 있는 소가 다른 소를 받아 상처를 입히거나 유산시키는 사고를 방지한다.
- 관리상의 안전 : 관리인의 안전과 위협감을 없애기 위해서 제각한다.

⑥ 부유두 제거
ㄱ 부유두는 4~6주령에 제거한다.
ㄴ 정상적인 젖소의 젖꼭지는 4개이다.
ㄷ 부유두가 있으면 유방염 등에 감염될 염려가 있고 기계 착유 시 장애가 된다.
※ 젖소의 유속(乳速)에 영향을 미치는 요인 : 유두 괄약근의 탄력성, 유방 내 우유의 양, 유두구멍의 크기 등으로 유방의 크기와는 무관하다.

(2) 착유우의 사양 관리

① 비유 초기 사양 관리(산유량 유지를 위한 유도사양, 번식 관리)
ㄱ 비유 초기는 분만 후 최고비유기인 3개월(12주)까지의 기간이다.

ⓛ 산유량은 분만 후 4~5주에 최고수준에 도달하고, 사료섭취량은 8~10주에 최고에 달한다. 즉, 산유량이 빠르게 증가하고, 체중은 감소하는 특성을 보인다.

ⓒ 비유 초기의 젖소에 있어서 조사료 : 농후사료 급여비율(건물기준)은 40 : 60이다.

ⓡ 젖소의 영양소 요구량이 높아 농후사료의 증량급여가 필수적이나 이 경우에도 반추위의 정상적인 기능을 유지하기 위해서는 양질의 조사료를 40% 이상 급여해야 한다.

ⓜ 최대섭취량을 위해 가급적 사료급여 횟수를 늘려 준다(최소한 3회 이상).

ⓗ 사료 급여횟수를 증가시킬 경우 사료섭취량 증가, 우유생산량 증가, 유지방량 증가 등의 효과가 있다.

② 비유 중기 사양 관리(산유량 유지, 수태확인)

㉠ 비유 중기는 분만 후 10주 후부터 6~7개월령까지이다.

ⓛ 사료섭취량이 최대로 증가하나 산유량은 매주 2~3%씩 감소함으로 사료로부터 충분한 영양소를 공급받는 시기이다.

ⓒ 조사료의 섭취량은 건물기준으로 최소한 젖소체중의 1%가 되도록 하며 농후사료는 체중의 2.5%까지 급여할 수 있다.

ⓡ 충분한 양의 사료를 섭취하기 때문에 사료 내 에너지 및 단백질 함량이 비유 초기와 같이 높을 필요가 없다.

ⓜ 비유 중기 우유생산을 위한 영양소 공급에 있어서 이상적인 조사료 : 농후사료 급여비율은 60 : 40이다.

ⓗ 비유 중기 이후의 건강이 좋거나 다소 과비 경향이 있는 젖소에게 비유촉진호르몬을 투여하여 산유량 증진을 계획한다.

③ 비유 말기 사양 관리(적정 체중 증가 유도, 건유기 준비) ☑ **빈출개념**

㉠ 비유 말기는 분만 후 6~7개월령에서 건유 전까지의 기간이다.

ⓛ 산유량이 감소하고, 체지방 축적으로 전환되어 체중 증가시기이다.

ⓒ 실제 요구량보다 약간 많은 양의 에너지가 공급될 수 있도록 급여하여 비유 초기에 잃은 체내 축적에너지를 회복하도록 한다.

ⓡ 성장 중인 젖소는 실제 요구량보다 10%(3세의 경우)~20%(2세의 경우) 정도 더 많은 양의 사료를 급여한다.

ⓜ 과비상태일 때는 분만장애, 대사성 질환, 전염성 질병의 발생확률이 높으므로 과다한 체중증가를 피한다.

※ 비유 중인 젖소의 경우 다량의 농후사료 급여는 유당과 유량이 증가하고, 단백질의 함량은 변화가 없다.

※ **유도사육** : 젖소의 관리에 있어서 분만예정 3주 전쯤부터 곡류사료를 서서히 증가시켜 체중의 1.0~1.5% 증량급여하는 사육방법

④ 기타 주요 사항

  ㉠ 위생적인 착유순서 : 기기소독·세척 → 전착유 → 유방세척 → 유방건조 → 유두컵 장착 → 착유 → 유두컵 제거 → 유두소독

  ※ 착유 시 맥동기의 가장 적합한 분당 맥동주기 : 50~60회

  ㉡ 젖소의 비유곡선

  • 비유 초기에 충분한 영양소를 공급해야 산유량이 정상수준으로 회복된다.

  • 비유 최성기에 도달하는 시기는 그 동물의 유전적 요소와 그 동물의 분만 전 영양상태 및 분만 후 사양 관리에 따라 다르나 젖소의 경우는 평균 4~8주째이다.

  • 최고유량에 도달한 후 젖소의 산유량은 일정한 비율로 점차 감소하는데, 이 감소율은 개체와 비유기에 따라 다르지만 재임신 후 22주경에 더욱 급속히 떨어진다.

  • 재임신시키지 않고 착유를 계속하면 유선의 활동이 약화되어 비록 유량은 감소하지만 2~3년 또는 그 이상까지도 젖을 분비할 수 있고, 6년 이상 비유를 계속한 기록도 있다.

  ㉢ 젖소에 있어서 완충제(buffer)의 사용

  • 착유우사료 중에 사용되는 완충제의 사용을 고려할 경우

   - 유지방 함량이 낮을 경우

   - 총 급여사료 중 조사료가 45% 이하일 경우

   - 사료를 분쇄 또는 펠렛화했을 경우

   - 농후사료 급여량이 체중의 2% 이상일 경우

  • 완충제의 종류 : 중조(중탄산나트륨, $NaHCO_3$), 중탄산칼륨, 산화마그네슘, 석회 등

  ㉣ 조사료

  • 착유 중인 젖소사료에 함유되어야 할 최소한의 조섬유 함량 : 16% 이상

  • 소의 사료로서 조사료가 필수적인 이유 : 반추위와 장기의 정상적인 생리작용 때문에

  • 착유우의 유지율 향상을 위한 방법 : 양질의 조사료를 충분량 급여한다.

  • 조사료가 풍부한 지역에서 유리한 축종 : 젖소

(3) 건유우의 사양 관리

① 젖소의 건유 필요성 ☑ 빈출개념

  ㉠ 유방조직의 휴식 및 유선세포의 회복

  ㉡ 체내 무기물의 보충과 임신 중 태아의 영양분 공급

  ㉢ 차기 젖생산을 위한 영양소 축적

  ㉣ 비유기 모체 영양손실의 회복

  ㉤ 장기간 농후사료를 섭취한 소화기관의 휴식

  ㉥ 유방염 등 질병치료

② 건유기 사양 관리

　　㉠ 건유기에 단백질, 에너지의 과잉공급 시 과비를 초래한다.

　　㉡ Ca, P, 소금을 과잉공급하면 유열 등 대사성 질병이 발생한다.

　　㉢ 비유기에 쇠약해진 제1위의 점막과 융모돌기를 회복하기 위해 양질의 건초의 급여한다.

　　㉣ 단백질, Ca의 함량이 높은 두과목초가 총급여사료의 50%를 초과하면 유열의 발생률이 높아진다.

　　㉤ 건유기에 옥수수 사일리지만을 급여하면 분만전후의 건물섭취량이 크게 저하된다.

　　㉥ 옥수수 사일리지는 에너지 함량이 높아 과비되기 쉬우므로 다급은 피한다.

　　㉦ 분만 2~3주 전은 건물섭취량이 저하되므로 양질의 조사료를 급여한다.

　　㉧ 분만 2~3일 전에 Ca, P을 공급하여 유열의 발생빈도를 낮춘다.

　　㉨ 건유우의 소금섭취량이 너무 많으면 유방부종의 원인이 된다.

　　㉩ 건유기의 농후사료 급여의 상한치를 NRC는 건물섭취량의 40%까지로 제한하고 있으므로 농후사료는 체중의 0.7%까지를 상한으로 하여 급여한다.

　　※ 착유우에서 유기가 경과되어 건유기에 가까워지면 감소하는 우유성분 : 유당

③ 젖소 건유기 사양의 특징

　　㉠ 젖소의 임신 말기가 되면 태아의 발육이 왕성해져 충분한 영양이 요구되는 시기이다.

　　㉡ 비유로 인하여 휴식과 안정이 필요하고 건유기간은 60일 정도가 바람직하다.

　　㉢ 건유기간이 너무 길면 비만증상이 나타나 유열 등의 대사성 질병이 나타날 수 있다.

　　㉣ 건유를 시키지 않고 계속 착유를 했을 경우 다음 유기의 산유량이 30% 정도 감소한다.

　　㉤ 분만 후 비유기간에는 아무리 많은 칼슘을 공급해도 자기골격에서 손실되는 것을 방지할 수가 없다. 따라서 건유기에 칼슘과 인이 체내에 다시 축적된다.

　　㉥ 젖소에 있어서 최대산유량을 얻기 위하여 권장되는 건유기간은 50~60일이다.

　　㉦ 임신한 젖소는 분만예정 전 일정기간 착유를 하지 않고 반드시 분만예정 전 60일부터 건유를 시켜야 한다.

　　※ 고능력 젖소가 분만 초기에 사료건물섭취량이 떨어지는 반면에 산유량이 증가하면서 우유분비에 부족한 에너지의 조달과정에서 일어나는 현상 : 체지방 분해, 지방간 발생, 케토시스 발생

④ 젖소의 대사성 질병 ☑ **빈출개념**

　　㉠ 유열 : 비정상적인 Ca대사에 의해 발생한다.

　　㉡ 케토시스 : 분만 전·후 특히 분만 후 비유량 증가에 수반하여 소비에너지가 섭취에너지량을 상회 시 체내 에너지원이 소비되어 저혈당과 케톤혈증이 유발된다.

　　㉢ 고창증 : 반추동물의 경우 반추위 내 이상발효에 의한 과도한 가스생성과 트림반사의 저하로 극도로 위가 팽창하는 대사성 질환이다.

　　㉣ 그 외 대사성 질병에는 난산, 후산정체, 유방염, 제4전위증 등이 있다.

- 비타민 A와 D 및 단백질을 충분히 섭취토록 한다.
- 분만 전에 양이온보다 음이온을 더 공급한다.
- 분만 후 충분한 양의 칼슘을 공급한다.
- 건유기간 중 칼슘섭취량을 제한한다.

※ 고능력 젖소사료에 중조($NaHCO_3$)를 사용하는 것은 산중독증 예방하기 위함이다.

3. 돼지의 사양 관리

(1) 돼지의 일반적 특성

① 심리적 특성

ㄱ 굴토성 : 태생부터 흙을 좋아하고 땅을 코로 파는 성질이 있다. 코에는 연골판이 있어서 쉽게 팔 수 있다.

ㄴ 청결성 : 돼지는 배설하는 곳과 잠자는 곳을 구별할 수 있다.

ㄷ 마찰성 : 피지샘과 땀샘이 퇴화하여 피부가 건조하다. 또한 목이 굵고 꼬리가 짧아서 가려움을 해결하지 못해 주변의 사물이나 땅에 몸을 마찰시켜 해소한다.

ㄹ 후퇴성 : 꼬리를 잡으면 앞으로 가고, 위턱을 잡으면 뒤로 가는 성질. 이를 이용해 돼지를 보정한다.

ㅁ 군거성 : 돼지는 무리를 지어 생활하는 습성이 있다.

② 생리적 특성

ㄱ 잡식성 : 돼지는 동물성, 식물성 사료를 모두 소화할 수 있는 소화기관의 구조이다.

ㄴ 다산성 : 한배에 10~12 마리 정도의 새끼를 가지며 1년에 2~2.5산이 가능하다.

ㄷ 다육성 : 적은양의 사료로 많은 양의 고기를 생산할 수 있다. 5~6개월이면 110kg에 도달한다.

ㄹ 후각과 청각 발달 : 풍토에 적응을 잘 한다.

(2) 자돈 및 육성돈의 사양 관리

① 포유자돈 관리

ㄱ 일반적으로 2~3주가 지나면 사료섭취가 가능하다.

ㄴ 초유를 태어난 지 1시간 이내에 충분히 급여한다.

ㄷ 거세는 생후 2~3주에 하는 것이 좋다.

② 이유 1주일 전부터 모돈의 사료를 조금씩 줄여서 건유를 촉진시킨다.

⑩ 신생 포유자돈의 적절한 환경적온은 30℃ 정도(28~32℃)이다.

ⓑ 자돈을 조기 이유시키는 주된 목적
- 이유 후 모돈의 재발정이 빨리 오기 때문에 모돈의 번식회전율을 높인다.
- 모돈으로부터 조기이유 격리하여 특정 병원균에 오염되지 않은 청정돼지 생산이 목적이다.
- 관리자의 노동력을 절감시키고 출하 일령을 단축시킨다.

ⓢ 조기 이유의 장단점
- 노동력과 사료비가 절감된다.
- 번식회전율이 증가한다.
- 자돈이 빈혈에 걸리기 쉬운데 그 이유는 어미젖 중에 특히 철분이 부족하기 때문이다.
- 자돈의 스트레스로 인한 장기능 저하, 모돈의 번식장애가 일어나기 쉽다.
- 관리자의 세심한 관리가 필요하고 이유 후 관리가 부적절하면 보상성장으로 지방이 축적된다.

◎ 철분주사는 생후 3일 이내에 1차 주사(100mg/1두)하고, 생후 10~14일 이내에 2차 주사 (100mg/1두)한다.

> **더 알아보기** **자돈의 인공포유**
>
> - 초유는 반드시 급여한다.
> - 인공유 또는 대용유는 살균소독을 통해 세균과 바이러스의 침입을 막는다.
> - 우유의 온도를 30~35℃로 조정하여 설사를 예방한다.
> - 1일 8회, 2시간 간격으로 급여한다.
> - 급여량은 1두당 300mL, 5~7일령에는 500~600mL, 3~4주령에는 1kg 정도 되게 급여한다.

> **더 알아보기** **자돈의 설사원인**
>
> - 축사의 위생상태 불량(파리, 모기 등의 유해충)
> - 온도의 변화(저온 또는 고온)
> - 관리기구의 위생청결상태 불량
> - 과식 및 소화불량

② 기타 주요 관리사항
- ㉠ 후보돈 관리 : 질병 상황이 다른 농장에서 입식되는 후보돈은 기존 농장의 질병상황을 불안정하게 변화시킬 수 있기 때문에 격리사를 통한 환경적응과정이 매우 중요하다.
- ㉡ 견치(이빨) 자르기
  - 돼지는 위·아래에 2쌍식(8개)의 송곳니가 있는데, 이로 인해 어미돼지의 유방에 상처를 유발하고 식육증을 촉진하게 된다.
  - 출생 직후 스테인리스 니퍼를 이용하여 절단해 준다.

© 꼬리 자르기(단미)
- 돼지는 본능적으로 호기심이 많아 입으로 무는 것을 좋아해 신체를 물어뜯는 식육증이 있다.
- 식육증을 예방하기 위해 신생자돈의 꼬리를 단미기로 생후 3일 이내에 3~4cm 남기고 잘라 준다.

② 이각(개체표시)
- 개체 표시를 할 때는 주로 이각과 이표를 사용한다.
- 이각은 귀의 일부를 잘라내어 번호를 표시하는 것으로 개체 관리 시 용이하다.
- 이표는 RFID 전자칩 등을 이용해 개체 관리에 활용할 수 있다.

⑤ 거세
- 종축으로서 가치가 없어 육용, 역용으로 이용할 가축의 정소 또는 난소를 제거하여 성욕을 없애는 것을 거세라고 한다.
- 거세의 목적
  – 종축 이외의 가축을 거세하는 것으로 품종의 균일화와 개량에 목적이 있다.
  – 성질이 온순해져서 다수의 돼지를 함께 사육할 수 있다.
  – 온순하고 성욕이 없으므로 에너지와 낭비를 억제한다.
  – 웅성호르몬의 분비를 차단하므로 수돼지의 냄새를 줄여 돼지고기의 기호성을 높여 준다.
  – 거세시기 : 생후 2주일 이내(10일경) 즉, 포유기인 어린 시기에 하면 시술 후 회복이 빠르고, 효과도 좋다.

(3) 비육돈의 사양 관리

① 돼지의 성장특성
  ㉠ 이유 직후 : 사료 및 환경의 급격한 변화에 의해 성장지연 및 체중감소현상이 있다.
  ㉡ 이유자돈기 및 육성기
  - 골격 및 근육조직이 왕성하게 발달하는 시기로 고열량, 고단백사료를 급여하여야 한다.
  - 자돈은 성장속도가 매우 빠르나 위의 용적이 작아 사료섭취량이 제한되므로 영양소가 고농도로 농축된 사료의 공급이 필요하다.
  - 초기 성장이 저조한 돼지는 성장 후반부에 보상성장이 일어나지만 주로 지방이 축적되기 때문에 육질저하를 가져온다.

② 육성 비육돈의 일반 관리
  ㉠ 구입자돈 입식 2일에는 건강상태를 점검하고 사료를 급여한다.
  ㉡ 입식 7일경에는 구충 및 예방접종을 실시한다.
  ㉢ 계절별 적정 온·습도를 유지한다(온도 17~21℃, 습도 65% 내외).
  ㉣ 적정 사육공간을 유지하고 경지방, 백색지방 돼지고기 생산에 유의한다.

ⓜ 조섬유를 많이 함유한 사료 위주로 배합된 비육돈사료를 급여한다.

ⓗ 지방사료나 탈지하지 않는 쌀겨 등 급여 시는 연지방 돼지고기가 되므로 제한급여한다.

ⓢ 동물성 지방 첨가 시에는 유리지방산 함량을 15% 이내로 한다.

ⓞ 비육 전기와 비육 후기사료의 단백질 수준은 체중증가가 되는 후기에 2~3% 낮추어 주는 것이 좋다.

③ 돼지의 육질에 관계하는 요인

ⓐ 도체평가 중에서 육질등급은 지방교잡(근내지방도), 지방색, 육색 등으로 한다.

ⓑ 도체율 : 가축의 생체중에 대한 도체중의 생산비율이다.

ⓒ 상강육(marbling meat) : 근육 내 즉 근속 간에 지방이 축적된 고기를 말한다.

- 1차 근속과 1차 근속 사이에 지방이 축적된 고기
- 2차 근속과 2차 근속 사이에 지방이 축적된 고기
- 1차 근속과 2차 근속 사이에 지방이 축적된 고기

ⓓ SPF 돼지 : 특수 병원균에 감염이 안 된 돼지이다.

※ 특정 병원균 부재돈(SPF ; Specific Pathogen Fee) : 임신 말기의 어미 돼지를 무균실에서 제왕절개 수술 또는 자궁적출 수술로 특정 병원균을 배제시키는 첨단기술이다.

ⓔ 이상(異常) 돼지고기 : 근육이상, 체지방이상 및 기타 고기품질이상 형태를 말한다.

ⓕ 근육이상 돼지고기 : PSE육, DFD육, 백근증 ☑ **빈출개념**

PSE육 (물돼지고기)	• 색이 창백(Pale)하고, 품질은 탄력 없이 흐물흐물(Soft)하며, 고기 내 수분이 잘 빠져 나오는 (Exudative) 고기 • 도살 전 스트레스가 원인이다. • PSE육을 방지하기 위한 사육 관리 방법 　– 밀집 사육 하지 않도록 하여 스트레스를 줄인다. 　– 운송시간을 단축하여 스트레스를 최소화 한다. 　– 도살 전 충분한 휴식을 통해 스트레스를 감소시킨다.
백근증	비타민 E나 셀레늄의 부족으로 심근이나 골격근이 희고 변성을 일으키는 것
DFD육	• 색이 지나치게 검고(Dark), 고기가 단단(Firm)하며, 건조(Dry)한 식육 • 도살 전 스트레스(장거리 운송, 절식 등)가 원인으로 도축 후 해당작용의 부조화에 의해 나타난다. • pH가 높아 미생물이 신속히 발육하여 저장성이 떨어진다. • 해결방안 : 거세비육, 운송 후 적절한 휴식, 출하 시 적정 사육밀도 유지 등

ⓖ 기타 주요사항

- 저단백질사료에 에너지 급여수준을 과다하게 증가시키면 등지방이 두꺼워진다.
- 단백질의 급원에 따라 도체의 지방 대 정육비율이 영향을 받는다.
- 돼지는 비육되어 체중이 클수록 도체율이 높다.
- 거세하지 않은 수퇘지는 암퇘지나 거세돈에 비하여 증체율과 사료효율이 높다.
- 단백질의 급원에 따라 도체의 지방대 정육비율이 영향을 받는다.

- 거세한 돼지는 거세하지 않은 것보다 지방층이 두꺼워지고 살코기의 생산비율이 적어지는 경향이 있다.
- 비육돈의 출하체중은 원칙적으로 사료효율과 시장성에 의해서 결정된다.

④ 돼지의 체적 측정부위 ☑ **빈출개념**

  ㉠ 체장 : 귀상의 중앙에서 체상선을 따라 미근까지의 길이 측정

  ㉡ 흉위(가슴둘레) : 앞다리 바로 뒤의 몸둘레를 길이로 측정

  ㉢ 관위 : 왼쪽 앞다리의 가장 가는 부위의 둘레를 길이 측정

  ㉣ 체고 : 어깨상단에서 바닥까지의 직선거리를 길이 측정

  ㉤ 흉심 : 앞다리 바로 뒷부분의(흉위를 측정하는 부분) 가슴깊이를 측정하는 것으로 가슴상단에서 가슴바닥까지의 길이측정

  ㉥ 전폭 : 전구의 가장 넓은 부위의 폭을 측정

  ㉦ 흉폭 : 앞다리 바로 뒷부분의 가슴의 폭을 측정(흉위, 흉심을 측정하는 위치)

  ㉧ 후폭 : 후구의 가장 넓은 부위의 폭을 측정

(4) 번식돈의 사양 관리

① 후보돈 관리

  ㉠ 후보돈의 구입

- 후보돈 구입목적이 갑작스러운 증산 혹은 질병을 대비한 산차복수의 확보인지 단기간의 출하물량 확보를 위한 것인지를 먼저 생각하고 결정하여야 한다.
- 후보돈의 구입은 어느 정도 체형을 볼 수 있는 80~90kg 대에서 구입한다.
- 질병의 감염 및 전파의 예방을 위하여 도입 후 20일 정도 격리사육이 가능한 면적을 확보하여야 한다.
- 도입한 돈체를 소독하고 유효 혈중농도가 3일 이상 지속되는 항생제를 1~2회 근육주사한다.

  ㉡ 후보돈의 격리 관리

- 이표나 개체 관리표를 이용한 개체번호 부여하고 매일 보행상태의 이상 유무, 분변, 식욕 등을 관찰하여 이상이 있으면 치료 또는 도태를 결정하여야 한다.
- 도입 다음날부터 사료급이를 시작하고 소화제와 생균제를 첨가하여 3일간 소량씩 증량 후 무제한 급이체제로 들어간다.
- 도입 3일 후에는 내·외부 구충을 실시하고 약 1주일경에 필요한 백신(PRRS, APP, PM 등)을 실시한다.

ⓒ 후보돈의 발정유도 관리
- 160일령쯤 되어 웅돈 근처의 돈방으로 이동시키어 성적인 자극을 받게 하면서 사료를 포유돈사료로 전환하고 제한급이로 들어간다.
- 10개월 이상의 성숙된 웅돈를 이용하고 1일 2회씩 웅돈과 접촉을 시킨다.
- 아침, 저녁 각각 다른 웅돈을 후보 돈방에 넣어 접촉시킨다.
- 일반적으로 발정유도 후 20일쯤 경과하면 처음 발정이 오기 시작하는데 이때의 일령이 180일 정도가 되게 된다.
- 2차 발정이 오면 사료량을 서서히 증가시켜 주고, 3차 발정이 오고 체중이 130~140kg 정도가 되면 교배를 시킨다.

> **더 알아보기** **강정사양** ☑ **빈출개념**
>
> - 일반적으로 교배 직전 1~2주의 미경산돈에 대하여 실시한다.
> - 교배하기 전에 에너지섭취량을 증가시켜 주는 것, 특히 고에너지사료를 급여하는 방법이다.
> - 강정사양을 하게 되면 건강이 개선되고 교배 시 배란수가 많아지며 산자수를 증가하는 효과가 있다.
> - 발육이 지체된 돼지에 대하여 실시할 때 특히 효과가 크다.

② 성숙한 웅돈의 관리
ⓐ 영양소 및 에너지의 급여에 따라 정액과 성욕은 영향을 받는다.
ⓑ 정자수 증가를 위해서 단백질, 비타민 A · E, Ca, Se 등 고에너지사료를 급여한다.
ⓒ 웅돈의 적정 사육온도는 18℃가 적당하다(13~24℃).
ⓓ 하루 12시간 이상 밝은 빛(최소 300lx 이상 조명설치 등)을 받게 한다.
ⓔ 건강한 웅돈이라도 2주 이상 휴식 중인 웅돈은 정액의 질이 저하되므로 사용하지 않거나 사용 횟수가 극히 적은 웅돈은 즉시 도태시키도록 한다.
ⓕ 생후 1년 이내의 웅돈은 주 1회 사용을 하고, 1년 이상 성숙된 웅돈은 주 2~3회 사용한다.
ⓖ 고온환경(30℃ 이상)에서는 스트레스를 받아 수태율 및 승가욕이 저하된다.
  ※ 일반적으로 번식돈의 발정주기는 21일이고 임신일수는 114일이다.

③ 임신돈 관리
ⓐ 수정 후 가장 먼저 안정을 취하게 하고, 21일 이내에 임신여부를 확인하는 관리이다.
ⓑ 모체와 태아에 충분한 영양을 공급하되 과비가 되지 않게 한다.
※ **번식모돈의 일생 중 영양소 요구량이 가장 많은 시기 : 포유기**

임신 초기	• 스트레스 요인을 최대한 억제하고 절대적인 비만을 예방한다. • 기본 급여량을 기준으로 하며 과도한 영양 관리를 피한다.
임신 중기	• 태아의 안정성과 고른 발달을 위하여 각종 비타민과 미네랄의 부족이 없도록 한다. • 유선조직이 발달할 수 있도록 사료량을 감량하여 급여한다.
임신 말기	• 임신돈의 체중 증가, 유선의 발달, 태아의 증체, 태아성장의 완성, 양막의 증량 등 변화가 빨라 많은 영양분이 많이 필요한 시기이다. • 임신돈에서 영양소 요구량이 가장 높은 시기이다.

임신돈에 대한 제한급식 방법

- 정량급식법 : 일정한 양의 사료를 매일 급여하는 방법으로 군사의 경우보다 개체사양 시 더 유리하며, 가장 많이 이용되고 있다.
- 자유급식법 : 밀기울, 녹사료, 보릿겨 등 섬유질사료의 배합률을 높여 자유급식시켜 사료의 질을 제한하는 방법이다.
- 급여시간제한법 : 3일에 1일 2~8시간 사료를 자유급식시켜 사료급여시간을 제한하는 방법이다.

④ 분만·포유돈 관리

　㉠ 분만징후
- 외음부가 붉게 부어오르고 팽대해지며, 음부에서 점액이 분비된다.
- 유방은 점차 커지고 유두는 검붉은색을 띠며, 유방을 짜보면 물과 같은 유즙이 나온다.
- 복부가 팽대해지고 파수가 발생하며 동작불안 등의 행동을 보인다.

　㉡ 분만 시
- 새끼가 나오면 탈지면이나 헝겊으로 입과 코 주위를 닦아 호흡이 편하게 해 준다.
- 몸전체 점액을 제거하고 탯줄을 2~3cm 정도 여유를 두고 소독된 실로 묶은 후 자른 다음 소독한다.
- 분만 후 30분 이내에 초유를 포유시킨다.

식자벽

- 분만 직후 신생 자돈의 몸 일부 또는 전부를 먹어버리는 버릇
- 원인
  - 과도한 스트레스
  - 분만 시의 비만체형
  - 분만 대기돈의 변비
  - 부적절한 분만 처치(난산의 즉각조치 미비)
  - 기타 환경의 불안감 조성 등

　㉢ 포유돈
- 분만 후 2~3일은 완화제를 공급하여 태변을 잘 나오게 한다.
- 충분한 영양공급이 될 수 있도록 급여한다.
- 포유기는 영양적 결핍이 가장 민감한 단계이다.
- 포유돈의 비유량과 포유습성
  - 어미돼지의 비유량은 1일 평균 3~4kg이다.
  - 초유를 먹여 면역성을 길러 주며, 새끼의 태변 배출을 용이하게 한다.
  - 자돈은 생후 3~4일이 되면 각자 젖꼭지를 결정하는 습성이 있다.

- 위탁포유(양자보내기) ☑ **빈출개념**
  - 어미가 죽거나 새끼를 키울 수 없는 경우
  - 어미의 젖꼭지 수 보다 새끼를 많이 출산한 경우
  - 어미의 포유 능력이 떨어질 경우
  - 성장이 부진한 새끼를 정상적으로 발육시키기 위해
- 위탁포유 방법 ☑ **빈출개념**
  - 분만 간격이 3일 이내인 모돈에게 보낸다.
  - 위탁 보낼 자돈에게 초유를 충분히 급여한다.
  - 위탁받을 모돈의 분뇨를 새끼의 몸에 발라 위장시킨다.
  - 위탁 받을 모돈의 새끼들과 합사(30분 정도)시킨 후 포유한다.

※ 비유기 초산돈은 경산돈에 비해 사료급여량을 더 늘린다.

4. 닭의 사양 관리

(1) 병아리의 사양 관리

> **더 알아보기** | **부화과정**
>
> - 모계부화 : 어미닭의 취소성을 이용하여 병아리를 부화시킨다.
> - 인공부화(입란 → 검란 → 전란 → 병아리 발생 → 꺼내기)
>   - 발육실(37.8℃), 발생실(36.5∼37℃)로 구분되어 있다.
>   - 1일간 어미닭의 포란 상태와 같은 환경으로 조절한다(온도, 습도, 환기, 전란).
>   - 입란 후 18일까지는 습도 60%, 그 이후로는 75%로 조절한다.
>   - 부화의 전기간 동안 산소 21%, 이산화탄소 0.5% 이하로 유지한다.
>   - 검란 : 5∼7일에 1차, 12∼13일에 2차, 18일에 3차로 검란을 실시한다. 1차 검란의 목적은 수정란과 무정란 구분, 2차 검란은 발육란, 무정란, 발육중지란을 구분, 3차 검란은 부패란을 구분한다.
>   - 전란 : 입란 후 18일까지 하루에 5∼6회 알을 굴려준다. 이는 부화 초기 배자와 난각막이 부착하는 것을 방지하고 부화 후기 노른자와 요막이 붙는 것을 방지한다.
>   - 병아리가 발생하면 한 번에 꺼내지 않고 30∼40% 발생 시 한번 꺼내고 나머지는 모두 깨어나면 꺼낸다.

① 육추환경

  ㉠ 병아리의 선별요령
  - 깃털에 광택이 있고 눈이 총명한 것
  - 몸이 충실하고 탄력이 있는 것
  - 우는 소리가 크고 몸무게가 35g 이상되는 것
  - 깃털이나 난각, 항문, 기타 부위에 분비물이 묻어 있지 않은 것
  - 일찍 발생된 것

ⓒ 온도 관리
- 어린 병아리는 체온조절능력이 충분하지 못하여 저온에 대한 저항력이 약하다.
- 1~2주 동안은 부화발생 시 온도에 가깝도록 온도를 조절해 주어야 한다.
- 온도는 33~35℃ 정도부터 1주일에 약 3℃씩 낮추어 주고 20℃ 전후에서 폐온하여 실온으로 맞추어 주는 것이 좋다.

ⓒ 습도 관리
- 적당한 상대습도는 1주간은 70%, 2주에는 65%, 그 후에는 50~60%를 유지시켜 준다.
- 습도가 부족하면 깃털의 발생이 더디고 다리가 건조하고 발육이 나빠지며, 심하면 탈수 증이나 항문폐쇄증 등에 의해서 폐사하는 수도 있다.
- 병아리에게 충분한 습기를 주면 사료효율을 높여 주고 쪼는 악습도 방지할 수가 있다.

ⓔ 환기 관리
- 환기의 목적은 신선한 공기를 공급하고 오염된 공기(유독가스나 먼지)를 밖으로 제거하여, 적절한 습도를 유지시키는데 있다.
- 적절한 환기는 질병과 스트레스를 막아 주고, 사료효율을 개선하며 성장을 원활하게 한다.

ⓜ 점등 관리 : 1주일 동안은 22~23시간 점등하여 병아리가 환경에 익숙해지도록 한다.

ⓗ 첫 모이주기
- 병아리 도착 후 물을 먼저 먹인 후 사료를 급여한다.
- 부화 후 21~22시간에 물을 주고, 24~25시간에 첫 모이를 공급한다.

② 부리자르기
ⓐ 시기 : 1회차는 7~10일경, 2회차는 8~10주령에 실시한다.
ⓑ 부리자르기 목적
- 탁우증 예방
- 사료의 손실 및 편식방지
- 알을 깨 먹는 습성방지
- 투쟁심 방지(체력 소모, 신경과민 예방)
ⓒ 방법: 윗부리는 1/2, 아랫부리는 1/3 정도 절단한다.

③ 탁우성(啄羽性, cannbalism : 쪼는 성질, 식우성)
ⓐ 개념
- 식우성은 새로 난 깃털의 발육이 가장 왕성한 30~40일의 병아리에 발생하기 쉽다.
- 깃털·항문·발가락을 쪼는 성질 등 여러 가지 나쁜 버릇이 나타나게 된다.

ⓒ 병아리 육추 시 탁우성이 발생하는 원인
- 과도한 밀사사육 시, 고온사육 시
- 직사광선 또는 과도한 조도로 밝기가 너무 밝을 때
- 지나친 농후사료로 섬유질이 부족한 때
- 사료 중에 비타민, 단백질, 무기성분이 결핍되었을 때
- 유전적 영향과 습성

ⓒ 탁우성에 대한 대책
- 사육면적을 넓혀 주어 너무 밀집되지 않도록 조절한다.
- 쪼는 습관이 있는 병아리를 조기에 발견하여 따로 분리시킨다.
- 직사광선을 차단하고 점등밝기를 낮춰주며, 부리자르기를 해 준다.
- 쪼인 병아리는 출혈부위에 알코올 성분의 소독약 등을 발라주고 격리시켜 준다.

ⓒ 적정온도를 유지해 주며, 양질의 녹사료와 염분을 보충해 준다.

④ 볏자르기
ⓒ 병아리가 2일령이 되기 전에 작은 가위로 볏을 다듬어 준다.
ⓒ 볏다듬기의 목적
- 성질이 온순해진다.
- 겨울철 볏의 동상을 예방할 수 있다.
- 케이지 안에서 사료나 물을 편하게 먹을 수 있도록 한다.

(2) 육계의 사양 관리

① 육계의 적정 사육밀도
ⓒ 추운 곳에서는 $3.3m^2$당 300수 정도, 더운 곳에서는 150수 정도를 유지한다.
ⓒ 겨울철에는 여름철보다 동일한 면적에서 약 10~20% 정도 더 사육할 수 있다.
ⓒ 밀집사육 시 문제점
- 사료섭취량 감소 및 성장률 저하
- 사료효율 저하, 폐사율 증가
- 탁우성 발생
- 흉부 수종 발생 증가, 닭의 상품가치 저하

② 육계 사양 관리의 특징
ⓒ 실내는 조금 어둡고 온도를 적절히 유지하여 사료효율을 높인다.
ⓒ 출하시기를 단축시키기 위해 고열량, 고단백, 비타민, 광물질사료를 풍부하게 급여한다.

ⓒ 급이기가 높을 경우 균일도와 사료 요구율이 불량해지므로 급이기의 높이를 닭의 등높이와 같도록 조절한다.

ⓔ 4주령 이후에는 적정온도보다 1℃ 저하되면 사료효율이 0.01 저하된다.

ⓜ 겨울철 폐온 후 온도가 너무 내려가면 사료섭취량이 많아지고 스트레스로 인하여 증체량이 떨어진다.

ⓗ 닭에게 적당한 습도는 60~70%이다.

ⓢ 습도가 너무 높으면 깔짚을 습하게 해서 암모니아가스가 발생하고, 너무 건조하면 먼지가 많이 발생하며 기관지의 점막이 말라 외부병원체를 막아내는 면역기능이 떨어진다.

ⓞ 4~5주령에 출하할 경우 사료는 무제한 급여한다.

※ 닭의 경제적 사육기간 : 산란 개시 후 약 15개월

(3) 산란계의 사양 관리

① 산란계의 기별 사양 관리

※ 닭의 산란주기 : 한 마리의 암탉이 연일 산란하는 달걀의 수

산란 초기	• 산란 초부터 최고산란기 직후까지, 즉 22주령부터 42주령까지 20주간에 해당되는 시기이다. • 산란율이 0%에서 최고산란을 하는 85~90% 또는 그 이상까지를 말한다. • 닭의 체중은 1,450g에서 1,900g으로 성숙하고, 달걀의 크기는 40g에서 60g으로 증가한다. • 정상적인 산란을 유지하고 난중을 최대한 크게 하려면 단백질, 아미노산, 비타민, 광물질 등을 충분히 급여하여야 한다. • 최고산란율(peak production)에 도달되는 시기는 초산 후 약 2개월 후이다. • 산란계에서 산란피크로 올라가는 시기의 사양 관리 　- 물과 사료는 항상 먹을 수 있도록 해 주어 충분한 영양을 공급한다. 　- 20주령을 전후로 점등시간을 증가시켜 주며 백색계에 비해 체중이 무거운 갈색계는 점등교체시기를 다소 빠르게 해 준다. 　- 온도, 습도 및 환기상태를 수시로 점검하고 최적의 환경조건을 만들어 준다. 　- 산란피크에 도달하면 생리적으로 질병에 대한 저항력이 약해지므로 이 기간 중에 질병이 발생하지 않도록 해야 하며, 뉴캐슬이나 산란저하증후군 등의 예방접종을 산란 개시 전에 완료해 병을 이길 수 있는 힘을 키워 놓아야 한다.
산란 중기	• 체성숙이 끝나는 42주령부터 62주령까지 약 4개월이 이 기간에 해당한다. • 산란 초기에 비해 단백질 요구량이 감소한다. • 이 기간 중 증체가 계속되면 과비(過肥)하여 오히려 능력이 떨어진다. • 산란율은 서서히 감소하지만 난중은 계속 증가한다. ※ 산란계의 경우 알이 배란되어 난관을 통과하여 산란하기까지의 평균 소요시간 : 24~25시간
산란 후기	• 체중변화가 거의 없으며 난중이 약간 증가하는 시기이다. • 영양소의 공급을 감소시켜야 한다. • 산란율이 60~65% 이하로 떨어지는 시기이다. • 고단백질, 고에너지사료를 계속해서 급여하면 닭의 체내에 지방이 축적되어 산란율이 빨리 떨어지게 된다.

② 점등 관리
　㉠ 개념
　　• 닭은 일정시간 이상 빛을 쐬어야 정상 산란을 한다.
　　• 산란계의 산란수, 난중, 생존율 등은 점등시간 및 방법에 따라 영향을 받는다.
　　• 산란능력에 미치는 점등요인은 점등시간, 점등광도 및 빛의 색, 점등횟수 등이 있다.
　　• 계사를 밝히는 빛은 태양광, 인공광 모두 닭의 뇌하수체를 자극한다.
　　• 점등 관리의 목적 : 계군의 성 성숙을 동기화하고, 산란을 촉진하기 위한 것이다.
　　※ 점등의 원리
　　　• 닭에 대한 광선(빛)의 자극은 시신경을 통해 뇌하수체 전엽을 자극하여 난포자극호르몬(FSH)을 분비시킨다. 난포자극호르몬은 난소와 난포를 발육시키며 전엽에서 분비되는 황체형성호르몬(LH)과 함께 작용하여 배란을 촉진한다.
　　　• 점등의 원리는 육성기간에는 점등시간을 일정하게 하거나 감소하여 성성숙을 지연 또는 조절하고, 산란기간에는 점등시간을 연장하여 산란을 촉진 시킨다.
　㉡ 점등 관리의 원칙
　　• 15일령부터는 점등시간을 동일하게 유지한다.
　　• 육성기간 동안은 점등기간(일조시간)이나 조도를 절대로 증가시키지 않는다.
　　• 산란기에는 점등시간(일조시간)이나 조도를 절대로 감소시키지 않는다.
　　• 계군이 50% 산란을 할 때, 최소 14시간 이상 점등하여야 한다.
　　• 점등시간의 연장은 아침과 저녁으로 나누어 조절한다.
　　• 일령이 다른 인근계사에 점등영향을 받지 않도록 주의한다.
　　• 무창계사는 작은 빛이라도 들어오지 못하도록 해야 한다.
　㉢ 점등의 방법

일정시기 점등법	• 하루 24시간을 계속하여 점등하는 계속조명법이 있다. • 자연일장기간에 주야 인공조명시간을 가산하여 1년 중에 가장 일조시간이 긴 하지 정도의 시간(14시간 42분)을 연중 유지하는 방법이 있다.
점감점증법	• 산란 전에는 점등시간을 점감하여 조숙을 방지한다. • 산란 시에는 점증하여 산란율을 높이는 방법이다. • 자연일조시간이 점점 길어지는 시기에 해당하는 9월부터 다음해 3월 사이에 부화된 병아리를 개방계사에서 육성할 때 육성기간과 산란기간을 통하여 적용한다. • 점등 관리 　- 1주령 병아리는 22~23시간 점등을 한다. 　- 2주령에는 20시간으로 조절하고 8주령이 될 때까지 매주 1시간씩 감소시킨다. 　- 4주령까지는 9시간 점등 후 18주령 때에는 12~13시간으로 연장한다. 　- 그 후부터는 매주 30분~1시간씩 증가시켜 17시간이 되면 고정한다. ※ 점감점증법은 산란계의 산란율을 증가시키기 위해 최대 17시간까지의 점등시간을 연장해 관리한다.

자연일조
점등법
	• 일조시간이 길어지는 4월에 생산된 산란계 초생추를 개방식 계사에서 사육할 때 적당한 점등 방법이다.
	• 육추 시부터 20주령까지는 일조시간에 의하고 20주령부터는 일조시간을 포함하여 최소 13시간 이상을 포함하도록 한다.
	• 점등 관리
	  – 1주령 병아리는 22시간 점등해 준다.
	  – 2주령에는 18시간, 3주령에는 16시간으로 낮추어 점등한다.
	  – 4주령부터 14주령까지는 15시간 고정 점등한다.
	  – 15주령부터 19주령까지는 자연일조시간에 의한다.
	  – 20주령부터 15시간 30분을 기준으로 매주 15~30분씩 연장하여 17시간에 도달하면 고정점등한다.

※ **육성계의 점등 관리** : 닭이 성장하는 시기에 일조시간을 단축시켜 성 성숙이 빨리 오는 것을 억제할 수 있어 체중이 무거운 닭을 생산함 초산때 낳는 알의 크기도 커지게 한다.

③ 강제환우(털갈이) ☑ **빈출개념**

㉠ 환우의 개념(생리)
- 환우는 보통 1년에 한 번씩 하지만 환경에 따라 1년에 2번 또는 그 이상을 하기도 한다.
- 환우 개시시기는 산란지속성과 관계가 있다.
- 산란능력이 우수한 닭은 늦가을까지 계속 산란을 하므로 털갈이를 늦게 하거나 털갈이 중에도 계속 산란을 한다.
- 산란을 계속하면서 환우를 하려면 닭의 체중을 유지, 증가시킬 수 있어야 한다.

㉡ 산란계의 강제 환우의 목적
- 달걀 생산시기 조절, 계획적인 난중생산
- 환우기간의 단축, 산란기간 연장
- 육성비의 절감
- 달걀의 품질개선(수정률, 부화율이 개선, 특란 및 대란 생산율 향상)
- 건강하고 충실한 병아리를 많이 생산

㉢ 환우의 시기 : 산란계의 강제 환우는 차기에 생산될 수 있는 산란량과 난질이 경제적인 면에서 유리할 때 수행한다.
- 차기에 달걀가격 상승이 기대될 때
- 현재 달걀가격이 낮아서 유지가 곤란할 때
- 햇닭으로 교체하는 비용이 많이 들 때 이용된다.

㉣ 강제 환우의 방법 : 절식, 절수, 점등조절

※ **닭의 질병**
- 가금 티푸스 : *Salmonella gallinaru*균에 의해서 발병되며, 여름철에 발병빈도가 높다.
- 가금 콜레라 : 주로 대추 이상의 성계에서 발병하며, 치사율이 아주 높은 급성전염병으로 제2종 법정전염병이다.
- 마이코플라스마병 : 만성호흡기병의 증상을 나타내며, CRD라고도 한다.
- 전염성 코라이자 : *Haemophilus paragallinarum*의 감염에 의하여 일어나는 닭의 호흡기병이다.

④ 탈항(脫肛)

　　㉠ 탈항의 원인

　　　• 육성과정 중 영양의 과다급여 및 운동 부족으로 복부, 난관, 총배설강에 지방층이 형성되어 신축성이 저하될 경우

　　　• 육성기간 중 인접계사의 점등으로 초산일령이 매우 빨라진 경우

　　　• 알을 낳을 때 밀려나오는 난관을 다른 닭이 쪼아 신축성을 잃을 경우사양학

　　　• 초산 시 체구가 작은 닭이 큰 알을 낳는 경우

　　　• 기타 유전적 원인

　　㉡ 탈항의 예방책

　　　• 계사 안의 점등광도를 어둡게 하여 준다.

　　　• 부리자르기를 실시한다.

　　　• 콕시듐병, 회충병, 설사병의 감염을 피한다.

　　　• 가급적 산란 케이지에 늦게 올린다.

　　　• 다른 계사의 점등 불빛이 들어오지 못하게 한다.

　　　• 중추 및 대추의 제한급사를 신중히 한다.

　　　• 초산 시 점등을 일시에 증가하지 말고 점차 증가하되 규칙적인 점등과 소등을 한다.

⑤ 다산계 감별과 도태

　　㉠ 노란색 색소의 퇴색에 의한 감별 : 노란색 색소는 항문 → 눈주위 → 귓불 → 부리 → 정강이 순으로 퇴색된다.

　　㉡ 외모와 체형에 의한 감별 : 다산계와 과산계는 외부 체형, 골격, 건강상태 등에 따라 식별할 수 있다.

[다산계와 과산계의 비교]

구분	다산계	과산계
산란상태	산란 계속	산란 중지
눈	총명하고 활기를 띰	흐리고 활기가 없음
볏	선홍색으로 팽팽하여, 잘 발달됨	빛깔이 퇴색되고, 위축되어 있으며, 비듬으로 덮혀 있음
귀뿌리	희게 퇴색됨	황색을 띰
부리	희게 퇴색됨	황색을 띰
다리	희게 퇴색됨	황색을 띰
깃털	퇴색되어 조잡하고 거침	윤기가 있음
피부	연하고 얇으며, 지방이 적음	두터우며, 지방이 많음
항문	습기가 있어 축축하고, 탄력이 있으며, 희게 퇴색됨	건조하고, 주름살이 있으며, 황색을 띰
치골 간의 넓이	손가락이 3개 이상 들어감	손가락이 3개 이사가 들어감
가슴뼈 끝과 치골간격	손가락이 3~5개 이상 들어감	손가락이 3개 이사가 들어감
복부지방	지방축적이 적음	지방축적이 많음
배	용적이 크고 깊음	용적이 작고 위축되어 있음

© 불량계의 도태
- 병에 걸려 회복이 불가능한 닭
- 발육불량으로 산란이 충실하지 못한 닭
- 계속 산란계로 기를 수 없는 늙은 닭
- 산란능력이 좋지 못한 닭

더 알아보기 | **기타 산란계의 주요 사항**

- 칼로리, 단백질(C/P)비율이 가장 큰 사료 : 산란용 대추사료
- 산란계 사료의 적정 Ca 함량(%) : 3.5% 이내
- 산란계의 육성기(0~6주령)사료에 알맞은 조단백질 함량 : 약 18%
- 잔토필
  - 달걀의 난황과 육계의 피부색을 진한 노란색으로 착색시키는 효과가 있는 성분
  - 황색 옥수수에 함유된 성분으로 난황, 다리, 부리, 피부 등을 황색으로 변하게 하는 물질
- 가금류에 많이 사용하는 성장촉진제 : 항생제, 생균제, 호르몬제, 효소제, 유기비소제
- 브로일러사료에 가장 많이 첨가하는 성장촉진제 : 항생제
- 계군의 평균체중의 균일성을 알기 위해 사용하는 방법 중 변이계수를 구하는 공식
  - 변이계수＝표준편차/평균체중×100

축산시설 및 위생 · 방역 관리

1. 축산시설

(1) 가축사육 환경요인

환경 요소	환경요인
열 환경	온도, 습도, 공기유동, 열방사
물리적 환경	빛, 소리, 축사, 시설구조, 사육밀도 등
화학적 환경	공기, 물, 산소, 이산화탄소, 암모니아, 먼지 등
지모 · 토양환경	위도, 고도, 지형, 토양 등
생물적 환경	야생동식물, 목초, 수림 등
사회적 환경	수용밀도, 동물행동, 이종가축, 관리자 등

① 온도

　㉠ 한 · 육우에서는 온도변화에 따라 총사료섭취량이 변화한다.

　　• 25℃ 이상이면 사료섭취량이 3~20% 감소되고, 35℃ 이상이면 10~35% 감소된다.

　　• 30℃에서 사료소화율은 적온에 비해 20~30% 떨어진다.

　　• 고온에서는 식욕저하, 성장률 감소, 비유량 감소 같은 현상이 발생한다.

　㉡ 젖소의 경우 21℃ 이상이면 산유량 감소의 징후가 보이며, 특히 홀스타인은 27℃ 이상이면 산유량이 급격히 감소한다.

　㉢ 돼지의 밀집 사육환경에서 여름철 고온(32℃)은 증체량이 감소한다.

　㉣ 닭은 고온에서 사육하면 난중 및 산란율의 감소가 나타난다.

　㉤ 과습은 기생충 발생, 폐렴 등의 원인이 된다.

　㉥ 과습보다는 건조가 가축 생산성에 더 많은 영향을 미친다.

② 광선

　㉠ 자외선은 살균작용, 비타민 D의 형성, 대사촉진, 혈압강하작용이 있다.

　㉡ 피하에 있는 콜레스테롤을 비타민 D_3로 전환시켜, 비타민 A의 생성작용으로 골격형성에 영향을 미친다.

　㉢ 햇볕이나 인공광은 뇌하수체 전엽 성선자극호르몬의 분비를 촉진하여 번식행동에 직접적으로 작용한다.

　㉣ 단일동물(산양), 장일동물(말, 닭)은 인공적 조명조절을 통해 발정을 유도할 수 있고, 산란을 촉진한다.

　㉤ 불필요한 강한 불빛은 가축의 신경을 예민하게 하고, 일사병이나 피부병의 원인이 되고, 과도한 활동으로 비육이 저하된다.

③ 습도

    ㉠ 겨울철 저온 시 과습은 소에게 보다 많은 스트레스를 줄 수 있다.

    ㉡ 고온·다습하고 환기가 불량한 우사에 계류할 경우 열사병 발생의 증가한다.

    ㉢ 한우에게 적합한 습도는 60~70%이지만, 습도가 80% 이상으로 높아지면 체표면에서 열과 수분의 증산이 억제되므로 체온의 상승과 더불어 생산성에 큰 영향을 미친다.

    ㉣ 낮은 온도에서 습도가 높으면 추위를 가중시킨다.

    ㉤ 축사 내 온도유지 때문에 환기, 환풍량을 줄여야 하는 겨울철이 습기문제가 더욱 심각하다.

    ㉥ 축사 내 습기의 주요 발생처는 분습기, 호흡습기, 외부 유입습기, 건물벽체로부터의 습기 등이다.

    ㉦ 환기, 환풍시설 및 인공열로서 습기를 제거할 수 있다.

    ㉧ 우사바닥의 깔짚이 축축하면 우사 내의 암모니아 등 유해가스농도가 증가하므로 깔짚을 항상 건조하게 하고 자주 교체하여 과습하지 않도록 하여야 한다.

    ※ 불쾌지수 = (건구온도 + 습구온도) × 0.72 + 40.6

④ 축사 내 공기속도와 환기시스템

    ㉠ 공기속도는 초속 m(m/sec)으로 나타내며 축사 내 공기흐름, 환기량 등을 알아보기 위하여 쓰여진다.

    ㉡ 여름철 적당한 풍속은 체감온도를 저하시키고, 바닥 깔짚재를 말려 주어 비육효과를 높여 주고 반면 겨울철 빠른 풍속은 체온감소 우려가 있다.

    ㉢ 환기는 여름철 우사 내 온도를 낮게 하고, 고온·건조 시 우사 내 과다한 먼지를 제거한다.

    ㉣ 겨울철 보온을 유지하기 위해 우사의 외벽을 막으면 소들이 배출하는 분뇨와 호흡가스 등으로 우사 안에 유해가스가 쌓이고 습도가 높아져 호흡기질병과 유해세균의 감염을 초래하는데 이를 낮추기 위해서 환기를 한다.

    ㉤ 겨울철 우사를 개방하여 환기를 하면 찬바람이 그대로 우사 안으로 들어와 온도를 떨어뜨리게 되어 오히려 해로우므로 겨울철에는 최소환기를 한다.

    ㉥ 송아지에게는 샛바람이 직접 닿지 않도록 해야 한다.

    ㉦ 샛바람이란 공기로 인하여 일방적으로 냉각을 유발하는 것을 의미한다.

    ※ 축산건축에 있어서 환기설비 : 환풍기, 급·배기구, 환기선과 제어장치, 덕트(풍도)

    ※ 축사 내 환기시스템

양압환기	외부로부터 공기를 흡입하여 축사 내로 불어 주는 형태로 대기보전의 차원에서 배기구는 천장에 설치하는 것이 좋다.
음압환기	환풍기는 축사공기를 흡입하여 배출시키기 때문에 외부 환경에 대하여 축사 내에서는 음압이 형성된다. 이러한 원리에 의하여 신선한 공기가 축사 안으로 들어 간다.
등압환기	환기시킬 공간과 외부 환경 사이에 압력 차이가 없을 때 등압환기방식이라고 한다.
환풍기에 의한 공기 유입	-

⑤ 유해가스 ☑ 빈출개념

　㉠ 암모니아(NH$_3$)

　　• 자극이 강하며, 암모니아가스 허용한계는 25ppm 이하이다.

　　• 25ppm 이상일 때 공기보다 무겁기 때문에 공기 중의 습기에 융해되어 각종 질병감염의 원인이 되며, 특히 기관지 점막손상 등 호흡기성 질병을 유발시킨다.

　㉡ 이산화탄소(CO$_2$)

　　• 냄새가 없고 2,500ppm 이하에서 지장이 없으며, 최대허용한계는 5,500ppm 이하이다.

　　• 치명수준은 300,000ppm이며, 호흡증가, 졸음, 두통, 질식, 폐사 등을 유발할 수 있으므로 주의하여야 한다.

⑥ 수질

　㉠ 물은 가축의 대사작용(소화, 흡수, 배설, 삼투압 등)에 필수적이다.

　㉡ 가축의 음용수는 수인성 전염병인 장티푸스, 콜레라, 전염성 설사, 장염의 원인이 되며, 기생충(폐디스토마)의 전염원이 되기도 한다.

　㉢ 우유 1L의 생산에는 약 3L의 물이 필요하며, 성체의 60~65%가 수분으로 구성되어 있다.

　㉣ 지하수가 중금속(납, 비소, 구리 등) 등에 오염된 경우가 많으므로 오염 여부를 확인한 후 사용하여야 한다.

(2) 한·육우시설

① 우사시설 배치

　㉠ 우사방향

　　• 우사방향으로 겨울철에는 햇빛을 최대로 이용하고 여름철에는 햇빛의 영향을 줄일 수 있도록 우사는 동서방향으로 길게, 정면이 남향이 되도록 배치하는 것이 좋다.

　　• 우사방향은 햇빛은 물론 바람의 이용측면에서도 중요하다.

　㉡ 우사의 배치간격

　　• 우사 배치는 환기와 밀접한 관련이 있으므로 우사를 가급적 멀리 떨어져 있게 배치한다.

　　• 주로 병렬형으로 하며, 구조는 단식과 복식이 있다.

단식	사육규모가 작고, 번식우의 경우에 주로 사용한다.
복식	• 우사와 우사를 연동으로 배치하는 것으로 비육전문농장에서 주로 사용된다. • 여러 마리 사육에 따른 동선을 최대한 활용하기 위하여 선택한다. • 우사 폭이 넓어 환기가 단식보다 불량할 수 있으므로 윈치커튼이나 주위의 장애물 등을 제거하여 환기를 최대한 도모해야 한다. • 우사 중앙의 천장높이가 5m인 경우에는 우사 간의 거리를 25m 정도로 해야 통풍을 효과적으로 유지할 수 있다.

② 최적 사육환경
　　㉠ 지역선정
　　　• 교통이 편리하고, 전기와 먹는 물 사정이 좋으며, 분뇨처리가 용이하고 사육규모 확대에 따른 우사의 확장이 가능하며, 재해위험이 없고, 악취 민원이 없는 곳이어야 한다.
　　　• 햇빛이 잘 들고, 바람이 잘 통하며, 물이 잘 빠지고, 안개 상습지역이 아니며, 지하수위가 낮고, 되도록 주위에 축사가 없는 곳이어야 한다.
　　㉡ 장소선정
　　　• 채광시간이 긴 곳(일출부터 일몰까지)
　　　• 공기의 이동이 좋은 곳
　　　• 안개 상습지가 아닌 곳
　　　• 지하수위가 낮은 곳
③ 우사의 종류
　　㉠ 개방식 우사
　　　• 개방식 우사는 사면이 개방되어 자연환경 속에서 소를 사육하는 우사이다. 건축비가 적게 들며 한우의 사육시설로 많이 이용되고 있다.
　　　• 전면 지붕이 설치된 우사로서 투광지(FRP, PET 등)를 설치하여 햇빛을 우사 내에 비치게 함으로서 수분의 증발과 가축이 필요로 하는 양의 빛을 공급받을 수 있도록 되어 있다.
　　　• 내부는 사료섭취장과 급수장으로 구분되고 우사 전체가 운동장 겸 휴식장으로 이용된다.
　　　• 우상바닥은 평면우상으로 기계에 의한 분뇨제거작업을 할 수 있다.
　　　• 우상바닥에 톱밥, 왕겨 등의 깔짚을 깔아 분뇨처리를 동시에 해결하고 있다.
　　　• 개방식 우사이나 지붕이 있으므로 지붕 중앙에 환기구를 설치하고 먹이통과 급수통은 서로 반대편에 설치하여 운동과 발굽손질, 깔짚 뒤집기를 유도한다.
　　　• 우사 내의 울타리는 회전문을 설치하여 소의 관리 및 분뇨처리가 용이하도록 하고 사료 급여 통로 및 북서쪽에 겨울철 바람을 막아주기 위하여 윈치커튼 등을 설치한다.
　　　• 개방식 우사의 장단점 ☑ **빈출개념**

장점	단점
• 다른 형태의 축사보다 건축비가 적게 든다. • 사료급여, 분뇨 제거 등의 기계화작업이 가능하며 생력화가 가능하다. • 가축 관리의 생력화로 노동력을 절약할 수 있다. • 번식우나 비육우의 사육에 적합하다.	• 자연환경의 조절이 불가능하여 나쁜 환경(저온, 고온)에 의해 생산성이 많이 좌우된다. • 개체 관찰이나 질병발생 가축의 조기발견과 치료가 어렵다.

ⓛ 계류식 우사
- 계류식 우사는 소를 한 마리씩 묶어서 사육하는 우사이다.
- 우상을 배열하는 방식은 단열식과 복열식이 있다. 단열식은 소규모 사육에 적합하고 복열식은 대규모 우사에 적합하다.

단열식	• 우사는 사료통, 우상, 분뇨구, 통로로 구성되어 있다. • 기계작업이 불편하며 소규모 농가에 적합하다. • 분뇨제거는 인력을 이용하여 리어카나 일륜차 등으로 지금은 거의 이용되지 않는다.
복열식	• 우사는 분뇨구, 우상, 사료통, 통로로 구성되어 있다. • 분뇨처리방법으로는 우사바닥에 저장조를 만들어 처리하는 저장액비화방법과 깊은 분뇨구를 이용하여 분과 요가 분뇨탱크로 흘러 들어가게 하는 간이저장조 방식이 있다.

- 복열식에는 대미식과 대두식이 있다.
  - 대미식 복열우상 : 우리나라의 계류식 유우사는 거의 모두가 이 방법을 택하고 있다. 이것은 계류식 우사의 한쪽 편에 운동장을 별도로 설치하여 우사 내에서는 착유작업과 농후사료 급여 등의 관리를 하며, 하루 중 대부분의 시간은 운동장에서 조사료를 섭취하고 되새김하면서 활동하게 하는 형태로 되어 있다.

장점	단점
• 착유우의 우사와 운동장의 출입이 편리하며 자기의 우상을 찾는데 간편하다. • 버킷 및 파이프라인 착유 시 관리자의 작업거리가 짧아 편리하다. • 우분의 반출과 청소작업이 편리하다. • 우사의 폭이 대두식 우상배열보다 좁아 시설면적을 절약할 수 있다.	• 사조가 양쪽벽면에 위치하므로 사료의 운반급여가 불편하다. • 운동장에 조사료 급여시설이 별도로 필요하며 사료의 유실이 생긴다. • 우사 내 사료급여 기계자동화시설이 어렵다. • 착유우의 개체별 관찰·점검이 불편하다. • 우사의 폭이 좁아 생력화 구조개선이 곤란하다.

  - 대두식 복열우상 : 생력화가 잘된 계류식 우사에서 대두식 우상배열을 이용하게 된다. 우사 내의 중앙 사료통로가 폭이 넓고 지붕이 높아 트랙터를 이용한 모든 사료급여작업을 기계화 할 수 있다. 착유작업은 파이프라인 착유기를 이용하고 분뇨처리는 중력흐름식 분뇨처리가 되므로 관리노력이 대폭 절감된다.

장점	단점
• 우사 내로 농후사료와 조사료의 운반급여가 편리하다. • 조사료의 유실량이 없다. • 사료급여의 기계자동화가 쉽다. • 관리작업의 공간이 넓어 편리하다.	• 우사면적이 대미식보다 넓게 소요된다. • 버킷착유 시 착유기와 우유의 운반이 불편하다. • 착유우의 운동장 출입이 불편하고 자기우상을 찾는 데 불편하다.

• 계류식 우사의 장단점

장점	단점
• 좁은 면적의 시설에 소를 집약 관리할 수 있다. • 한 마리씩 매어서 사육하므로 소의 체구가 달라도 같은 우사 내에서 사육이 가능하다. • 개체별 사료섭취량 점검 등 개체 관리가 용이하다. • 질병과 발정의 조기발견과 치료가 빠르고 피부손질과 인공수정 등이 편리하다. • 대상은 부업규모의 번식우나 비육우의 비육 후기 사육에 적합하다.	• 번식우의 경우 번식장애 발생률이 높다(군사형 15.8%, 계류형 34.6%). • 마리당 우사 건축비나 단위면적당 건축비가 많이 소요된다. • 소의 운동이 제한되어 식욕이 저하되고 번식우 사육에 불리하다. • 소 체구의 크기에 따라 우상의 크기를 조절할 수 없어 분뇨제거 등에 많은 노동력과 비용이 소요된다. • 분뇨처리방법은 간이정화조, 저장액비화방법 등이 이용되는데 설치비용 및 운영비용이 많이 소요된다.

ⓒ 방사식 우사
• 우사의 벽면이 설치되고 우사 내부는 무리사육을 할 수 있도록 되어 있다.
• 소에게 어느 정도의 자유를 주고 군사를 하는 방법이며, 성력 관리가 용이하다.
• 분뇨처리방법은 저장액비화방법으로 우상바닥을 슬랫(slat)바닥(틈바닥)을 이용하여 처리 하는 형태이다.
• 저장액비화방법의 우사는 액비를 살포할 수 있는 농경지가 확보되어야 하고 우사시설비 과다 및 운영 관리비용이 많이 소요된다.
• 볏짚 등 조사료가 우사바닥으로 끌려들어가 저장액비시설이 제대로 가동되지 않는 문제점이 발생할 수 있다.
• 소규모 사육농가보다는 대규모 사육농가에 적합하다.

(3) 낙농시설

① 낙농시설의 분류

수용시설	• 기후환경이나 위험요소로부터 가축을 보호하기 위한 시설 • 휴식장, 채식공간, 분만실, 치료실, 이동이 가능한 송아지 사육상, 환축계류실 및 분류작업장 등
급사시설	• 사료의 저장・조리 및 분배에 이용되는 시설 • 사일로, 사료창고, 사료조리실, 급사통로 및 사조, 개체구분책, 채식행동제어책 등
착유시설	• 우유생산에 필요한 시설체계 • 착유우 대기장, 착유실, 우유저장실, 기계실, 부속되는 착유장비(진공발생장치, 세척장치 및 냉각기) 일체
분뇨 관리시설	• 유우의 배설물을 수거・저장・처리 또는 처분하는 시설 • 분뇨구, 분뇨저장조, 퇴비장, 액비운반 및 살포시설 등
보조시설	• 목장의 경영 관리작업을 보조하기 위한 시설 • 진입로, 급수시설, 동력시설, 농기계창고, 목장사무실, 관리자 숙소 등

② 유우사시설 : 유우사는 벽체의 구조형식에 따라 개방형, 폐쇄형 및 절충형으로 구분되며, 기능 및 수용방식에 따라 계류식 유우사, 방사식 유우사로 구분된다.

○ 계류식 유우사의 장단점 ☑ **빈출개념**

장점	단점
• 착유우의 개체별 사료급여, 인공수정, 분만 관리 및 치료 등의 작업이 간편하다. • 소를 개체별로 관찰, 점검하는 데 용이하므로 개체별 집약 관리를 위한 소규모 사육(경산우 50두 이하) 농가에 적합하다.	• 소에게 안락한 시설이 되지 못한다. • 장기간 계속 계류하여 사육하는 경우 운동 및 일광욕의 부족에 의한 유방의 손상, 발굽의 이상, 다리형태의 변형, 번식장애 등이 발생할 수 있다.

• 계류식 유우사에서는 운동장을 별도로 마련하여 사용하고 있다.
 − 착유우에게 자유로운 운동과 부드러운 흙바닥, 신선한 공기와 일광을 제공함으로서 번식 관리가 용이하고 운동부족에 의한 질병을 예방하며, 체형을 유지시키고 소를 청결히 관리할 수 있다.
 − 용적이 많은 조사료(사일리지, 청초, 건초, 볏짚, 부산물 등)를 운동장에서 급여함으로써 우사 내로 운반, 급여하는 노력과 불편을 덜고, 우사 내 사조의 용적을 농후사료 급여량에 맞게 설치하여 시설비를 절약할 수 있다.
○ 방사식 유우사 : 노동력의 절약을 도모하기 위하여 작업자는 가능한 한 이동하지 않고 사료 섭취나 착유 시 유우가 스스로 이동하도록 하는 형태로 기능면에서는 계류식 유우사와 비슷하지만 작업자의 동선보다는 유우의 동선을 고려하여 시설의 기능과 구성을 결정해야 한다.
• 개방식 유우사
 − 강추위나 강우, 강설량이 많지 않은 지방(중부 이남)에서 사조와 우상에 지붕을 설치하고 벽이 없는 상태에서 연중사육하는 시설형태이다.
 − 여름철에는 일광을 차단하고 겨울철에는 일사각을 최대로 우사 내에 들임으로서 시설비를 절약하며, 소를 자연환경 조건에서 사육하는 조방적인 관리형태이다.
 − 우사의 방향은 남향으로 하고 지형적으로 경사를 이루어 배수가 잘되며 북서면이 자연적으로 방풍벽이 되거나 방풍림이 조성되어야 유리하다.
 − 상수원 보호구역이나 지하수의 오염이 우려되는 지역, 풍향이 주거지역으로 향하는 지역 등은 피해야 한다.
 − 착유실을 별도로 설치하여 이용할 수 있으며 소가 생활하게 되는 운동장을 완전개방 하므로서 젖소가 활동하는 데는 자유롭다.
 − 여름철의 더위와 겨울철의 추위, 눈과 비 등 자연상태에 노출된 환경에서 생활하게 되므로 좋은 환경이라 할 수 없다.
 − 분뇨를 집약적으로 처리하기 어렵고 관리작업에 불편이 많다.
• 프리 스톨 유우사
 − 경산우 40~60두 이상의 전업내지 대규모 낙농에서 주로 이용한다.
 − 송아지, 육성우, 임신우, 건유우, 착유우 등 단계별로 구분하여 한동의 건물 안에서 방사식으로 사육하게 되므로 관리노력이 적게 들고 편리하다.

- 착유우의 경우 우상을 제외한 활동공간이 통로로서 분뇨구가 된다.
- 사조의 앞턱에는 연동식 계류장치를 설치하며 환기는 중력에 의한 자연환기방식을 채택한다.
- 착유는 우사 내에 별도로 설치된 착유실(헤링본식 또는 텐덤식)에서 한다.
- 농후사료는 전자감지식 농후사료 자동급여기를 설치하여 개체별로 자동조절하여 급여한다.

[계류식 유우사와 방사식 유우사의 비교]

구분	계류식 유우사	방사식 유우사
특징	• 개체 관리 • 유우의 행동이 제한된다. • 급사와 착유 시 사람이 사조(구유)나 스탠천(Stanchion)으로 이동해서 행한다.	• 군 관리 • 유우의 행동이 자유롭다. • 급사와 착유 시 유우가 이동하므로 사람의 작업량이 적다.
적합조건	• 토지면적이 좁고 조사료의 공급 및 이용을 제한할 필요가 있는 경우 • 사양규모가 중간 이하인 경우 • 유우의 개체 관리를 통하여 생산성의 향상이 특별히 요구될 경우 • 노동력의 유동성이 클 경우	• 충분한 면적과 조사료의 공급이 원활하고 저장이 용이한 경우 • 사양규모가 큰 경우(적어도 50두 이상) • 유우의 군 관리가 유리한 경우 • 노동력이 비싸고 기계의 도입이 유리한 경우 • 혹한지대가 아닌 경우

※ **계류장치(stanchion)** : 소의 목주변을 둘러싸서 우상에 계류(繫留)시킬 수 있도록 고안한 타원형의 철제 구조물
※ **버킷식과 파이프라인 착유기의 장단점**

구분	버킷식	파이프라인식
장점	• 가장 저렴한 착유시설이다. • 착유를 위한 소의 이동이 불필요하다. • 착유하는 동안 충분한 양의 농후사료를 먹을 수 있다. • 두당 우유생산량의 점검이 용이하다.	• 착유된 우유는 바로 냉각기에 들어 간다. • 착유를 위한 소의 이동이 불필요하다. • 배당된 농후사료를 충분히 섭취할 수 있다. • 착유실을 위한 별도의 건물이 필요 없다.
단점	• 과도한 노동력이 소요되고, 착유에 많은 시간이 소요된다. • 착유된 우유를 냉각기에 옮기는 번거로움이 있다. • 방목 중에도 우사를 사용해야 한다.	• 착유실보다는 노동력이 비능률적이다. • 투자 및 유지비가 버킷식보다 더 많이 든다. • 물과 소독제의 사용량이 많다. • 유두에 진공압의 변이가 심하다. • 방목 중에도 우사를 사용해야 한다.

(4) 양돈시설

① 돈사의 분류

○ 경영목적에 따른 분류
- 번식돈사 : 새끼돼지(子豚, 자돈)를 생산할 목적으로 하는 돈사
- 비육돈사 : 새끼돼지를 육성·비육하는 돈사
- 번식·비육돈사 : 번식과 비육을 겸하는 돈사

ⓒ 건물의 환기방식에 따른 분류
- 개방식 돈사
  - 일반적으로 여름철의 무더위에 충분한 통풍이 필요한 지역에서 많이 사용된다.
  - 철재나 목재를 골재로 이용하며, 양쪽 긴 측벽을 윈치커튼을 이용하여 건축한 돈사이다.
  - 주로 비육돈사에 많이 적용된다.
  - 건축비가 적게 들어가나 기온이 낮아지는 겨울철 온도 관리의 어려움이 있는 단점이 있다.
- 밀폐식 돈사(무창돈사)
  - 돈사 내 환경을 인위적으로 조절하기 위해서나, 겨울철의 추운지역에서 많이 이용된다.
  - 샛바람의 침입을 막을 수 있는 방한구조가 필요하다.
  - 주로 돈사 내부의 환경을 인위적으로 조절하기 위해서 건축되는 돈사로써 분만돈사, 이유자돈사에 많이 적용되고 있다.
  - 건축비가 많이 들어가는 단점이 있다.
ⓒ 돈방(돼지방)의 배열방식에 따른 분류
- 단식형 돈사(單列型豚舍)
  - 돈방을 1열로 배열하는 돈사이다.
  - 내부사양시설인 급이시설이나 분뇨처리방식이 자동화인 경우 경제적일 수 있다.
  - 주로 육성비육돈사에서 적용되고 있다.
- 복열형 돈사(複列型豚舍)
  - 돈방을 2열로 배치하는 방법이다.
  - 급사통로를 중앙에 설치하는 방법과 양측에 설치하는 2가지 방법이 있다.
  - 작업능률면에서 보면 급사(사료급여)작업과 분뇨제거작업 중 급사(給飼)작업이 일반적으로 많을 경우 급사통로를 중앙에 배치한다.
  - 복열형 돈사에서도 급이시설이나 분뇨처리방식이 자동화인 경우 경제적일 수 있다.

② 돈사의 환경과 입지조건
ⓐ 돈사의 입지조건
- 주변보다 높고 일광, 통풍이 좋으며 배수가 용이하고 용수 등이 좋아야 한다.
- 가까운 곳에 다른 축사가 있거나 민가 근처는 피하여야 하며 농경지에서 멀리 떨어진 곳이 좋다.
- 교통, 전기, 물 사정이 좋으면서 분뇨의 처리가 용이한 곳이 여러 모로 유익하다.

※ 교통은 위생환경과 밀접한 관계를 가지는 환경요소로 돼지의 방역 및 소음과 주거환경에 영향을 갖는 장소는 피하는 것이 좋다.
  • 진입로는 단독으로 사용하는 것이 좋다.
  • 지하수위의 상승점이 낮아 돈사 내부의 지하수위로 인한 과습과 피해를 억제할 수 있어야 된다.
  • 북향의 경사지에 위치한 곳은 자연환경을 이용하기에는 여러 모로 불리한 곳이므로 가급적 피하는 것이 좋다.

더 알아보기 | 시설부지 정지 시의 유의사항

• 시설의 방향은 정남향이나 동남 또는 서남방향이 되도록 한다.
• 배수로는 가능한 한 짧고 바르게 분산시킨다.
• 지하수위가 돈사바닥에 영향이 없도록 지면을 다소 높게 한다.
• 통로는 짧고 곧으며 경사가 없도록 한다.
• 배뇨방향과 배수방향이 같지 않도록 한다.
• 돈사가 여러 동 군집하는 경우에는 각 동이 환경적으로 독립되도록 부지를 정지한다.
• 분뇨 퇴적장이나 요(尿) 집합장이 돈사보다 낮은 위치에 설치한다.

ⓛ 돈사의 배치

  • 돈사는 동서로 길게 지어 남향으로 배치하는 것이 좋다.
  • 돈사 간 이동거리가 짧고 쉽게 이동될 수 있도록 배치하여야 한다.
  • 입구 가까운 쪽에 육성사를 배치하는 것이 방역상 유리하며 출하할 때도 편리하다.
  • 돈사간격은 개방식 돈사인 경우 돈사의 폭 만큼 띄어 주어야만 환경 관리를 양호하게 할 수 있고 무창돈사도 충분한 간격을 두는 것이 좋다.

더 알아보기 | 돈사 간의 작업로를 만들 때의 기본원칙

• 돈사 간의 거리는 옆 돈사의 환경이 영향을 주지 않는 거리를 유지하여야 한다.
• 돈사 간의 작업로 경사도가 높으면 거리를 짧게 해야 하며 시설 및 기구의 배치는 작업순서에 맞도록 한다.
• 운반작업이나 기계의 이동이 많으면 직선적으로 거리를 단축한다.
• 기상에 의해서 작업이 방해받지 않도록 한다.
• 분뇨처리나 사료급여 및 운반이 용이하도록 한다.
• 장래의 시설증설이나 확대계획을 고려한다.

---

(5) 가금류시설

① 계사의 종류

ⓐ 사육목적에 따른 분류

  • 채란계사, 육계사, 종계사로 나눌 수 있다.
  • 병아리의 성장단계에 따라 육추사, 육성사, 성계사로 세분된다.

ⓛ 사육형식에 따른 분류 : 평사사육, 케이지 또는 배터리 사육 등으로 나눈다.

  • 평사에 의한 사육
    – 평면사육의 경우 부속 운동장을 잘 활용해야 한다.
    – 운동장은 닭들이 운동과 일광욕을 할 수 있어 유리하며 위생적 관리가 용이하다.

- 평사에는 자리깃을 필요로 한다.
- 자리깃은 오염된 것을 매일 바꾸어 주며 사육할 수도 있고, 닭의 배설물과 혼합 퇴적하는 형태로 이용할 수도 있다.
- 퇴적형은 매일 치워 줄 필요가 없어 보온효과와 닭의 운동 촉진, 비타민 B_{12} 및 기타 미지성장인자의 생성으로 닭의 발육과 생산성 및 산란율과 부화율을 좋게 하는 장점이 있다.
- 평사식은 전염병 예방을 위한 위생 관리를 잘 해 주어야 한다.
- 육추, broiler 사육에 적당하며, 바닥에 자리깃을 깔아 주어야 한다.
- 토지와 건물비가 높다.
• 케이지(cage) 사육
- 닭이 2~3수가 들어가는 칸막이 계사이며, 개별 닭의 산란을 포함하는 관리가 가능하다.
- 케이지에는 단사케이지, 2~3수씩 수용하는 중케이지, 25수 정도 수용하는 배터리식 케이지 등이 있다.
- 케이지는 계사의 단위면적당 사육수수를 높이고, 닭의 운동을 제한함으로써 사료요구율을 낮추고, 기계화로 노동력을 절감시키는 등 경제성을 높이는 데 효과적이다.
- 케이지 계사는 주로 채란용 산란계의 사육에 이용되고 있다.
- 케이지사육은 닭을 입체적으로 수용하므로 환기 관리를 잘 해야 한다.
- 모이통과 물통의 면적은 이용에 적합하게 적절히 분배되어야 한다.
- 시설비가 많고 닭이 운동을 할 수 없는 단점이 있다.

※ **케이지의 종류**

확장형 케이지 (furnished cage)	• 홰를 통해 골격이 향상되고 다단식 평사보다 사육시설이 복잡하지 않아 골절률이 가장 낮다. • 케이지의 이점(생존율 개선 및 호흡기 질환감소)을 유지하면서 행동욕구를 충족시킬 수 있다. • 용골뼈 골절률이 다단식 평사에 비해 비교적 적지만 완전한 행동을 할 수는 없다.
다단식 평사 (cage-free)	• 확장형 케이지보다 날개와 용골뼈가 강해진다. • 걷기, 달리기, 홰 오르기, 날갯짓 등 모든 활동이 가능하며 날기를 통해 근골격계가 가장 강화되고 골다공증과 골절이 적다. • 다양한 사육시설을 이용하는 동안 골절 위험이 증가한다.

ⓒ 구조에 따른 분류
• 개방계사
• 건물의 벽면에 공기와 햇빛이 자유롭게 드나들 수 있도록 한 계사로 우리나라 계사 중 대부분을 차지하는 형태이다.
- 양쪽 벽에 윈치커튼을 설치하여 겨울철에는 윈치커튼을 움직여 밀폐시키고 그 외 계절에는 외부온도에 따라 윈치커튼을 개폐하여 자연환기에 의해 계사 내부를 환기시키는 계사로 유창계사라고도 한다.

- 벽면이 단열되지 않아 겨울철에 계사 내부의 온도가 낮아 사료효율이 떨어진다.
- 여름철에 광선과 복사열이 계사 안으로 침입하여 고온스트레스를 받기 쉽다.

> **더 알아보기** 개방계사의 형태
>
> • 계사의 양쪽 벽을 완전히 개방한 형태
> • 벽높이의 중간을 막고 상부와 하부를 개방한 형태
> • 벽높이의 상부와 하부에 벽을 막고 중간 부분을 개방한 형태
> • 계사의 한쪽 벽면을 완전히 개방하고, 다른 한쪽 면을 완전히 벽으로 막은 형태 등
> • 간이계사

- 우리나라 육계 사육농가들이 간이계사를 이용하여 닭을 사육하고 있다.
- 반원형의 철재파이프 위에 비닐과 보온덮개를 덮고 측면에 1m 내외의 윈치커튼을 단 형태이다.
- 초기 시설투자비는 적지만 환경을 관리하기가 어렵고 노동력이 많이 소요된다.
• 무창계사(환경자동조절계사)
  - 산란계 농장에서 많이 이용된다.
  - 외부로부터 공기나 열이 계사 안으로 들어오지 못하도록 천장과 양쪽 벽에 지붕과 마찬가지로 단열재를 부착하여 계사 내와 계사 외를 완전히 차단하는 계사이다.
  - 개방계사와는 달리 광선과 복사열의 침입을 완전히 차단함으로써 계사 내 온도를 계사 외 온도보다 2~3℃ 낮출 수 있다.
  - 무창계사에서는 공기의 흐름을 평준화할 수 있는 팬의 시설이 필수적이다.
  - 냉방시설을 운영하기가 용이하다.
  - 무창계사의 장단점

장점	단점
• 단열과 풍속으로 여름철 계사 내 온도를 낮게 유지할 수 있다(온도변화 최소화). • 영하의 날씨에도 계사 내 온도를 18~23℃로 높게 유지할 수 있어 사료비가 적게 든다. • 완벽한 점등 관리로 부화계절에 관계없이 높은 산란율의 유지가 가능하다. • 부리 자르기를 하지 않아도 된다. • 고밀도사육이 가능하다. • 토지의 방향에 관계없이 계사건축이 가능하다. • 소음, 분진, 해충 등의 환경공해를 막을 수 있다. • 계분의 처리가 용이하다. • 기계화, 자동화로 노동력이 절감된다.	• 전기사용량이 많다. • 정전에 대비하여 비상발전기 보유가 필수적이다. • 단위면적당 계사의 건축비가 높다. • 일시에 많은 자본이 필요하다.

② 닭의 사육환경
　㉠ 가금축사의 위치
　　계사를 지을 때에는 일반적으로 다음의 사항을 고려해야 한다.

- 도로와 진입로, 다른 계사 및 부속건물과 연계되는 거리와 위치들을 파악하고 농장의 규모에 따라 대형 일반화물수송차나 로리화물자동차(lorry truck)가 회전할 수 있는 충분한 공간이 필요하다.
- 계사의 문이나 창문은 남향 또는 동남향으로 해야 한다.
- 전기, 수도, 도시가스, 송유관과 같은 공공시설과 연계할 수 있는 곳을 선정한다.
- 계분이나 폐수 및 소각장으로부터 가급적 멀리 떨어진 곳이어야 하고 바람이 농가나 달걀 세척장 쪽으로 향하지 않게 한다.
- 토양의 상태를 조사하여 배수가 잘되는 곳을 선정한다.
- 향후 확장 가능성을 고려하여 위치를 선정한다.

ⓒ 적정온도
- 체구는 작지만 체온이 평균 41℃로 매우 높다.
- 여름철 고온 시 계사의 온도가 높아져 그냥 두면 닭이 고온스트레스를 받아 죽게 된다.
- 최저임계온도 이상을 유지해야 하고, 그 이하에서는 사료비의 부담이 높아진다.
- 산란계의 경우 온도가 1℃ 낮아짐에 따라 1수당 1일 사료섭취량이 1.5g 증가하여 고온에서는 생산성이 저하된다.
- 양계의 최적온도는 13~24℃이다.
- 종란의 부화 중 발육기간(19일간)의 적정온도 : 37.5~37.7℃

  ※ 닭의 체감온도는 건구온도(DBT)와 습구온도(WBT)에 따라서 변한다.
  닭의 체감온도 = (0.7~0.8 × DBT) + (0.2~0.3 × WBT)

ⓒ 적정습도
- 단위체중당 이산화탄소의 생산량이 많고 배설물에서 암모니아가스가 발생하기 때문에 환기를 소홀히 하면 계사 내 유해가스의 농도가 높아진다.
- 닭의 체내에는 9개의 공기주머니가 있어서 유해가스를 흡입하면 호흡기질환이 발생하기 쉽다.
- 습도가 너무 높으면 건축물의 내구성이 저하되고 병원성 세균의 증가로 질병이 많이 발생하는 반면, 너무 낮으면 탈수증세가 나타나고 호흡기질병이 생긴다.
- 상대습도는 50%가 적당하다.
- 환기, 분뇨청소, 물통 관리에 의해 습도를 적절히 유지할 수 있다.

  ※ 부란실의 적합한 상대습도 : 70~75%

ⓔ 적절한 환기
- 유해가스를 건물 밖으로 내보내고 계사온도를 적정수준으로 유지하는 동시에 계사의 수분을 제거하기 위해서 환기가 충분히 이루어져야 한다.
- 호흡으로부터의 먼지, 탄산가스, 분뇨에서 생산되는 H_2S, NH_3, CH_4 등이 계사공기를 나쁘게 하는 원인이다.

- 가장 유독한 가스는 NH₃이며, 30ppm 이상이면 호흡기 섬모운동이 감소한다.
- NH₃의 공기 중 농도는 25ppm 이하로 유지되어야 한다.
- 분뇨청소 관리, 창문, 환기시설에 의해 공기조성을 깨끗하게 유지할 수 있다.

ⓜ 채광
- 일광은 여러 가지 기능이 있기 때문에 계사는 햇빛이 잘 드는 것이 좋다.
- 광선이 닭의 뇌하수체를 자극하여 생식선 발달을 촉진하기 때문에 일광은 성 성숙, 산란, 우에 영향을 미친다.
- 햇빛의 자외선이 피부의 비타민 D 전구체인 7-dehydrocholecalciferol을 비타민 D로 전한다.
- 일광은 겨울에 계사를 따뜻하게 하고, 자외선이 미생물을 사멸한다.

2. 축산위생 · 방역 관리

(1) 축산위생 · 방역의 이해

① 축산위생

ⓐ 축산물 안전성 관리강화 필요성
- 가축의 질병을 예방하고 조기진단 및 구제하여 안전한 축산물을 생산·유통하기 위함이다.
- 축산물은 가축의 사육부터 생산 및 유통과 소비에 이르는 모든 단계마다 잠재적 위해요소가 존재한다.
- 소비자들은 축산물 선택기준으로 위생과 안전성을 중시, 특히 수입축산물 위생사고로 관리강화에 대한 필요성이 증대하고 있다.

ⓑ 질병의 발생요인
- 병원체 : 병원체가 없으면 발병할 수 없다. 그러나 병원체가 있다고 반드시 발병하는 것은 아니다.
- 병원체와 관련된 요인 : 병원체에 의해 발병하는데 영향을 미치는 여러 가지 요인을 말하는데 병인, 숙주, 환경 등이 병원체와 관련된 요인이다.

ⓒ 질병발생의 3대 조건
- 전염원 : 병원체를 배설하는 가축이 전염원이며, 이들에 의해 전염이 시작된다.
- 전염경로 : 병원체가 전염원에서 다른 개체에 감염되기 위해서는 특이한 경로를 통하여 이동한다.

- 감수성 있는 동물 : 전염원이 있고 감염경로가 있어도 병원체의 오염을 받은 개체가 저항력이 있으면 발병하지 않는다. 따라서 병원체에 영향을 받는 감수성이 있어야 발병한다.

② 소독

㉠ 소독의 중요성

- 소독은 전염병의 위험성이 있는 병원균과 그 병원균을 전파하는 해충 등을 박멸함으로써 전염병으로부터 가축을 보호하는 수단이다. 가축 전염병의 발생이나 만연을 방지하는 방법 중에서 가장 중요한 작업이다.

※ **소독의 정의** : 질병은 병원체(세균, 바이러스, 곰팡이 등)와 감염경로(공기, 물, 사료 등)의 요건이 갖추어질 때 발생한다. 이러한 병원체를 없애거나 줄이며 가축에 해가 없도록 하는 과정을 소독이라 하고, 이러한 목적으로 사용하는 제제를 소독약이라고 한다.

- 소독은 소독대상, 외부온도, 소독제 성분 등을 종합적으로 고려하여 가장 적합한 소독제를 선택하여 실시한다.

※ **소독의 종류**

물리적 방법	열(소각, 건열, 습열), 광선, 방사선
화학적 방법	소독약
물리·화학적 방법	소독약+열
기타	건조, 발효 등

㉡ 소독제의 종류

- 소독효과가 높아 적은 양으로도 신속하고 확실한 효과가 있어야 한다.
- 소독 대상 동물이나 물체에 대해 독성이 적고 안전성이 높으며, 축사 및 축산기구들을 부식시키지 말아야 한다.
- 물에 쉽게 녹고, 침전물이나 분해가 일어나지 말아야 하며 비용이 적게 들어야 한다.

[소독대상에 따른 권장소독제]

축제, 사람	구연산
축사내부(축산기구)	• 가축이 있을 경우 : 구연산 • 가축이 없을 경우 : 알칼리제, 염소제
축사외부	알칼리제
소독조	알칼리제, 알데하이드제
차량	복합산성제, 알칼리제, 산성세제
음수소독	염소제

㉢ 소독약의 주요 작용

- 바이오필름을 파괴하고 균체의 벽(세포벽, 세포막)을 깨뜨린다. 막에 구멍이 생기면 세포 내 성분, 즉 세포질이 새어나와 균이 죽게 된다.

- 균체 단백질의 변성 : 균의 몸체 주요 부분은 단백질로 되어 있는데, 소독약의 화학작용은 이를 변성시켜 세포 내 성분(세포질)을 유출시키거나 세포 내 단백질의 응고를 통해 세균 세포의 발육을 저지한다.
- 세포호흡 방해 : 균체 표면을 둘러싸서 세균세포의 호흡을 억제한다.
- 효소저해작용 : 효소는 단백질과의 상호작용으로 세포 내 반응을 조절하는데, 이를 저해하면 세포의 증식은 물론 생존을 어렵게 한다.
㉣ 병원성 미생물의 저항력
- 결핵균과 같이 저항력이 강한 미생물은 간단한 일광소독, 건조소독, 발효소독으로는 거의 사멸하지 않는다.
- 대장균과 같이 저항력이 보통인 미생물은 발효작용 등을 이용하여 효과적으로 소독할 수 있다.
- 브루셀라균과 같이 저항력이 약한 미생물은 발효, 건조 등에 의하여 쉽게 소독할 수 있다.
- 병원미생물은 혈액이나 분뇨 등과 같은 유기물과 섞여 있을 경우 외부작용에 대한 저항력에 변동이 생긴다.
- 소독약을 유기물 등에 혼합할 때에는 소독이 어려워지므로 여러 조건을 고려해야 한다.
- 아포를 형성하고 강한 저항력을 가진 균들은 토양에 수십 년간 생존하며 쉽게 사멸하지 않으므로 특히 주의해야 한다.

더 알아보기 이상적인 소독약의 조건

- 소독효과가 신속해야 한다.
- 세균, 바이러스, 곰팡이 등 넓은 범위의 항균력을 가져야 한다.
- 저항균이 생성되지 않아야 한다.
- 단백질(유기물)에 의하여 불활성화 되지 않아야 한다.
- 독성이 적어야 한다.
- 생체조직을 벽색 또는 부식시키지 않아야 한다.
- 냄새가 없거나 적어야 한다.
- 세정 후에도 잔류작용을 나타내어야 한다.
- 사용하기 편리하고 경제적이어야 한다.

[주요 성분별 소독약 선택기준]

분류	성분명	선택기준 적용대상	사용농도	소독제의 특징 및 주의사항
염기체	탄산소다	사체, 축산, 환경, 물탱크	4%	• 분변이 있는 곳에도 소독효과 발휘 • 알루미늄 계통에는 사용하지 말 것
	가성소다	사체, 축사, 환경, 물탱크, 차량, 기계류, 의복	2%	• 분변이 있는 곳에도 소독효과 발휘 • 매우 효과적이나 차량 등 금속 부식성 • 눈과 피부에 자극이 있으므로, 사용 시 장갑, 의복 등과 같은 보호용구 착용 • 강산과 접촉을 피할 것

분류	성분명	선택기준 적용대상	사용농도	소독제의 특징 및 주의사항
산성세제	구연산	사체, 사람, 분뇨, 배설물, 주택, 차량, 기계류, 의복	0.2%	• 침투력이 약하므로 단단한 표면에만 사용(중성계면활성제를 원액의 1/1,000로 희석, 혼합사용하면 침투력 증가) • 사람, 축체, 의복 소독에 적용 가능
	복합염류	기계류, 차량, 의류, 소독조	2%	광범위하게 적용 가능(축체 제외)
산화제	차아염소산	축사, 주택, 의류	2~3% 유효염소	• 분변, 우유 등이 있는 대상물에 사용금지 • 유기물에 의해 효과가 감소하므로 반드시 사용 전에 청소 • 어둡고 서늘한 곳에 보관 • 눈과 피부에 독성이 있음
	아이소사이안산나트륨	축사, 주택, 의류	0.2~0.4%	• 분변, 우유 등이 있는 곳에 사용금지 • 반드시 사용 전에 청소 • 정제이므로 사용 직전에 물에 희석 사용
알데하이드	폼알데하이드	전기기구, 볏짚, 건초	가스	• 물을 피해야 하는 자동차 내부, 전기기구 등의 소독에 사용 • 소독 후 환기 철저 및 가스흡입 금지 • 유독성 가스 외부 방출금지 주의 • 물, 차아염소산, 염소 등이 있을 경우 사용금지
	글루타알데하이드	축사 내외부, 차량, 소독조	2%	• 사용 시 장갑, 의복 등과 같은 보호용구 착용 • 적당한 환기조건에서 사용 • 직사광선을 피해 건조한 실온보관
	포르말린	사료, 의복	8%	자극성 가스 배출 : 사용자 주의(글루타알데하이드에 준함)

더 알아보기 소독약의 희석방법

• 소독약이 분말일 경우의 계산방법
  예 소독약 1kg을 물 100L와 섞으면 100배, 물 200L와 섞으면 200배, 물 300L와 섞으면 300배, 물 400L와 섞으면 400배, 물 1,000L와 섞으면 1,000배가 된다.
• 소독약이 액체일 경우의 계산방법
  예 소독약 1L를 물 100L와 섞으면 100배, 물 200L와 섞으면 200배, 물 300L와 섞으면 300배, 물 400L와 섞으면 400배, 물 1,000L와 섞으면 1,000배가 된다.

③ 방역

ㄱ 방역의 정의

• 방역이란 외부에서 발생한 질병이 농장 내로 침입하지 못하게 막거나 내부에서 발생한 질병이 외부로 퍼져나가 전파되는 것을 막는 일련의 행위를 말한다.
• 방역의 종류로는 질병이 농장 내로 침입하지 못하게 막는 차단방역, 농장 내부의 병원체로부터 감염을 방지하는 농장 내 방역 및 유전능력개량과 비육을 위하여 외부로부터 도입하는 도입축의 방역 관리 등으로 나눌 수 있다.

ㄴ 방역절차

• 안내문 및 방역경고문을 설치한다.
• 출입 관리대장 비치하고, 작성한다.

- 방역복 및 장화를 비치하고 착용한다.
- 소독설비 및 발판소독조를 사용하여 출입자와 출입차량을 소독한다.
- 물품반입창고에 있는 기자재 등을 올바르게 소독하고 보관한다.
- 농장에 경계표시를 한다.

[소에서 발생할 수 있는 전염병] ☑ 빈출개념

질병명	원인	전염경로	증상
우역	바이러스	경구 및 호흡기	고열, 식욕감퇴, 반추정지, 악취성 설사
구제역		타액, 유즙, 정액, 비말	구강점막과 제관부에 수포 발생
블루텅병		흡혈곤충	파행과 유산, 구강 내 병변, 대뇌결손 및 뇌수종증
수포성구내염		경구, 흡혈곤충	수포를 동반한 다량의 유연, 발열, 제부수포
소 유행열		흡혈곤충	고열, 호흡이 가빠짐, 변비, 안구충혈
아카바네병		흡혈곤충(모기)	유산, 사산, 체형이상(사지만곡, 척추만곡)
우폐역	세균	호흡기	발열, 호흡촉박, 식욕부진, 심한 기침, 호흡곤란
탄저		경구, 창상	천연공 출혈, 응고부전
기종저		경구, 창상	전신적 고열, 반추정지, 염발성 종창, 사지온도 저하
브루셀라		경구, 경피, 교미	유산, 관절염, 고환염, 후산정체, 수태율 저하
결핵병		경구, 태반, 교미, 야생조류	기침, 빈혈, 기관지 호흡음, 체표 림프절 종창
요네병		경구	만성설사, 비유량 저하, 하악부종, 영양실조
큐열		진드기	열, 두통, 흉통, 산발적인 유산
소 해면상뇌증	프리온 단백질	경구	근육경련, 파행, 운동실조, 기립불능을 동반한 신경 증상

[돼지에서 발생할 수 있는 전염병]

질병명	원인	전염경로	증상
돼지열병	바이러스	−	40℃ 이상의 고열, 식욕 감퇴, 변비, 악취의 설사, 배와 등에 보라색 충혈무늬, 기침, 콧물, 호흡곤란
돼지 일본뇌염		작은 빨간 집모기	임신돈에 감염되면 유산이나 사산 유발
돼지 전염성 위장염		−	구토, 황색 설사, 탈수, 체중 감소
오제스키병		호흡기 및 경구감염, 쥐	40℃ 이상의 고열, 식욕 감퇴, 구토, 기침, 설사, 뒷다리의 경련과 마비, 유산
돼지 인플루엔자		급성 호흡기 질환	기관지 폐렴
이유 후 전신 소모성 증후군		복합 감염	체중감소, 전신 쇠약, 호흡 부전, 설사, 피부의 창백, 황달
돼지 단독	세균	−	인수공통전염병, 패혈증형(고열, 식욕감퇴, 결막염, 구토), 피부형(식욕감퇴, 고열, 담홍색의 두드러기), 관절염형, 심내막염형
돼지 호흡기 생식기 증후군	기타	−	유산, 사산, 조산 등의 번식장애

※ **주요 인수공통전염병** : 광견병, 파상열, 페스트, 결핵, 부르셀라증, 야토병, 큐열, 탄저, 돈단독, 렙토스피라, 비저, 소해면상뇌증, 조류인플루엔자

질병	원인, 증상	치료
고창증	생초, 두과작물 등 발효하기 쉬운 작물을 많이 먹거나 변질된 사료 급여 시 가스가 차서 왼쪽 배가 부풀어오르는 증상	제1위 마사지, 투관침, 설사약 급여, 운동
유방염	유방에 외상을 입거나 비위생적인 착유, 착유자의 미숙한 착유	유방염 연고, 소염제 주사
유열	분만 직후 혈중 칼슘 농도가 낮아 발생하는 대사성 질환으로 거동이 불편하고 뒷다리에 경련이 일어난다.	칼슘, 포도당 정맥주사
케토시스	비유초기 탄수화물과 지방대사의 이상으로 케톤체 증가, 식욕감퇴, 유량·체중 감소, 탈진, 소화장애, 신경증상 등	조사료를 충분히 급여한다.
난소낭종	직경 2.5cm 이상의 난포가 배란되지 않고 존재함, 지속발정, 사모광증, 무발정, 불규칙 발정(주로 과비된 암소)	PGF$_{2\alpha}$ 투여
바이오틴 결핍증	사료의 변질, 비타민 B군 부족으로 발생, 보행불능	생초급여, 바이오틴 주사
산중독증	고수준의 농후사료 급여로 반추위 내 미생물에 의해 전분이 유산을 생성, 식욕저하, 회색의 붉은 변, 탈수증상, 보행 불능,혼수상태고창증, 제염병, 부전각화증 및 간농양 등의 질병으로 발전 가능	

※ **수동면역과 능동면역**
- 수동면역 : 다른 동물, 개체에서 이미 형성된 항체를 빌려오는 면역
  예 초유, 태반, 항체주사, 수혈 등
- 능동면역 : 외부에서 몸 속으로 들어온 세균 등에 의해 스스로 항체를 만들어내서 생긴 면역을 말한다.
  예 백신접종, 이미 걸린 질병으로부터 생긴 항체 등

더 알아보기 법정전염병의 종류

구분	소	돼지	닭
제1종	우역, 우폐역, 구제역, 가성우역, 블루텅병, 리프트계곡열, 럼프스킨병, 양두, 수포성구내염	구제역, 아프리카돼지열병, 돼지열병, 돼지수포병	뉴캐슬병, 고병원성조류인플루엔자
제2종	탄저, 기종저, 브루셀라, 결핵, 요네, 소해면상뇌증, 큐열	오제스키, 돼지 일본뇌염, 돼지텟센병, 돼지단독, 전염성위장염, 생식기호흡기증후군, 유행성설사, 위축성 비염	추백리, 가금티프스, 가금콜레라, 뇌척수염, 전염성 후두기관염, 마렉병, 전염성 F낭병
제3종	소 유행열, 아까바네, 소 전염성 비기관염, 소 류코시스, 렙토스피라	전염성위장염	닭 마이코플라스마, 저병원성조류인플루엔자

(2) 위생·방역시설 관리

① 차단방역

㉠ 차단방역의 개념

- 질병이나 병원성 미생물에 감염된 가축이 농장 내로 유입되는 것을 차단하는 것이다.
- 가축수송차량, 사료운반차량, 분뇨처리차량 등과 같은 각종 차량에 의하여 또는 사람, 개, 고양이, 설치동물, 야생동물 및 바람에 의하여 전파될 수 있는 전염병을 예방하는 것이다.

ⓛ 차단방역의 목적
- 전염성 질병 원인체의 농장 유입을 막고, 전염병 원인체가 발생 지역에서 비발생지역으로 전파되는 것을 방지한다.
- 질병발생과 공중보건상 중요한 미생물의 확산을 최소화하는 것이다.

ⓒ 차단방역의 종류
- 격리 : 농장에서 사육하는 가축을 사람과 차량의 출입이 제한된 축사에 수용하는 것을 말한다.
- 수송수단 통제 : 사료운송차량, 약품운반차량, 가축수송차량, 일반차량의 농장이동과 농장 안에서의 이동을 모두 통제하는 것이다.
- 위생(소독) : 방문객, 농장에서 사용되거나 농장 안으로 유입되는 기계 및 기구, 농장 관리인 등에 대한 청결과 소독을 말한다.
- 백신접종 : 차단방역으로 설정된 경계선을 넘어 질병이 농장으로 유입되었을 경우 가축이 백신접종으로 면역이 되었다면 질병발생을 막을 수 있다.

ⓔ 차단방역의 단계

1단계	농장 입구	• 차량 : 모든 차량 소독 후 출입 허용 • 사람 　– 방역복, 덧신, 장갑 착용 확인 　– 철저한 소독 조치 후 출입 허용
2단계	농장 내 통로 및 시설 주변	• 농장 입구에서부터 축사까지의 농장로 출하대, 분뇨처리장, 사료 저장 시설 • 물을 뿌리고 생석회를 살포한다.
3단계	축사 입구	• 방역에 가장 중요한 장소이다. • 가급적 외부인 출입 금지 • 방역복과 장화를 갈아 신고 출입 • 출입자의 손과 기구 및 장비 소독

② **농장 내 방역** : 가축이 병원체에 노출되지 않는 행동을 총칭하는 것으로 축사세척, 소독, 가축소독 및 정기소독 등이 포함되며 농장의 질병상황, 주위 지역의 질병발생과 온·습도와 밀접하게 관련되어 있으므로 환경에 맞추어 실시하거나 최소 1주일에 한번 이상 실시한다.

ⓖ 축사 내부 및 기구 소독
- 청소가 끝난 상태로 축사가 완전히 비어 있고 축사의 밀폐가 가능할 경우에 포르말린 훈증 소독을 실시한다.
- 포르말린 훈증소독이 어려울 경우 복합소독제, 수산화나트륨 소독제(최종농도 2%), 차아염소산나트륨(유효염소가 2~3% 또는 20,000~30,000ppm이 되도록 희석) 등으로 축사 내부를 완전히 적셔 소독한다.

ⓛ 발판소독조 및 차량소독조
- 소독조를 축사입구에 설치하되 발이나 차량바퀴가 충분히 잠길 수 있도록 10cm 이상의 깊이로 하며, 주당 2~3회 교환해 준다.
- 강알칼리제, 알데하이드제 등 비교적 유기물에 강한 소독제를 사용한다.
- 발판소독조의 소독약을 주기적으로 교환해 주어야 한다. 교환해 주지 않으면 오히려 오염된 병원균이 신발이나 차량바퀴에 묻어 병을 전파하는 역할을 하게 되므로 주의해야 한다.
ⓒ 바닥 및 축사 주위 소독
- 축사 주위의 흙바닥이나 축사바닥의 소독에는 주로 강알칼리 소독제를 사용한다.
- 수산화나트륨용액을 2% 되도록 희석하여 바닥에 흠뻑 뿌려 소독하거나, 물을 뿌린 후 생석회를 도포하여 소독한다.
- 생석회는 평당 약 1kg(m^2당 300~400g)을 뿌리거나 물로 5% 생석회유제액을 만들어 살포한다.
- 유제액을 만들 때는 물에 생석회를 조금씩 넣어야 하고, 생석회에 물을 넣지 않도록 한다.
- 생석회는 물과 접촉하면 200℃ 정도의 고열이 발생하므로 밀폐된 공간에서 볏짚과 같은 인화성 물질이 있으면 불이 날 위험이 있다.
- 생석회를 차량이 많은 도로에 분말상태로 뿌리지 않도록 해야 한다.
- 마른상태에서는 소독효과도 낮고 인축의 눈에 들어가면 실명을 초래할 수 있다.
ⓔ 축사 내 분 및 깔짚소독
- 축사바닥의 분, 깔짚, 흙 등은 병원균이나 유기물의 오염이 심한 상태이므로 표면을 완전히 걷어 내 소독을 해야 한다.
- 소각 또는 매몰을 해야 하지만 60℃ 이상의 온도가 되도록 3일 이상 발효시켜 퇴비화할 수도 있다.
- 걷어 낸 깔짚, 분, 흙이 깨끗한 구역으로 흩어지거나 주변에 뿌려지지 않도록 하며, 만일에 대비하여 작업이 끝난 후 그 구역을 소독한다.
- 톱밥 발효 계사와 같이 출하 후 분과 톱밥을 긁어 내지 않는 형태의 축사는 특정 전염병이 상재할 우려가 있으므로 차단방역을 특별히 철저하게 하여 원천적으로 병원체에 오염되는 일이 없도록 주의해야 한다.

(3) 폐사축 관리

① 폐사축의 처리방법

⊙ 대표적인 방법으로는 구덩이 매몰, 매몰용기 이용, 퇴비화, 소각 및 재활용(렌더링) 등이 있다.

ⓛ 폐사축은 가축전염병예방법에 의해 처리한다.

② 폐사축의 처리

⊙ 매몰

- 구덩이를 이용하여 폐사축을 처리하는 전통적인 방법이다.
- 일반적으로 가장 간단하고 편리한 방법으로 지하수 취수장이나 샘물이 나오는 곳과 멀리 떨어져 있어야 한다.
- 병원체의 형태나 지하수 오염과 관련하여 사람의 잠재적인 건강과 환경에 위험성이 있다.

ⓛ 소각

- 소각로는 폐사축을 땅에 묻을 공간이 없거나 수질을 오염시킬 우려가 있을 때 가장 유용한 방법이다.
- 폐사축을 처리하는 데 있어서 생물학적으로 가장 안전한 방법이다.
- 관리가 쉽고 위생적이나 작동하는 데 시간이 오래 걸리고, 비용이 비싸며, 냄새가 나고 미립자가 방출될 수 있다.
- 소각하는 동안 폐사축 전체가 재로 변해 부피가 줄어들고 해충을 발생시키지 않으며, 뿌려 버릴 수 있다.
- 직접 제작한 소각로는 대기오염에 주의해야 한다.

ⓒ 퇴비화

- 퇴비화는 유기물을 파괴하여 안정된 최종산물로 분해하는 자연적 · 생물학적인 과정이다.
- 퇴비화과정은 유기물질을 소화시킬 수 있는 세균, 곰팡이 및 다른 미생물들에 의해 이루어지며 부식토 형태가 된다.
- 퇴비화는 미생물들의 성장에 좋은 영양, 물 및 산소만 제공하면 과정이 전개된다.
- 미생물 성장에 필수적인 요소는 탄소, 질소, 산소 및 습도이며, 이들 중 어떤 하나라도 결핍되거나 제공되지 않으면 미생물들이 잘 자랄 수 없고, 분해작용에 필요한 충분한 열을 발생시킬 수 없다.

② 렌더링(열처리)
  - 렌더링은 폐사축처리에 있어서 환경적으로 가장 안전한 방법이다.
  - 동물조직에서 단백질과 지방 같은 재활용이 가능한 성분을 추출하기 위해 가열하는 과정이다.
  - 렌더링과정을 통해 폐사축은 가치 있는 자원으로 변하게 된다.
⑩ 기타 방법
  - 외국에서는 사육하는 악어나 모피동물의 먹이로 신선한 폐사축을 사용한다.
  - 압출과정을 거쳐 사료화하거나 젖산발효 및 분해하는 방법도 있다.

[폐사축 처리방법별 장단점]

처리방법	장점	단점
구덩이	• 처리가 간단하다. • 경비가 효과적이다. • 관리가 수월하다.	• 누출액이 지하수를 오염시킬 수 있다. • 육식동물과 해충의 방제가 필요하다. • 사용제한이 증가한다. • 겨울에는 땅을 파기 어렵다.
매장	• 처리가 간단하다. • 경비가 효과적이다. • 해충방제가 필요하다. • 노동력이 필요하다.	• 지하수를 오염시킬 수 있다. • 겨울에는 땅을 파기 어렵다.
소각	• 폐사체가 빠르게 소멸된다. • 모든 병원체가 파괴된다.	• 불쾌한 냄새나 연기가 발생할 수 있다. • 농장 밖에서 소각 시 운송비와 소각경비가 발생한다.
퇴비화	• 시설이 설치된 일부 지역에서 사용할 수 있다. • 처리 전 안전한 보관장소가 필요하다. • 비용이 많이 들 수 있다.	• 톱밥 같은 탄소 공급원의 확실한 공급이 필요하다. • 퇴비화에 대한 지식이 필요하다. • 육식동물이나 해충의 방제가 필요하다. • 완성된 퇴비는 가축 방목장에 뿌려서는 안 된다.
렌더링	• 환경에 해로운 효과가 없다. • 폐사축으로부터 농장오염의 위험이 없다.	• 시설이 설치된 일부 지역에서 사용할 수 있다. • 처리 전 안전한 보관장소가 필요하다. • 비용이 많이 들 수 있다.

(4) 가축전염병 예방법

① 소각 또는 매몰기준(가축전염병 예방법 시행규칙 제25조 관련 [별표 5])
  ㉠ 매몰장소의 선택 : 농장부지 등 매몰 대상가축 등이 발생한 해당 장소에 매몰하는 것을 원칙으로 한다. 다만, 해당 농장부지 등이 매몰장소로 적합하지 않거나, 매몰장소로 활용할 수 없는 경우 등에 해당할 때에는 국·공유지 등을 활용할 수 있다.
  ㉡ 매몰장소로 적합한 장소
    - 하천, 수원지, 도로와 30m 이상 떨어진 곳
    - 매몰지 굴착(땅파기)과정에서 지하수가 나타나지 않는 곳(매몰지는 지하수위에서 1m 이상 높은 곳에 있어야 한다)
    - 음용 지하수 우물(지하수를 이용하기 위한 수리시설)과 75m 이상 떨어진 곳

- 주민이 집단적으로 거주하는 지역에 인접하지 않은 곳으로 사람이나 가축의 접근을 제한할 수 있는 곳
- 유실, 붕괴 등의 우려가 없는 평탄한 곳
- 침수의 우려가 없는 곳
- 다음의 어느 하나에 해당하지 않는 곳
    - 수도법에 따른 상수원보호구역
    - 한강수계 상수원수질개선 및 주민지원 등에 관한 법률, 낙동강수계, 금강수계, 영산강·섬진강수계 등 물 관리 및 주민지원 등에 관한 법률에 따른 수변구역
    - 먹는물 관리법에 따른 염지하수 관리구역 및 샘물보전구역
    - 지하수법에 따른 지하수보전구역
    - 기타 수질환경보전이 필요한 지역
ⓒ 사체의 매몰 : 가축의 매몰은 살처분 등으로 가축이 죽은 것으로 확인된 후 실시하여야 하고, 사체의 매몰은 다음 방법에 따른다.
- 매몰 구덩이는 사체를 넣은 후 해당 사체의 상부부터 지표까지의 간격이 2m 이상이 되도록 파야 하며, 매몰 구덩이의 바닥면은 2% 이상의 경사를 이루도록 한다.
- 구덩이의 바닥과 벽면은 두께 0.2mm 이상인 이중비닐 등 불침투성 재료로 덮는다.
- 구덩이의 바닥에는 비닐에서부터 1m 높이 이상의 흙과 5cm 높이 이상의 생석회를 투입하고, 생석회 위에 40cm 높이 이상으로 흙을 덮은 후 2m 높이 이하로 사체를 투입한다.
- 사체를 흙으로 40cm 이상 덮은 다음 5cm 두께 이상으로 생석회를 뿌린 후 지표면까지 흙으로 메우고, 지표면에서 1.5m 이상 성토(흙쌓기)를 한 후, 생석회를 마지막에 도포한다.
- 가스배출관은 폴리염화비닐(PVC) 등의 재질로 만들어진 홈통을 이용하여 사체와 접촉되도록 설치하고, 가스배출관의 밑면에는 자갈 등을 깔아 막힘을 방지하며, 매립 당시 20m^{2}당 최소 1개 이상을 설치하되, 가스 및 용출수가 많이 발생하거나 매몰한 사체가 융기하는 등의 문제가 발생하면 그 설치 개수를 늘린다.
- 매몰지 주변에 배수로 및 저류조를 설치하되 배수로는 저류조와 연결되도록 하고, 우천 시 빗물이 배수로에 유입되지 않도록 둔덕을 쌓는다.
- 매몰 후 경고표지판을 설치하여야 하며, 표지판에는 매몰된 사체의 병명 및 축종, 매몰 연월일 및 발굴 금지기간, 책임 관리자 및 그 밖에 필요한 사항을 적어야 한다.
- 집중호우에 대비하여 매몰지가 유실되거나 붕괴되지 않도록 비닐 등으로 덮어 관리를 철저히 하고, 빗물 배수로와 빗물을 모을 수 있는 집수로를 설치하여야 한다.

축산환경 관리

1. 친환경축산의 이해

(1) 친환경농축산물의 개념

① 환경을 보전하고 소비자에게 보다 안전한 농축산물을 공급하기 위해 유기합성농약과 화학비료 및 사료첨가제 등 화학자재를 전혀 사용하지 아니하거나, 최소량만을 사용하여 생산한 농축산물을 말한다.

② 친환경농축산물 관리토양과 물은 물론 생육과 수확 등 생산 및 출하단계에서 인증기준을 준수했는지에 대한 엄격한 품질검사와 시중 유통품에 대해서도 허위표시를 하거나 규정을 지키지 않은 인증품이 없도록 철저한 사후 관리를 하고 있다.

> **더 알아보기** 친환경농축산물 인증제도
>
> 소비자에게 보다 안전한 친환경농축산물을 전문인증기관이 엄격한 기준으로 선별·검사하여 정부가 그 안전성을 인증해 주는 제도이다.
> • 친환경농산물 인증 종류(2종류) : 유기농산물, 무농약농산물
> • 친환경축산물 인증 종류(2종류) : 유기축산물, 무항생제축산물

③ 친환경축산물의 종류

    ㉠ 유기축산물 : 항생제·합성항균제·호르몬제가 포함되지 않은 유기사료를 급여하여 사육한 축산물

    ㉡ 무항생제축산물 : 항생제·합성항균제·호르몬제가 포함되지 않은 무항생제사료를 급여하여 사육한 축산물

        ※ **유기사료** : 유기농산물 인증기준에 맞게 재배·생산된 사료, 또는 국제식품규격위원회(Codex)에서 정한 기준에 맞게 생산·수입된 사료

(2) 자연순환농업

① 자연순환농업의 개념

    ㉠ 자연생태계의 영속적인 물질순환기능을 활용하여 작물과 가축이 건강하게 자라게 하고 농축산물의 안전성과 품질을 높이고자 하는 농업이다.

    ㉡ 특정자재의 사용 또는 특정농법에 한정되지 않고 "자연계 물질순환의 균형"을 추구하는 모든 농업을 포함한다.

    ㉢ 가축분뇨를 활용한 퇴·액비 등 유기질 자원을 토양에 환원하고 화학비료와 농약사용을 감축하여 토양을 건전하게 유지·보전하면서 농업생산성을 확보코자 하는 농업이다.

    ㉣ 환경적이면서, 경제적으로 수익이 보장되며, 국민의 건강과 안전성을 증진시킬 수 있어야 한다.

② 자연순환농업의 효과

  ㉠ 농업생태계의 물질순환을 원활하게 하여 논·밭 토양의 자연정화원리에 의한 환경오염
   방지 효과가 있다.

  ㉡ 농업에 발생하는 유기물 활용으로 화학비료 절감과 친환경적인 농사를 지을 수 있다.

  ㉢ 가축분뇨 발효액비는 고형분 함량이 낮으나 발효과정에서 완숙시키면 토양생물과 식물
   생육을 위한 유효양분의 이용효율이 높다.

  ㉣ 질소성분은 줄어들고 미량원소 등이 다량 함유되어 있어 농경지의 지력이 증진된다.

  ㉤ 돈사 내의 장기간 분뇨의 저류에 의한 악취 및 파리 등 해충감소로 양돈 생산성 향상과
   농촌생활환경개선이 가능하다.

  ㉥ 축산업과 경종농업(씨앗을 뿌려 재배하는 작물)의 결합에 의한 새로운 유축농업의 생산
   기반이 조성된다.

2. 가축분뇨 관리

(1) 가축분뇨 특성 및 발생량

① 가축분뇨의 특징

  ㉠ 오염부하량이 사람보다 10배 정도 높다.

  ㉡ 오염성분량은 오줌보다 분에 많다.

  ㉢ 오염성분 농도가 높다. 돼지는 요만으로도 5,000ppm이며, 분과 혼합되면 24,000ppm이
   나 된다.

  ㉣ 생물적 처리가 가능하다. 가축분뇨오수는 BOD가 COD, TOC에 비하여 높으므로 생물적
   으로 분해가능물질이 많은 것을 의미한다.

  ㉤ 질소농도가 높다.

   • 분의 유기물과 질소농도비(C/N 비, 탄질비)를 보면 소 20 이상, 돼지 14, 닭 10 정도이다.

   • 요 오수의 BOD : N비는 돼지의 경우 100 : 40 정도이다.

  ㉥ 취기가 강하다.

   • 가축분뇨는 악취가 강하며 암모니아, 황화수소, 휘발성 지방산 등이 악취 성분물질이다.

   • 저류조 등 혐기상태에서는 더욱 악취가 강하게 느껴진다.

   • 활성오니법 등 호기상태로 처리하면 호기성 미생물에 의해서 빠르게 악취물질을 산화
    분해 할 수 있다.

② 가축분뇨발생량

　㉠ 2022년 기준, 가축분뇨발생량은 연간 총 50,732천톤이다. 이 중 돼지가 19,210천톤 (37.9%)으로 가장 많고, 한육우에서 17,349천톤(34.2%)이 발생했다.

　㉡ 가축 1두당 1일 분뇨발생량 : 젖소 > 한우 > 돼지 > 닭, 오리

　㉢ 축종별 분뇨발생량 : 돼지 > 소, 말 > 닭, 오리 > 젖소

(2) 가축분뇨 수거 및 저장시설

① 한우분뇨 수거방법

　㉠ 생분뇨 수시 수거

　　• 10두 미만의 부업규모의 계류식 우사나 비계류식 우사에서 주로 이용하고 있다.

　　• 필요할 때마다 생분뇨를 인력으로 수거하므로 우체 및 우사가 청결하고 수거노동이 분산되어 수거비용이 덜 드는 장점이 있는 반면, 노동력이 많이 소요되는 단점이 있다.

　㉡ 깔짚우상을 활용한 정기적 수거

　　• 우리나라에서 가장 일반화되어 있는 수거방법이다.

　　• 비계류식의 경우 우방의 바닥에 톱밥이나 왕겨 또는 톱밥과 혼합 발효 건조시킨 우분을 약 5cm 이상의 두께로 깔고 그 위에 소를 사육하여 소가 배설한 분뇨를 소가 밟고 뒤집어 줌으로써 우방에서 1차 건조된 축분뇨를 퇴비사로 운반하여 최종적으로 퇴비화 하는 방법이다.

　　• 자주 수거하지 않는 만큼 분뇨처리 노력이 절감된다.

　　• 적절한 관리가 이루어지지 않을 경우 우체가 지저분해지는 결점이 있다.

② 돈사바닥 분뇨처리

　㉠ 평사바닥 관리

　　• 돈사의 바닥 가운데 평사는 바닥 전체가 콘크리트로 구성되어 있다.

　　• 현재는 거의 사용하지 않는 방식이지만, 부분적으로 분만 자돈사의 경우 사용하고 있다.

　㉡ 스크레이퍼 관리

　　• 스크레이퍼 돈사는 분뇨가 발생되면 스크레이퍼에 의해 분과 요가 분리되어 배출된다.

　　• 스크레이퍼는 1일 1회 운전으로 돈사바닥에 배설한 분을 주로 오전 중 배출한다.

　　• 고액 분리가 된 상태이므로 분의 경우는 대부분 퇴비화를 한다.

　　• 요 및 돈사의 미제거된 일부의 분과 청소수가 축산폐수의 주성분을 이룬다.

　　• 일반적으로 오염도가 낮은 편이고, BOD/TKN의 비가 낮은 것이 일반적이다.

　　• 스크레이퍼 장치의 관리가 적절하게 수행되어야 한다.

　　• 수거가 적절하지 못할 경우 고액분리 및 후속처리공정이 오히려 곤란하게 되는 상태로 분뇨가 수거되는 경우도 발생한다.

ⓒ 슬러리 관리
- 슬러리는 틈바닥[슬랫(slat)]을 통하여 배설된 분뇨를 장기간 저장하였다가 한 번에 저장조에 배출하는 것이다.
- 보통 6개월에 1회 정도 배출하며 이때 전량 배출하는 것이 아니라, 피트에 사료나 분 고형물이 굳지 않게 슬러리를 10% 정도 남겨두고 배설한다.
- 슬러리 돈사의 경우 돈사에서 돼지를 출하하거나 이동시킬 경우에만 돈사 하부에 설치 된 피트에서 분뇨를 제거하여 처리한다.
- 상당기간 저류되어 있었기 때문에 오염물질의 농도가 매우 높으며, 분뇨의 혐기성 발효 가 진행됨에 따라 입자성 물질이 분해되어 분뇨의 고액분리가 상당히 어렵다.
- 처리에도 상당한 문제를 안고 있으며, BOD/TKN의 비는 스크레이퍼(scraper) 돈사보 다 높다.
- 인력 절감 차원에서 유리한 점이 있다.
- 규모가 큰 농장을 비롯한 많은 수의 농장에서 선호되는 방법이다.

ⓔ 톱밥 돈사 관리
- 가축분뇨를 수분조정제(주로 톱밥, 왕겨 등을 이용)와 혼합 발효시키는 처리방법이다.
- 축사바닥에 수분조정제(톱밥)를 일정한 깊이로 충진한 후, 톱밥 상면에서 가축을 사육 하면서 자주 교반 및 발효균제를 살포하여 톱밥과 분뇨를 발효시키는 방법이 있다. 보통 '톱밥 발효축사'라고 한다.

> **더 알아보기** **톱밥발효 돈사 관리 시 유의사항**
>
> - 돼지의 발육 균일성이 떨어질 가능성이 있으므로 돈방의 수용두수를 줄이는 것이 유리하다.
> - 톱밥발효 돈사는 바닥이 습해지고 차가워지는 곳이 있는데, 이럴 경우 돼지는 특정 1개소에서 침식해 야 하므로 자주 뒤집기와 돈분을 흩어 뿌려 주어야 한다.
> - 톱밥이 돈사 내에 충분히 발효되지 않는 농장에서는 퇴비장을 이용하게 되는데, 이를 방지하지 위하여 미생물을 첨가해 주고 톱밥을 자주 뒤집어 주어야 한다.
> - 천장을 가급적 높게 설치해 주어야 한다.

③ 계분수거방법

ⓞ 3단 케이지 계분의 수거
- 산란계사는 주로 과거에는 3단 케이지의 경우 인력 또는 스크레이퍼 시설을 설치하여 제거한다.
- 계분벨트에 의하여 수거된 분뇨는 벨트 끝단에 설치되어 있는 스크레이퍼 시설에 의하 여 한 곳으로 수거된다.
- 만약 스크레이퍼 시설이 없을 경우에는 외바퀴 리어카를 벨트 끝에 두어 분뇨를 모아서 퇴비장으로 배출한다.

ⓛ 직립식 케이지 : 현재 대부분의 산란계사는 직립식 케이지에서 사육하고 있는 실정으로 계분벨트에 의하여 계분을 운반한다.
- 케이지 끝으로 운반된 분뇨는 계분수거벨트에 의하여 계사 외부로 배출된다.
- 계사 외부로 배출된 계분은 외부에 설치된 수거벨트에 의하여 계분 퇴비사로 이동한다.
- 외부에 계분 수거벨트는 악취 또는 해충의 발생을 방지하기 위함 뿐만 아니라, 비가 올 경우를 대비하여 덮개를 씌워 사용하는 것이 일반적이다.

④ 저장시설(한우 퇴비사)
㉠ 퇴적 교반식 퇴비화시설
- 톱밥 깔짚우사에서 수거한 분뇨를 함수율이 높을 경우 톱밥이나 왕겨와 같은 수분조절제를 이용하여 함수율을 조절한다.
- 유효높이를 2m 정도로 유지한 상태에서 60일 정도 퇴비화시킬 수 있도록 설계한 구조물이다.
- 퇴적교반식 퇴비사는 별도의 송풍 및 교반시설이 없으므로 스키드 로더나 트랙터로 뒤집기를 하여 호기조건을 제공해 주는 특징이 있다.
㉡ 퇴적 통풍식 퇴비화시설
- 퇴적 교반식 퇴비사와 유사하다.
- 퇴비사의 바닥에 송풍 및 침출수 배수시설을 갖추고 있는 특징이 있다.
㉢ 기계 교반식 퇴비화시설
- 퇴적 송풍식 퇴비사와 마찬가지로 퇴비사의 바닥에 송풍 및 침출수 배수시설을 갖추고 있다.
- 기계적인 교반장치(에스컬레이터식, 로터리식, 스크루식 등)를 이용하여 퇴비더미를 교반하는 것이 주특징이다.

더 알아보기　액비저장조

- 액비저장조는 설치방법에 따라 지상식, 반지하식, 지하식으로 구분할 수 있다.
- 재질은 아연도금, 범랑(세라믹피복 철판), 합성수지, 콘크리트, 유리코팅 철판, 스테인리스, PVC 시트(타포린, 탑지) 등이 있다.
- 가축분뇨 액비를 농경지에 살포하기 위해서는 사포 전까지 액비를 저장, 관리할 수 있는 액비 저장조가 필요하며, 용량은 액비를 6개월 이상 저장할 수 있어야 한다.
- 충분히 부숙된 액비는 사용 전에 항상 성분을 분석하여 작물생육에 필요한 양만큼을 농경지에 살포하여야 한다.

(3) 가축분뇨처리 및 자원화 이용

※ 분뇨 처리 방법
- 고체 처리 방법 : 깔짚 축사, 발효 증발, 화력건조, 태양건조, 안정화
- 액체 처리 방법 : 활성오니법, 살수여상법, 산화지법

① 고액분리

ㄱ 고액분리 원리 및 방법
- 고액분리는 분뇨 내 존재하는 액상물을 고상입자들과 크기, 무게로 분리하는 것이다.
- 고형입자의 모양 및 크기, 입자 표면 특성에 따라 고액분리의 효율이 달라진다.
- 액비 및 정화처리 등 액상물 처리이용을 위해서 고형물을 제거해야 한다.
- 액분리의 성능을 향상시키기 위해서는 물리적 기법 및 화학적 개량을 적용하기도 한다.

ㄴ 고액분리기 종류

약품투입 유무에 따른 분류	물리적 방법	스크린, 원심력분리기(약품 미투입 경우)
	물리·화학적 방법	벨트 프레스, 필터 프레스, 스크루 프레스, 원심력분리기(약품투입 경우)
힘을 가하는 방식에 따른 분류	기계압착으로 짜 주는 방식	벨트 프레스, 필터 프레스, 스크루 프레스
	중력으로 채에 의한 방식	경사스크린, 드럼스크린, 진동스크린
	원심력에 의한 비중 차이 방식	고속스크루데칸터, 원심분리기
	원심력과 채를 이용한 방식	저속스크루데칸터, 고속회전원추형

ㄷ 고액분리의 효과
- 악취의 원인이 되는 고형물을 사전에 제거하여 악취를 제거한다.
- 액비 저장탱크 바닥에 쌓이는 고형물질을 제거함으로써 탱크저장용량이 확대된다.
- 퇴비화의 경우 액상분리로 퇴비화효율 증가와 톱밥소요비용이 절감된다.

② 퇴비화

ㄱ 퇴비화의 개념
- 퇴비화는 통상적으로 유기물이 미생물에 의하여 분해되어 안정화되는 과정이다.
- 최종물질은 환경에 나쁜 영향을 주지 않아야 하고, 토양에 사용할 수 있어야 한다.
- 저장하기에 충분한 부식상태의 물질로 변화시키는 생화학적 공정 또는 고체유기물을 인위적 조건에서 연속적으로 생물학적 처리를 하는 것이다.
- 유기물은 미생물에 의해 완전히 분해되면 이산화탄소, 물 및 무기물로 전환된다.

ㄴ 퇴비화기간 : 퇴비 부숙온도는 15일경에 60℃ 이상에 도달하며 20일 정도 고온으로 지속되며, 1차 부숙 후에 후발효가 시작되면서 부숙온도가 다시 증가된다.

ⓒ 퇴비화단계

1단계
(초기 단계)
	• 가축분과 수분조절제를 혼합하여 발효가 시작되는 초기 단계에는 중온성인 세균과 사상균이
	  유기물 분해에 관여한다.
	• 퇴비원료 중에 당류, 아미노산, 지방산 등 분해되기 쉬운 물질들이 분해되는 단계로서 부숙온도
	  가 상승한다.
	• 유기물이 분해되면서 퇴비더미 온도가 40℃ 이상으로 상승하면 중온성 균은 사멸되고, 고온성
	  균이 증식한다.
	• 퇴비화과정에 관여하는 중온성 균은 퇴비원료에 따라 상이하나 일반적으로 토양 중에 존재하는
	  미생물과 유사한 종류가 많다.

2단계
(고온단계)
	• 초기 단계에서 중온성 미생물에 의해 폐기물이 분해되어 열이 발생되고 퇴비의 온도가 상승하면
	  중온성 미생물의 밀도와 분해활동이 급격히 감소하며, 고온성 미생물의 농도가 증가한다.
	• 셀룰로스, 헤미셀룰로스, 펙틴 등 난해성 물질들이 분해되는 단계로서 고온성 미생물이 관여하며
	  수주간 지속된다.
	• 고온단계에서 퇴비온도는 50~60℃ 유지되지만 온도가 60℃ 이상 상승하면 퇴비 중의 고온성
	  박테리아 및 방선균 조차 모두 사멸하고 포자 형성 박테리아만 남게 되어 퇴비화 효율이 급격히
	  떨어진다.
	• 퇴비화는 40~45℃에서 가장 효율적으로 진행된다.
	• 기계식 퇴비화장치에서는 70℃ 이상의 고온이 지속되기도 한다.

3단계
(숙성단계)
	• 퇴비더미의 온도가 떨어지며, 분해속도도 지연되는 단계로서 숙성단계라고 하며 방선균을
	  중심으로 구성되는 중온성 균들이 관여한다.
	• 2단계에서 고온성 미생물에 의하여 셀룰로스 같은 분해가 쉽지 않은 섬유성 유기물이 분해되면
	  리그닌 같은 난분해성 유기물만 남게 되어 분해속도가 느려지고 퇴비더미온도도 40℃ 이하로
	  낮아진다.
	• 다시 중온성 미생물이 재정착을 하는데, 초기 단계의 미생물 종류와 밀도와는 차이가 있다.
	  즉, 숙성단계의 유기물은 상당 부분이 더 이상 분해가 쉽지 않은 부식질이기 때문이다.
	• 부식질은 리그닌 함량이 높고, 가용 영양분의 함량이 낮기 때문에 이러한 환경에 적합한 방선균이
	  많아진다.

③ 액비화

㉠ 액비의 개념

- 액비(液肥)란 가축분뇨를 액체상태로 발효시켜 만든 비료성분이 있는 물질이다.
- 질소전량의 최소함유량은 0.1% 이상이어야 한다.
- 액비가 비료로서 경지에 환원되기 위해서는 균일성, 액상화, 저점착력, 무악취, 작물에 대한 피해가 없어야 한다.
- 제조방법에는 혐기성 액비화방법과 호기성 액비화방법이 있다.
- 호기성 액비화방법이 부숙속도가 빠르고 고액분리하였을 경우 성분 함량이 감소되므로 액상화가 더 용이하다.

㉡ 혐기성 액비화

- 액상의 가축분뇨에 포기를 하지 않고 저장탱크 내에 단순 저장하는 방법이다.
- 저장된 액상분뇨는 3가지층, 즉 부상층(스컴), 액상층, 침전층을 형성한다.
- 액비저장탱크 내의 혐기발효는 유기물이 분해되는 과정에서 황화수소, 암모니아 등의 악취 물질이 휘산된다.

- 액비를 교반하지 않고 장기간 혐기상태로 저장 시에는 액비의 성상에는 큰 변화가 일어나지 않으나 저장기간이 진행됨에 따라 액비 저장 깊이별로 유기물 침전에 의한 층분리현상이 나타나 바닥쪽에서는 건물 함량 증가와 유기태질소 함량이 증가한다.
- 혐기성 처리방식으로 완숙된 액비를 제조하기 위해서는 가축분뇨를 장기간(6개월 이상) 저장해야 한다.

ⓒ 호기성 액비화
- 액상의 가축분뇨를 교반하면서 공기를 불어넣어 포기처리하는 방법이다.
- 퇴비화와 같이 호기성 미생물로 유기물을 분해시켜 액비를 제조한다.
- 액상의 가축분뇨를 호기성으로 부숙시키기 위해서는 호기성 미생물이 활동할 수 있는 조건을 갖추어 주어야 한다.
- 필요한 조건으로는 미생물의 영양원, 산소, 온도, 수분 등이 있다.
- 호기성 미생물이 활동하기 위해서는 산소 공급이 필수적이다.
- 액상분뇨는 호기성 미생물이 액 중의 용존산소를 쉽게 이용해서 용존산소가 거의 없기 때문에 공기를 액중에 강제적으로 공급하는 포기처리를 하지 않으면 액 중의 산소가 없어서 호기성 미생물이 활동할 수 없게 된다.
- 호기적 처리방식은 분뇨 중의 난분해성 유기물의 분해를 촉진시켜 단기간에 완숙된 액비를 제조할 수 있다는 장점이 있다.
- 포기 중에 질소성분의 손실이 크기 때문에 액비이용 측면에서는 불리한 면도 있다.
- 호기성 처리의 효과는 악취물질이 대기 중에 휘산되기 때문에 악취가 없고, 점도도 낮아진다. 또한 대장균, 기생충란, 병원성 미생물, 잡초종자 등이 사멸되고, 수분이 감소되며, 질소는 20~30% 저하된다. 액비 중의 pH는 8~9로 상승한다.

[혐기성 액비화와 호기성 액비화 비교]

구분	혐기성 액비화	호기성 액비화
체류기간	비교적 길다.	짧음
처리경비	저렴	고가
투자비	비교적 낮음	높음
시비 전 희석	악취가 많아 시비 전 전처리 필요	필요 없음
악취	악취가 많아 시비 전 전처리 필요	악취가 없음
저장방법	용이함	처리 후 저장 시에 동력 소모

④ 액비사용 시 주의사항
ⓐ 액비 쇼크현상 : 미부숙 액비 등의 사용에 의한 작물의 일시적인 생육억제, 생육저해와 토양의 산성화, 악취의 확산 등 토양환경에 미치는 마이너스작용을 말하며, 동시에 경영에 영향을 미친다.

  © 액비 쇼크원인
    • 유기태질소의 무기화가 심하게 이루어진다. 보통 가축분뇨슬러리는 C/N(탄소질소비율)이 낮고 쉽게 분해되는 유기물을 많이 함유하고 있어 무기화가 급격히 이루어진다(역분해성 유기물의 급격한 분해반응).
    • 급격한 분해반응은 활발한 미생물반응이며, 이때 산소가 대량으로 급격히 소비가 되기 때문에 미부숙 액비가 투여된 토양은 환원상태가 된다(산소 결핍상태·일반적 생육저해).
    • 환원상태(혐기조건)가 된 토양에는 유기물이 혐기적 분해로 변화하여 유기산이 생성되며, 작물뿌리를 갈변시키는 등 뿌리썩음을 발병하게 한다.
    • 유기태질소가 심하게 무기화되면 토양 중의 무기태질소농도가 높아진다. 특히 암모니아태질소의 농도가 높아지면 작물의 일시적인 생육억제 등 장애를 일으킨다.
    • 미부숙 액비(미발효)단백질, 당질, 탄수화물 등 쉽게 분해되는 유기물이 많이 함유된 것을 토양에 투여하면 이들 물질은 미생물에 의해 심한 분해반응을 일으킨다.

⑤ 수분조절재
  ㉠ 수분조절재의 개념
    • 퇴비 만들기에서는 가축분뇨에 왕겨 및 톱밥 등의 조절재를 첨가하는 것이 일반적이다.
    • 조절재의 사용목적은 발효를 자연스럽게 진행시키기 위하여 가축분뇨의 수분을 조절하여 퇴비원료의 통기성을 확보하거나 퇴비원료 전체의 성분 조절을 하는 것이다.
  ㉡ 수분조절재의 기능
    • 수분을 흡수 또는 보유하여 수분조절을 할 수 있게 한다.
    • pH, C/N율을 조절할 수 있게 한다.
    • 입자 간의 매트릭스를 지지하여 퇴비형상을 유지시켜 준다.
    • 혼합물 사이의 공극량과 공기량을 증가시켜 준다.
    • 사용량이 너무 많으면 관리 노동력이 많이 든다.
    • 부재료의 소요량 증가는 물량처리비용이 증가한다.
    • 퇴비생산량 증가로 퇴비사용 토지면적이 많아진다.
  ㉢ 수분조절재의 효율적 이용
    • 가축분의 수분함량을 정확하게 파악하여 최소량만 사용한다.
    • 가축분의 수분조절재를 혼합하여 퇴비화에 지장이 없을 정도의 범위까지 수분함량을 최대(65%)로 하면 절약할 수 있다.
    • 수분조절재 소요량 산출 ☑ **빈출개념**

$$\text{소요량(kg)} = \text{분뇨량(kg)} \times \frac{\text{분뇨수분함량(\%)} - \text{목표수분(\%)}}{\text{목표수분(\%)} - \text{수분조절재수분(\%)}}$$

3. 축산악취 관리

(1) 축산악취의 특성

① 악취의 개념

㉠ 원인은 가축분뇨 내의 유기물들이 미생물에 의해 분해되어 휘발성 물질로 전환되어 냄새가 난다.

㉡ 악취의 주요 물질은 암모니아, 황함유 화합물, 휘발성 지방산, 방향족 화합물 등이 있다.

㉢ 호기성 조건에서는 암모니아, 트라이메틸아민이 많이 발생하고 케톤, 스카톨(skatol)이 조금 발생한다.

㉣ 혐기성 조건에서는 황화수소, 알코올류, 저급지방산, 파라크레졸 등이 다량 발생한다.

㉤ 악취는 불쾌한 냄새로 인하여 인근 주민의 민원과 지역사회 문제가 되고 있다.

② 축사 내 악취의 종류

㉠ 수용성 : 암모니아, 아민, 페놀, 휘발성지방산, 황화수소, 메르캅탄 등

㉡ 지용성 : 설파이드, 알데하이드, 케톤, 중성인돌, 에스터류 등

③ 축산악취의 특성

㉠ 악취의 주관성
- 개인에 따라 좋아하는 냄새와 싫어하는 냄새 차이가 크다.
- 예민한 사람과 둔감한 사람이 악취 차이는 최대 10배이다.

㉡ 악취 유발물질의 다양성
- 일본의 조사에 따르면 주요 악취물질은 1,000여 가지라고 한다.
- 특정물질 규제에 따른 한계로 복합악취가 규제된다.

㉢ 온도 및 습도 의존성
- 일반적으로 25~30℃에서 강한 영향(온도가 낮을수록 악취세기 감소)을 받는다.
- 60~80%의 상대습도에서 인체가 민감하게 반응한다.

(2) 악취저감시스템

① 악취개선용 화학적 처리방법

㉠ 혐기성 미생물 활동의 억제방법
- 건강한 가축의 적절한 관리와 청소
- 신선한 분뇨의 조기 분리와 축사 밖으로 신속한 반출
- 깔짚에 의한 수분 및 악취성분의 흡착
- 환기에 의한 악취발생의 억제 등

ⓛ 화학적 방지법의 종류
　• 화학첨가제
　　– 악취제거용 제제는 탈취원리에 따라 크게 4가지로 마스킹제, 중화제, 생물 또는 화학적 탈취제 및 흡착제로 구분할 수 있으며, 생물제제 및 화학제제로 대별되기도 한다.
　　– 마스킹제 : 취기를 향료, 방향제 등으로 화합하여 냄새의 질을 변화시킨다.
　　– 중화제 : 석회, 가성소다용액, 묽은염산, 묽은황산, 과인산석회 등으로 산 또는 염기의 중화반응에 의해서 냄새를 제거한다.
　　– 산화제 : 과망간산칼륨, 이산화염소, 차아염소산염 등으로 산화작용을 일으켜 취기를 제거한다.
　　– 흡착제 : 활성탄, 활성백토, 제올라이트 등으로 취기성분을 흡착하여 제거한다.
　　– 미생물제제 : 세균, 곰팡이, 효모 등으로 분해하여 취기의 성분의 양과 질을 변환시킨다.
　• 오존처리법
　　– 오존은 천연원소 중 플루오린 다음으로 강한 산화력을 갖고 있다.
　　– 강력한 산화제인 오존과 악취물질이 라디칼반응에 의해 산화시켜 악취물질을 분해시키는 방법이다.
　　– 음료수의 살균정화, 색도의 탈색, 식품가공에서의 악취 제거, 냉장고 내의 김치, 된장, 간장, 치즈, 달걀 썩는 냄새 등의 악취를 제거하는데 이용되어 왔다.
　　– 각종 폐수처리장에서 오존을 이용하는 난분해성 무기질 및 유기화합물들을 분해시키는 데 이용되고 있다.
　• 이산화염소처리법
　　– 이산화염소는 산소계 살균·소독제로서 오존에 이어 가장 강력한 살균력과 탈취·표백력을 갖고 있는 수용성 산화제로 가스가 용액에 녹아 있다.
　　– 수용성이 매우 낮고 경시 변화가 심해 보관이 용이치 못하다.
　　– 부산물로 인한 발암물질 등의 생성이 없고 빛에 의해 쉽게 분해되는 환경친화적 특성 때문에 염소계 소독제의 대체약품으로 활용도가 급속히 확대되고 있는 물질이다.
② 악취 개선용 미생물 제제(생물탈취법)
　㉠ 생물탈취법의 종류
　　• 퇴비탈취법
　　　– 퇴비 내 미생물을 이용하는 방법이다.
　　　– 발효재료 속으로 취기가스를 통과시켜 미생물의 활동으로 취기성분을 무취화하는 방법이다.

- 운전비용이 다른 방식에 비하여 저가이다.
- 고농도의 취기가스에 적합한 시스템으로 알려져 있다.
- 발효재료의 수분이 높고 통기성이 불량한 경우에는 부적합하며 미생물의 활동이 낮은 경향이 있다.
- 토양탈취법 : 화산재 토양 등에 취기가스를 통과시켜 미생물의 활동으로 무취화를 유도하는 방법이다.
- 활성오니법 ☑ **빈출개념** : 활성오니와 취기가스를 접촉시켜서 오니 중의 미생물의 활동으로 취기성분의 무취화를 유도한다.
ⓛ 미생물제제의 사용방법
- 사료 내 첨가로 분뇨 내 악취물질 저감을 유도하는 방법으로, 소화효율을 증가시켜 가축의 증체 및 육질개선 등과 함께 악취제거를 유도하는 방식이다.
- 특정 미생물 및 효소를 축사와 분뇨슬러리에 직접 투입하여 악취물질을 감소시키는 방식이 있다.
ⓒ 미생물제제의 종류와 투여효과
- 가축의 정장작용과 설사방지, 가축의 성장촉진의 효과를 갖는 고초균의 발효산물을 사료에 1% 첨가함으로써 암모니아 생산억제효과를 볼 수 있다.
- 바실러스균, 유산균속균, 낙산균 및 효모균으로 구성된 복합미생물제제가 육계의 장내 세균총과 암모니아와 유화수소를 줄여 계사환경을 개선시킨다.
- 효모균 및 유산균 등 14종 복합미생물제제를 0.1% 수준으로 사료 내 혼합급여 시 돈사 내 암모니아는 24.4%, 초산은 18.3%의 감소를 가져와 환경개선효과가 있다.
③ 악취확산의 방지
ⓛ 방풍림의 설치
- 축사 주변에 나무를 심어 악취와 먼지를 제어하는 벽을 만드는 방법이다.
- 방풍림에 의해 난류가 증가되어 악취공기를 희석시켜 주는 효과의 향상과 나뭇잎에 의한 악취가스 흡착에 의한 악취저감효과이다.
- 나무의 성장기간이 필요하며, 적어도 2열 이상의 나무가 필요하다.
- 회양목, 노송나무, 산호주, 사철나무, 무궁화나무, 진달래과 나무 등의 악취저감효과가 있는 수종을 식재한다.
ⓒ 방풍벽
- 배출 팬으로부터 4~6m 거리에 벽을 설치, 먼지의 침강과 악취확산을 촉진시키는 방법이다.
- 단순하게 방진벽만 설치해도 돈사로부터 3m와 5m에서 발생먼지의 92%와 98%의 먼지 확산을 방지하여 악취를 줄일 수 있다.

© 바이오커튼
- 바이오커튼은 측벽배기를 하는 무창축사에 반쪽하우스 형태의 파이프구조에 차광막처럼 된 커버를 씌워 축사 내에서 배출되는 먼지와 악취를 줄이도록 하는 방법이다.
- 먼지나 악취냄새가 많이 발생하는 시간에는 바이오커튼만으로는 악취냄새를 줄이기 어려우므로 커튼 안에 물 또는 화학약품을 분무해 주고 있다.

④ 배기가스 악취처리기술

바이오필터	• 악취가스를 퇴비, 우드칩, 세라믹 등과 같은 담체에 통과시키면서 생물작용에 의해 악취물질이 분해됨 • 유지 관리비가 저렴하고, 복합악취에 대한 처리성능 우수 • 압력손실로 인해 특수 팬의 설치가 요구되는 경우가 있음
활성탄흡착법	• 활성탄에 악취물질을 흡착하여 악취를 제거하는 방법 • 악취물질농도가 수 ppm으로 낮은 경우 설치비 등이 저렴하고 장치가 간단함 • 고농도의 경우 교체비용 및 유지 관리비 매우 높음
생물적·화학적 습식 스크러버	• 악취가스를 담체에 통과시키고, 물 또는 약품을 반응기 상단에 스프레이, 생물 혹은 화학적 작용에 의해 악취물질이 분해됨 • 설치비 및 폐액 처리비용 고가 • 산성 및 염기성 악취물질 동시 존재 시 처리성능 저하 • 악취 저감효율 우수 • 시설비와 운전비(약품비)가 고가, 폐수처리 필요
플라스마	• 악취가스에 플라스마를 통과시켜 산화하여 제거 • 장치비용 고가, 고농도에서 효율 저하
오존	• 오존을 이용하여 악취를 산화할 수 있도록 통풍공기에 주입 • 위험성 문제 때문에 고농도 오존 사용이 어려움, 즉 고농도 악취에 적용 불가
이산화염소	• 이산화염소의 장점은 유기물을 산화시키지 않음 • 산소계 살균소독제로 염소계(락스류)보다 산화력이 약 2.5배 강함 • 바이러스 및 녹조류 제거에 넓은 pH 영역(2~10)에서 살균력 발휘

적중예상문제

01 반 소에스트(Van Soest)법의 ① 개념과 ② 정량되는 내용물의 특성을 쓰시오.

정답 ① 개념 : 사료의 건물을 세포 내용물, 세포막 구성물질로 분류하여 정량한다.
② 정량되는 내용물의 특성
- NDS(Neutral Detergent Solubles) : 중성세제에 끓여서 용해되는 물질로 세포내용물을 의미하며, 일반분석방법에서의 조단백질, 조지방, 가용무질소물 중 대부분이 여기에 속한다.
- NDF(Neutral Detergent Fiber) : 중성세제에 끓여도 용해되지 않는 물질로 세포막 성분에 해당하며, 셀룰로스, 헤미셀룰로스, 리그닌, 실리카 등을 정량한다.
- ADF(Acid Detergent Fiber) : NDF 중 산성세제에 용해되지 않는 물질로 셀룰로스, 리그닌, 실리카 등을 정량한다. NDF-ADF=헤미셀룰로스의 양이 계산에 의해 구해진다.
- ADL(Acid Detergent Lignin) : 리그닌의 함량을 분석한다.

02 어떤 사료의 영양소 함량이 다음과 같을 때 ① 가소화양분총량(TDN)과 ② 영양률(NR)을 구하시오.

영양소	함량	소화율	가소화영양소
가용무질소물	20	70	(㉠)
조단백질	20	60	(㉡)
조지방	10	50	(㉢)
조섬유	20	80	(㉣)

정답 ① $12+(5 \times 2.25)+16+14=53.25$

② $\dfrac{53.25-12}{12}=3.4375$

해설 ① TDN=가소화조단백질+(가소화조지방×2.25)+가소화조섬유+가소화가용무질소물
㉠ $20 \times 0.7=14$
㉡ $20 \times 0.6=12$
㉢ $10 \times 0.5=5$
㉣ $20 \times 0.8=16$
∴ TDN=$12+(5 \times 2.25)+16+14=53.25$

② $NR=\dfrac{TDN-DCP}{DCP}=\dfrac{53.25-12}{12}=3.4375$

03 다음의 건조 전 시료의 수분함량을 구하시오.

> • 건조 전 시료와 용기의 무게 5.20kg
> • 건조 후 시료와 용기의 무게 5.14kg
> • 빈 크루시블 용기의 무게 4.1kg

정답 • 시료의 수분함량(%) = $\dfrac{\text{건조 전 시료무게} - \text{건조 후 시료무게}}{\text{건조 전 시료무게}} \times 100$

• 건조 전 시료의 무게 = 5.20kg − 4.10kg = 1.10kg

∴ 시료의 수분함량 = $\dfrac{5.20\text{kg} - 5.14\text{kg}}{1.10\text{kg}} \times 100 = 5.45 ≒ 5\%$

04 어떤 시료 1g을 취하여 조단백질 함량을 분석한 결과를 보고 이 사료의 CP 함량을 구하시오.

> • 시료 적정에 소요된 0.1N−HCl 용액 : 30mL
> • Blank 적정에 소요된 0.1N−HCl 용액 : 0.4mL
> • 0.1N−HCl의 Factor : 0.94
> • 단백질 계수 : 6.25

정답 $\dfrac{(30-0.4) \times 1.40 \times 6.25 \times 0.94}{1,000} \times 100 = 24.346$

해설 CP(%) = $\dfrac{(\text{시료 적정에 소요된 HCl} - \text{blank 적정에 소요된 HCl}) \times 1.40 \times \text{단백질 계수} \times \text{HCl factor}}{\text{시료무게}} \times 100$

= $\dfrac{(30-0.4) \times 1.40 \times 6.25 \times 0.94}{1,000} \times 100 = 24.346$

05 단백질계수의 의미를 쓰시오.

정답 시료의 질소량을 기준으로 단백질량을 환산할 때 쓰이는 계수로 일반적으로 단백질 내 질소 함량 16%를 고려하여 질소 함량에 6.25를 곱한다.

06 닭에서 ① 질소화합물이 배출되는 형태와 ② 필수아미노산을 쓰시오.

정답 ① 요산, ② 글리신

07 불포화지방산의 요구량에 영향을 주는 요인을 쓰시오.

> **정답** • 콜레스테롤의 공급이 많으면 불포화지방산도 많이 급여해야 한다.
> • 포화지방산을 많이 주면 불포화지방산도 많이 급여해야 한다.
> • 불포화지방산의 결핍에 어린 생물 또는 수컷이 더 예민하다.

08 미량광물질, 필수광물질, 중독광물질에 대해 쓰시오.

> **정답** • 미량광물질 : Mn, Fe, Cu, I, Zn, Co, Se, F, Mo, As
> • 필수광물질 : 성장효과가 있고, 공급이 없으면 결핍증이 나타나는 광물질
> • 중독광물질 : 극히 소량에 의해서도 중독을 일으킨다. 예 F, Cu, Se, Mo, As

09 비타민 A에 대하여 쓰시오.

> **정답** • 식물계에서는 프로비타민 A로, 카로틴의 형태로 존재한다.
> • 가축이 카로틴을 섭취하면 체내에서 비타민 A로 전환된다.
> • 우유 중에 카로틴 함량이 가장 풍부한 계절은 여름이다.
> • 시력, 상피조직의 형성과 유지, 항암제, 정상적 성장유지, 생식기능촉진 기능을 한다.
> ※ 과독증 : 식욕저하, 두통, 피부건조, 머리털이 잘 벗어지며, 장골이 부풀어오르고, 신장과 간 등이 확장, 설사 유발
> • 비타민 A는 간유에 많이 함유되고 카로틴은 녹엽(綠葉), 황색옥수수에 많이 함유되어 있다.

10 비타민 A의 결핍증에 대해 쓰시오.

> **정답** • 야맹증 번식장애, 상피세포 및 점막의 생장장애(심하면 경화현상), 질병에 대한 저항력의 감퇴, 신경조직의 이상현상, 정상적인 뼈 형성의 장애
> • 소는 번식력이 약해지고 닭은 산란율, 부화율이 뚜렷이 저하된다.
> • 보행장애를 일으키고, 식욕이 없어지며, 야위어 쇠약해지고, 깃털이 거꾸로 서는 것 같이 된다.

11 동물의 체내에서 칼슘의 기능 3가지를 쓰시오.

> **정답** 골격, 치아 구성 성분 및 생리적 기능을 한다.

12 판토텐산의 결핍증에 대해 쓰시오.

> **정답** • 피로, 불면증, 복통, 수족의 마비 등
> • 돼지는 번식돈의 설사, 식욕 및 음수량 감소, 보행불안 등을 일으킨다.
> • 쥐는 털의 회색화 · 피부염 · 부신손상을 일으킨다.
> • 병아리의 경우 피부염, 개에서는 위장증상이 생긴다.

13 비타민 중 혈액응고, 합성에 역할을 하는 지용성 비타민을 쓰시오.

> **정답** 비타민 K
>
> **해설** • 혈액응고 prothrombin 합성에 필수적, 단백질 형성에 도움을 준다.
> • K_1 : 푸른 잎에 함유, K_2 : 박테리아가 합성, K_3 : 옥수수의 생장점 부위에 함유
> • 반추동물은 제1위(반추위) 내 미생물이 합성한다.
> • 대장에서 합성되나 재이용하지 못한다.
> • 가금류는 대장의 길이가 짧아 합성량이 적고, 결핍가능성이 크다.

14 가소화에너지의 정의를 쓰시오.

> **정답** 총에너지에서 분으로 소실된 에너지를 뺀 것이다.
>
> **해설** 가소화에너지(DE) = 총에너지(GE) − 분에너지

15 가소화조단백질에 대해 쓰시오.

정답 가축이 섭취하여 소화가 가능한 사료 중에서 조단백질의 함량을 나타낸 것으로 조단백(CP)×소화율로 표시한다.

해설 조단백질 : 질소화합물은 단백질 외에 아미노산, 아마이드, 암모니아화합물, 배당체 등이 포함되며 이들을 총칭하여 조단백질이라 한다.

16 간접측정법을 사용하여 소화율을 구하시오.

> CP 10%, 산화크롬 함량 1.2%, 배설된 분 중 CP 6%, 산화크롬 2.8%

정답
$$100 - \left(\frac{\text{사료지시제 함량}}{\text{분지시제 함량}} \times \frac{\text{분영양소 함량}}{\text{사료영양소 함량}} \times 100 \right)$$
$$= 100 - \left(\frac{0.012}{0.028} \times \frac{0.06}{0.1} \times 100 \right)$$
$$= 100 - (0.25714286 \times 100)$$
$$= 74.2857143 ≒ 74.29\%$$

17 소화율(간접측정법)을 구할 때 사용되는 외부 표시물의 조건을 쓰시오.

정답 • 생리적으로 불활성물질일 것
• 소화율을 구하는 목적성분이 아닐 것
• 독성이 없고, 색의 구별이 쉬울 것
• 정량분석이 용이할 것

18 대사수에 대해 쓰시오.

정답 • 호기성 대사작용 시 에너지와 함께 생성되는 물
• 탄수화물의 경우 다당류에서 단당류로 분해될 때 생성되는 물
• 펩타이드 결합 시 생성되는 물
• 불포화지방산의 생성 시 이용되거나, 지방산의 산화 시에 발생하는 물

해설 대사수 생성량에 영향을 주는 요인 : 사료영양소의 화학적 조성, 사료의 섭취량

19 트립신 저해인자에 대해 쓰시오.

　　정답 • 생콩을 급여하면 설사를 한다.
　　　　• 끓이면 파괴된다.
　　　　• 단백질 이용을 저해한다.

20 반추가축의 위 구조를 쓰고 각 특징에 대해 서술하시오.

　　정답 • 제1위(혹위, 반추위, rumen) : 미생물이 서식하여 발효가 일어나는 위이다. 즉, 주로 혐기성 미생물들이
　　　　　서식하면서 가축이 섭취하는 영양소를 이용하여 미생물 대사작용을 한다.
　　　　• 제2위(벌집위) : 반추위와 연결된 제2위, 조직과 기능이 반추위와 비슷하다. 위벽 점막이 벌집과 같은
　　　　　모양을 하고 있다. 용적은 약 8L 정도이다. 사료를 되새김질하는 기능이 있다.
　　　　• 제3위(겹주름위) : 근엽을 통해서 사료 내용물의 수분을 흡수하여 식괴를 형성하며, 분해가 잘된 위
　　　　　내용물을 제4위로 넘어가도록 하는 체의 역할을 한다. 위(胃) 내용물의 수분을 흡수하여 희석된 상태의
　　　　　내용물을 농축시켜 다음 소화기관에서 소화작용이 잘 이루어질 수 있도록 돕는다.
　　　　• 제4위(진위) : 분문부, 위저부, 유문부로 구성되며 용적이 21L 정도 된다. 반추동물의 4개의 위 중에서
　　　　　단위동물의 위와 같이 소화액에 의한 화학적인 소화작용이 일어나는 곳이며, 담즙이 위 내로 역류하는
　　　　　것을 방지하는 역할을 한다. 제4위는 갓 태어난 송아지의 위 중 가장 크고, 점차 성장하여 성우가 되면서
　　　　　위의 용적이 변화된다.

21 바이패스(bypass)단백질에 대해 쓰시오.

　　정답 반추위 미분해단백질(RUP)을 반추위 통과단백질이라 한다.
　　　　사료 중에는 제1위 내에서 분해되지 않고, 제4위에서 분해되어 소장으로 내려와 그곳에서 소화, 흡수되는
　　　　단백질도 존재한다. 이러한 단백질을 비분해성 단백질(UIP 또는 UDP)이라고 하고, bypass(바이패스)단백질
　　　　이라고 불린다.

22 유지사료의 특성 3가지를 쓰시오.

　　정답 • 사료의 에너지 함량을 높여 주고 사료효율을 개선한다.
　　　　• 필수지방산의 공급원이다.
　　　　• 지용성 비타민(A · D · E · K)의 공급원이다.
　　　　• 사료의 기호성과 색상을 향상시킨다.
　　　　• 사료배합 시 먼지발생을 감소시키고 배합기 마멸을 감소한다.
　　　　• 펠렛사료 제조능력을 향상시킨다.

23 식물성 단백질사료 중 유박류에 함유되어 있는 독성물질을 쓰시오.

> 정답 트립신(trypsin), 고시폴(gossypol), 아플라톡신(aflatoxin), 청산(prussic acid), 미로시나제(mirosinase)

24 가축에 옥수수와 대두박 위주 사료 급여 시 부족하기 쉬운 제1, 2 필수아미노산은 무엇인지 쓰시오.

> 정답 메티오닌(methionine)과 라이신(lysine)이 제한아미노산이다.

25 영양가치에 따른 사료의 분류를 쓰시오.

> 정답 농후사료, 조사료, 특수사료

해설		
농후사료	• 용적이 작고 조섬유 함량이 적은 것 • 곡류(옥수수 등), 당류(대두박 등), 어분, 동물성 사료, 배합사료 등	
조사료	• 부피가 크고 가소화영양소의 함량이 낮은 것 • 볏짚, 엔실리지, 콩깍지, 산야초, 목초 등	
특수사료 **(과학사료)**	• 과학적인 연구의 결과로 생산과 이용의 길이 열린 사료로서 공업적으로 고도의 기술을 응용해서 만들어지는 것 • 무기질, 비타민, 성장촉진제, 요소, 아미노산, 효소, 향미료, 항생물질 및 미네랄 등	

26 가축에서 대두박의 가치를 쓰시오.

> 정답 단백질원으로서 소, 돼지, 닭 등에 널리 이용되지만 가축에 과다급여 시 체지방이 연하게 된다. 닭의 경우 대두박만으로는 메티오닌 등이 충분하지 못하므로 어분과 같은 단백질원이나 메티오닌 첨가물 등과 함께 배합하는 것이 좋다. 소나 돼지에서 대두박은 가소화조단백질 함량이 매우 높은 양질의 사료이고, 단위동물인 가금 및 돼지에게 훌륭한 단백질 및 아미노산공급원이 되며, 특히 가금에서는 메티오닌의 공급으로 깃털의 성장을 촉진한다.

27 두과 목초의 특성을 쓰시오.

정답 • 잎, 줄기에 단백질의 함량이 풍부하여, 고단백 영양공급제의 역할을 한다.
• 생초는 비타민 A(카로틴), 건초는 비타민 D가 많이 함유되어 있다.
• 골격형성 영양소인 P, K, Ca와 같은 광물질의 함량이 높다.
• 화본과 목초와 혼파하면 수량과 단백질 함량을 늘릴 수 있고 초지의 비옥도를 증진시킬 수 있다.

28 펠렛 사료의 장점과 단점을 2가지씩 쓰시오.

정답 • 장점
  – 사료로부터 발생하는 먼지를 막고, 사료의 부피를 줄일 수 있다.
  – 사료 중 열에 약한 병원성 세균 및 독성물질이 파괴된다.
  – 사료성분의 소화율을 향상시킨다.
  – 사료섭취량과 사료 이용효율 및 기호성을 증진한다.
  – 사료의 취급 및 수송이 용이해진다.
  – 영양소 불균형과 사료 허실 발생을 예방한다.
  – 가축의 선택적 채식이 방지되고, 짧은 시간에 많은 사료를 먹일 수 있다.
• 단점
  – 가공과정에서 비타민 등 열에 약한 영양소가 파괴될 수 있다.
  – 음수량이 증가한다.
  – 젖소 유지방의 함량이 나빠진다.
  – 시설투자 비용이 비싸고 가공비용이 소요된다.

29 익스트루전 사료의 공정 과정을 순서대로 쓰시오.

정답 사료의 사전 열처리 → 익스트루전 → 절단 → 건조 및 냉각

30 사일리지 제조에 적당한 조건을 쓰시오.

정답 • 적당한 온도와 수분을 부여할 것
• 다져 넣을 때 공기를 배제할 것
• 잡균의 번식을 방지할 것
• 적절한 탄수화물의 함량을 가질 것
• 필요시 적절한 첨가제를 사용할 것
• 기계화 작업체계가 확립될 것

31 제한급여의 정의를 쓰시오.

정답 • 육성기에 배합사료를 제한급여하는 것, 즉 조사료의 섭취량을 늘리고 조기과비를 막기 위해 기준에 의한
정량만을 급여하는 방법이다.
• 번식우, 번식돈, 종모우, 웅돈, 육용 종계 등 번식가축에 적용한다.

해설 제한급여의 효과
• 조사료의 섭취량을 늘리는 것과 같은 효과를 기대할 수 있다.
• 조사료 섭취량 증가는 소화기관의 발달, 골격의 발달 등 비육기에도 지속적인 증체가 가능해 출하체중을
늘려 육생산량을 극대화할 수 있다.
• 조기과비를 막아 도체에 등지방 등 불가식 지방의 부착을 감소시켜 육량등급도 개선된다.
• 고급육을 생산할 가능성이 높아진다.

32 A농가의 사료배합이 다음과 같고 함량 30%인 사료 100kg을 만들고자 할 때 대수방정식을
사용하여 각각의 배합(kg)을 구하시오.

조단백질 40%인 대두박, 조단백질 14%인 밀기울

정답 • 관계식을 만든다.
$X + Y = 100$ ————— ⓐ
$0.40 X + 0.14 Y = 30$ ——— ⓑ
여기서, X : 대두박의 사용비율(%)
Y : 밀기울의 사용비율(%)
• ⓐ에 0.4를 곱하면 ⓒ식이 되는데 여기에서 ⓑ식을 뺀다.

$$0.4 X + 0.4 Y = 40 — ⓒ$$
$$\underline{-0.4 X + 0.14 Y = 35 — ⓑ}$$
$$0.26 Y = 5$$

∴ $Y = 5/0.26 = 19$, $X = 100 - 19 = 81$
• 밀기울 19kg과 대두박 81kg을 혼합하면 된다.

33 단백질이 48% 들어 있는 대두박과 단백질이 8% 들어 있는 옥수수를 가지고 단백질이 20%되는 사료를 만들려면 각각 배합비율을 구하시오(단, 방형법을 사용한다).

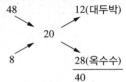

> **정답** 두수의 비율을 이용하여 관계식을 만든다.
>
> - 대두박의 배합비율＝(12/40)×100＝30%
> - 밀기울의 배합비율＝(28/40)×100＝70%

34 가축의 보상성장에 대해 쓰시오.

> **정답**
> - 일정기간 영양소가 부족한 저영양사료를 급여하여 성장을 지연시킨 후 고영양사료를 급여하여 일시적으로 성장을 원래의 상태로 회복시켜 주는 사육방법이다.
> - 성장기 전반에 영양소 급여를 적정수준에서 제한하고, 성장 후기에 집중적으로 영양소를 보충하면 급속하게 성장을 회복하는 효과가 있다.
> - 사료의 양이나 질을 떨어뜨렸을 때 발육이 억제되었던 소에게 그 후 충분한 영양소를 공급해 주면 다시 성장이 회복되는 현상이다.
> - 비육우의 단기비육에 많이 이용된다.

35 임신한 가축에 특히 필요한 무기물 3가지를 쓰시오.

> **정답** Ca, P, Fe

36 번식에 필요한 비타민 결핍 시 나타나는 증상에 대해 쓰시오.

> **정답**
> - 비타민 A : 결핍 시 발정부진, 수태율 저하
> - 비타민 D : 결핍 시 태아의 골격형성, Ca·P의 보조역할
> - 비타민 E : 부족 시 새끼에서 근육위축병 발생
> - 비타민 B군 : 성장에 필요한 모든 B-Factor

37 사양표준에 사용되는 기준에 대해 쓰시오.

> 정답 • 에너지 : TDN, DE, ME 등
> • 단백질 : DCP, CP
> • 비타민 : 수용성 비타민과 지용성 비타민(A, D, E, K)
> • 무기질 : 칼슘, 인
> • 급여상태

38 육성비육 시 ① 성장형태의 3단계와 ② 체구성 성분의 발육이 빠른 순서를 쓰시오.

> 정답 ① 골격최대성장기 → 근육최대성장기 → 지방최대축적기(골격 → 근육 → 지방)
> ② 뇌 → 뼈 → 근육 → 지방

39 RDP, UDP에 대해 쓰시오.

> 정답 • RDP(Rumen Degraded Protein, 반추위 분해단백질)는 반추위 내에서 미생물에 의해 분해되어 미생물체단
> 백질합성에 이용되거나 암모니아로 손실되는 단백질을 의미한다.
> • UDP(Undegraded Protein, 반추위 비분해단백질)는 반추위에서 미생물에 의해 분해되지 않고 소장으로
> 흘러가 소장에서 분해되어 이용되는 단백질을 의미한다.

40 유지율 3.5%인 우유 40kg을 FCM으로 환산하시오.

> 정답 FCM(환산유량)＝0.4M＋15F
> 여기서, M : 산유량
> F : 유지율
> ＝(0.4×40)＋15(40×3.5%)
> ＝37kg

41 A농장은 지난달 20,000수의 산란계를 입식하였다. 현재 18,000수가 생존하여 1일 15,000 개의 달걀을 생산하고 있다. 이때 헨하우스 산란지수를 구하시오.

> **정답** 헨하우스 산란율(산란지수) = $\dfrac{\text{일정 기간의 산란 수 누계}}{\text{초기 입식 수수}} \times 100 = \dfrac{15,000개}{20,000수} \times 100 = 75\%$

42 점감점증법에 대해 쓰시오.

> **정답**
> • 처음 1주간은 22~23시간 점등을 한다.
> • 2주령에는 20시간으로 조절하고 8주령이 될 때까지 매주 1시간씩 감소시킨다.
> • 14주령까지는 9시간 점등한 후 18주령 때에는 12~13시간으로 연장한다.
> • 그 후부터는 매주 30분~1시간씩 증가시켜 17시간이 되면 고정한다.

43 임신돈에 대한 제한급식 방법을 쓰시오.

> **정답**
> • 정량급식법 : 일정한 양의 사료를 매일 급여하는 방법
> • 밀기울, 녹사료, 보릿겨 등 섬유질사료의 배합률을 높여 자유급식시켜 사료의 질을 제한하는 방법
> • 급여시간제한법 : 3일에 1일 2~8시간 사료를 자유급식시켜 사료급여시간을 제한하는 방법
> 위 세 가지 방법 중 정량급식법이 가장 많이 이용되고 있으며, 임신돈은 스톨(stall)사에 개체별로 수용하여 사료를 급여할 경우에도 정량급식법이 편리하다. 그러나 여러 마리를 한 돈방이나 방목장에 넣어 군사할 때는 모든 개체가 사료를 균일하게 섭취하지 못하기 때문에 주의해야 한다.

44 자돈의 빈혈 발생 원인을 쓰시오.

> **정답**
> • 자돈의 출생 직후에는 높았던 헤모글로빈량이 젖을 섭취하기 시작하여, 초유성분을 직접 장관에서 흡수하는 것에 의해서 순환혈액량이 증가하여 적혈구가 희석되게 된다. 이것은 어린 자돈의 생리적인 빈혈이다.
> • 돼지는 생리적으로 성장이 빨라서 생후 10일령이면 출생 시 체중의 2배 이상이 된다. 이렇게 급속하게 발육하게 되면 체내에 저장된 철분이 동원되는데, 포유자돈이 1일 7~10mg의 철분이 필요하지만, 자돈이 모돈의 젖을 통해 1일 1mg 정도 섭취하고 붕괴된 적혈구로부터 재이용되는 철분이 1mg 이하가 되므로 자연적으로 철분 부족상태가 된다. 이것은 포유자돈의 철결핍성 빈혈이다.

45 비육기 한우의 근내지방도 침착을 위해 급여를 줄여야하는 비타민의 종류와 그 이유를 쓰시오.

정답 ┃ 비타민A, 지방전구세포가 지방세포로 분화되는 것을 방해하기 때문이다.

해설 ┃ 비타민A를 결핍시키는 시기는 비육 전기(약 13개월령 부터 22개월)이다.

46 위생적인 착유 순서에 대해 쓰시오.

정답 ┃ 기기소독·세척 → 전착유 → 유방세척 → 유방건조 → 유두컵 장착 → 착유 → 유두컵 제거 → 유두소독

47 ① 초유의 특징과 ② 급여방법에 대해 쓰시오.

정답 ┃ ① 초유는 단백질과 유지방 함량이 높고 유당 함량은 낮으며 보통 우유에 비하여 진한 황색이다. 면역물질이 되는 글로불린 함량이 높고 카로틴, 비타민 A의 함량이 높다. 태변의 배설을 도와주는 역할을 하고 송아지에게 이행된 항체의 효력은 생후 2개월간 지속된다. 나이가 많은 경산우의 초유가 어린 초산우의 초유보다 항체 함량이 2배 정도 높다.
② 태어난 송아지는 면역물질이 거의 없으므로, 분만 후에 반드시 30~40분 이내에 즉시 급여하거나 포유할 수 있도록 도와준다(6시간 이내 급여). 최소 생후 3~5일 동안 하루 2번씩 반드시 충분한 양의 초유를 흡유해야 한다. 초유의 양은 송아지 체중의 4~5%를 24시간 이내 섭취할 수 있도록 해야 한다.

48 가축 사체의 매몰 순서에 대해 쓰시오.

정답 ┃ • 매몰 구덩이는 사체를 넣은 후 해당 사체의 상부부터 지표까지의 간격이 2m 이상이 되도록 파야 하며, 매몰 구덩이의 바닥면은 2% 이상의 경사를 이루도록 한다.
• 구덩이의 바닥과 벽면은 두께 0.2mm 이상인 이중비닐 등 불침투성 재료로 덮는다.
• 구덩이의 바닥에는 비닐에서부터 1m 높이 이상의 흙과 5cm 높이 이상의 생석회를 투입하고, 생석회 위에 40cm 높이 이상으로 흙을 덮은 후 2m 높이 이하로 사체를 투입한다.
• 사체를 흙으로 40cm 이상 덮은 다음 5cm 두께 이상으로 생석회를 뿌린 후 지표면까지 흙으로 메우고, 지표면에서 1.5m 이상 성토(흙쌓기)를 한 후, 생석회를 마지막에 도포한다.
• 가스배출관은 폴리염화비닐(PVC) 등의 재질로 만들어진 홈통을 이용하여 사체와 접촉되도록 설치하고, 가스배출관의 밑면에는 자갈 등을 깔아 막힘을 방지하며, 매립 당시 $20m^2$당 최소 1개 이상을 설치하되, 가스 및 용출수가 많이 발생하거나 매몰한 사체가 융기하는 등의 문제가 발생하면 그 설치 개수를 늘린다.
• 매몰지 주변에 배수로 및 저류조를 설치하되 배수로는 저류조와 연결되도록 하고, 우천 시 빗물이 배수로에 유입되지 않도록 둔덕을 쌓는다.

49 차단방역의 3단계를 쓰시오.

정답 • 1단계(농장 입구)
  – 차량 : 모든 차량 소독 후 출입 허용
  – 사람 : 방역복, 덧신, 장갑 착용 확인, 철저한 소독 조치 후 출입 허용
• 2단계(농장 내 통로 및 시설 주변)
  – 농장 입구에서부터 축사까지의 농장로 출하대, 분뇨처리장, 사료 저장 시설
  – 물을 뿌리고 생석회를 살포한다.
• 3단계(축사 입구)
  – 방역에 가장 중요한 장소이다.
  – 가급적 외부인 출입 금지
  – 방역복과 장화를 갈아 신고 출입
  – 출입자의 손과 기구 및 장비 소독

50 이상적인 소독약의 조건 3가지를 쓰시오.

정답 • 소독효과가 신속해야 한다.
• 세균, 바이러스, 곰팡이 등 넓은 범위의 항균력을 가져야 한다.
• 저항균이 생성되지 않아야 한다.
• 단백질(유기물)에 의하여 불활성화 되지 않아야 한다.
• 독성이 적어야 한다.
• 생체조직을 벽색 또는 부식시키지 않아야 한다.
• 냄새가 없거나 적어야 한다.
• 세정 후에도 잔류작용을 나타내어야 한다.
• 사용하기 편리하고 경제적이어야 한다.

51 유해가스 암모니아의 영향에 대해 쓰시오.

정답 25ppm 이상일 때 공기보다 무겁기 때문에 공기 중의 습기에 용해되어 각종 질병감염의 원인이 되며, 특히 기관지 점막손상 등 호흡기성 질병을 유발시킨다.

52 축사 내에 걸어 둔 온도계의 건구가 31°C, 습구가 25°C일 때의 불쾌지수는 얼마인지 구하시오.

정답 불쾌지수 = (건구온도＋습구온도) × 0.72 + 40.6
      = (31 + 25) × 0.72 + 40.6
      = 80.92

53 ① 가축 1두당 1일 분뇨발생량과 ② 축종별 분뇨발생량이 큰 순서대로 쓰시오.

정답 ① 가축 1두당 1일 분뇨발생량 : 젖소 > 한우 > 돼지 > 닭, 오리
② 축종별 분뇨발생량 : 돼지 > 소, 말 > 닭, 오리 > 젖소

54 가축의 분뇨 처리 방법의 종류를 쓰시오.

정답 • 고체 처리 방법 : 깔짚 축사, 발효 증발, 화력건조, 태양건조, 안정화
• 액체 처리 방법 : 활성오니법, 살수여상법, 산화지법

55 퇴비화 과정의 3단계를 쓰시오.

정답 •1단계(초기 단계)
 – 중온성인 세균과 사상균이 유기물 분해에 관여한다.
 – 퇴비원료 중에 당류, 아미노산, 지방산 등 분해되기 쉬운 물질들이 분해되는 단계로서 부숙온도가 상승한다.
 – 유기물이 분해되면서 퇴비더미 온도가 40℃ 이상으로 상승하면 중온성 균은 사멸되고, 고온성 균이 증식한다.
•2단계(고온단계)
 – 고온성 미생물의 농도가 증가한다.
 – 셀룰로스, 헤미셀룰로스, 펙틴 등 난해성 물질들이 분해되는 단계로서 고온성 미생물이 관여하며 수주간 지속된다.
•3단계(숙성단계)
 – 퇴비더미의 온도가 떨어지며, 분해속도도 지연되는 단계로서 숙성단계라고 하며 방선균을 중심으로 구성되는 중온성 균들이 관여한다.
 – 리그닌 같은 난분해성 유기물만 남게 되어 분해속도가 느려지고 퇴비더미온도도 40℃ 이하로 낮아진다.

56 개방식 우사에서 가축의 분뇨처리 및 발효 시 필요한 재료 3가지를 쓰시오.

정답 볏짚, 톱밥, 왕겨 등의 깔짚

57 축사 내 악취의 종류를 수용성과 지용성으로 나누어 쓰시오.

정답 • 수용성 : 암모니아, 아민, 페놀, 휘발성 지방산, 황화수소, 메르캅탄 등
• 지용성 : 설파이드, 알데하이드, 케톤, 중성인돌, 에스터류 등

PART 04

사료작물학 및 초지학

목초의 분류와 특성

1. 목초의 분류

(1) 형태에 의한 분류

① 눈으로 비교해 보고 식별하는 분류방법으로 가장 널리 이용된다.

② 화본과와 두과가 사료작물의 대부분을 차지하고 있다.

벼과(화본과)	일반 벼과 목초류, 화곡류(Cereals), 잡곡류, 피, 레드톱, 오처드그라스, 이탈리안라이그래스, 티머시, 톨페스큐 등
콩과(두과)	클로버류(레드클로버, 화이트클로버), 베치류(커먼베치, 헤어리베치 등), 콩류, 알팔파류, 자운영, 버즈풋트레포일, 매듭풀 등
십자화과	유채, 무, 배추, 갓, 순무 등
국화과	해바라기, 돼지감자
기타	고구마 줄기 등

[두과 녹비작물의 종류]

일년생	하계 녹비작물	• 물 작물의 윤작 및 다년생 작물생산을 위한 토양개량의 목적으로 재배된다. • 스위트클로버, 세스바니아, 네마황, 네마장황, 야생콩 등
	동계 녹비작물	• 늦여름 또는 가을에 파종되어 다음 해 봄에 주작물을 파종하기 전에 비료로 이용한다. • 크림슨클로버, 서브클로버, 커먼베치(잠두), 헤어리베치, 오리포드베치, 퍼플베치, 자운영, 루핀, 알팔파 등
다년생 녹비작물		• 주로 피복작물로써 곡물과 동시에 재배되기도 한다. • 버즈풋트레포일, 화이트클로버 등

(2) 생존연한에 의한 분류

1년생	콩, 옥수수, 연맥(월동이 불가능한 경우), 수단그라스류, 수수, 진주조(Pearl Millet), 피, 매듭풀, Teosinte, 트리티케일 등
월년생	크림슨클로버, 버클로버, 베치, 이탈리안라이그래스, 호맥(Rye), 연맥(Oat, 월동이 가능한 경우), 보리, 귀리, 유채, 자운영 등
2년생	레드클로버, 스위트클로버, 알사이크클로버, 커먼라이그래스 등
다년생	알팔파, 화이트클로버, 버즈풋트레포일, 오처드그라스, 티머시, 톨페스큐, 리드카나리그라스, 퍼레니얼라이그래스, 켄터키블루그래스, 레드톱, 스무드브롬그래스, 라디노클로버 등

① **순무** : 생육기간이 짧고 수분이 많으며, Common turnip과 Rutabaga 두 가지가 있다. 겨울철 다즙사료로 중요하다.

② **풋베기콩** : 생육이 빠르고 응달에서도 잘 자라며, 보리, 고구마, 풋베기옥수수, 뽕나무, 과수 등의 간작과 풋베기옥수수와의 혼작에 적합하다.

③ 레드톱(Red top) : 다년생 화본과 목초로 잎이 가늘고 줄기는 원형이며, 내한성은 강하나 습한 토양에서는 생육이 불량하다.

④ 베치류 : 콩과 목초로 내한성이 극히 강하고 습지를 싫어하며, 커먼베치와 헤어리베치 두 가지가 있다.

(3) 이용형태에 의한 분류

구분	화본과	두과
청예용	수수, 수단그라스, 피, 귀리, 호밀	–
방목용	켄터키블루그래스, 퍼레니얼라이그래스, 오처드그라스, 톨페스큐	화이트클로버, 라디노클로버, 버즈풋트레포일
건초용	오처드그라스, 이탈리안라이그래스, 티머시, 브롬그래스	버즈풋트레포일, 레드클로버, 알팔파
사일리지	옥수수, 호밀, 보리, 벼	–
총체용	보리, 벼	–

① 청예용

㉠ 키가 크고, 수량이 많은 작물로 낙농지대에서 생초를 가공하지 않은 상태로 이용된다.

㉡ 종류 : 수단그라스, 수단그라스×수수교잡종, 호밀, 귀리, 유채, 연맥, 이탈리안라이그래스 등

② 방목용

㉠ 하번초로 키가 작고 줄기가 초지 위에 포복하며, 제상능력이 우수하다.

  ※ **하번초** : 키가 작고 잎줄기가 아래쪽에 많은 것

㉡ 종류 : 켄터키블루그래스, 퍼레니얼라이그래스, 오처드그라스, 톨페스큐, 화이트클로버 등

③ 건초용

㉠ 수량이 많고 환경적응성, 기호성이 좋은 상번초로 사료가치가 높은 초종이다.

  ※ **상번초** : 키가 크고 잎줄기가 위쪽에 무성한 것

㉡ 종류 : 오처드그라스, 티머시, 톨페스큐, 알팔파, 레드클로버 등

④ 사일리지용

㉠ 사일리지는 전분 함량이 높고 유산균에 의한 발효가 잘되어 충분한 젖산을 생산할 수 있다.

㉡ 사일리지용 사료작물은 재배, 이용목적상 당분 함량과 수량이 많은 것을 우선적으로 선택하여야 한다.

㉢ 종류 : 옥수수, 목초, 호밀 등

⑤ 총체용

㉠ 줄기와 이삭을 총체적으로 이용한다는 의미로 유숙, 황숙기에 베어 곤포사일리지로 저장하여 TMR(완전배합사료)로 이용된다.

㉡ 종류 : 벼, 보리 등

(4) 식물학적 분류 등

① 식물학적 분류

㉠ 학명은 하나 뿐인 유일한 이름이다.

㉡ 전세계가 공통으로 사용하며 속명의 첫 글자는 대문자로, 종명은 소문자로 쓴다.

㉢ 이명법(二命法)에 따르면 첫째 부분이 속명(Genus)이고, 둘째 부분이 종명(Species)이다.

㉣ 다른 단어와 구별하기 위하여 속명과 종명은 이탤릭체로 쓴다.

㉤ 식물에 대한 최초의 분류는 칼 린네(Carl Linnaeus)에 의해 창안되었다.

㉥ 오늘날 식물의 분류는 라틴어를 쓰고 있다.

㉦ 모든 사료작물은 식물계(Kingdom)로부터 시작해서 품종(Variety)에까지 이르고 있다.

㉧ 식물상호 간의 관계에 대한 지식의 발전과 더불어 변화한다. 즉, 명칭은 바뀔 수 있다.

㉨ 계통은 기본적으로 상위로부터 문 > 강 > 목 > 과 > 속 > 종의 6계급으로 나눈다.

㉩ 기본단위인 종은 아종, 변종, 품종으로 세분된다.

화본과 목초	기장아과 (Panicoidea)	• 기장족(Paniceae) : 판골라그래스(Pangolagrass), 달리스그래스(Dallisgrass), 피, 기장, 조 등 • 쇠풀족(Andropogoneae) : 수수, 수단그라스, 억새, 개억새 등 • 옥수수족(Maydeae) : 옥수수, 염주, 율무 ※ C₄식물 : 사탕수수나 옥수수와 같은 일부 열대식물은 CO_2가 고정되어 생성되는 최초의 산물이 PGA가 아니라 옥살아세트산이나 아스파르트산, 말산과 같은 4탄소화합물이다. 이처럼 CO_2고정의 최초산물이 4탄소화합물인 식물은 C₄식물이라고 한다.
	포아풀아과 (Poacoideae)	• 김의털족(Festuceae) : 톨페스큐, 스무드브롬그래스, 켄터키블루그래스, 퍼레니얼라이그래스, 이탈리안라이그래스 등 • 보리족(Hordeae) : 보리, 밀, 호밀 등 • 귀리족(Aveneae) : 귀리 등 • 갈풀족(Phalarideae) : 리드카나리그래스 등 • 겨이삭족(Agrostideae) : 레드톱, 티머시
	그령아과 (Eragrostoidea)	• 우리나라에서는 중요치 않은 작물 • 그령족 : 위핑러브그래스 등 • 왕바랭이족 : 버뮤다그래스 등 • 잔디족 : 잔디
두과 목초		• 3개의 아과가 있으나 온대지방에서는 콩아과가 재배되며, 7개의 주요 족으로 분류된다. • 두과 작물은 종실이 꼬투리를 만들고, 나비모양의 꽃(접형화관)을 피우는 쌍자엽식물이다. • 뿌리에는 근류균이 있어 공중질소를 고정한다.

② 토양적응성에 의한 분류 ☑ 빈출개념

산성토양에 매우 강한 작물	콩, 레드클로버, 화이트클로버
산성토양에 강한 작물	티머시, 알사이크클로버, 크림슨클로버, 메밀, 옥수수, 완두, 밀, 조, 고구마, 피
산성토양에 약한 작물	알팔파, 오리새, 레드클로버, 스위트클로버, 화이트클로버, 보하라클로버, 자운영, 콩, 완두, 보리
염기에 강한 작물	버뮤다그래스, 로즈그래스, 라이그래스, 웨스턴휘트그래스, 톨휘트그래스(TallWheatgrass)
염기에 중간 정도 적응하는 작물	보리, 귀리, 호밀, 스위트클로버, 스트로베리클로버, 수단그라스, 사료용 화곡류
염기에 감수성이 있는 작물	콩, 레드클로버, 화이트클로버

※ 자운영(Chinese milk vetch)
- 꽃은 자홍색, 잎은 깃털모양의 복합엽인 월년생 콩과 사료작물로 내한성이 낮다.
- 주로 남부지방에서 논에서 토양개량(연작장애 감소, 녹비작물 등)용으로도 이용된다.

③ 기상생태적 분류

㉠ 한지형 사료작물과 난지형 사료작물 ☑ 빈출개념

구분	생존기간	화본과	콩과
한지형	영년생	오처드그라스, 티머시, 톨페스큐, 메도페스큐, 켄터키블루그래스, 레드톱, 스무드브롬그래스, 리드카나리그래스, 퍼레니얼라이그래스, 크리핑벤트그래스	화이트클로버, 라디노클로버, 레드클로버, 알사이크클로버, 알팔파, 스위트클로버, 버드풋트레포일
	월년생	이탈리안라이그래스, 호밀, 귀리, 밀, 보리	크림슨클로버, 서브트레니언클로버, 커먼베치, 헤어리베치, 자운영, 루핀
난지형	영년생	버뮤다그래스, 달리스그래스, 존슨그래스, 판골라그래스, 로즈그라스, 위핑러브그래스, 잔디	칡, 세리시아레스페데자
	일년생	기장, 조, 옥수수, 수수, 수단그라스	코리안레스페데자, 커먼레스페데자, 콩, 완두 등

㉡ 한지형 사료작물의 특징
- 우리나라 재배목초의 대부분이다.
- 북방형 사료작물이다(저온에 강하고 고온에 약함).
- 성장이 5~6월에 최고에 달한다.
- 고온에 의한 생육장애로 하고현상이 나타난다(가을에 다시 생육재개).
- 15~21℃의 기온에서 잘 자라고, 25℃ 이상에서는 생육이 불량하다.
- 오처드그라스, 티머시, 톨페스큐 등이 있다.

(5) 기타 분류

① 주형과 포복형

㉠ 주형 : 다발형태이며 상번초
  예 오처드그라스, 크림슨클로버

ⓛ 포복형 : 지표에 기어 뿌리 발생

ⓔ 켄터키블루그래스, 화이트클로버

② 상번초와 하번초

㉠ 목초 중 상번초와 하번초를 혼작하면 공간을 충분히 이용하여 단위면적당 수량이 많아진다.

ⓛ 상번초는 건초용으로 재배되고 수량이 많으며, 기호성이 좋다.

ⓒ 상번초 : 오처드그래스, 티머시, 톨페스큐, 이탈리안라이그래스, 레드클로버, 알팔파, 리드카나리그라스, 스무드브롬그래스, 메도페스큐, 메도폭스테일, 톨오트그래스 등

ⓔ 하번초 : 레드페스큐, 켄터키블루그래스, 퍼레니얼라이그래스, 화이트클로버, 화이트 벤트그래스, 크레스티드 폭스테일, 거친줄기 메도그래스, 옐로오트그래스, 버즈풋트레포일 등

2. 목초의 형태적 특성

(1) 화본과 목초의 형태적 특성

① 화본과 목초의 일반적 특징 ☑ 빈출개념

㉠ 뿌리 : 섬유모양의 수염뿌리로 되어 있다.

ⓛ 잎

• 잎집, 잎몸, 잎혀, 잎귀로 구성되어 있다.

• 나란히맥, 줄기 위에 어긋나게 2열로 각 마디에 하나씩 나 있다.

ⓒ 지면과 접하는 부위에서 곁눈(tiller)이 생긴다.

ⓔ 줄기 : 대체로 속이 비어 있고 둥글며, 뚜렷한 마디를 가지고 있다.

ⓜ 열매 : 씨방벽에 융합되어 있는 하나의 종자를 가지고 있다.

ⓗ 꽃차례 : 일반적으로 수상, 원추 또는 총상꽃차례로 되어 있다.

② 뿌리의 형태

㉠ 1차근(종자근) : 종자가 발아된 직후에 발달하고 퇴화한다.

ⓛ 2차근(영구근, 부정근) : 지표면을 향하여 발아된 종자로부터 기부가 신장하게 되며, 여기서 2차근이 발생하게 된다.

ⓒ 다발형 : 오처드그래스, 톨페스큐, 티머시, 퍼레니얼라이그래스

ⓔ 방석형 : 리드카나리그라스

③ 분얼・줄기의 형태

㉠ 지하경 : 켄터키블루그래스, 리드카나리그라스

※ **지하경** : 수평으로 신장하는 땅속줄기를 의미

ⓛ 포복경 : 버뮤다그래스, 화이트클로버

※ **포복경** : 지상에 나와 수평으로 기어가는 줄기를 의미

ⓒ 인경(비늘줄기, 지하눈) : 티머시

   ※ 종자에 의해서만 번식하는 목초 : 오처드그라스

④ 잎의 형태

   ㉠ 외떡잎식물로 대부분 초본(草本)이며, 대나무와 같은 목본(木本)도 있다.

   ㉡ 잎은 좁고 나란히맥(평행맥)이며, 잎자루는 원대를 둘러싸는 잎집으로 되지만 양쪽 가장자리가 합쳐지지 않고 위 끝에는 잎혀(葉舌)가 있다.

   ㉢ 작은 이삭(小穗)은 1개 또는 다수의 작은 꽃으로 되며 원추 또는 수상꽃차례에 달린다.

   ㉣ 꽃잎은 인피(鱗被)로 퇴화되었고, 암술머리는 솔처럼 발달하였으며, 수술은 보통 3개, 암술은 1개이다.

⑤ 분얼의 특징

   ㉠ 온도가 높아지면 많아진다.

   ㉡ 영양생장기에 많고 영양생장기 마지막에 최대에 달한다.

   ㉢ 여름과 가을을 거치면서 감소한다.

(2) 두과 목초의 형태적 특성

① 두과 목초의 일반적 특징 ☑ 빈출개념

   ㉠ 뿌리

   • 직근성이며, 주근과 지근이 잘 분화되면서 땅속으로 뻗는다.

   • 뿌리에 근류균이 생육한다.

   ㉡ 잎

   • 잎맥은 그물모양이다.

   • 줄기에 어긋나게 붙어 있고 엽병에 붙어 있는 잎은 3개의 소엽으로 되어 있다.

   ㉢ 줄기 : 속이 차 있는 경우가 많고, 마디가 뚜렷하지 않음

   ㉣ 꽃차례 : 총상화서, 두상화서 등이 있다.

   ㉤ 화본과 목초에 비해 조단백질, 칼슘 함량이 높다.

   ㉥ 일반적으로화본과 목초에 비해 낮은 산도에서도 잘 생육한다.

   ㉦ 질소시비량 부족 시 화본과 목초보다 두과 목초의 생육이 미약하다.

② 줄기의 형태

   ㉠ 포복형 : 라디노클로버, 화이트클로버 등

   ㉡ 직립형 : 알팔파, 레드클로버 등

   ㉢ 덩굴형 : 완두, 잠두 등

③ 잎·꽃의 형태

    ㉠ 쌍떡잎식물, 잎은 대부분 어긋나고 겹잎이며, 대부분 턱잎이 있다.

    ㉡ 꽃은 대개 양성화이고, 총상꽃차례를 이룬다.

    ㉢ 꽃받침은 통모양으로 끝이 5개로 갈라진다.

    ㉣ 수술은 대개 10개이고, 서로 붙어 있거나 떨어져 있다.

    ㉤ 암술은 1개이고, 1개의 심피로 구성되며, 씨방은 상위(上位)이고 1실이다.

[화본과와 두과의 비교]

구분	화본과(벼과)	두과(콩과)
뿌리	수염뿌리	곧은 뿌리, 뿌리혹박테리아가 있음
떡잎	1장	2장
잎	• 나란히맥(평행맥), 주로 홑잎(단엽) • 각 마디에서 착생하고 줄기 위에 2열로 어긋나게 남 • 잎몸, 잎혀, 잎귀, 잎집으로 구성	• 그물맥(망상맥), 2~3 또는 다수의 복합엽 • 턱잎, 잎자루, 작은 잎자루, 작은 잎(小葉)으로 구성
줄기	속이 비어 있고 둥글며, 뚜렷한 마디가 있음	속이 차 있는 경우가 많고, 마디가 뚜렷하지 않음
관다발	흩어져 있음	둥글게 모여 있음
꽃차례	• 꽃잎은 3의 배수 • 수상, 원추, 총상꽃차례 중 하나 • 수술(1~3), 암술(2), 인피(2), 외영과 내영 • 열매는 씨방벽에 융합되어 있는 하나의 종자	• 꽃잎은 4~5의 배수 • 기판 1, 익판 2, 용골판 2, 5장의 나비형 • 10개의 수술(9개 융합 1개 유리), 1개의 암술 • 등과 배의 봉합선을 따라 갈라지는 꼬투리 • 종자는 배젖이 없고 양분은 떡잎에 저장
일반특성	• 기호성과 탄수화물 영양가가 높다. • 방목과 채초에 견디는 힘이 강하다. • 가장 많이 분포되고 생육한다. • 방석형(지하경과 포복경)과 다발형이 있다. • 저장양분은 줄기 기부에 저장 • 분얼경(tiller)이 발달되어 있다.	• 기호성과 영양가(단백질)가 높다. • 건초용으로 알맞다. • 공중질소고정으로 토양비옥도를 증진한다. • 저장양분은 관부(crown)와 뿌리에 저장 • 녹비작물 또는 간작작물(cover crop)로 활용

3. 목초의 식별

(1) 화본과 목초의 식별

    ① 수상화서

        ㉠ 보리나 밀과 같이 꽃차례의 기본단위인 소수들이 이삭축 위에 직접 달려 있는 꽃차례

        ㉡ 퍼레니얼라이그래스, 이탈리안라이그래스, 밀, 보리, 호밀 등

    ② 총상화서

        ㉠ 소수(spikelets)가 이삭축에서 나온 1차 지경에 붙어 있는 꽃차례

        ㉡ 버뮤다그래스, 크래브그래스, 바히아그래스, 달리스그래스 등

③ 원추화서

　　㉠ 소수가 이삭축에서 나온 1차 지경에 붙어 있는 꽃차례

　　㉡ 오처드그라스, 톨페스큐, 켄터키블루그래스, 브롬그래스, 티머시, 귀리 등

　※ **이탈리안라이그래스와 퍼레니얼라이그래스의 식별**
　　• 이탈리안라이그래스는 줄기가 원통형이나 퍼레니얼라이그래스는 약간 편평하다.
　　• 두 초종 모두 화서의 종류는 수상화서이다.
　　• 이탈리안라이그래스의 뿌리는 가지가 많고 빽빽하며 수염모양의 영구형 다발로 되어 있다.
　　• 퍼레니얼라이그래스의 잎은 짧은 편으로 끝이 뾰족하며 진한 녹색이고 광택이 난다.
　　• 초장은 이탈리안라이그래스가 길다.
　　• 식물체형은 이탈리안라이그래스가 대형이다.
　　• 이탈리안라이그래스는 까끄라기(까락)가 있다.

(2) 두과 목초의 식별

① 두과는 꼬투리의 모습에서 유래한다.

② 유식물의 발달형태에 따라 지상자엽형(알팔파, 레드클로버), 지하자엽형(완두, 베치) 등이 있다.

③ 뿌리는 직근성이고 주근과 지근이 분화되면서 땅속으로 뻗는다(심근성, 천근성이 있다).

④ 알팔파가 대표적인 심근성 두과에 속한다.

⑤ 화이트클로버는 천근성으로 포복경을 내면서 퍼진다.

⑥ 두과 작물 뿌리의 특징은 근류균의 형성이다.

⑦ 두과 작물은 주요 단백질공급원이다.

⑧ 잎은 줄기에 호생으로 붙어 있고, 잎맥은 그물모양이다.

⑨ 두과 목초는 포복형(라디노클로버, 화이트클로버), 직립형(레드클로버, 알팔파), 덩굴형(베치류, 완두)이 있다.

⑩ 줄기는 속이 차 있는 경우가 많고 마디가 뚜렷하지 않다.

⑪ 종자는 등과 배쪽에 봉합선을 따라서 벌어지는 꼬투리 안에 있다.

⑫ 목초의 뿌리에는 질소고정을 할 수 있는 뿌리혹박테리아를 갖는다.

⑬ 두과 목초의 꽃차례
　　㉠ 총상화서 : 헤어리베치, 스위트클로버, 알팔파, 코리안레스페데자
　　㉡ 두상화서 : 화이트클로버, 레드클로버, 알사이크클로버, 크림슨클로버

(3) 자가수분과 타가수분

① **자가수분작물** : 베치류, 레스페데자류, 완두, 대두 등

② **타가수분작물** : 레드클로버, 화이트클로버, 알팔파 등

4. 주요 목초의 특성

(1) 화본과 목초

① 오처드그라스(Orchardgrass, 오리새)
- ㉠ 유럽 서부 및 중앙아시아 원산으로 엽설이 크다.
- ㉡ 채종으로 이용하는 것 이외에는 포복성인 초종과 혼파하는 것이 좋다.
- ㉢ 청예, 건초 및 사일리지로 이용할 수 있지만 가장 적합한 이용은 방목이다.
- ㉣ 생육에 가장 알맞은 기온은 15~21℃ 정도이다.
- ㉤ 지역 적응성이 넓고(제주, 경기, 강원 북부 고산지), 환경 적응성이 빠르다.
- ㉥ 내서성, 내건성이 강하고, 내습성은 약하고, 혹한에도 약하다.
- ㉦ 상번초(100cm 이상)로 잎수가 많아 생산성이 높고, 수확 후 재생이 빠르다.
- ㉧ 조성 후 2~3년이 경과하면 뭉친 포기를 형성하여 나지가 발생된다.
- ㉨ 우리나라에서 가장 널리 재배되는 목초이다.

② 톨페스큐(Tall fescue)
- ㉠ 유럽이 원산지이며 다년생, 상번초이다.
- ㉡ 세포 내에 기생하는 곰팡이와 공생하여 더운 여름에 견디는 힘이 비교적 강하다.
- ㉢ 짧은 지하경과 잎의 견고성으로 방목과 추위에도 강한 초종이다.
- ㉣ 기후 및 토양적으로 적응범위가 가장 넓다(개간지, 척박지, 하천제방 등).
- ㉤ 뿌리가 깊고 지하경이 있으며(방석모양), 억센 잎과 줄기를 가지고 있다.
- ㉥ 가축의 답압에 가장 약한 초종이며, 사료가치와 기호성이 낮다.
- ㉦ 사료가치가 높은 초종의 보조초종으로 혼파가 유리하다.
- ㉧ 곰팡이에 감염된 이 목초를 섭취한 가축은 생산성이 떨어지기 때문에 종자 구입 시 주의가 요구된다.

③ 이탈리안라이그래스(Italian ryegrass)
- ㉠ 지중해 지방이 원산지인 일년생 또는 월년생의 벼과 사료작물이다.
- ㉡ 가축의 기호성이 좋고, 정착이 잘되어 답리작으로도 많이 재배된다.
- ㉢ 잎 표면에 광택이 있고 2배체보다는 4배체가 초장과 잎이 크고 수량이 높은 편이다.
- ㉣ 유식물(seedling) 활력과 발아 후 초기 생육이 좋아 파종이 쉽다.
- ㉤ 서늘하고 습한 환경에서 가장 잘 자라나 산성토양, 척박지, 가뭄과 저온에 잘 견디지 못한다.
- ㉥ 단기간의 수량도 높으나 월동률이 다소 떨어진다.

ⓐ 유식물의 억압력 지수가 가장 높다.

ⓞ 초장이 60~120cm에 달하는 다발형 상번초이다.

ⓩ 조생종으로 이른봄부터 생육하기 시작하여 생초 이용기간이 길다.

ⓧ 종자에 까락이 있고, 줄기는 2~4개의 마디가 있다.

ⓚ 꽃차례는 수상꽃차례이다.

ⓣ 우리나라 남부지방에서 2회 수확이 가능하다.

④ 티머시(Timothy)

㉠ 원산지는 유럽 북부, 시베리아 동부이다.

㉡ 추위에 강하고 가뭄과 더위에 약하여 높은 산지나 한랭한 지대에 적합하다.

㉢ 다년생 상번초(90~120cm)이며, 뿌리의 발달이 얕다.

㉣ 인경(비늘줄기)에 양분을 축적하여 영양번식을 한다.

㉤ 토양적응성은 높은 편이나 산성에 약하다.

㉥ 사료가치가 높아 건초용으로 알맞다(1차, 2차 건초, 3차 이후 방목).

⑤ 켄터키블루그래스(Kentucky bluegrass)

㉠ 원산지는 유라시아와 북아메리카이고, 꽃이 필 때 청색이다.

㉡ 추위에 강하고 고온과 건조에는 약한 편이며, 여름철 수량이 낮다.

㉢ 냉온대지역에서 잘 자라며 초기 생육이 늦다(조성 1년차에는 불리).

㉣ 비옥한 식토에서 생육이 양호하며 모래 및 자갈땅에도 가능하다.

㉤ 다년생 하번초이며, 지하경으로 번식한다(빽빽한 식생유지, 방석모양).

㉥ 잔디대용 및 영구초지 조성에 적합하다.

㉦ 재생력이 양호하여 잦은 방목이나 예취에도 잘 견딘다.

㉧ 상번초와 혼파하는 것이 유리하다.

⑥ 퍼레니얼라이그래스(Perennial ryegrass)

㉠ 원산지는 남부 유럽, 북아프리카, 서남아시아이고 호밀풀이라고도 한다.

㉡ 줄기는 곧고 가늘며, 뿌리에는 가지가 많고 부정근을 가지고 있다.

㉢ 잎은 짧은 편으로 끝이 뾰족하며, 진한 녹색이고 광택이 난다.

㉣ 어릴 때는 잎이 접혀 있다.

㉤ 화서는 수상화서이며, 1개의 화서에 3~10의 작은 이삭을 가지고 있다.

㉥ 염해에 강하고 토양적응성이 높다(습기가 있고 비옥한 땅).

㉦ 내서성, 내건성, 내한성에 약하고, 여름철에 하고현상이 발생(남서부 지방)한다.

㉧ 다년생 하번초이며, 초기생육이 빠르다(이른봄~늦가을까지 이용가능).

㉨ 방목, 예취 후 재생력이 매우 강하며, 사료가치가 높다.

⑦ 리드카나리그라스(Reed canarygrass)

    ㉠ 원산지는 유럽, 북아프리카, 아시아이다.

    ㉡ 다년생 상번초(100~150cm)로 땅속줄기로 번식한다.

    ㉢ 내한성, 내습성, 내건성이 강하고 산성토양에 우수하다.

    ㉣ 습한 곳이 적지(하천 범람지)이며, 침수에 강하다.

    ㉤ 줄기가 강하고, 직립이며, 잎이 넓고 밀생한다.

    ㉥ 청예, 건초, 사일리지로 이용 가능하며, 하고현상이 없다.

    ㉦ 기호성이 낮고 수확시기가 늦어지면 사료가치가 떨어진다(출수 개화 전 이용).

    ㉧ 질소반응이 높고, 알칼로이드 독소를 함유하고 있다.

(2) 두과 목초

① 알팔파(Alfalfa)

    ㉠ 원산지는 서남아시아이며, 사료가치가 매우 우수하여 목초의 여왕이라 불린다.

    ㉡ 다년생 두과 목초로 심근성이며, 내한성, 내서성이 강하다.

    ㉢ 더위에 강해 하고현상은 없으나 습지에서는 생육이 불량하다.

    ㉣ 중성토양(pH 6.5)으로 배수가 양호하고 토심이 깊은 곳이 적지이다.

    ㉤ 산성토양에 약하고 붕소결핍에 민감하다.

    ㉥ 관부(crown)는 재생에 필요한 탄수화물을 가장 많이 함유하고 있다.

    ㉦ 꽃은 총상화서로 자색의 꽃을 피우고 양질의 건초조제가 가능하다.

    ㉧ 잎이 부드럽고 뿌리의 비대가 좋으며 근류균에 의해 질소고정을 한다.

    ㉨ 줄기는 직립하고 30~100cm 정도 자라며, 많은 줄기를 내며 군생한다.

    ㉩ 가축의 기호성·Ca의 함량·소화율이 높고, 단백질의 공급량이 많다.

    ㉪ 광물질이 풍부하고 10여 종의 비타민을 함유하므로 사료가치가 높으나, 다량 급여 시 고창증을 유발한다.

    ㉫ 수확 후 재생이 빠르나 빈번한 예취 또는 조기예취 시에는 포기가 쇠퇴해진다.

    ㉬ 알팔파 재배 시 가장 많이 탈취되는 영양분은 칼륨이다.

    ※ 트리핑(tripping)현상
- 꽃이 핀 후 처음에는 암술대와 이를 둘러싸고 있는 꽃실집이 꽃에 의하여 눌려 있다가 곤충이나 고온 또는 건조 등의 자극을 받아서 암술대와 꽃실집의 선단부가 기판(旗瓣)을 향하여 솟아오르는 현상
- 알팔파는 타화수정(서로 다른 계통 간의 수정) 작물로서 벌에 의한 트리핑현상으로 수정이 된다.

우리나라에서 알팔파 재배 시 일반적인 제한요인

- 신규조성 시 근류균의 접종이 필요하다.
- 배수가 잘되도록 하며 석회(Ca)시용으로 산성토양의 교정이 필수적이다.
- 정착 초기 미량원소 특히 붕소의 사용이 효과적이다.
- 우리나라는 토양의 산도가 높고 습도가 높아서 알팔파의 재배가 어려운 것으로 알려져 있다.

② 버즈풋트레포일(Birds foot tefoil)

　㉠ 원산지는 지중해이고, 영양가는 알팔파와 비슷하다.

　㉡ 두과 목초로 다년생이고, 심근성으로 내한성, 내건성이 매우 강하다.

　㉢ 내서성이 강하며, 적응성이 넓어 간척지에도 생육이 가능하다.

　㉣ 알팔파가 자랄 수 없는 습지, 라디노클로버가 못 견디는 건조토양에도 재배가 가능하다.

　㉤ 노란 꽃을 피우며, 줄기는 가늘고 포복 또는 직립형(25~40cm) 하번초이다.

　㉥ 우리나라에도 벌노랑이라고 부르는 야생식물로 전국적으로 분포되어 있다.

　㉦ 재생이 늦다(연 2~3회 예취). 따라서 재생이 빠른 목초와 경합 시 소멸한다.

　※ 버즈풋트레포일은 고창증을 일으키지 않는다.

③ 화이트클로버(White clover)

　㉠ 원산지는 유럽 지중해·서부아시아로 다소 서늘하고 습한 곳이 적지이다.

　㉡ 방목에 잘 견디고 재생력 강하며 우리나라 전 지역에 적응한다.

　㉢ 포복경을 가진 하번초로 옆으로 잘 퍼진다.

　㉣ 호광성이나 뿌리가 얕아 건조에 약하다.

　㉤ 단백질, 광물질, 비타민 등이 풍부하여 사료가치가 우수하다.

　㉥ 다량 급여 시 고창증을 유발한다.

　㉦ 토양보호, 피복작물로도 이용된다.

④ 레드클로버(Red clover)

　㉠ 원산지는 서남아시아, 카스피해 남부이다.

　㉡ 잎이 길쭉하며 흰무늬가 있고, 줄기와 잎에 잔털이 많다.

　㉢ 서늘한 곳이 적지이고 건조에는 약하며, 우리나라 전지역에 적응한다.

　㉣ 단년생 직립 다발형으로 상번초이며, 생존연한이 짧다.

　㉤ 비옥하고 배수가 양호한 토양에서 잘 자란다.

　㉥ 단백질, 광물질, 비타민 등이 풍부하여, 사료가치가 우수하다.

　㉦ 다량급여 시 고창증을 유발한다.

⑤ 라디노클로버(Ladino clover)

    ㉠ 잔디밭에서는 악성잡초이나, 우리나라 전지역에 자생(토끼풀)한다.

    ㉡ 영년생이며, 화이트클로버보다 잎이 큰 것이 특징이다.

    ㉢ 서늘하고 습한 곳이 적지이며, 포복경이 있어 쉽게 퍼진다.

    ㉣ 고온에 강하고 생육과 재생이 빠르며, 토양, 기후 적응성이 높아 수량이 많다.

    ㉤ 방목에도 잘 견디고 재생력이 강하며, 공중질소를 고정한다.

    ㉥ 소화양호, 기호성이 높으며 단백질, 광물질이 풍부하다.

    ㉦ 토양보호, 피복작물로 이용성이 높다.

초지조성

1. 초지조성과 자연환경

(1) 초지조성의 입지적 조건

※ **초지조성의 순서 ☑ 빈출개념**
입지선정 → 지형정지 → 장애물 제거 → 석회비료 시용 → 파종 → 복토 → 진압

① 적합한 입지조건

　㉠ 경사도

　　• 경사가 완만하고 비옥한 지형은 사료작물을 재배한다.

　　• 경사가 있거나 복잡한 지형에는 초지를 조성하여 이용한다.

　　• 중산간지의 휴경답도 목초를 재배하기에 좋다.

　　• 경사한계 : 착유우 22°, 한우 및 육우 31°, 면양과 산양 45°

　㉡ 경사면의 방향

　　• 남향(양지)

　　　－ 햇빛이 잘 들고 지온이 높으며, 낮과 밤의 기온차가 심하다.

　　　－ 증발산이 많고 건조하기 쉬우며 바람이 많다.

　　　－ 토양의 유기물 함량은 많으나 pH와 인산 함량이 낮다.

　　• 북향(음지)

　　　－ 선선하여 습기와 수분이 많고 주야간의 지온변화가 작고 목초의 동해가 작다.

　　　－ 일반적으로 서향이나 북향지의 목초수량이 많다.

　　　－ 토양의 유기물 함량은 낮고 pH와 인산 함량이 높다.

② 적합한 초종의 선택

　㉠ 목초는 종류에 따라 특성과 사료가치 및 기호성이 각기 다르다.

　㉡ 화본과 목초와 두과 목초를 반드시 섞어 뿌리는 혼파가 원칙이다.

　㉢ 특성이 다르므로 혼파하여 장점을 살리고 약점을 보완한다.

③ 지형 정지

　㉠ 초지는 경사지나 산지에 조성되는 것이 일반적이므로 지형조건이 열악하기 쉽다.

　㉡ 부분적으로 불량한 지형은 약간 정지작업을 하여 개량원지형 초지를 조성하는 것이 편리
　　하다.

④ 장애물 제거

　㉠ 지표의 기존식생 등의 장애물이 있으면 목초의 정착이 나빠지므로 제거하여야 한다.

　㉡ 제초제를 이용하여 고사시킨 뒤 화입을 하거나 전기톱으로 제거하는 방법이 일반적이다.

ⓒ 채식범위가 넓은 흑염소 등을 이용하여 친환경적으로 제거하는 방법도 있다.

⑤ 석회 및 비료 사용

ⓐ 우리나라 토양은 대부분 산성토양이므로 초지조성 시 석회를 충분히 사용한다.

ⓑ 석회는 4~5년마다 추가 사용하는 것이 좋다.

ⓒ 두과 목초는 토양산도에 대한 반응이 더욱 민감하다.

⑥ 파종시기 및 파종량

ⓐ 파종은 잡초와의 경쟁을 피하기 위해 8월 하순에 한다.

ⓑ 파종량은 ha당 30~35kg 정도로 초종별 파종량(kg/ha)은 오처드그라스 16, 톨페스큐 9, 퍼레니얼라이그래스 3, 화이트클로버 2 정도이다.

ⓒ 오처드그라스는 여름철 고온·다습에 약하므로 톨페스큐의 파종량을 증가시키는 것도 바람직하다.

⑦ 갈퀴질 및 진압

ⓐ 갈퀴질로 목초종자를 지면에 밀착시켜 주고, 진압하여 모세관현상에 의해 토양 중의 수분이 종자에 공급되어 목초 정착률이 향상된다.

ⓑ 파종시기가 늦어졌을 경우 반드시 진압하여 조기에 정착할 수 있도록 한다.

※ 초지조성을 위한 작업단계 ☑ 빈출개념

경운 → 석회살포 → 쇄토 → 비료, 종자살포 → 복토 → 진압

(2) 자연초지의 식생

① 자연초지

ⓐ 초식가축의 사료자원이다. 특히, 한우의 사료자원으로 중요하다.

ⓑ 자연초지는 생산성이 높은 개량초지로 유도할 수 있다.

ⓒ 자연초지를 이해함으로써 개량의 방법과 예측이 가능하다.

② 인공초지

ⓐ 인위적으로 목초를 가꾸어 만든 축산용의 초지이다(목초지).

ⓑ 건초나 사일리지 등의 저장사료를 생산하는 채초지와 가축을 방목하는 방목초지가 있으며, 이 양자를 겸용하는 경우도 있다.

③ 식생의 천이

ⓐ 군락의 천이 : 일정한 토지에 있는 식물군락이 시간의 경과에 따라 변하여 가는 것으로 전진적(생산성 증가) 천이와 후퇴적(생산성 감소) 천이가 있다.

• 전진적 천이 : 나지-초지-잡관목림-산림

• 후퇴적 천이 : 야초지-나지-황폐기

ⓑ 자연초지의 천이계열(Sere) : 선구기(나지기)-초원기-관목림기-삼림기

(3) 초지의 기후환경

① 기온과 하고현상

㉠ 하고현상의 개념

- 목초가 25℃의 고온이 되면 생장이 정지되고 식물체가 약해지면서 병충해 발생이 증가되어 심하게 지속되면 말라 죽는다.
- 하고현상의 원인은 고온, 건조, 장일, 병충해, 잡초번무 등이 있다.
- 북방형(한랭지형) 목초의 하고현상이 일어나는 이유는 고온·건조로 인한 생육부진이다. 즉, 고온으로 인한 호흡증가로 인해 광합성에 의한 동화량보다 호흡에 의한 소비증가와 여름철의 고온다습으로 인한 환경의 악화에서 비롯된다.

㉡ 북방형 목초의 하고현상을 방지하기 위한 방법

- 장마 이전에 수확하여 초장을 짧게 유지한다.
- 질소비료를 삼가거나 감량하여 시비한다.
- 여름철 생육불량기에 관개를 한다(스프링클러에 의한 관개 등).
- 초지조성의 대상지를 보수력이 나쁜 사질, 점질토양은 피한다.
- 하고에 비교적 강한 초종인 톨페스큐, 오처드그라스 등을 선택한다.
- 고온기에 가급적 목초를 이용하지 않고 초장을 적절히 유지해 준다.
- 여름철 고온기에 수확 시 9cm 정도로 높게 예취한다.
- 고온기에는 방목을 피한다.

(4) 초지의 토양환경

① 초지의 자연환경요인

㉠ 토양반응(pH)

- 목초의 생육에 적합한 토양산도는 대부분 pH 5.5~7.0의 범위이다.
- 초지조성 시 석회를 사용해서 산도를 교정했다 해도 3년이 경과하면 대체로 산도가 원상태로 낮아지게 되므로 우점된 초지는 제초제를 사용하여 제거하고 석회를 시용하여 방지한다.
- 산성토양은 석회를 살포하여 토양산도를 교정해야 한다.

> **더 알아보기** **토양교정에 이용되는 석회의 특징**
>
> - 석회는 토양유기물을 분해하여 토양미생물의 생존을 돕는다.
> - 전층시용이 표층시용보다 교정속도가 빠르다.
> - 입자가 굵을수록 효과의 지속성이 오래 간다.
> - 석회입자가 작을수록 교정속도가 빠르다.
> - 석회는 시비량을 여러 번에 나누어 살포한다.

ⓛ 토양비옥도
- 목초는 비료에 대한 요구도가 일반작물보다 상당히 높다. 따라서 척박한 토양에서 비료를 주지 않고 이용도 하지 않는다면 산야초에 우점되어 목초는 소멸된다.
- 우리나라의 산지토양은 일반적으로 척박하고 산성이므로 초지를 관리·이용하지 않고 방치해 두면 잡초 및 산야초들이 재생하게 된다.
- 비옥한 토양 또는 시비량 특히 질소질비료를 충분히 시용한 초지에서 이용을 적절히 하지 못하면 잡초들이 번성하게 된다.
- 목초는 대부분 잡초보다 재생력이 강하므로 예취나 방목을 자주 해 주는 방법도 잡초억제에 효과적이다.
- 여름철 고온에는 목초의 하고현상이 발생하므로 가급적 예취높이를 높게 하면 호광성 또는 광발아성 잡초의 발생과 생육을 억제하는 효과가 있다.
ⓒ 토양수분
- 척박하고 건조한 토양은 목초의 생육이 극히 불량하고 하고현상이 심하게 나타난다.
- 건조기 대책으로서는 관수가 가장 효과적이나 실제면에서 초지관수가 어려우므로 남향 경사지의 가뭄피해가 우려되는 곳에서는 초지조성 시에 소나무 등 그늘을 만들어 줄 수 있는 나무들을 남겨 둔다.
- 습하고 배수가 불량한 토양에서는 특히 목초의 주초종인 오처드그라스가 견디지 못하고 소멸된다. 따라서 보파해서 갱신하는 것이 최선의 방법이다.
ⓔ 토양의 경도
- 굳은 토양에서는 목초의 뿌리발육이 나쁘다.
- 원칙적으로 초지의 갱신에는 겉뿌림 방법이 바람직하지만 토양이 너무 굳을 경우에는 경운갱신으로 토양의 물리성을 개량해 주는 것이 좋다.
- 경운하고 조성한 초지는 성겨서 가뭄의 피해를 더 받게 되며 특히 겨울에 서릿발에 의한 피해로 목초의 고사율이 높아진다. 그러므로 경운조성한 초지는 반드시 진압해 주어야 한다.
② 우리나라 산지(산악지)토양의 특성
ⓘ 산성토양 : 우리나라 토양모재는 대부분 화강암 또는 화강편마암이고, 여름철 집중강우에 의하여 산성토양이다.
ⓛ 유기물 부족 : 농경지(3%)에 비해 산악지의 토양은 유기물 함량이 1% 이하이다.
ⓒ 낮은 유효인산 함량 : 산지토양의 유효인산 함량은 11.3%로 농경지의 약 1/10 수준이다.
ⓔ 낮은 양이온치환용량과 염기포화도 : 산지토양은 칼슘, 마그네슘, 칼륨 등 양이온이 낮고 포화도도 낮다.

- 산성토양 중에 존재하는 알루미늄이온의 해작용, 망간이온의 과잉 독성, 칼슘, 마그네슘, 인산의 결핍 등의 특성이 있다.
- 알루미늄과 철이 활성화되어 인산과 결합함으로서 유효인산농도가 낮다.

※ 양이온치환능력이 높을수록 완충력이 올라간다. 즉, 양분저장능력이 높아진다.

ⓤ 일반적으로 토심이 얕고 자갈이 많다.

③ 우리나라에서 부실초지(저위생산성 초지)가 되는 직접적인 요인 ☑ 빈출개념
  ㉠ 조성 초기 관리기술의 미숙
  ㉡ 추비량 부족
  ㉢ 과다 및 과소 이용
  ㉣ 청예를 위주로 한 초지이용
  ㉤ 이른 봄 및 늦가을의 과도한 이용
  ㉥ 초지의 배수불량
  ㉦ 여름철 수확 지연현상
  ㉧ 초지생산량의 한계

※ 초지의 토양침식방지에 관한 역할
  - 토양이 다공성이 된다.
  - 빗방울의 충격을 줄여 준다.
  - 다수의 가는 뿌리를 가지고 흙을 결박한다.

2. 경운초지 조성

(1) 경운초지의 특성과 중요성

① 경운초지 조성방법의 장단점 ☑ 빈출개념

장점	단점
• 경운을 함으로써 자연식생의 제거가 가능하다. • 짧은 기간 동안 생산성이 높은 초지조성이 가능하다. • 초지의 경운에 의해 땅 표면이 고르기 때문에 목초를 수확할 때 기계작업이 가능하다.	• 경운으로 땅 표면을 갈아엎기 때문에 표토유실을 받기 쉽다. • 경운에 필요한 농기계를 구입하는 데 비용이 많이 든다. • 표고 및 경사 때문에 지대에 따라 농기계의 사용이 불가능하다.

② 초지조성공법 ☑ 빈출개념
  ㉠ 발굽갈이법(제경법) : 산지를 갈아엎지 않고 가축의 발굽과 이빨을 이용하여 선점식생을 제거하고 목초를 파종하는 방법
  ㉡ 계단공법 : 주로 경사지에서 기존의 경사지에 대하여 계단상으로 조성정비하는 공법
  ㉢ 개량산성공법 : 기존의 상황이 복잡한 지형의 경사지를 지반변경에 의해 조성하고 전체적으로 경사를 완만하게 조성 정비하는 공법
  ㉣ 산성공법 : 지형을 바꾸지 않고 경사대로 경운하는 경우 조성공법

(2) 입지조건과 장애물 제거

① 입지조건

구분	경운초지	불경운초지	부적지
지형	평탄, 구릉, 단구, 대지	산록, 산복, 구릉	산악지
경사	30% 이하(16°)	60%(30°)	60%(31°)
유효토심	50cm 이상	20cm 이상	20cm 이상
토성	사양질, 식양질	사양질, 식양질	극단의 사질 및 식질
자갈 함량	10% 이하	10~30%	35% 이상
토양배수	양호, 약간 양호	양호, 약간 양호	매우 양호, 약간 불량
토양침식	1급 침식	2~3급 침식	4급 침식

② 장애물 제거

㉠ 초지대상지에 자생하는 선점식생(잡관목, 야초 등)과 바위, 자갈 등을 제거하는 것이다.

㉡ 장애물 제거의 목적은 경운작업이 가능한 상태로 만드는 것이다.

㉢ 장애물 제거에 사용되는 기계는 포크레인, 불도저, 트랙터, 레이크도저의 중장비와 전기톱, 예취기 등이 있다.

㉣ 벌목은 목책림, 비음림, 방풍림(북쪽), 피난림(남쪽), 수원함양림 등은 남겨 두고 벌채한다.

※ **경운초지를 조성(집약 초지조성)할 때 작업순서** : 장애물 제거 → 경운 → 쇄토 및 정지 → 시비 → 파종 → 복토 및 진압

(3) 파종과 혼파조합

① 경운초지의 파종상 준비 및 구비조건

㉠ 배수가 잘되고 상하층 토양의 수분함량이 적당하여야 한다.

㉡ 선점식생과 잡초가 없으며, 균일해야 한다.

㉢ 종자가 파종되는 바로 밑의 토양은 단단해야 한다.

㉣ 표토는 부드럽고 입상이며, 너무 곱거나 가루모양이어서는 안 된다.

㉤ 파종상이 갖추어지지 않으면 목초의 정착률이 떨어진다.

㉥ 토양의 경운층은 토양수분과 양분이 위로 이동할 수 있도록 미경운된 하층심토와 직접 접촉되고 연결되어 있어야 한다.

② 파종방법

점파	콩, 옥수수, 칡 등과 같이 일정한 간격을 두고 1립씩 파종하는 방법이다.
산파	• 가능한 한 짧은 기간동안에 목초를 지면에 피복시키는 방법이다. • 토양수분이 적절한 조건에서 잡초억제와 토양피복을 신속히 할 수 있는 장점이 있으나 비료나 종자의 손실량이 많다.
조파	• 골을 따라 파종하는 방법이다. • 건조지대에서 많이 이용하며, 종자와 비료를 절약할 수 있으나 비료의 염해를 받을 염려가 있다.
대상조파	• 조파의 단점인 비료의 염해를 줄이기 위하여 보완한 조파방법이다. • 목초종자와 비료를 절약하고, 종자의 비료피해를 막을 수 있다.

③ 파종시기 및 파종량

　㉠ 파종적기

　　• 봄철과 가을철이나 토양수분과 잡초 문제를 고려하면 가을철 장마시기인 8월 25일~9월 15일이 적기이다.

　　※ 우리나라 중부지방에서 가장 적합한 목초의 파종시기는 가을철 장마기인 8월 말~9월 중순경이다.

　　• 우리나라 잡초 발생은 대부분 여름철이므로 가을에 파종하는 것이 좋다.

　　• 가을철 파종적기는 일평균기온이 5℃가 되는 날로부터 60~80일 전이다(북방형 목초는 일평균기온이 5℃가 되면 생육이 정지되기 때문이다).

　㉡ 파종량

　　• 일반적으로 화본과는 ha당 5~20kg 두과는 ha당 5~30kg이다.

　　• 일반적으로 오처드그라스를 채초용으로 단파할 때 ha당 가장 적당한 파종량은 17~25kg 정도이다.

　　• 청예수수를 조파할 때의 10a당 파종량 : 3~5kg

　㉢ 목초의 파종량을 늘려 주어야 하는 경우 ☑ 빈출개념

　　• 목초종자의 발아율이 낮을 때

　　• 파종시기가 늦었을 때

　　• 토양이 건조하거나 한발이 있을 때

　　• 시비량이 부족한 경우

　　• 지력이 매우 척박하고 경사가 심할 때

　　• 흙이 거칠거나 목초가 잘 자랄 수 없는 곳

　　• 병충해 및 조류피해가 염려되는 곳

④ 혼파

　㉠ 혼파조합의 기본원칙 ☑ 빈출개념

　　• 초종은 서로 기호성(방목)이나 경합력이 너무 차이가 나지 않고 비슷해야 한다.

　　• 단순혼파가 중심이 되어야 하고, 4종 이상 혼파하지 않는다.

　　• 의도된 목적에 맞도록 관리되어야 한다.

　　• 최소한 콩과 1초종과 화본과 1초종이 혼파되어야 한다.

　　• 초기 정착을 고려하여 방석형 초종을 혼파한다.

　　• 조성 초기 수량과 정착 후 수량 및 지속성을 고려한다.

　　• 화본과와 두과의 비율을 7 : 3으로 유지한다.

ⓛ 혼파의 장단점 ☑ **빈출개념**

장점	단점
• 가축에게 영양분이 높고 기호성이 좋은 풀을 공급할 수 있다. • 두과 목초가 근류균으로 공중질소를 고정함으로서 화본과 목초에 질소비료가 절약된다. • 상번초와 하번초를 혼파함으로서 공간을 효율적으로 이용할 수 있다. • 다양한 토양층의 이용과 토양의 비료성분(양분과 수분)을 더욱 효율적으로 이용할 수 있다. • 계절별로 균등한 목초생산이 가능하다. • 동해, 한해(가뭄), 병충해, 습해의 재해 방지 등 • 단위면적당 생산량을 높일 수 있고, 이용방법의 선택이 쉽다(건초, 사일리지, 방목).	• 재배 관리가 어렵다. • 최대수량이 아니다. • 의도된 결과와는 다른 식생변화로 전이하는 경향이 있다. • 관리에 고도의 기술과 목초의 기술이 필요하다.

※ **콩과 목초 종자들의 발아율이 낮은 이유** : 종피의 불투수성

(4) 근류균의 접종과 종자피복

① 근류균의 접종

㉠ 두과 목초의 근류균 접종 방법

• 토양접종법 : 새로운 목초재배지에 근류균을 접종하기 위해 콩과 목초재배경력이 있는 토양을 종자와 함께 뿌려 주는 방법이다.

• 종자접종법(인공배양균접종) : 시험관배양균, 분제상근류균, 종자흡착근류균 등이 있다.

• 접종할 때 탄산석회를 부착제로 사용한다.

㉡ 접종의 필요성

• 근류균이 공기 중의 불활성 질소를 암모니아태질소(NH_3-N)로 전환 → 목초가 질소를 이용함으로 질소비료가 절감된다.

• 목초가 재배된 적이 없는 지역이나 질소고정능력이 없는 무효균이 번성한 지역은 목초의 생육이 불량하다.

• 목초품종과 근류균 Strain 간에 적합성이 높은 것이 질소고정효과가 높다.

• 근류균이 두과 작물의 뿌리썩음병의 발생을 억제하고 토양 내 독소를 파괴하여 목초생장에 좋은 조건을 만들어 줌으로 목초의 영속적인 생육과 수량증대에 영향을 미친다.

※ 공기 중 질소를 활발하게 고정하는 근류의 내부에 존재하는 색소는 적색이고, 사료작물 중 질산태질소의 함량이 가장 많은 작물은 알팔파이다.

㉢ 근류균제 보관 및 접종방법

• 근류균제는 구입 후 냉장고(4℃)에 보관하는 것이 근류균의 밀도유지에 효과적이다.

• 근류균은 건조와 직사광선에 약함으로 접종 시 주의해야 한다.

• 토양이 척박하고 산성이 강하고 건조한 경우에는 유기물이 풍부하고 습도유지가 좋은 지역보다 근류균 접종량이 많아야 한다.

- 배양된 근류균의 혼탁액을 종자와 섞어 파종한다.
- 화이트클로버의 근류균은 알팔파에는 접종효과가 거의 없다.
- 근류균에 접종된 종자는 비료살포와 동시에 파종해서는 안 된다.

㉣ 두과(콩과) 사료작물들의 근류균주들이 상호접종될 수 있는 조합

알팔파군	알팔파, 버클로버(개자리), 스위트클로버
클로버군	레드, 화이트, 라디노, 알사이크, 크림슨, 서브클로버류
완두 및 베치군	완두류, 베치류
강낭콩군	강낭콩
콩군	콩, 덩굴콩
동부군	동부, 매듭풀류(레스페데자류), 크로타라리아, 칡, 땅콩, 팥
루핀군	루핀
벌노랑이군	벌노랑이. 버즈풋트레포일
자운영군	자운영

② 종자피복

㉠ 종자피복 재료 : 양분(질소유기물, 인산, 석회), 생육조절제, 살균제, 살충제 등

㉡ 종자피복의 효과

- 종자의 보존과 토양수분 흡수 및 비료효과 증대로 영양상태를 개선해 준다.
- 야생조류의 피해를 줄이고 종자의 무게를 증가시켜 토양접촉면적을 증가시킨다.
- 다공성 물질의 피복은 종자수분을 공급해 발아를 향상시킨다.

※ **두과 목초의 중요성** ☑ **빈출개념**
- 잡초의 침입을 방지한다.
- 사초의 기호성을 개선한다.
- 칼슘의 함량이 많다.
- 가축영양소 요구량을 균형 있게 충족시킬 수 있다.

(5) 시비와 진압

① 시비

㉠ 질소의 성분 및 시비효과

- 다량의 질소시비는 수량의 증가와 단백질 구성에 중요한 역할을 한다.
- 대부분의 식물은 질산태(NO_3), 암모니아태(NH_4)로 흡수한다.
- 산성비료인 황산암모늄(유안)보다 중성인 요소의 시용이 유리하다.
- 벼과는 질소의 효과가 크고, 콩과는 인산의 효과가 크다.
- 질소질비료는 몇 회에 나누어 주는 것이 좋다.
- 질소시비는 화본과는 분얼수가 늘고 수량이 증가된다.
- 질소시비로 화본과와 두과를 혼파하면 화본과의 우점이 심해진다.
- 질소시비로 한지형 화본과 작물은 탄수화물 축적을 감소시켜 기호성이 낮아진다.

- 질소와 칼륨은 식물체 내에서 탄수화물과 단백질의 축적에 필요하며 목초의 월동 전 추비로서 필요하다.

  ※ 목초는 양분의 흡수율이 크므로 시비에 대한 효과가 잡초보다 크다.

ⓒ 인산의 성분 및 시비효과
- 인산과 칼륨질비료는 특히 콩과(두과)에 있어서 시비효과가 크다.
- 인산질비료가 생육 초기에 결핍되면 화본과 목초의 성장이 느리거나 생육이 멈춘다.
- 인산은 콩과 목초의 생육 초기에 요구도가 높다. 즉, 인산은 뿌리의 성장을 도와 정착을 용이하게 한다.
- 인산은 산성토양이나 굳은 토양, 모래나 자갈이 많은 토양에서는 결핍되기 쉽다.
- 식물체가 흡수하는 인산은 $H_2PO_4^-$이다.
- 인산은 세포분열, 생장, 광합성, 대사에 관여한다.
- 인(P)은 콩과와 화본과 목초 유식물 생육과 정착에 중요하며, 탄수화물대사를 지배한다.

  ※ 벼과(화본과)가 우점된 초지에 콩과 목초의 식생비율을 증가시키기 위한 방법
  - 방목강도 또는 예취고를 낮춘다.
  - 연간 예취횟수를 늘린다.
  - 인산과 칼륨을 증량시비한다. 단, 질소비료는 피한다(비료의 절약효과).

ⓒ 칼륨의 성분 및 시비효과
- 추위에 대한 내성을 높이며, 가뭄에 대한 저항성을 준다.
- 칼륨은 초지조성 시보다 생육 시에 필요한 비료이다.
- 질병, 해충, 저온, 가뭄 등에 대한 저항성을 준다.
- 방목용 초지보다 채초용(건초, 사일리지) 초지로 이용할 때 결핍되기 쉽다.
- 두과는 화본과에 비해 칼륨섭취 이용능력이 낮다.
- 가을에 칼륨을 시용하면 월동에 유리하다.
- 많은 양을 동시에 시용하면 염해의 염려가 있다.
- 시용량은 60~80kg/ha

ⓔ 칼슘, 마그네슘, 붕소의 성분 및 시비효과
- 칼슘은 세포벽의 구성성분이며, 분열조직에 많이 분포되어 있다.
- 마그네슘은 엽록소 및 효소의 기능에 관여한다. 부족 시 목초의 성장이 불량하고 불량목초를 섭취할 경우 그래스테타니를 유발한다.
- 칼슘과 마그네슘은 석회의 시용으로 공급할 수 있다.
- 붕소는 당의 이용, 세포벽의 형성에 관여한다. 특히 우리나라 토양에 부족하여 알팔파 재배 시는 반드시 시용해야 한다.
- 월동개시기에는 추비를 하지 않는다.

   ⓑ 석회의 기능 및 역할
- 콩과에 있어서는 석회의 시용효과가 크며, 특히 석회의 시비효과가 크다.
- 석회는 다른 비료성분의 흡수율을 증가시킬 수가 있다.
- 석회시용으로 토양이 중성이 되면 질소, 인산, 칼륨, 칼슘, 마그네슘, 황 등의 영양소를 잘 흡수한다.
- 석회시용은 질소, 인산, 칼륨 및 미량원소의 흡수를 도와 목초의 생산을 극대화시킨다.
  ※ **미량원소** : 철(Fe), 붕소(B), 망간(Mn), 구리(Cu), 아연(Zn), 몰리브덴(Mo), 염소(Cl)
- 칼슘·인 등 영양공급, 알루미늄 또는 망간의 독성은 완화시킨다.
- 토양산도를 교정하고 근류근의 활력을 증진시켜 두과 작물의 생산량을 증진시킬 수 있다.
- 산성토양에서는 철, 망간, 붕소, 구리 등이 잘 흡수된다.
- 석회의 시용량은 양토 또는 식양토, 유기물 함량이 많은 토양에서 많다.
- 사용방법은 절반은 경운 전에 절반은 경운 후에 땅속에 묻히도록 살포한다.
- 초지조성 시 산성토양 개선 시 살포한다.

   ⓗ 액비 및 구비사용량
- 사료작물재배에 있어 가축사양의 부산물인 퇴구비를 사료생산포에 환원시켜 주는 것은 지력의 유지 및 증진에 영향을 미친다.
- 가축의 구비는 새로 조성하는 초지와 이른 봄 목초가 생육하기 전에 뿌려 준다.

 ② **진압**
   ㉠ 진압의 중요성
- 토양수분을 종자에 흡착시켜 발아 및 정착에 도움을 준다.
- 부슬부슬한 토양을 눌러 수분방출을 억제한다.
- 이후 제초제 살포, 시비, 예취 등 다른 기계작업을 용이하게 해 준다.

   ㉡ 진압은 컬티패커(culti-packer)나 롤러를 이용한다.
   ㉢ 진압을 목적으로 파상롤러를 부착한 파종기를 사용할 때 사양토, 양토 등에는 적합하나 점토에는 부적합하다.

(6) 사후 관리

 ① **초기 관리의 중요성**
   ㉠ 목초는 일반작물보다 종자가 작고 유식물기에 생육이 느리며, 여러 가지 초종이 혼파되어 종 간, 품종 간 경합이 심하다.
   ㉡ 조성 초기 관리가 초지 전체의 생산성과 초지성패를 좌우한다. 또 초기에 부실한 목초는 초지 성공률을 저하시킨다.
   ㉢ 초기 관리가 초지의 정착, 연간수량, 품질, 식생구성비율 및 지속성을 결정한다.

② 조성 초기 관리방법

　　㉠ 진압

　　　　• 파종 연도 가을 및 이듬해 봄에 롤러 및 경방목(가벼운 방목)을 실시한다.

　　　　• 진압의 뿌리의 활착으로 고사방지, 서릿발 피해방지, 부슬부슬한 토양 안정의 효과가 있다.

　　㉡ 분얼촉진 및 잡초침입 억제

　　　　• 도장목초가 15cm 전후(파종 연도 가을 및 이듬해 봄)일 때 가벼운 방목 또는 토핑 (topping)을 실시한다.

　　　　• 웃자란 목초 및 잡초 억제, 목초의 분얼촉진(햇빛이 줄기기부까지 도달)의 효과가 있다.

3. 불경운초지의 개량

(1) 불경운초지의 특성과 중요성

① 불경운초지의 특성

　　㉠ 땅을 갈아엎지 않고, 땅 표면에 간단한 파종상 처리를 한다.

　　㉡ 경운(집약)초지 조성방법에 비해 불경운(간이)초지 개량방법이라고 한다.

　　㉢ 대상지의 경사도가 15~30°로 기계사용이 불가능하고, 토심이 얕거나 토양유실의 위험이 높아서 갈아엎기가 어려운 산지의 초지를 개량할 때 많이 쓰는 방법이다.

　　㉣ 조성비용은 적게 들고 초지완성기간이 2~3년으로 길며, 기술적인 사후 관리 없이는 성공률이 낮다.

② 불경운초지개량의 장단점 ☑ 빈출개념

장점	단점
• 땅을 갈지 않고 조성하기 때문에 토양침식이나 토양유실의 위험이 적다. • 지형에 영향을 적게 받고, 파종비용이 적게 든다. • 경사가 심하고 장애물이 많아서 기계를 사용할 수 없는 곳에도 조성이 가능하다. • 나무나 잡관목 등 장애물만을 제거하고 조성하기 때문에 작업이 간편하고 비용이 적게 든다. • 1년생 잡초가 침입할 수 있는 기회를 줄여 준다. • 토양의 수분함량이 높을 때(우중이나 강우 직후)에도 목초종자 파종이 가능하다. • 한발, 홍수 및 산불 등으로 긴급복구가 필요할 때 유효한 방법이다. • 파종시기, 파종방법 등 작업의 폭이 넓고, 연중 생초생산기간이 길다(목초 + 잡초).	• 종자와 토양의 접촉이 어려워 발아와 정착이 어렵다. • 시간과 비용투입에 비하여 개량성과가 낮은 경우가 있다. • 개발은 신속하나 초지의 생산성 증가는 더디다. • 단위면적당 목초의 수량이 더디게 증가된다. • 초지의 목양력 증가가 느리다.

③ 불경운초지개량에 알맞은 목초의 특성

  ⊙ 산성이나 건조하고 척박한 토양, 좋지 않은 기후환경에도 잘 견딜 수 있는 초종이어야 한다.

  ⓒ 발아 후 출현된 다음 야초와의 경합을 생각할 때 초기 생육이 빠른 초종이어야 한다.

  ⓒ 야초가 점유할 공간을 주지 않기 위해서는 높은 분얼성과 포복성을 가지고 빨리 퍼지는 능력을 가져야 한다.

④ 불경운초지개량법 종류 및 특징

  ⊙ 겉뿌림 초지조성 : 초지조성 대상지에 물리적 처리로 선점식생을 제거하고 석회, 비료, 종자를 뿌리고 갈퀴질, 복토, 진압 실시(장애물 제거 → 석회 및 비료살포 → 파종 → 진압)

  ⓒ 제경(발굽갈이) 초지조성 : 초지대상지에 소나 양을 집중 투입하여 발굽과 이빨을 이용한 선점식생을 제거한 후 파종 또는 다시 가축을 투입하여 진압

  ⓒ 임간초지조성 : 최대한 나무를 베지 않고 최소한의 물리적 처리로 초지를 만드는 방법. 임목생산과 가축, 물, 사료의 병행 생산 이용의 도모

    ※ 임간초지에서는 수목에 의하여 광선이 차단되므로 토양수분의 증발이 억제되어 목초정착에 유리하다.

(2) 적지선정 및 목책 설치

① 적지선정

  ⊙ 해발표고가 높을수록 하고(夏枯)는 없으나 목초의 생육일수가 작아진다.

  ⓒ 채초지는 기계작업이 가능한 15° 이하의 경사지, 방목지는 30°까지 가능하다.

  ⓒ 남향 또는 동남향보다는 북향이나 북서향이 목초생산량이 높다.

  ⓔ 활엽수가 많은 곳은 벌목의 노력과 경비가 많이 든다.

  ⑩ 단초형 야초 우점지는 토양비옥도가 낮고 건조하며 종자와 토양의 접촉이 어렵다.

  ⑪ 장초형 야초지는 토양수분이 좋고 비옥도가 높다.

② 목책(fence) 설치

  ⊙ 목책은 초지개량 수단 및 방목 관리에 필수적이다(영구책).

    ※ **목책 설치의 목적**
    • 가축의 이탈 방지
    • 인근 농장의 피해 방지
    • 초지 유지/ 관리
    • 방목 가축을 이동시키기 위한 수단
    • 야생동물/ 외부인의 침입 방지 등

  ⓒ 목책은 초지를 개량하기 전에 설치하는 것이 원칙이다.

  ⓒ 목책은 음지와 양지를 구분해야 한다.

  ⓔ 목책은 지형, 음수조 및 수량을 예상하고 목구를 정한 다음 설치해야 한다.

    ※ **초지조성 기본요소** : 목책, 비료, 우량한 목초종자

(3) 파종상의 준비

① 장애물 제거

　㉠ 자갈, 바위 관목교목을 제거한다(잡관목은 땅 표면과 평행이 되도록 자른다).

　㉡ 수목류, 관목류가 많으면 화입이 가장 좋다.

　㉢ 비음림(그늘나무), 방풍림, 목책림, 사방림 등은 남겨 두고 제거한다.

　㉣ 야초지의 경우 강방목(염소 등)하거나 제초제를 이용한다.

② 불경운초지조성 시 선점식생을 제거하는 방법 ☑ 빈출개념

　㉠ 초지에 불을 놓는 화입법

　㉡ 야초를 그대로 놓고 죽이는 제초제 사용법

　㉢ 가축에 의한 제경법(강방목, 말굽갈이법, 뉴질랜드식)

　　• 산지를 갈아엎지 않고 가축의 발굽과 이빨을 이용하여 선점식생을 제거하고 목초를 파종하는 방법을 제경법이라고 한다.

　　• 뉴질랜드에서 초기 정착자들이 자연식생을 파괴하고 초지를 조성하던 방법이었다.

　　• 짧은 기간 동안에 많은 두수의 가축을 투입하는 밀집방목이 필수적이다.

　　• 작업순서 : 장애물 제거 → 목책설치 → 예비방목 → 시비 · 파종 → 답압방목 → 조성 후 관리방목

(4) 파종과 혼파조합

① 파종시기

　㉠ 가을철에 목초를 파종할 경우 일평균기온이 5℃되는 날로부터 60~80일 전까지 파종을 마쳐야 한다.

　㉡ 가을의 파종적기는 8월 중순(늦여름)~9월 중순(초가을)이다.

② 파종방법 등

　㉠ 산파법, 조파법, 대상조파법이 있다.

　㉡ 지형을 여러 구획으로 나누어 등고선을 따라 흩어뿌림한다.

　㉢ 바람이 없는 날 오전에 뿌린다.

　㉣ 목초 파종 후 복토의 깊이는 종자지름의 2~3배이다.

　㉤ 화본과 목초와 두과 목초의 적정혼파비율은 7 : 3이다.

③ 목초의 춘파(春播)와 추파(秋播)의 특성

　㉠ 춘파는 잡초의 피해를 받기 쉽고, 정착률이 저하된다.

　㉡ 추파는 병충해의 피해가 적고 다음해의 수량이 많으며, 잡초에 의한 경합이 감소된다.

추파법으로 초지를 조성할 때 유의할 사항

- 새로 뿌린 목초종자가 흙과 잘 달라붙도록 해 주어야 한다.
- 전부터 대상지에서 자라고 있는 야초나 관목은 제거한다.
- 대상지의 토양 중에 결핍 영양성분을 충분히 공급해 준다.
- 새로 뿌린 목초종자의 뿌리가 완전히 자랄 동안 보호 관리를 철저히 한다.
- 기계작업에 방해나 효율을 떨어뜨리는 모든 것을 제거해야 한다.

※ 초지를 주로 초가을에 조성하는 가장 중요한 이유 : 잡초와의 경쟁을 피하기 위함이고, 호밀을 봄 늦게 파종하면 키가 자라지 않는다.

④ 불경운초지의 혼파

ㄱ 불경운초지의 혼파조합은 경운초지에 비하여 초종수·파종량·방석형 목초가 많으며, 월동에 강하고, 특히 하번초 위주의 초종으로 구성되어 있다.

ㄴ 우리나라에서 오처드그라스 중심의 혼파초지 조성 시 가장 알맞은 콩과 목초는 라디노클로버이다.

ㄷ 오처드그라스, 톨페스큐, 라디노클로버로 된 혼파초지에서 예취 높이를 항상 3cm 이하로 하였을 경우 가장 우점이 될 수 있는 초종은 라디노클로버이다.

ㄹ 초지에서 양호한 재생과 식생유지를 고려한 예취높이는 오처드그라스 위주의 혼파초지에서는 6cm 정도 높이가 가장 적당하다.

ㅁ 방목초지에 가장 적합한 혼파조합 : 퍼레니얼라이그래스-라디노클로버-티머시

⑤ 혼파초지의 일반 관리

ㄱ 예취시기가 늦어질수록 수량은 증가하나 질은 떨어진다.

ㄴ 첫 번째 예취가 빠를수록 두과 목초(화이트클로버 등)의 비율이 많아진다.

ㄷ 마지막 예취는 서리오기 40일 전에 하는 것이 좋다.

ㄹ 상번초는 하번초보다 예취횟수와 예취높이에 더 민감하다.

(5) 근류균의 접종과 종자피복

① 근류균의 접종

ㄱ 근류균의 접종은 질소비료의 절약효과 및 질소비료 사용 시 발생되는 질소의 용탈과 휘발, 침전 및 유실에 의한 수질오염을 예방할 수 있다.

ㄴ 근류균의 군 간에 상호접종은 불가능하나 같은 군에 속하는 다른 목초 간에는 접종이 가능하다.

ㄷ 근류균의 접종은 크게 종토접종과 인공배양균접종으로 분류된다.

ㄹ 가장 좋은 방법은 우수한 근류균을 인공배양하여 접종하는 것이다.

② 근류균의 인공접종 조건

  ㉠ 각 숙주 간에 질소고정이 잘되는 균주를 선택할 것

  ㉡ 숙주에 대한 근류균의 형성이 빠를 것

  ㉢ 근권에서 다른 균주와 경합력이 있을 것

  ㉣ 불량균주에 접종의 영향을 받지 않을 것

  ㉤ 질소고정능력이 높고 숙주범위가 넓을 것

  ㉥ 토양 중 생존과 번식력이 좋을 것

  ㉦ 생태적으로 안정되어 접종과 제조가 용이할 것

③ 근류균의 착생방법

  ㉠ 종자당 근류균의 접종 수를 증가시킨다.

  ㉡ 근류균이 접종된 종자는 즉시 파종한다.

  ㉢ 근류균이 접종된 종자는 비료와 같이 뿌리지 않는다(종자만 뿌린다).

  ㉣ 토양수분이 있고 공기가 습할 때 뿌린다.

④ 종자피복

  ㉠ 목초의 정착률을 개선하기 위해 피복한다.

  ㉡ 피복물질은 석회, 인산, 질소, 유기물과 생육조절제, 살충제, 살균제 등이 있다.

(6) 시비

① 혼파초지에서 추비 적기는 이른 봄과 목초를 베거나 방목한 다음이다.

② 여름철에는 목초가 더디게 자라고 기온이 높으며, 비가 많이 내려 비료성분이 목초에 이용되기 전에 유실되기 쉬우므로 시비를 피하는 것이 관례다.

③ 화이트클로버와 오처드그라스의 혼파초지에 질소비료를 많이 사용하면 화이트클로버가 줄어든다.

④ 콩과 목초를 화본과 목초와 혼파했을 때 초지에서 비료의 절약효과가 가장 큰 것은 N이다.

(7) 파종 후 관리

① 초기 관리

  ㉠ 월동 후 진압 : 이른 봄 해빙 직후에 비료주기와 같이 실시한다.

  ㉡ 1차 가벼운 방목 : 목초의 키가 15cm 정도일 때 실시한다.

  ㉢ 2차 방목 : 다시 자란 목초가 20cm 정도일 때 실시한다.

  ㉣ 청소베기 : 방목 후 남아 있는 잡초나 억센 풀을 베어 준다.

    ※ **청소베기 효과** : 잡초발생 감소, 기호성 증가, 불식과번초(不食過繁草) 감소

② 잡초억제를 위한 초지 관리이용

　　㉠ 악성잡초의 예방을 위해서 충분한 시비와 석회를 시용한다.

　　㉡ 지나친 방목은 피한다.

　　㉢ 여름철의 너무 낮은 예취는 해롭다.

　　㉣ 계속적인 보파가 필요하다. 즉, 초지에 빈 땅이 생겼을 경우 잡초 대신 목초종자가 항상
　　　초지토양에 있어야 잡초의 침입을 막고 초지를 유지할 수 있다.

4. 초지시설 및 농기계

(1) 목책

① 설치장소에 따라 외책, 내책(능선과 계곡 방향)으로 구분하고 설치목적에 따라 보호책, 위험방
　지책, 유도책으로 분류한다.

② 만드는 재료에 따라 나무목책, 콘크리트목책, 철주목책, 돌담목책이 있다.

③ 이동 여부에 따라 고정목책, 이동목채, 전기목책이 있으며, 기타 태양열 전기목책, 나일론끈
　등이 있다.

(2) 건물 및 부대시설

① 사일로 축조 시 고려사항 : 기밀성, 내구성, 배즙장치, 생력성, 경제성, 강우와 지하수의
　방지, 안전성 등

② 사일로의 종류

　　㉠ 재료에 따라 : 콘크리트, 블록, 목재, 철재, 섬유강화플라스틱(FRP)

　　㉡ 형태에 따라 : 탑형, 벙커, 트랜치, 스택사일로 등

　　㉢ 설치위치에 따라 : 지하형(trench silo), 지상형(bunker silo, stack silo)

　　㉣ 기능에 따라 : 배즙사일로, 무배즙사일로, 자동반출사일로, 기밀사일로(harvestor silo)

　　㉤ 기타 : 사일리지 백, 랩핑사일리지 등

(3) 경운 및 쇄토용 기계

① 경운용 기계 : 초지를 조성할 때 몰드보드 플라우(mold board plow), 원반 플라우(disc plow),
　로터리(rotary) 등의 기계가 필요하다.

　※ 장애물 제거용 : 레이크도저(rake dozer), 부시커터(bush cutter), 로터리커터(rotary cutter) 등

② 쇄토 정지용 기계 : 해로(harrow)

　　㉠ 해로는 플라우로 경운한 흙덩이를 목초종자를 파종할 수 있게 파쇄한다.

　　㉡ 파종상을 만들기 위한 기계는 원반 해로와 치간 해로가 있다.

(4) 시비 및 파종작업기

① 비료살포기

② 목초파종기

　　※ **조파기** : 곡류조파기(비료상자, 곡류상자)에 목초종자 호퍼를 앞 또는 뒤쪽에 부착한 것이다.

　　※ **드릴(drill)파종기의 특징**

　　　• 조파(줄뿌림)에 쓰인다.

　　　• 파종 후 진압이 가능하다.

　　　• 급경사지에서는 작업능률이 좋지 않다.

　　　• 종자를 고르게 뿌릴 수 있다.

③ 진압용 롤러

　　㉠ 진압에는 롤러, 컬티패커가 사용된다.

　　　※ **컬티패커** : 흙덩이를 분쇄하고 적당히 다져주어 보수력을 높이는 효과가 있다.

　　㉡ 토지조성 시 표토의 진압효과

　　　• 토양 중의 수분 보유를 좋게 하고 토양 중의 공간을 없앤다.

　　　• 사용비료의 효과를 높여 준다.

　　※ **분뇨살포기(액상살포기)**

　　　• 종류 : 자연유출식, 강제살포식

　　　• 이동방법 : 견인식, 자주식, 트랙터 탑재식

(5) 목초 수확용 기계

① 모어(mower, 예취기)

　　㉠ 왕복식 예취기 : 두 개의 삼각날 중 한 개가 왕복하면서 목초를 예취한다.

　　㉡ 회전식 예취기

　　　• 고속으로 회전하는 종축에 원판이나 원통을 붙이고 그 주위에 원심력에 의하여 회전하는 2~4개의 날로 예취하는 목초예취기이다.

　　　• 취급이나 조정이 없고 작업능률이 높으며 쓰러진 목초의 수확이 쉽다.

　　　• 작업속도는 빠르나 왕복식에 비하여 비싸고 동력소모가 많다.

② 포리지 하베스터(forage harvester, 목초수확기) : 입모 중의 사료작물이나 목초를 예취와 동시에 절단하여 이것을 붙여 올려 트레일러나 다른 운반차에 쌓는 작업의 구조를 가진다(예취, 절단, 이송의 3가지 기능). 예취구조에 따라 플레일(flail)형과 커터헤드 또는 유닛(cutter head 또는 unit)형의 2가지로 나눈다.

(6) 건초 및 사일리지 제조용 기계

① 헤이 컨디셔너(hay conditioner)

㉠ 생초의 자연건조율을 증진하기 위하여 압착을 가하는 기계로 포장에서의 건조시간을 단축시켜 건초의 손실을 최소화할 수 있다(목초를 빨리 마르게 하기 위하여 목초를 으깨는 기계).

㉡ 크러셔형(롤러 표면이 매끄러운 것)과 크리머형(롤러가 기어형)이 있다.

㉢ 예취한 생초를 두 개의 롤 사이를 통과하면서 압쇄하는 기기이며, 알팔파, 귀리, 호밀, 수단그라스 등 줄기가 굵은 작물에 적합하다.

더 알아보기 **모어 컨디셔너(mower conditioner)**

• 목초를 예취와 동시에 압쇄 처리하기 위해 모어와 헤이 컨디셔너를 일체화한 작업용 기계이다.
• 예취와 동시에 한 개의 롤 사이로 통과하면서 압쇄하는 기기이며, 예취폭은 2.13~3.65m로서 보통 2.75m의 것이 많이 사용된다.
• 롤의 폭은 예취폭보다 약간 좁은 것이 보통이며, 예취부는 왕복식 칼날 또는 원판 회전형 칼날이 많이 쓰인다.
• 모어 컨디셔너는 왕복칼날 방식 채택으로 깨끗한 예취와 소음이 낮으며, 고무 롤러 시스템으로 작물의 손상 최소화, 불규칙한 노면에서의 칼날 및 기계를 보호한다.

---

② 헤이 레이크(hay raek, 집초기)

㉠ 벤 목초를 운반하기 쉽도록 모으는 기계이다.

㉡ 덤프레이크, 스위프레이크, 사이드딜리버리레이크 3가지형이 있다.

③ 헤이 테더(hay tedder, 반전기)

㉠ 벤 풀을 균일하게 건조하기 위한 뒤집는(반전) 기계이다.

㉡ 회전형과 체인형이 있다.

④ 헤이 베일러(hay baler, 곤포기)

㉠ 포장에서 말린 건초를 압축시켜 묶는 기계이다(건초묶음틀).

㉡ 콤팩트형(각을 지어 묶는 것), 라운드형(둥글게 마는 것)이 있다.

(7) 산지용 트랙터

① 4륜구동형이고, 양 축에 제동장치가 장착되어 있어야 한다.

② 타이어는 다목적용으로 표면의 굽이 방사형이어야 한다.

③ 무게는 앞쪽이 60%, 뒤쪽이 40%(작업기 장착작업 시는 앞뒤 50%씩 유지)로 분포되어 있어야 한다.

초지의 관리 및 이용

1. 초지의 관리

(1) 초지 관리의 중요성

① 초지의 특징

㉠ 초지의 모든 환경 중 방목이 가장 중요하다.

㉡ 초지는 그 군락이 아무리 단순한 집단이더라도 하나의 군체이다(식생은 군체행동).

㉢ 초지군락은 여러 과로 구성된 식물의 혼생집단이다.

㉣ 초지는 식물의 종 간 및 품종 간의 경합이 특징이다.

㉤ 초지는 계열과 같이 움직이나 결코 불변한 것은 아니다. 즉, 초지구성 식물집단은 안정된 계열로 행동하나 변화한다.

㉥ 초지의 식생구성의 계속적인 변동으로 천이과정 중 생물적 준극상을 유지한다.

㉦ 초지의 최종평가는 가축생산성에 귀착한다.

② 조성 초기의 초지 관리

㉠ 월동 전 웃자람으로 겨울철 동사를 막기 위하여 경방목 및 예취 등을 한다.

㉡ 이듬해 봄에 서릿발로 뿌리가 절단되어 고사할 수 있으므로 진압을 실시한다.

㉢ 관리방목은 6~9주 사이, 라이그래스가 10~12cm 높이 자랐을 때 실시한다.

㉣ 면양이 적합하나 육성우도 무방하고 단시간 동안의 경방목이어야 한다.

㉤ 초지의 초기 관리는 추파가 8월 중에 실시될 경우 10월 중에 한다.

㉥ 토핑을 실시한다.

※ **토핑(topping)**
• 가을에 파종한 목초나 봄에 파종한 목초가 15cm 정도 자랐을 때 가축을 넣어 가벼운 방목을 시키는 것이다.
• 목초조성 초기 토핑의 목적은 어린 유식물의 가지치기, 즉 분얼과 뿌리의 활착을 돕는 데 있다.

(2) 채초이용 시의 초지 관리

① 예취의 적정시기

㉠ 1번초의 예취적기는 화본과 목초는 출수 초기(출수 직전이나 출수 직후), 두과 목초는 개화 초기이다.

㉡ 2번초 이후의 재생초는 초장이 30~50cm의 범위에서 예취간격을 고려하여 적절히 예취한다.

- 초지의 식생구성 비율에 영향을 미친다.
- 연중 수확횟수와 수량분포에 영향을 미친다.
- 목초의 재생과 수량에 영향을 미친다.

② 여름철 예취와 가을의 최종 예취시기 등

　　㉠ 연간 4~6회 예취가 총생산량이 가장 높다.

　　㉡ 1년 4회 예취 시

1회	2회	3회	4회
4월 말~5월 초	6월 말 장마 전	8월 중순	9월 또는 10월 초

　　㉢ 가을철에 일평균기온이 5℃ 되는 날로부터 40일 전이 최종예취의 적기이다.

　　㉣ 하고현상을 피하기 위해서는 초지는 장마 전에 방목이나 예취를 하여 짧은 초장으로 장마철에 들어갈 수 있도록 한다.

　　㉤ 초지 군락 내부 지표면의 상대조도가 5%일 때가 예취적기이다.

　　㉥ 최대건물생산속도를 나타내는 시기의 최적엽면적지수보다 1.5배의 엽면적을 나타내는 시기인 평균생산력이 가장 높은 시기가 예취적기이다.

　　㉦ 북방형 목초는 24~27℃가 되면 자라는 것이 거의 중지된다.

　　㉧ 계절적인 수량의 변동이 가장 낮은 품종은 화본과 목초에 있어서 리드카나리그래스와 톨페스큐이다.

　　㉨ 상번초는 높게, 하번초는 낮게 벤다.

　　㉩ 한여름 지온이 27℃ 이상일 때에는 목초를 베는 것을 피한다.

　　㉪ 가을에 너무 늦게 예취하면 추운지방에서는 월동에 지장이 있다.

※ 여름철 벼 대체 사료작물(논에서 사료작물 재배)을 재배할 경우는 내습성(耐濕性)이 가장 중요하게 고려되어야 한다.

(3) 방목이용 시의 초지 관리

① 방목의 효과

　　㉠ 방목은 다두사육 및 노동력 절감 등 축산경영합리화 관점에서 채초보다 유리하다.

　　㉡ 가축에게 운동의 기회를 주고 햇빛과 신선한 공기 및 생초를 제공한다.

　　㉢ 방목 시 가축의 분뇨는 추비효과가 크므로 화학비료로 추비량을 줄일 수 있다.

　　㉣ 고기 및 우유의 생산량을 높인다.

② 방목과 제상

　　㉠ 토양에 따른 제상 : 발굽에 의한 피해는 마사토·사질토보다는 식토·식양토에서 더 크다.

ⓛ 초종에 따른 제상 : 분얼경이 지표면이나 지표면 밑에 있거나 잎이 말려 있으면 제상의
피해가 적다. 포복성 초종은 습한 조건에서 잎이 길고 밀도가 높을 때 피해가 크다.
ⓒ 방목 강도에 따른 제상 : 단위면적당 강목밀도가 증가하면 제상은 크다.
ⓡ 가축 종류에 따른 제상 : 소와 말이 가장 크고, 면양이 그 다음이다.
※ **제상을 줄이는 방법** : 수분함량이 낮을 때 방목하고, 이동식 목책 사용, 사사 또는 운동장 내의 계류, 청예 이용 등

③ 방목이용 시 초지 관리
㉠ 신규 초지방목은 초고 15cm 내외에서 약방목을 실시하고 점차적으로 방목시간을 늘려
간다.
ⓛ 기성초지의 방목 개시적기(두번째 이후)는 초장이 20~25cm 정도일 때이다.
ⓒ 봄철에는 방목강도를 높이고 여름철 고온기에는 방목강도를 낮게 한다.
ⓡ 여름철에는 과방목, 낮춰베기, 질소비료 시용을 피한다.
ⓜ 방목방법은 윤환방목을 하고, 연속방목을 피한다.
ⓗ 윤환방목은 풀의 높이가 6~10cm 정도로 채식되었을 때 목구(최소단위 방목구획지)를
이동하며, 입목 후 3~5일이 적당하고 늦어도 일주일 내에 윤환방목을 실시한다.
ⓢ 목초는 기온이 높아지면 생육이 억제되고 심하면 죽는다(하고현상).
ⓞ 불식과번식(不食過繁殖)목초는 제거한다.
ⓩ 휴목기간은 봄철은 15~20일, 여름철은 25~35일이 적당하다.
※ **처음 조성한 목초가 15cm 정도 자라기 시작하면 곧 가축을 넣어 가벼운 방목을 시키거나 낫으로 베어 주는 목적**
• 굳어지지 않고 부슬부슬하게 남아 있는 흙을 가축의 발굽을 통해 진압시켜 주기 위해
• 목초의 강한 재생력을 이용하여 잡초를 억제하기 위해
• 목초의 분얼을 촉진시켜 주기 위해

(4) 초지의 시비 관리

① 방목지 시비
㉠ 방목지는 가축의 분뇨배설로 추비량을 줄일 수 있다.
ⓛ 채초 중심의 권장시비량보다 질소는 1/4, 인산은 동량, 칼륨은 1/2 정도 적게 준다.

② 초지의 추비 관리
㉠ 추비적기는 목초의 생산시기, 기온, 강우 및 비료의 종류도 고려되어야 한다.
ⓛ 추비의 알맞은 시기는 이른 봄 또는 목초의 예취나 방목한 다음이다.
ⓒ 제1회는 이른 봄 목초가 재생하기 직전에 땅이 녹은 다음에 질소 및 인산을 시비하고,
그 다음에는 질소 및 칼륨을 추비한다.
ⓡ 고온 · 다습일 때 목초를 베고 나서 질소의 다량추비는 목초 가운데 저장되어 있는 탄수화
물의 소모를 촉진시켜 화본과 목초생산이 감소된다.
ⓜ 칼륨비료는 매회 목초를 벤 다음 또는 매2회 벤 다음 주는 것이 좋다.
※ 초지의 관수를 할 때 가장 사용효과가 큰 비료는 질소이다.

(5) 초지의 잡초방제

① 방목초지에 발생하는 잡초

　㉠ 신규초지 : 냉이, 피, 바랭이, 강아지풀, 쇠비름, 명아주, 어저귀, 메꽃, 여뀌, 돼지풀, 양지꽃 등 1년생 잡초가 많이 발생한다.

　㉡ 기성초지 : 소리쟁이, 애기수영, 쑥, 씀바귀 등 다년생 잡초가 많이 발생한다.

　　※ 목초지에서 다년생 외래잡초는 애기수영(*Rumex acetosella*, L.)과 소리쟁이가 대표적이며, 사료작물재배지에서는 주로 일년생 악성잡초로 어저귀, 메꽃, 돼지풀 등의 외래잡초가 있다.

② 애기수영과 소리쟁이의 특징

　㉠ 애기수영의 특징

　　• 유럽이 원산지인 마디풀과 다년생으로 종자뿐만 아니라 지하경으로도 왕성하게 번식하여 우리나라 대부분의 목초지에 큰 피해를 주고 있다.

　　• 애기수영이 처음 발생하였을 때 즉시 제거하지 않으면 다음 해에는 목초지의 10~20% 정도까지 확산되며, 3~4년 후에는 목초지의 50~65%까지 번져 부실초지로 변하며 방제하기가 점차 힘들어진다.

　　• 한 포기에서 연간 1,000~10,000개의 종자를 생성하며 종자와 뿌리로 번식하여 초지부실화를 촉진한다.

　　• 애기수영은 토양비옥도가 낮고 경사진 산성토양에서 주로 발생되며 초지에 일단 발생하면 제거하기가 무척 어려우므로 잡초가 발생하기 전에 초지의 비옥도 관리에 힘써야 하며 초지토양이 산성화되지 않도록 주기적으로 석회를 시용하여야 한다.

　㉡ 소리쟁이의 특징

　　• 소리쟁이는 액상구비를 장기간 많이 시용하여 초지토양이 비옥한 곳에서 발생하여 빠른 속도로 퍼져 초지가 부실화된다.

　　• 소리쟁이는 질소분이 많고 비옥한 토양의 지표식물로 널리 알려져 있다.

　　• 애기수영과 소리쟁이는 다년생 심근성 잡초로서 종자와 지하경(뿌리줄기)으로 번식하기 때문에 물리적 방제가 어렵다.

더 알아보기　네피아그래스(Napier grass)

• 엘리펀트그래스(Elephant grass)라고도 한다.
• 열대 아프리카의 1,000mm 이상의 강우가 많은 지방이 원산인 다년생 화본과 목초이다.
• 고온・다습의 기후에 적합하고, 재생력이 강하며, 건조에도 잘 견딘다.
• 다비에 의해 다수확을 올릴 수 있으며, 생초, 사일리지, 건초로서 이용된다.
• 조섬유가 많고 단백질은 적으므로 사료가치는 그다지 좋지 않다.

---

③ 악성잡초 방제법 : 초지에 잎이 넓은 여러해살이 잡초가 많을 때는 선택성 제초제를 살포하고, 그렇지 않을 경우는 비선택성 제초제를 살포한 후 부분적으로 초지를 겉뿌림 조성한다.

애기수영 방제	• 애기수영이 부분적으로 우점된 초지는 보파 30일 전 ha당 글라신 액제 4L 또는 MCPP 4L를 물 1,200L에 희석하여 애기수영 잎에 전면 살포한다. • 목초파종 30~40일 후 애기수영 종자가 다시 자라기 시작하면 MCPP 4L를 2차 살포한다. • 애기수영이 많이 발생한 초지를 갱신할 때는 반드시 석회를 시용하여야 하며 시용시기는 목초의 생육이 정지된 초겨울부터 이듬해 이른 봄까지이다.
소리쟁이 방제	• 소리쟁이의 완전 갱신 시에는 ha당 선택성 제초제인 MCPP 2L를 물 1,200L에 희석하여 보파 30일 전에 전면 살포한다. • 소리쟁이도 애기수영과 같이 가을에 종자로 다시 발생하므로 파종한 목초가 정착한 다음 가을에 MCPP 1L/ha를 살포하여 종자에서 발생하는 개체를 방제하여 준다.
화이트클로버 방제	• 화이트클로버가 우점된 초지는 클로버 생육기간(4~10월) 동안 약제사용이 가능하다. • 목초파종(보파) 20일 전에 ha당 MCPP 1.0L를 물 1,200L에 희석하여 엽면에 살포한다. 1년생 잡초(돼지풀, 콩다닥냉이, 망초) 및 광엽잡초(애기수영, 소리쟁이, 쑥)는 디캄바 액제(반벨), MCPP, 벤타존 액제(바사그란) 제초제를 사용하며, 잡초발생이 극심하여 우점한 목초지는 제초제 사용량을 1.5배로 증가시켜 방제한다.

(6) 초지의 갱신

① 초지 갱신시기

㉠ 화학성이 저하했을 경우 : 토양 pH가 5.0 이하로 산성화

㉡ 물리성이 저하했을 경우 : 토양경도(산중식 경도계) 26mm 이상

㉢ 식생이 악화됐을 경우 : 잡초의 발생, 나지의 발생, 불식과번지의 생성

㉣ 기간 초종식생이 쇠퇴했을 경우 : 생산성 및 기호성이 낮은 초종의 구성비율 상승 등

② 갱신과정

㉠ 기존식생 제거

• 제초제를 사용하여 기존식생을 제거하는 것이 가장 일반적이다.

• 이행성 제초제를 살포한 후 고사체가 많으면 화입한다.

• 가장 바람직한 방법으로는 파종기를 이용하여 파종하는 것이나 여건상 이를 이용할 수 없을 때에는 장마 직후에 파종하는 등 수분공급이 충분한 시기에 갱신하는 것이 효과적이다.

㉡ 석회 및 비료 시용

• 우리나라 토양은 대부분 산성토양으로 갱신 시 석회를 시용하여 pH 5.5 이상으로 중화하여 주는 것이 바람직하다.

• 목초의 뿌리생육을 촉진시키는 인산을 충분히 시비한다. 종류별 시비량(kg/ha)은 인산 200~300, 질소와 칼륨은 60~150 정도이다.

ⓒ 파종
- 파종적기는 초지조성과 같이 9월 상순 이전이다.
- 파종기 등을 이용하여 파종하면 정착률이 높아지지만, 여건상 그렇지 못할 경우에는 지표에 산파한다.
- 파종량은 ha당 30~35kg 정도이며, 구체적 초종별 파종량(kg/ha)은 오처드그라스 16kg, 톨페스큐 9kg, 퍼레니얼라이그래스 3kg, 화이트클로버 2kg 정도이다.
- 보파할 경우는 초지식생상태에 따라 처음 파종량의 1/3~1/2 정도 산포한다.
ⓔ 갈퀴질 및 진압
- 목초의 정착률 향상에 미치는 중요한 요인 중 하나가 수분이다.
- 갈퀴질은 갱신 시 지표에 유기물이 많이 축적되므로 갈퀴질을 통해 목초종자를 지면에 밀착시켜 주는 것이다.
- 진압은 모세관현상에 의해 토양 중의 수분이 종자에 공급되도록 하여 목초의 정착률을 높이는 것이다.

2. 초지의 이용

(1) 청예의 이용

① 청예의 개념
ⓐ 목초를 베어서 저장이나 가공없이 직접 급여하는 것으로 생초를 그대로 이용하는 것이다.
ⓑ 청예로 이용할 수 있는 초종은 상번초로 알팔파, 오처드그라스, 브롬그래스, 이탈리안라이그래스와 호밀, 수단그라스, 귀리, 유채 등의 사초가 있다.

② 청예이용의 장점
ⓐ 방목에 비해 ha당 30~50% 가축을 더 사육할 수 있다.
ⓑ 먼 거리나 분산되어 있는 초지이용에 적합하다.
ⓒ 사일리지나 건초에 비해 영양가의 손실을 방지한다.
ⓓ 저장급여에 비하여 시설투자비용이 절감된다.
ⓔ 영양손실이 가장 적어 단위면적당 많은 사초를 가축에게 급여할 수 있다.
ⓕ 방목에서 생기는 제상과 유린을 방지할 수 있다.
ⓖ 사일리지나 건초제조의 노력과 비용이 절약된다.

③ 청예이용의 단점

    ㉠ 청초를 베고 나르는 기계장비 구입비용이 소요된다.

    ㉡ 봄철에 방목보다 2주 정도 이용이 늦다.

    ㉢ 연간 생산량이 불균형하다(조절필요).

    ㉣ 사사(舍飼) 시 생산된 분뇨를 처리해야 한다.

    ㉤ 고창증, 과식, 독초급여, 기타 이물질 등을 급여할 수도 있다.

(2) 방목이용

① 방목의 개요

    ㉠ 방목은 가축 스스로가 자신의 생리적 요구에 따라 풀을 뜯는 것으로, 가장 자연스럽고 경제적인 사초이용방법이다.

    ㉡ 가축이 스스로 운동과 일광욕을 하게 되어 건강에 좋고, 분뇨를 방목지에 배설하므로 화학비료의 시비량을 줄일 수 있다.

    ㉢ 방목이용의 기본원칙은 가축의 섭취량과 목초의 재생이 균형을 이루도록 하는 것이다.

    ㉣ 방목 시 초지상태를 효과적으로 유지하여 가축의 섭취량을 높이는 데 필요한 방목용 초지로서 적당한 조건은 초장이 낮고 밀도가 높은 초지이다.

    ㉤ 채초지와는 달리 방목지에서는 선택채식이나 불식과번초 등이 자주 나타난다.

    ㉥ 선택채식을 하기에 기호성이 나쁜 목초가 우세해져 초지식생에 나쁜 영향을 끼칠 우려가 있다.

    ㉦ 계획적인 방목과 전목, 위생작업에 필수적인 목책에는 외책, 내책, 유도책, 위험방지책 등이 있다.

    ㉧ 방목은 가장 값싼 목초 이용방법이다.

② 방목이용의 장단점

장점	단점
• 영양생장기 목초로 유지할 수 있어 영양적으로 유리하다.	• 단위면적당 수량이 청예법에 비해 적다.
• 전지효과에 의한 성장촉진효과가 있다.	• 제상에 의한 가식초량 감소 및 식생이 파괴된다.
• 초지생태계의 양분순환을 촉진한다.	• 과도방목에 다른 토양침식이 우려된다.
• 최적엽면적상태로 유지할 수 있어 목초영양가를 증진시킬 수 있다.	• 제반시설에 비용이 투자되고, 유지에너지가 증가된다.
• 가축의 건강과 번식에 효과적이다.	
• 수확, 이용 및 분뇨의 시비노력이 절약된다.	
• 기호하는 목초를 마음대로 채식할 수 있다.	
• 토지의 수분스트레스를 방지하고, 식생을 조절한다.	
• 목초종자의 토양혼입이 가능하고, 갑작스런 추위에 의한 손실을 방지할 수 있다.	

③ 방목방법

연속방목 (고정방목, 전기방목)	• 봄철 풀이 왕성하게 자라는 시기부터 가을까지 방목지를 옮기지 않고 가축을 한 곳에서 방목시키는 방법이다. • 시설 관리와 방목 관리의 노력이 적게 드는 장점이 있다. • 선택채식, 목초이용률 저하, 토양침식, 가축에너지소모 과다 등의 단점이 있다.
윤환방목 (젖소의 방목방법)	• 몇 개의 목구(牧區)로 분할하고 각 목구에 순차적으로 방목하는 집약적인 방목법이다. • 다년생 목초나 1년생 사료작물을 방목으로 이용할 경우 가장 알맞은 방목방법이다. • 가장 일반적이며, 비교적 효율성이 높은 방목형태이다. • 오펜하임(Oppenheim) 방목법도 윤환방목의 일종이다. • 윤환방목을 위한 이동식 목책으로는 전기목책이 가장 적합하다. • 윤환방목 장점 　－ 선택채식의 기회를 줄임으로써 초지이용률을 높일 수 있다. 　－ 과방목 방지로 초지생산력의 저하를 막을 수 있다. 　－ 오염된 목초의 양이 적어 높은 목양력의 유지가 가능하다. 　－ 적은 목구에서 방목됨으로써 유지에너지가 적다.
대상방목	• 방목 시 옆으로 길게 목책을 설치하여 가축을 방목시킨다. • 초지의 방목이용 중 생산성이 가장 높고 집약적인 방목방법이다. • 목구를 전기목책으로 나누고 가축이 12시간 또는 이보다 짧은 시간 동안 한 목구에서 머물 수 있도록 초지를 할당하는 형태의 방목이다. • 목초허실 방지 및 질을 연중 동일하게 유지할 수 있다. • 방목지를 융통성 있게 조절할 수 있고, 목초 필요량을 추정할 수 있다. ※ 집약초지에 방목되는 가축이 일반적으로 시간제한 방목을 하는 경우 채식시간은 오전, 오후 2시간씩이면 충분한 양을 채식할 수 있다.
계목(매어기르기)	• 이용하려는 초지에 말뚝을 박아 일정한 길이의 밧줄이나 쇠사슬로 가축을 계류하여 주위의 풀을 채식하도록 하는 방법이다. • 작은 면적의 초지, 하천제방, 도로변 등을 이용할 수 있다. • 목책비용은 적게 드나 노동력이 많이 들어 사육규모가 작은 경우에 적당한 방법이다.
대기방목법	연속방목으로 황폐된 방목지의 식생을 회복하기 위하여 방목지의 일부를 목책으로 막고 종자가 완숙될 때까지 유목하는 방목법이다.

※ **집약적(목구수나 체목일수)인 방목이 강한 순서** : 대상방목＞윤환방목＞연속방목

④ **목양력** : 목양력이란 방목지가 가축을 수용할 수 있는 능력을 말한다(방목지 생산력).

　㉠ 방목일(CD ; Cow Day, 미국)

　　• 방목지에서 몇 두의 가축을 며칠 동안 사육이 가능한가를 나타내는 것

　　• 체중 500kg의 성우 1두(1가축단위)를 1일 방목할 수 있는 초지의 목양력

　　※ **1CD의 의미** : 체중 약 500kg의 성우 1마리를 1일 방목시킬 수 있는 초지의 생산력을 나타내는 단위

　㉡ 초지생산단위(북유럽) : 체중 500kg의 가축을 1일 방목할 수 있는 목양력을 1GPU라고
한다.

　㉢ 슈토스(스위스) : 착유우를 방목할 수 있는 초지의 목양력

　㉣ 가축단위 : 체중 500kg의 성우(소)를 1가축단위라 한다.

　㉤ 가축단위 방목일 : 체중 500kg, 유생산량 3,640L의 젖소가 일일 소비하는 방목초량으로
표시한다.

ⓗ 이용대사에너지 : 체중의 차이뿐만 아니라 체중 및 유량변화를 고려하여 넣기 때문에 가축단위 방목일보다 계산상의 융통성을 갖고 있다.

ⓢ 방목밀도 $=\dfrac{\text{방목두수}}{\text{방목면적}}$

※ 방목밀도는 ha당, 소 1마리에 500kg 기준이다.

ⓞ 일정면적의 초지에 방목할 소의 두수 $=\dfrac{\text{m}^2\text{당 생산초량}\times\dfrac{\text{채식률}}{100}\times\text{방목지면적}}{\text{1일 1두당 채식량}\times\text{방목일수}}$

⑤ 방목개시 적기

  ㉠ 초장이 20~25cm일 때

  ㉡ 일시적인 가공 및 저장이 어려운 조건이라면 ha당 생초생산량이 3톤일 때

  ㉢ 과잉생산된 목초가 일시에 처리가 가능한 조건에서는 ha당 생초생산량이 5톤일 때

  ㉣ 초기 생육이 빠른 라이그래스가 혼파된 초지라면 빠르게 방목을 시작

※ **수압법**
- 가장 역사가 오래된 착유방법이다.
- 종실을 파쇄한 후 증자기에서 증기로 찌는데 종실의 종류에 따라 66~110℃에서 15~90분간 처음에는 습식으로, 후에는 건식으로 가열하여 수분을 4~9%로 낮춘다.

(3) 목초에 의한 가축의 생리적 장애

① 목초 테타니병[grass tetany, 저마그네슘(Mg)혈증] ☑ 빈출개념

  ㉠ 원인 : 비옥한 토양, 칼륨을 다량시비, 마그네슘의 흡수저해

  ㉡ 비옥한 목초밭에 칼륨을 다량시비한 결과 마그네슘이 적게 흡수되고, 이런 목초를 먹은 소의 근육은 마그네슘이 결핍되어 발병하며 흥분, 경련 등의 신경증상을 나타낸다.

  ㉢ 성우에 있어서는 분만 후의 비유기에 화본과 목초 특히 풀이 어리고 급히 무성할 때 방목한 소에서 잘 걸린다.

  ㉣ 방목우나 임신 말기의 소에 발병하기 쉬우나 저장 조사료와 농후사료를 급여시키고 있는 사사우(舍飼牛)에는 거의 발생이 되지 않는다.

  ㉤ 토양, 풀종류, 기상조건이 사료 중의 Mg 함량에 영향을 미치기도 하고, 사료 중의 다른 성분이 Mg의 흡수를 저해하는 것도 원인이 된다.

② 청산중독 ☑ 빈출개념

  ㉠ 수단그라스, 수수×수단 교잡종, 수수 등에 함유한 cyanogenetic glucosides 또는 glucoside dhurrin이라 불리는 복합물질이 효소 또는 반추가축의 제1위미생물에 의해 가수분해될 때 만들어지는 청산에 의한 중독증을 말한다(어린 수수속의 글루코사이드 두린이란 물질이 가수분해한다).

ⓛ 이 물질이 혈액에 흡수되어 혈중 헤모글로빈과 결합하여 사이아노헤모글로빈을 형성하고 이 물질은 조직 내 산소의 운반을 방해하므로 중독증상을 일으킨다.

　　ⓒ 특히 생육 중에 있는 어린 수수류나 수단그라스계 잡종을 청예(靑刈)나 방목용으로 이용할 때 발생한다(초봄에 생육이 시작될 때 분얼과 곁가지에 함량이 높다).

　　ⓔ 이 물질에 중독된 소의 증상은 호흡과 맥박이 빨라지고, 근육경련이 일어나며, 심할 경우 폐사에 이르기도 한다.

③ 고사리 중독증

　　ⓐ 야생고사리를 소가 섭취하여 발생하는 질병으로 특히 대단위 방목을 하는 농장에서 계절에 따라 집단적으로 발생되기도 한다.

　　ⓑ 발생시기는 고사리가 무성한 시기인 여름과 가을 사이에 많이 발생된다.

　　ⓒ 비타민 B_1의 결핍과 골수조혈기능의 장애를 일으켜 재생불량성 빈혈, 혈액응고부전을 나타낸다.

　　ⓔ 초기에는 식욕이 없어지고 경과할수록 눈, 코, 입속 및 질점막에 황달과 출혈반점이 나타나며 심하면 코피가 난다.

사료작물 재배

1. 사료작물의 종류와 특성

(1) 사료작물의 종류

① 주요 사료작물의 종류

㉠ 봄, 가을 단경기 사료작물 : 귀리, 유채 등

㉡ 여름재배 사료작물 : 옥수수, 수수류, 사료용 피 등

㉢ 겨울재배 사료작물 : 호밀, 보리, 이탈리안라이그래스 등

※ 일정한 재배지역에서 적합한 사료작물을 선별하기 위한 3대 구성요소 : 환경, 작물, 가축

② 조사료 생산기반 분류

㉠ 조사료 생산기반은 일반적으로 밭 사료작물, 답리작 사료작물 및 초지로 나누어진다.

㉡ 밭 사료작물

• 우리나라 중부의 비교적 밭이 많은 지역으로 경기, 충남북지역이며, 이외 남부지역의 전작지대에서 재배된다.

• 여름작물인 옥수수, 수수류 등이 주작물로서 많은 수량을 올릴 수 있도록 하여야 하며, 그 외 호밀, 이탈리안라이그래스, 유채 등은 보조작물로서 주작물의 앞그루나 뒷그루로 재배된다.

• 밭 사료작물 : 옥수수, 수단그라스, 수수×수수교잡종, 귀리, 귀리와 유채 혼파이용

㉢ 답리작 사료작물

• 지대는 전남지역과 전북 및 경남과 경북의 평야지대가 재배지역으로 적합하다.

• 답리작 사료작물 : 이탈리안라이그래스, 청보리, 호밀, 벼 대체 사료작물 재배

㉣ 초지는 제주도, 강원도, 경북 북부지역이 적당하다.

※ 답리작에 적합한 작물의 특징 : 내습성, 내한성, 내음성이 강해야 한다.

③ 사료작물의 생육단계 분류

생육 초기	목초가 어릴 때는 조단백질이 많고 건물 함량이 낮아 다량급여 시 설사를 유발한다.
생육 중기	목초의 생육이 진행됨에 따라 조단백질 함량은 감소하고 탄수화물과 조섬유 함량이 증가되나 소화율은 감소한다.
생육 숙기	사료작물의 숙기가 진행됨에 따라 소화율과 소화속도가 감소하며, 이에 따라 섭취량이 적어진다.

※ 벼과 사료작물의 생육과정 : 영양생장기 → 절간신장기 → 수잉기 → 출수기 → 개화기

곡류사료의 영양적 특성과 TDN

- 곡류사료의 영양적 특성
  - 에너지 함량이 높고 조섬유 함량이 낮다.
  - 타닌은 풍부하나 리보플라빈은 부족하고, 나이아신의 함량도 낮은 편이다.
  - 황색 옥수수를 제외한 곡류와 곡류 부산물에는 카로틴이 거의 존재하지 않는다.
  - 일반적으로 칼슘과 인의 함량이 적다.
- TDN(단위면적당 가소화영양소총량, Total Digestible Nutrients) : 가축의 체내에서 소화되어 흡수되는 영양소(탄수화물, 단백질, 지방)의 총량을 나타내는 단위로 그 값의 크기로 사료의 영양소가 평가되는 것과 동시에 체내의 에너지공급의 상황을 판단하는 영양 관리지표로써도 사용되고 있다.

(2) 사료작물의 특성

① 옥수수

㉠ 남아메리카 안데스산맥이 원산지로 1년생 화본과 C_4작물이다.

㉡ 표고에 관계없이 잘 자라는 열대성 작물로, 고온을 좋아하며, 다비작물이다.

㉢ 일평균기온 21~27℃(야간 13℃ 이상)가 최소 140일 정도 계속되어야 최고수확을 올릴 수 있다.

㉣ 단위면적당 TDN이 가장 높은 사료작물이다.

㉤ 생육적지는 비옥, 토심이 깊고 유기질이 풍부한 사질양토이다.

㉥ 분얼경은 잘 발생하지 않으며, 사료용으로는 마치종이 널리 재배된다.

㉦ 집약적인 윤작체계에 적합한 사료작물이고, 파종에서 수확까지 기계화작업이 용이하다.
  - 옥수수의 파종을 지연시키지 않으려면 조생품종의 호밀을 파종하는 것이 좋다.
  - 일반적으로 조생종은 조기수확할 때, 만생종은 만기수확할 때 수량이 높아진다.
  - 옥수수 후작으로 일찍 파종하면 가을에 가벼운 방목이나 높은 예취로 이용이 가능하다.

㉧ 단백질(조단백질, 분해성 단백질)과 칼슘, 칼륨 함량이 비교적 낮은 사료작물이다.

㉨ 자당과 전분 함량이 높아 콩과 목초로 좋은 보완사료작물이다.

㉩ 환경 적응범위가 넓어 우리나라에서는 전국 어디서나 재배가 가능하다.

㉪ 수확시기는 성장단계로는 황숙기, 수분함량으로는 70%, 유선으로는 1/3~2/3 사이에 이를 때이다.

② 수단그라스

㉠ 아프리카 수단지방이 원산지로 1년생 화본과 C_4형 식물이다.

㉡ 옥수수보다 건조한 토양에 강하고, 생육에 더 고온을 요한다.

㉢ 대관령 같은 산간지역에서는 옥수수 재배보다 불리하다.

② 옥수수보다 토양적응성이 높고, 재생력이 강하여 연 2~3회 수확할 수 있다.

⑩ 평균기온이 25~32℃인 곳에서 왕성하게 생육한다.

⑪ 열대성 식물로 높은 기온과 가뭄에 강하며 옥수수보다 수분 요구량이 적다.

⑦ 중점토에서 사토에 이르기까지 재배할 수 있다.

⑧ 알맞은 토양산도는 pH 5~8로 산성토양에는 약하다.

⑨ 사료가치가 낮은 편이며 기호성과 사양능력이 떨어진다.

⑩ 수단그라스계 잡종을 청예용으로 재배할 때 수량이 가장 높은 파종방법 : 조파

⑪ 순계수수나 수단그라스보다는 수수×수단그라스 또는 수단그라스 간 교잡종의 수량이 높다.

※ 주요 목초 및 일반 사료작물의 생육 최저산도가 가장 낮은 것 : 레드톱

③ 귀리(연맥)

㉠ 유럽 및 서남아시아가 원산으로 1년생 또는 월년생 작물이다.

㉡ 맥류 중에서 목초에 가장 가까운 생육특성을 가지고 있다.

㉢ 잎이 많고 커서 풋베기용으로 적당하고 가축의 기호성과 영양가가 높다.

㉣ 맥류 중 내한성이 가장 약하여 남부지방과 제주도에서 많이 재배된다.

㉤ 봄, 가을 단경기(가장 짧은 기간에 재배이용) 사료작물로 적합하다.

㉥ 이삭이 여물 때도 잎이 심하게 시들지 않는다.

㉦ 줄기는 굵어도 비교적 부드럽고, 잎집이 길며 잎혀는 짧고 잘게 자란다.

㉧ 이삭이 나와도 다른 맥류보다 줄기가 굳어지는 것이 느리다.

㉨ 종자는 식용과 사료용으로 사용하고 특히 말의 사료용으로 많이 재배된다.

㉩ 봄철이나 가을철 다른 작물의 앞, 뒤 틈새 작물로 인기가 높다.

④ 호밀

㉠ 유럽 남부와 서남아시아가 원산으로 호밀속의 월년생 식용작물, 사료작물이다.

㉡ 호맥, 흑맥이라고도 하며, 맥류 중 내한성이 강하다.

㉢ 봄철 생육이 빠르고, 토양의 적응범위가 가장 넓어 재배의 안정성이 매우 크다(특히 척박한 토양 등 불량한 환경조건에서 가장 적응력이 높은 사료작물이다).

㉣ 우리나라 전국에서 재배가 가능하며, 특히 답리작으로 많이 재배되고 있다.

㉤ 줄기 표면이 납(wax)으로 덮여 있고, 염색체는 2n=14이다.

㉥ 중북부지방에서 담근먹이 옥수수의 뒷그루(답리작)로 재배하기에 적합하다.

㉦ 사일리지로 만들 때 수확은 개화기~유숙기에 하는 것이 가장 좋다.

㉧ 호밀은 출수 이후 사료가치가 급격히 낮아지고, 기호성과 사양능력이 떨어진다.

㉨ 종자를 전량 수입에 의존하고 있다.

⑤ 유채

　㉠ 십자화과에 속하며, 평지, 채종, 운대, 호채라고도 한다.

　㉡ 원산지는 스칸디나비아 반도에서부터 시베리아 및 코카서스 지방으로 추정된다.

　㉢ 내한성, 내상성(耐霜性)이 우수하여 가을 늦게까지 이용이 가능하다.

　㉣ 맥류보다 토양적응력이 높고, 단기간 재배로 수량이 많다.

　㉤ 수분함량이 높고 조섬유는 적으며, 가용무질소물 및 가소화단백질 등이 풍부하다.

　㉥ 사료용 유채의 이용방법은 방목과 풋베기(청예)가 가장 적합하다.

　㉦ 옥수수 후작으로 많이 재배하며, 질소시비수준에 민감하며, 늦게 파종하면 생초수량이 낮아진다.

　㉧ 연맥과 혼파하면 수량도 높고 기호성이 좋아지며, 다른 화본과에 비하여 토양개량효과도 높다.

　㉨ 질산을 많이 함유하고 있어 가뭄이 들거나 기온이 낮아지면 연맥과 혼파한다.

⑥ 청보리(일명 총체보리)

　㉠ 보리는 재배 역사가 오래된 작물로서 기계화 재배기술이 일반화되어 있다.

　㉡ 일반적인 생육적온은 4~20℃, 강수량은 1,000mm 지대에 잘 적응하는 작물이다.

　㉢ 토양은 양토 또는 식양토가 알맞다.

　㉣ 보리는 건조한 토양보다 약간 습한 논토양에서 생육이 좋으며 배수가 불량한 논은 반드시 배수로를 설치해 주어야 생육 도중 습해를 받지 않는다.

　㉤ 청보리의 최대장점은 알곡이 배합사료 대체효과가 크다는 것이다.

　㉥ 청보리(총체보리)는 생산성과 사료가치가 우수하다. 즉, 청보리는 알곡뿐만 아니라 줄기와 잎까지 모두 가축사료로 사용된다.

　㉦ 조단백질이 10%로 수입옥수수 조단백질 함량(9%) 보다 높고 가격도 수입품의 절반 수준이어서 축산농가에 큰 도움이 될 수 있다.

　㉧ 도복이 없고 건조지에서도 비교적 잘 자라며 주로 곤포 사일리지로 이용한다.

　㉨ 최근 개발된 유연보리, 유호보리 등의 품종은 까락이 없어 소가 잘 먹는다.

더 알아보기 ｜ **초생재배의 의미**

• 과수원 같은 곳에서 목초, 녹비 등을 나무 밑에 재배하는 것
• 수목 사이의 공지에 사료작물이나 녹비작물을 재배하여 항상 풀로서 공지를 피복하는 농법

---

2. 사료작물의 작부체계 및 재배기술

(1) 사료작물의 작부체계

① 작부체계의 개념

㉠ 작부체계란 동계 사료작물과 하계 사료작물을 순차적으로 연계하여 연간 생산성을 높이기 위한 작물의 재배조합을 말한다.

㉡ 사료작물의 선택은 재배환경에 가장 적합한 작물을 선정하여 단위면적당 생산성을 최대한 높여 양질의 조사료를 확보하는 데 목적이 있다.

② 작부체계의 종류

㉠ 연작(이어짓기) : 동일한 밭에 같은 종류의 작물을 계속해서 재배하는 것

㉡ 윤작(돌려짓기) : 합리적으로 조합된 작물을 같은 토양에서 일정한 순서에 따라 규칙적으로 돌려가며 재배하는 작부방식

더 알아보기 윤작의 장점

- 토지의 이용성을 높인다.
- 지력을 유지・증진시킬 수 있다.
- 노력을 합리적으로 분배할 수 있다.
- 수량증가와 품질을 향상시킨다.
- 환원가능 유기물의 확보가 가능하다.
- 토양전염성 병충해의 발생이 감소하고 잡초가 경감된다.
- 토양유실이나 양분유실을 막아서 양분보존에 기여한다.
- 연작에 의한 생육장애(기지현상)가 경감된다.
- 미생물 및 곤충의 종 다양성을 확보한다.
- 다양한 작물재배로 노동력의 시기적 집중화를 방지한다.
- 잔비량이 많아지고, 토양의 구조를 좋게 한다.

㉢ 간작(사이짓기) : 한 가지 작물이 생육하고 있는 줄 사이에 다른 작물을 재배하는 것

더 알아보기 노포크(Norfolk)식 윤작법

- 1730년 영국 노포크지방에서 Townshend경이 제창한 윤작방식으로, 이상적 윤작방식의 모범을 초창기에 보여 준 것이다.
- 원래 곡물을 계속 재배하여 지력이 떨어지는 것을 방지하는 동시에 사료를 확보하는 두 가지 목적을 위해 발달한 것이다.
- 노포크 윤재식 농법에서 지력증진 작목으로 재배한 것은 클로버이다.
- 노포크 4포식 농법의 특징
  - 겨울사료 확보로 축산 도입
  - 윤재식 농법
  - 동곡-근채류-하곡-클로버작부체계

※ 레드클로버 : 토양개량 목초로 알맞고 윤작작물로 적합하며, 비에 젖은 것은 고창증을 일으킬 위험성이 있다.

③ 작부체계별 사료작물의 선택

   ㉠ 사료작물의 작부조합은 단순하여 실행하기 쉽고 생산량이 많아야 한다.

   ㉡ 일반적으로 주작물은 여름 사료작물로 건물수량이 많은 사일리지용 옥수수 또는 수수×
수단그라스 교잡종을 이용한다.

   ㉢ 주작물인 옥수수의 수량이 저하되지 않는 범위에서 부작물의 숙기를 결정하여야 한다.

   ㉣ 중북부지방에서 담근먹이 옥수수의 뒷그루로 재배하기에 적합한 사료작물은 호밀, 귀리
(연맥), 유채 등을 파종하는 것이다.

       ※ 청예 또는 사일리지사료로 재배되는 귀리(연맥)는 우리나라 중북부 지방의 2모작 조건하에서라면 조숙성 봄연맥(귀리)
이 가장 적합하다.

   ㉤ 중부지방에서 많이 이용하는 작부조합 중 담근먹이용은 옥수수-호밀 또는 연맥이며,
청예용은 수수류-호밀이다.

   ㉥ 남부지방에서 많이 이용하는 작부조합은 옥수수-호밀 또는 이탈리안라이그래스와 수수
류-이탈리안라이그래스(또는 호밀)이다.

       ※ 귀리 또는 유채를 봄재배할 때 다음 작물은 수수류가 유리하다(중부 이남).
       ※ 비출수형(영양생장형) 수수류가 재배되는 가장 큰 이유는 이용기간이 길어 작부체계 설정과 농가인력 배분상 유리하기
때문이다.

④ 적절한 작부체계를 선정하기 위해 고려되어야 할 사항

   ㉠ 내병성이 강하고, 사료가치가 우수한 작물을 선택한다.

   ㉡ 생산, 저장, 이용작업이 쉬운 작물을 선택한다.

   ㉢ 생산비용이 적게 들고 수량이 높은 작물을 선택한다.

   ㉣ 단위면적당 수량 및 가소화영양소 총량(TDN)이 높은 작물을 선택한다.

   ㉤ 연간 사료가치의 변화가 적고 안정적으로 공급이 가능한 사료작물을 선택한다.

   ㉥ 보유기계, 사일로, 가축분뇨 등을 효율적으로 이용할 수 있는 초종 선택이 필요하다.

   ㉦ 같은 초종이라도 품종에 따라 숙기가 다르므로 품종에 대한 정확한 인식과 선택이 중요하다.

   ㉧ 작부체계 설정 시 지력유지, 생산량, 사료가치, 품질, 노동력, 수익성 등을 고려한다.

       ※ 우리나라 사료작물의 작부체계의 운영에 있어서 문제점
         • 농가가 품종에 대해 잘 모르고 있거나 인식이 부족하다(지역성, 조만성, 주이용목적 등).
         • 초종에 따라 선택할 수 있는 다양한 품종이 없는 형편이다.

⑤ 사료작물의 작부체계의 운영에 있어서 농업경영상 지켜야 할 조건

   ㉠ 농가 노동분배의 합리화(노동집중현상의 완화 및 균등화)

   ㉡ 윤작원칙의 고수와 위험분산 및 조사료의 자급률 제고 및 균형적 공급

   ㉢ 사료작물의 자급률 제고에 의한 사료구입비 지출 극소화

   ㉣ 토양비옥도의 지속적 유지

   ㉤ 사료작물의 특성에 따른 초종과 품종을 조합하여 위험을 분산

(2) 사료작물의 재배기술

① 옥수수

ㄱ 파종시기
- 지온 10℃ 이상일 때, 어린싹이 늦서리의 피해를 받지 않는 범위 내에서 가능한 일찍 파종해야 한다.
- 중북부 고랭지 5월, 중부 지역 4월 중순~하순, 남부 지역 4월 상순~중순

ㄴ 파종량
- 방목 및 청예용으로 산파를 할 경우 50kg/ha
- 인력파종 시 : 20~30kg/ha, 기계파종 시 : 30~40kg/ha
- ha당 조생종 83,000주, 중생종 78,000주, 만생종 72,000주 정도

ㄷ 파종간격
- 이랑폭 인력파종은 60cm, 기계화 파종은 70~75cm, 포기 사이 15~20cm
- 사질토양은 다른 토양보다 파종깊이를 깊게 한다.

※ **옥수수의 발아에 필요한 온도** : 최저온도 6~11℃, 최적온도 30℃, 최고온도 44℃

ㄹ 시비량
- 연간 ha당 질소 200kg, 인산 150kg, 칼륨 150kg인데, 질소비료는 파종할 때(100kg)와 옥수수가 6~7엽기로 컸을 때(100kg)로 두 번 나누어 준다.
- 산도가 높아 토양을 개량할 경우 경운 전에 석회 2,500kg을 살포한 후 경운, 쇄토한다.
- 옥수수 재배를 위한 우분의 시용은 ha당 40~50톤 정도가 알맞다.

ㅁ 복토 및 진압
- 복토는 2~3cm 가량이 좋으며, 가물 때에는 4~5cm 정도가 좋다.
- 토양 건조 시는 복토 후 가벼운 진압을 실시하여 발아가 균일하게 한다.
- 파종한 다음에는 진압을 잘해 주고, 제초제를 바로 살포해 주어야 한다.
- 제초제는 파종 후 3일 이내에 살포해 주고, 바람이 없는 오전에 뿌려 주는 것이 좋다.

ㅂ 수확
- 단위면적당 가소화양분 함량이 최고인 때
- 옥수수의 수염이 나오기 시작한 후부터 약 50~55일째
- 종실 끝부분의 세포층이 검게 변하여 하나의 층을 형성하는 때
- 황숙기로 건물비율이 35%(수분함량은 65~70%) 정도되는 시기

각 사료작물의 사일리지 이용 시 수확 적기

- 옥수수 : 황숙기 또는 건물 함량 30% 내외
- 호밀 : 개화기~유숙기
- 사초용 수수 : 호숙 중기~호숙 말기
- 혼파목초 : 출수 초기 또는 개화 초기

② 수수류
 ㉠ 파종시기
  - 평균기온이 13~15℃이상일 때, 옥수수보다 2~3주일 정도 늦게 파종한다.
  - 중부이북 지방은 4월 하순~5월 상순, 중부 이남은 4월 중·하순에 파종한다.
 ㉡ 파종량
  - 줄뿌림할 경우 30~40kg/ha 파종한다.
  - 겉뿌림으로 파종하여 청초나 건초로 이용하고자 할 때는 ha당 50~60kg 파종한다.
 ㉢ 파종방법
  - 생초나 건초로 이용할 경우는 산파나 세조파를 실시한다.
  - 담근먹이로 이용하고자 할 경우는 이랑너비와 포기 사이를 넓혀서 줄뿌림하는 것이 어렸을 때 쓰러짐을 방지할 수 있어 좋다.
 ㉣ 파종 후 복토 : 가능한 한 얕게 1~2.5cm가 적당하나, 토양이 건조할 경우는 4~5cm로 다소 깊게 한다.
 ㉤ 시비량 및 시비방법
  - 연간 시비량은 ha당 질소 200~250kg(요소 430~540kg), 인산 150kg(용과린 750kg), 칼륨 150kg(염화칼륨 250kg), 퇴비는 20~30톤 정도한다.
  - 질소질비료는 100kg은 밑거름으로 주고 나머지 100~150kg은 수수가 어릴 때와 1차 및 2차 수확 후에 웃거름으로 나누어 시용한다.
  - 인산비료는 전량 밑거름으로, 칼리질 비료는 밑거름과 1차 수확 후 나누어 시용한다.
  - 산도가 높아 토양을 개량할 경우 2~3년마다 ha당 석회 2,000~4,000kg을 경운 전에 살포한 후 경운, 쇄토한다.
 ㉥ 수확 및 이용
  - 청예나 건초로 이용할 때 : 1차 예취적기는 출수기 전후에 하고 그 다음부터는 초장이 120~150cm 정도될 때 예취하는 것이 수량이 많다.
  - 담근먹이로 이용할 때 : 유숙기~호숙기 때 수확하는 것이 좋다.
  - 어릴 때 방목을 시키면 청산중독 위험성이 있으므로 초장이 45~60cm 될 때까지는 방목을 하지 않는다.

- 파종적기 : 옥수수보다 2주 정도 늦은 4월 하순에서 5월 상·중순이다.
- 파종량 : 조파 시 ha당 30~40kg, 산파할 경우에는 50~60kg이다.
- 시비량 : 옥수수와 같으며, 질소비료는 파종할 때(100kg)와 수단그라스를 1회 수확한 다음 추비로 100kg을 준다.
- 수확 및 이용
  - 수단그라스는 초장이 1.2m 이상 자랐을 때 이용하는 것이 좋은데, 이보다 키가 작을 때에는 호흡곤란을 일으키는 청산중독의 위험이 따른다.
  - 키가 작을 때엔 방목할 때도 마찬가지로 청산중독의 위험이 따르기 때문에 1~1.2m 이상되었을 시 이용할 것을 권장된다.
  - 옥수수와 수단그라스는 건물수량은 서로 비슷한 수준이나 TDN수량으로 보면 수단그라스는 옥수수의 80% 또는 70~80% 수준이다.

③ 호밀

㉠ 파종기

- 벼 수확 후 가급적 일찍 파종한다(원줄기의 잎 수가 4~6매 되는 시기에 월동).
- 중북부지방은 9월 하순~10월 상순, 중부 및 남부지방은 10월 중순~하순이 적당하다.

㉡ 파종량 및 파종방법

- 파종량 : ha당 160~200kg 내외, 청예용은 곡실용으로 재배할 때보다 많이 한다.
- 파종방법 : 경운기나 트랙터로 로터리한 다음 비료와 종자를 뿌리고 다시 가볍게 로터리 작업으로 흙을 덮어 준다.

㉢ 시비량 및 시비방법

- ha당 질소 150kg, 인산 120kg 및 칼륨 120kg 시비한다.
- 밑거름으로 퇴비를 시용하고 토양개량제로서 석회를 주면 수량을 많이 올릴 수 있다.
- 인산과 칼륨은 전량 밑거름으로 시용하고 질소비료는 밑거름과 웃거름으로 나누어 준다.
- 밑거름과 웃거름의 비율 : 중부 지방 50 : 50, 남부 지방 30 : 70으로 한다.

㉣ 진압

- 월동 전후 진압 : 어린 식물이 겨울에 말라죽는 것을 방지하고, 이른 봄철에 서릿발의 피해를 막기 위해 실시한다.
- 월동 전에 생장이 과다할 때 진압 : 작물의 웃자람을 방지하고 가지치기를 도우며, 가뭄피해 경감 및 뿌리의 활력을 도와 도복을 막아 주는 효과도 있다.

㉤ 수확 및 이용

- 청예로 이용할 경우 : 출수기부터 개화기 사이
- 담근먹이로 이용할 경우 : 개화기부터 유숙기

④ 이탈리안라이그래스

ⓐ 파종시기
- 파종적기는 중북부지방에서는 9월 하순으로, 수원지방의 경우 10월 5일이 파종한계기이다(월동률 90%).
- 답리작으로 재배할 경우 벼수확 10~15일 전인 9월중·하순경 입모중(立毛中) 파종한다.
- 벼 수확 후 파종할 경우에는 수확 직후 실시하며, 늦어도 10월 중순을 넘지 않아야 한다.

ⓑ 파종량 및 파종방법
- 파종량 : 조파 시에는 ha당 30kg, 산파 시에는 40kg, 입모 중 파종에서는 50kg이다.
- 답리작의 ha당 파종량은 40~50kg이 적당하다.
- 벼 수확 후 파종할 경우 드릴파종, 세조파, 산파를 한다.

ⓒ 시비량 및 시비방법
- ha당 적정 시비량은 질소 200kg, 인산 150kg 및 칼륨 150kg이다.
- 인산비료는 전량 밑거름으로 시용하고 질소비료는 밑거름으로 1/3, 나머지 2/3는 웃거름으로 이듬해 이른 봄 해빙 직후와 첫 번째 예취 후 나누어 시용한다.
- 칼리비료는 밑거름과 이듬해 봄에 나누어 준다.

ⓓ 파종 후 관리
- 월동 전후 이른 봄에 진압하면 서릿발 피해를 막아 주고 가뭄에는 어린 풀이 말라죽지 않으며, 뿌리의 활력을 좋게 하여 가지치기를 촉진한다.
- 답리작 재배 시에는 봄 해빙 후 습해를 받기 쉬우므로 배수로를 설치한다.

ⓔ 수확 및 이용
- 입모 중 파종은 벼 수확 10~15일 전에 파종한다.
- 건초를 만들거나 담근먹이로 이용할 때는 출수기에 수확한다.
- 수확시기가 출수기, 개화기로 늦어질수록 수량은 많아지나 사료가치와 건물소화율은 낮아진다.

⑤ 청보리(총체보리)

ⓐ 파종적기 : 수원 지방의 경우 10월 상순이며, 남부 지방은 10월 중순이다.
ⓑ 파종량 : 조파 시 ha당 150~160kg, 산파 시 200kg(때로는 220kg) 정도이다.
ⓒ 파종 후 관리 : 파종 후 진압을 해 주고 배수로 관리를 잘해 줘야 한다.
ⓓ 시비량 : 질소, 인산, 칼륨으로 ha당 각각 100kg 정도를 주며, 이듬해 봄 반드시 웃거름을 주어야 한다.
ⓔ 수확적기 : 호숙기에서 황숙 초기이며, 보리 가락 끝부분이 노랗게 변하는 5월 중·하순이다.
ⓕ 청보리는 주로 곤포사일리지로 이용된다.

⑥ 귀리(연맥)

  ㉠ 파종시기

   • 겨울이 추운 지방에서는 월동재배가 곤란하므로 봄에 일찍 파종하는 것이 좋다.

   • 봄 파종적기는 중부 지방에서는 3월 상·중순경, 남부 지방은 3월 상순경

   • 가을재배 시는 중부 지방은 8월 중순경, 남부 지방은 8월 중하순경

  ㉡ 파종량 및 파종방법

   • 파종량 : 청예재배용으로 줄뿌림은 ha당 120~150kg, 흩어뿌림은 150~200kg이 좋다.

   • 파종방법 : 줄뿌림을 하고, 방목을 목적으로 할 경우는 산파도 할 수 있다.

  ㉢ 시비량 및 시비방법

   • 시비량 : ha당 비료시용량은 질소 150kg, 인산 및 칼륨은 120kg이 적당하다.

   • 시비방법 : 질소비료는 밑거름과 웃거름으로 반씩 나누어 주고, 인산 및 칼륨비료는 전량 밑거름으로 준다.

  ㉣ 수확 및 이용

   • 봄재배 귀리를 청예 이용 시 : 대개 5월 하순경~6월 중순

   • 건초 이용 시 : 수잉기~출수기

   • 사일리지를 만들 때 : 뒷작물의 파종기를 고려하여 개화기가 수량이나 품질면에서 유리하다.

   • 귀리는 유채와 혼파재배하여도 좋다.

⑦ 유채

  ㉠ 파종시기

   • 봄 파종의 경우 해빙 직후가 좋으며 중부지방은 3월 중순경, 남부지방은 3월 상·중순경이 알맞다.

   • 가을 파종은 가능한 한 일찍 파종하는 것이 유리하므로 장마가 지나고 더위가 가시기 시작하는 8월 중·하순경이 적당하다.

  ㉡ 파종량 및 파종방법

   • 파종량 : 봄재배 시 조파의 경우 ha당 15kg 내외, 가을 재배의 경우에는 파종량을 약간 늘려 ha당 20~30kg으로 한다.

   • 파종방법 : 조파와 산파가 있으며 다소 밀식하는 것이 수량을 올릴 수 있다. 조파 시는 줄 사이를 30cm 정도로 세조파하는 것이 좋다.

  ㉢ 시비량 및 시비방법

   • 시비량 : ha당 질소 120~150kg, 인산 및 칼륨질비료는 각각 100~120kg 내외가 적당하며, 질소비료를 충분히 주어야 수량을 올릴 수 있다.

   • 시비방법 : 질소는 밑거름과 웃거름으로 반씩 나누어 주고, 인산과 칼륨질비료는 전량 파종할 때 기비로 사용한다.

ⓔ 수확 및 이용
- 유채는 생육이 빠르므로 생초로 이용 시 파종 후 60일 정도면 충분하다.
- 뒷재배작물이 있을 때는 파종기를 고려하여 다소 빨리 예취 이용하고, 그렇지 않을 경우 추위가 오기 전까지 포장해 두고 이용할 수 있다.

더 알아보기 | 옥수수, 수단그라스, 연맥, 유채 등의 특징

- 옥수수는 사일리지용으로 수단그라스는 청예용으로 많이 재배한다.
- 옥수수는 도복이 잘 안 되나 도복되면 회복이 어렵고 수단그라스는 도복이 잘되나 회복이 빠르다.
- 옥수수를 주로 사일리지로 이용하는 것은 탄수화물 함량이 높아 발효가 쉽게 되기 때문이다.
- 연맥은 내한성이 가장 약하여 남부 지방과 제주도에서 많이 재배한다.
- 유채는 수분이 많아 건초나 사일리지로 이용하기는 힘드나, 조섬유 함량이 적고 가용무질소물, 가소화조단백질 등이 풍부하여 젖소의 청예로 좋다.
- 청예와 방목이용을 목적으로 할 때 유채와 연맥을 혼파하면 수량을 증가시킬 수 있다.
- 작부체계에서 옥수수 수확 후 후작으로 호밀, 연맥, 유채가 많이 이용되고 있다.
- 수수×수단그라스 교잡종은 벼 대신 논에서 여름철 재배할 때 생산성 측면에서 가장 적합한 사료작물이다.
- 수수×수단그라스 교잡종의 재배 이용상의 장점은 강한 재생력과 여름철 청예공급이다.

⑧ 트리티케일(라이밀)
ⓐ 파종적기 : 남부 지방 10월 하순, 중부 지방 10월 상·중순
ⓑ 파종방법 및 파종량
- 휴립세조파 : 160kg/ha, 휴립광산파 200kg/ha
- 파종적기보다 늦으면 파종량을 늘려 준다.
ⓒ 시비량 및 시비방법
- 시비량 : 질소 120kg/ha, 인산 100, 칼륨 100(가축분뇨 시용량에 따라 조절 필요)
- 시비방법 : 질소는 파종 시에 40%, 이른 봄에 60%로 나누어 시용한다.
ⓓ 파종 후 배수로의 정비로 습해 및 뿌리의 동사를 방지한다.
ⓔ 수확 및 이용
- 출수 후 30일 정도(유숙기)에 수확한다.
- 이삭을 눌렀을 때 우유빛 즙이 나올 시기이다.

사료작물의 이용

1. 청예 이용

(1) 초종별 이용시기

① 수단그라스(Sudangrass)

㉠ 수수속에 속하는 1년생 화본과 사료작물이다.

㉡ 재생이 왕성하여 연간 3~4회 정도 예취가 가능하다.

㉢ 청예(풋베기)로 이용할 때 적당한 초장의 높이는 120~150cm이다.

㉣ 초장이 너무 낮을 때 예취하여 급여하면 청산중독의 위험이 있다.

 ※ 수수, 수단그라스류의 사료작물을 방목으로 이용할 때 청산중독위험을 방지할 수 있는 초장은 60cm 이상이다.

㉤ 너무 낮게 수확하면 재생이 늦어지고 죽어 없어지는 개체가 발생하므로 5cm 이하로 예취하지 않는 것이 좋다.

㉥ 자주 예취가 가능한 조, 중생품종에 비하여 대가 굵고 키가 크게 자라는 만숙종은 출수되는 것을 보지 못할 때도 있다.

② 호밀

㉠ 청예용으로 이용 시는 출수기~개화기 사이에 30cm 이상 자란 것을 수확한다.

㉡ 호밀(호맥)을 사일리지로 만들 때는 개화기~유숙기 사이에 수확한다.

③ 유채

㉠ 예취적기는 개화기이며, 이보다 늦어지면 줄기가 굳어진다.

㉡ 늦가을 청초가 귀한 시기에 베어서 이용한다.

④ 연맥

㉠ 가을 재배 연맥을 청예용으로 이용 시 출수기 전에 수확한다.

㉡ 개화 후에는 줄기가 경화되어 사료가치가 떨어진다.

(2) 초종별 재생특성

① 예취높이

㉠ 높이 베기의 장점

• 낮게 베기보다 저장양분을 많게 한다.

• 양·수분의 흡수력이 낮게 베기보다 크다.

• 생장점의 수가 많게 된다.

• 엽면적이 크다.

ⓛ 낮게 베기의 장점
- 목초의 병해충 제거효과가 높게 베기보다 크다.
- 어린잎의 광합성 이용능력이 크다.
- 증수효과가 있다.
   ※ 오처드그라스의 예취높이는 6~9cm가 가장 적당하다(단, 3년째 수량을 기준으로 한다).
② 영양분
   ㉠ 목초가 재생을 위해 저장하는 영양소의 주형태는 탄수화물이다.
   ㉡ 예취 후 재생에 쓰여질 수 있는 양분은 탄수화물(전분), 단백질, 산(프락토산 등)이다.
   ※ 다년생 목초나 1년생 사료작물로부터 가축에게 공급할 수 있는 주요 영양소는 탄수화물, 섬유소, 가소화단백질, 광물질
      및 비타민 등이 있다.
③ 온도 : 남방형 목초는 재생 시 온도가 높아야 재생량이 많다.
④ 일장 : 장일조건보다는 단일조건에서 재생량이 높고 광량이 많아야 한다.
⑤ 질소 : 지나치면 재생이 나빠지므로 적량이 좋다.
⑥ 토양수분 : 높이베기를 하는 것이 좋다(건조조건).

2. 건초제조

(1) 조제원리

① 건초의 개념
   ㉠ 과잉생산된 조사료를 풀이 생산되지 않은 기간 동안에 이용하기 위한 저장수단이다.
   ㉡ 자연의 태양에너지를 이용하여 수분함량을 약 15%(15~20%) 이하가 되도록 물리적으로
      건조시킨 조사료의 저장형태이다.
   ㉢ 초지에서 생산된 목초는 예취하여 생초로 급여하거나 건초 또는 사일리지를 만들어 이용
      하는 방법이 있다.
   ㉣ 생초 중의 수분함량을 미생물이 작용할 수 없을 정도로 낮춤으로서 저장성을 부여한
      사료이다.
   ㉤ 주로 목초가 많이 이용되나 근래는 사료작물도 이용한다(호밀, 귀리 등).
   ㉥ 우리나라의 건초 조제적기는 5월부터 장마 전인 6월 중순까지이다.
   ※ 건초 조제과정의 순서 : 기상예측 → 수확 → 뒤집기(반전) → 집초 → 결속(곤포) → 저장
② 고품질 건초의 요건 ☑ 빈출개념
   ㉠ 기상상태
      - 벤 다음에 5일 정도 비가 오지 않아야 한다.
      - 비를 맞으면 건물손실과 함께 영양분 손실이 커진다.
      - 만일 비를 한두 차례 맞았다면 사일리지를 만드는 것이 좋다.

ⓛ 재료의 적기수확(조제적기)
- 화본과 목초는 출수기, 두과 목초는 개화 초기이다.
- 사료가치는 수잉 후기에서 가장 좋고 다음이 출수기이며, 개화기에는 크게 떨어진다.
ⓒ 포장상태에서 건조기간의 최대한 단축
- 건조기간이 길어질수록 품질이 나빠진다.
- 건조일수가 좋은 건초는 하루에서 3일 정도, 나쁜 건초는 3~6일, 아주 나쁜 건초는 6~9일 건조시킨 건초이다.
ⓔ 기계화작업체계의 확립
- 잎은 빨리 마르지만 줄기는 건조속도가 굉장히 느리다.
- 모어컨디셔너 또는 헤이컨디셔너 농기계를 사용하면 베면서 동시에 기계적으로 줄기를 부수거나 짓눌러 잎과 비슷한 속도로 말린다.
③ 건초의 장단점

장점	단점
• 정장제 효과가 있어 설사를 방지한다(특히 송아지). • 수분함량이 적어 운반과 취급이 용이하다. • 태양건조 시 비타민 D의 함량이 높아진다. • 풀이 없거나 부족한 계절에 우수한 조사료를 공급할 수 있다. • 사일리지로 만들기 어려운 콩과 사료작물의 저장이 용이하다.	• 기상의 영향을 많이 받아 장기건조 또는 강우 시 품질 저하가 일어난다. • 부피가 커서 저장공간을 많이 차지한다. • 화재의 위험이 있다.

(2) 조제방법
① 예취시기
㉠ 청예이용을 위한 목초의 첫 번째 예취적기는 화본과 목초는 이삭이 나오기 전후(출수기)이며, 두과 목초는 꽃이 피기 시작할 때(개화 초기)가 좋다.
ⓛ 두 번째 이후에는 풀의 키가 30~50cm 내외일 때부터 베어 먹이는 것이 좋으며, 초장이 30~35cm일 때 단위면적당 양분 및 건물수량이 많다.
ⓒ 어릴 때는 목초의 양분 함량은 높으나 수량이 적고 또 너무 자라게 되면 건물수량은 많으나 양분 함량이 낮아진다.
- 사료작물의 영양소 중 출수기 이후에 현저하게 감소하는 것 : 단백질과 지방
- 청예용 호밀의 성분 중 수확이 개화 이후로 늦어질수록 증가하는 성분 : 전분과 섬유소, 리그닌, 규산 등은 소화이용성이 낮다.
ⓔ 이용횟수는 지역에 따라 다소 차이가 있으나 보통 3~5회이며 생초수량은 약 35~50톤/ha 가량된다.

[초종별 건초 조제시기]

레드클로버	개화 초기~개화 25%
라디노클로버	10~50% 개화기
알팔파	• 1회 예취 : 첫 꽃이 필 때 • 2회 예취 : 꽃이 한창 필 때 • 3회 예취 : 서리 내리기 40~60일 전
벼과 목초류	이삭이 필 때
수단그라스	이삭이 필 때
호밀 · 귀리 등	수잉 후기~출수기
화본과-두과 혼파	콩과 목초 수확시기
화본과 목초류(오처드그라스 등)	출수기

② 건조방법

　㉠ 천일건조법(포장건조법, 양건, 자연건조법)

　　• 태양열을 이용하며 공기의 유통을 좋게 하는 건조방법으로 포장건조법이라고도 한다.

　　• 일기가 3~4일간 쾌청할 때 풀을 베어 그 자리에서 그대로 말리는 방식이다.

　　• 가장 널리 이용되고, 비나 이슬을 맞으면 영양손실이 많아서 좋은 건초를 얻기가 어렵다.

　　• 저녁에는 이슬에 맞지 않도록 긁어모아 두었다가 다음 날 아침에 다시 건조시킨다.

　㉡ 가상건조법

　　• 연속하여 좋은 날씨를 만나기 어렵고 빗물의 침투와 지면으로부터의 흡습을 막고, 자연의 통풍을 이용하여 건조하는 방법이다.

　　• 풀시렁을 이용하는 것으로 인건비가 많이 들고 소규모에 알맞다.

　　• 수확 후 포장에서 반전하면서 1~2일 말린 후 수분이 40~50% 되었을 때 초가에 널어 완전히 말린다.

　　• 수분함량이 40~50% 되어야 발효가 적고, 잎의 탈락도 적어 우수한 건초를 만들 수 있다.

　　• 비가 올 경우에는 상부에 비닐을 덮어야 양분용탈에 의한 손실이 적다.

　㉢ 발효건조법(갈색건초)

　　• 비가 자주 오는 지방이나 계절에 이용할 수 있는 방법이다.

　　• 건초는 갈색을 띠므로 갈색건초(brown hay)라고도 한다.

　　• 예취 후 1~2일 포장에서 말려서 수분이 50% 정도되면 3~5m 높이의 원뿔형으로 쌓고 비닐 등으로 상부를 덮어 2~3일간 두면 강한 발효가 일어나 온도가 70~80℃로 올라가고 고온의 발효열에 의해 수분이 증발하여 빨리 마르고 발효향을 낸다.

　　• 온도가 올라가면 즉시 헤쳐 넓게 펼쳐 햇빛에 말린다.

　　• 잘 만들어지면 담갈색을 띠고, 잘못 만들어지면 흑갈색 또는 흑색을 띠게 된다.

　　• 이 건초의 제조과정에서는 약 40%의 건물손실이 있으며, 특히 전분과 카로틴 및 단백질 변성에 의한 가소화단백질의 손실도 크다.

② 상온송풍건조법
- 열원을 사용하지 않고 송풍기에 의한 송풍만으로 건조하는 방법이다.
- 예취 후 1~2일 포장에서 말려서 수분이 40~50% 정도된 풀을 송풍장치가 있는 창고로 운반하고 쌓아 올려 상온송풍건조기로 송풍하여 건조하는 방법이다.
- 시설, 노동력, 전기비용이 많이 들기 때문에 우리나라에서는 일반화 되어 있지 않다.
- 보통 건초수납고(mow, 우사의 2층 등)의 바닥에 송풍터널을 설치하고 그 위에 포장에서 예건한 풀을 쌓고 송풍하여 건조한다.

③ 화력건조법
- 화력을 이용하여 가열된 공기를 불어 넣어 건조하는 방법이다.
- 잎이 떨어지기 쉬운 두과 목초를 건조하는 것으로 영양분의 손실이 가장 적다.
- 생초에 가까운 품질을 확보할 수 있으나 비용이 많이 소요된다.
- 공기를 가열하는 방법에 따라 직접가열식, 간접가열식 등이 있고, 일반적으로 열풍발생장치(가열기와 송풍기) 및 건조실로 구성된다.

③ 건초 제조과정 중의 손실 ☑ **빈출개념** : 손실의 형태는 크게 포장손실과 저장손실로 나누며, 포장에 오래 둘수록 포장손실은 커지고 저장손실은 작아지는 경향이 있다.

㉠ 호흡에 의한 손실
- 식물은 예취 후에도 세포가 살아 있는 동안 당을 분해하여 호흡에너지를 얻는다(열, 물, 이산화탄소 배출).
- 세포의 생존기간이 길어질수록 호흡에 의한 양분손실은 크다(수분 40% 이하가 되면 세포 사멸).
- 맑은 날씨, 컨디셔닝은 호흡에 의한 손실을 줄이는데 도움이 된다.
- 건조기간이 짧으면 총건물의 2~8%, 길면(저온·고습) 16%의 손실이 있다.

㉡ 강우에 의한 손실(기상손실)
- 식물세포가 죽어 세포벽의 삼투기능이 없어지면 세포 내 양분이 세포 밖으로 나온다.
- 이때 비가 오면 수용성 양분은 용탈되어 막대한 양분손실이 발생한다.
- 단당류를 포함한 가용무질소물과 단백질의 용탈이 가장 심하다.

㉢ 잎의 탈락에 의한 손실(기계적 손실)
- 잎과 작은 줄기들은 빨리 마르고 쉽게 부스러지며, 반전과 집초과정에서 손실이 높다.
- 잎은 건물의 50%, 영양가의 2/3, 카로틴의 90%, 비타민, 무기물이 많아 탈락에 의한 손실이 크다.
- 화본과(평행맥)보다 두과 잎(부서지기 쉬운 그물맥)에서 손실이 크다.
- 컨디셔너는 잎과 줄기를 균형 있게 건조시켜 잎의 탈락을 적게 한다.
- 집초나 반전작업은 완전히 마르기 전이나 이슬이 마르기 전인 오전에 하는 것이 좋다.

※ **탈엽(脫葉)손실** : 건초 조제 시에 일반적인 조건하에서 가장 많이 나타나는 손실이다.

    ⓔ 발효 및 일광조사에 의한 손실
- 식물세포 내 효소에 의한 발효로 전분, 당분, 단백질, 카로틴 등이 손실된다.
- 날씨가 나빠 건조기간이 길수록, 풀이 고르게 펼쳐지지 않을수록 손실은 많아진다.
- 발효가 강하게 일어날수록 손실이 크므로 발열이 되지 않도록 반전을 빨리 한다.
- 충분히 마르지 않으면 저장기간 중에도 발효가 일어날 수 있다.
- 과도한 햇볕에 의한 탈색(카로틴 약 90% 이상 파괴)으로 일어날 수 있다.
   ※ **손실의 크기** : 호흡 6.5%, 기계 15.5%, 저장 5%, 용출 6%, 급여 시 3%

    ⓜ 저장손실(storage losses)
- 저장손실은 건초의 수분함량, 곤포 자체의 밀도, 창고 내에서의 퇴적밀도와 통기, 외부 온도와 습도 등이 관계가 있으며, 주로 박테리아의 활동에 따라 좌우된다.
- 손실은 당분과 열에 의한 손실이다.
- 통기성과 자연통풍이 잘되는 건초창고와 기술적인 쌓기 등은 손실을 줄이는 방법이다.

④ 건조와 보존
    ㉠ 건조효율을 향상시키는 방법
- 압쇄(conditioning)
- 반전(tedding)
- 탄산나트륨(Na_2CO_3) 사용
- 탄산칼륨(K_2CO_3) 사용

    ㉡ 건조제(drying agents) : 탄산나트륨, 탄산칼륨, 구연산 등으로 큐티클의 밀랍층(Wax)을 제거하여 수분증발을 향상시킨다.

    ㉢ 보존제(preservatives) : 유기산(프로피온산), 무수암모니아, 미생물 접종으로 미생물의 작용을 억제시켜 보존성을 향상시킨다.

⑤ 건초 가공품
    ㉠ 펠렛(pellet)
- 목초분말을 펠렛성형기로 고온·고압조건하에서 순간적으로 단단한 알갱이로 만든 것, 즉 수확한 목초를 건조하여 분쇄 후 압축 성형한 것이다.
- 용적이 줄어들어 취급과 수송이 편리하고 먼지발생을 줄여 줄 수 있다.

    ㉡ 큐브(cube)
- 짧게 자른 목건초를 압축성형기로 각형의 알갱이로 만든 것이다.
- 목건초의 세절편을 압축성형기를 통하여 각형으로 성형한 것이다.
- 펠렛에 비해 조사료의 특성을 그대로 간직하고 있다.
   ※ 수분함량은 목초 분말은 6~8%, 펠렛 6~8%, 큐브 12~14%, 밀도는 큐브가 조금 낮다.

(3) 평가 및 급여

① 외관 평가기준 ☑ 빈출개념

ⓐ 수확시기가 적절해야 한다.
- 예취시기가 늦어질수록 소화율이 떨어진다.
- 목초가 성장하면서 단백질, TDN 및 에너지는 감소하고 반면에 섬유소 및 ADF 및 NDF 함량은 증가한다. 이로 인하여 목초가 성장하면 할수록 사료가치는 감소한다.

> **더 알아보기** ADF와 NDF
>
> - ADF : 조사료의 소화율에 영향을 주는 요인
> - NDF : 가축의 섭취량에 영향을 주는 요인
> - 화본과 목초는 출수 전(1등급), 출수 초기(2등급), 출수기(3등급), 개화기 이후(4등급)에 따라 점수 차이가 크며, 두과 목초도 마찬가지이다.

※ 사료작물을 예취적기에 예취하였을 경우 가용성 탄수화물이 높은 것에서 낮은 순서 : 옥수수 > 오처드그라스 > 알팔파

ⓑ 영양가가 높은 잎이 많아야 한다. 특히 두과 목초에서 그러하다.
- 잎은 줄기보다 단백질이 많고 섬유질이 적게 들어 있으므로 잎의 비율이 높을수록 건초의 품질도 좋고, 녹색을 띠어야 한다.
- 잎 많음(1등급), 잎 다소 많음(2등급), 줄기 다소 많음(3등급), 줄기 많음(4등급) 등으로 구분한다.

ⓒ 녹색도가 좋아야 한다.
- 건초의 색깔이 연한 녹색~자연 녹색을 띠어야 좋다.
- 적기 수확, 비를 맞지 않고 건조, 음지에서의 저장 등 관리가 잘된 경우 녹도가 짙으며 녹색 정도가 진할수록(자연색) 카로틴과 단백질 등 양분 함량이 높아 품질이 우수하다.
- 건초의 색깔이 자연 녹색 1등급, 연녹색은 2등급, 연갈색은 3등급, 그리고 갈색~짙은 갈색은 4등급으로 평가된다.

ⓓ 냄새를 맡아보면 상큼한 풀 냄새(1등급)가 나야 한다.
- 건초 본래의 향긋한 냄새와 촉감이 부드러워야 한다.
- 퀴퀴한 냄새나 약간 썩는 냄새 등은 품질에 좋지 않다.

ⓔ 건초를 만져보았을 때 감촉이 유연하고 탄력이 있어야 한다.

ⓕ 곰팡이 발생 등 이물질이 없을수록 좋다.

ⓖ 건초의 가장 적당한 수분함량은 약 15% 정도이다.
- 수분함량이 15% 정도가 되면 식물체가 미생물의 작용을 받지 않고 저장이 가능할 뿐만 아니라 용적과 중량이 작아져서 운반과 저장이 편리해진다.
- 20% 이상되면 저장기간 동안 썩거나 곰팡이가 생겨 가축의 기호성이 떨어지고, 해를 줄 수 있다.

- 건초의 품질평가 시 고려해야 할 사항 : 녹색도, 수분함량, 이물의 혼입 정도(곰팡이의 발생 여부 등), 잎의 비율, 방향성과 촉감, 단백질·조섬유 함량, 수확시기, 냄새, pH 등
- 일반적인 건초 외관상 품질평가에서 중요도(평가 배점)의 크기 : 수확시기(숙기), 잎의 비율 > 향취, 녹색도 > 촉감

② 분석에 의한 화학적 평가에 의한 품질평가

㉠ 과학적인 분석을 통하여 도출하는 것을 상대사료가치(RFV ; Relative Feed Value)이다.

㉡ 이는 실험실의 화학적 분석을 통하여 조사료의 소화율에 영향을 주는 요인(ADF)과 가축의 섭취량에 영향을 주는 요인(NDF)을 적절하게 결합하여 수치를 도출하는 것으로 상대사료가치 100은 성숙한 알팔파의 품질에 해당하는 수치이다.

㉢ 조단백질, NDF와 ADF 함량을 분석한 다음, 건물섭취율(DMI)과 가소화건물(DDM) 함량을 계산한 후 상대사료가치인 RFV를 구한다.

3. 사일리지 제조

(1) 조제원리

① 사일리지의 개념

㉠ 사일리지는 우리말로 매초 또는 담근먹이라고 한다.

㉡ 목초나 사료작물을 사일로(사일리지 만드는 용기)에 저장하고 혐기성 젖산발효를 시킨 다즙질 사료이다.

㉢ 겨울철이 긴 우리나라에서는 매우 적합한 조사료의 저장 및 공급형태이다.

㉣ 유산균을 증식시켜 다른 불량 균들의 증식을 억제함으로서 저장성이 부여된 사료이다.

㉤ 발효손실, 삼출액의 손실 등을 줄이기 위해서는 재료의 수분함량이 가장 중요하다.

㉥ 젖산 발효의 문제점은 공기가 들어가게 되면 산소에 의해서 부패발효가 일어나게 된다. 따라서 혐기적인 유산균발효를 높이기 위하여 밀봉과 답압을 세심하게 한다.

② 사일리지의 장단점

장점	단점
• 건초에 비해 날씨의 제약을 적게 받아 연중 싸고 품질이 좋은 조사료를 급여할 수 있다. • 저장 시의 건물, 단백질, TDN(가소화영양소 총량), 카로틴 등의 영양분 손실이 적다. • 건초에 비하여 단백질, 비타민, 카로틴 함량이 높다. • 기호성이 떨어지는 재료도 사일리지로 만들면 가축에게 이용이 가능하다. • 다즙질사료를 공급하여 산유량을 높일 수 있다. • 사일리지 발효과정 동안 잡초종자의 발아능력이 떨어진다. • 건초보다 저장공간이 적게 필요하고, 화재의 위험성이 적다. • 기계화하기 쉬우므로 노력이 적게 든다.	• 건초에 비하여 비타민 D 함량이 적고, 송아지는 설사를 유발한다. • 특수한 기계나 시설(사일로 축조, 커터, 트랙터 등)이 필요하고 비용이 많이 든다. • 제조 시 일시에 많은 노력이 투여된다. • 건초에 비하여 수분함량이 높기 때문에 물량취급량이 과다하다.

③ 사일리지의 재료

　　㉠ 수분이 65~70%이고 당분, 가용무질소물 함량이 많고 단백질이 함유된 것이 좋다.

　　㉡ 호숙기~황숙기의 옥수수가 가장 좋고 그 밖에 목초, 수수, 귀리, 호밀 등이 있다.

　　㉢ 벼과(화본과) 목초는 탄수화물과 당분이 많으므로 사일리지의 발효가 잘된다.

　　㉣ 두과 목초는 당분 함량이 적고 단백질이 비교적 많이 함유되어 있어 사일리지 재료에 맞지 않는 것이 많다.

　　㉤ 사초용 수수잡종은 당 함량이 높고 수량이 우수하여 사일리지사료로 적당하다.

　　㉥ 수분이 많으면 양질의 발효를 기대하기 어렵다.

④ 사일리지의 발효과정

제1기 : 호흡작용	• 사일리지 재료를 넣자마자 일어나는 현상으로 호기성 상태 또는 호흡기이다. • 호흡을 통하여 가축이 이용하는 영양분을 물과 이산화탄소로 분해하고 열이 발생한다. • 단백질 분해효소의 작용으로 단백질의 분해도 병행하여 일어난다. • 답압·밀봉으로 사일로 내의 산소를 최저로 하여 단기간 호흡이 이루어져야 양분손실을 억제할 수 있다. ※ 호흡작용에 의한 손실을 최소화하기 위한 조치 　• 벽면주변 등 답압이 잘 안 되는 곳 등을 집중적으로 답압한다. 　• 윗부분은 수분이 약간 많거나 길이가 긴 재료로 충진하고 답압한다. 　• 외부에서 공기나 물이 들어가지 않도록 꼼꼼히 밀봉한다.
제2기 : 호기성 세균의 활동기, 초산발효	• 사일리지를 급여하기 위해 개봉 후 혐기성 조건이 깨지면서 호기성 세균에 의해 각종 성분이 분해된다. • 제2단계는 미생물 발효에 의해 pH 6~5에서 초산이 생성된다. • 호기성 세균은 호흡 시 산소를 이용하고 이산화탄소, 물을 생성하며 초산, 유산 등을 축적한다. • 사일리지가 호기적 조건에 노출되어 효모 및 곰팡이의 번식에 의해서 재발효하는 현상을 호기적 변패라고도 한다.
제3기 : 유산균 활동기	• 혐기성균인 유산균의 증식이 시작된다. • 혐기성균(주로 초산균)에 의해 만들어진 산(酸)이 사일로 내에 축적되어, pH 5.0 이하가 되면, 초산균의 활동은 서서히 억제되고, 유산균의 수가 점차 증가하면서 그 활동이 활발해 진다(사일리지 충전한 후 15~20일). • 활동하고 있는 혐기성균의 종류가 바뀌는 시기이다.
제4기 : 발효안정기	• 사일리지의 pH가 적정수준까지 떨어지면 사일리지 발효는 중지된다. • 유산 1.0~1.5%, pH 4.2의 안정상태가 된다. • 호기성 세균은 활동이 정지되고 유산이 축적된다.
제5기 : 낙산발효기	• 제4기까지의 발효과정에서 유산균의 활동이 충분치 않아 유산의 생성이나 산도의 저하가 미비한 경우 남아 있는 당이나 유산을 분해하여 낙산균이 생성되어 낙산발효가 일어난다. • 젖산균을 생성하는 박테리아의 증식 대신 클로스트리디아박테리아가 성장하여 젖산균 대신 낙산을 생산하여 신맛의 사일리지를 만든다. • 아미노산을 분해하고 이산화탄소를 생성하여 사일리지를 부패시킨다.

⑤ 유산균에 의한 사일리지 발효과정

　　㉠ 낙산발효

　　　• 당분해성 클로스트리듐은 1분자의 포도당이 1분자의 낙산, 2분자의 이산화탄소와 수소를 생성한다.

$$\underline{C_6H_{12}O_6} \rightarrow \underline{CH_3(CH_2)_2COOH} + \underline{2CO_2} + \underline{2H_2}$$

　　　　포도당　　　　　　　　낙산　　　　　이산화탄소 수소

- 낙산균이 유산을 분해하여 낙산, 이산화탄소, 수소로 만든다.

$$\underline{2CH_3CHOHCOOH} \rightarrow 2CH_3(CH_2)_2COOH + 2CO_2 + 2H_2$$
유산

ⓒ 유산발효

- 호모유산발효 : $C_6H_{12}O_6 \rightarrow 2CH_3CHOHCOOH$

- 헤테로 유산발효

  – $C_6H_{12}O_6 \rightarrow CH_3CHOHCOOH + \underline{C_2H_5OH} + CO_2$
  에틸알코올

  – $\underline{C_6H_{10}O_6} \rightarrow CH_3CHOHCOOH + \underline{CH_3COOH}$
  펜토스   초산

  – $C_6H_{12}O_6 + \underline{2C_6H_{12}O_6} + H_2O \rightarrow CH_3CHOHCOOH + CH_3COOH + \underline{2C_6H_{14}O_6} + CO_2$
  과당   만니톨

⑥ 품질이 좋은 사일리지를 만들기 위한 방법

ⓐ 재료의 수분을 적당히 조절한다(68~72%).

ⓑ 재료를 잘 밟아주고, 재료를 짧게 잘라 공기가 쉽게 배제되도록 한다.

ⓒ 충진작업을 가능한 한 단시간 내에 하고 외부공기가 들어가지 않게 철저히 밀봉한다.

ⓓ 유산발효가 잘 일어날 수 있게 당분 함량이 많은 재료나 당분 함량이 많은 첨가물을 섞어 준다.

ⓔ 건물 함량을 올리기 위하여 예건하고 비트 펄프나 곡류를 첨가한다.

ⓕ 밀기울이나 볏짚을 넣고 유산균을 살포한다.

※ 기타 주요사항
- 사일리지 조제 시 생성되는 유기산 중 빨리 생성되는 순서는 초산 → 젖산 → 낙산 순이다.
- 사일리지 발효과정의 시간순서는 혐기적 상태 → 젖산균 증식 → 산도유지 순이다.
- 사일리지의 발효에 영향을 미치는 것은 재료의 수분함량, 재료의 조단백질 함량, 재료의 수용성 탄수화물 함량, 완충력, 발효주도 세균의 형태, 발효속도, 발효에 수반되는 pH의 저하에 견딜 수 있는 재료의 재질에 의하여 결정된다.
- 옥수수 사일리지 조제 시 가장 적당한 수분함량 : 68~72%

(2) 사일로 종류 및 조제 방법

① 사일로(silo)의 종류

ⓐ 탑형 사일로

- 원통을 세워 놓은 것과 같다.

- 지상으로 올라온 부분에는 사일리지를 꺼내기에 편리하도록 높이 1~1.5m 마다 문을 만들고 이를 밀폐시킬 수 있도록 설계한다.

- 즙액 손실이 크고 충진과 급여 등 이용이 불편하다.

- 건축 시 공간이 작고 노출되는 표면적이 작아 충진과 급여 시 기계화가 많이 이루어져야 한다.

$$\text{원통형인 탑형 사일로의 용적} = \left(\frac{\text{사일로의 직경}}{2}\right)^2 \times 3.14 \times \text{사일로의 깊이}$$

ⓛ 트렌치(trench) 사일로

- 수평사일로라고도 하며, 우리나라에서 가장 많이 이용되는 사일로의 형태이다.
- 축사에서 가까운 평지나 경사면에 흙을 파고 바닥, 뒷면 및 양쪽 벽면을 콘크리트로 만들어 저장한다.
- 탑형 사일로에 비하여 시공이 간단하고 경비가 절약된다(사일로 설치 시 비용이 가장 적게 든다).

ⓒ 벙커(bunker) 사일로

- 트렌치 사일로를 지상에 설치한 것을 말한다.
- 바닥과 한쪽 끝면을 콘크리트로 견고하게 만들고 양쪽 벽면의 외곽에는 벽면을 받쳐 주는 버팀구조물을 세워서 만든다.
- 대부분 지상형으로 건축비가 싸며, 경사지를 이용하여 원료를 사일로에 충전시킬 수 있다.
- 사일로에 지붕을 설치하면 공간을 이용하여 건초사로도 이용할 수 있다.
- 사일로가 크면 충전시간 및 밀봉이 늦어지며, 공기에 접하는 면적이 크므로 2차 발효가 일어나기 쉽다.

ⓔ 스택(stack) 사일로

- 지상의 평면에 두꺼운 비닐을 깔고 사일리지 재료를 쌓은 다음 주위를 다시 두꺼운 비닐로 덮어 두는 것이다.
- 필요에 따라 어떤 장소에나 마음대로 옮겨 다니면서 설치할 수 있는 편리한 점이 있고 시설비가 필요 없는 장점이 있다.
- 밀폐상태로 보존할 수가 없으므로 폐기량이 많아지는 결점이 있다.
- 사일로 중 건물손실률이 가장 높다(30~35%).

ⓜ 기밀(氣密) 사일로(진공 사일로, 하베스터)

- 외부 공기를 완전히 차단하도록 강판, FRP 등으로 만든 것이다.
- 기능이 가장 우수하고 저수분 사일리지(헤일리지)에 적합하다.
- 사일리지를 꺼내 먹이는 도중에도 다시 상부에 채워 넣을 수 있다.
- 내부의 사일리지를 품질의 변화 없이 장기간 저장할 수 있고, 하부에 장치된 자동취출기(自動取出機)로 간단하게 꺼낼 수 있어 편리하다.

더 알아보기 **저수분 사일리지**

- 재료의 수분함량을 약 50%(40~60%)로 예건하여 사일리지를 만드는 방법이다.
- 발효가 억제되어 일반 사일리지에 비해 젖산 함량이 낮고 pH가 높다.
- 건물섭취량이 고수분 사일리지보다 많고, 즙액유실로 인한 손실이 없다.
- 겨울에 결빙의 염려가 작다.

ⓑ 비닐백 사일로 : 가변적인 사일리지 저장 체계로 추가로 생산된 양 만큼 비닐백을 구입하여 이용할 수 있다.

ⓢ 원형곤포 사일리지
  • 예취를 해서 하루 내지 반나절 정도 예건을 한 다음에 원형곤포로 만든 다음 비닐로 래핑하는 것이다.
  • 원형곤포를 이용한 비닐랩 사일리지 조제 시 작업단계 : 예취 → 집초 → 곤포 → 비닐감기 → 개별저장
  • 원형곤포 사일리지 조제에 있어서 예건은 단백질의 암모니아분해 및 낙산발효가 감소하므로 발효품질이 개선된다.
  • 예취 후 짧은 기간에 조제하여 기후의 영향이 작다.
  • 운반과 저장이 용이하고, 사일리지 유통이 쉽다.

[원형곤포 사일리지의 장단점]

장점	단점
• 건초에 비해 수확 시 손실을 줄일 수 있다. • 사일로 등의 시설이 필요 없다. • 기상변화에 대처할 수 있는 가변적인 생산체계이다. • 간편하고 신속하게 저장할 수 있다.	• 저장 중의 손실이 다른 담근먹이에 비해 많다. • 기계구입을 위한 자본투자가 크다. • 단기간에 노동력이 집중된다. • 비닐사용으로 환경오염 문제를 유발한다. • 수분조절(60~65%)이 어렵다.

◎ 총체 사일리지(whole crop silage)
  • 알곡을 생산하는 작물을 알곡과 줄기 및 잎을 같이 수확하여 사일리지로 조제한 것을 말한다.
  • 당 함량이 높아 양질의 사일리지 조제가 쉽다.
  • 단위면적당 영양소 수량 및 TDN 함량이 높다.
  • 수확이 늦거나 서리를 맞은 원료의 경우는 프로피온산을 첨가하여 조제한다.

② 사일로의 조제방법
  ㉠ 제조과정 : 예취 → 세절 → 운반 → 충전 → 밀봉(피복) → 가압

예취	• 사일리지 제조 시 가장 적합한 수분함량은 70% 내외이다(68~72%).
	• 수분과다 시에는 한나절 또는 하루 정도 예건시키거나 밀기울이나 쌀겨(미강), 보릿겨 등 수분조절제를 섞어 준다.
	• 작물별 적정 수확시기
	   – 호밀 : 출수기~출수 후기
	   – 청보리 : 호숙기~황숙 초기
	   – 귀리 : 개화기~유숙기
	   – 이탈리안라이그래스 : 출수기~개화기
	• 옥수수의 경우는 황숙기로 옥수수 종실을 손톱으로 눌러 딱딱하게 느껴질 때이다.
	• 수확적기보다 일찍 수확하면 단백질이 많고 탄수화물이 적으며 수분함량이 높아 젖산발효에 어려움이 있으며, 너무 늦게 수확하면 수분과 양분 함량이 부족하여 역시 젖산발효가 잘 일어나지 않고 기호성도 떨어진다. 따라서 재료의 적기수확이 매우 중요하다.

세절(절단)	• 절단하면 사일리지는 표면적이 확대되어 미생물이 접촉할 수 있는 면적을 넓힐 수 있고, 충진이 균일해지며 사일로 내의 산소를 줄여 주며 반추위 내 소화율을 개선시킬 수 있다. • 옥수수 1cm 내외(길어도 2cm 미만), 기타 작물 2~4cm로 절단하며 수분함량이 낮을 경우는 짧게 절단해 준다. • 옥수수의 경우 1cm 이하로 너무 짧을 때에는 곡실의 90%가 부서져 소화율은 높일 수 있으나 작업효율이 떨어지고, 가축급여 시 사료의 반추위 내 통과속도가 빨라져 사양효과가 현저히 떨어진다. • 2cm 이상으로 너무 길게 자를 때에는 젖산균이 적어져 사일리지의 품질이 저하되고 섭취량이 낮아진다. 절단 시에는 균일 절단이 유리하다. • 수확시기가 늦었을 경우에는 다소 짧게 잘라 주는 것이 좋다. • 사일리지 조제 시 재료를 세절할 때 이점 　- 즙액이 삼출을 촉진하고, 젖산균이 번식한다. 　- 단위면적당 많은 양을 넣을 수 있다. 　- 공기를 쉽게 빼내어 빨리 혐기상태로 만든다. 　- 에너지섭취량을 증가시킬 수 있다. 　- 재료 중의 영양손실과 사료의 허실량을 감소시킨다.
충진(사일로에 담기) 및 압(가압)	• 충진은 가능한 한 빨리 하고 트랙터나 포크레인 등을 이용하여 진압을 한다. • 진압은 공기를 배제시켜 유산균의 증식을 촉진시키며, 즙액의 삼출을 촉진하고 용적을 줄이는 데 있다. • 진압이 끝난 후 호기성 미생물의 발육을 막기 위하여 사일로의 윗부분을 비닐 또는 보온덮개로 덮어 외부로부터 공기나 빗물이 들어가지 않게 한다. • 맨 위에는 합성섬유제품으로 보호막을 친 후 헌타이어, 돌, 흙을 담은 마대 등으로 가압한다.

ⓛ 옥수수의 사일리지(silage) 제조
- 사일리지 조제 시 재료의 수분함량을 쥐기시험방법으로 추정할 때 물이 흘러나오거나 물방울이 손으로부터 떨어지면 수분이 85% 이상이다.
- 쥔 손을 서서히 폈을 때 재료의 덩어리가 흐트러지지 않으나 즉시 금이 가고 벌어질 때 가장 적당하다.
- 재료의 수분이 너무 많을 경우 미강이나 밀기울을 섞는다.

ⓒ 사일리지 첨가제와 용도 ☑ 빈출개념
- 산도(pH)저하제(무기산, 유기산) : 황산, 염산, 폼산(개미산), 프로피온산
- 발효촉진제(기질, 효소) : 당밀, 섬유분해요소, 녹말분해요소, 락토바실리균, 유산균(젖산균)
- 발효억제제(살균제) : 폼알데하이드, 헥사민
- 영양소첨가제(에너지, 질소물, 광물질) : 곡류, 전분, 요소, 탄산칼슘
- 수분조절제 : 밀기울, 비트펄프, 볏짚

※ 사일리지 제조과정에서 발효에 관여하는 미생물 중 저장성을 향상시키고 pH를 낮추어 주는 유익한 균 : 젖산균(lactic acid bacteria)
※ 사일리지의 숙성에 필요한 최소한의 저장기간 : 30~40일

③ 사일리지 조제 시 발생하는 양분손실 ☑ 빈출개념

　㉠ 호흡에 의한 손실 : 수분함량, 세절길이, 충진, 밀봉 등에 영향을 받는다.

　㉡ 수확(기계적) 손실 : 수확작업, 예건, 운반 등에서 오는 손실로 보통 건조제보다 적다.

　㉢ 발효에 의한 손실 : 재료의 수분함량, 재료의 당분, 유산균의 종류 등에 따라 달라진다.

　㉣ 삼출액에 의한 손실 : 재료의 수분함량이 68% 이상일 때, 특히 탑형 사일로에서 높다.
　　※ 사일리지 재료의 수분함량이 70% 이하일 때 사일로의 종류에 관계없이 건물 손실이 가장 적은 경우 : 삼출액에 의한 손실

　㉤ 급여손실 : 사일리지를 꺼내어 먹일 때 2차 발효 및 흩어짐에 의해 오는 손실로 보통 전체 생산량의 10% 내외이다.

　㉥ 표면부패 손실 : 햇빛 노출, 저수분 – 답압부족, 외부공기 유입에 의한 곰팡이, 효모 등에 의한 손실이다.

　㉦ 기타 손실 : 초기 고온·고압에 의한 단백질 변성, 열변성에 의한 소화율 감소 등이 있다.

※ 사일리지의 열변성
　사일리지 조제 중 내부온도가 상승하여 고온발효가 장기간 지속됨으로서 나타나는 열손상(heat damage)
　• 갈변화(褐變化)로 기호성이 저하되어 단백질소화율이 감소한다.
　• 목초 또는 사료작물을 저수분상태로 저장할 때 많이 발생한다.
　• 기밀사일로에서 많이 발생하고 있다.
　• 열손상의 정도는 불용성 질소(ADIN) 함량을 지표로 판단한다.

(3) 평가 및 급여

① 외관평가 ☑ 빈출개념

　㉠ 곡실 함유 정도 : 영양가가 높으므로 많을수록 좋다.

　㉡ 색깔(녹황색~담황색) : 색깔은 일반적으로 밝은 감을 주는 것이 좋다.

　㉢ 냄새 : 산뜻하고 향긋한 냄새가 나야 한다(새콤한 사일리지 특유의 냄새).

　㉣ 맛 : 상쾌한 산미, 신맛이 약간 나는 것이 좋은 품질의 것이다.

　㉤ 수분함량 : 물기가 적당하고 부드러움이 느껴지는 정도의 수분(70% 내외)

　㉥ 기호성 : 급여 시 가축이 거부하지 않고 잘 먹는 것이 좋다.

② 화학분석에 의한 평가

　㉠ pH가 낮을수록(4.2 이하) 젖산 함량이 많고 품질이 우수하다.

　㉡ 유기산 조성비율 : 젖산의 비율은 높을수록, 낙산의 비율은 낮을수록 좋다.

　㉢ 암모니아태질소 등 질소화합물 : 암모니아태질소비율이 낮을수록 좋다.

　㉣ 소화율 : 높을수록 좋다.

　㉤ 기산조성에 의한 사일리지의 품질평가기준표(Flieg법)

- 총산에 대한 초산의 비율은 사일리지의 질에 크게 문제가 되지 않는다.
- 옥수수 사일리지에 비하여 수수 사일리지는 총가소화영양소 함량이 낮다.
- 옥수수 사일리지를 평가하기 위하여 사일로를 개봉하고 깊숙한 곳에서 시료를 채취하여 손으로 꽉 쥐었더니 즙액이 한두 방울 떨어지고 손에는 톡 쏘는 듯한 산취가 오랫동안 가시지 않았다. 이것은 조기수확으로 수분함량이 너무 높고 과발효 또는 젖산발효보다 낙산발효가 더 많이 일어났을 것이다.
- 옥수수를 수확적기보다 일찍 수확하여 사일리지를 조제할 경우는 배즙량이 증가하므로 배수가 용이한 사일로를 이용한다.
- 사일리지의 pH가 낮으면 암모니아태질소 함량도 낮다.
- 저수분사일리지에서는 유산생성이 낮아 pH를 발효품질의 지표로 사용할 수 있다.
- 사일리지(엔실리지)의 품질을 고려할 때 가장 좋은 상태의 pH는 3.8~4.0이다.

③ 사일리지의 급여

㉠ 옥수수 사일리지의 가축급여를 위한 반출작업(트렌치 사일로)
- 사일리지는 조제 후 30~40일이 지나면 안정화되면서 가축에게 급여가 가능하다.
- 한 번 파내는 깊이는 10~15cm 이상이 적당하며, 가급적 노출면을 최소화한다. 노출면이 많으면 호기성 미생물이 다시 활동하여 영양분 손실이 크기 때문이다.
- 옥수수 사일리지는 단백질 함량이 낮아 육성우나 착유우 급여 시에는 단백질사료를 보충해 주어야 한다.
- 품질이 좋지 않은 사일리지는 반드시 양질의 건초나 농후사료 등을 보충하여 급여해 주어야 한다.

㉡ 축종별 급여요령

송아지 및 육성우	• 생후 4~5개월령부터 양질건초와 함께 1일 1kg 정도를 급여하고 차츰 양을 늘려 준다. • 생후 10~12개월령 육성우는 1일 10kg 정도 급여도 가능하다.
한(육)우	• 건물기준으로 체중의 1~1.5%를 다른 사료와 함께 급여한다. • 수분함량 70% 사일리지의 경우 체중의 3~4.5%를 급여한다. • 400kg 한우의 경우 1일 12~18kg을 급여한다.
젖소	• 사일리지는 다즙질 사료로서 젖소에 대한 기호성이 매우 좋다. • 발효가 잘된 사일리지는 착유우 두당 30~40kg(건물기준 체중의 2%)까지 급여한다.

㉢ 가축의 연간 사료필요량을 산출하는 방법
- 가축의 사양표준과 사료성분 성적표를 기준으로 추산한다.
- 젖소에 있어 1일 두당 생초급여량은 체중의 10~15% 정도를 기준으로 한다.
- 유우의 경우 1일에 그 체중의 약 10~15%의 생초를 기준으로 계획한다.
- 필요 영양분은 가소화성분으로 계산한다.
- ※ 소는 하루에 건초는 체중의 2~3%, 생초는 10~15%를 기준으로 한다.
  - 체중 500kg인 젖소에 가장 적합한 1일 생초급여량 : 50~75kg
  - 사양 시 체중 600kg의 소 1마리가 1일 섭취해야 할 건초의 양 : 12~18kg

적중예상문제

01 트리핑 현상에 대해 쓰시오.

정답 꽃이 핀 후 처음에는 암술대와 이를 둘러싸고 있는 꽃실집이 꽃에 의하여 눌려 있다가 곤충이나 고온 또는 건조 등의 자극을 받아서 암술대와 꽃실집의 선단부가 기판(旗瓣)을 향하여 솟아오르는 현상

02 한지형 목조와 난지형 목초를 각각 2가지씩 쓰시오.

정답 • 한지형 : 오처드그라스, 티머시, 톨페스큐, 켄터키블루그래스, 레드톱 등
• 난지형 : 버뮤다그래스, 달리스그래스, 옥수수, 수수, 수단그라스 등

03 산성토양에 강한 목초와 약한 목초를 각각 2가지씩 쓰시오.

정답 • 산성토양에 강한 목초 : 수단그라스, 연맥, 콩, 리드카나리그래스, 톨페스큐, 레드페스큐 등
• 산성토양에 약한 목초 : 알팔파, 보리, 스무드브롬그래스 등

04 단경기 작물로 가을에 재배하여 봄에 채취하고, 수분함량이 많아 건초사일리지 조제용으로 적합하지 않은 목초를 쓰시오.

정답 귀리

05 사일리지용 옥수수 품종 선택 시 고려해야 할 사항 3가지를 쓰시오.

정답 • 내병성, 내도복성이 강한 품종이어야 한다.
• 수확적기가 사일리지 조제시기와 맞아야 한다.
• 가소화영양소총량(TDN)함량이 높은 품종이어야 한다.

06 토양교정에 이용되는 석회의 특징을 쓰시오.

> **정답** • 석회는 토양유기물을 분해하여 토양미생물의 생존을 돕는다.
> • 전층시용이 표층시용보다 교정속도가 빠르다.
> • 입자가 굵을수록 효과의 지속성이 오래 간다.
> • 석회입자가 작을수록 교정속도가 빠르다.
> • 석회는 시비량을 여러 번에 나누어 살포한다.

07 혼파 시 종자량 30kg/ha를 30,000m² 초지에 A, B, C, D 종자를 5 : 2 : 2 : 1 비율로 파종한다면 B종자의 필요량은 얼마인지 구하시오.

> **정답** 총필요종자량 = 30kg/ha × 3ha = 90kg(∵ 1ha = 10,000m²)
>
> B종자의 필요량 = $90kg \times \dfrac{2}{10}$ = 18kg

08 혼파의 기본 조건에 대해 쓰시오.

> **정답** • 혼파되는 초종은 서로 기호성(방목)이나 경합력이 너무 차이가 나지 않고 비슷해야 한다.
> • 단순혼파가 중심이 되어야 하고, 4종 이상 혼파하지 않는다.
> • 의도된 목적에 맞도록 관리되어야 한다.
> • 최소한 콩과 1초종과 화본과 1초종이 혼파되어야 한다.
> • 초기 정착을 고려하여 방석형 초종을 혼파한다.
> • 조성 초기 수량과 정착 후 수량 및 지속성을 고려한다.
> • 화본과와 두과의 비율을 7 : 3으로 유지한다.

09 불경운초지개량법의 종류 및 특징에 대해 쓰시오.

> **정답** • 겉뿌림 초지조성 : 초지조성 대상지에 물리적 처리로 선점식생을 제거하고 석회, 비료, 종자를 뿌리고 갈퀴질, 복토, 진압 실시(장애물 제거 → 석회 및 비료살포 → 파종 → 진압)
> • 제경(발굽갈이) 초지조성 : 초지대상지에 소나 양을 집중 투입하여 발굽과 이빨을 이용한 선점식생을 제거한 후 파종 또는 다시 가축을 투입하여 진압
> • 임간초지조성 : 최대한 나무를 베지 않고 최소한의 물리적 처리로 초지를 만드는 방법. 임목생산과 가축, 물, 사료의 병행 생산 이용의 도모

10 우리나라는 산간초지가 많은데 개량대상 토지의 화학적 특성 4가지를 쓰시오.

정답 • 산성토양 : 우리나라 토양모재는 대부분 화강암 또는 화강편마암이고, 여름철 집중강우에 의하여 산성토양
이다.
• 유기물 부족 : 농경지(3%)에 비해 산악지의 토양은 유기물 함량이 1% 이하이다.
• 낮은 유효인산 함량 : 산지토양의 유효인산 함량은 11.3%로 농경지의 약 1/10 수준이다.
• 낮은 양이온치환용량과 염기포화도 : 산지토양은 칼슘, 마그네슘, 칼륨 등 양이온이 낮고 포화도도 낮다.

11 초지 갱신시기에 대해 쓰시오.

정답 • 화학성이 저하했을 경우 : 토양 pH가 5.0 이하로 산성화
• 물리성이 저하했을 경우 : 토양경도(산중식 경도계) 26mm 이상
• 식생이 악화됐을 경우 : 잡초의 발생, 나지의 발생, 불식과번지의 생성
• 기간 초종식생이 쇠퇴했을 경우 : 생산성 및 기호성이 낮은 초종의 구성비율 상승 등

12 청예 이용의 장점과 단점을 2가지씩 쓰시오.

정답 • 장점
 – 방목에 비해 ha당 30~50% 가축을 더 사육할 수 있다.
 – 먼 거리나 분산되어 있는 초지이용에 적합하다.
 – 사일리지나 건초에 비해 영양가의 손실을 방지한다.
 – 저장급여에 비하여 시설투자비용이 절감된다.
 – 영양 손실이 가장 적어 단위면적당 많은 사초를 가축에게 급여할 수 있다.
 – 방목에서 생기는 제상과 유린을 방지할 수 있다.
 – 사일리지나 건초 제조의 노력과 비용이 절약된다.
• 단점
 – 청초를 베고 나르는 기계장비 구입비용이 소요된다.
 – 봄철에 방목보다 2주 정도 이용이 늦다.
 – 연간 생산량이 불균형하다(조절필요).
 – 사사(舍飼) 시 생산된 분뇨를 처리해야 한다.
 – 고창증, 과식, 독초급여, 기타 이물질 등을 급여할 수도 있다.

13 테타니병의 원인에 대해 쓰시오.

정답 초지에 칼륨을 다량 시비한 결과 마그네슘의 흡수가 적어진 목초를 먹은 소의 근육에 발병하며, 흥분이나
경련 등의 신경증상이 나타난다.

14 방목지 2.5ha에 500kg의 착유우 13두와 300kg의 육성우 5두를 방목시킬 때 이 목구의 방목밀도를 계산하시오.

정답 $\dfrac{(500kg \times 13두) + (300kg \times 5두)}{500kg}$ = 16마리, 즉 16마리가 2.5ha에 방목 중이다.

∴ 방목밀도 = $\dfrac{16두}{2.5ha} = \dfrac{6두}{1ha}$

15 3ha의 방목지에 체중 500kg의 젖소 20두와 체중 250kg의 육성우 10두를 100일간 방목하였을 때 이 방목지의 방목일(放牧日, cow day)을 구하시오.

정답 $(20 \times 1.0) + (10 \times 0.5) \times 100 = 2,500일$

16 방목 시 발생할 수 있는 제상의 종류에 대해 쓰시오.

정답
- 토양에 따른 제상 : 발굽에 의한 피해는 미사질토·사질토보다는 식토·식양토에서 더 크다.
- 초종에 따른 제상 : 분얼경이 지표면이나 지표면 밑에 있거나 잎이 말려 있으면 제상의 피해가 적다. 포복성 초종은 습한 조건에서 잎이 길고 밀도가 높을 때 피해가 크다.
- 방목 강도에 따른 제상 : 단위면적당 강목밀도가 증가하면 제상은 크다.
- 가축 종류에 따른 제상 : 소와 말이 가장 크고, 면양이 그 다음이다.
※ 제상을 줄이는 방법 : 수분함량이 낮을 때 방목하고, 이동식 목책 사용, 사사 또는 운동장 내의 계류, 청예 이용 등

17 다음 (   ) 안에 들어갈 알맞은 말을 쓰시오.

사료의 종류에는 단미사료, 배합사료, (   )가 있다.

정답   혼합사료

해설   혼합사료 : 조사료, 농후사료, 첨가제 등을 혼합한 사료이다. 예 TMR

18 곡류사료의 영양적 특성 2가지를 쓰시오.

정답 • 에너지 함량이 높고 조섬유 함량이 낮다.
• 타닌은 풍부하나 리보플라빈은 부족하고, 나이아신의 함량도 낮은 편이다.
• 황색 옥수수를 제외한 곡류와 곡류 부산물에는 카로틴이 거의 존재하지 않는다.
• 일반적으로 칼슘과 인의 함량이 적다.

19 크럼블사료의 장단점을 쓰시오.

정답 • 장점
    - 사료의 부피를 줄일 수 있다.
    - 사료의 섭취량을 늘린다.
    - 어린가축의 사료섭취 용이하다.
    - 증체량 개선, 소화율 향상에 좋다.
• 단점 : 사료 가공비가 추가되어 가격이 비싸다.

20 라이밀(트리티케일)의 정의를 쓰시오.

정답 밀과 호밀의 종간교잡종

21 옥수수, 호밀, 사료용 수수, 혼파목초의 사일리지로 이용 시 수확 적기를 쓰시오.

정답 • 옥수수 : 황숙기 또는 건물 함량 30% 내외
• 호밀 : 개화기~유숙기
• 사료용 수수 : 호숙 중기~호숙 말기
• 혼파목초 : 출수 초기 또는 개화 초기

22 윤작의 장점 3가지를 쓰시오.

정답
- 토지의 이용성을 높인다.
- 지력을 유지·증진시킬 수 있다.
- 노력을 합리적으로 분배할 수 있다.
- 수량증가와 품질을 향상시킨다.
- 환원가능 유기물의 확보가 가능하다.
- 토양전염성 병충해의 발생이 감소하고 잡초가 경감된다.
- 토양유실이나 양분유실을 막아서 양분보존에 기여한다.
- 연작에 의한 생육장애(기지현상)가 경감된다.
- 미생물 및 곤충의 종 다양성을 확보한다.
- 다양한 작물재배로 노동력의 시기적 집중화를 방지한다.
- 잔비량이 많아지고, 토양의 구조를 좋게 한다.

23 어떤 목초의 영양소 함량 중 가소화조단백질 10%, 가소화조섬유 12%, 가용무질소물 26% 및 가소화조지방 함량이 1%일 때 이 목초의 가소화영양소총량(TDN)을 구하시오.

정답
TDN = 가소화조단백질 + (가소화조지방 × 2.25) + 가소화조섬유 + 가소화가용무질소물
= 10 + (1 × 2.25) + 12 + 26
= 50.25%

24 다음 어떤 목초의 성분 함량을 보고 가소화영양소총량(TDN)을 구하시오.

구분	성분함량(%)	한우소화율(%)
조단백질	16	74
조섬유	8	55
조지방	2.8	78
가용무질소물	4.7	92

정답
TDN = 가소화조단백질 + (가소화조지방 × 2.25) + 가소화조섬유 + 가소화가용무질소물
= (16 × 0.74) + (2.8 × 0.78 × 2.25) + (8 × 0.55) + (4.7 × 0.92)
= 11.84 + 4.914 + 4.4 + 4.324
= 25.48%

25 건초 제조과정 중 영양소 손실의 원인 4가지를 쓰시오.

정답 • 호흡에 의한 손실
  • 강우에 의한 손실(기상손실)
  • 잎의 탈락에 의한 손실(기계적 손실)
  • 발효 및 일광조사에 의한 손실
  • 저장손실(storage losses)

26 사일리지 첨가제의 종류를 쓰시오.

정답 • 산도(pH)저하제(무기산, 유기산) : 황산, 염산, 폼산(개미산), 프로피온산
  • 발효촉진제(기질, 효소) : 당밀, 섬유분해효소, 녹말분해효소, 락토바실리균, 유산균(젖산균)
  • 발효억제제(살균제) : 폼알데하이드, 헥사민
  • 영양소첨가제(에너지, 질소물, 광물질) : 곡류, 전분, 요소, 탄산칼슘
  • 수분조절제 : 밀기울, 비트펄프, 볏짚

27 원형곤포 사일리지의 장점과 단점을 각각 2가지씩 쓰시오.

정답 • 장점
  – 건초에 비해 수확 시 손실을 줄일 수 있다.
  – 사일로 등의 시설이 필요 없다.
  – 기상변화에 대처할 수 있는 가변적인 생산체계이다.
  – 간편하고 신속하게 저장할 수 있다.
  • 단점
  – 저장 중의 손실이 다른 담근먹이에 비해 많다.
  – 기계구입을 위한 자본투자가 크다.
  – 단기간에 노동력이 집중된다.
  – 비닐사용으로 환경오염 문제를 유발한다.
  – 수분조절(60~65%)이 어렵다.

28 사일리지 조제 과정에서 열변성의 정의와 영향을 쓰시오.

정답 • 사일리지 조제 중 내부온도가 상승하여 고온발효가 장기간 지속됨으로서 나타나는 열손상
  • 갈변화(褐變化)로 기호성이 저하되어 단백질소화율이 감소한다.
  • 목초 또는 사료작물을 저수분상태로 저장할 때 많이 발생한다.
  • 기밀사일로에서 많이 발생하고 있다.
  • 열손상의 정도는 불용성 질소(ADIN) 함량을 지표로 판단한다.

PART 05

축산경영학 및 축산물가공학

축산경영의 특징과 경영자원

1. 축산경영의 의의 및 특징

(1) 축산경영의 합리적 운영목표

① 자기소유토지에 대한 지대의 최대화

② 자기자본 이자의 최대화

③ 자가노동 보수의 최대화(가족노동임금의 최대화)

④ 경영 관리에 대한 이윤의 최대화

(2) 축산경영의 일반적 특징과 경제적 특징

① 축산경영의 일반적 특징

㉠ 생산물의 저장 : 경종농산물의 사료이용으로 저장성 증대

  예 부패하기 쉬운 사료자원을 동물체에 저장

㉡ 2차 생산의 성격 : 사료작물이나 목초재배를 통한 2차 축산물 생산

  예 경종농업에서 생산되는 유기물을 가축에 급여하여 축산물을 생산한다.

㉢ 물량감소의 성격 : 물량은 감소하고 가치는 증대된다.

  예 소고기 1kg을 생산하기 위하여 8.9kg의 사료량이 필요하다.

㉣ 간접적 토지관계 : 축산경영은 일반적으로 경지면적보다는 가축두수에 따라 규모가 결정된다.

㉤ 기타 : 경영규모의 영세성, 경영과 가계의 미분리, 가족 노작적 경영 등

② 축산경영의 경제적 특징

㉠ 농산물의 이용 증진 : 부산물을 경종농업에 이용

㉡ 노동력의 이용 증진 : 유휴 노동력의 연중 균등한 투입

㉢ 토지의 이용 증진 : 청예작물 재배, 임야지 이용

㉣ 자금회전의 원활화 : 우유, 달걀 등의 매일 생산으로 자금순환

㉤ 고도의 경영기술 필요 : 전문화된 기술이 필요

㉥ 생산의 안정화 또는 다양화 : 자연재해 피해가 적고 사육시기 조절로 가격의 안정성 향상

㉦ 경종농업과의 보완관계 : 유휴 노동력과 기계의 이용 등

③ 우리나라 축산의 현황

    ㉠ 전체 국토이용에서 농경지 및 전체 농업인구(농가)의 감소

    ㉡ 산업화로 인한 산업구조에서의 농업부분 약화

    ㉢ 농업부문에서 축산업 비중과 축산업 생산액 증가

    ㉣ 축산의 규모화, 기업화로 축산농가는 감소하였으나 가축사육두수는 증가

    ㉤ 식생활의 서구화 등으로 인한 소비증가

    ㉥ 수입사료 의존형, 가공형 축산

        예 사료가격에 의한 영향이 크고, 생산성 향상에 어려움

    ㉦ 축산을 위협하는 문제점이 지속적으로 발생

        예 시장개방, 사료원료가격 상승, 가축분뇨, 가축질병 등

    ㉧ 축산업의 기업화로 인한 합리적인 경영의 필요성 대두

    ㉨ 효율적인 의사결정을 위해 경영자로서 가져야 할 정보의 필요성 대두

    ㉩ 수출 의존도가 낮고, 도시근교 낙농경영의 발달

2. 경영자원의 유형과 특성

(1) 축산경영자원(토지, 자본, 노동 등)의 특징

    ※ **축산경영의 3대 요소** : 토지, 자본, 노동력(+4대 요소 : 경영기술)

    ① 토지

        ㉠ 기술적(자연적) 성질 : 사료작물의 재배성장 및 가축사육에 중요한 기능을 발휘하는 부양력, 가경력, 적재력의 성질이 있다.

배양력(부양력) (培養力, cultivate ability)	• 식물의 성장에 필요한 영양분을 공급하는 성질을 말한다. • 비옥도 또는 지력이라고도 한다. • 질소(N), 인산(P), 칼륨(K) 뿐만 아니라 철(Fe), 칼슘(Ca) 등 무기성분도 포함된다.

가경력
(可耕力,
arability)
	• 사료작물이 생육할 수 있는 힘, 뿌리를 뻗게 하고 지상부를 지지 또는 수분이나 양분을 흡수케 하는 물리적 성질을 의미한다.
	• 가경력은 토지의 상태, 즉 토지의 이화학적 성질인 토양의 수분, 토양의 기공, 온도 등과 같은 성질에 좌우된다.
	※ 가경력이 있는 토지
	  • 배수가 잘되는 토지
	  • 보수력(保水力)이 강한 토지
	  • 암반과 자갈 등이 없는 토지
	  • 경토(耕土)가 깊고 심토(深土)가 좋은 토지
	  • 조직구조가 양호한 토지

적재력 (積載力, loading ability)	• 축산물의 생산대상인 가축을 사육할 수 있고 가축을 사육하는 데 필요한 사료작물을 재배하는 장소로서의 기능을 한다. • 제반시설 및 노동이 가해지는 장소로서의 기능이다. • 축산에서는 방목지, 축사, 건물, 작업장 부지 등 그 이용 목적이 대단히 광범위하다.

ⓛ 경제적 성질 : 자본재로서의 기능을 발휘하는 불가증성, 불소모성, 불가동성의 성질이 있다.

불가증성 (불확장성)	• 토지는 임의로 만들거나(증가) 확장할 수 없는 성질이다. • 토지 소유의 독점성 부여, 개척·간척으로 경지 확대는 가능하다.
불소모성 (불가괴성)	• 토지는 소모되지 않고 불변하며 영구적으로 이용 가능하다. • 대농기구, 건물 등과 같은 고정자본재도 가치가 점차 소멸(감가상각)하고, 유동자본재는 1회 사용으로 그 형질이 변화하거나 또는 가치가 전부 소멸한다. • 토지는 이용하면 할수록 지력은 소모되나 토지 그 자체는 소모되지 않는다. • 토지가 다른 고정자본재와 달리 감가상각을 필요로 하지 않는 이유는 토지 자체가 소모되지 않기 때문이다.
불가동성 (비이동성)	• 토지가 자유로이 움직일 수 없는 성질이다. • 토지는 불가동성에 의한 입지조건에 따른 영향으로 농업의 경영형태가 달라진다. • 도시와 거리가 멀수록 조방적(자연력에 의존)인 축산을 한다. → 시장, 생산지와의 거리가 멀수록 생산물의 운반이 곤란하고 운임이 많이 소요된다. • 거리가 가까울수록 운임이 적게 소요되는 반면 지대가 높아지므로, 집약적인 경영형태로 토지를 이용한다. • 근교의 축산경영형태 : 양돈, 한우비육, 착유전업낙농 등 집약적 축산 • 원교의 축산경영형태 : 한우번식, 젖소육성우 등 조방적 축산

※ 농장과 시장의 경제적 거리 : 생산물이 시장에 도달하기까지의 시간과 운송비를 고려한 거리를 말한다.

ⓒ 토지의 종류와 이용

- 경지(논, 밭) : 농업경영에서 가장 기본적이고 중요한 지목으로 논과 밭에 의한 미곡 중심의 농업경영행태를 한다.
- 초지 : 가축사양에 필요한 목초재배 또는 가축을 방목하는 풀밭을 의미하며, 자연야초 위주인 목야지와 개량초지 위주인 목초지로 크게 구분한다.
- 임야 : 숲과 들을 아울러 이르는 토지로, 초지의 토지이용측면에서 필요하다.
- 기타 지목 : 논두렁, 제방, 하천부지 등

② **자본**

㉠ 농업자본의 특성

- 농업자본은 농업수익률(자본의 수익률)이 낮아 외부 자본투입이 제한된다.
- 농업경영의 목적을 더욱 효율적으로 달성하기 위하여 노동투입의 보조수단으로 자본을 투입한다.
- 농업자본과 농업노동 간 대체관계가 있다.
- 자본재는 화폐가 아닌 물적 재화의 형태로 생산에 참여한다.
  예 가축, 사료, 종자, 비료, 농기계, 축사 등
- 자산은 농가의 재산 개념이다.
- 농업자본은 가계와 경영을 구분하기 어렵다.
- 농업자본투자가 늘어난다고 해서 동시에 농업환경이 개선되는 것은 아니다.

ⓒ 농업자본의 종류

고정자본	• 노동수단적 고정자본재 : 대농기구 및 기계(트랙터), 건물 및 부대시설(축사) • 토지생산성을 높이는(제고) 고정자본재 : 토지개량설비, 관배수시설자본재 • 자체가 자본인 생물 : 대가축(번식용 가축−종축, 역우, 젖소, 산란계 종돈), 대식물(과수) ※ 고정자본재에 속하는 것 : 산란계, 번식용 가축, 종돈, 토지개량설비, 축사, 트랙터
유동자본	• 소동물, 재고농산물(우유, 달걀 등), 재고생산자재(사료, 종자, 비료, 농약 등) • 가축 : 비육우, 비육돈, 육계, 자축 및 육성 중인 모든 가축 등 • 단 1회의 이용으로 그 원형을 소실하여 그 가치는 생산물로 전화하는 것(약품, 깔짚 등) • 현물 : 가축, 원료, 재료 ※ 유동자본재 : 비육우, 육계, 사료, 비료, 가축약품
유통자본금	현금 및 준현금(예금, 수표, 어음 등) • 단기(2년 미만) 영농자금 : 농약, 사료, 비료, 약품 등의 구입비 • 중기(2년 이상 8년 미만) 영농자금 : 축산시설, 기계 및 장비구입비 • 장기(8년 이상) 영농자금 : 토지나 건물 투자자금

③ **노동력**

ㄱ 농업노동력의 일반특성
- 비연속성 : 자연의 영향을 받는 유기적 생산과정으로 농한기와 농번기가 발생 한다.
- 계절성 : 기온, 수분, 일조 등 자연의 영향을 크게 받으므로 노동수요가 연중 고르지 못하다.
- 노동 종류의 다양성(다변성)
  - 생산과정에서 그 종류가 많고 부단히 전환 교체되며, 농업생산에 있어서는 분업노동에 어려운 점이 많다.
  - 농업은 생산의 전 과정을 분업화 할 수 없고, 한 가지 작업의 전문화가 곤란하므로 기능공이 있을 수 없으며, 작업의 적기 수행의 여부가 생산량에 커다란 영향을 끼친다.
- 노동의 이동성 : 농업생산에서는 그 생산과정이 토지에 한정되어 노동수단이 이동한다. 즉, 농지를 따라 다니며 이동하므로 노동의 장소가 바뀐다.
- 노동감독의 곤란성 : 노동장소의 공간적 확대로 노동감독이 곤란해지고, 작업의 효과가 서서히 발현된다.
- 생산속도의 고정 : 자연조건이 생산과정의 시기와 종기를 결정하므로 생산속도를 조절 할 수 없다.
- 수확 체감성 : 처음에는 노동효용이 높으나 차츰 피로로 능률이 저하된다.
- 기타 육체적 중노동성, 저보수성 등이 있다.

ㄴ 농업노동력의 현상 및 문제점
- 노동력 부족 : 이농현상, 농업인구 비율감소, 노령화, 청장년층 부족
- 가족노동 집중 : 가족노동의 비중이 크다.
- 노동의 집약도 : 경지면적의 영세성으로 가족노작적 소농경영이다.
- 농업노동시간 : 지역, 계절적 차이가 있지만 1일 10시간으로 과중노동이다.

- 노동의 강도율 : 중노동으로 농민건강에 해를 준다.
- 농업노동의 계절적 불균형
  - 농번기에는 자가노동의 과중현상 발생, 노동력 부족으로 고용노동 실시(고용노임의 증가), 노동력 부족으로 작업적기를 놓치게 되어, 조잡하게 될 우려가 있다.
  - 농한기에는 거의 실업상태가 되어 농가경제 빈곤의 원인이 된다.
ⓒ 농업노동의 종류와 특징

자가노동		• 경영주 및 그 가족원이 제공하는 노동력을 말한다. • 노동에 대한 대가인 노임이 경영성과로 수취된다. • 경영의 노동수요와 무관하게 존재하고 증감한다. • 노동의 이용이 소득의 원천이다. • 노동감독의 필요성이 없고 창의적이며, 노동생산성이 극대화된다. • 자율적 노동이며, 노동시간에 구애받지 않는다. • 정신노동과 육체노동의 병행이며, 가족구성원에 의해 지배·결정된다. • 축산경영의 목적이 소득의 극대화에 있다. • 축산경영의 주체가 가족이고, 경영과 가계가 분리되어 있지 않다.
고용 노동	일고노동자 (일일고용 노동자)	• 일반적으로, 사업주와 일일고용계약을 체결한 노동자를 말한다. • 건강보험법에서의 일고노동자는 임시로 사용되는 것으로, 하루 단위로 고용되는 자 또는 1개월 이내의 기간을 정해 사용되는 자를 말한다.
	임시고 (계절고)	• 가족 노동력만으로는 농번기 등의 작업량을 일정기간 내에 수행할 수 없을 때 극히 단기간에 걸쳐 보조노동으로 고용하는 노동이다. • 주로 과잉노동력을 보유하고 있는 영세적 소농들이 공급함으로써 비교적 노동의 질이 높고 균일하다.
	연고	1년 이상의 기간동안 노동을 제공한다는 조건하에 경영주와 근로 소유자 간에 성립된 계약에 의해 이루어진 고용관계이다.
	품앗이	교환노동 즉, 친척 또는 이웃 간에 상부상조적인 협동적 노동관행으로, 노동의 대량수요가 일시적으로 발생할 때 노동교환이 생긴다.
	청부노동	일정한 작업량에 대하여 청부를 주고 그 대가를 지불하는 것이다.

※ **노동투하량** : 정신적 노동은 경영의 기획과 작업의 지휘 감독 및 경영성과분석 등이고, 중·소농의 경우는 육체적 노동이 대부분이며, 가족경영형태의 경영자의 노동은 정신적 노동과 육체적 노동의 혼합된 형태이다.

ⓔ 농업 노동생산성 향상책
- 노동수단의 고도화 : 영농 작업의 기계화, 자동화, 시설화
- 작업의 능률화 : 작업 방법의 표준화, 간략화
- 업의 공동화(분업화, 협업화) : 공동작업, 협업경영실시 및 생산기술의 전문화를 통한 분업화
- 노동배분의 합리화 : 노동자 능력에 맞는 작업분담 또는 경영계획수립 시에도 동원 가능한 노동력을 고려한다.

ⓜ 토지조건의 정비 : 배수시설의 정비, 경지정리, 경지교환·분합, 농로정비 등축산경영 운영에 있어 노동능률 향상 방안
- 작업의 간략화, 분업화, 협업화, 표준화, 기계화
- 노동수단의 고도화, 노동배분의 합리화
- 토지조건의 정비

④ 경영능력(기술)
　　㉠ 축산경영자의 주요 기능
　　　• 첫 번째 기능은 목표설정
　　　• 구체적, 합리적 계획수립
　　　• 생산요소조달, 조직운영, 생산물 판매 등의 경제 관리
　　　• 인적, 물적 조직의 통제감독
　　　• 진단 및 성과의 경영분석
　　㉡ 축산경영자의 역할
　　　• 무엇을 어떻게 얼마나 생산할 것인가의 결정
　　　• 생산물의 판매와 처분은 어떻게 할 것인가의 결정
　　　• 자본재(축산자재)와 노동력은 어떻게 구입 조달할 것인가의 결정
　　　• 축산경영 성과분석 및 계획수립
　　㉢ 축산경영자의 경제적 기능
　　　• 사료작물과 가축의 종류를 선택하고 결정한다.
　　　• 가축의 생산순서와 생산규모를 결정한다.
　　　• 생산부문의 경영집약도 결정한다.
　　　• 경영성과를 분석하고 경영계획을 세운다.
　　　• 생산자재를 구입하는 일
　　　• 최종생산물인 축산물을 판매하는 일
　　㉣ 축산경영자의 기술적 기능
　　　• 가축의 사육 방법을 결정하는 일
　　　• 경영에 적용할 생산기술을 결정하는 일
　　㉤ 축산경영자가 의사결정을 하는 과정
　　　• 문제의 정확한 파악
　　　• 관련 정보의 수집 및 관찰
　　　• 문제의 해결 방법 분석
　　　• 최선의 대안 선택
　　　• 실행
　　　• 실행한 행동에 대한 책임 감수
　　㉥ 축산경영의 의사결정 내용 중 효과적인 경영 관리계획에 속하는 항목
　　　• 경영목표와 적정경영규모의 결정
　　　• 필요한 생산기록사항의 결정
　　　• 외부로부터의 기술적, 전문적 원조의 필요성 여부 결정

(2) 축산경영의 입지조건

① 자연적인 조건

　㉠ 자연환경조건 : 토양의 비옥도, 토질 및 지형, 경사도(경작경사도 15°), 기상상태(기후, 강우량, 일조시간, 적설량 등), 지하수 등의 가축사양에 미치는 영향과 사료작물 재배 시 사료작물에 미치는 영향이 축산경영에 있어서 입지결정에 중요한 요소이다.

　㉡ 기후조건에서 가축은 온도에 영향을 받는다(가축의 적정온도 및 생산활동한계온도).

　　• 사육적온 : 한・육우 10~20℃, 돼지 15~25℃, 젖소 5~20℃, 산란계 16~24℃

　　• 습도 : 40~70%(80% 이상이면 생산량 감소)

② 경제적 조건(축산경영조직에 영향을 미치는 경제적 결정조건)

　㉠ 시장과의 거리 : 가까워야 한다.

　㉡ 토지가격 : 적정수준이어야 한다.

　㉢ 축산물과 생산재의 가격 : 적정해야 한다.

　㉣ 시장의 대소와 질

　㉤ 시장의 입지와 경제적 거리

　　• 농장과 시장과의 경제적 거리란 생산물이 시장에 도달하기까지의 시간과 운송비를 고려한 거리를 말한다.

　　• 시장에서 멀리 떨어진 양돈농가가 수취하는 수취가격은 시장에서 가까운 곳에 있는 양돈농가의 수취가격보다 낮다.

　　• 시장에서 멀리 떨어진 양돈농가가 구입하는 양돈기자재의 가격은 시장에서 가까운 곳에 있는 양돈농가가 구입할 때보다 비싸다.

　　• 시장에서 가까운 곳에서는 착유목장, 양돈, 비육우를 경영하는 것이 한우번식, 젖소육성우를 경영하는 것보다 유리하다.

　　• 송아지 생산농가는 시장에서 멀리 떨어져 있어도 무방하다.

③ 사회적・법률적 조건

　㉠ 사회적 조건 : 국민의 풍속・전통, 국민의 식습관, 문화생활 가능여부 등

　㉡ 법률적 조건 : 축산에 관한 정책(축산진흥정책 등), 재해보험, 개발제한여부, 절대농지, 보안림, 군사보호지역 등

　㉢ 과학기술의 발달 : 사육기술의 개량, 품종개량, 농기계발달 등

④ 개인적 조건

　㉠ 경영자의 신념・지식・경영목표・예산조달능력 등

　㉡ 가족노동의 많고 적음, 기술수준, 가축 및 농기계 등의 자원 등

⑤ 농업 입지이론

　ㄱ 튀넨(J. H. Von Thunen)의 고립국이론

　　• 경영조직에서 시장과 농장과의 거리에 따라 생산물과 집약도가 결정된다고 하는 '고립국'이론을 전개하였다(소비시장을 중심으로 하는 경영방식에 관한 이론).

　　• 상품의 시장가격과 운송비에 의해 농업경영의 지역 차 발생

　　• 도시에 가까울수록 집약적인 토지이용, 멀수록 조방적 토지이용

　　• 시장을 중심으로 6개의 동심원 구조 형성 : 자유식 농업(제1권) → 임업(제2권) → 윤재식 농업(제3권) → 곡초식(제4권) → 삼포식(제5권) → 조방적 목축(제6권)

자유식 농업	원예농업, 낙농업이 집약적으로 행해진다.
임업	당시에 주연료 및 건축재로 사용되는 목재는 중량이 무거워 운송비 부담이 크므로 도시 가까이 위치하였다.
윤재식 농업	사료작물의 재배로 지력 소모를 막고, 식량작물로 밀을 재배하며, 동시에 가축이 결합된 영농이다.
곡초식	곡물재배와 방목지가 교체되는 영농이다.
삼포식	지력유지를 위해 휴한지를 둔다.
조방적 목축	운송비 부담으로 농업을 포기하고 조방적 목축이 행해진다.

　　• 튀넨의 고립국에서 도시와 가장 가까운 곳의 경영방식은 자유식이다.

　　• 지대결정

　　　– 매상고에서 생산비와 수송비를 차감한 것이 지대가 되며, 매상고와 생산비가 일정하다면 지대는 시장과의 거리에 의해 결정된다.

> 지대 = 매상고 - 생산비 - 수송비

　　　– 튀넨에 의하면 농산물 가격, 생산비, 수송비, 인간의 형태변화는 지대를 변화시킨다.

　ㄴ 리카도 차액지대설

　　• 지대가 발생하는 이유는 비옥한 토지의 양이 상대적으로 희소하고 토지에 수확체감현상이 있기 때문에 곡물수요의 증가가 재배면적을 확대하게 된다.

　　• 비옥도와 위치에 있어서 열등지와 우등지가 발생하게 되는 바, 지대는 한계지를 기준으로 하여 이보다 생산력이 높은 토지에 대한 대가를 말한다.

　　• 한계지란 생산성이 가장 낮은 토지로 지대가 발생하지 않는다. 따라서 어떤 토지의 지대는 그 토지의 생산성과 한계지의 생산성 차이에 의해 결정된다.

　　• 지대는 토지생산물가격(곡물가격)의 구성요인이 되지 않으며, 또한 될 수도 없다. 따라서 토지생산물가격(곡물가격)이 지대를 결정한다.

　　• 평가 : 토지의 위치문제를 경시하였고, 비옥도 자체가 아닌 비옥도의 차이에만 중점을 두었다. 최열등지라 하더라도 지대가 발생하는 것을 설명하지 못한다.

ⓒ 브링크먼(Brinkmann, 1922) : 경영집약도의 측면에서 생산수단을 시장부문과 농장부문 및 임금부문으로 구분하고 이것을 시장과의 거리에 연결시켰으며, 운임차와 생산비 및 판매비와의 관계에서의 차이는 지대와 다르다고 하여 이것이 경영방식 결정 시 입지의 문제라고 하였다.

> **더 알아보기 낙농경영의 입지조건 ☑ 빈출개념**
>
> • 수리와 교통이 편리한 지대
> • 초지면적이 충분한 지대
> • 전기, 도로 등 기간시설 근접 지대
> • 공업단지와 멀리 떨어진 지대
> • 지하수가 풍부한 지대
> • 전기나 도로와의 접근성이 양호한 지대
> • 헬퍼조직이 활성화된 지대
> • 시장과 거리가 가까운 지대

(3) 자본재의 종류와 평가 방법

① 자본재의 개념

ⓐ 경제적 관점에서 유형자본재와 무형자본재로 구분된다.

ⓑ 노동의 투입관점에서 노동대상 자본재와 노동수단 자본재로 구분된다.

ⓒ 자본재 존속기간의 장단에 의하여(감가상각의 유무) 고정자본재와 유동자본재로 구분된다.

ⓓ 자본의 한 형태로서 구체적이고, 물적인 생산수단이다.

ⓔ 축산경영에 있어서 자본재란 축산경영자가 축산물을 생산하기 위하여 투입하는 토지 이외(인간에 의해 생산되지 않는 토지는 자본재라고 할 수 없다)의 물질적 경제재를 의미한다.

※ **물질적 경제재** : 인간에 의해 생산된 생산수단 내지 생산물로써 1회 또는 일정기간 사용한 후 소멸되므로 경영활동을 지속하기 위해서 계속 보충해야만 가능한 것을 말한다.

ⓕ 자본재란 과거노동의 결과 생산되었고 또 앞으로 생산수단으로서 사용될 재화를 말하며 자본의 일부적인 개념으로서 물적, 기술적인 생산재화의 성질을 갖는 것을 말한다.

ⓖ 자본재는 소비재와는 다른 것으로 경영목표를 달성하기 위한 생산수단을 뜻한다.

※ 자본은 종합적인 개념으로서 생산 및 유통과정을 통하여 운영되는 화폐가치의 총액을 의미한다.

② 자본재의 종류 ☑ 빈출개념

고정 자본재	무생	• 건물 및 부대시설 : 축사, 사일로, 사무실, 창고 등 • 대농기구 : 트랙터, 경운기, 쇄토기, 파종기, 예취기, 제초기, 트레일러, 분무기, 퇴비살포기, 사료제조 및 급여기, 가축 관리용구, 분만용구 등 • 토지 및 토지개량 자본재 : 관개 · 배수시설, 농로 등 토지생산성을 높이는 시설
	유생	• 동물자본재(대동물) : 육우, 역우, 번식우, 번식돈, 종계, 채란계 등 • 식물자본재(대식물) : 목초, 사과, 배 등의 과실수, 영구초지 등

유동자본재	• 1회 사용 또는 1년 안에 소모되거나 그 원형이 손실되는 것을 말한다.
	• 생산량의 증대에 따라 비용이 증가하는 것으로 감가상각의 대상이 되지 않는다.
	• 소기구 등은 1년 이상 사용할 수 있다 하더라도 감가상각의 대상이 되기에는 미미한 것이므로 소모품으로 간주한다.
	  – 원료 : 사료, 종자, 비료, 건초 등 생산물의 증산에 직접적인 영향을 미치는 것이다.
	  – 재료 : 약품, 연료, 깔짚, 농약, 소농기구, 비닐 등 생산물의 증산에 직접적인 영향을 주지 않으나 소요되는 소모품을 말한다.
	  – 소동물 : 비육우, 비육돈, 육계 등, 자축 및 육성 중인 가축
	  – 미판매 축산물 : 우유, 달걀 등

③ 자본재의 평가 방법

　㉠ 자본재평가의 의의 : 기말대차대조표상의 자산재고를 평가하고, 동시에 손익계산서의 계상에 의해서 당기의 손익성과를 분석하기 위한 목적으로 기말의 수량을 조사하고 평가하는 것을 의미

　㉡ 자본재의 평가 방법

　　• 취득원가법

　　　– 자산을 구입할 경우 구입가격과 구입 시 소요되는 제반비용을 합산한 비용 또는 생산할 경우 생산비에 의해서 평가하는 방법이다.

　　　– 축산경영의 고정자산평가에 있어서 일반적이며, 기초로 하는 평가법이다.

　　　– 경영의 안전한 운영을 나타낼 수 있다.

　　• 시가평가법 : 자산을 평가시점의 시장가격에 의해서 평가하는 방법으로, 결산 시 자산의 가치를 객관적으로 나타낼 수 있다.

　　• 추정평가법 : 현존의 자산이 고귀품이거나 현재 존재하지 않아 취득원가법과 시가평가법에 의해서 평가할 수 없는 자산일 경우 그 재화와 효용이 같은 유사재화의 취득가격을 평가기준가격으로 하는 방법이다.

　　• 수익가평가법 : 토지와 같은 부동산의 경우 매년 얻어지는 순이익을 기초로 평가하는 방법이다.

$$수익가격 = \frac{연간순이익}{그\ 지역의\ 평균이율}$$

　　• 저가평가법 : 취득가격과 시가 중 낮은 가격을 기준으로 평가하는 방법이다.

　㉢ 고정자본재의 평가

　　• 토지자본의 평가 : 구입가격(부대비용 포함), 시가, 수익가격, 임대가격

　　• 건물 : 건축가격, 수취가격 및 평가액

　　• 대농기계 : 취득가액 또는 평가액

　　• 가축 : 구입가격(부대비용 포함), 시가평가액

　　• 초지 : 토지평가금 + 초지조성비(종자대, 비료비, 노동비 등)

④ 고정자본재의 감가상각 ☑ 빈출개념
  ㉠ 감가상각의 개념
    • 감가 : 고정자본재가 사용 후 시간이 경과함에 따라 자연적으로 노후, 결손, 마모 등으로 인해서 그 가치가 점차 줄어드는 것이다.
    • 감가상각 : 시간의 흐름에 따른 자산의 가치 감소를 회계에 반영하는 것이다. 경영적인 측면에서 이익과 관계없는 경제적인 비용이므로 추정 또는 유효 내용연수에 감가된 상당액을 경영비(또는 생산비) 산출 시 계상함과 동시에 고정자본재의 평가액을 절하시키는 절차이다.
    • 감가상각의 목적 : 내용연수 내로 고정자산의 취득원가를 매년 계속적으로 계산하여 절감하고, 생산물의 수익에 의해서 고정자산에 투하된 자본을 회수함으로써 고정자산 본래의 감모가 없이 생산을 지속적으로 하는 데 있다.
  ㉡ 감가의 원인
    • 사용 소모에 의한 감가(물질적 감가)
      – 고정자산을 계속적으로 사용하므로 가치의 감소가 발생하는 경우
      – 자연적 소모에 의한 감가 : 사용하지 않아도 시간이 경과함에 따라 자연적으로 물리화학적인 작용에 의하여 점차적으로 경제적 가치가 감소되는 경우
    • 진부화에 의한 감가(경제적, 기능적 감가)
      – 과학의 발달에 따른 새로운 자본재의 개발로 인하여 기존 자본재의 진부화가 발생
      – 부적합에 의한 감가 : 규모의 확대에 따라 기존의 자본재가 부적합함으로서 새로운 자본재의 구입으로 발생되는 감가
    • 재해, 재난, 도난 등에 의해서 발생되는 감가(우발적인 요인)
  ㉢ 감가상각법의 종류
    • 정액법(직선법)

$$\text{매년 감가상각비} = \frac{\text{고정자본재의 구입가격(생산가격)} - \text{폐기가격(잔존가격)}}{\text{내용연수}}$$

      – 기존가격(구입, 생산가격)에서 잔존가격을 차감한 잔액에 대해서 내용연수로 나눈 값을 매년 감가상각비로 책정하는 방법이다.
      – 내용연수에 관계없이 감가상각비가 매년 균등하게 똑같은 액수로 상각한다는 장점이 있다.
      – 고정자본재의 가치감소의 실정과 대응이 되지 않는다는 단점이 있다.
      – 가장 간단하며 농업경영이나 축산경영에서 보편적으로 사용되고 있다.

• 정률법(체감법)

$$감가상각비 = 기망상가잔액(장부가액) \times 감가율$$

$$R = 1 - \sqrt[n]{\frac{S}{C}}$$

여기서, R : 상각률
n : 내용연수
S : 잔존가격
C : 취득가격

- 구입가격에서 감가누계액을 차감한 감가상각잔액에 대하여 매년 일정률을 곱하여 얻어진 값으로서 연수가 경과함에 따라 감가상각비가 점차 체감하는 방법이다.
- 일정한 비율로 체감하는 감가상각이다.
- 초기에 능률이 크고 잔존가격이 큰 트랙터, 경운기 등에 적합하다.
- 복잡하고 어려운 단점이 있으나 가장 합리적인 방법이다.

• 급수법

$$감가상각비 = (취득원가 - 잔존가치) / (잔존내용연수 / 1 + 2 + 3 + \cdots + 내용연수)$$

- 자산평가액을 내용연수의 합계로 나눈 후 그 연수의 역(逆)을 곱하여 각 연도의 상각(償却)액을 계산하는 감가 방법이다. 즉, 구입가격에서 잔존가격을 뺀 금액을 해당 자산의 내용연수의 합계로 나눈 후 남은 내용연수로 곱하여 감가상각비를 산출한다.
- 기계류 등에서 초기에는 많게, 후기에는 적게 감가상각을 실시하는 것이다.

※ **소의 감가상각**

• 젖소 = $\dfrac{초산우\ 평균가격 - 잔존가격}{내용연수}$ = $\dfrac{현재\ 평가액 - 잔존가격}{잔여\ 내용연수}$

• 번식우(역우) = $\dfrac{현재\ 평가액 - 잔존가격}{잔여\ 내용연수}$

단, 육성중인 육우는 감가상각하지 않는다.

축산경영계획 및 조직화

1. 축산경영 계획수립

(1) 축산경영계획법의 종류와 계획의 과정

① 축산경영계획의 과정

㉠ 경영계획의 순서

- 계획 → 조직 → 운영 → 평가 → 통제 → 조사 → 분석 → 계획의 순환과정
- 계획은 진단(경영실태조사 → 판단 → 요인분석)과 계획(대책의 처방)의 단계를 거친다.
- 축산경영은 계획, 실행, 통제의 순서로 진행된다.

㉡ 축산경영계획상의 유의점

- 축산물은 가격변동이 불안정하므로 판매가격은 경영계획 시의 가격이 아니라 전년도의 평균가격으로 한다.
- 축산물의 판매단가는 약간 낮게, 생산요소의 구입단가는 약간 높게 설정하여 가격변동에 따른 경영계획의 융통성이 있게 한다.
- 축산경영에 따른 소득수준은 인플레이션이나 디플레이션을 고려하고 경영규모나 기술은 변동될 것을 예상하여야 한다.
- 축산경영계획의 주체는 경영자가 되고, 경영계획은 경영자의 경험 및 목표가 포함되어야 하며, 실무자(농장장 또는 직원)도 경영계획을 이해할 수 있어야 한다.
- 축산경영 계획 중 생산계획은 실현 가능한 기술수준을 전제로 하여야 하고, 가시적인 (사료급여량 및 토지사용면적 등)이나 자가 노동시간 등과 같이 생산요소로 간주된 부분도 포함하여야 한다.

② 축산경영계획법의 종류

㉠ 표준계획법(표준비교법) ☑ **빈출개념**

- 경영실험농장(표준모델농장)의 경영성과 등의 자료를 비교하는 것이다.
- 시험성적이나 전문가의 경험을 토대로 하여 가장 이상적인 진단지표를 작성한 뒤 진단농가와 비교하는 경영진단 방법이다.
- 경영자가 가축의 생산능력, 토지의 이용, 노동력의 배정, 작업체계, 경영수익, 경영비, 토지소득, 자본수익 등과 같은 표준모델농장의 경영성과를 비교 분석하여 표준모델농장에 근사하게 접근할 수 있도록 경영을 실행해 가는 계획이다.

- 우수한 모델농장의 실적을 기초로 하여 그 성과를 분석하면서 유사한 경영형태를 설계하는 실용성이 있는 방법이다.
- 표준모델농가를 설정하기가 어렵고, 표준적 지표 설정의 기본조건을 충분히 이해하고 있어야 한다.
- 경영자의 능력 등 경영성과가 눈에 보이지 않는 요인에 의해서 차이가 발생할 수 있다.
ⓛ 직접비교법
- 경영규모 및 형태가 비슷한 많은 농가들을 조사하여 그 평균치를 비교기준치로 정한 뒤 진단농가와 비교하는 진단 방법이다.
- 경영형태가 동일한 목장 중에서 모범적인 목장을 선정하고 경영성과를 비교하여 경영계획을 수립하는 방법이다.
- 경영자와 생산요소의 투입 및 산출관계 등의 경영 전체의 성과를 파악할 수 있는 자료가 필요하다.
- 자가목장의 경영여건과 가장 유사한 평균치를 기준으로 하기 때문에 가장 신뢰성이 있다.
- 많은 기간에 걸쳐 수립된 경영실적을 자료로 하여 자가경영성과를 비교하여야 하므로 많은 시간이 요구된다.
- 기술적, 경영적 성과분석지표를 가지고 있는 농장을 찾기가 어렵다.
ⓒ 예산법(대체법, 시산계획법)
- 모든 경영부문을 종합적으로 또는 부분적으로 다른 부문과 대체할 경우에 농장의 수익변화를 검토하고, 여러 대안 중 효율적인 방법을 선택하여 경영계획을 수립하는 방법이다.
- 예측을 근거로 한 여러 대안 중 가장 적합한 개선안을 선택하여 경영계획을 수립한다.
- 예산법에는 부분예산만을 대상으로 할 것인가 또는 경영 전체를 종합한 예산으로 할 것인가에 따라 부분예산법과 종합예산법으로 분류한다.
- 부분예산법 : 경영을 전체로 보지 않고 특정한 부분에 새로운 경영 방법을 도입하여 거기서 나타나는 효과를 시산하는 것이다.
  예 가축생산계획, 가축 관리계획, 사료작물계획 등
- 종합예산법 : 경영 전체로 확대한 것으로서 다른 요령은 부분예산법과 같고, 경영의 전 부문과 구입, 판매 등의 분야에 대하여 투입산출을 전체적으로 계산하는 점만 다르다.
ⓓ 선형계획법
- 제한된 자원을 각 생산부문에 합리적으로 배분하기 위하여 생산조건을 수식화하고 최적화시키는 계획 및 분석기법이다.
- 순수익최대화 또는 비용최소화를 위한 계획으로 목적함수와 제약함수를 구체화해야 한다.
- 선형계획의 3요소는 제약조건, 목적함수, 비부조건이다.
  ※ **비부조건** : 선형계획법에 있어서 제약식 중 마이너스(−) 값을 가질 수 없다는 조건이다.

ⓜ 적정(목표)이익법 : 경영계획의 기준과 합리화의 척도가 되는 적정(목표)이익을 결정한 후 이를 기준으로 축산물 생산계획, 구매계획, 판매계획, 재무계획, 시설투자계획 등을 체계적으로 세우는 것이다.

(2) 목표이익·생산·판매·투자계획

① 목표이익계획

ⓐ 이익계획의 개념
- 경영자가 경영목표와 방침을 설정하고, 계획하여 예상되는 생산비, 수익 및 소득 등의 관계를 파악하는 경영계획 중의 한 과정이다.
- 목표이익을 설정하고 이를 기준으로 판매액과 소요되는 비용을 결정하는 관리계획이다.
- 수익과 비용, 투하될 총경영자본을 예측하고, 목표이익을 달성하기 위하여 조수익, 경영비 및 생산비를 통제한다.
  - 목표소득 = 예상조수익 − 허용경영비
  - 적정목표소득 = 목표조수익 − 허용경영비
  - 적정목표이윤 = 목표조수익 − 허용생산비

ⓑ 손익분기점 분석
- 경영자가 어떤 수준의 생산량과 조수익에서 손실과 이익이 발생하는가를 알려고 할 때에는 그 농장(기업)의 손익분기점이 필요하다.
- 손익분기점은 이익증대 방법을 용이하게 발견할 수 있으므로 이익계획에 널리 이용된다.
- 손익분기점 분석의 순서 : 목표이익의 설정 → 손익분기점의 도표 작성 → 자본도표 작성 → 이익계획표 작성

ⓒ 수익과 비용의 관계로부터 조건이 변화하는 경우
- 축산물 판매가격의 변동 : 수익의 증감
- 사료 등 소모자재의 구입가격 변동 : 비용의 증감
- 시설, 대농기구 등 신규구입에 의한 고정비의 증가 및 판매에 의한 고정비의 감소 : 비용의 증감

ⓓ 손익분기점 ☑ 빈출개념 : 일정기간의 조수익(매출액)과 비용이 교차하는 점, 즉 이익과 손실이 없는 점이다.
- 조수익(매출액 + 평가액) − 비용 = 이익
- 조수익 − 비용 = 0 → 손익분기점
- 조수익 = 비용 → 손익분기점
※ 비용이 경영비일 경우는 소득손익분기점, 비용이 생산비일 경우는 이윤손익분기점이라 한다.

ⓜ 축산경영의 손익분기점 활용범위와 수단
- 목표이익을 달성하기 위한 조업도 및 비용의 허용한계
- 농장의 최저 및 적정조업도의 결정
- 일정한 조업을 했을 때의 예상되는 이익과 비용
- 비용변동이 생산비 원가에 미치는 영향
- 고정비 또는 변동비가 변화했을 때의 기업손익의 변화
- 제품의 가격변동이 제품에 미치는 영향
- 예산편성에 있어서 비용의 허용한계
- 시설투자가 기업손익에 미치는 영향

ⓑ 손익분기점을 사용할 경우의 전제조건과 한계
- 각 생산물 농장의 생산비율이나 판매율이 일정하여야 한다.
- 비용은 반드시 고정비와 변동비로 분해할 수 있어야 한다.
- 당기의 판매량과 생산량이 같아야 한다.

ⓐ 손익분기점을 사용 시 전제조건이 성립하기에 따른 문제점
- 비용을 고정비와 변동비로 구분해야 하나 준고정비, 체증비, 체감비, 비약비 등이 있으며, 변동비도 각각 그 변동비율이 다르다.
- 이론적으로는 고정비와 변동비의 구분은 명백하나 실제로는 고정비가 변동하는 경우도 있고, 변동비가 고정화될 수도 있다.
- 물가나 비용의 단가가 항상 유동적이며, 매출단가도 변화한다.
- 다품종제품을 생산하는 농장에서는 항상 제품별 매출구성비율이 변동한다.

> **더 알아보기** 손익분기점과 비용분해
>
> - 비용을 고정비와 변동비로 구분함으로써 손익분기점을 산출할 수 있다.
> - 비용분해 방법 : 개별법(계정과목분해법), 기술적 분석법, 비례율법, 경영공학적 분석법, 실적분석법(산포도표법, 최소자승법) 등이 있다.
> - ※ **최소자승법** : 산포도표법의 문제점을 보완하여 정밀히 세워진 통계적 기법, 과학적이고 객관적이며 정확히 비용을 분해할 수 있다. 따라서 방정식에는 직선, 포물선 등이 사용되나 비용해법은 직선방정식을 사용한다.

ⓞ 손익분기점 산출공식 ☑ 빈출개념

> - 손익분기점 $= \dfrac{\text{총고정비}}{1 - [\text{상품개당 변동비/판매단가}]}$
> - 이윤 = 총수익 − 총비용 = 총수익 − 총고정비 − 총유동비(∵ 손익분기점에서 이윤 0)

ⓩ 손익분기점률과 안전율 ☑ **빈출개념**
- 손익분기점률과 안전율은 총매출액 중 어느 정도의 매출액으로써 수지균형을 이루는가를 나타내는 지표이다.
- 손익분기점률과 안전율은 상대적인 관계이다. 즉, 손익분기점률이 60%라면 안전율은 40%가 된다.

$$\text{손익분기점률} = \frac{\text{실제매출액} - \text{안전매출액}}{\text{실제매출액}} = \frac{\text{손익분기매출액}}{\text{실제매출액}}$$

ⓩ 한계이익률(Marginal Contribution Ratio)
- 매출액(총수입)에 대한 한계이익의 비율이다. 즉, 총수입 중에서 변동비를 뺀 이익을 총수입으로 나눈 것이다.
- 복합경영 시 각 부문별로 한계이익률을 산출하여 비교함으로써 한계이익률이 가장 높은 부문의 생산량을 높이는 것이 전체경영을 효과적으로 할 수 있다.

$$\text{한계이익률} = \frac{\text{매출액} - \text{변동비}}{\text{매출액}} = \frac{\text{한계이익}}{\text{매출액}}$$

② 생산계획
ㄱ 축산경영에서 생산계획 수립 시 고려해야 할 사항
- 적정목표이익 달성을 위하여 무엇을 얼마만큼 생산할 것인가?
- 어떤 방법에 의하여 생산계획을 수립할 것인가?
- 왜 또는 누구를 위하여 생산을 할 것인가?
ㄴ 축산경영자의 수요량 예측요인
- 인구(가족의 규모, 연령별 기호 및 인구구성 등)
- 가처분소득
- 소비지의 지역적인 위치(해안 또는 내륙)
- 소비자의 기호 및 선호, 대체재와 보완재의 가격 등
ㄷ 수요예측의 목적과 효과
- 정부 및 축산 관련 연구기관은 장·단기계획과 각종 정책을 수립하는 데 이용된다.
- 업체 및 관련 기업은 생산, 판매, 재고 관리계획 등을 수립한다.
- 농가는 정부 및 관련 기관에서 발표한 수요함수를 이용하여 예측한 생산계획을 합리적이고 과학적으로 수립한다.

ⓔ 목표소득과 생산계획
  - 적정목표소득을 달성하는 요소는 두(수)당 목표생산량과 적정두(수)를 유지하는 것이다.
  - 두(수)당 목표생산량의 달성 : 가축의 단위당 생산량 향상(유전능력, 비유능력, 산육능력, 번식능력, 산란능력 등)과 체계적인 이론 및 경영능력을 발휘하여야 한다.
  - 적정두수의 유지 : 목표소득을 위해서는 적정목표조수익을 향상시켜야 하며, 이를 위해서는 적정목표생산량을 이루어야 한다.
③ 판매계획(마케팅계획)
  ㉠ 마케팅계획의 필요성 : 소득수준의 향상, 소비자 요구의 다양성, 경쟁상품의 출현 등 경제환경과 사회환경의 변화로 생산지향적 경영에서 소비지향적 경영으로 변하고 있다.
  ㉡ 마케팅계획의 목적 : 환경변화에 대처 및 경영목표를 달성함과 동시에 판매망의 확보를 가져오는 것이다.
  ㉢ 판매시장조사, 판매확대방안 등
④ 자본의 투자계획
  ㉠ 자본투자의 의의
  - 자본투자는 축산물의 생산을 통한 적정이윤을 달성하기 위하여 자본 및 자본재를 투입하는 경영행위이다. 장차 발생될 것으로 기대되는 이윤을 현실화하기 위한 계획이다.
  - 자본의 투자는 축산경영에 필요한 노동력의 증가와 동시에 노동력의 생산적 효율을 향상시키는 역할을 한다.
  - 자본의 투자는 새로운 이윤의 창출을 의미한다.
  - 자본투자가 증대될수록 가족적 영세경영형태에서 전업적, 기업적 경영형태로 변화한다.
  - 경영형태는 이윤 중심의 동태적인 경영활동으로 변화한다.
  - 의사결정이 안전선호 경향에서 위험부담 경향으로 변화한다.
  - 축산경영의 발전요인(투자요인)

내부적 요인	• 경영자 능력(계획, 경영 관리, 시장거래, 자금조달 등) • 자원량의 보유수준 내지 동원 가능한 수준(토지, 노동, 자본) • 기술수준 • 수신력(담보력, 인적 신용력) • 위험부담력
외부적 요인	• 축산물의 수요 및 가격조건 • 생산요소의 공급 및 가격조절 • 경영을 둘러싼 외적 생산조건(농로, 관배수시설 등의 경지정비조건, 집출하설비, 출하조직 등의 정비조건)

ⓛ 투자계획 순서(새로운 투자와 규모의 확대)
- 축종선택과 생산물의 판매시장분석 : 수요를 고려한 생산물의 공급계획을 수립하기 위하여 시장의 판매가격과 판매 방법 등에 대해서 조사분석한다.
- 생산규모 결정과 투입될 생산요소조사 : 축종의 생산규모와 투입될 생산요소를 파악하고 가장 적당한 방법을 선택한다.
- 투자의 경제성 분석 : 투자의 타당성에 의거하여 경제성을 계측하여 우열성을 판단하고 선택한다.
- 자본조달계획 : 필요한 자본의 종류, 조달 방법, 조달자본량 등을 검토한다.
- 자본조달의 이용 방법 : 가축의 구입, 시설 및 건물의 건축 등이 이루어진다.
  ※ **투자계획의 순서** : 자본의 투자증대 → 생산규모의 확대 → 생산물의 증가 → 소득의 증대
ⓒ 투자타당성 분석
- 경제성이 부족한 투자를 억제하여 경영손실을 미연에 방지한다.
- 제한된 자본으로 이윤을 가장 최대화할 수 있는 대안의 선택과 투자의 우선순위를 결정한다.
ⓔ 자본투자의 한계성(투자한계액에 영향을 주는 요인)
- 차입자금투자의 한계액은 연간 원리금 상환공제가능액(연간 최대기대소득에 영향)과 연금현재가치계수(상환기간과 차입이자율에 영향)가 있다.
- 자기자본투자의 한계액은 연간 자기자본이자공제가능액(경영성과에 영향)과 최대연이자율(소득과 금융기관 이자율에 따라 경영자의 투자의욕에 영향)이 있다.
- 투자수익률이 금융기관의 이자율보다 높아야 한다는 조건하에서 결정한다.
ⓜ 자본투자계획
- 자본조달계획
  - 자금조달의 의사결정은 투자의 경제원칙에 따라 자본의 투자에 의한 한계수익과 한계비용이 같아질 때까지 자본투자가 이루어져야 하며 자본조달비용이 자본투자에 의해 얻어지는 이익(소득)과 같게 되어야 한다.
  - 자본투자효과(자본생산성)가 가장 큰 부문에 중점을 두어야 한다.
- 자본운용계획
  - 자본운용계획표는 수입, 지출의 유동상태를 나타내는 것(감가상각 미포함)으로 자본의 과부족을 파악하여 대책을 계획한다.
  - 경영자는 생산계획, 손익계획 및 자금계획을 축산물시황, 금융정책 및 여건 등을 고려하여 자본운용계획을 수립(조달계획 + 운용계획 = 대차대조표)한다.

• 대차대조표 작성

    – 대차대조표란 일정한 시점에 있어서 농장이 소유하고 있는 자산, 자본, 부채의 상태를 일목요연하게 표시한 일람표로 기초 대차대조표와 기말 대차대조표가 있다.

    – 자본조달의 의사결정척도 : 자본조달비용(이자 및 기타 비용의 합계)과 자본조달로 추가될 수 있는 이익과 비교할 때 지불되는 이자와 기타 부담비용이 추가이익보다 적을 때 조달되어야 한다.

더 알아보기 **자기자본 구성비율**

자산을 얻기 위해서 투자된 자본을 총자본이라 하고, 총자본 중에 차지하는 자기자본의 비율을 말하며, 재무구조의 건전성 여부를 판단하는 지표가 된다.
• 재산법 : 기초대차대조표와 기말대차대조표로 당기순이익을 산출
• 손익법 : 손익계산서에 의한 산출

---

(3) 경영 내·외부환경분석 및 산업분석 등

① 우리나라 축산의 당면과제(발전방안)

    ㉠ 고소득의 안정적 확보(기술력, 직불제)와 고품질 축산물을 생산(우수등급, 거세 등)

    ㉡ 식품의 안전성 확보(HACCP, 이력제) 및 방역시스템 구축

    ㉢ 정예인력 육성과 공동조직의 활성화(계열화, 지원조직, 공동시설)

    ㉣ 생산비용의 절감과 가공·유통시설의 확충(종합유통센터, 부분육 가공)

    ㉤ 축산물 생산의 차별화 및 고급화

    ㉥ 생산과 소비 간 또는 축산과 관련 산업 간의 신뢰 구축

    ㉦ 축산업 종사자의 의식수준(경영역량, 책임의식 제고 등) 강화

    ㉧ 지역 내 갈등구조 해소와 각종 제도 보완

    ㉨ 축산업 품목 간 균형유지와 축산업과 관련 산업의 균형발전

    ㉩ 조사료 등 부존자원 이용의 극대화와 자급목표를 안정적으로 유지할 대책 마련

    ㉪ 공격적 마케팅(계약출하, 지역문화 마케팅, 수출) 및 소비홍보(자조금, 소비자 지향)

② 한우산업의 발전방안

    ㉠ 다른 가축과의 경쟁력을 고려하여 번식률과 산육능력을 향상시켜야 한다.

    ㉡ 유축농가의 부존자원을 효율적으로 이용하여야 한다.

    ㉢ 비육기간의 연장으로 출하체중을 높이도록 한다.

    ㉣ 거세의 확산으로 육질 고급화를 추구해야 한다.

ⓜ 브랜드화로 수입육과의 차별화 전략을 구사해야 한다.

　　　ⓗ 환경친화형 사육기술 보급으로 안전성을 확보해야 한다.

　　　ⓢ 송아지 생산 안정제 실시 및 한우사육농가 소득보장제를 실시한다.

　　　ⓞ 공동목장조성 및 한우개량사업을 강화한다.

　　　ⓩ 한우산지 직거래방식과 소고기실명제를 더욱 확대 실시해야 한다.

　　　ⓒ 수요를 점검하고, 수입개방에 대한 합당한 대책을 강구해야 한다.

　　　ⓚ HACCP를 적용하여 축산물 위생 관리를 강조해야 한다.

　③ 양돈경영의 발전방향

　　　㉠ 양돈산업의 계열화

　　　㉡ 양돈농가의 단지화

　　　㉢ 생산자의 자구적 노력

　　　㉣ 공동방역시스템의 구축

　　　㉤ 분뇨의 자원화 촉진

　　　　　• 폐수의 퇴비화를 위한 투자

　　　　　• 폐수처리시설자금의 장기저리 지원

　　　　　• 양돈단지화 조성을 통한 공동폐수처리시설 지원

　④ 우리나라의 양계산업의 발전방향

　　　㉠ 종계의 국내생산

　　　㉡ 체계적인 계열화의 확대

　　　㉢ 다양한 닭고기 및 달걀 요리 방법의 개발

　　　㉣ 공공기관 설립의 확대로 수급의 안정화

　　　㉤ 사료효율의 개선

　　　㉥ 양계경영의 기계화

　　　㉦ 산란계의 산란율, 난중(卵重)의 상승

　⑤ 축산물시설의 자동화 효과

　　　㉠ 노동생산성 향상

　　　㉡ 노동력 절감 및 규모 확대

　　　㉢ 작업의 신속화, 표준화 및 단순화

　　　㉣ 가축능력에 맞는 사양 관리

　　　㉤ 사료의 유실방지 및 사료효율을 극대화

⑥ 축산물 시장개방에 대한 대처방안

    ㉠ 축산전업농 육성과 계열화, 부업규모농가들의 협업화를 통한 생산성 향상과 고품질 축산물 생산을 통한 축산업 경쟁력 제고

    ㉡ 도축시설의 현대화 및 냉장육 유통체계 확립

    ㉢ 육류도체 등급제 및 차등가격제 실시 확대, 도축장 및 도계장의 권역화

    ㉣ 축산물 유통상의 신선도와 안정성 제고 등을 통한 품질 고급화와 유통혁신

    ㉤ 가격안정대사업의 정착을 통한 양축경영 및 소득안정

    ㉥ 축산물에 대한 잔류물질검사 확대 및 강화, 가축방역 및 동물검역 강화 등의 위생 및 검역기능 강화

    ㉦ 축분 유기질비료생산의 활성화, 생산된 유기질비료의 광역유통체계 확립

    ㉧ 축산폐수 및 분뇨처리에 대한 기술개발 및 연구투자 확대

    ㉨ 축분 유기질비료 생산 및 유통을 촉진하기 위한 법적 근거 마련 등을 추진함으로써 국내산 축산물의 가격경쟁력과 품질경쟁력을 동시에 제고해야 한다.

2. 축산경영 규모

(1) 축산경영 규모의 개념과 척도

① 축산경영규모의 개념

    ㉠ 가족경영에서는 가축사육두수를 의미한다.

    ㉡ 생산력 향상을 뜻하는 경영소득(이윤)의 대소이다.

    ㉢ 자본규모는 건물, 가축, 토지, 기계 등을 종합적으로 평가한다.

    ㉣ 기업은 고용노임을 지불하고, 이윤을 올리는 다두사육 개념이다.

    ㉤ 축산물을 생산하기 위해서 필요한 생산요소의 크기이다.

② 축산경영 규모를 측정하는 척도

    ㉠ 토지규모 : 토지면적, 작부면적

    ㉡ 노동규모 : 노동일수, 생산노동단위, 사료작물 재배인력

    ㉢ 자본규모 : 가축 사육두수, 고정자본 투자액, 조생산액

    ㉣ 우리나라는 대부분 가축 사육두수에 의해 경영규모를 표시한다.

③ 경영규모의 경제성

    ㉠ 생산규모의 확대로 인하여 평균생산비는 감소하고 수익이 체증하는 현상을 의미한다.

    ㉡ 생산요소이용에 제한성이 없고, 기술선택에 있어서도 자유롭게 할 수 있다는 조건하에 이루어진 장기적인 개념이다.

ⓒ 축산경영에 있어서 규모의 경제성이 생기는 요인
- 분업의 이익
- 개별경영의 자원제한성
- 생산요소의 불가분할성

④ 대규모 축산경영의 유리성
  ㉠ 노동생산성의 향상
  ㉡ 자본생산성의 향상
  ㉢ 단위당 고정자산액의 감소
  ㉣ 축산물 판매의 유리성
  ㉤ 대량구입에 의한 비용절감
  ㉥ 분업·협업의 유리성
  ㉦ 금융상 대외 신용의 유리성
  ㉧ 품질·규격화가 용이

(2) 적정규모와 경영규모 확대의 원리

① 적정규모
  ㉠ 적정규모의 개념
    - 로빈슨(E.A.G. Robinson) : 적정규모기업이란 현재의 경영능력, 기술조건하에서 단위당 평균생산비, 즉 장기에 걸쳐 지불되는 모든 비용을 포함한 평균비용이 최저가 되는 기업의 규모이다.
    - 마샬(A. Marshall) : 기업의 상향 가동을 전제로 하며, 많은 신규의 기업군이 부단히 교체되는 가운데 어떤 특정한 크기를 가진 정상적인 대표적 기업의 규모는 존속, 발전한다는 것이다.
  ㉡ 규모의 경제 예
    - 산란계 농장의 달걀생산비 자료를 보면 사육규모가 커질수록 달걀생산비는 감소한다.
    - 양돈경영에서 비육돈 300두를 1인이 관리하는 것보다 500두를 관리하는 것이 더 유리할 때가 있다. 이와 같이 변화 중 생산규모가 확대됨에 따라 평균생산비는 감소하고 수익이 체증하는 현상을 말한다.

    ※ 규모의 적정화 문제는 경영의 목적인 소득 또는 순수익을 최대화하는데 중요한 여건이다. 자본규모는 축산경영에 있어서 경영규모를 측정하는 방법으로 가장 바람직한 방법이다.

② 경영규모의 확대
  ㉠ 축산경영규모 확대의 개념
    - 생산요소의 투입량을 증대함으로써 산출량(이윤, 소득증대)의 증대를 꾀하는 것이다.
    - 투입생산요소 간의 경제적인 결합원리에 따른 생산량의 확대(경영 규모의 확대)가 이루어져야 한다. 즉, 수입과 비용의 차가 최대가 되는 점이다.

ⓛ 경영의 집약화
- 경영의 집약도 : 일정한 경영 단위면적에 투하되는 노동력과 자본재의 양을 말한다.
- 경영의 집약화는 노동집약형과 자본집약형으로 구분된다.

$$경영집약도 = \frac{노동비 + 경영자본 + 경영자본이자}{경영면적}$$

ⓒ 축산경영 집약화 방법
- 일정 부문에 있어서 변동비의 증가를 야기하는 부문에 집약화를 실시한다.
- 토지가 일정한 경우 토지의 시간적, 공간적인 이용을 증대하고 유휴상태를 방지하는 집약화를 실시한다.
- 최대이익은 한계 수익곡선과 한계 비용곡선이 만나는 점이므로 그 점까지 집약화한다.
- 노동력이 풍부하고 자본력이 약한 경영여건 : 노동집약적·자본조방적
- 노동력이 부족하고 자본력이 강한 경영여건 : 자본집약적·노동조방적

3. 축산경영조직과 경영형태의 기본개념

(1) 경영형태 유형화 원리 및 결정조건

① 낙농경영형태
ⓐ 경영입지조건에 의한 분류

근교형 낙농	• 경영의 집약도가 다른 경영형태에 비해 높다. • 대부분 착유 전업형 낙농형태를 띠고 있다. 　※ 착유 전업적 경영 : 도시근교에서 농경지가 좁은 상태에서 우유생산을 주로 하는 경영형태 • 토지면적이 좁고 구입사료에 의존하므로 사료의 자급률이 낮다. • 도시근교에 입지하여 시유용 원유를 생산하는데 유리한 경영형태이다. • 규모를 확장하는 데 제한적인 요인이 많은 편이다. • 부근의 주택 및 농장에 환경문제를 야기한다. • 소규모 목장경영이 대부분이며, 기계화가 용이하지 않다. • 생산비가 일반적으로 높고, 소량생산에 의해 가격반응이 민감하다. 　※ 도시근교 낙농에서는 지가, 노임, 조사료비 등이 높고, 농후사료비는 낮다.
원교형 낙농	• 도시와 농장 간의 거리가 원거리에 입지하여 채초 및 목초지에서 조사료 생산이 용이하다. • 지형적인 위치에 따라 평탄지 순농촌형과 산촌형 낙농으로 구분된다. • 지가가 저렴하기 때문에 원유생산비를 절감할 수 있다. • 소규모 영세농가에서 생산되는 소량의 원유와 구입 농후사료의 운송에 어려움이 많다. • 초지개량과 사료작물 재배에 의한 사료자급률이 높고, 대량 사육이 가능하다. 　※ 도시원교에서는 지가와 노임이 싸고, 조사료 조달이 용이하다.

ⓛ 사료생산기반에 의한 분류

초지형 낙농	• 광대한 초지를 이용하는 이상적인 경영형태이다. • 조사료의 자급률이 높고, 조방적인 형태로 생산비가 절감된다. • 방목에 의한 운동이 가능하므로 젖소의 내용연수가 연장된다. • 겨울철 및 장마철 등을 대비하여 건초 및 사일리지를 충분히 준비해야 한다. • 소비시장과 농장이 원거리에 위치하여 생산물(원유), 소비재(농후사료)의 운송비가 높다.
답지형 낙농	• 답(논)지역에 입지하여 토지와 결합성이 강한 복합경영형태이다. • 수도작에 의한 벼의 부산물 또는 사료작물 및 야초 등을 자급사료원으로 이용한다. • 부산물인 쌀겨, 볏짚 등을 이용하므로 조사료의 자급률이 높다. • 낙농은 부업적인 성격이며, 생산성 향상에 문제가 있다.

ⓒ 유우의 사육목적에 의한 분류
  • 종축형 낙농경영
    – 우수한 체형, 혈통의 기초우를 육성하여 우량계통을 조성하고, 독우(송아지), 육성우, 미경산우(새끼를 낳지 않은 암컷 젖소)를 판매하기 위한 형태이다.
    – 우량계통을 육성하기 위하여 비육, 번식, 발육, 사료급여 등을 기록하고 평가분석하여 산유량이 많고 내용연수가 긴 경제적인 젖소를 계통 번식할 수 있어야 한다.
  • 착유형 낙농
    – 원유를 생산하기 위한 경영형태이다(일반적).
    – 도시근교에서 이루어지는 낙농경영형태이다.
    – 일반적으로 일관경영형태이다(육성우 및 종축형 낙농경영형태까지 포함하여 송아지 분만부터 원유생산에 이르기까지 포괄적인 경영을 의미).
  • 육성우 낙농 : 송아지를 분만하여 착유하기 전까지 육성하는 것, 수소나 착유우의 유대가 생산비보다 낮아 수익성이 없을 때 또는 육우가격이 유대보다 높은 경우 원유를 생산하지 않고 비육우 출하를 목적으로 육성하는 낙농경영형태이다. 비육우 경영형태와 동일한 의미이다.
ⓔ 경영집약도에 의한 분류 : 부업적 낙농(10두 미만), 복합적 낙농(10~49두), 전업적 및 기업적 낙농(50두 이상)
ⓜ 사료조달 방법에 의한 낙농경영형태 : 구입사료의존형 낙농, 자급사료의존형 낙농
ⓗ 우리나라 낙농경영의 특성
  • 유제품보다 시유판매 의존도가 높다.
  • 육성우(착유우 후보축) 전문 목장이 발달되어 있지 않다.
  • 낙농가가 경기지역에 가장 많이 분포되어 있다.
② 육용우경영형태
  ⓐ 비육우경영
    • 젖소 및 한우 등의 밑소를 구입하여 육용으로 키워서 판매할 목적으로 사육하는 경영형태이다.

- 비육우의 성별, 월령, 품종 등에 따라 비육기간이 다르나, 보통 450~500kg에 판매한다.
- 낙농에 비하여 높은 사양기술을 필요로 하지 않는다.
- 비육우경영의 조수익을 증대시키는 방법
  - 송아지 판매두수를 늘린다.
  - 송아지 판매단가를 높인다.
  - 기간 내 송아지 생산효율을 높인다.
  - ㉠ 번식우경영
- 암소를 사육하여 독우를 생산하여 이를 이유시킨 후 판매할 목적으로 경영하는 형태이다.
- 번식에 따른 사양기술 및 정액수정 등과 같은 기술이 필요하다.
- 복합경영형태(번식우＋비육우경영)를 띠는 것이 일반적이다.
- 한우번식경영의 특징
  - 한우번식농가의 주산물 수입은 송아지 판매이다.
  - 한우번식농가의 조수입 증대를 위해서는 번식률을 향상시켜야 한다.
  - 한우번식농가의 소득증대를 위해서는 조수입 증대와 경영비 절감을 해야 한다.
  - 사육규모가 영세하다.
  - 번식우의 적당한 운동이 필요하고, 번식간격의 단축이 과제이다.
- ③ 양돈경영형태
  - ㉠ 사육목적에 의한 분류(사육하고 있는 돼지의 이용용도에 의한 구분)
    - 종돈생산경영
      - 우수한 혈통과 능력의 종돈(모돈)을 생산하여 판매하는 경영형태이다.
      - 우수한 종돈 생산과 종돈의 보유숫자는 농장의 경영능력을 판단하는 지표가 된다.
    - 번식돈경영
      - 비육자돈을 생산·판매하기 위해 모돈을 육성·번식하는 경영형태이다.
      - 비육돈 생산을 위해 모돈을 육성·번식하는 것이다.
    - 비육돈경영
      - 자돈을 일체 생산하지 않고 40~80일령(10~20kg)의 자돈을 구입하여 100~110kg 정도까지 증체한 후 판매하는 경영형태이다.
      - 종돈이나 번식돈의 경영에 비해 조방적인 대량사육이 이루어지고 있다.
    - 일관경영
      - 모돈을 사육하여 자돈을 생산하고, 생산된 자돈을 비육하여 비육돈을 생산·판매하는 경영형태이다.
      - 비육돈 생산을 최종목표로 하면서도 자돈생산도 같이 한다.

- 자돈의 유통비용이 절감되나, 자본회전이 느리다.
- 자돈의 계획생산에 의하여 경영계획을 수립하기가 쉽다.
- 외부에서 자돈을 구입할 때 오는 방역상의 피해를 줄일 수 있다.

※ **양돈경영형태의 발전**
- 양돈의 사육두수 확대, 기술집약적·노동절약형 경영형태로 변천
- 일관경영 → 비육돈경영 → 종돈경영형태로 이루어지고 있다.

ⓒ 경영규모에 의한 분류(양돈의 사육두수에 의해서 구분)

기업적 경영	• 고용노동력에 의존하여 자돈 및 비육돈을 생산 또는 비육하여 이윤추구를 목적으로 한다.
	• 대부분 일관경영형태로 순수익 최대화가 목표이다.
	• 유통비용 절감, 대량구입 및 대량판매에 의한 규모의 유리성을 가진다.
	• 경영능력 및 기술수준을 향상시킬 수 있고, 새로운 기술도입이 비교적 용이하다.
	• 장점
	  – 축산물 수요증가에 효율적 대응이 가능
	  – 능률적인 기계 및 시설의 도입으로 생산성 증대가 가능
	  – 단위당 비용의 절감으로 시장경쟁력이 제고
	  – 새로운 기술의 도입 및 개발로 생산력의 증대가 가능
	  – 대량거래 및 신용거래가 가능
	• 단점
	  – 기계시설, 초지개발 등의 자본수요가 증대
	  – 사료원료의 해외의존도 상승
	  – 환경문제가 발생하기 쉬움

전업적 경영	• 경영주의 노동보수를 최대화하기 위하여 생산요소를 투입한다. • 농가소득이 축산소득으로 구성된 농가이다. • 농가의 노동력을 축산에만 투여하는 농가이다. • 자가노동과 일부 고용노동에 의해서 경영하는 가족적인 경영형태이다. • 일반적으로 도시근교에 입지, 농후사료 및 잔반을 이용한다. • 기술수준 향상과 규모의 경제성이 가능하므로 많은 자본이 필요하다.

부업경영	• 가족노동보수(소득)의 최대화를 위함이다.
	• 경종농업을 위주로 하고, 양돈경영은 부차적으로 자급사료(부산물)를 이용하여 자가노동에 의해서 소득증대를 목적으로 하는 가족적 경영형태이다.
	• 유휴노동력과 부산물 및 잔반을 이용할 수 있고 구비를 경종농업에 이용할 수 있다.
	• 자돈확보의 어려움, 사료생산 및 조달의 한계성, 위생비의 증가, 가격폭락 시의 손해 등으로 인한 규모확대의 한계 등이 있다.
	• 장점
	  – 지력의 증진 및 경지의 집약적인 이용이 가능
	  – 노동력 및 시설의 효율적인 이용이 가능
	  – 농산물 부산물과 생산물의 자급활용이 가능
	• 단점
	  – 사양기술 및 생산력의 저하로 발전성이 없는 정체적인 경영
	  – 생산량이 적기 때문에 시장경쟁력이 약함
	  – 방역 및 가축개량의 곤란한 점이 많음

④ 양계경영형태
　　㉠ 육계경영
　　　• 닭고기를 생산하기 위하여 육용병아리를 구입하여 육성한 후 판매를 목적으로 한다.
　　　• 사료효율이 가장 높고 단기간에 생산규모의 확대 및 축소가 용이하다.
　　　• 자본회전이 빠르고, 대량생산이 가능하며, 위험부담기간이 짧다.
　　　• 단점 : 가격변동이 크다.
　　㉡ 산란계경영
　　　• 병아리를 구입하여 달걀생산을 목적으로 육성한다.
　　　• 육계경영에 비해 사육기간이 길지만 비교적 안정적이다.

> **더 알아보기**　**산란의 5요소**
>
> • 조숙성 : 계군의 산란율이 50%에 도달하는 초산 일령으로 조숙한 닭일수록 산란수가 많다.
> • 산란강도 : 연손산란일수(clutch)의 장단을 의미하는 것, 초산 후 다음해 봄까지의 산란율
> • 취소성 : 알을 품거나 병아리를 기르는 성질
> • 동기휴산성 : 늦가을부터 초봄까지 휴산하는 성질, 휴산성이 1주 이내인 것이 다산계이다.
> • 산란 지속성 : 초산일부터 다음해 가을에 털갈이를 시작하며 휴산하기 까지의 기간(초년도 산란기간의 장단)

　　㉢ 종계경영
　　　• 종란을 생산할 수 있은 종계를 육성하여 종란을 생산하는 경영형태이다.
　　　• 부화한 병아리의 판매목적도 있다.
⑤ 생산경제단위에 의한 분류
　　㉠ 가족경영
　　　• 노동력을 고용하지 않고 가족노동에 의한 경영형태로 경영과 가계가 미분리된 상태이다.
　　　• 가족노동력에 따라 경영규모가 결정되며 축산물의 생산목적이 주로 소득증대에 있다.
　　　• 가족경영은 조직력이 쉬우며, 가족노동력에 대한 노임이 보장되면 생산은 지속적으로 영위된다.
　　　• 가족의 생계유지수단과 가족수의 제한성으로 규모의 영세성을 면하기 어렵다.
　　㉡ 공동경영
　　　• 두 가구 이상의 양축가가 모든 경영활동을 공동으로 경영하는 형태이다.
　　　• 공동경영원칙 : 유리성의 원칙, 공평의 원칙, 민주화 원칙, 조정의 원칙 등
　　　• 공동경영원칙하에서 축산물의 생산, 판매를 공동으로 투자, 관리한다.
　　　• 가족경영의 한계를 극복하고 규모의 유리성을 추구하여 이익을 더욱 추구하기 위함이다.
　　　• 사육농가의 이해 갈등과 공동노동 의욕저하 등의 요인에 의해 생산성 저하가 야기된다.

⑥ 생산조직에 의한 분류

복합경영	• 경영자가 여러 종류의 축종을 사육하는 것이다. • 축종과 경종을 공동으로 경영함으로써 경영수익을 증대하려는 것이다. • 장점 　– 토지의 효율적 이용 : 지력의 유지 증진, 토지의 생산성 증진 　– 노동배분의 연중 평균화, 노동력의 연중 효율적 이용 　– 기계 및 시설의 효율적 이용 　– 가축의 질병, 가격의 파동 등에 의한 위험부담을 분산시킬 수 있다. 　– 수입원이 다양하고 평준화됨으로써 자금의 회전이 원활하다. • 단점 　– 경영 간에 노동의 경합이 생길 수 있어서 노동생산성이 낮아지기 쉽다. 　– 기계화가 어렵다. 　– 기술의 다양화로 경영자의 전문적인 기술의 발달이 어렵다. 　– 전문적인 기술향상이 저해되어 단위당 생산성이 떨어진다. 　– 여러 종류의 소량판매로 생산물의 판매에 불리하다.
단일경영	• 전문적으로 단일상품을 생산하는 경영형태로 경영의 전문화가 이루어지도록 한다. • 장점 　– 작업의 단일화로 능률이 높은 기계의 사용이 가능하고, 노동의 숙련도 향상과 분업화의 이익을 가져온다. 　– 단일경영으로 생산비의 저하가 가능하고 시장경쟁력이 증대된다. 　– 생산물의 동일성에 의하여 시장정보에 유리하다. 　– 단일생산물이므로 판매상 유리하다. 　– 특정 축산물을 집중적으로 생산하여 경영의 합리화를 기할 수 있다. • 단점 　– 가축질병, 가격파동 등의 요인이 집중적으로 작용할 수 있어 경영 불안정성이 존재한다. 　– 수입이 일정시기에 집중되고, 자본회전이 원만하지 못하다. 　– 노동이용이 집중되고 연간 평준화, 분산화가 되지 못하며, 계절적 편중현상이 나타난다.

축산경영 관리

1. 축산경영자원 관리

(1) 경영자원 관리

① 경영 관리의 개념

㉠ 경영주가 경영체의 목표를 효율적으로 달성하기 위하여 경영체계를 조직하고 운영을 계획하며 지휘, 통제하는 과정이다.

㉡ 경영체의 일반적 기능 : 인사, 재무, 생산, 구매, 회계 등이 있다.

㉢ 경영 관리 : 최고경영자, 중간 관리자, 현장 관리자 등 경영 관리자의 경영활동이다.

㉣ 경영 관리과정 : 계획 → 조직 → 지휘 → 통제하는 과정이다.

> **더 알아보기** 뉴먼(H. William Newman)의 경영 관리 기본과정
>
> - 계획 : '무엇을 할 것인가?'를 결정하는 일-목표, 방침, 계획과 그 실천 방안, 특정한 처리절차의 결정, 일정의 편성 등 경영전반에 걸친 결정사항
> - 조직 : 경영자와 관리인과의 상호관계를 규정하는 것, 또한 물적 조직(가축, 토지, 자본재 등)이 관리에 편리하도록 결합되는 것
> - 제자원의 조달 : 경영요소(토지, 노동력, 자본재 등)를 조달하는 일
> - 지휘 : 계획의 실시를 지시하는 일
> - 통제 : 계획된 모든 일의 진행상황을 감독하는 일

② 축산경영 합리화 방안

㉠ 안정화 경영 : 생산과 가격의 안정화 등

㉡ 근대화 경영 : 생산성 향상과 비용의 절약 등

㉢ 과학적 경영 : 시설의 자동화, 경영의 과학화 등

㉣ 합목적화 : 경영목표에 합치되는 경영, 이윤의 최대화 등

㉤ 다각화 경영 : 위험분산, 노동의 계절성 조절, 부산물 이용증대 등

③ 축산경영의 구체적 합리화 방안

㉠ 생산성 향상 : 시설·기구 등의 과학화

㉡ 경영조직의 적정화 : 공동체제의 확립, 배합, 선택 등

㉢ 생산비 절감 : 생산비, 노동비, 가축비 등 비용절감

㉣ 생산기술의 개선 : 사료생산, 번식, 위생, 처리, 가공 등

④ 축산경영 관리의 과제

㉠ 축산경영의 목표 및 계획성이 결여 → 명확한 목표설정이 필요

㉡ 미약한 자기자본으로 과다한 경영확대 → 자본계획, 재무 관리의 중요성이 증대

㉢ 노동절약적 시설과 기계의 과잉투자의 경향 → 투자에 관한 경영 관리의 중요성 증대

ㄹ 생산비 분석, 통제해 나가는 경영 관리가 중요

ㅁ 규모확대에 따른 생산물 단위당 소득 및 소득률 저하 경향

ㅂ 가공형 축산에서 사료비의 비중이 높다. → 생산 관리체제를 갖추어 나가는 것이 필요

ㅅ 축산물가격의 변동이 극심하다. → 상품가치를 높이기 위한 생산, 품질 관리가 필요

ㅇ 경영계획, 통제, 평가 시 정확한 기록자료가 요구된다.

ㅈ 경영규모의 확대에 따른 바람직한 인사 관리가 요구된다.

ㅊ 축산경영자 자신의 능력향상이 요구된다.

(2) 생산물 결합관계의 형태

① 결합생산

ㄱ 한 가지 생산물을 생산할 때 다른 생산물의 생산이 일정한 비율로 생산되는 경우

ㄴ 주어진 생산자원으로 동일한 생산과정에서 둘 이상의 생산물이 생산될 때, 이들 생산물의 관계

ㄷ 결합생산물의 예

결합관계의 생산물	결합관계의 생산물이 아닌것
• 우유와 젖소 송아지 • 소고기와 소가죽 • 비육우와 퇴비 • 오리고기와 오리털 • 양털과 양고기 • 양고기와 양모 • 산란계와 달걀	• 닭고기와 돼지고기 • 소고기와 돼지고기 • 육계와 달걀 • 산란계와 육계 • 돼지고기와 우유 • 한우고기와 수입소고기

② 경합생산물

ㄱ 두 생산물 간의 한계대체율이 부(-)를 나타내고, 절댓값이 체증하는 경우의 두 생산물

ㄴ 특정 생산요소의 양이 주어짐으로써 어느 한 생산물의 생산을 증가시키면 다른 한 생산물의 생산량이 감소하는 경우 이 두 생산물의 관계

ㄷ 번식비육 일관사육농가에서 축사의 규모를 늘리지 않고, 비육우 전문경영형태로 변경하기 위해서 비육우를 늘릴 경우 이때의 번식우와 비육우의 생산관계

③ 보완생산물

ㄱ 육우와 벼농사처럼 일정한 자원으로 어느 한 생산물을 위해 자원을 증투함에 따라 다른 생산물의 생산이 증가하는 경우 이들 두 생산물

ㄴ 양돈농가가 밭작물을 일부 재배할 경우 양돈경영에서 생산된 구비를 밭작물에 투입함으로써 비료구입비도 절약되고 작물수확량도 늘어났을 때 이 두 부문 간의 관계

④ 보합관계

ㄱ 다른 축산물의 생산량을 증감시키지 않고 한 가지 축산물의 생산량을 증가시킬 수 있다면 이 두 생산물 간의 관계

ㄴ 한우사육을 주업으로 하는 농가가 남는 노동력을 이용하여 부업으로 돼지를 사육한다면 두 생산물의 관계

2. 회계 기록 관리 ☑ 빈출개념

(1) 대차대조표

① 개념
- ㉠ 특정시점에서 경영의 재무상태를 나타낸 표이다.
- ㉡ 차변에는 자산항목을 기입하고, 대변에는 부채와 자본을 기입한다.
- ㉢ 차변과 대변의 합계는 일치해야 한다(대차평균의 원리).

② 차변계정
- ㉠ 고정자산 : 토지, 건물, 대농기구, 대동물 등
- ㉡ 유동자산 : 소동물, 소농기구, 구입사료, 미판매현물, 중간생산물 등
- ㉢ 유통자산 : 현금, 당좌예금, 출자금, 외상매출금, 미수금, 대부금 등

③ 대변계정
- ㉠ 부채 : 차입금(장기, 단기), 외상매입금, 미지불금, 지불어음 등
- ㉡ 자본 : 자본금, 잉여금, 순이익
  - ※ **당기순이익** : 자본금에 포함되어 자본금을 증가시키는 요인이다.

④ 재무상태 파악
- ㉠ 대차대조표 등식 : 자산(A)＝부채(P)＋자본(K) ☑ **빈출개념**
  - $A = K$: 부채 없이 자기자본만으로 얻어진 경우
  - $A = P$: 자기자본 없이 모두 타인자본에 의해서만 이루어진 경우
- ㉡ 자본 등식 : 자본(K)＝자산(A)－부채(P)

(2) 손익계산서 ☑ 빈출개념

① 개념
- ㉠ 손익의 발생여부를 알아보기 위한 일람표이다.
- ㉡ 비용항목과 손익항목으로 구성된다.
- ㉢ 총이익과 총비용을 계산하여 순이익과 순손실을 파악할 수 있다.

② 손익의 계산
- ㉠ 차변과 대변의 합계가 일치해야 한다.

> 총수익＝총비용＋순이익, 총비용＝총수익＋순손실

- ㉡ 당기순이익은 총비용항목에 포함된다.

> 순이익＝총수익－총비용

3. 최적생산수준

(1) 생산 및 비용함수의 개념

① 생산함수

○ 생산함수의 개념
- 투입과 산출의 기술적 관계를 나타내는 함수이다.
- 투입과 산출 간의 상관관계를 의미한다.
- 단 한 가지 생산요소로써 어떤 축산물을 생산한다고 가정하고, 생산량을 Y, 투입량을 X라고 할 때 생산량과 투입량의 생산함수는 $Y = f(X)$로 표기한다.
- 두 가지 이상의 생산요소를 이용하여 생산물을 생산할 경우 생산함수 $Y = f(X_1, X_2, X_3, \cdots, X_n)$의 형식으로 표기한다.
- 생산함수에는 TPP(총생산), APP(평균생산), MPP(한계생산)이 있다.

총생산 (TPP ; Total Physical Product)	• 투입한 생산요소의 총량에 대응하는 생산물의 총량, 즉 생산함수는 $Y = f(X)$에서 X를 계속 투입한 결과 Y의 양을 총생산이라 한다. • 총생산물은 투입하는 생산요소에 대해서 생산물이 비례하여 생산되는 경우, 체감하는 경우, 체증하는 경우 등이 있다. – 총생산이 동일한 비율로 증가하는 경우 : 생산요소 X_1의 투입량에 비례해서 추가되는 생산량이 동일한 비율로 증가하는 경우 – 총생산의 증가율이 체감하는 경우 : 어떤 생산요소(X_1)를 추가로 투입할수록 그에 따라 얻어지는 추가생산량(Y)의 비율이 점점 감소하는 생산함수 – 총생산의 증가율이 체증하는 경우 : 생산요소(X_1)를 추가로 투입할수록 그에 따라 얻어지는 추가생산량(Y)이 점점 커지는 경우 – 총생산의 증가율이 체증하다가 체감하는 경우(일반적 생산함수) : 일반적인 농업생산의 경우 총생산의 증가율이 체증하다가, 어느 단계에 가면 수확체감의 법칙이 작용되어 생산요소의 투입에 따라 총생산의 증가율이 체감하는 경우
평균생산(APP ; Average Physical Product)	• 총생산량(Y)을 투입한 생산요소의 총량(X)으로 나눈 것은 Y/X • 각 생산요소투입량에 대한 평균생산물을 나타낸다.
한계생산 (MPP ; Marginal Physical Product)	• 추가된 한 단위를 더 투입했을 때 생산되는 추가생산량을 말한다. • 가변투입요소의 1단위 증가투입에서 오는 산출물의 변동을 뜻한다. • 산출량 증가량을 $\triangle Y$, 생산요소의 증가량을 $\triangle X$라 하면 한계생산은 $\triangle Y/\triangle X$ • 한계생산물은 양의 변화(+), 부의 변화(−), 0의 상태가 될 수 있다. 예 한우비육경영에서 농후사료급여량을 3단위에서 5단위로 증가시키면 총증체량은 5단위에서 9단위로 증가하였을 때의 한계생산은 2이다.

○ 총생산과 한계생산의 관계
- 총생산이 체증되고 있는 동안은 한계생산이 계속 증가(+)한다(한계생산이 0보다 클 때 총생산은 증가한다).
- 총생산이 체감되는 경우에는 한계생산도 감소(−)한다.

- 총생산력이 최대일 때 한계생산력은 0이 된다.
- 생산요소의 추가적인 투입에도 불구하고 총생산이 증감 없이 불변인 경우의 한계생산은 0이다.
- 생산요소의 추가투입에 대해 총생산이 오히려 감소할 경우의 한계생산은 마이너스이다.
- 한계생산이 증가하고 있을 때 총생산량은 증가하고, 한계생산이 감소하고 있을 때는 총생산이 체감적으로 증가한다.

ⓒ 총생산과 평균생산의 관계
- 총생산의 증가율이 체증하는 경우에 평균생산은 계속 증가한다(변곡점까지).
- 생산요소의 추가투입에 대해 총생산의 증가율이 체감하기 시작한 후 어느 단계까지는 평균생산이 증가하다가 그 이후부터 감소된다. 그러나 0이나 그 이하로 내려가지는 않는다.

ⓔ 한계생산과 평균생산의 관계
- 평균생산물이 증가하는 한 한계생산물은 증가하며, 이때 한계생산은 평균생산물보다 더 크다.
- 한계생산이 최고치에서 감소하기 시작하여 평균생산의 수치보다 작아지면 평균생산도 감소하게 되지만 한계생산보다는 큰 수치가 된다.
- 한계생산물은 평균생산물이 최대가 될 경우에는 동일하다.
- 한계생산물이 평균생산물보다 클 경우 평균생산물은 증가한다.
- 한계생산물이 평균생산물보다 작을 경우 평균생산물은 감소한다.
- 한계생산물이 평균생산물과 일치할 때 평균생산물은 최대가 된다.

ⓜ 생산함수의 3영역

제1영역	• 생산요소의 추가적인 투입으로 얻어지는 평균생산이 최대가 될 때까지의 범위이다. • 최대의 평균생산물을 산출할 수 있는 총생산(TPP)이 수확체증을 나타내는 단계이다. • 생산이 중단되지 않고 계속되어야 할 영역으로 무조건 생산투입을 증가시킨다.
제2영역	• 총생산은 계속 증가하지만 한계생산과 평균생산은 감소하는 범위 • 평균생산이 최고인 점에서 총생산이 최고인 점 사이이다. • 평균생산물이 최대인 점에서부터 한계생산물이 0이 되는 점까지로 수확체감현상이 나타나는 단계이다. • 합리적인 생산요소의 사용량을 결정하여야 하는 영역이다. • 평균생산이 한계생산보다 언제나 크다.
제3영역	• 생산요소의 투입이 지나치게 많아서 총생산이 오히려 감소하는 단계이다. • 평균생산이 계속 감소하고, 한계생산은 부(−)의 증가를 나타내는 영역이다. • 최적생산구역은 발생하지 않으므로 투입량을 제2영역까지 감소시키는 것이 유리하다. • 이 영역에서는 평균생산은 계속 감소하나 0보다는 크고 한계생산은 0 이하이다.

② 비용함수
    ㉠ 총비용(TC ; Total Cost)
- 총비용＝총고정비용＋총유동비용
- 총고정비용(TFC)
    - 생산량과 관계없이 일정하므로 수평선으로 나타낸다.
    - 가변비용곡선의 기울기는 총생산물곡선의 기울기와 반대의 형태이다.
    - 임대료, 건축비, 시설비, 감가상각비 등(투입량×가격)
- 총가변비용
    - 생산량의 증감에 따라 변동하는 투입재이다.
    - 비료, 농약, 사료, 재료비, 관리비, 인건비 등
    ㉡ 평균비용(AC ; Average Cost)
- 생산물 단위당 비용으로 일정량의 생산에 소요된 총비용을 생산량으로 나눈 것
- 평균고정비용
    - 총고정비용을 산출량으로 나눈 것으로 산출량의 증가에 따라서 계속 감소한다.
    - 평균고정비용곡선은 생산량이 증가할수록 단위당 고정비용이 체감한다.
- 평균가변비용(AVC, 평균유동비)
    - 총가변비용을 산출량으로 나눈 것으로 평균생산(APP)과 역관계이다.
    - 산출량이 증가함에 따라서 처음에는 감소하나 최저치를 나타낸 후 상승하는 U자 형태이다.
    - 평균생산이 증가하면 평균유동비는 감소, 평균생산이 감소하면 평균유동비는 증가, 평균생산이 최대일 때 평균유동비는 최소가 된다.
    ㉢ 한계비용(MC ; Marginal Cost)
- 일정 생산량하에서 그 생산물 1단위를 더 생산하는 데 필요한 비용의 증가분, 즉 생산물 1단위를 추가할 경우 추가되는 비용이다.
- MC＝TC/Y(총비용의 증가분 TC, 산출량의 증가분 Y)
- 한계비용곡선에서 한계비용(MC)과 평균비용(AC)이 만나는 점에서 평균비용(AC)이 최소가 된다.
- 한계비용과 한계생산물과의 관계는 역의 관계로 한계생산물이 최대점일 때 한계비용은 최저점이 된다.
- MC ＞ AC : 생산량을 늘리면 평균비용이 상승한다.
- MC ＜ AC : 생산량을 늘리면 평균비용이 감소한다.
- AC의 기울기가 0인 곳에서는 생산량이 늘어도 평균비용이 상승하지 않는다(MC＝AC).
    ㉣ 기회비용
- 어느 생산요소가 어느 특정생산에 투입되었을 때 그로 인해 포기되는 비용

- 가족노동비나 자기토지 지대 등과 같이 현금지출 비용이 아닌 비목의 비용산정 시 적용되는 개념
- 비육우를 사육하는 어느 농민이 여기에 투입된 가족노동력에 대한 비용을 산출하려고 할 때 가족의 기회비용을 고려하여 적용한다.

  예 가족노동력을 비육우사업이 아닌 최선의 다른 곳에서 자기가 가진 기술로 월 3백만원의 소득을 올릴 수 있다고 하면 비육우 사육에 투입된 가족노동력은 월 3백만원으로 계산하여야 한다.

③ 최적생산수준의 선택

ㄱ 총수익과 총비용의 차액이 최대일 때
- 총수익(생산물 수량 × 시장가격)과 총비용(생산요소의 수량 × 가격)의 차액이 최대, 즉 총수익과 총비용의 차액이 최대일 때 최대수익이 된다.
- 생산함수 곡선상에서 수익과 비용의 간격이 최대가 될 때 경영수익이 최대가 된다.

ㄴ 투입된 생산요소와 생산물의 가격비율이 한계생산의 수치와 일치할 때
- 생산요소(X)와 생산물(Y)의 가격비를 한계생산물과 비교함으로 순수익이 최대가 되는 산출수준을 결정하는 방법
- 가격선 A와 평행하는 선이 생산함수곡선(TPP)과 접하게 될 때 수익이 최대로 된다.

ㄷ 한계수익과 한계비용이 일치할 때
- 추가산출량의 한계수익과 한계비용을 비교함으로서 이윤이 극대화하는 산출수준을 결정하는 방법이다(MR＝MC).
- 어떤 생산물(Y)을 더 생산하기 위해 생산요소(X_1)를 한 단위 더 투입할 때 추가되는 비용이 한계비용이고, 추가된 투입에서 얻어지는 생산액이 한계수익이 되는데 이들이 같아질 때 수익의 최대화된다.

(2) 비용최소화의 기본원리

① 등생산곡선

ㄱ 일정량의 생산물을 산출할 수 있는 두 생산요소의 가능한 결합을 연결한 선이다.

ㄴ 우하향의 기울기를 가진다(생산요소가 서로 대체됨).

ㄷ 원점에서 멀리 위치한 등생산곡선일수록 보다 큰 총생산량을 표시한다.

ㄹ 등생산곡선은 최소비용으로 어떤 생산물을 생산하기 위한 생산요소의 결합을 선택하는 데 유효한 개념이다.

ㅁ 곡선상의 어떤 점에서 두 생산요소를 결합하는 경우에도 동일한 수량을 생산한다.

ㅂ 등량선은 원점에 대하여 볼록하다(생산요소 간의 대체 정도가 체감함을 의미).

Ⓐ 서로 다른 등량선은 교차하지 않는다.

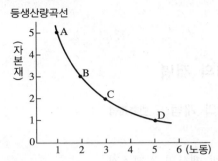

등생산량곡선

※ 한계대체율(marginal rate of substitution) : 둘 이상의 생산요소 간에 대체관계가 있을 때 한 생산요소의 투입을 한 단위 추가하면 다른 생산요소의 투입이 대체되므로, 같은 양의 Y를 생산하기 위해서 X_1의 투입을 증가시키면 X_2의 투입은 감소한다. 이때 X_1의 추가투입에 대하여 X_2의 투입이 감소하는 비율이다.

② 생산요소의 결합형태

  ㉠ X_1과 X_2가 고정비율로 결합하는 경우 : 두 가지 생산요소가 고정비율로 결합한 경우(최적 선택의 문제는 발생하지 않음)

  ㉡ 일정(불변)대체율 : 일정한 생산수준을 유지하기 위하여 X_1의 변화량을 줄이는 만큼 X_2의 같은 비율로 증가하는 경우(최적선택은 상대가격과 투입의 대체율에 의존)

  ㉢ 가변대체율 : 곡선상의 임의의 점에서의 한계대체율은 그 점에서 곡선과 접하는 직선의 기울기로, 기울기는 일정하지 않고 체감 또는 체증한다.

(3) 이윤극대화의 기본원리 등

① 축산경영의 이윤극대화 조건

  ㉠ 한계수익=한계비용(한계수입이 한계비용과 같을 때)

  ㉡ 총수익과 총비용의 차액이 최대일 때

  ㉢ 생산요소와 생산물의 가격비가 한계생산과 일치할 때

  ㉣ 한계생산이 그 가격의 역비와 같을 때

  ㉤ 한계가치생산이 자원의 가격과 같을 때

② 손실최소화의 원리

  ㉠ 한계수익이 평균총비용보다 낮더라도 고정비는 이미 투자된 것이므로 유동비 수준에만 도달할 수 있다면 생산을 계속하는 것이 유리하다.

  ㉡ 단기에서 생산물가격이 평균비용(AC)보다는 낮더라도 평균가변비용(AVC)보다 높다면 생산을 계속하는 것이 유리할 경우가 있다. 이를 손실최소화의 원리라고 한다.

  ㉢ 산물의 판매가격이 추가 소요되는 유동비 수준에도 미치지 못한다면 더 이상 생산을 하지 않아야 손실을 최소화할 수 있다.

04 축산경영 분석 및 평가

1. 생산비와 경영비의 개념

(1) 생산비 및 경영비의 개념 ☑ 빈출개념

① 생산비의 개념

㉠ 축산물 생산비 계산의 전제조건
- 생산비는 화폐가액으로 표시될 수 있어야 한다.
- 생산물을 생산하기 위하여 소비된 것이어야 한다.
- 정상적인 생산활동을 위해 소비된 것이어야 한다.

㉡ 공산품을 생산하기 위해 사용된 재화와 용역의 비용을 원가라 한다면, 축산물, 농산물 등은 생산비 개념으로 표현한다.

㉢ 공산품은 원가에 이윤을 포함하나 축산물은 포함하지 않는다.

㉣ 생산비란 축산물을 생산하기 위하여 소비된 소모품(사료, 동물약품, 기타 재료 등)과 인건비, 자본이자 및 지대 등을 합한 총계이다.

※ **고정비용** : 생산량의 증감과 무관하게 지불되는 비용

② 경영비의 개념

㉠ 조수입을 얻기 위하여 투입된 직접비용 즉, 경영체가 일정기간 동안에 조달 투입된 일체의 용역과 물재에 대해 지불된 비용이다.

㉡ 경영비는 생산비의 일부분이다.

㉢ 경영비는 순비(농후사료비, 방역치료비, 노임 등)와 자급비(사료작물비 등)의 합계이다.

(2) 생산비 및 경영비 비목 구성

기초생산비 (1차생산비)	• 거래의미의 생산비이다. • 기초생산비 = 가축비 + 사료비 + 감가상각비 + 고용노동비 + 기타 제비
생산비	• 농가에서 축산물의 일정단위를 생산하기 위하여 소비된 가치의 합계이다. • 생산비 = (기초생산비 + 토지자본이자 + 유동 · 고정자본이자) - 부산물 수입 = 경영비 + 자가노력비 + 유동 · 고정자본이자 + 토지자본이자 • 생산비 : 경영비, 자가노력비, 제자본이자
경영비	• 경영비는 농가의 내부 경제적 관계에서 분류하였을 경우 순비와 자급비의 합계이다. 즉, 농가의 소득으로 되는 비용부분인 내급비를 공제한 경영학상의 생산비를 말한다. • 경영비 = 순비 + 자급비 = 생산비 - 내급비 • 가축비, 사료비, 수도광열비, 방역치료비, 수선비, 소농구비, 제재료비, 기타 잡비와 고용노력비, 차입금이자, 종부료, 분뇨처리비 등과 같이 직접 지불된 비용과 임차료, 대농기구 등의 감가상각비를 포함한 비용의 총액

① 가축비(비육우)

　　㉠ 구입 시 : 송아지 구입가격＋구입제 비용

　　㉡ 자가편입 시(자가생산) : 이유시점의 송아지를 기준으로 한 편입 당시의 시장거래가격

　　※ 가축비는 한우비육경영에서 가장 큰 비용 항목이다.

② 사료비

　　㉠ 사료비 계산 : 실제 급여한 수량을 사료비로 하는 것을 원칙으로 하며, 구입하였지만 급여하지 않았다면 사료비로 계산하지 않는다.

　　㉡ 구입사료비 : 구입가격과 구입 제비용(운임, 노임 등의 평가액)을 포함시키는 것

　　㉢ 자급사료비 : 당해사료가 생산된 시점의 시장가격에 의한 단가

　　㉣ 자가생산사료비 : 사료이용 목적으로 초지, 사료포 또는 답리작으로 재배한 각종 사료작물의 생산에 투입된 종자, 비료 등의 비용과 노력비

　　※ 사료비는 비육돈, 젖소, 육계, 산란계 경영비 중 가장 비중이 큰 항목이다.

③ 상각비(감가상각비)

　　㉠ 정액법 : 매년 일정하게 감가상각을 하는 방법

> - 감가상각비＝취득가액－잔존가액/내용연수
> - 유우(젖소)감가상각비＝착유우평가액－잔존가액/잔여내용연수
> - 번식우(번식돈)감가상각비＝번식우 현재평가액－잔존가액/잔여내용연수

　　㉡ 정률법 : 연도가 경과함에 따라 감가상각비를 체감하는 방법

④ 고정자본이자

　　㉠ 농기구, 축사 및 시설물, 가축 등의 자본액에 대한 평가를 하는 방법으로 계산방식은 다음 공식에 의한다.

> - 고정자본이자＝자본평가액 × 자기자본구성비 × 이자율 × 부담률
> - 자본평가액＝[취득가액－(연상각액 × 경과연수)] × 해당 축종부담비율
> - 자기자본구성비＝(총자본액－차입자본액/총자본액) × 100

　　㉡ 이자율 : 축산물 생산비조사에서는 농가경제조사, 농산물생산비조사 등에서 적용하고 있는 이자율(100%)을 일률적으로 적용한다.

⑤ 유동자본이자 : 사료구입, 약품구입, 차입금 이자 등 축산물의 생산에 현금으로 투입된 자본액에 대하여 사육기간과 자본회전기간을 고려하여 이자를 계산하여 주는 것이다.

> - 번식우 : [(경영비－상각비)]/2 × 자기자본구성비 × 이자율
> - 비육우 : [(경영비－상각비－가축비)/2＋가축자본액] × 자기자본구성비 × [이자율 × (사육일수/365)]

⑥ 토지자본이자

　㉠ 토지자본이자는 축산물 생산에 이용된 건물부지, 운동장, 초지 및 사료포 등에 대한 용역
　비를 말한다.

> 토지자본이자 = 토지평가액 × 자기자본구성비 × 임차료율

　㉡ 토지평가액
　　• 축산물 생산비조사에서는 국토교통부에서 조사 발표하는 표준지 공시지가를 기준으로
　　축종별 표본지역 평균 토지가격을 산출하고 이를 소유면적에 곱하여 토지평가액을 산
　　출한다.
　　• 임차료율 = 연간임차료/(차용지면적 × 평당가격)

⑦ **부산물 수입** : 주된 생산물과는 성격이 다른 생산물(구비, 공포대, 송아지 등)로써 금전적인
　가치를 가지는 것을 말한다.

⑧ 기타

　㉠ 수도광열비 : 축산경영에 소요된 수도료, 전기료, 난방용 연료대
　㉡ 방역치료비 : 가축치료 및 소독약품대, 수의사 진료비, 주사기 등 진료장비 구입비
　㉢ 수선비 : 축사, 창고, 대농기구 등의 수리유지비, 자가수리에서는 재료비와 노동력비 등
　㉣ 소농구비 : 삽, 괭이 등 소농기구 구입비
　㉤ 제재료비 : 비닐, 깔짚, 수도꼭지, 장화, 장갑 등 재료비
　㉥ 기타 잡비 : 교통통신비, 검사료, 협회비 등
　㉦ 고용노력비 : 일고, 계절고, 연고 등 노동력에 지급한 현금 또는 현금평가액
　㉧ 차입금이자 : 실제 지불한 차입금이자(금융기관 대출금, 사채 등)
　㉨ 종부료 : 번식우의 인공수정료, 자가수정 시 정액구입비와 노동력비
　㉩ 자가노력비 : 지역노임에 준한 가족노동비 등
　　　※ 자가노력비 = 노동투입시간 × 그 지역의 연평균임금
　㉪ 임차료 : 임차 사용한 토지, 건물, 장비 등에 지급한 현금 또는 현금평가액

2. 경영분석의 유형과 특징

(1) 축종별 경영진단 및 분석

　① 비육우 경영진단 분석
　　㉠ 축산경영의 진단절차 : 경영실태 파악 및 분석 → 문제의 발견 및 판단 → 문제에 대한
　　요인분석 → 대책 및 처방

ⓛ 축산의 경영진단 시 비교분석 기준
  • 자기경영성과의 연차 간 비교
  • 해당 지역의 유사한 경영체와의 성과비교
  • 표준적인 진단기준과의 비교
  • 주요 진단지표 ☑ **빈출개념**
    – 생산지표 : 번식률, 품질(육량 · 육질), 사료급여량, 노동시간
    – 수익성지표 : 조수입, 경영비, 생산비
      ⓐ 축산소득＝축산조수익－축산경영비
      ⓑ 축산순수익＝축산조수입－축산생산비
      ⓒ 축산소득률＝축산소득/축산조수입×100
      ⓓ 축산순수익률＝축산순수익/축산조수입×100
      ⓔ 노동생산성＝축산소득/노동시간
      ⓕ 토지생산성＝축산소득/경지면적
      ⓖ 자본생산성＝축산소득/축산자본액
ⓒ 비육우의 주요 생산지표
  • 1일당 증체량 : 비육우의 증체능력을 나타내는 지표이다.

  > 일당 증체량＝1두당 비육기 증체량/1두당 비육일수

  • 사료요구율, 사료효율 ☑ **빈출개념** : 사료소모량을 말하며 비육우의 생산능력을 나타내는 지표이다.

  > • 사료요구율＝사료섭취량/증체량
  > • 사료효율＝증체량/섭취량×100＝(축산물생산량/사료급여량)×100

  • 성과지표 : 소득, 가족노동보수, 자기자본이자, 지대, 이윤 등
  • 요인지표
    – 비육경영 : 1두당 노동시간, 1두당 사료비, 일당 증식가액, 증체량, 출하체중 등
    – 번식경영 : 성우의 두수(사양규모), 1일 1두당 노동시간, 사료요구율 등
    – 육성경영 : 1일 1두당 증식가액, 사료비, 체중가액, 노동시간, 사양규모 등
ⓔ 한우농가의 경영개선에 의한 생산비 절감방안
  • 일당 증체량 증대
  • 번식률 향상
  • 합리적인 사료급여

ⓜ 비육우 경영농가에 대한 경영진단 결과 소득이 적었을 때 경영개선 방법
  • 경영규모를 확대한다.
  • 생력기술을 도입한다.
  • 적기(한계수익＝한계비용)에 출하한다.
  ※ 비육우 기술진단지표
    • 비육우 : 1두당 일당 증체량, 사료요구율, 사료효율, 두당 지육생산량, 출하월령, 출하 시 체중, 1인당 관리두수 등
    • 번식우 : 초종부월령, 수정횟수, 번식률, 분만간격, 육성률, 관리노동시간 등
② 낙농경영진단 분석
  ㉠ 사육규모의 적정화
    • 장기평균비용이 최저가 되는 규모이다.
    • 노동력을 기준으로 한 적정규모 : 28두
    • 부부중심의 호당 적정규모 : 32두
    • 10두 미만의 사육농가는 사육규모를 확대해야 한다.
  ㉡ 젖소의 주요 생산지표
    • 경산우 1두당 연간산유량＝연간 원유생산량/연평균두수
    • 유지율(%)＝유지방량/총유량
    • 분만간격 : 산유량에 영향을 준다.
  ※ 낙농경영의 기술진단지표
    • 두당 연간산유량, 유지율, 유사비, 착유일수, 경산우 1두당 사료포면적, 평균분만간격
    • 평균종부횟수, 송아지육성률, 후보축육성률, 첫종부월령, 건유일수, 분만 후 사고율 등
  ㉢ 낙농농가의 경영개선에 의한 생산비 절감방안
    • 사료효율 향상
    • 사육규모의 적정화
    • 산유량 증대
    • 번식률 향상
    • 젖소 이용연한 연장
③ 양돈경영진단 분석
  ㉠ 비육돈의 주요 생산지표
    • 비육개시 일령 및 체중
    • 비육종료 시 일령 및 체중
    • 1두당 1일증체량(일당 증체량)＝1두당 비육기증체량/1두당 비육일수
    • 사고폐사율
    • 등지방두께

ⓛ 번식돈의 주요 생산지표
- 1인당 관리두수, 1두당 자돈판매 두수
- 포육두수, 육성두수
- 포육률 = 이유두수/포유개시두수 × 100
- 육성률 = 판매두수/포유개시두수 × 100
- 연간분만횟수 = 연간분만복수/상시사양두수
- 분만 후 발정재귀일
- 모돈도태율, 모돈번식이용 월령
- 1두당 사료급여율, 수태율, 분만율
- 자돈 생시 체중, 이유 시 체중, 90일령 체중 등

ⓒ 양돈비육경영의 수익성 향상 방안
- 상시사육두수 적정화
- 연간비육회전율의 최대화
- 판매돈 1마리당 매상고의 최대화(두당 판매가 향상)
- 판매돈 1두당 비용 절감

ⓔ 분만두수가 많은 종돈을 선택하여 연간분만횟수를 늘린다.
ⓜ 폐사 및 도태 등을 포함한 사고율을 최소화
ⓗ 이유자돈 두수를 증가시킨다. → 양돈번식경영의 수익성 향상방안

④ 양계경영진단 분석
ⓐ 양계의 주요 생산지표
- 산란율 : 산란계의 경영성과 지표이다.

$$\text{• 헨데이 산란율} = \frac{\text{일정 기간의 일일 산란 수 누계}}{\text{일정 기간의 일일 생존 수수 누계}} \times 100$$

$$\text{• 헨하우스 산란율(산란지수)} = \frac{\text{일정 기간의 산란 수 누계}}{\text{초기 입식 수수}} \times 100$$

※ **산란지수** : 산란능력, 생존력, 건강성 등이 포함된다.
- 육성률 : 육성기간 동안의 생존율로 폐사나 도태에 의해 감소된다.

$$\text{육성률(출하율)} = \text{성계수수/입추수수} \times 100$$

- 난중(卵重)
  - 특란, 대란이 많아야 한다.
  - 평균난중 = 연중 총난중/연중 총산란수

- 일당 증체량
  - 브로일러의 산육능력판단지표이다.
  - 일당 증체량＝총증체량/사육일수
- 사료요구율, 사료효율 : 브로일러의 기술지표
- 난사비 : 달걀 1kg당 가격/사료 1kg당 가격
  ※ **양계의 기술진단지표**
    - 산란계 : 산란율, 육성률, 난중, 사료요구율
    - 육계 : 일당 증체량, 출하일령, 육성률, 사료요구율
ⓛ 달걀생산비의 절감방안
- 경영규모를 확대한다(산란계 사육규모의 확대).
- 산란계의 육성률을 높인다.
- 산란계의 생존율을 증가시킨다.
- 산란계의 자질에 관심을 가져야 한다.
- 난사비를 최대한 증가시킨다.
- 젊은 암탉을 항상 확보하여야 한다.
- 연간분만횟수를 증가시킨다.
ⓒ 양계의 수익성을 극대화하기 위한 방안
- 폐사율을 감소시킨다.
- 품질 및 상품가치의 균일성을 유지시킨다.
- 생산능력을 향상시킨다.

(2) 손익분기점 분석

① 손익분기점(BEP ; Break-Even Point)
  ⓛ 이익도 손실도 없는 것으로 총비용과 총수익이 일치하는 점으로 이익이 '0'이 되는 판매량 또는 매출액을 말한다.
  ⓛ 원가와 수익의 행태는 선형이다.
  ⓒ 모든 원가는 고정비와 변동비로 분해된다.
  ⓓ 고정비는 일정하고, 변동비는 조업도에 비례한다.
  ⓛ 수익과 원가는 조업도(매출수량, 생산량 등)기준에 따라 비교된다.
② 고정비와 변동비

고정비	• 생산량의 증감과는 관계없이 고정되어 발생하는 비용 • 자급사료비, 수선비, 감가상각비, 자가노력비, 지대, 자본이자 등
변동비	• 생산량의 증감 변화에 비례해서 변화하는 비용 • 구입사료비, 수도광열비, 방역치료비, 소농기구비, 제재료비, 고용노력비 등

③ 손익분기점의 계산 ☑ 빈출개념

　　㉠ 매출액－변동비－고정비＝이익

　　㉡ 손익분기점매출액＝고정비＋변동비

　　㉢ 손익분기점매출액－변동비＝한계이익

　　㉣ 손익분기점＝고정비/(1－변동비/매출액)

(3) 생산성 분석

노동생산성 (노동효율 분석지표)	• 투하된 노동량과 그 결과로서 얻은 생산량의 비율을 말한다. • 노동생산성＝총생산액(량)/노동투입량
자본생산성 (자본효율 분석지표)	• 투하된 자본에 대한 생산량을 말하며, 자본계수와는 역수의 관계에 있다. • 자본생산성＝총생산액(량)/자본투입량
토지생산성 (토지효율 분석지표)	• 토지면적 단위당의 생산량을 말하며, 토지생산성은 그 토지의 경제성을 타 토지와 비교하는 　데 사용되고 있다. • 토지생산성＝총생산액(량)/경지면적 ※ 가축생산성＝생산액(생산량)/가축두수

(4) 안정성·효율성·수익성 분석 및 진단지표 등

① 안정성(유동성) 분석

　　㉠ 유동비율(%)＝유동자산/유동부채×100

　　　• 유동자산을 유동부채로 나눈 비율로 보유하고 있는 유동자산이 단기채무인 유동부채를
　　　　얼마나 감당할 수 있는가를 측정하는 지표이다.

　　　• 한우경영의 안전성을 진단하기 위한 분석지표이다.

　　　• 안정성은 200%를 기준으로 평가한다.

　　㉡ 고정자본비율＝자기자본/고정자산×100

　　　• 고정자산 중에서 자기자본의 비율이 차지하는 정도이다.

　　　• 안정성은 100%를 기준으로 평가한다.

　　㉢ 자기자본비율＝자기자본/총자본×100

　　　• 자기자본이 자본총액(자기자본＋타인자본)에서 차지하는 비율이다.

　　　• 경영진단의 안정성에서 가장 중요한 분석지표이다.

　　　• 자기자본율이 클수록 자금조달 측면에서는 안정적이다.

　　㉣ 부채비율＝부채/자기자본×100

　　　• 유동부채비율＝유동부채/자기자본×100

　　　• 고정부채비율＝고정부채/자기자본×100

- 부채비율이 낮고 자기자본비율이 높으면 좋다.
- 부채비율은 자본구성의 균형여부를 측정하는 대표적 지표이다. 부채에 따른 위험성은 유동부채에 의해 야기된다.

② 수익성 분석 : 수익성 지표는 소득과 순수익, 1인당 가족노동보수, 축산소득, 축산자본이익 등이 있다.

ⓐ 소득과 순수익 ☑ **빈출개념**

- 투입된 1단위당(경지 10a당, 가축 1두당, 생산물 1kg당) 소득을 평가하는 분석지표이다.
- 축산소득＝축산조수입－축산경영비
  ※ 양계소득＝자가노력비＋자기자본이자＋자기토지자본이자＋이윤
- 축산조수입＝주산물가액＋부산물평가액
- 순수익(이윤)＝축산조수입－생산비(비용)
  - 순수익 : 소득에서 암묵적 비용인 가족노동평가액, 자기자본이자, 자기토지지대를 공제한 것
  - 양계순수익＝양계조수익－양계생산비
- 농가소득＝축산소득＋농외소득
  - 농가경제잉여＝농가소득－(조세공과＋가계비)

더 알아보기 | 농가소득 계산 방법

- 농가소득＝농업소득＋농외수익－농외지출
- 농가소득＝농업소득＋농외소득
- 농가소득＝농업조수익－농업경영비＋농외소득
- 축산소득＝조수익－경영비
- 소득＝조수입－경영비
  - 사료포 10a당 소득＝소득/사료포면적(10a당)
  - 1두당 소득＝소득/사육두수
  - 축산물 1kg당 소득＝소득/총생산량(kg)

ⓑ 소득률과 순수익률 ☑ **빈출개념**

- 소득률＝(소득/조수입)×100
- 순수익률＝순수익/조수익×100

ⓒ 가족노동보수＝소득－(토지자본용역비＋자기자본이자)

- 가족노동의 효율을 1시간당 또는 1일당(8시간 기준)으로 산출하여 평가한다.
- 1시간당 가족노동보수＝가족노동보수/가족노동시간

② 자본회전율＝매출액/총자본액×100
  - 자기자본회전율＝조수익/자기자본×100
  - 투자자본에 대한 조수입(매출액)의 비율이다.
  - 높을수록 자본이용의 효율성이 높다는 것을 의미한다.

⑩ 성장성 분석지표
  - 소득증가율＝(전년도 소득/당해연도 소득−1)×100
  - 매출액증가율＝(전년도 농업조수익/당해연도 농업조수익−1)×100
  - 총자본증가율＝(전년도 총자본/당해연도 총자본−1)×100
  - 자기자본증가율＝(전년도 자기자본/당해연도 자기자본−1)×100

⑭ 기타 주요 진단지표
  - 유사비＝(구입사료비/유대)×100(우유를 생산하는 데 있어 사료비가 차지하는 비율)
  - 사료요구율＝사료급여량/축산물생산량
  - 노동생산성＝소득/노동투입량
  - 양계경영의 육성률＝(성계출하두수/입추두수)×100
  - 경영주보수＝조수입−(경영비＋자기자본용역비＋자기토지용역비＋경영주를 제외한 가족노력비)

    ※ **낙농경영에 있어서 조수익**
      - 우유판매액
      - 송아지판매액
      - 구비판매액
      - 육성우증체액
      - 원유판매액
      - 우유생산수입
      - 송아지생산수입
      - 구비수입
      - 정부지원금
      - 부산물거래가격

3. 경영평가

(1) 경영계획의 평가 방법

① 경영진단의 의의와 목적
  ㉠ 전문가가 미래에 예측될 수 있는 경영의 방향이나 활동의 실태를 조사 및 분석하여, 그 결과에 대하여 경영의 합리적인 발전이나 개선책을 제공하고 경영을 지원하는 것이다.
  ㉡ 경영 및 경영활동상의 당면과제, 문제점, 결함의 발견과 개선 및 권고에 의한 기업의 발전 향상 설정이다.
  ㉢ 기타 부수적 효과를 유도하고 경영방침 및 경영계획수립의 기초가 된다.

② 경영진단의 필요성

　㉠ 농가 스스로 문제점 발견 능력의 부족

　㉡ 경영상의 문제점 조기발견 및 적절한 대책 강구

　㉢ 경영상 문제점의 해결과 외부전문가의 컨설팅 필요

　㉣ 객관적 전문지식을 갖춘 컨설턴트의 합리적인 해결방안 필요

　㉤ 지자체의 지역경제 활성화를 위한 정보제공 등

(2) 평가결과의 비교 방법

① 경영진단의 종류

외부비교법 (타인비교)	표준비교법 ☑ 빈출개념	• 시험장의 성적, 조사지역에서 표준경영모형을 설정하고, 이를 진단하려는 농업경영체의 경영실적과 비교하여 경영상의 결함을 찾고자 하는 진단 방법이다. • 표준경영모형의 설정과 시험장의 성적을 농업경영체에 직접 적용하는 데에 어려움이 있다.
	직접비교법	• 지역의 비슷한 경영형태를 지닌 우수 농가의 평균값과 진단대상농가를 직접비교하는 방법이다. • 농업경영체 중에서 가장 우수한 농업경영체의 평균값과 비교하는 방법, 지역경영조사의 결과 평균값과 비교하는 방법이 있다.
내부비교법	시계열비교법	전년도 농업경영체의 경영성과와 금년의 농업경영성과를 비교하는 방법이다.
	계획 대 실적비교법	연초의 농업경영목표와 연말의 경영실적을 비교하여 목표를 달성하지 못한 항목은 원인을 분석하고 경영을 개선하는 방법이다.
	부문 간 비교법	농업경영체가 시행하는 사업부문 간의 성과를 비교 분석하는 방법이다.

② 경영진단의 순서 : 경영실태의 파악 → 문제 발견 → 문제 분석 → 대책수립과 처방

　㉠ 경영실태의 파악단계

　　• 경영의 현재상태를 파악하며, 필요한 항목들에 대하여 조사한다.

　　• 진단지표를 사용하여 효과적인 실태파악을 한다.

　　• 축산경영의 기술진단지표 : 번식률, 일당 증체량, 산유량, 유지률, 판매 시 체중, 육성률, 산자수, 이유두수, 포유일수, 산란률, 달걀중량, 분만간격, 사료요구율, 유사비, 초산월령, 파란율 등(축종, 번식축(繁殖畜) 또는 비육축(肥育畜)에 따라 달라지는 경우가 많다).

　㉡ 문제의 발견단계

　　• 진단지표를 파악하여 경영의 문제를 찾아내는 과정이다.

　　• 진단 대상경영체의 성과를 기준지표와 비교하여 판단하는 과정이다.

　㉢ 문제의 원인분석단계 : 발견된 문제의 원인이 무엇인가를 분석하는 과정이다.

　㉣ 대책과 처방의 단계 : 앞의 원인분석단계에서 분석된 문제와 원인을 해결하기 위한 방안을 설정하는 단계이다.

③ 경영진단결과의 표시 방법

   ㉠ 수표(數表)로 표시하는 방법 : 각 경영진단지표를 항목별로 표준 또는 평균값과 함께 기입하여 비교하는 방법이다.

   ㉡ 도표(圖表)로 표시하는 방법

     • 원형도법(圓形圖法)

       – 원둘레상의 점들을 표준값 또는 평균값으로 표시하고, 진단농가의 값을 원안에 표시한 다음 점선으로 연결시켜 나타내는 방법이다.

       – 진단농가의 값이 원둘레에 가까울수록 경영이 개선되어 있음을 나타낸다.

     • 온도계법(溫度計法)

       – 원리는 원형도법과 같으나 표시 방법을 온도계의 눈금을 이용하여 표시하는 방법이다.

       – 온도계에 진단지표의 평균값 또는 표준값을 지수 100으로 표시하고 진단농가의 수치를 이와 비교하여 높으면 개선되어 있음을 나타내고, 낮으면 결함이 있는 것으로 개선점을 찾아내는 방법이다.

05 축산물 유통

1. 축산물 유통의 특징

(1) 마케팅의 개념과 역할

① 마케팅의 개념

㉠ 마케팅의 정의
- 미국마케팅협회(AMA ; American Marketing Association) : 마케팅이란 개인이나 조직의 목표를 충족시키는(상호 유익한) 교환을 창출하기 위해 아이디어, 제품 및 서비스의 고안, 가격책정, 판매촉진, 유통을 계획하고 실행하는 과정이다.
- 한국마케팅학회(KMA ; Korean Marketing Association) : 마케팅은 조직이나 개인이 자신의 목적을 달성시키는 교환을 창출하고 유지할 수 있도록 시장을 정의하고 관리하는 과정이다.

㉡ 마케팅믹스(Marketing Mix) 4P
- 제품(Product) : 고객의 필요와 욕구를 만족시키는 재화, 서비스, 혹은 아이디어
- 가격(Price) : 제품을 얻기 위해 지불하는 것
- 판매촉진(Promotion) : 구매자와 판매자 사이의 커뮤니케이션
- 유통경로(Place) : 소비자가 제품을 구매하는 장소

㉢ 판매와 마케팅
- 판매
  - 판매는 이미 만들어진 상품을 어떻게 하면 잘 팔 수 있는지, 제품구매를 직접 유도하는 것이다.
  - 판매와 촉진활동의 강화를 통해 매출을 증가시켜 이윤을 획득하는 것이다.
- 마케팅
  - 마케팅이 지향하는 것은 고객을 이해하고 제품과 서비스를 고객에 맞추어 저절로 팔리도록 하는 것이다.
  - 마케팅은 고객의 필요와 욕구를 파악하고 충족시키는 것으로서, 그 결과는 고객에게는 욕구충족을 기업에게는 수익창출이라는 이익이 공유되어야 한다.

구분	판매	마케팅
초점	제품을 강조	고객의 욕구를 강조
수단	판매와 촉진	통합 마케팅
목표	매출증대를 통한 이윤창출	고객만족을 통한 이윤창출
시점	제품을 생산한 후 판매방식 고안	고객의 욕구를 결정하고, 그 욕구의 충족을 위한 제품개발 및 전달 방법 고안
계획기	현재의 제품 및 시장 측면에 초점을 둔 단기지향적 계획	신제품, 장래시장, 성장성 측면에 초점을 둔 장기지향적 계획
활동구분	주어지는 것으로 교환활동	창출하는 것으로 창조활동

ⓔ 마케팅의 시대변화 : 생산중심 → 판매지향 → 마케팅지향

② **마케팅의 역할**

ⓐ 생산자 측면에서는 생산비를 보장할 수 있는 가격으로 생산량을 원활히 공급함으로써 안정적인 생산활동이 보장될 수 있다.

ⓑ 소비자에게 최소의 비용으로 최대의 효용 또는 만족도를 줄 수 있다.

ⓒ 생산량의 원활한 공급으로 적정가격에 의한 수급조절이 가능하다.

ⓓ 농가의 생산의욕의 향상으로 소득증대가 가능하다.

ⓔ 연관산업이 발달된다(유통과정상 수반되는 광고, 포장 등).

ⓕ 표준화 및 등급화 등에 의한 소비자의 욕구충족을 달성할 수 있다.

(2) 축산물 유통의 기능과 특수성

① **교환기능** : 구매, 판매

ⓐ 교환기능은 소유권을 이전하는 기능이다.

ⓑ 구매기능 : 농가는 생산요소나 제품을 공급하는 원천을 찾고, 이들을 수집하는 등 구매와 관련된 모든 활동을 수행한다.

ⓒ 판매기능 : 머천다이징(merchandising)이라 불리는 모든 활동을 포함 수요창출을 위한 광고 및 다른 모든 판매촉진 활동과 의사결정 과정(적정판매량, 포장, 최선의 유통경로, 적정 판매 시기 및 장소 설정 등)이다.

② **물적기능** : 저장, 수송, 가공

ⓐ 저장기능

• 소비자가 원하는 시간에 구매가 가능하게 하는 기능

• 농민의 저장활동 가공원료를 저장하는 창고저장기능

• 가공업자, 도매상, 소매상에 의한 완제품 저장 등의 기능

ⓛ 수송기능
  - 구매자가 원하는 장소에서 구매가 가능하도록 하는 기능
  - 수송비를 최소화하는 수송경로, 형태, 적재와 관련한 제반활동까지도 포함하는 기능
ⓒ 가공기능
  - 형태를 변화시키는 모든 활동
  - 기본적으로 모든 제조활동을 포함(도축, 포장, 가공캔, 가공식품 또는 냉동식품 제조)
③ 조성기능 : 교환기능과 물적기능을 원활히 수행할 수 있도록 하는 기능
ⓖ 표준화(규격화) 기능
  - 수량과 품질을 측정하고, 표준화나 등급화하는 기능
  - 판매와 구매기능이 간단하게 수행될 수 있게 보조하는 기능(대량판매 용이)
  - 축산물등급제 : 소고기, 돼지고기, 닭고기, 달걀, 말고기, 오리고기 등
  - 포장유통 의무화 : 닭고기, 오리고기, 달걀 등
  - 소고기 품질공정 평가제 : 부분육 거래활성화 및 유통의 지표 제공
  - 닭고기, 달걀 품질공정평가제 도입
ⓛ 재무 또는 금융기능
  - 필요한 자금을 미리 조달할 수 있게 하는 모든 활동
  - 금융권 자금, 경영자 자금 등 사업규모를 확대할 수 있음
ⓒ 시장정보기능
  - 마케팅과정에서 필요한 대량의 다양한 데이터(시장정보)를 수집, 분석, 해석, 분산/제
    공하는 활동
  - 축산물 등급표시 : 소고기(5부위 의무표시 판매), 돼지고기, 닭고기, 달걀 등
  - 이력제 : 소고기, 돼지고기
  - 원산지 표시제 : 소고기, 돼지고기, 닭고기, 오리고기, 말고기, 육류 부산물 등
  - 도축장 실명제실시 등
ⓔ 유통합리화 기능
  - 도축장 구조조정 및 거점도축장 육성
  - 직거래 활성화
  - 축산물 종합처리장 지원대책
  - 식육에 대한 냉장보관과 온도 관리 강화
  - 돈육선물, 브랜드 육성
  - 축산물 즉석가공판매업 신설
  - 달걀 GP센터 건립 확대

   ⑩ 위험부담기능 : 마케팅과정에서 발생할 수 있는 손실위험을 부담하는 활동
    • 물적위험(physical risks) : 화재, 사고, 강풍, 지진, 기타 요인에 의한 제품의 파손이나
     손상과 같은 위험
    • 시장위험(market risks) : 마케팅 과정에서 발생하는 가치변화에 의한 위험(가격급락,
     소비자선호의 변화, 경쟁자의 새로운 마케팅 전략에 따른 손실 등)
    • 관련기능 : 물적 위험을 위해 보험을 사는 형태 또는 가격위험을 위한 선물거래 형태
   ⑪ 위생강화 기능
    • 축산물 지육 냉장유통 : 소 · 돼지 냉도체 판정
    • 식품안전 관리인증기준(HACCP ; Hazard Analysis and Critical Control Point)
  ④ 축산물 유통의 특성
   ㉠ 축산물의 수요 · 공급은 비탄력적이다.
   ㉡ 축산물의 생산체인 가축이 성숙되기 전에도 상품적인 가치가 있다.
   ㉢ 축산물 생산농가가 영세하고 분산적이기 때문에 유통단계상에서 수집상 등 중간상인이
    개입될 소지가 많다.
   ㉣ 축산물은 부패성이 강하기 때문에 저장 및 보관에 비용이 많이 소요되고 위생상 충분한
    검사를 필요로 한다.
   ㉤ 축산물시장에서의 거래가 이루어지기보다는 중간상인 및 구매자가 구매하고자 하는 가
    축에 따라 이동하는 경우가 많다(이동거리와 시간에 따라 생체의 감량이 발생하기 때문).
   ㉥ 가축시장의 경매가격, 도매시장의 육류가격 등 축산물 평가기준 설정이 어렵다.
   ㉦ 축산물은 생체로부터 가공에 이르기까지 많은 가공시설과 가공기술을 필요로 한다.
   ㉧ 축산물은 비탄력적으로 가격변동에 대한 대응이 단시간에 이루어지기 어렵다.
   ㉨ 축산물의 소득탄력성이 다른 농산물에 비해 높기 때문에 소득수준이 향상됨에 따라 축산
    물의 소비량을 증가시킬 수 있다.

(3) 유통비용과 마진 등

 ① 유통비용
  ㉠ 생산자로부터 소비자에 이르기까지 비용이다.
  ㉡ 유통비용＝유통마진－상업이윤
  ㉢ 직접비, 간접비, 이윤으로 구성된다.
   • 직접비 : 작업비, 운송비, 포장재비, 상 · 하차비, 수수료, 감모비 등
   • 간접비 : 점포유지 관리비, 인건비, 제세공과금, 감가상각비 등
   • 이윤 : 총수입에서 임대, 지대, 이자, 감가상각비 따위를 빼고 남는 순이익

② 유통마진

　㉠ 유통과정에서 발생하는 모든 유통비용이 포함된 개념이다.

　㉡ 소비자가 지불한 금액과 농가가 수령한 금액 간의 차이이다.

　㉢ 유통마진 = 소비자 지불가격 − 생산자 수취가격

　㉣ 소비자가 구매 시 지불한 금액 중 유통단계에서 경영체에 지불된 부분이다.

　㉤ 마케팅기업에 의해 수행되는 모든 효용부가활동(utility-added)과 마케팅기능에 대한 가격이다.

　　※ 가격은 유통기능 수행과정에 발생한 지출과 유통경영체의 이윤을 포함한다.

　㉥ 축산물 유통비용 절감방안

　　• 생산, 도축, 가공, 판매의 일관화 체계의 구축으로 유통 효율화

　　　− 생산-판매까지 협동조합형 패커 육성

　　　− 거점 도축장을 민간패커로 육성

　　　− 축산물 브랜드 육성 강화

　　• 산지-소비지가격 연동성 제고

　　　− 소비지 판매시설 확충

　　　− 전자상거래(사이버거래) 등 신유통 확대

　　　− 축산물가격 및 유통실태 정보제공 확대

　　• 품질향상 및 부가가치 제고

　　　− 축산물 등급판정제도 정비

　　　− 육가공 산업 활성화

　　　− 부산물 유통구조 합리화 및 부가가치 제고

　　• 유통관련 제도 개선

　　　− 거래증명 제도 개선

　　　− 거래관행 개선(돼지 등)

2. 브랜드 관리

(1) 브랜드의 기본개념

① 브랜드의 의미 : 브랜드(brand)란 고대 노르웨이의 'brandr(불에 달구어 지지다, 낙인하다)'에서 유래되었는데, 가축 소유주가 인두로 가축을 낙인하여 자신의 소유임을 알리기 위한 수단이었다.

　※ **기능성 식품** : 식품에 물리적, 화학적, 생명공학적 수법 등을 이용하여 해당 식품의 기능에 특정한 작용을 발현하도록 부가가치를 부여한 식품군이다.

② 브랜드의 기능 및 역할
　　㉠ 본원적 기능 : 출처기능(생산자, 가공자, 회사 등), 품질보증기능, 신뢰기능, 자산기능
　　㉡ 파생적 기능 : 인지도 강화기능, 충성도 강화기능, 광고기능, 상징기능

(2) 브랜드 형성 및 관리 방법

① 품질의 균일성
　　㉠ 언제, 어디서나 맛, 색깔, 연도 등이 일정한 축산물로 기본적으로 혈통과 사료, 사양
　　　관리 3요소가 통일되어야 한다.
　　㉡ 혈통 관리
　　　• 브랜드사업 참여농가의 한우는 혈통이 등록된 소여야 한다.
　　　• 우수한 암소의 등록, 선발 및 우수정액을 사용한 계획교배 등 철저한 혈통 관리로 우수
　　　　송아지 생산기반을 확보해야 한다.
　　㉢ 사료통일
　　　• 모든 가축은 각 사육단계별로 동일한 배합비로 생산된 사료를 급여해야 한다.
　　　• 사육단계별로 규격의 통일을 의미하는 것이지 동일회사의 사료로 통일하는 것은 아니다.
　　㉣ 사양 관리 통일 : 균일한 출하체중, 육질·육량형성을 위해서는 참여농가 모두가 거세시
　　　기, 사료급여 방법, 출하시기 등에 관한 통일된 사양 관리프로그램을 준수하여야 한다.
② 위생·안전성
　　㉠ 농장에서부터 식탁에 이르기까지 안전하고 위생적으로 생산·가공되어야 한다.
　　㉡ 사육단계
　　　• 적정 사육밀도 확보로 사육환경의 쾌적성 유지
　　　• 동물용 의약품 안전사용 : 비육 후기 사료급여, 휴약기간 준수 등
　　　• 철저한 방역 : 소독시설, 기구 확보 및 공동방제단 운영 등
　　　• 친환경적 사육환경조성 : 분뇨 자원화 및 처리시설 구비, 악취저감 등
　　㉢ 도축·가공단계 : HACCP 수준이 높은 도축·가공장 이용 및 동일장소 소재도축·가공
　　　장 이용으로 2차 오염 방지 등
　　㉣ 유통단계 : 냉장유통체계(cold chain system)에 의한 수송과 보관 준수

③ 안정적 물량공급 능력
   ㉠ 유통업체가 요구하는 일정규격의 축산물을 적시에 요구한 물량만큼 공급해 줄 수 있는
      능력. 즉, 정품(定品), 정시(定時), 정량(定量) 공급능력을 의미한다.
   ㉡ 물량공급 능력은 목표시장과 시장점유 목표 여부에 따라 달라진다.
④ 축산물브랜드 관리 및 발전방향
   ㉠ 위생적이면서 안전하고 균일한 품질의 좋은 축산물을 생산·공급한다.
   ㉡ 책임소재가 분명하고 물량을 안정적으로 공급하며 개성있는 축산물을 생산·공급한다.
   ㉢ 지역단위의 폐쇄적 혈통 관리를 통한 브랜드화를 기한다.
   ㉣ 전통식품이나 건강식품과 관련된 축산가공품의 브랜드화도 추진되어야 한다.
   ㉤ 브랜드 중심의 마케팅 조직과 인력을 구축하고 브랜드 자산가치를 유형화한다.
   ㉥ 지자체, 축협, 유통회사, 소비자단체 등이 지역별로 협의체를 구성한다.
   ㉦ 축산물브랜드협의회를 구성하여 브랜드와 관련된 제반문제를 협의 조정한다.

3. 축산물의 가격형성

(1) 축산물 가격형성의 원리
① 균형가격
   ㉠ 균형가격의 개념
      • 수요곡선과 공급곡선 두 선이 만나게 되는 점이 '균형'이 되고, 그때의 가격을 '균형가
        격', 거래량을 '균형거래량'이라고 한다.
      • 수요와 공급은 수요의 법칙과 공급의 법칙이 작용하므로, 초과수요는 가격을 상승시켜
        공급을 증가시키며, 공급의 증가는 가격을 하락시켜 수요를 증가시킨다.
      • 가격은 공급량과 수요량을 일치시키는 수준까지 하락하며, 이때의 가격수준을 균형가
        격이라 하고 수요와 공급량을 균형량이라 한다.
   ㉡ 축산물에 대한 수요의 결정요인
      • 해당 재화 및 관련 타 재화의 가격
      • 일인당 국민소득 및 소득분포
      • 인구의 크기와 구성
      • 국민의 식품기호
      • 축산물 수출

ⓒ 축산물의 공급을 결정하는 요인
- 해당 재화 및 관련 타 재화의 가격
- 생산요소가격
- 생산기술 수준
- 축산물 수입

ⓔ 축산물 가격에 영향을 미치는 정부정책
- 가격통제
- 수출입정책
- 기타 농업정책

② 수요곡선과 공급곡선의 이동

ㄱ 공급곡선이 변하지 않는 경우(공급이 일정하다)
- 수요곡선이 오른쪽으로 이동하면(수요 증가) 가격이 상승하고 거래량이 증가한다.
- 수요곡선이 왼쪽으로 이동하면(수요 감소) 가격이 하락하고 거래량이 감소한다.

ㄴ 수요곡선이 변하지 않는 경우(수요가 일정하다)
- 공급곡선이 오른쪽으로 이동하면(공급 증가) 가격이 하락하고 거래량이 증가한다.
- 공급곡선이 왼쪽으로 이동하면(공급 감소) 가격이 상승하고 거래량이 감소한다.

③ 거미집이론(cobweb theorem)

ㄱ 가격변동에 대해 수요와 공급이 시간차를 가지고 대응하는 과정을 규명한 이론이다.

ㄴ 1934년 미국의 계량학자 W. 레온티에프(Wassily Leontief) 등에 의해 정식화 되었으며, 가격과 공급량을 나타내는 점을 이은 눈금이 거미집같다고 하여 명명한 것이다.

ㄷ 가격과 공급량의 주기적 변동 시 3가지 경우
- 수렴형 : 수요탄력성＞공급탄력성, 수요곡선이 완만하다.
- 발산형 : 수요탄력성＜공급탄력성, 공급곡선이 완만하다.
- 순환형(진동형) : 수요탄력성＝공급탄력성, 수요가격과 공급가격이 같다.

(2) 축산물시장 개념과 종류

① 시장의 개념

ㄱ 재화·서비스(용역)가 거래되어 가격이 형성되는 장소 또는 기구이다.

ㄴ 축산물의 구매 및 구입이 이루어지는 어떤 일정한 지역적인 장소이다.

ㄷ 농(축)산물의 견물(sample)에 의한 헤징(hedging)이 원거리에서 이루어지는 곡물 및 외환시장도 포함된다.

ㄹ 농(축)산물의 수요와 공급이 수집-중계-분산기능에 의해서 이루어지는 매개체의 역할을 한다.

◻ 시장은 완전경쟁, 독과점경쟁, 과점경쟁, 독점시장으로 구분된다.

완전경쟁시장	• 다수의 판매자와 구매자가 존재하고, 축산물이 동일하기 때문에 상호대체성이 이루어진다. • 신규기업의 진입과 탈퇴가 자유롭고, 시장정보가 모든 참여자에게 전달된다. • 물량 및 가격에 대해서 단합, 협정, 협의 또는 공공단체의 임시적인 개입이 없다.
독과점 경쟁시장	• 다수의 판매자와 다수의 구매자가 존재하나, 회사에 따라 특징이 있어 구매자의 입장에서는 이질성이 있다. • 진입과 탈퇴가 자유롭게 보장되어 있으나 완전경쟁에 비하여 어렵고 독점보다는 자유로운 시장경쟁상태이다.
과점경쟁시장	• 소수의 판매자와 구매자가 존재하고, 유사하거나 동질의 농(축)산물로 구성된다. • 새 시장에 대한 진입과 탈퇴가 자유롭게 보장되지 않은 시장경쟁상태이다.
독점시장	• 완전경쟁시장의 반대의 개념이다. • 판매자 또는 구매자가 하나만 존재하고, 생산물은 대체상품이 존재하지 않는다. • 시장의 진입이 어려운 시장경쟁상태이다.

② 시장의 종류 : 유통경로에 따라 수집시장(가축시장), 중계시장(도매시장, 공판장), 분산시장 (소매시장)으로 구분한다.

가축시장	• 축산법에 의거 가축시장은 농업협동조합법에 따른 축산업협동조합이 개설·관리(1987년 축협으로 일원화)하고 있다. • 한육우, 젖소 등이 중계, 경매 등으로 거래된다. • 축산법에 의거 가축은 가축시장에서 거래하도록 제한하고 있다(일부 예외). • 젖소, 염소 등 중소 동물은 문전거래, 돼지는 생산자가 직접 출하한다.
도매시장	• 농수산물 유통에 관한 법률에 근거하며, 개설자는 시·도가 지정하는 기관이나 개인이다. • 주로 지육의 경매에 의해 거래된다. • 가격형성기능, 수급조절기능, 분산기능, 위험전가기능, 분산기능, 거래안전기능 등을 한다. • 축산물 공판장은 농수산물 유통 및 가격안정에 관한 법률에 의해 개설된 시장이다. ※ 축산물 처리 • 축산물종합처리장 : 정부의 지원으로 설립된 업체로 도축 및 가공하는 대형업체 • 축산물공판장 : 생산자단체(농·축협)에서 개설·운영하는 도매시장 • 축산물도매시장 : 도축 후 육류를 경매·입찰 방법으로 도매하는 업체(중도매인)
소매시장	• 정육점, 대형마트, 백화점, 직영판매장 등에서 정육의 형태로 거래가 이루어진다. • 정육점에서 주로 판매되고, 그 외 식육포장처리업체, 조합에서 거래가 이루어진다. ※ 축산물 전통시장 : (서울)마장동, 가락동, 독산동, (인천)가좌동, (대전)오정동, (광주)양산동, (전남)예양리, (전북)산외면, (부산)구포동, (경남)주촌면, 어방동 등 총 11개 축산물시장이 운영 중이다.

(3) 축산물의 유통경로 및 등급결정구조

① 축산물의 유통경로

㉠ 직접유통 : 생산자 → 소비자

㉡ 간접유통 : 양축가 → 수집상, 반출상 → 도매상 → 소매상 → 소비자

㉢ 계통출하 : 양축가 → 축협도축장경매 → 소매상 → 소비자

※ 유통경로상 유통주체 : 생산자(양축가외 계열화업체, 집하장 포함), 생산자단체(조합), 산지유통인(가축거래상인), 산지공판장(중도매인), 가공·저장(식육포장처리업체), 도매상(대리점, 식용란수집판매업체, 식품유통업체), 대형유통업체(대형마트), 소매상(백화점, 슈퍼마켓, 정육점, 직영점, 일반음식점), 수출·기타(2차 가공·기타), 대량수요처(집단급식소)

② 소와 소고기 유통

　㉠ 소의 출하형태 및 거래
- 개별출하(양축가가 도매시장, 공판장에 직접출하), 계통출하(경매 방법에 의한다)
- 조합, 정육점에서 도축장에 도축을 의뢰하는 임도축이 있다.
- 소의 거래 방법에는 경매와 일반거래 등이 있다.

　㉡ 소도체 등급기준 ☑ **빈출개념**
- 소고기의 등급은 육질등급과 육량등급으로 구분하여 판정한다.
- 육질등급은 고기의 질을 근내지방도, 육색, 지방색, 조직감, 성숙도에 따라 1^{++}, 1^+, 1, 2, 3등급으로 판정하는 것으로 소비자가 고기를 선택하는 기준이 된다.
- 육량등급은 도체에서 얻을 수 있는 고기량을 도체중량, 등지방두께, 등심단면적을 종합하여, A, B, C등급으로 판정한다.

　㉢ 등급판정 ☑ **빈출개념**
- 등급판정부위 : 소를 도축한 후 2등분할된 왼쪽 반도체의 마지막 등뼈(흉추)와 제1허리뼈(요추) 사이를 절개한 후 등심쪽의 절개면
- 등지방두께 : 등급판정부위에서 배최장근단면의 오른쪽면을 따라 복부쪽으로 3분의 2 들어간 지점의 등지방을 mm 단위로 측정(등지방두께가 1mm 이하인 경우에는 1mm로 판정)
- 배최장근단면적 : 등급판정부위에서 가로, 세로가 1cm 단위로 표시된 면적자를 이용하여 배최장근의 단면적을 cm^2 단위로 측정(배최장근 주위의 배다열근, 두반극근, 배반극근 제외)
- 도체중량 : 도축장경영자가 측정하여 제출한 도체 한 마리분의 중량을 kg 단위로 적용
  ※ 도체의 비육상태가 매우 나쁜 경우, 산출된 등급에서 1개 등급을 낮추고 도체의 비육상태가 매우 좋은 경우, 산출된 등급에서 1개 등급을 높인다.
  ※ 소고기의 경우 안심, 등심, 채끝, 양지, 갈비 등 5개 부위는 반드시 등급표시를 해야 한다. 나머지 부위나 돼지고기, 닭고기 등의 등급은 자율적으로 표시한다.

③ 돼지와 돼지고기 유통

　㉠ 돼지고기의 유통(3~7단계)
- 생산자(양돈농가) → 수집상 → 도축·가공업체 → 도매상 → (중간상) → 소매상 → 소비자
- 돼지는 도축장에서 도축한다.

　㉡ 돼지고기 등급 ☑ **빈출개념**
- 1차 등급판정기준 : 도체의 중량과 인력(기계)등급판정 방법에 따른 등지방두께
- 2차 등급판정기준 : 외관(비육상태, 삼겹살상태, 지방부착상태) 및 육질판정(지방침착도, 육색, 조직감, 지방색, 지방질), 결함상태
- 최종등급 : 1차 등급판정결과와 2차 등급판정결과 중 가장 낮은 등급으로 한다.
- 1차, 2차를 종합하여 1^+등급, 1등급, 2등급, 등외등급으로 판정한다.

④ 닭 및 닭고기의 유통

   ⊙ 닭 및 닭고기의 유통경로는 생계유통과 도계유통으로 대별할 수 있다.

    • 생계유통

     – 수집 · 반출상(도매상)이 생산농가에서 수집 · 집하하여 도계장에 도계를 수탁하는 경우와 도계장에서 수집하는 경우

     – 농협이 생산농가와 계약생산에 의해서 도계한 후 대량소비처 및 군납하는 경로 등

    • 도계유통 : 일반적으로 사육농가에서 수집 · 반출상에 의해서 도계장을 거친 도계를 소비자나 대량수요처에 공급한다.

     ※ **생계 및 도계의 유통경로** : 수집농가 → 수집 · 반출상 → 도계장 → 소비자

   ⓛ 닭고기의 등급

    • 닭고기는 통닭과 부분육을 대상으로 품질을 평가한다.

    • 통닭(닭도체) : 외관, 비육상태, 지방부착상태, 신선도와 깃털, 외상, 이물질 유무 등을 평가하여 1^+등급, 1등급, 2등급으로 등급을 판정한다.

    • 부분육 : 냉동하지 않은 신선한 원료육만을 사용한 부분육을 대상으로 평가하여 1등급, 2등급으로 등급을 판정한다.

   ⓒ 계란 품질등급

    • 계란의 유통은 1단계에서 5단계를 거치는데 생산농가 → 도매상(수집 · 반출상) → 중간도매상 → 소매상 → 소비자 등의 순이다.

    • 세척한 계란에 대해 외관검사, 투광 및 할란판정을 거쳐 1^+등급, 1등급, 2등급, 3등급으로 구분한다.

    • 외관판정 : 전체적인 모양, 난각의 상태, 오염 여부 등 평가

    • 투광판정 : 기실의 크기, 난황의 위치와 퍼짐 정도, 이물질 유무 등 평가

    • 할란판정 : 난백의 높이와 달걀의 무게, 이물질 유무 등 평가

     ※ **달걀의 무게별 분류**

소란	중란	대란	특란	왕란
44g 미만	44~52g 미만	52~60g 미만	60~68g 미만	68g 이상

   ⓔ 오리고기

    • 오리고기의 품질은 1^+, 1, 2등급으로 구분한다.

    • 오리고기 품질등급 : 외관, 비육상태, 지방부착, 잔털, 깃털, 신선도, 외상, 변색, 뼈의 상태, 이물질 부착, 냄새, 도체처리 등 품질기준에 따라 판정한다.

- 소고기 : 등급판정단계부터 소매단계까지 등심·안심·채끝·양지·갈비 등 5개 부위에 대해 1^{++}, 1^+, 1, 2, 3, 등외등급 등 6개 등급을 표시
- 돼지고기 : 등급판정단계부터 도매단계(지육)까지는 1^+, 1, 2, 등외등급 등 4개 등급을 표시해야 하나, 이후 유통과정에서는 자율등급표시
- 닭·오리고기 : 등급판정신청은 자율제로 운용되고 있으나 등급판정을 받은 제품은 소매단계까지 반드시 1^+, 1, 2등급 등 품질등급과 중량규격을 표시
- 달걀 : 등급판정신청은 자율제로 운용되고 있으나 등급판정을 받은 제품은 소매단계까지 반드시 1^+, 1, 2, 3등급 등 품질등급과 중량규격을 표시

06 유가공

1. 우유의 성분 및 재료 특성

(1) 우유의 식품적 가치

① 먹기에 편하고 버리는 부분이 없다.

② 소비자의 목적에 맞는 성분을 가진 식품을 제조하기 쉽다.

③ 소화가 빠르고 쉬우므로, 모든 연령층과 노약자, 환자에게도 좋은 식품이다.

④ 가공이 편리하고, 균일성을 기할 수 있다.

⑤ 가공제품의 다양성, 기호성 식품으로서의 장점을 가지고 있다.

⑥ 요리에서 유제품은 다른 식품과 잘 어울린다.

⑦ 원료에서부터 가공, 유통, 소비에까지 가장 위생적으로 처리된 식품이다.

(2) 우유의 영양성분비

① 수분 88%, 단백질 3.0~3.4%, 지방 3.5~4.0%, 유당 4.5~5%, 무기물 0.7%

② 신선한 우유의 pH : 6.6

③ 우유의 단백질 중 카제인의 등전점 : pH 4.6

④ 홀스타인 젖소에서 착유한 우유의 평균 비중(15℃) : 1.032

⑤ 신선한 우유의 산도 : 0.15~0.18%

⑥ 우유의 비열(cal/g) : 지방 0.5, 유당 0.3, 단백질 0.5, 회분 0.7, 수분 1.0(물의 비열보다 작다)

⑦ 우유의 어는점 : -0.53℃

2. 유가공품의 종류 및 가공·저장 방법

(1) 시유의 제조

※ **시유** : 원유를 살균하고 적당한 분량으로 포장하여 시중에 내놓은 우유

※ **우유 제조공정** : 착유 → 집유 → 수유 및 검사 → 청정화 → 냉각 및 저유 → 표준화 → 균질화 → 살균 및 냉각 → 무균 충전 → 검사 → 냉장 → 출하

① 착유 : 젖소로부터 원유를 착유한다.

② 집유 : 목장에서 착유 후 바로 냉각탱크(4℃)에 저장된 원유를 냉각저장장치가 되어있는 집유차로 수집하는 과정이다.

③ 수유 및 검사 : 유질검사(산도, 세균수, 체세포수, 지방률, 진애검사, 항생물질 포함여부 등)
　　㉠ 수유(受乳) : 목장에서 생산한 원유를 받아서 탱크로리 수송차량으로 수송한 뒤 품질을 조사하고 계량하여 시유와 유제품의 원료로 저장하기까지의 공정이다.
　　㉡ 검사(檢査)
　　　• 수유 검사(platform test) : 외관과 풍미(색상, 응고분리, 향취 등) 비중, 알코올(주정검사)test, 자비시험, 산도측정, 침전물검사
　　　• 실험실 검사(laboratory test) : 세균수, 체세포수, 항생물질 검출, 조성분 함량분석(유지방, 단백질, 무지고형분, 유당)
④ 청정화 : 여포(濾布)나 금속망(stainless 網) 또는 여과와 청정 두 기능을 모두 갖춘 청징기(clarifier)를 이용 큰 먼지, 탈락세포, 이물(異物), 응고단백질, 백혈구, 적혈구, 세균의 일부까지 제거하는 공정이다.
⑤ 냉각 및 저유 : 원유를 5℃ 이하(장기저장)로 유지하며 냉각한다.
⑥ 표준화 : 생산하려는 제품의 종류와 규격에 따라 지방률 함량을 일정량으로 조절하는 것으로, 원유의 지방, 무지고형분(solids-not-fat), 강화성분 등을 조정하는 공정이다. 유지방 함량이 높으면 탈지유를 첨가하고 낮으면 크림을 첨가한다.
⑦ 균질화 : 지방의 크기를 0.1~2.2m 정도의 크기로 작게 고루 분쇄하는 작업이다.
　※ 균질의 목적과 장점
　　• 우유의 입자형태를 균일화(미세화), 균일한 점도, 부드러운 텍스처(texture)로 만든다.
　　• 입자의 평균크기를 줄임으로서 유화안정성(emulsion stability)을 증가시킨다.
　　• 산화의 민감성 감소(제품의 수명을 연장)시킨다.
　　• 식품 낙농제품의 경우 소화 및 맛을 크게 향상시킨다.
　　• 크림의 분리가 발생하지 않고(크림층 형성의 방지) 진한 느낌이 생긴다.
⑧ 살균 및 냉각

살균 (pasteurization)	저온장시간살균법 (LTLT ; Low Temperature Long Time)	63~65℃에서 30분간 가열한 후 신속히 냉각시키는 방법이다.
	고온단시간살균법 (HTST ; High Temperature Short Time)	• 72~75℃에서 15~20초간 가열하는 방법이다. • LTLT 방법보다 효율적인 살균 방법이다. • 병원균의 대부분이 사멸되고 cream line 등 품질에도 큰 영향 없이 살균이 이루어져 대규모 유업회사에서 이용하고 있다.
초고온단시간멸균 (UHT ; Ultra-High Temperature sterilization)		• 원유를 130~150℃에서 1~5초간 가열하는 방법이다. • UHT살균에 있어서는 거의 무균에 가까운 시유가 생산되며 색과 풍미의 변화에 큰 영향이 없다. • 직접가열법과 간접가열법(평판열교환법, 관형열교환법, 단편표면열교환법)이 있다.

※ 우유의 살균(LTLT 또는 HTST)이 이루어졌는지의 여부를 검사하는 데 널리 쓰이는 시험법 : 포스파타제 테스트

⑨ 무균충전 및 무균포장

    ㉠ 포장용기 : 유리, 비닐, 플라스틱, 종이 등 재질은 다양하다.

    ㉡ UHT 멸균유와 무균충전 : tetra pak, zupak, pure pak과 같은 종이용기 등에 산화수소
       나 자외선을 사용하여 완전멸균시키고 보전성을 높이기 위해 내면에 알루미늄 포일을
       접착한 것이 사용된다.

       • 유제품 제조 시 수분을 첨가하는 이유 : 염지재료 용해, 다즙성 유지, 생산비 감소

       • 즉석섭취 축산물

         – 소비자가 바로 먹을 수 있도록 제조한 우유, 치즈, 요구르트 등이 해당된다.

         – 리스테리아균 등의 저온성 식중독균이 증식할 수 있으므로 온도 관리를 철저히 해야 한다.

         – 냉장제품의 권장 보관 및 유통온도는 6℃ 이하로 한다.

(2) 아이스크림 제조

※ 아이스크림 믹스 제조공정 : 원료 → 배합 → 살균 → 균질 → 냉각 → 숙성

① 배합 : 아이스크림 제조에 이용될 원료를 용해하여 덩어리 지지 않게 잘 혼합한다. 이때
   저온살균법(65℃, 30분)으로 1차 살균을 해 준다.

② 살균 : 인체의 유해한 미생물을 사멸하기 위해 고온단시간살균법(85~88℃, 15초)을 실시한다.

③ 균질 : 지방구를 2m 이하로 분쇄하여 지방구 분리를 방지하고 균일하고 부드러운 조직을
   부여한다(75℃).

④ 냉각 및 숙성 : 균질이 끝난 것은 0~4℃로 즉시 냉각하고, 지방을 결정화시키고 점도를
   증가시키기 위해 숙성을 한다. 이때 유분리가 방지되고 제품의 맛이 숙성된다(숙성온도 0~
   4℃, 4~24분).

⑤ 동결 : 제품을 -4℃로 동결하여 조직감을 향상시킨다.

⑥ 성형 및 포장 : 제품의 고유의 모양에 맞게 성형하여 포장한다. 포장 후 -20℃ 이하에 저장하여
   제품을 완전동결시켜 출하한다.

더 알아보기	무지유고형분(SNF ; milk Solid-Not-Fat)

• 우유는 약 88%가 수분이며, 나머지를 전고형분(全固形分)이라 하는데, 여기에서 유지방을 뺀 고형분을 무지유
  고형분이라 한다.

• 비교적 값이 싼 고형분이다.

• 연유취, 소금맛 또는 가열취가 생기기 쉽다.

• 과량 사용하면 모래조직의 결점이 생긴다.

(3) 버터 제조

※ **발효공정**(batch식, 연속식) : 원유 → 크림분리 → 중화 → 살균 → 발효 → 숙성 → 교동 → 수세 → 연압 → 성형 → 포장

① **크림분리** : 원유를 50~55℃ 범위로 가온하여 원심분리기를 이용하며 분리한다.

② **크림의 중화**

　㉠ 신선한 크림의 산도는 0.10~0.14%이다.

　㉡ 높은 산도에서 살균하면 카제인이 응고되어 유출되므로 품질이 저하된다.

　㉢ 크림의 산도가 0.30% 이상일 경우 10%의 알칼리용액으로 중화하여 0.2~0.25% 정도로
　　 표준화한다.

　㉣ 중화제는 탄산소다(Na_2CO_3), 중탄산소다($NaHCO_3$), 가성소다($NaOH$) 등과 석회염인 생
　　 석회(CaO) 또는 소석회[$Ca(OH)_2$]가 있다.

③ **크림의 살균과 냉각**

　㉠ 유해병원균, 유해미생물, 유산균, 효소 특히, 리페이스를 제거하기 위하여 살균한다.

　㉡ batch(LTLT)법, HTST 살균법 등을 이용한다.

④ **크림발효**

　㉠ 3~6%의 젖산균을 첨가하고 21℃에서 6시간 정도 발효시킨다.

　㉡ 발효하면 젖산균이 생성한 산에 의하여 크림의 점도가 낮아져서 지방의 분리가 빠르게
　　 되어 교반공정(Churning)이 용이하고 방향성(芳香性) 물질도 생성되어 풍미가 증진된다.

　㉢ 단점은 산의 생성으로 지방의 분해를 촉진하여 저장성이 떨어지고 발효공정이 복잡하다.

　㉣ 발효에는 *Streptococcus lactis*, *Streptococcus cremoris*를 함께 사용하며, *Streptococcus
　　 diacetilactis*와 같은 Aroma(방향)생성균 등도 함께 사용한다.

⑤ **숙성**

　㉠ 크림의 지방구들이 결정화(액체상태에서 고체상태로 바뀌는 것)되는 과정이다.

　㉡ 크림살균 후 교반할 때까지 일정한 온도(50~55℃)를 유지(8시간 이상)하는 공정으로
　　 유지방의 결정화를 조절하여 버터의 경도와 전연성을 일정하게 한다.

⑥ **교동**(교반, churning)

　㉠ 크림의 지방구가 뭉쳐서 버터의 작은 입자를 형성하고 버터밀크와 분리 되도록 일정한
　　 속도로 크림에 충격을 가하거나 휘저어 주는 것이다.

　㉡ 크림의 온도는 겨울철 12~14℃, 여름철 8~10℃, 유지방 35~40%가 알맞다.

⑦ **연압**(working)

　㉠ 버터가 덩어리로 뭉쳐 있는 것을 짓이기는 공정을 연압이라 한다.

　㉡ 연압을 통해 수분함량을 조절하고 지방에 수분이 유화(water/oil)되도록 고루 분산시키
　　 며 물방울이 없게 한다. 또 버터의 조직을 부드럽게 하고 치밀하게 한다.

(4) 발효유 제조

① 발효유의 개념

㉠ 우유·염소젖·말젖 등에 젖산균 또는 효모를 배양하고, 젖당(락토스)을 발효시켜 젖산이나 알코올을 생성함으로서 특수한 풍미를 가지도록 만든 음료이다.

㉡ 산성우유(주로 젖산균을 배양하여 젖산만을 함유)와 알코올발효유(젖산균 및 효모의 작용에 의하여 젖산발효 및 알코올 발효를 동시에 일으킨 알코올 발효유)로 크게 나눈다.

• 산성우유 : 요구르트(yoghurt), 발효버터밀크, 아시도필루스 밀크(acidophilus milk) 등이 있다.

• 알코올발효유 : 양젖·염소젖을 원료로 하는 케피어(kefir), 말젖을 원료로 하는 쿠미스(kumyz), 가공 후 살균하여 저장성을 가지게 한 칼피스(calpis) 등이 있다.

② 발효유의 종류

㉠ 케피어(kefir) : 케피어는 코카시안(caucasian) 산악지대에서 유래된 것으로 산과 알코올 발효가 함께 일어나며, 발효유 중에서 역사가 가장 길고 젖소, 염소, 양의 젖으로 만든다.

㉡ 버터밀크(butter milk) : 버터제조 시에 나오는 부산물로서 지방 함량은 약 0.5%로 레시틴을 많이 함유하고 있다.

㉢ 발효크림(sour cream) : 유지방 함량이 12% 이상인 크림을 *Lactococcus lactis* ssp. lactis와 *Lactococcus lactis* ssp. cremoris 같은 균을 이용하여 발효시킨 것이다.

㉣ 애시도필러스밀크(acidophilus milk) : 미국에서 많이 소비하는 발효유로서 탈지유나 부분탈지유를 멸균하여 약 40℃로 냉각 시킨 후 *Lactobacillus acidophilus* 박테리아의 벌크스타터 약 5%를 접종하여 18~24시간 발효한다.

㉤ 쿠미스 : 몽골, 시베리아, 중앙아시아, 러시아 남부 등에서 주로 소비되는 젖산-알코올 발효유로서 전통적으로 말젖으로 제조되어 왔다.

③ 제조 방법

㉠ 요구르트 제조공정 : 탈지분유 12% 또는 시유+탈지분유 3% → 살균(85℃) → 냉각(40℃) → 시판발효유 첨가(탈지유의 2~3%) → 배양(35~40℃, 5~7시간) → 감미료 첨가(탈지유의 9%) → 과일즙 첨가 → 용기에 넣음 → 냉장보관

㉡ 칼피스 제조공정 : 우유 → 가온 → 설탕첨가 → 용기 → 냉장보관

(5) 치즈 제조

① 치즈란 전유, 탈지유, 부분탈지유, 크림, 버터밀크 등을 원료로 하여 여기에 젖산균, 레닛 (rennet) 또는 기타 적합한 단백질 분해효소, 산 등을 첨가하여 카제인을 응고시키고, 유청을 제거한 다음 가열, 압착 등의 처리에 의해서 만들어진 신선한 응고물 또는 발효숙성식품이다.

② 제조공정

　㉠ 치즈의 일반적인 제조공정 : 원유살균(63℃, 30분) → 냉각(32℃) → 스타터첨가(L. lactis 0.007%, L. cremoris 0.007%, 60분) → Rennet 첨가(원유량의 0.003%, 45분) → 커드절단(1×1×1cm, 5분) → 가온(40℃까지 5분에 1℃) → 유청빼기 → 분쇄 → 가염(원유량의 0.4%) → 압착

　　※ 우유의 살균 → 스타터 첨가 → rennet 첨가 → 커드절단 → 유청배제

　㉡ 체다(cheddar)치즈의 제조공정 : 원료유의 살균 → 냉각 → 스타터 첨가 → 응고 → 커드절단 → 가온 → 유청제거 → 커드분쇄 → 가염 → 압착성형 → 건조 및 코팅(parffin, dipping) → 숙성 → 포장 → 출고

　㉢ 가공치즈의 제조공정 : 원료치즈선택 → 표피제거 → 원료치즈혼합 → 분쇄 → 첨가물혼합(염, 버터, 탈지분유, 색소 등) → 가열 → 균질 → 충전 → 포장 → 냉각 → 저장

　㉣ 원료유 선별 : 신선한 정상유로 세균수, 체세포수가 적으며 잔류항생물질이 함유되어 있지 않은 원유이어야 한다.

　㉤ 살균 및 냉각 : 저온살균(63~65℃, 30분 가열) 또는 고온살균(72~75℃, 15~20초 가열)하여 21~32℃로 냉각한다.

　　※ 초고온살균은 유청단백질의 변성을 가져와 레닛을 첨가하여 응고시키는 치즈에는 사용할 수 없는 살균 방법이며, 유기산을 첨가하여 만드는 치즈에는 이용이 가능하다.

　㉥ 스타터의 첨가 : 스타터는 보통 0.5~2.0% 범위이며 발효시간은 보통 20분~2시간, 적정 산도는 0.18~0.22% 정도이다.

> **더 알아보기　스타터의 기능**
>
> • 응유효소의 작용 촉진하고, 치즈 특유의 풍미 부여
> • 커드로부터 유청 배출의 촉진
> • 치즈 제조 및 숙성 중 잡균 오염이나 생육 억제
> • 치즈의 구성분 조정하고, 숙성효소 작용을 적절히 조정
> • 숙성 중 유산균이 생성한 단백질 분해효소(protease)가 치즈의 단백질 분해작용

　㉦ 레닛의 첨가 : 레닛에 의하여 치즈가 응고되며, 적당한 온도는 10~40℃이지만 레닛 첨가 시 우유의 온도는 22~35℃이다.

　㉧ 커드의 절단 : 칼로 커드를 살짝 자르고 밑에서 떠올려 보아 커드가 갈라지며 투명한 유청이 스며나오는 상태가 적기이다.

ⓩ 커드의 가온 : 절단된 커드는 표면에서부터 유청을 배출하면서 수축하기 때문에 수축의 속도는 가온시간과 산도(젖산균 활성)에 지배되므로 커드를 조금씩 저어주면서 가온한다. 가온온도는 수분이 많은 연질치즈는 31℃ 전후, 경질치즈는 38℃ 전후까지 가온한다.

※ **자연치즈 제조 시 단단한 커드 발생의 원인** : 높은 칼슘농도, 낮은 pH, 단백질 함량을 과도하게 높인 표준화

ⓩ 유청 빼기 : 커드로부터 배출된 유청을 분리시키는 일이다.

ⓚ 가염 및 성형 : 치즈에 가염하는 것은 치즈의 풍미를 좋게 하며 수분함량 조절, 오염미생물에 의한 이상발효억제에 효과가 있다.

> **더 알아보기** **가염의 목적**
>
> • 맛 증진효과
> • 추가적인 유청 배출
> • 유산균 발육억제로 치즈 중의 지나친 산도증가 억제
> • 숙성과정에 품질 균일화
> • 숙성기간 중 잡균증식 억제(표면곰팡이 제거)

ⓣ 압착 : 압착기에 넣어 40~50분 예비압착을 한 후 치즈를 꺼내어 반전하여 치즈포로 감싸서 압착기에 넣어 본압착을 한다.

ⓟ 치즈의 숙성 : 치즈는 숙성에 의하여 치즈 특유의 풍미를 갖게 되고 조직이 부드러워져 식품으로서의 가치를 높인다.

(6) 연유 제조

① 연유의 개념

㉠ 가당연유 : 설탕을 첨가한 제품으로 농축유는 주로 가당연유를 지칭할 때 사용되며, 살균 후 균질이 필요하며, 최종농축 후 8.5%의 유지방과 28%의 총고형분을 함유한다.

㉡ 무당연유 : 설탕을 첨가하지 않고 우유를 열에 의하여 농축한 후 주로 캔에 포장하여 멸균시킨 것 또는 멸균 후 무균적으로 캔에 포장한 것을 말하며, 유화제와 안정제의 첨가가 허용된다.

㉢ 무당연유와 가당연유와의 차이점

• 무당연유는 설탕을 첨가하지 않는 것이다.

• 균질화 작업을 실시한다.

• 통조림관을 멸균처리한다.

• 파일럿시험을 실시한다.

※ **연유제조 시 사용되는 가장 효율이 높은 진공농축기** : 박막 수직하강 관상형

② 가당연유의 제조공정 : 원료유 검사 → 표준화 → 예열 → 가당 → 농축 → 냉각 → 충전 및 포장 → 보존시험

  ㉠ 수유검사 : 신선도검사(관능검사, 산도, methylene blue시험), 유방염 우유검사, 알코올 시험, pH 측정 등을 한다.

  ㉡ 표준화 : 유지방과 무지고형분의 비율을 1 : 2.25로 조절하여 표준화한다.

  ㉢ 예비가열 : 농축하기 전에 가열 살균하는 공정으로, 70~80℃에서 10~20분 예열한다.

    ※ 예비가열의 목적
      미생물, 효소를 살균, 실활시켜 제품의 보존성을 연장, 첨가된 설탕의 용해, 농축 시 가열면에 우유가 붙는 것을 방지하여 증발속도를 빠르게 하고, 제품의 농후화(age thickening)를 억제한다.

  ㉣ 가당(설탕첨가) : 원유에 대하여 16~17%의 설탕을 첨가하여 삼투압 작용에 의해 미생물의 발육을 억제하여 보존성을 높이고 연유 특유의 단맛을 부여한다.

  ㉤ 농축 : 살균된 우유의 수분을 제거하여 고형분을 높이는 작업으로, 51~56℃로 10~20분 농축하고, 농축의 완성을 판단하는 지표는 비중으로 일반비중계값 1.070~1.085이다.

    ※ 진공농축 이점 : 비가열처리로 영양성분 손실이 적음, 위생적 방법, 풍미유지 가능

  ㉥ 냉각 : 유당결정 크기가 10m 이하가 되도록 하기 위하여 유당접종(seeding)작업을 하여 20℃로 냉각시키면서 교반시킨다. 유당접종은 농축유량 0.04~0.05%로 한다.

  ㉦ 충전·포장 : 냉각 후에 12시간 정도 후 살균 냉각된 용기에 밀봉시켜 제품화한다.

> **더 알아보기** **가당연유의 품질결함 현상**
>
> • 과립생성 : 세균학적 원인, 방지법으로는 예비가열의 철저, 응축 시 물의 혼합방지, 충전 시 탈기를 충분히 한다.
> • 사상현상 : Sandy현상, 유당의 결정 크기가 15m 이상일 때 느끼는 현상이다.
> • 당침현상 : 통조림관 하부에 유당이 가라앉는 현상으로 유당결정 크기가 20m 이상일 때 발생한다.

③ 무당연유 제조공정 : 원료유 검사 → 표준화 → 예열 → 농축 → 균질 → 냉각충전 및 밀봉 → 멸균 → 냉각

  ㉠ 균질 : 균질온도는 50~60℃가 적당하며, 지방의 분리를 막고 소화율 증가, 비타민 D 강화 및 염기평형도 조정의 효과가 있다.

  ㉡ 파일럿시험 : 농축연유를 캔에 담아서 고온살균을 할 때 제품의 멸균효과와 잘못된 멸균 조작을 방지하기 위하여 일정량의 시료로 만들어 실제 멸균조건을 안전하게 설정하고 안정제의 첨가 유무를 결정하기 위함이다.

ⓒ 멸균 : 무당연유는 설탕을 첨가하지 않으므로 멸균 과정이 필요하다. 멸균온도와 시간은 115.5℃/15분, 121.1℃/7분, 126.5℃/1분으로 한다. 멸균효과를 높이기 위해 릴(reel)의 회전수를 6~10rpm 정도로 유지한다.

※ **무당연유의 품질결함 현상**
- 가스발효(팽창관) : 멸균 불완전, 권체불량, 수소가스의 생성
- 이취(미) : 산성취, 고미, 이취로 내열성 세균번식, 안정제의 과도한 첨가
- 응고현상 : 응유효소의 잔존, 젖산균의 잔존
- 지방분리 현상 : 점도가 낮을 때 발생, 균질의 불완전
- 침전현상 : 제품의 저장온도가 높을 경우
- 갈변화 : 과도한 멸균처리, 고형분이 너무 많을 때
- 희박화 : 점도가 너무 낮은 경우
- 익모상 현상 : 단백질 함량이 너무 높은 경우, 철성분이 함유된 경우

(7) 분유 제조

① **분유의 개념**

ⓐ 원유 또는 탈지유를 그대로 또는 이에 식품 또는 첨가물 등을 가하여 각각 분말(수분함량 5% 이하)로 한 것이다.

ⓑ 종류
- 전지분유 : 원유의 수분을 제거하고 분말화한 것이다.
- 탈지분유 : 원유의 유지방과 수분을 부분적으로 제거하여 분말화한 것이다.
- 가당분유 : 원유에 당류(설탕, 과당, 포도당)를 가하고 수분제거 후 분말화한 것이다.
- 혼합분유 : 원유 또는 전지분유에 식품 또는 첨가물 등을 가하여 분말상으로 한 것이다.
  예 조제분유, 복합조제분유, 영양강화분유, 인스턴트분유, 크림파우더, 맥아분유, 훼이파우더(Whey powder), 버터밀크 파우더 등이 있다.
- 조제분유 : 우유(생산양유 및 살균산양유를 제외한다) 또는 유제품에 영유아에 필요한 영양소를 첨가하여 분말로 한 것으로 모유의 성분과 유사하게 만든 것을 말한다.

② **분유 제조공정(전지분유)** : 원유 → 농축 → 살균(예비가열) → 분무 → 건 → 냉각 및 선별 → 충전 → 탈기 → 밀봉

ⓐ 농축 : 원유를 고형분 40~48% 정도로 농축하여 무가당 연유를 만든다.

ⓑ 살균(예비가열) : HTST살균법(72~75℃/15~20초) 또는 UHT법(130~150℃ 이상/1~5초)의 연속살균법이 쓰이고 있다.

ⓒ 분무 및 건조 : 예열된 농축유를 $200kg/cm^2$의 압력으로 분무시키고, 약 200℃의 열풍으로 순간적으로 건조시킨다.

ⓓ 탈기 및 밀봉 : 탈기분유는 용해도 증가, 산패방지, 호기성 미생물이 억제된다.

※ **침강성(Sinkability)** : 분유의 용해성에 영향을 주는 요인으로 분유의 용적밀도와 입자의 크기에 따라서 좌우된다.

육가공

1. 식육의 성분과 근육조직의 구조 특성

(1) 식육의 성분

① 수분 : 식육의 약 70%(65~75%)를 차지하고 있다.

㉠ 식육에서 수분의 존재 상태는 자유수, 결합수, 고정수로 구성되어 있다.

㉡ 결합수는 0℃ 이하에서도 얼지 않는 물이다.

② 단백질 : 고기의 구성성분 약 20%(16~22%) 정도를 차지하고 있다.

③ 지방 : 고기의 성분 중 지방 함량은 약 2.5%(2.5~5.5%)이다.

④ 탄수화물, 비타민, 미네랄 : 고기 속에는 소량의 탄수화물, 각종 비타민, 미네랄이 존재하고 있다.

  ※ 다른 식육(소고기, 닭고기)에 비하여 돼지고기에 특히 많이 함유된 비타민 : 비타민 B_1
    비타민 B_1 함량이 소고기의 10배 안심과 등심 부위에 많음

(2) 수용성 단백질 vs 염용성 단백질

① 수용성 단백질(근장단백질)

㉠ 근장단백질은 근원섬유 사이의 근장 중에 용해되어있는 단백질이다.

㉡ 물 또는 낮은 이온강도의 염용액으로 추출되므로 수용성 단백질이라고도 한다.

㉢ 육색소단백질인 마이오글로빈, 사이토크롬 등이 있다.

② 기질단백질(결합조직단백질)

㉠ 물이나 염용액에도 추출되지 않아 결합조직단백질이라고도 한다.

㉡ 주로 콜라겐, 엘라스틴 및 레티큘린 등의 섬유상 단백질들이며, 근육조직 내에서 망상의 구조를 이루고 있다.

③ 염용성 단백질(근원섬유단백질)

㉠ 식육구성의 주요 단백질로 높은 이온강도에서만 추출되므로 염용성 단백질이라고도 한다.

㉡ 근육의 수축과 이완의 주역할을 하는 수축단백질(마이오신과 액틴), 근육수축기작을 직간접으로 조절하는 조절단백질(트로포마이오신과 트로포닌) 및 근육의 구조를 유지시키는 세포골격단백질(타이틴, 뉴불린 등)로 나눈다.

  ※ 트로포닌 : 근원섬유단백질 중 칼슘이온 수용단백질로서 근수축기작에 중요한 기능을 가지고 있다.
  ※ 마이오신 : 육제품 제조용 원료육의 결착력에 영향을 미치는 염용성 단백질 구성성분 중 함량이 가장 높다.

ⓒ 분리대두단백질 : 육제품 제조를 위해 사용되는 결착제 중 주성분이 글로불린이며, 90%
이상의 단백질을 함유하고 있고 물과 기름의 결합능력이 좋지만 가열에 의해 암갈색으로
변하기 때문에 다량 사용하지 못한다.
※ 가축의 종류에 따라 식육의 풍미가 달라지는 것은 식육의 지질성분에 기인하기 때문이다.

(3) 결합조직

결합조직은 근육이나 지방조직을 둘러싸고 있는 얇은 막 또는 근육이나 내장기관 등의 위치를
고정하고 다른 조직과 결합하는 힘줄 등을 말한다. 즉, 각종 조직과 조직, 기관의 간격을 결합하거
나 채우고 있는 조직으로 교원섬유, 탄성섬유, 세망섬유 등이 있다.

① 교원(아교)섬유(collagenous fiber)

ⓐ 주성분은 교원질(collagen)이라는 단백질로 하얗게 보이기 때문에 백섬유(white fiber)
라고도 한다.

ⓑ 결합조직에 가장 많은 섬유로 매우 질긴 섬유이며 뼈, 건막, 인대, 피막 등에 많다.

② 탄력섬유(elastic fiber)

ⓐ 주성분은 탄력소(elastin)라는 단백질이며, 노랗게 보이므로 황섬유(yellow fiber)라고
도 한다.

ⓑ 본래 길이의 1.5배까지 늘어날 수 있는 탄성(elasticity)이 매우 높은 섬유로 탄성이 강하
기 때문에 동맥, 탄력연골, 탄력인대 등에 많이 함유되어 있다.

③ 세망(그물)섬유(reticular fiber)

ⓐ 가느다란 다발로 그물모양을 하고 있다.

ⓑ 골수, 비장, 림프조직 등에 많이 함유되어 있다.

※ 골격근의 결합조직
• 근외막 : 전체 근육을 가장 바깥에서 싸고 있는 것
• 근다발막 : 근섬유를 싸고 있는 다발
• 근내막 : 개개 근섬유를 둘러싸고 있는 결합조직
• 섬유 아(芽)세포 : 섬유를 만들어내는 세포

2. 근육의 사후경직과 숙성

(1) 사후경직(rigor-mortis) ☑ 빈출개념

① 사후경직의 원인

ⓐ 동물의 근육은 도축 직후 근육은 부드럽고 탄력성이 좋고 보수력도 높으나 일정시간이
지나면 굳어지고 보수성도 크게 저하되는 사후경직이 일어난다.

ⓑ 도축되면 호흡정지에 의하여 여러 기전을 거쳐 액틴(actin), 마이오신(myosin) 사이에
서서히 교차(cross-bridge)가 형성되어 사후경직이 시작된다.

ⓒ 강직완료는 글리코겐과 ATP가 완전히 소모됨으로써 수축되어 이완되지 않는 근원섬유가 많아지면서 단단하게 굳어진다.

② 사후강직으로 인한 반응

㉠ 근육이 굳는다.

㉡ 근육이 pH 하락으로 산성화된다.

ⓒ 도축 전 중성의 pH 7에서 근육 내 해당작용으로 pH 5.2~5.6까지 하락한다.

(2) 숙성(aging)

① 숙성의 원인

㉠ 근막이 효소(cathepsin 등)의 분해로 근단백질 극변에 이온의 확산을 허용하게 되고 이온의 재분배가 일어나 1가이온과 결합한 단백질은 2가 이온으로 치환된다.

㉡ 단백질 분자가 모두 치환되면, 단백질 반응군들은 물과 결합하려고 하는데, 이때 단백질 간에 결합하려는 힘이 줄어들어 분자의 공간효과로 친수성이 회복되며 근육의 보수성이 개선되는 상태가 된다.

ⓒ 고기의 숙성기간

• 소고기나 양고기의 경우, 4℃ 내외에서 7~14일, 10℃에서는 4~5일, 16℃에서 2일 정도

• 돼지고기는 4℃에서 1~2일, 닭고기는 8~24시간이면 숙성이 완료된다.

② 숙성에 따른 변화

㉠ 연도개선 : 강직 중 형성된 액토마이오신 상호결합이 근육 내의 미시적 환경변화(pH 변화, 이온저성 변화 등)에 의하여 점차 변형, 약화된다.

㉡ 자가소화: 근육 내 단백질 분해효소에 의한 자가소화로 근원섬유 단백질 및 결합조직 단백질이 일부 분해되고 연화된다.

※ **단백질 분해효소** : alkaline proteases, Ca^{2+}에 의해 활성화되는 neutral proteases, cathepsin 또는 acid proteases 의 3가지 형태가 있다.

ⓒ 근육 중의 펩타이드(peptide)가 아미노산으로 변화되어 고기의 풍미를 향상시킨다.

㉣ 보수력이 증가한다.

※ **고기를 숙성시키는 가장 중요한 목적** : 맛과 연도의 개선

(3) 식육(meat, 食肉)의 관능적 품질

더 알아보기 작업실 바닥 살균
•육류의 품질 : 육색, 보수성, 연도, 조직감, 풍미 등 관능적 품질과 위생적 품질, 영양적 품질로 평가됨
•식육의 관능적 품질 : 육색, 보수성, 연도, 조직감, 및 풍미로 평가

① 식육의 색(육색)
  ㉠ 소비자가 식육을 구매하는데 있어 가장 중요하게 고려하는 요소로, 소고기나 돼지고기와 같은 적색육의 고기색은 밝고 선명한 선홍색이 좋고, 광택이 있는 고기가 좋다.
  ㉡ 고기색에 영향을 미치는 요인은 마이오글로빈(myoglobin)의 함량, 마이오글로빈 분자의 종류와 화학적 상태이다.
  ㉢ 소고기는 돼지보다 근육 내 마이오글로빈 함량이 많다.
  ㉣ 근육 내 마이오글로빈 함량은 가축의 종류 및 연령과 관련이 있다.
  ㉤ 운동을 많이 하는 근육일수록 호기성 대사를 주로 하고 육색이 짙다.
  ㉥ 성숙한 소, 수소는 마이오글로빈 함량이 많아 짙은 색을 보이고, 소고기는 밝은 체리(bright cherry red)색이며, 송아지 고기는 옅은 핑크색(brownish pink)이다.
  ㉦ 진공포장하여 산소가 두절된 산화상태는 어두운 색, 식육이 공기와 충분히 접촉되어 있을 때 환원색소는 산소분자와 반응하여 안정된 옥시마이오글로빈형으로 되고 육색은 선홍색이 된다.

  더 알아보기   **이상육** ☑ **빈출개념**
  - PSE돈육 : 고기색이 창백하고(Pale), 조직의 탄력성이 없으며(Soft), 고기로부터 육즙이 분리되는(Exudative) 고기를 말하며 주로 스트레스에 민감한 돼지에서 발생한다.
  - DFD육 : 고기의 색이 어둡고(Dark), 조직이 단단하며(Firm), 표면이 건조한(Dry) 고기. 주로 소에서 발생한다.
  - 질식육(Suffocated Meat) : 생육인데도 불구하고 삶은 것과 같은 검푸른 외관을 나타내며 심한 냄새가 나는 육이다.

② 식육의 보수성
  ㉠ 식육이 물리적 처리(절단, 분쇄, 압착, 열처리 등)를 받을 때 수분(유리수, 고정수)을 잃지 않고 보유할 수 있는 능력으로 식육의 보수성이 좋을수록 식육 단백질 사이에 수분이 많이 함유되어 있으므로 연도가 높다.
  ㉡ 식육에 존재하는 물의 세 가지 형태
    - 결합수 : 식육의 수분함량에 4~5%를 차지하고, 단백질 분자와 매우 강하게 결합하여 심한 외부적 작용하에도 결합상태를 유지한다.
    - 고정수 : 단백질 분자와의 결합력이 약화된 수분층이다.
    - 유리수 : 물의 표면장력에 의하여 식육에 지탱하는 물분자층, 즉 일반적인 육즙이다.
  ㉢ 보수력에 영향을 미치는 요인
    - 고기의 본질적인 요인(품종, 성, 나이, 사양, 근육의 형태 및 종류, 지방축적 정도 등)
    - 고기의 pH, 육단백질의 상태, 이온 강도, 근절의 길이, 사후강직 정도, 온도
    - 세포벽의 수분투과성, 가공의 조건 등

③ 식육의 연도 : 식육내 결합조직이나 근육내 지방의 함량이 많을수록 연도가 좋다.

④ 식육의 조직감 : 식육의 강직상태, 보수성, 근내 지방 함량, 결합조직 함량에 따라 다르다.

⑤ 식육의 풍미 : 일반적으로 혀에서 느끼는 맛과 코에서 느끼는 냄새, 입안에서의 느낌 등으로 판단하며, 숙성, 저장 중에 산화, 화학적 분해 그리고 미생물이 증식되면서 풍미의 변화를 초래한다.

> **더 알아보기** 메틸렌블루(methylene blue) 환원 시험법
>
> • 메틸렌블루 환원능 실험은 우유 속에 존재하는 미생물의 대사량을 측정함으로써 우유의 질을 판정하는 방법으로 많은 세균이 우유 속에서 발육하면 우유 속의 용존 산소가 소모됨에 따라 우유의 산화 환원 전위가 낮아진다.
> • 우유 속의 세균 수에 따라 세균의 호흡대사량이 달라지는 것을 이용하여 우유의 질을 판정한다.
> • 색소환원시험법에는 메틸렌블루 환원 시험법과 레자주린 환원 시험법이 있다.

3. 육류가공품의 종류 및 가공 · 저장 방법(햄, 베이컨, 소시지 등)

(1) 육류가공품의 종류

① 식육가공은 1차 가공과 2차 가공으로 구분한다.

㉠ 1차 가공 : 도체의 발골 및 해체(부분육, 정육)로 신선육을 생산하는 과정이다.

㉡ 2차 가공 : 신선육을 분쇄, 혼합, 조미, 건조, 열처리 등의 방법으로 식육 고유의 성질을 변형시킨 것이다.

② 육류가공품에는 햄류, 소시지류, 베이컨류, 건조저장육류, 양념육류, 대통령령으로 정하는 분쇄 가공육제품(햄버거 패티 · 미트볼 · 돈가스 등), 갈비가공품, 식육 추출가공품, 식용 우지, 식용 돈지 등이 있다.

(2) 육류가공품의 주요공정

① 염지

㉠ 건염법

• 가장 오래된 방법으로 소금과 설탕, 질산염 또는 아질산염으로 이루어진 염지제를 원료육 표면에 골고루 발라 문지르고 도포한 후 재워두는 방법이다.

• 고기 내 육즙이 추출되어 수분함량이 감소되므로써 조직이 단단해지고 저장성이 증가하는 반면에 시간과 노력이 많이 들고 생산성이 낮다.

• 본인햄, 본리스햄 또는 베이컨 제조 등에 사용된다.

ⓒ 습염법
- 소금과 기타 염지제들을 물에 녹여 염지액(brine)을 만들고 이것을 고기 속에 침투시키는 방법으로 주로 열처리하는 햄(cooked ham) 제조 시 이용된다.
- 염지액의 소금농도는 15~20%가 적당하나 염지액의 주입량에 따라 염농도를 조절할 수 있다.
- 습염법은 건염법에 비해 소요시간이 짧고 감량도 적다는 장점이 있다.
- 습염법의 종류

염수침지법	원료육을 염수에 침지시키는 방법으로 주로 락스햄, 등심햄, 베이컨 및 족발 제조 등에 사용하는데, 약 15~20%의 염지액으로 1주일 정도 염지시킨다.
염지액주사법	염지액을 짧은 시간 내에 고기 속으로 스며들게 하는 방법으로 혈관주사법과 근육에 염지액을 직접주사하는 근육주사법이 있다.
진공텀블링법	염지액과 원료육 또는 염지주사한 원료육을 텀블러에 넣고 교반시키는 방법으로 염지 및 결착이 잘된다는 장점이 있다.
마사지법	프레스햄 제조와 같이 비교적 작은 육괴들을 염지할 경우 사용하는데, 염지발색 및 결착력의 증가효과가 높다.

더 알아보기 고기를 염지시킬 때 사용되는 재료

소금, 질산염 또는 아질산염, 염지 보조제인 아스코르브산염 또는 에르소르브산염 이외에 설탕과 인산염이 각 제품의 특성에 따라 적절히 사용되고 경우에 따라서는 향신료와 적포도주 등이 향미증진을 위해 사용된다.
- 아질산염의 첨가 이유
  - 육제품의 선홍빛을 고정, 조직감 및 풍미 증진
  - 지방산화 억제
  - 미생물 발육 억제 및 식중독 예방효과
  - 아질산염은 우리 몸속으로 들어오면, 단백질 속 아민과 결합하여 나이트로사민(nitrosamine)이란 발암물질을 생성하고 기준치 이상 섭취 시 헤모글로빈의 기능을 억제해 세포를 파괴, 이 경우 혈액 속 산소가 줄어 청색증을 유발하므로 국내에서는 아질산이온 잔존량을 70ppm 이하로 규정하고 있다.
- 인산염첨가 이유
  - 보수력 증진 (pH와 이온강도 증가, 액토마이오신 해리)
  - 결착력 증가
  - 저장성 증진
  - 떫은 맛 증가
- 염지의 효과
  - 발색 증진 : 육제품의 색을 고기의 붉은색으로 유지시켜 주는 발색 및 육색의 고정효과
  - 풍미 증진 : 육제품 특유의 맛을 내는 염지향 향미 생성효과(육제품 제조 시 원료육의 풍미에 영향을 미치는 요인 : 동물의 종류, 연령, 사료 등)
  - 보수성 증진 : 습염법을 이용한 햄 제조 시 소금과 인산염의 기능에 의한 염용성 육단백질 추출과 그로 인한 결착력 및 보수력 증진 그리고 수율향상효과 등이다.
  - 항산화작용 : 지방산화를 억제함으로써 맛을 오랫동안 유지시킬 수 있는 항산화효과
  - 저장성 증진 : 소금에 의한 수분활성도 감소 및 아질산염에 의한 미생물발육억제를 통한 육제품 보존성 증진효과
  - 식중독 예방효과 : 육제품 제조과정에서 염지를 실시할 때 아질산염의 첨가로 억제되는 식중독균(*Clostridium botulinum*)

② 훈연
　　㉠ 훈연 방법
　　　• 냉훈법 : 고급햄이나 건조소시지 제조에 사용하며, 15~30℃에서 일주일 이상 실시하는
　　　　것으로 훈연색이 짙고, 훈연취도 강할 뿐만 아니라 보존성도 길다.
　　　• 온훈법 : 30~50℃에서 수 시간 실시하는데, 풍미나 색깔 및 보존성은 냉훈법보다 못하다.
　　　• 열훈법 : 일반햄이나 소시지의 제조에는 주로 사용하는데, 약 50~60℃에서 1~2시간
　　　　실시하는 것으로 풍미와 색깔이 약하고 보존성도 짧다는 단점이 있다.
　　　• 액훈법 : 목초액에 고기를 침지하며, 규격화된 제품생산에 이용된다.
　　　• 전훈법 : 전기를 이용한 연기성분을 침투시켜 흡착시킨다.
　　㉡ 훈연의 목적 : 외관과 풍미의 증진, 저장성의 증진, 색택의 증진, 산화방지, 육색향상

(3) 햄(ham)의 제조
　① 햄의 개념 : 대표적인 육제품으로 돼지고기의 뒷넓적다리나 엉덩이살을 소금에 절인 후 훈연하
　　여 만든, 독특한 풍미와 방부성을 가진 가공식품
　② 햄의 종류
　　㉠ 프레스(press)햄
　　　• 저렴한 각종 원료육을 활용하며 육괴끼리 결합시킬 결착육을 사용하며 다양한 풍미,
　　　　모양, 크기로 제조한 육제품이다.
　　　• 돼지고기의 육괴를 그대로 살려 염지, 훈연, 가열의 과정을 거친 것으로 햄과 소시지의
　　　　중간형태 제품이라고 할 수 있고 스모크햄이라고도 한다.
　　　• 돼지고기 외에 소, 양, 토끼, 닭고기 등을 섞어서 만들기 때문에 저렴한 반면 첨가물이
　　　　많이 들어가 육류 특유의 풍미를 느끼지 못한다.
　　㉡ 본인(bone in)햄 : 뒷다리 부위를 뼈가 있는 채로 그대로 정형염지한 후 훈연하거나 열처
　　　리한 햄(껍질이 있는 것도 포함)
　　㉢ 안심(tenderloin)햄 : 안심부위를 가공한 것
　　㉣ 숄더(shoulder)햄 : 어깨부위육을 이용하여 제조한 햄
　　㉤ 피크닉 햄 : 목등심 또는 어깨등심부위육을 가공한 햄
　　㉥ 본리스(boneless) 햄 : 돼지의 뒷다리를 정형하여 발골(뼈 제거)하고 염지한 후 케이싱에
　　　포장하거나 롤링(rolling)하여 훈연, 가열한 제품(껍질이 있는 것도 포함)
　　㉦ 로인(loin)햄 : 등심부위를 가공한 것
　　㉧ 벨리(belly)햄 : 삼겹살부위를 가공한 것
　　㉨ 가열(cooked) 햄 : 돼지의 뒷다리를 발골하여 염지한 후, 훈연을 하지 않고 ham boiler
　　　또는 fibrous casing에 충전하여 가열처리만을 한 햄

③ 일반 햄의 제조공정 : 고기준비 → 염지 → 분쇄 및 혼합 → 세절 및 유화 → 충전 및 결찰 →
　훈연 → 가열 → 포장

　㉠ 염지
　　• 소시지에서 발생하기 쉬운 보툴리누스균이 들어오는 것을 방지하고 오래 보존하기 위
　　　한 중요한 과정이다.
　　• 일반적인 소금 외에 아질산염, 인산염 등을 미량 추가해 넣기도 한다.
　　• 고기색이 선명한 선홍빛으로 발색되고, 보존성을 높이고, 풍미를 유지시키는 역할을 한다.
　　• 염지액을 제조할 때 주의사항
　　　- 염지액 제조를 위해 사용되는 물은 미생물에 오염되지 않은 깨끗한 물을 이용한다.
　　　- 천연향신료를 사용할 경우에는 천으로 싸서 끓는 물에 담가 향을 용출시킨 후 여과하
　　　　여 사용한다.
　　　- 염지액 제조를 위해 아스코브산염을 제외한 나머지 첨가물들을 물에 넣어 잘 용해시키
　　　　고 아스코브산염은 사용 직전 투입하도록 한다. 만일 아질산염을 아스코브산염과 동시
　　　　에 물에 첨가하면 아질산염과 아스코브산염이 화학반응을 일으키게 되며 여기서 발생된
　　　　일산화질소의 많은 양이 염지액 주입전 이미 공기 중으로 날아가 버려 발색이 불충분하
　　　　게 되기 때문이다(아스코브산이 없을 경우 건강보조제인 비타민 C를 넣어도 된다).
　　　- 염지액을 사용하기 전 염지액 내에 존재하는 세균과 잔존하는 산소를 배출하기 위해
　　　　끓여서 사용한다.
　　　- 염지액은 사용 전 냉장실에서 6~10℃ 정도 충분히 냉각되어야 한다.
　　　- 염지액의 온도는 원료육의 온도와 동일하게 4~8℃로 유지한다.
　　　- 육속에 공기가 혼입이 되지 않도록 염지액의 기포를 제거한다.
　　　- 염지액 투입량은 원료육 중량의 10~15% 정도가 적당하다.
　　　- 원하는 양의 염지액이 투입되도록 투입 전과 후의 중량을 측정하여 투입한다.
　　　- 염지액 주입 시 염지액을 한 번에 다 주입시키지 말고 수회에 걸쳐 나눠서 주입하도록
　　　　한다.
　㉡ 분쇄 및 혼합
　　• 분쇄는 그라인더 또는 초퍼를 이용하여 덩어리고기를 균일한 크기로 분쇄하는 것으로
　　　홀 플레이트와 칼날 사이는 틈이 없도록 한다.
　　• 혼합공정은 입자형태로 분쇄된 고기에 물, 소금, 인산염 등의 염지제를 첨가시키고
　　　기계적으로 비벼 줌으로써 육단백질을 추출시켜 분쇄된 육을 다시 재결합시킬 수 있게
　　　하고 부재료 및 향신료가 고기에 골고루 섞일 수 있도록 하는 공정이다.

ⓒ 세절 및 유화
- 세절은 고속의 칼날로 고기를 잘게 쪼개주는 과정이다.
- 유화는 세절된 원료육을 원료육과 지방, 물 등과 같이 정상적인 상태에서는 서로가 섞이지 않는 물질을 기계적으로 혼합하여 하나의 물질로 만드는 과정이다.
  ※ **육제품 제조기계 중 유화기능이 있는 것** : SILENT CUTTER
ⓓ 충전 및 결찰
- 충전은 혼합기나 사일런트 커터에서 제조된 혼합육이나 고기 유화물을 햄 또는 소시지의 형태로 만들기 위해 casing이나 캔 또는 유리병 등의 용기에 집어넣는 공정
- 결찰은 원료육을 케이싱에 충전 후 매듭을 짓는 공정으로 금속의 클립이나 알루미늄 철사를 이용한 기계로 결찰
ⓔ 훈연
- 훈연은 나무가 불연소되면서 발생되는 연기를 식품에 씌우는 것을 말하는데 훈연을 통해 식품의 풍미가 증진되고 훈연색상을 부여함으로써 외관이 개선되고 보존성이 증진되며 산화방지 효과도 얻게 된다.
- 냉훈법은 15~30℃의 낮은 온도에서 훈연하며 별도의 가열처리 공정이 없다. 저온으로 장기간 훈연하게 되어 중량감소가 크나 건조가 됨으로써 보존성이 좋아지고 숙성을 시킬 수 있어 완제품의 풍미가 우수하다.
- 온훈법은 30~50℃의 온도범위에서 시행되는 훈연법으로 가열 햄과 라운드 햄 등을 제조 시 이용된다.
- 열훈법은 50~80℃의 온도범위에서 단시간에 행해지는 훈연법으로 표면만 강하게 경화하여 내부에는 비교적 많은 수분이 함유된 채로 응고되므로 탄력이 있는 제품생산에 이용되나 풍미는 다소 떨어진다.
ⓕ 가열 : 햄 소시지를 제조할 때 가열처리의 목적은 단백질을 응고시켜 바람직한 조직을 부여하고 향미의 생성 등 햄 소시지의 보존성을 증진시키고 미생물을 살균하거나 효소를 불활성화시켜 햄 소시지의 보존성을 증진시키기 위한 것이다.
  ※ **식육의 가열처리 효과** : 조직감 증진, 기호성 증진, 저장성 증진, 향미의 증진, 미생물 살균, 효소 불활성화 등
ⓖ 포장
- 포장의 목적 중 가장 중요한 것은 식품의 품질에 나쁜 영향을 미칠 수 있는 물리적, 화학적 또는 생물학적 요인으로부터 보호하기 위한 저장수단을 들 수 있다.
- 포장을 통해 제품의 규격화와 적재 및 수송이 간편하며 재고 관리가 용이하고 유통 중 손실을 최소화할 수 있으며 제품의 표기에 의한 제품의 정보와 신뢰도 부여와 광고효과 등 편의성을 제공하고 판매촉진을 할 수 있다.

(4) 소시지(sausage) 제조

① 소시지의 개념

ㄱ 소시지는 소나 돼지의 내장과 고기를 양념과 함께 갈아 소, 돼지 등 동물의 창자나 셀로판 등 인공케이싱에 채워 넣은 것

ㄴ 식육을 염지 또는 염지하지 않고 분쇄하거나 잘게 갈아낸 식육에 다른 식품 또는 식품첨가 물을 첨가한 후 훈연 또는 가열처리한 후 저온에서 발효시켜 숙성 또는 건조처리한 것

② 소시지의 종류

ㄱ 프랑크소시지(franks sausage) : 미리 조리한 원료육을 돼지의 작은 창자 굵기로 성형한 후 가열한 소시지로 17세기 독일 프랑크푸르트 지방의 소시지 기술자가 처음 만들어 사람들에게 좋은 평가를 받으면서 frankfurfer라고 불리었고 미국, 일본, 우리나라 등지 에서는 프랑크로 불리고 있다.

ㄴ 혼합어육소시지 : 돼지고기와 어육 등을 혼합하여 조미한 후 성형하여 고온, 고압에서 멸균 처리한 제품

ㄷ 메르게즈(merguez) : 모로코, 알제리, 튀니지, 리비아 등 북아프리카에서는 메르게즈라 부르는 붉은 색의 매운맛 소시지로 양고기 및 소고기, 또는 이 두 고기를 섞은 형태로 되어 있다.

ㄹ 부르보스(boerewors) : 남아프리카 지역에서는 부르보스라는 소시지를 먹으며, 일반적 으로 소고기가 쓰이나, 돼지고기, 양고기를 섞기도 한다.

ㅁ 가열건조소시지 : 젖산균 발효에 의해 pH를 저하시켜 가열처리한 후, 단기간의 건조로 수분함량이 50% 전후가 되도록 만든 소시지

ㅂ 살라미(salami) : 발효건조 소시지인 살라미는 약 250년 전에 이탈리아 북부지방에서 처음 생산되었으며 제조공정이 긴 것이 특징이다. 반건조소시지의 일종으로 마늘이 첨가 되어 있고, 보통 샌드위치나 피자 등에 올려서 먹는다.

※ **산미료** : 신맛과 청량감을 부여하고 염지반응을 촉진시켜 가공시간을 단축할 수 있어 주로 생햄이나 살라미 제품에 이용된다.

ㅅ 페퍼로니(pepperoni) : 반건조소시지의 일종으로, 고추가 첨가되어 매운맛을 지니고 있 고, 주로 피자 토핑에 사용된다.

ㅇ 볼로냐(bologna)는 매우 굵게 만들어 훈제한 소시지로, 이것을 얇게 저민 것을 끼워 넣는 볼로냐 샌드위치가 가장 널리 알려진 이탈리아식 샌드위치이다.

※ **이탈리아의 소시지로 대표적인 것** : 살라미, 페퍼로니, 볼로냐
※ **스모크소시지(smoked sausage)** : wiener sausage, frankfurt sausage, bologna sausage

㉜ 기타
　　　　• 불가리아 : lukanka
　　　　• 프랑스, 벨기에 : 앙두이
　　　　• 폴란드, 러시아 : 킬바사
　　　　• 포르투갈, 브라질 : embutidos(또는 enchidos)와 linguica
　　　　• 스페인 : 초리조(chorizo)
　　　　• 스위스 : cerclat
　③ 소시지 제조과정 : 고기준비 → 염지 → 분쇄·세절 → 혼화 → 케이싱 충전 → 건조 및 훈연 → 가열 → 냉각 → 포장
　　㉠ 원료육 및 선육 : 제품에 필요한 고기를 선별하는 작업
　　㉡ 염지 : 원료육에 각종 첨가물을 가하는 작업
　　㉢ 만육 : 원료육을 갈아내는 작업
　　㉣ 세절·혼화 : 갈아낸 고기를 다시 세절(細節)하여 결착력을 높이고 각종 첨가제를 균일하게 하는 작업
　　　※ **고품질 소시지 생산을 위해 유화공정에서 특히 고려해야 할 요인** : 세절온도, 세절시간, 원료육의 보수력
　　㉤ 충전 및 결착 : 필요로 하는 케이싱에 다져 놓고 묶는 작업
　　㉥ 훈연

(5) 베이컨의 제조

　① 베이컨의 개념
　　㉠ 돼지의 복부육(삼겹살) 또는 특정 부위육(등심육, 어깨부위육)을 정형한 것을 염지한 후 훈연하거나 가열처리한 것이다.
　　㉡ 수분 60% 이하, 조지방 45% 이하의 제품이다.
　② 베이컨의 제조공정 : 삼겹살 → 정형 → 피빼기 → 염지 → 수세(염기빼기) → 건조 및 훈연 → 냉각 → 포장
　　※ **육제품에 이용되는 포장재 중 산소투과도(cm³/cm² · d · dar, 20℃, 85% RH)가 가장 높은 것** : PA(polyamide) 12, 40μm

05 적중예상문제

01 낙농경영의 입지조건에 대해 쓰시오.

> **정답**
> - 수리와 교통이 편리한 지대
> - 초지면적이 충분한 지대
> - 전기, 도로 등 기간시설 근접 지대
> - 공업단지와 멀리 떨어진 지대
> - 지하수가 풍부한 지대
> - 전기나 도로와의 접근성이 양호한 지대
> - 헬퍼조직이 활성화된 지대
> - 시장과 거리가 가까운 지대

02 현재 시가가 2,500,000원인 웅돈의 구매가는 2,000,000원이고 내용연수는 5년, 잔존가격은 구매가격의 60%이다. 정액법으로 감가상각비를 구하시오.

> **정답**
> - 잔존가 = 2,000,000원 × 0.6 = 1,200,000원
> - 감가상각비 $= \dfrac{2,000,000원-1,200,000원}{5년} = \dfrac{800,000원}{5년} = 160,000/년$

03 가경력이 있는 토지에 대해 쓰시오.

> **정답**
> - 배수가 잘되는 토지
> - 보수력이 강한 토지
> - 암반과 자갈 등이 없는 토지
> - 경토가 깊고, 심토가 좋은 토지
> - 조직구조가 양호한 토지
> - 적당한 공극력이 있는 토지

04 고정자산 3가지를 쓰시오.

> **정답** 토지, 건물, 대농기구, 대동물 등

> **해설**
> - 고정자산 : 토지, 건물, 대농기구, 대동물 등
> - 유동자산 : 소동물, 소농기구, 구입사료, 미판매현물, 중간생산물 등

05 표준계획법에 대해 쓰시오.

정답
- 경영실험농장(표준모델농장)의 경영성과 등의 자료를 비교하는 것이다.
- 시험성적이나 전문가의 경험을 토대로 하여 가장 이상적인 진단지표를 작성한 뒤 진단농가와 비교하는 경영진단 방법이다.
- 경영자가 가축의 생산능력, 토지의 이용, 노동력의 배정, 작업체계, 경영수익, 경영비, 토지소득, 자본수익 등과 같은 표준모델농장의 경영성과를 비교 분석하여 표준모델농장에 근사하게 접근할 수 있도록 경영을 실행해 가는 계획이다.

06 낙농경영형태를 경영입지조건에 따라 분류하시오.

정답 도시근교형 낙농, 원교형 낙농

해설

도시근교형 낙농	원교형 낙농
• 경영의 집약도가 다른 경영형태에 비해 높다. • 대부분 착유 전업형 낙농형태를 띠고 있다.	• 도시와 농장 간의 거리가 원거리에 입지하여 채초 및 목초지에서 조사료 생산이 용이하다. • 지형적인 위치에 따라 평탄지 순농촌형과 산촌형 낙농으로 구분된다.

07 기업 경영의 장단점을 쓰시오.

정답
- 장점
    - 축산물 수요증가에 효율적 대응이 가능
    - 능률적인 기계 및 시설의 도입으로 생산성 증대가 가능
    - 단위당 비용의 절감으로 시장경쟁력이 제고
    - 새로운 기술의 도입 및 개발로 생산력의 증대가 가능
    - 대량거래 및 신용거래가 가능
- 단점
    - 기계시설, 초지개발 등의 자본수요가 증대
    - 사료원료의 해외의존도 상승
    - 환경문제가 발생하기 쉬움

08 한계대체율(marginal rate of substitution)에 대해 서술하시오.

정답 둘 이상의 생산요소 간에 대체관계가 있을 때 한 생산요소의 투입을 한 단위 추가하면 다른 생산요소의 투입이 대체되므로, 같은 양의 Y를 생산하기 위해서 X_1의 투입을 증가시키면 X_2의 투입은 감소한다. 이때 X_1의 추가투입에 대하여 X_2의 투입이 감소하는 비율이다.

09 ① <u>이윤극대화의 기본원리</u>와 ② <u>손실최소화의 원리</u>에 대해 쓰시오.

> **정답** ① 축산경영의 이윤극대화 조건
> - 한계수익＝한계비용(한계수입이 한계비용과 같을 때)
> - 총수익과 총비용의 차액이 최대일 때
> - 생산요소와 생산물의 가격비가 한계생산과 일치할 때
> - 한계생산이 그 가격의 역비와 같을 때
> - 한계가치생산이 자원의 가격과 같을 때
> ② 손실최소화의 원리
> - 한계수익이 평균총비용보다 낮더라도 고정비는 이미 투자된 것이므로 유동비 수준에만 도달할 수 있다면 생산을 계속하는 것이 유리하다.
> - 단기에서 생산물가격이 평균비용(AC) 보다는 낮더라도 평균가변비용(AVC)보다 높다면 생산을 계속하는 것이 유리할 경우가 있다. 이를 손실최소화의 원리라고 한다.
> - 산물의 판매가격이 추가 소요되는 유동비 수준에도 미치지 못한다면 더 이상 생산을 하지 않아야 손실을 최소화할 수 있다.

10 비육돈의 구입 시 체중이 10kg, 판매 시 체중이 106kg이고, 비육일수가 160일이었을 때 일당 증체량을 구하시오.

> **정답** 일당 증체량 $= \dfrac{\text{1두당 비육기증체량}}{\text{1두당 비육일수}} = (106-10)/160 = 0.6\text{kg}$

11 양돈경영에서 배합사료 투입량이 30단위일 때 증체량이 180단위라면 사료효율을 구하시오.

> **정답** 사료효율 $= \dfrac{\text{증체량}}{\text{사료급여량}} \times 100 = 180/30 = 6$

12 달걀 1kg의 가격이 1,500원이고, 사료 1kg의 가격은 250원일 때 난사비를 계산하시오.

> **정답** 난사비 $= \dfrac{\text{달걀 1kg당 가격}}{\text{사료 1kg당 가격}} = \dfrac{1{,}500원}{250원} = 6.0$

13 낙농농가에 대한 경영분석결과 젖소 1두당 연간평균조수입이 5,000만원, 변동비가 2,500만원, 고정비가 1,500만원일 때 손익분기점을 구하시오.

> **정답** 손익분기점 = 고정비/[1 − (변동비/매출액)]
> = 1,500만원/[1 − (2,500만원/5,000만원)]
> = 3,000만원

14 ① <u>손익분기점의 정의</u>와 ② <u>손익분기점률을 구하는 공식을 쓰시오.</u>

> **정답** ① 일정기간의 조수익(매출액)과 비용이 교차하는 점, 즉 이익과 손실이 없는 점
> ② 손익분기점률 = $\dfrac{\text{실제매출액} - \text{안전매출액}}{\text{실제매출액}}$ = $\dfrac{\text{손익분기매출액}}{\text{실제매출액}}$

15 어느 축산농가의 연간소득이 1,200만원이고, 노동투입시간이 400시간일 때 시간당 노동생산성을 구하시오.

> **정답** 노동생산성 = 총생산액/노동투입량 = 1,200만원/400시간 = 3만원

16 다음 한우 농가의 1두당 순수익률을 구하시오.

> • 1두당 평균생산비(비용) : 400만원
> • 1두당 평균거래가격 : 480만원
> • 1두당 평균조수익 : 240만원

> **정답** • 단위당 순수익 = 축산물 단위당 가격 − 축산물 단위당 생산비
> = 480만원 − 400만원 = 80만원
> • 순수익률 = 순수익/조수익 × 100 = 80만원/200만원 × 100
> = 40%

17 젖소 20두를 사육하는 A농장에서 1마리당 1년 평균산유량이 7,000kg이고 유대가 kg당 1,000원이면 A농장 1년 수입을 구하시오.

> **정답** 7,000kg × 20두 × 1,000원 = 140,000,000원

18 총자산이 2억5,000만원, 부채가 7,000만원 일 때 부채비율을 구하시오.

> **정답** • 자산 = 자본 + 부채
> 　　자본 = 자산 − 부채 = 2억5,000만원 − 7,000만원 = 1억8,000만원
> • 부채비율 = $\dfrac{\text{부채}}{\text{자기자본}} \times 100 = \dfrac{7{,}000\text{만원}}{1\text{억}8{,}000\text{만원}} \times 100 = $ 약 39%

19 우유판매금 2,000만원, 송아지 판매금 100만원, 사료비 150만원, 종부료 50만원, 약품비 20만원, 감가상각비 25만원, 자기토지용역비 30만원, 제재료비 20만원, 고용노임비 25만원, 자가노임비 350만원, 자기자본 이자 200만원, 토지임차료 30만원일 때 생산비를 구하시오.

> **정답** 생산비 = (기초생산비 + 토지자본이자 + 유동 · 고정자본이자) − 부산물 수입
> 　　　　 = 경영비 + 자가노력비 + 유동 · 고정자본이자 + 토지자본이자
> 　∴ 생산비 = 사료비 + 종부료 + 약품비 + 감가상각비 + 자기토지용역비 + 제재료비 + 고용노임비 + 자가노임비 + 자기자본이자 + 토지임차료
> 　　　　 = 150만원 + 50만원 + 20만원 + 25만원 + 30만원 + 20만원 + 25만원 + 350만원 + 200만원 + 30만원
> 　　　　 = 900만원

20 소고기의 등급을 결정하는 기준에 대해 쓰시오.

> **정답** • 육질등급은 고기의 질을 근내지방도, 육색, 지방색, 조직감, 성숙도에 따라 1^{++}, 1^{+}, 1, 2, 3등급으로 판정하는 것으로 소비자가 고기를 선택하는 기준이 된다.
> • 육량등급은 도체에서 얻을 수 있는 고기량을 도체중량, 등지방두께, 등심단면적을 종합하여, A, B, C등급으로 판정한다.

21 축산물 유통의 특성에 대해 쓰시오.

> **정답** • 수요 · 공급이 비탄력적이다.
> • 축산물의 생산체인 가축이 성숙되기 전에도 상품적인 가치가 있다.
> • 축산물 생산농가가 영세하고 분산적이기 때문에 유통단계상에서 수집상 등 중간상인이 개입될 소지가 많다.

22 균질화의 목적과 장점에 대해 쓰시오.

> **정답** • 우유의 입자형태를 균일화(미세화), 균일한 점도, 부드러운 텍스처(texture)로 만든다.
> • 입자의 평균크기를 줄임으로서 유화안정성(emulsion stability)을 증가시킨다.
> • 산화의 민감성 감소(제품의 수명을 연장)시킨다.
> • 식품 낙농제품의 경우 소화 및 맛을 크게 향상시킨다.
> • 크림의 분리가 발생하지 않고(크림층 형성의 방지) 진한 느낌이 생긴다.

23 우유의 살균 방법 3가지를 쓰시오.

> **정답** • 저온장시간살균법(LTLT) : 63~65℃에서 30분간 가열한 후 신속히 냉각시키는 방법이다.
> • 고온단시간살균법(HTST) : 72~75℃(160°F)에서 15~20초간 가열하는 방법이다. LTLT 방법보다 효율적인 살균 방법으로 병원균의 대부분이 사멸되고 cream line 등 품질에도 큰 영향 없이 살균이 이루어져 대규모 유업회사에서 이용하고 있다.
> • 초고온단시간멸균(UHT) : 원유를 130~150℃에서 1~5초간 가열하는 방법이다. 거의 무균에 가까운 시유가 생산되며 색과 풍미의 변화에 큰 영향이 없는 멸균공정이다.

24 이상육에 대해 쓰시오

> **정답** • PSE돈육 : 고기색이 창백하고(Pale), 조직의 탄력성이 없으며(Soft), 고기로부터 육즙이 분리되는(Exudative) 고기를 말하며 주로 스트레스에 민감한 돼지에서 발생한다.
> • DFD육 : 고기의 색이 어둡고(Dark), 조직이 단단하며(Firm), 표면이 건조한(Dry) 고기. 주로 소에서 발생한다.

25 식육(Meat, 食肉)의 관능적 품질에 대해 쓰시오.

> **정답** • 식육의 색(육색) : 소비자가 식육을 구매하는 데 있어 가장 중요하게 고려하는 요소로, 적색육은 밝고 선명한 선홍색이 좋고, 광택이 있는 고기가 좋다.
> • 식육의 보수성 : 식육이 물리적 처리(절단, 분쇄, 압착, 열처리 등)를 받을 때 수분을 잃지 않고 보유할 수 있는 능력으로, 보수성이 좋을수록 식육 단백질 사이에 수분이 많이 함유되어 있으므로 연도가 높다.
> • 식육의 연도 : 식육 내 결합조직이나 근육 내 지방의 함량이 많을수록 연도가 좋다.
> • 식육의 조직감 : 식육의 강직상태, 보수성, 근내 지방 함량, 결합조직 함량에 따라 다르다.
> • 식육의 풍미 : 일반적으로 혀에서 느끼는 맛과 코에서 느끼는 냄새, 입안에서의 느낌 등으로 판단하며, 숙성, 저장 중에 산화, 화학적 분해 그리고 미생물이 증식되면서 풍미의 변화를 초래한다.

26 사후경직의 원인을 쓰시오.

> **정답** 동물의 근육은 도축 직후 근육은 부드럽고 탄력성이 좋고 보수력도 높으나 일정시간이 지나면 굳어지고 보수성도 크게 저하되는 사후경직이 일어난다. 축되면 호흡정지에 의하여 여러 기전을 거쳐 액틴(actin), 마이오신(myosin) 사이에 서서히 교차(cross-bridge)가 형성되어 사후경직이 시작된다. 강직완료는 글리코겐과 ATP가 완전히 소모됨으로써 수축되어 이완되지 않는 근원섬유가 많아지면서 단단하게 굳어진다.

27 염지의 방법 4가지를 쓰시오.

> **정답**
> • 염수침지법 : 원료육을 염수에 침지시키는 방법으로 주로 락스햄, 등심햄, 베이컨 및 족발 제조 등에 사용하는데, 약 15~20%의 염지액으로 1주일 정도 염지시킨다.
> • 염지액주사법 : 염지액을 짧은 시간 내에 고기 속으로 스며들게 하는 방법으로 혈관주사법과 근육에 염지액을 직접주사하는 근육주사법이 있다.
> • 진공텀블링법 : 염지액과 원료육 또는 염지주사한 원료육을 텀블러에 넣고 교반시키는 방법으로 염지 및 결착이 잘된다는 장점이 있다.
> • 마사지법 : 프레스햄 제조와 같이 비교적 작은 육괴들을 염지할 경우 사용하는데, 염지발색 및 결착력의 증가효과가 높다.

28 소의 육질등급 판정 기준 5가지를 쓰시오.

> **정답** 근내지방도, 육색, 지방색, 조직감, 성숙도에 따라 1^{++}, 1^{+}, 1, 2, 3등급으로 판정하는 것으로 소비자가 고기를 선택하는 기준이 된다.

29 소의 육량등급 판정 기준 3가지를 쓰시오.

> **정답** 도체에서 얻을 수 있는 고기량을 도체중량, 등지방두께, 등심단면적을 종합하여, A, B, C등급으로 판정한다.

부록

과년도 + 최근
기출복원문제

과년도 기출복원문제

※ 기출복원문제는 수험자의 기억에 의해 문제를 복원하였습니다. 일부 회차만 복원되었거나 실제 시행문제와 상이할 수 있음을 알려드립니다.

01 다음 송아지에 대한 소화시험 결과를 보고 단백질 소화율을 구하시오(단, 소수점 이하 셋째자리에서 반올림한 값을 답으로 한다).

- 사료섭취량 : 9.0kg
- 사료 중 N% : 2%
- 분배설량 : 6.0kg
- 분 중 N% : 0.32%

정답 $\dfrac{0.18 - 0.0192}{0.18} \times 100 = 89.33\%$

해설
- 소화율 $= \dfrac{\text{섭취단백질량} - \text{분의 단백질량}}{\text{섭취단백질량}} \times 100$
- 섭취한 단백질량 $=$ 사료섭취량 $\times$ 단백질 함량 $= 9.0\text{kg} \times 0.02 = 0.18\text{kg}$
- 분의 단백질량 $=$ 분의 양 $\times$ 분단백질량 $= 6.0\text{kg} \times 0.0032 = 0.0192\text{kg}$
- $\therefore \dfrac{0.18 - 0.0192}{0.18} \times 100 = 89.33\%$

02 수정란이식의 장점과 단점을 각각 2가지씩 쓰시오.

정답
- 장점
  - 우수한 공란우의 새끼를 많이 생산할 수 있다.
  - 수정란의 국내외 간 수송이 가능하다.
  - 특정 품종의 빠른 증식이 가능하다.
  - 우수 종빈축의 유전자 이용률을 증대할 수 있다.
  - 가축의 개량기간을 단축할 수 있다.
  - 가축 대신 수정란의 수송으로 경비를 절감시킬 수 있다.
  - 인위적인 쌍태유기에 이용하여 가축의 생산성을 높일 수 있다.
  - 계획적인 가축생산이 가능하다.
  - 후대검정을 하는 데 편리하게 사용할 수 있다.
- 단점
  - 다배란 처리 시 배란수를 예측할 수 없다.
  - 비외과적 혹은 외과적 방법에 의한 수정란이식의 수태율은 아직도 낮다.
  - 특별한 기구와 시설이 확보되어야 한다.
  - 숙련된 기술자가 필요하다.

03 전자현미경의 종류 2가지를 쓰고, 사용법을 순서대로 쓰시오.

정답 • 투과전자현미경, 주사전자현미경
• 시료장착 → 홀더장착 → 시료확인 → 배율과 밝기 조정 → 초점 조절 → 이미지 확인

04 거세우의 단점 2가지를 쓰시오.

정답 • 비거세우보다 발육이 늦다.
• 일당 증체량은 다소 떨어지고 사료효율 역시 낮다.
• 체지방량이 많아 정육량이 다소 떨어진다.
• 출하체중 도달일수가 지연된다.

05 가소화영양소총량(TDN)이 72%, 가소화단백질(DCP)이 12%인 사료의 영양율(NR)을 구하시오.

정답 $NR = \dfrac{TDN - DCP}{DCP} = \dfrac{72 - 12}{12} = 5$

06 총자산 2억4천만원, 부채가 8천만원일 때 부채비율을 구하시오.

정답 • 자본 = 자산 − 부채
= 2억4천만원 − 8천만원 = 1억6천만원
• 부채비율 $= \dfrac{부채}{자본}(\%) = \dfrac{8천만원}{1억6천만원} \times 100 = 50\%$

07 돼지의 대장을 구성하는 기관 3가지를 쓰시오.

정답 맹장, 결장, 직장

08 하디-바인베르크(Hardy-Weinberg) 법칙의 정의와 조건을 쓰시오.

정답 • 정의 : 무작위교배를 하는 큰 집단에서 돌연변이, 선발, 이주, 격리 및 유전적 부동과 같은 요인이 작용하지 않을 때 유전자의 빈도와 유전자형의 빈도는 오랜 세대를 경과해도 변화하지 않고 일정하게 유지된다.
 • 조건
  − 인위적인 선발 및 돌연변이가 없어야 한다.
  − 유전적 부동(genetic drift)이 없어야 한다.
  − 부모세대에 집단 간의 이주(migration)가 없어야 한다.
  − 돌연변이가 없어야 한다.
  − 집단이 매우 크고, 무작위교배가 이루어져야 한다.

09 수정란이 조직과 기관으로 분화되는 과정에서 중배엽으로부터 분화되는 기관을 쓰시오.

정답 근육계, 골격계, 신경계, 비뇨생식기, 순환기(근육 · 신장 · 심장 · 혈액 · 혈관 같은 심혈관계)계통 등

해설 수정란의 분화
 • 외배엽 : 표피계, 털, 발굽, 신경계통(뇌 · 척수 등) 등
 • 중배엽 : 근육계, 골격계, 신경계, 비뇨생식기, 순환기(근육 · 신장 · 심장 · 혈액 · 혈관 같은 심혈관계)계통 등
 • 내배엽 : 소화기 · 호흡기 계통, 체절, 근육조직(간 · 췌장 · 폐 · 소장 · 대장 같은 내장기관) 등

10 염색체의 구조적 이상의 종류를 쓰시오.

정답 • 결실 또는 삭제 : 염색체의 일부가 없어지거나 삭제된다.
 • 중복 : 염색체의 일부가 복제되면서 겹치는 현상이다.
 • 전좌 : 한 염색체의 일부가 다른 염색체로 옮겨가서 결합하는 현상이다.
 • 역위 : 염색체의 일부가 절단된 다음 반대 방향으로 붙은 것이며, 불임이 되는 경우가 많다.

11 시상하부, 옥시토신, 비유유지호르몬의 작용기전을 쓰시오.

정답 옥시토신은 시상하부에서 생성되어 뇌하수체 후엽에서 분비되는 호르몬으로 유선을 자극하여 유즙을 분비하게 하고, 임신 후에는 에스트로젠, 프로제스테론 등과 함께 비유를 유지하게 된다.

12 프로제스테론의 기능을 쓰시오.

정답 • 자궁의 발육을 지속시키고, 자궁근의 운동을 저하시킨다.
• 옥시토신에 대한 수축반응을 억제시켜 자궁 내의 배 또는 태아의 발육 등의 환경을 적합하게 한다.

13 순종교배의 ① 정의와 ② 특징, ③ 종류를 쓰시오.

정답 ① 같은 품종에 속하는 개체 간의 교배를 말한다.
② 품종의 특징을 유지하면서 축군의 능력을 향상시키기 위하여 이용되며 각종 가축에서 널리 사용되고 있다(젖소개량 등).
③ 근친교배, 계통교배, 동일 품종 내의 이계교배, 무작위교배 등

14 조기이유의 장점과 단점을 각각 1가지씩 쓰시오.

정답 • 장점
 - 노동력 절감
 - 사료비 절감
 - 번식회전율 증가
• 단점
 - 기호성이 좋은 완전 영양사료가 필요
 - 자돈 스트레스로 인한 장 기능 저하
 - 모돈의 번식장애가 발생
 - 정교한 사양관리가 필요
 - 이유 후 관리가 부적절하면 성장 후반에 보상성장으로 지방 축적

15 생물학적 평가에 사용되는 에너지의 종류와 정의를 쓰시오.

 정답
- 총에너지(GE) : 섭취한 사료로부터 발생되는 총 에너지
- 가소화에너지(DE) : 총에너지에서 분으로 소실된 에너지를 제한 에너지
- 대사에너지(ME) : 가소화에너지에서 오줌과 가스로 소실된 에너지를 제한 에너지
- 정미에너지(NE) : 대사에너지에서 동물이 유지 및 생산에 이용된 에너지를 제한 에너지

해설

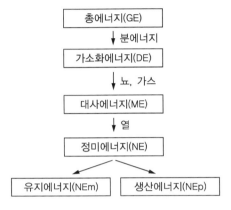

```
총에너지(GE)
    │ 분에너지
    ▼
가소화에너지(DE)
    │ 뇨, 가스
    ▼
대사에너지(ME)
    │ 열
    ▼
정미에너지(NE)
   ╱        ╲
유지에너지(NEm)   생산에너지(NEp)
```

16 반추동물의 위에서 생성되는 휘발성 지방산 3가지를 쓰시오.

정답 아세트산, 프로피온산, 부티르산

해설
- 아세트산 : 유지방의 합성에 가장 영향을 많이 미친다. 즉, 체내에서 에너지원 및 유지방의 합성에 이용된다.
- 프로피온산 : 에너지원 또는 체지방의 합성에 이용된다.
- 부티르산 : 에너지원으로 이용된다.

17 돼지의 유전적 개량 모형을 쓰시오.

정답
- 3단 피라미드 : 중핵돈군, 번식돈군, 실용돈군
- 4단 피라미드
  - 핵돈군(원원종돈) : 순종을 생산하는 순종돈군
  - 증식돈군(원종돈) : GGP농장에서 생산되어 후보돈을 생산하는 돈군
  - 번식돈군(부모돈) : 인공수정을 통하여 비육돈을 생산하는 돈군
  - 비육돈군(실용돈) : 비육용으로 사육되는 돈군

18 가축이 10일 동안 12kg의 사료를 섭취하고 체중이 10kg 증가했을 때 사료요구율, 사료효율, 일당 증체량을 구하시오.

정답
- 사료요구율 $= \dfrac{\text{사료급여량}}{\text{증체량}} = \dfrac{12kg}{10kg} = 1.2$
- 사료효율 $= \dfrac{\text{증체량}}{\text{사료급여량}} \times 100 = \dfrac{10kg}{12kg} \times 100 ≒ 83\%$
- 일당 증체량 $= \dfrac{\text{증체량}}{\text{기간}} = \dfrac{10kg}{10일} = 1kg/일$

19 호르몬 피드백의 종류와 정의를 쓰시오.

정답
- 정의 피드백 : 하위기관에서 분비한 호르몬이 상위기관의 호르몬 분비를 촉진한다.
- 부의 피드백 : 하위기관에서 분비한 호르몬이 상위기관의 호르몬 분비를 억제한다.

해설 정의 피드백과 부의 피드백
- 정(正)의 피드백(positive feedback) : 뇌하수체호르몬인 황체형성호르몬과 난소호르몬인 에스트로젠은 성숙한 포유동물에서 배란 직전에 호르몬의 혈중농도가 급상승하여 배란을 유도하는 정의 피드백 작용을 한다.
- 부(負)의 피드백(negative feedback) : 수컷에서는 뇌하수체 전엽에서 분비되는 황체형성호르몬(LH, ICSH)이 정소의 간질세포를 자극하여 안드로젠의 분비를 자극하고, 분비된 안드로젠은 시상하부의 황체형성호르몬방출호르몬(LHRH)의 분비를 억제함으로써 LH의 분비를 억제한다.

20 A품종 12개월령의 체중은 440kg, B품종은 360kg, A와 B의 교잡종은 420kg이다. 이때 잡종강세효과를 구하시오.

정답
- 잡종강세율 $= \dfrac{\text{F}_1\text{평균} - \text{양친평균}}{\text{양친평균}} \times 100$
- F_1평균 $= 420kg$, 양친평균 $= \dfrac{440kg + 360kg}{2} = 400kg$
- $\therefore$ 잡종강세율 $= \dfrac{420kg + 400kg}{400kg} \times 100 = 5\%$

01 정자의 완성과정 4단계를 순서대로 쓰시오.

> 정답 골지기, 두모기, 첨체기, 성숙기

> 해설
> • 골지기 : 골지체 내에 PAS 양성의 전첨체과립이 형성되는 시기
> • 두모기 : 첨체과립이 정자세포의 핵표면에 확산되는 시기
> • 첨체기 : 핵, 첨체 및 미부의 형태가 변화하는 시기, 수피상판(포켈상판 : manchette)이 나타나는 시기
> • 성숙기 : 길어진 정자세포가 세정관강에 유리될 수 있는 형태로 바뀌는 시기
> ※ 정자형성의 4단계
>   • 제1기 : 정조세포의 유사분열 반복
>   • 제2기 : 정모세포가 감수분열에 의해 정낭세포로 발달
>   • 제3기 : 정낭세포가 제2감수분열에 의해 정자세포로 발달
>   • 제4기 : 정자세포가 분열을 하지 않고 형태변화를 거쳐 정자로 발달

02 채취한 돼지의 정액이 다음과 같을 때 액상 정액 제조를 위한 희석액량을 구하시오.

• 정액 채취량 : 200mL   • mL당 정자 수 : 3.0×10^8마리 • 1병당 정액량 : 100mL   • 1병당 정자 수 : 30×10^8마리 • 정자활력 : 80%

> 정답
> • 총정자수 = 정자수 × 채취량 × 정자활력 = 3억마리 × 200mL × 0.8 = 480억마리
> • $\dfrac{480억마리}{30억마리/1병} = 16$병
> • 총희석액량 = 16병 × 100mL = 1,600mL
> ∴ 희석액량 = 총희석액량 − 원정액량 = 1,600mL − 200mL = 1,400mL

03 돼지와 비교하여 닭에게 필요한 아미노산을 쓰시오.

> 정답 글리신

> 해설 닭에 있어서 글리신(glycine)은 요산 생성에 필수적인 아미노산이다.

04 착유우의 사양관리 중 대사단백질의 종류 2가지와 각 정의를 쓰시오.

정답 • RDP(반추위 분해단백질) : 반추위 내에서 미생물에 의해 분해되어 미생물체 단백질합성에 이용되거나
암모니아로 손실되는 단백질을 의미한다.
• UDP(반추위 비분해단백질) : 반추위에서 미생물에 의해 분해되지 않고 소장으로 흘러가 소장에서 분해되어
이용되는 단백질을 의미한다.

05 돼지에서 강정사양을 하는 이유와 시기를 쓰시오.

정답 강정사양을 하게 되면 건강이 개선되고 교배 시 배란수가 많아지며 산자수를 증가하는 효과가 있다. 발육이
지체된 돼지에 대하여 실시할 때 특히 효과가 크며 교배 전 1주일이 적당하다.

해설 강정사양 : 교배하기 전에 에너지섭취량을 증가시켜 주는 것, 특히 고에너지사료를 급여하는 방법이다.

06 수분함량이 12%인 건초를 분쇄 후 조단백질 함량을 측정하였을 때 10%였다면 건물에서의
조단백질 함량을 구하시오(단, 소수점 이하 셋째자리에서 반올림 한 값을 답으로 한다).

정답 수분함량 변화에 따른 조성분의 변화 $= \left(\dfrac{100 - 보정\ 수분함량}{100 - 현재\ 수분함량} \right) \times 영양소\ 함량$

$= \left(\dfrac{100 - 0}{100 - 12} \right) \times 10 = 11.36\%$

07 배합사료 5kg, 조단백질 13%, 분 2kg, 조단백질 6%일 때 배합사료의 소화율을 구하시오(단,
소수점 이하 셋째자리에서 반올림 한 값을 답으로 한다).

정답 $\dfrac{0.65 - 0.12}{0.65} \times 100 = 81.54\%$

해설 • 소화율 $= \dfrac{섭취단백질량 - 분의\ 단백질량}{섭취단백질량} \times 100$
• 섭취한 단백질량 = 사료섭취량 × 단백질 함량 = 5kg × 0.13 = 0.65kg
• 분의 단백질량 = 분의 양 × 분단백질량 = 2kg × 0.06 = 0.12kg

∴ $\dfrac{0.65 - 0.12}{0.65} \times 100 = 81.54\%$

08 채취한 정액을 사용하기 전 검사해야 할 항목 4가지를 쓰시오.

> **정답**
> • 육안적 검사 : 정액량, 색깔, 냄새, 농도(점조도), pH
> • 현미경검사 : 정자의 활력, 생존율, 정자의 형태 및 정자수

09 PSS의 정의와 원인과 증상 2가지를 쓰시오.

> **정답**
> • 스트레스 감수성(Porcine Stress Syndrome)을 의미하고 외부의 스트레스에 민감하게 반응하는 증세로 PSE육이 생산된다.
> • 거동불안, 절뚝거림, 근육경련, 호흡수 증가, 체온상승, PSE육 생산

10 한우의 일당증체량에 대해 개체선발을 한 결과 암컷의 선발차 40g, 수컷의 선발차 100g, 유전력은 0.3이었을 때 유전적 개량량을 구하시오.

> **정답**
> • 선발차 = (40 + 100)/2 = 70g
> • 유전적 개량량 = 유전력 × 선발차
>   = 0.3 × 70g = 21g

11 어느 낙농농가의 경영분석 결과가 다음과 같을 때 손익분기산유량을 구하시오.

> 고정비 80만원, 유동비 90만원, 산유량 5,000kg, 우유의 kg당 가격 380원

> **정답**
> • 조수익 = 5,000kg × 380원/kg = 190만원
>
> • 손익분기매출액 = $\dfrac{고정비}{1-\left(\dfrac{유동비}{조수익}\right)}$ = $\dfrac{80만원}{1-\dfrac{90만원}{190만원}}$ = 152만원
>
> • 손익분기산유량 = $\dfrac{손익분기매출액}{단위가격}$ = $\dfrac{152만원}{380원/kg}$ = 4,000kg

12 한우의 침샘 중 짝이 없는 침샘 3가지를 쓰시오.

정답 입천장샘(구개선), 인두샘(인두선), 입술샘(구순선)

해설 짝을 이루는 샘
- 귀밑샘(이하선)
- 턱밑샘(하악선)
- 하구치샘(하구치선)
- 혀밑샘(설하선)
- 볼샘(구강선)

13 수동면역의 ① 정의와 ② 경로 3가지를 쓰시오.

정답 ① 다른 동물, 개체에서 이미 형성된 항체를 빌려오는 면역
② 어미로부터 부여받은 모체이행항체(초유, 태반), 항체 주사, 수혈 등

14 하디-바인베르크(Hardy-Weinberg) 법칙의 정의를 쓰시오.

정답 무작위 교배를 하는 큰 집단에서 돌연변이, 선발, 이주, 격리 및 유전적 부동과 같은 요인이 존재하지 않을 때 유전자 빈도와 유전자형 빈도는 오랜 세대를 경과하여도 변화하지 않고 일정하게 유지된다.

15 두과와 화본과를 혼파할 시 각각의 장점 3가지를 쓰시오.

정답
- 두과의 장점
  - 가축에게 영양분이 높고 기호성이 좋은 풀을 공급할 수 있다. 즉, 단백질함량이 높은 두과 목초와 탄수화물 함량이 많은 화본과 목초의 영양적 균형을 이룬다.
  - 질소비료의 사용을 줄일 수 있다. 즉, 두과 목초가 근류균으로 공중질소를 고정함으로서 화본과 목초에 질소비료가 절약된다.
  - 광물질 균형을 개선하고 여름철에 토양을 보호한다.
- 화본과의 장점
  - 단위면적당 가소화영양소총량을 증진시킬 수 있다.
  - 표토가 유실되는 것을 방지할 수 있다.
  - 단위면적당 수확량을 증진시킬 수 있다.

16 초지의 생산성이 낮아지는 이유 3가지를 쓰시오.

> **정답** • 조성 초기 관리기술의 미숙
> • 추비량 부족
> • 과다 및 과소 이용
> • 청예를 위주로 한 초지이용
> • 이른 봄 및 늦가을의 과도한 이용
> • 초지의 배수불량
> • 여름철 수확 지연현상
> • 초지생산량의 한계

17 난포낭종, 황체낭종 각각의 증상과 치료제를 쓰시오.

> **정답** • 난포낭종 : FSH 과분비, 스트레스로 인한 ACTH 증가 및 LH 분비 감소로 인해 계속적으로 다량의 에스트로젠이 분비되어 발정이 지속되나 난포벽이 황체화하는 것은 없고 지속성, 빈발성이나 사모광형 또는 불규칙한 발정이 특징이다. 호르몬제제인 LH 작용을 나타내는 융모성성선자극호르몬(hCG)나 성선자극방출호르몬(GnRH) 투여 후 황체퇴행인자(PGF$_{2\alpha}$)를 주사하면 발정이 온다.
> • 황체낭종 : LH 분비 부족으로 황체조직층이 있고 중심부에는 내용액이 저류하여 장기간 존속하며 무발정이 특징이다. PGF$_{2\alpha}$를 투여하여 치료한다.

18 초지에 방목 중인 육우에서 마그네슘 결핍 시 발생하는 질병을 쓰시오.

> **정답** 목초 테타니병(그래스테타니)

> **해설** 목초 테타니병[Grass Tetany, 저마그네슘(Mg)혈증]
> 초지에 칼륨을 다량 시비한 결과 마그네슘의 흡수가 적어진 목초를 먹은 소의 근육에 발병하며, 흥분이나 경련 등의 신경증상이 나타난다.

19 한우, 돼지, 닭의 염색체수(2n)를 쓰시오.

> **정답** • 소 : 60
> • 돼지 : 38
> • 닭 : 78

> **해설** 염색체수(2n)
>
> | 오리 | 개 | 말 | 염소 | 양 | 집토끼 | 돼지 |
> | --- | --- | --- | --- | --- | --- | --- |
> | 80 | 78 | 64 | 60 | 54 | 44 | 38 |

20 사료의 영양적 가치를 평가할 때 화학적 평가 방법 중 일반 성분분석 항목 5가지를 쓰시오.

정답 수분, 조회분, 조단백, 조지방, 조섬유, 가용무질소물

해설
• 수분
  - 100~150℃에서 건조하여 수분함량을 산출한다.
  - 주요 성분 : 수분과 휘발성 물질(100% − H_2O = DM%)
• 조회분
  - 시료를 연소로에서 500~600℃에 2시간 이상 완전히 태운 후 남는 중량으로 산출한다.
  - 주요성분 : 광물질
• 조단백
  - 황산을 이용하여 사료 중 질소함량을 켈달(Kjeldahl)법으로 분해하여 질소정량하여 6.25를 곱한 값
    (N × 6.25 = 조단백질)
  - 주요 성분 : 단백질, 아미노산, 비단백태질소화합물
• 조지방
  - 에터에 의해 용출되는 지방의 함량으로 산출한다.
  - 주요 성분 : 지방, 유지, 왁스, 수지, 색소물질
• 조섬유
  - 약산과 약알칼리로 끓인 후 용출되지 않는 성분 중 회분함량을 제한 값이다.
  - 주요 성분 : 셀룰로스, 헤미셀룰로스, 리그닌
• 가용무질소물(nitrogen free extract)
  - 전체 100에서 수분, 조회분, 조단백, 조지방, 조섬유를 제외한 잔량(100 − 수분, 조회분, 조단백, 조지방,
    조섬유)
  - 주요 성분 : 전분, 당류, 약간의 셀룰로스, 헤미셀룰로스, 리그닌

01 정액 희석 및 보존과정에서 pH 유지제, 단백질원, 동해방지제로 이용되는 물질을 쓰시오.

> **정답** • pH 유지제 : 구연산
> • 에너지원 : 포도당 등의 당류
> • 동해방지제 : 1,2-프로판디올(PROH), 다이메틸설폭사이드(DMSO), 글리세롤, 글루코스

02 한우 비육우 사양관리에서 조사료를 충분히 급여했을 때의 장점 3가지를 쓰시오.

> **정답** • 지속적인 증체가 가능한 건강한 비육밑소를 육성할 수 있다.
> • 조사료의 거침과 부피에 의해 제1위와 소화기관 및 골격 발달된다.
> • 조사료를 많이 급여함으로써 내장 주위나 근육 사이에 불가식 지방의 조기침착을 방지한다.
> • 침의 다량분비를 촉진하여 제1위 내 미생물을 활성화시켜 발효가 양호해지고 반추위의 기능을 원활하게 한다.

03 축사의 환기 방식을 3가지 쓰시오.

> **정답** 양압환기, 음압환기, 등압환기

> **해설** • 양압환기 : 외부로부터 공기를 흡입하여 축사 내로 불어 주는 형태로 대기보전의 차원에서 배기구는 천장에 설치하는 것이 좋다.
> • 음압환기 : 환풍기는 축사공기를 흡입하여 배출시키기 때문에 외부 환경에 대하여 축사 내에서는 음압이 형성된다. 이러한 원리에 의하여 신선한 공기가 축사 안으로 들어간다.
> • 등압환기 : 환기시킬 공간과 외부 환경 사이에 압력 차이가 없을 때 등압환기방식이라고 한다.

04 정소의 조직을 구성하는 세포 3가지의 명칭과 기능을 쓰시오.

> **정답** • 간질세포 : 테스토스테론 분비
> • 정세포 : 성숙 정자로 분화
> • 세르톨리 세포 : 정자형성 촉진, 지지세포의 역할, 영양 공급과 대사물질 배설

05 다음 그림에서 ① <u>체고</u>, ② <u>체장</u>, ③ <u>흉폭</u>의 측정 부위를 기호로 쓰시오.

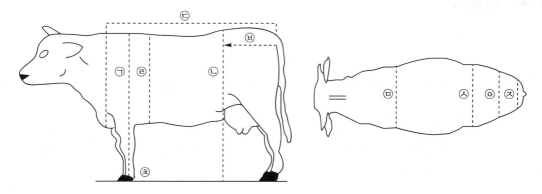

정답 ① ㉠, ② ㉢, ③ ㉺

해설 ㉠ 체고, ㉡ 십자부고, ㉢ 체장, ㉣ 흉심, ㉺ 흉폭, ㉯ 고장, ㉻ 요각폭, ㉰ 곤폭, ㉼ 좌골폭, ㉶ 전관위

06 건유의 중요성 3가지를 쓰시오.

정답 • 비유기 모체 영양손실 회복
• 비유 중 농후사료를 섭취한 소화기관의 휴식
• 유방염 등 질병 치료
• 다음 착유 기간을 위한 영양 축적
• 건유 후 착유 시 우유 품질 개선

07 사료의 섭취를 억제하는 호르몬 3가지와 작용기전을 쓰시오.

정답 • 렙틴 : 중추신경계에 작용하여 체내 지방 분해 및 식욕 억제
• 글루카곤 : 위산분비 억제, 위장의 사료 배출 지연
• 아드레날린 : 성수용체 자극, 배고픔을 덜 느끼게 하고 포만감 증가

08 탄소수가 20개 이하인 불포화지방산의 종류를 쓰시오.

정답 리놀레산, 올레산, 리놀렌산, 아라키돈산

09 인공수정의 장점 3가지를 쓰시오.

정답
- 우수한 씨가축(종모축)의 이용범위가 확대된다.
- 후대검정에 다른 씨가축의 유전능력을 조기판정할 수 있다.
- 씨가축(종모축) 사양관리의 비용과 노력이 절감된다.
- 정액의 원거리 수송이 가능하다.
- 자연교배가 불가능한 가축도 번식에 이용이 가능하다.
- 교미 시 감염되는 전염병(전염성 생식기병 등)의 확산을 방지할 수 있다.
- 우수 종모축을 이용한 가축개량을 촉진시킬 수 있다.
- 특별한 주의 없이도 생식기 질병을 일으킬 확률이 매우 낮다.

10 정미에너지(NE)를 구하는 공식을 쓰시오.

정답 총에너지－분에너지－(뇨에너지＋가스에너지)－열에너지

해설

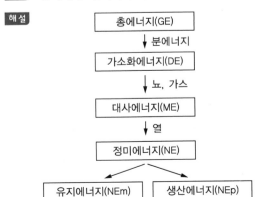

11 가루사료와 비교하여 펠릿사료의 장점을 쓰시오.

> **정답**
> - 사료의 부피를 줄여 취급 및 수송이 용이해진다.
> - 사료로부터 발생하는 먼지를 막을 수 있다.
> - 사료 중 열에 약한 병원성 세균 및 독성물질이 파괴된다.
> - 사료 섭취량과 소화율을 향상시킨다.
> - 사료 이용효율 및 기호성을 증진한다.
> - 영양소 불균형과 사료 허실 발생을 예방한다.
> - 가축의 선택적 채식이 방지되고, 짧은 시간에 많은 사료를 먹일 수 있다.

12 대두박의 ① 항영양인자를 쓰고 ② 불활성화시키는 방법을 서술하시오.

> **정답** ① 트립신저해인자, ② 가열처리를 통해 제거한다.

13 폐쇄난포의 정의를 쓰시오.

> **정답** 난소에서 성숙되지 못하고 퇴하하는 난포로 발육과정중 난포가 배란에 이르지 않고 퇴축한다.

14 수컷의 부생식선 3가지를 쓰고 그 기능을 쓰시오.

> **정답**
> - 정낭선 : 정낭선의 분비액은 정자를 보호하는 유백색을 띤 점조된 액체로서 고농도의 단백질, 칼슘, 구연산, 과당 및 여러 종류의 효소를 함유한다.
> - 전립선 : 전립선은 정액에 특유의 냄새를 부여하는 엷고 불투명한 액체를 분비한다. 이 액체는 유백색으로 알칼리성이며, 정자의 운동과 대사에 관여한다.
> - 요도구선 : 요도의 세척 및 중화와 관련된 액체를 분비한다.

15 출하일령을 단축시켰을 때 경제적인 이점을 쓰시오.

> **정답** 노동력 절감, 사료비 절감, 자본회전율 증가, 질병 위험 감소

16 사일리지 120kg의 수분함량이 80%일 때 건물을 구하시오.

> **정답** 건물의 양 = 청초의 양(1 − 수분함량)
> = 120kg × (1 − 0.8) = 120kg × 0.2
> = 24kg

17 비타민 A의 결핍증을 쓰시오.

> **정답** 번식장애, 상피세포 및 점막의 생장장애(심하면 경화현상), 질병에 대한 저항력의 감퇴, 신경조직의 이상현상, 정상적인 뼈 형성의 장애

> **해설**
> • 소는 번식력이 약해지고 닭은 산란율, 부화율이 뚜렷이 저하된다.
> • 보행장애를 일으키고, 식욕이 없어지며, 야위어 쇠약해지고, 깃털이 거꾸로 서는 것 같이 된다.
> • 비타민 A는 간유에 많이 함유되고 카로틴은 녹엽(綠葉), 황색옥수수에 많이 함유되어 있다.

18 연간 조수입이 5천만원, 경영비는 4천만원, 총생산비는 4천4백만원 일 때 이 농가의 소득률을 구하시오.

> **정답**
> • 소득 = 조수익 − 경영비 = 50,000,000원 − 40,000,000원 = 10,000,000원
> • 소득률 = $\dfrac{\text{소득}}{\text{조수익}} \times 100 = \dfrac{10,000,000원}{50,000,000원} \times 100 = 20\%$

19 어느 산란계의 모집단 평균산란수는 180개, 선발집단 평균산란수는 205개였고, 선발강도는 4였다. 이때 ① 선발차와 ② 표현형 분산을 구하시오.

> 정답 ① 25, ② 39.0625

> 해설 ① 선발차 = 선발집단 평균 − 모집단 평균
> 　　　　　 = 205 − 180 = 25
> ② 표현형 분산 = (표현형 표준편차)^2 = (선발차/선발강도)^2
> $$= \left(\frac{25}{4}\right)^2 = 6.25^2 = 39.0625$$

20 다음 소화시험에 대한 자료를 보고 단백질 소화율을 구하시오.

구분	중량(kg)	건물함량(%)	조단백질 함량(건물기준, %)
사료급여량	5.0	70	20
채식잔량	1.0	80	20
배분량	2.0	40	20

> 정답 $\dfrac{0.54 - 0.16}{0.54} \times 100 = 70.37\%$

> 해설 • 소화율 = $\dfrac{섭취단백질량 - 분의\ 단백질량}{섭취단백질량} \times 100$
> • 사료급여량 내 조단백질 함량 = 사료급여량 × 건물함량 × 조단백질 함량
> 　 = 5.0kg × 0.7 × 0.2 = 0.7kg
> • 채식잔량 내 조단백질량 = 채식잔량 × 건물함량 × 조단백질 함량
> 　 = 1kg × 0.8 × 0.2 = 0.16kg
> ∴ 섭취단백질량 = 0.7 − 0.16 = 0.54kg
> • 분의 단백질량 = 2.0kg × 0.4 × 0.2 = 0.4kg
> ∴ $\dfrac{0.54 - 0.16}{0.54} \times 100 = 70.37\%$

01 다음 유즙 분비 과정에서 (   ) 안에 들어갈 알맞은 말을 쓰시오.

> 유선포 → 유선소엽 → 유선소관 → 유선관 → (①) → (②) → (③)

정답 ① 유선조, ② 유두조, ③ 유두관

해설 유즙의 배출경로
유선세포 → 유선포 → (유선소엽 →)유선엽 → 유선관(소유관 → 대유관) → 유선조 → 유두조 → 유두관

02 정액 채취량이 300mL이고, 1mL당 정자수가 4억마리, 정자활력은 80%였다. 이 정액을 1mL당 정자수를 5천만 마리로 희석 제조하려 할 때 희석배율, 총희석액량, 희석액 소요량을 구하시오.

정답 • 정액의 희석배율 = $\dfrac{\text{1mL당 정자수} \times \text{정자활력}}{\text{제조할 정액의 1mL당 정자수}}$ = $\dfrac{\text{4억} \times 0.8}{\text{5천만}}$ = 6.4배

   • 총희석액량 = 정액의 희석배율 × 원정액 채취량 = 6.4 × 300mL = 1,920mL

   • 희석액 소요량 = 총희석액량 − 원정액량 = 1,920mL − 300mL = 1,620mL

03 다음 농가의 소득, 소득률, 순수익률을 구하시오.

> 조수익 20만원, 경영비 10만원, 자가노임비 7천원, 자기자본이자 8천원, 자기토지자본이자 3천원

정답 • 소득 = 조수익 − 경영비 = 20만원 − 10만원 = 10만원

   • 소득률 = $\dfrac{\text{소득}}{\text{조수익}} \times 100$ = $\dfrac{\text{10만원}}{\text{20만원}} \times 100$ = 50%

   • 순수익률 = $\dfrac{\text{순수익}}{\text{조수익}} \times 100$

    = $\dfrac{[\text{조수익} - \text{생산비경영비} + \text{암묵비(자가노동비, 토지자본이자, 자기자본이자)}]}{\text{조수익}} \times 100$

    = $\dfrac{\text{8만2천원}}{\text{20만원}} \times 100$ = 41%

04 계사의 종류 중 케이지 2가지를 비교하여 서술하시오.

> **정답** • 확장형 케이지(furnished cage)
> - 홰를 통해 골격이 향상되고 다단식 평사보다 사육시설이 복잡하지 않아 골절률이 가장 낮다.
> - 케이지의 이점(생존율 개선 및 호흡기 질환감소)을 유지하면서 행동욕구를 충족시킬 수 있다.
> - 용골뼈 골절률이 다단식 평사에 비해 비교적 적지만 완전한 행동을 할 수는 없다.
> • 다단식 평사(cage-free)
> - 확장형 케이지보다 날개와 용골뼈가 강해진다.
> - 걷기, 달리기, 홰 오르기, 날갯짓 등 모든 활동이 가능하며 날기를 통해 근골격계가 가장 강화되고 골다공증과 골절이 적다.
> - 다양한 사육시설을 이용하는 동안 골절 위험이 증가한다.

05 톨페스큐에 대해 서술하시오.

> **정답** • 유럽이 원산지이며 다년생, 상번초이다.
> • 세포 내에 기생하는 곰팡이와 공생하여 더운 여름에 견디는 힘이 비교적 강하다.
> • 짧은 지하경과 잎의 견고성으로 방목과 추위에도 강한 초종이다.
> • 기후 및 토양적으로 적응범위가 가장 넓다(개간지, 척박지, 하천제방 등).
> • 뿌리가 깊고 지하경이 있으며(방석모양), 억센 잎과 줄기를 가지고 있다.
> • 가축의 답압에 가장 약한 초종이며, 사료가치와 기호성이 낮다.
> • 사료가치가 높은 초종의 보조초종으로 혼파가 유리하다.
> • 곰팡이에 감염된 이 목초를 섭취한 가축은 생산성이 떨어지기 때문에 종자 구입 시 주의가 요구된다.

06 켈달(Kjeldahl)법에 대해 서술하시오.

> **정답** 사료 중의 모든 유기물을 진한황산으로 분해하면 질소성분은 $(NH_4)_2SO_4$로 남고 나머지는 유실된다. 소화 후 용액을 식혀 증류수로 희석하고 과량의 NaOH를 가한 후 중화시키면 암모니아가 생성되므로 그것을 증류하여 HCl 또는 NaOH 표준용액으로 적정하여 질소의 함량을 구할 수 있다. 단백질에는 평균 16%의 질소가 함유되어 있으므로 총질소의 양에 6.25배를 곱하면 단백질 함량을 계산할 수 있다.

07 반추동물의 입에서 일어나는 물리적 소화작용 3가지를 쓰시오.

> **정답** 저작작용, 연하작용, 반추작용, 섭취작용 등

08 돼지의 경제형질 2가지를 쓰시오.

정답 복당 산자수, 이유 시 체중, 이유 후 성장률, 사료효율, 도체의 품질(도체장, 배장근단면적, 도체율, 햄-로인 비율, 등지방두께, 근내지방도) 등

09 다음 그림에서 ① 체고, ② 체장, ③ 흉폭의 측정 부위를 기호로 쓰시오.

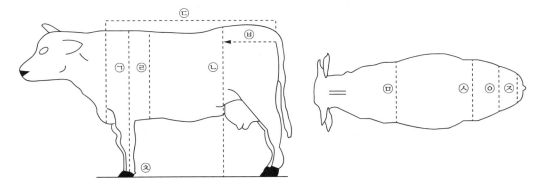

정답 ① ㉠, ② ㉢, ③ ㉤

해설 ㉠ 체고, ㉡ 십자부고, ㉢ 체장, ㉣ 흉심, ㉤ 흉폭, ㉥ 고장, ㉦ 요각폭, ㉧ 곤폭, ㉨ 좌골폭, ㉩ 전관위

10 돼지 사료 자동 급이기의 장점을 쓰시오.

정답 사료비 절감, 모돈의 스트레스 방지, 노동력 절감 등

해설 • 단점 : 사료빈 내부의 결로로 인한 사료의 부패, 사료의 고착 현상, 펠릿사료의 분리 등
• 종류 : 나선형의 이동 장치가 회전하면서 사료를 이송하는 오거식 방법과 원판이 이동하면서 사료를 끌고 가는 디스크 방식이 있다.

11 인공수정의 단점을 쓰시오.

정답
- 숙련된 기술자와 특별한 기구 및 시설이 필요하다.
- 1회 수정에 자연교배보다 많은 시간이 소요된다.
- 부주의에 의한 생식기 전염병 발생의 위험이 있다.
- 기술결함에 의한 생식기 점막의 손상 위험이 있다.
- 잘못 선발된 씨가축을 이용할 경우 확산범위가 넓다.
- 방목하는 집단은 인공수정이 불편하다.

12 산란율에 영향을 미치는 요소 3가지를 쓰시오.

정답 조숙성, 취소성, 동기휴산성, 산란강도, 산란지속성

해설
- 조숙성 : 계군의 산란율이 50%에 도달하는 초산일령으로 조숙할수록 산란수가 많다.
- 취소성 : 알을 품거나 병아리를 기르는 성질로 취소성이 낮은 것이 좋다.
- 동기휴산성 : 늦가을부터 초봄까지 일조시간이 짧아 휴산하는 성질이다.
- 산란강도 : 연속 산란일수의 장단을 의미한다.
- 산란지속성 : 일반적으로 초산일로부터 다음해 가을 털갈이로 휴산하기까지의 기간이다(초년도 산란기간의 장단).

13 표준비교법의 정의와 장점 및 단점을 각각 쓰시오.

정답
- 경영실험농장(표준모델농장)의 경영성과 등의 자료를 비교하는 것이다. 시험성적이나 전문가의 경험을 토대로 하여 가장 이상적인 진단지표를 작성한 뒤 진단농가와 비교하는 경영진단방법이다.
- 장점 : 우수한 모델농장의 실적을 기초로 하여 그 성과를 분석하면서 유사한 경영형태를 설계하는 실용성이 있는 방법으로 경영상의 문제점을 찾을 수 있다.
- 단점 : 표준모델농가를 설정하기가 어렵고, 표준적 지표 설정의 기본조건을 충분히 이해하고 있어야 하며, 경영자의 능력 등 경영성과가 눈에 보이지 않는 요인에 의해서 차이가 발생할 수 있다.

14 ① 감가상각의 정의와 ② 감가의 원인 3가지를 쓰시오.

정답 ① 시간의 흐름에 따른 자산의 가치 감소를 회계에 반영하는 것이다.
② 사용 소모에 의한 감가(물질적 감가), 진부화에 의한 감가(경제적, 기능적 감가), 재해, 재난, 도난 등에 의해서 발생되는 감가(우발적인 요인)

해설 • 감가란 고정자본재가 사용 후 시간이 경과함에 따라 자연적으로 노후, 결손, 마모 등으로 인해서 그 가치가 점차 줄어드는 것이고 감가상각이란 시간의 흐름에 따른 자산의 가치 감소를 회계에 반영하는 것이다.
• 감가상각의 목적은 내용연수 내로 고정자산의 취득원가를 매년 계속적으로 계산하여 절감하고, 생산물의 수익에 의해서 고정자산에 투하된 자본을 회수함으로써 고정자산 본래의 감모가 없이 생산을 지속적으로 하는 데 있다.
• 감가의 원인
  – 사용 소모에 의한 감가(물질적 감가)
  – 진부화에 의한 감가(경제적, 기능적 감가)
  – 재해, 재난, 도난 등에 의해서 발생되는 감가(우발적인 요인)

15 자궁의 형태에 따른 가축의 종류를 쓰시오.

정답 • 쌍각자궁 : 돼지, 말
• 분열자궁 : 소, 산양, 개, 고양이
• 중복자궁 : 설치류, 토끼
• 단자궁 : 사람, 영장류

16 어느 젖소의 1회차 유량이 250kg, 반복율 0.4, 우군 평균이 200kg일 때 생산능력 추정치를 계산하시오.

정답 200kg + 0.4(250kg − 200kg) = 220kg

해설 기록수가 1일 때 추정생산능력 = 축군의 평균치 + 반복력(생산기록의 평균치 − 축군의 평균치)
= 200kg + 0.4(250kg − 200kg) = 220kg

17 어느 농가에서 수분 12%인 배합사료 6kg, 수분 70%인 사일리지 30kg를 섭취시켰을 때 건물기준 조사료와 농후사료의 비율을 구하시오.

> **정답** 조사료 : 농후사료 = 63 : 37

> **해설**
> - 건물의 양 = 1 − 사료의 양 × 수분함량
> - 배합사료 건물의 양 = 6kg − 0.72kg(6kg × 0.12) = 5.28kg
> - 사일리지 건물의 양 = 30kg − 21kg(30g × 0.7) = 9kg
> - ∴ 섭취한 사료의 총량 = 5.28kg + 9kg = 14.28kg
>
> - 사일리지(조사료) = $\dfrac{9kg}{14.28kg}$ × 100 ≒ 63%
>
> - 배합사료(농후사료) = $\dfrac{5.28kg}{14.28kg}$ × 100 ≒ 37%
>
> - ∴ 조사료 : 농후사료 = 63 : 37

18 혼파의 장점을 쓰시오.

> **정답**
> - 가축에게 영양분이 높고 기호성이 좋은 풀을 공급할 수 있다. 즉, 단백질함량이 높은 두과 목초와 탄수화물함량이 많은 화본과 목초의 영양적 균형을 이룬다.
> - 질소비료의 사용을 줄일 수 있다. 즉, 두과 목초가 근류균으로 공중질소를 고정함으로서 화본과 목초에 질소비료가 절약된다.
> - 공간을 효율적으로 이용할 수 있다. 즉, 상번초와 하번초를 혼파함으로서 초종 간의 공간을 균형적으로 유지한다.
> - 다양한 토양층의 이용과 토양의 비료성분(양분과 수분)을 더욱 효율적으로 이용할 수 있다.
> - 계절별로 균등한 목초생산이 가능하다. 즉, 혼파 목야지의 산초량이 시기적으로 평준화된다(조만생종, 다양한 목초 혼파).
> - 자연재해의 정도를 덜 수 있다(동해, 한해(가뭄), 병충해, 습해의 재해 방지 등).
> - 단위면적당 생산량을 높일 수 있고, 이용방법의 선택이 쉽다(건초, 사일리지, 방목).

19 가소화에너지, 대사에너지, 정미에너지를 구하는 식을 쓰시오.

> **정답**
> - 가소화에너지 = 총에너지 − 분으로 배출된 에너지
> - 대사에너지 = 총에너지 − 분으로 배출된 에너지 − (오줌으로 배출된 에너지 + 가스로 배출된 에너지)
> - 정미에너지 = 총에너지 − 분으로 배출된 에너지 − (오줌으로 배출된 에너지 + 가스로 배출된 에너지) − 열량 증가(대사열, 발효열 등의 에너지)

과년도 기출복원문제

01 호르몬의 생화학적 특징 3가지를 쓰시오.

정답
- 내분비샘에서 생성, 분비되어 혈액을 따라 이동하다가 표적세포에만 작용한다.
- 표적세포에는 수용체가 있어 호르몬에 특이적으로 반응한다.
- 특정조직이나 기관의 생리작용을 조절하는 화학물질이다.
- 특정수용체가 있고 반감기가 짧다.
- 극히 적은 양으로 효과를 나타내며, 분비량이 적정하지 못하면 결핍증이나 과다증이 나타난다.
- 생체의 생장과 생식기관의 발달 등의 변화를 일으키고, 항상성 유지에 관여한다.
- 새로운 생체반응을 유도하지 않는다.
- 종간 특이성이 없어서 척추동물의 경우 같은 내분비샘에서 분비된 호르몬은 같은 효과를 나타낸다.
- 호르몬에 의한 반응은 신경계에 비해 느리지만 지속적인 효과를 나타낸다.

02 DFD육의 ① 발생원인 2가지와 ② 해결방안 1가지를 쓰시오.

정답
① 장거리 운송 후 적절한 휴식(24시간 이상)을 취하지 못했을 때, 절식, 피로함 등의 스트레스, 도축 전 장기간의 스트레스로 근육 내 낮은 글리코겐
② 거세 비육, 운송 후 적절한 휴식, 출하 시 적정 사육 밀도 유지 등

해설 DFD육 : 고기의 색이 어둡고(Dark), 조직이 단단하며(Firm), 표면이 건조한(Dry) 고기. 주로 소에서 발생한다.

03 유도분만의 ① 장점 2가지와 ② 방법 1가지를 쓰시오.

정답
① 분만에 소요되는 노동력의 효율성 향상, 새끼의 생존율 향상, 번식회전율 증가
② 부신피질호르몬에 의한 방법 : ACTH의 자극을 받은 태아의 부신피질에서 글루코코르티코이드의 분비증 가를 일으키는 방법으로 덱사메타손을 이용한다.
프로스타글란딘에 의한 방법 : PGE_2나 $PGF_{2\alpha}$등 프로스타글란딘을 주사하여 분만유기를 일으키는 방법이다.

04 방목 시 목책을 설치하는 목적 3가지를 쓰시오.

정답 가축의 이탈 방지, 인근 농장의 피해 방지, 초지 유지·관리, 방목 가축을 이동시키기 위한 수단, 야생동물·외 부인의 침입 방지 등

05 어떤 농가의 고정비는 2,100,000원, 변동비는 1,600,000원, 조수익 4,000,000원이고 유생산량은 8,000kg일 때 손익분기우유생산량을 구하시오.

정답

- 손익분기매출액 $= \dfrac{\text{고정비}}{1 - \left(\dfrac{\text{유동비}}{\text{조수익}}\right)} = \dfrac{2,100,000\text{원}}{1 - \left(\dfrac{1,600,000\text{원}}{4,000,000\text{원}}\right)} = \dfrac{2,100,000\text{원}}{0.6} = 3,500,000\text{원}$

- 단위가격(유대단가) $= \dfrac{\text{조수익}}{\text{산유량}} = \dfrac{4,000,000\text{원}}{8,000\text{kg}} = 500\text{원/kg}$

- 손익분기생산량 $= \dfrac{\text{고정비}}{\text{단위가격} - \left(\dfrac{\text{변동비}}{\text{생산량}}\right)} = \dfrac{\text{손익분기매출액}}{\text{단위가격}} = \dfrac{3,500,000\text{원}}{500\text{원/kg}} = 7,000\text{kg}$

06 산성에 강한 목초와 약한 목초를 각각 2가지씩 쓰시오.

정답
- 산성에 강한 목초 : 수단그라스, 연맥, 콩, 리드카나리그라스, 톨페스큐, 레드페스큐 등
- 산성에 약한 목초 : 알팔파, 보리, 스무드브롬그라스 등

07 돼지에게 필요한 미량광물질 중 ① <u>갑상선에 존재하며 티록신의 구성물질</u>, ② <u>헤모글로빈의 합성에 관여하는 것</u>, ③ <u>칼슘과 길항작용을 하는 것</u>을 쓰시오.

정답 ① 아이오딘, ② 구리, ③ 아연

08 유지사료의 장점 3가지를 쓰시오.

정답
• 사료의 에너지함량을 높여 주고 사료효율을 개선한다.
• 필수지방산의 공급원이다.
• 지용성 비타민(A · D · E · K)의 공급원이다.
• 사료의 기호성과 색상을 향상시킨다.
• 사료배합 시 먼지발생을 감소시키고 배합기 마멸을 감소한다.
• 펠릿사료 제조능력을 향상시킨다.

09 조치조성의 장점 2가지와 단점 3가지를 쓰시오.

정답
• 장점
  – 경운을 하여 줌으로서 자연식생의 제거가 가능하다.
  – 짧은 기간 동안에 생산성이 높은 초지조성이 가능하다.
  – 초지의 경운에 의해 땅 표면이 고르기 때문에 목초를 수확할 때 기계작업이 가능하다.
• 단점
  – 경운으로 땅 표면을 갈아엎기 때문에 표토가 유실되기 쉽다.
  – 경운에 필요한 농기계를 구입하는 데 비용이 많이 든다.
  – 표고 및 경사 때문에 지대에 따라 농기계의 사용이 불가능하다.

10 시가가 2,500,000원인 고정자산의 구매가가 2,000,000원, 내용연수가 5년이고, 잔존가치는 구매가격의 60%일 때 정액법으로 감가상각비를 구하시오.

정답 감가상각비 $= \dfrac{\text{구입가격} - \text{잔존가격}}{\text{내용연수}} = \dfrac{2,000,000원 - (2,000,000원 \times 0.6)}{5년} = 160,000원/년$

11 정소 내의 생식세포 대사산물을 배출하는 세포를 쓰시오.

정답 세르톨리 세포

해설 정소를 구성하는 세포
• 간질세포 : 테스토스테론 분비
• 정세포 : 성숙 정자로 분화
• 세르톨리 세포 : 정자형성 촉진, 지지세포의 역할, 영양 공급과 대사물질 배설

12 동결정액의 저온충격 ① <u>원인</u>과 ② <u>해결방안</u>을 쓰시오.

> **정답** ① 급작스러운 온도 변화
> ② 저온충격 방지제(난황, 우유 등)를 사용한다, 저온에서 서서히 냉각한다.

13 알팔파 재배 시 유의사항 3가지를 쓰시오.

> **정답** • 산성토양에 약하다.
> • 붕소결핍에 민감하다.
> • 수확 후 재생이 빠르나 빈번한 예취 또는 조기예취 시 포기가 쇠퇴해진다.

14 수컷의 부생식선 3가지를 쓰고 그 기능을 쓰시오.

> **정답** • 정낭선 : 정낭선의 분비액은 정자를 보호하는 유백색을 띤 점조된 액체로서 고농도의 단백질, 칼슘, 구연산, 과당 및 여러 종류의 효소를 함유한다.
> • 전립선 : 전립선은 정액에 특유의 냄새를 부여하는 엷고 불투명한 액체를 분비한다. 이 액체는 유백색으로 알칼리성이며, 정자의 운동과 대사에 관여한다.
> • 요도구선 : 요도의 세척 및 중화와 관련된 액체를 분비한다.

15 토끼의 교미 시 배출되는 호르몬을 쓰시오.

> **정답** 황체형성호르몬(LH), 프로락틴

16 닭에서만 존재하는 소화기관을 쓰시오.

> **정답** 소낭, 선위, 근위, 총배설강
>
> **해설** • 소낭 : 소낭은 식도가 변형된 것으로 내용물을 저장하고 수분공급 및 연화작용을 한다.
> • 선위 : 음식물의 소화를 위해 위산과 펩신(pepsin) 등의 소화액을 분비한다(화학적 소화).
> • 근위 : 사료의 분쇄기능을 한다(기계적 소화). 근위 속에는 모래가 들어 있어 단단한 곡류등의 분쇄에 도움을 준다.
> • 총배설강 : 배설, 산란

17 반추동물의 위의 명칭을 각각 쓰고 기능을 한가지씩 쓰시오.

> **정답** • 제1위(혹위, 반추위, rumen) : 미생물이 서식하여 발효가 일어난다. 주로 혐기성 미생물들이 서식하면서 가축이 섭취하는 영양소를 이용하여 미생물 대사작용을 한다.
> • 제2위(벌집위) : 반추위와 연결된 위로, 조직과 기능이 반추위와 비슷하며 사료를 되새김질한다.
> • 제3위(겹주름위) : 근엽을 통해서 사료 내용물의 수분을 흡수하여 식괴를 형성하며, 분해가 잘된 위 내용물을 제4위로 넘어가도록 하는 체의 역할을 한다.
> • 제4위(진위) : 반추동물의 4개의 위 중에서 단위동물의 위와 같이 소화액에 의한 화학적인 소화작용이 일어나는 곳이며, 담즙이 위 내로 역류하는 것을 방지하는 역할을 한다.

18 산란계를 강제환우 시키는 방법 2가지를 쓰시오.

> **정답** 절식, 절수, 점등관리

19 젖소에서 유도사양의 목적과 시기를 쓰시오.

> **정답** 산유량은 분만 후 4~5주에 최고수준에 도달하고, 사료섭취량은 8~10주에 최고에 달한다. 즉, 산유량이 빠르게 증가하고, 체중은 감소하는 특성을 보이기 때문에 에너지 불균형이 일어나기 쉽다.

20 어느 젖소의 1회차 유량이 250kg, 반복율 0.4, 우군 평균이 200kg일 때 생산능력 추정치를 구하시오.

> **정답** 200kg + 0.4(250kg − 200kg) = 220kg
>
> **해설** 기록수가 1일 때 추정생산능력 = 축군의 평균치 + 반복력(생산기록의 평균치 − 축군의 평균치)
> = 200kg + 0.4(250kg − 200kg) = 220kg

01

가소화영양소총량(TDN)이 75%, 가소화단백질(DCP)이 16%인 사료의 영양율(NR)을 구하시오(단, 소수점 이하 셋째자리에서 반올림한 값을 답으로 한다).

정답 $NR = \dfrac{TDN - DCP}{DCP} = \dfrac{75 - 16}{16} = 3.6875 ≒ 3.69$

02

모돈생산능력지수(SPI) 조건 2가지를 쓰시오.

정답 복당산자수(NBA), 이유 시 복당 체중(LW)

03

정액을 희석하는 이유 3가지를 쓰시오.

정답
• 원정액이 갖고 있는 불리한 조건을 제거하여 정자의 생존에 유리한 조건을 부여한다.
• 정액량을 증가시켜 다두 수정이 가능하도록 한다.
• 보존기간 동안에 정자의 활력 및 생존율에 최적의 조건으로 수정능력을 연장한다.

04

어느 낙농 농가의 우유판매액 7,200만원, 송아지판매액 160만원, 경영비 4,080만원, 자가노임 200만원, 자기자본이자 600만원, 토지자본이자 60만원일 때 축산소득을 계산하시오.

정답 축산소득 = 조수입 – 경영비
= (우유판매액 + 송아지판매액) – 경영비
= 7,200만원 + 160만원 – 4,080만원
= 3,280만원

해설 생산비와 경영비
• 생산비 : 경영비, 자가노력비, 제자본이자
• 경영비 : 가축비, 사료비, 수도광열비, 진료위생비, 수선비, 소농기구비, 제재료비, 기타 잡비, 고용노력비, 차입금이자, 종부료, 임차료, 분뇨처리비, 감가상각비

05   발정동기화의 장점 3가지를 쓰시오.

정답 • 발정관찰이 정확하여 인공수정의 실시가 용이하다.
      • 정액공급 및 보관 등 제반업무를 효율적으로 수행할 수 있다.
      • 분만관리와 자축관리가 더욱 용이하다.
      • 계획번식과 생산조절이 가능하다.
      • 발정의 발견과 교배적기 파악이 용이하다.
      • 수정란이식기술의 발전에 공헌한다.
      • 가축개량과 능력검정사업을 효과적으로 수행할 수 있다.

06   좋은 사일리지의 조건을 쓰시오.

정답 • 곡실 함유 정도 : 영양가가 높으므로 많을수록 좋다.
      • 색깔(녹황색~담황색) : 색깔은 일반적으로 밝은 감을 주는 것이 좋다.
      • 냄새 : 산뜻하고 향긋한 냄새가 나야 한다(새콤한 사일리지 특유의 냄새).
      • 맛 : 상쾌한 산미, 신맛이 약간 나는 것이 좋은 품질의 것이다.
      • 수분함량 : 물기가 적당하고 부드러움이 느껴지는 정도의 수분(70% 내외)
      • 기호성 : 급여 시 가축이 거부하지 않고 잘 먹는 것이 좋다.

07   조단백질 함량이 9%인 옥수수에 조단백질 함량이 40%인 대두박을 첨가하여 단백질 함량이
      16%인 배합사료를 만들고자 할 때, 옥수수와 대두박을 각각 몇 %씩 섞어야 하는지 구하시오.

정답 • 옥수수 = $\dfrac{24}{40-9} \times 100 = 77.42\%$

      • 대두박 = $\dfrac{7}{40-9} \times 100 = 22.58\%$

해설 방형법
      사료 X, 사료 Y, 목적하는 사료 A일 때
      $X \qquad A-Y$
        ↘   ↗
          A
        ↗   ↘
      $Y \qquad X-A$
      대두박 40   7
              ↘   ↗
                16
              ↗   ↘
      옥수수 9   24

      • 옥수수 = $\dfrac{24}{40-9} \times 100 = 77.42\%$

      • 대두박 = $\dfrac{7}{40-9} \times 100 = 22.58\%$

08 건초 제조 시 영양분 손실을 줄이는 방법 3가지를 쓰시오.

> **정답** • 호흡에 의한 손실 : 건조기간을 짧게 하고, 맑은 날씨, 컨디셔닝은 호흡에 의한 손실을 줄이는 데 도움이 된다.
> • 강우에 의한 손실(기상손실) : 최대한 비를 맞지 않게 비닐로 덮는다.
> • 잎의 탈락에 의한 손실(기계적 손실) : 컨디셔너는 잎과 줄기를 균형 있게 건조시켜 잎의 탈락을 적게 한다.
> • 발효 및 일광조사에 의한 손실 : 발효가 강하게 일어날수록 손실이 크므로 발열이 되지 않도록 반전을 빨리한다.
> • 저장손실 : 통기성과 자연통풍이 잘되는 건초창고와 기술적인 쌓기 등은 손실을 줄이는 방법이다.

09 수정란 동결보존 시 이용 가능한 동해방지제 2가지를 쓰시오.

> **정답** 다이메틸설폭사이드(DMSO), 글리세롤(glycerol), 에틸렌글리콜(ethylene glycol)

10 동해방지제의 조건 2가지를 쓰시오.

> **정답** • 중성물질일 것
> • 세포막을 투과할 수 있을 것
> • 친수성일 것
> • 세포 독성이 적을 것

11 개방식 우사의 장점을 3가지 쓰시오.

> **정답** • 건축비가 적게 든다.
> • 사료급여, 분뇨 제거 등의 기계화작업이 가능하며 가축관리의 생력화로 노동력을 절약할 수 있다.
> • 번식우나 비육우의 사육에 적합하다.

12 가족노동력의 장점을 쓰시오.

> **정답** • 노동시간에 구애받지 않는다.
> • 노동감독이 필요하지 않다.
> • 모든 일에 창의적으로 임한다.

13 PSE육을 방지하기 위한 사육관리 방법 3가지를 쓰시오.

정답 • 밀집 사육 하지 않도록 하여 스트레스를 줄인다.
• 운송시간을 단축하여 스트레스를 최소화한다.
• 도살 전 충분한 휴식을 통해 스트레스를 감소시킨다.

14 암소의 발정징후 3가지를 쓰시오.

정답 • 수소의 승가를 허용한다.
• 불안해하고 자주 큰소리로 운다.
• 식욕이 감퇴되고 거동이 불안해진다.
• 외음부는 충혈되어 붓고 밖으로 맑은 점액이 흘러나온다.
• 거동이 불안하고 평상시보다 보행수가 2~4배 증가한다.
• 눈이 활기 있고 신경이 예민하며, 귀를 자주 흔들고 소리를 지른다.
• 다른 암소에게 올라타거나 다른 암소가 올라타는 것(승가)을 허용한다.
• 오줌을 소량씩 자주 눈다.
• 다른 소의 주위를 배회하는 경우가 많다.

15 석회비료 시용의 이점 2가지를 쓰시오.

정답 • 석회는 토양유기물을 분해하여 토양미생물의 생존을 돕는다.
• 전층시용이 표층시용보다 교정속도가 빠르다.

16 돈사에서 발생하는 유해가스 2가지를 쓰시오.

정답 암모니아(NH_3), 이산화탄소(CO_2)

17 3품종윤환교배의 모식도를 그리고 장점을 쓰시오.

정답 Landrace(♀) × Yorkshire(♂)
↓
F₁(♀) × Duroc(♂)
↓
F₂(♀) × Landrace(♂)
↓
실용돈(비육돈)

• 번식용 모돈을 자가 생산하여 모돈 구입 경비를 줄일 수 있는 방법이다.
• 잡종강세 효과와 더불어 모체의 잡종강세효과도 100% 유지할 수 있다.

18 단위생식의 정의를 쓰시오.

정답 남성정자에 의한 수정없이 배아가 성장, 발달하는 것이다. 난자의 염색체가 극체(polar body)와 결합하여 두 벌이 되어 수정란이 되는 형태로 일어난다.

19 당밀의 장점과 사용방법을 쓰시오.

정답 • 장점 : 기호성 우수, 에너지 함량이 높음, 반추위 미생물의 성장 촉진, 무기물 공급, 미지성장인자 공급
• 사용방법
  − 사료를 배합할 때 혼합하여 먼지 발생을 줄인다.
  − 펠릿, 큐브 등의 사료를 제조할 때 결착제로 쓰인다.

20 돼지의 일당 증체량에 대해 개체선발을 한 결과 암컷의 선발차 20kg, 수컷의 선발차 40kg, 유전력은 0.3이었을 때 유전적 개량량을 구하시오.

정답 • 선발차 = (20+40)/2 = 30kg
• 유전적 개량량 = 유전력 × 선발차
  = 0.3 × 30kg = 9kg

01 가축의 암컷에게 영향을 미치는 뇌하수체 호르몬 2가지의 명칭과 기능을 쓰시오.

> **정답** • FSH
>   – 생식선을 자극하여 에스트로젠을 분비하고 난자와 정자가 자라는 것을 돕는다.
>   – 정소 간질세포를 자극하여 테스토스테론 분비, 정자형성을 촉진한다.
>   – 난포자극호르몬은 난포의 성장과 성숙을 자극한다.
>   • LH
>   – 성호르몬인 에스트로젠, 프로제스테론, 테스토스테론 분비를 자극한다.
>   – 배란 후 황체를 형성하고 프로제스테론 분비, 난포성숙, 에스트로젠 분비촉진, 정소에서 테스토스테론의 분비를 촉진한다.
>   – 배란 직전에 급증하고 암가축의 배란을 유발한다.
>   – 정소의 간세포를 자극하여 웅성호르몬인 안드로젠을 분비하게 하여 성욕을 자극한다.

02 우유판매액 2,000,000원, 사료비는 조사료 150,000원, 농후사료 800,000원일 때 유사비 (乳飼比)를 구하시오.

> **정답** 유사비 $= \dfrac{구입사료비}{우유판매금} \times 100 = \dfrac{800,000원}{2,000,000원} \times 100 = 40\%$

03 고정자본재의 구입가가 1,000,000원이고 잔존율은 20%, 내용연수는 4년일 때 정액법을 사용하여 감가상각액을 구하시오.

> **정답** 감가상각비 $= \dfrac{구입가격 - 잔존가격}{내용연수}$
> $= \dfrac{1,000,000원 - (1,000,000원 \times 0.2)}{4년} = 200,000원/년$

04 조단백질의 함량을 구할 때 6.25 계수의 의미를 쓰시오.

> **정답** 단백질 내의 질소함량은 16%이므로 16/100 = 6.25이다.

05 정액 희석 시 주의사항을 쓰시오.

정답
- 온도 충격을 피해야 한다.
- 장갑을 착용하고 유류접촉을 금지, 금연한다.
- 냉동정액의 외부 노출을 피한다.
- 복사열, 태양열, 화기를 피해야 한다.
- 융해 중인 정액은 흔들지 않는다.
- 신속하게 이동한다.

06 가금에 있어서 필수단백질과 질소 화합물의 배출 형태를 쓰시오.

정답
- 닭의 필수단백질 : 글리신
- 질소 화합물의 배출 형태 : 요산

07 다음 그림에서 ① 체고, ② 십자부고, ③ 요각폭, ④ 곤폭의 측정 부위를 기호로 쓰시오.

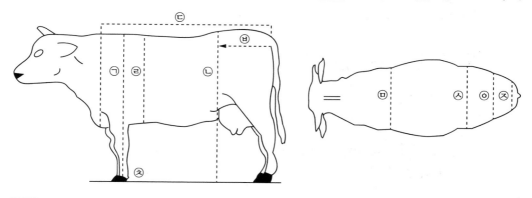

정답 ① ㉠, ② ㉡, ③ ㉥, ④ ㉧

해설 ㉠ 체고, ㉡ 십자부고, ㉢ 체장, ㉣ 흉심, ㉤ 흉폭, ㉥ 고장, ㉦ 요각폭, ㉧ 곤폭, ㉨ 좌골폭, ㉩ 전관위

08 PSE육의 특징과 유전적 원인을 쓰시오.

정답
- 고기의 색깔이 창백하고, 품질은 탄력 없이 흐물흐물하며, 고기 내 수분이 잘 빠져 나오는 고기
- PSS를 일으키는 열성 Hal 유전자의 작용

09 다음 (   )에 들어갈 알맞은 에너지를 쓰시오.

> 가축의 에너지대사에서 섭취한 사료의 전체 에너지 함량을 총에너지라 하고, 총에너지에서 분으로 배설된 에너지를 제외한 값을 (①)라 한다. (①)에서 오줌 및 가스 등으로 배출된 에너지를 제외한 값은 (②)이고, (②)에서 열량증가로 손실된 에너지를 제외한 값은 (③)라고 한다.

정답 ① 가소화에너지, ② 대사에너지, ③ 정미에너지

10 보리의 수분이 30%일 때 단백질 함량은 10%였다. 보리의 수분이 15%가 될 때 단백질 함량을 구하시오.

정답 수분함량 변화에 따른 조성분의 변화 $= \left(\dfrac{100 - 보정\ 수분함량}{100 - 현재\ 수분함량} \right) \times 영양소\ 함량$

$$= \dfrac{100 - 15}{100 - 30} \times 10 = 12.14\%$$

11 지방산의 산화와 $\beta - \text{oxidation}$(베타산화)가 일어나는 세포 내 소기관을 쓰시오.

정답 미토콘드리아

12 다음 정액의 1mL당 정자수를 구하시오.

> 200배 희석한 정액을 혈구계산판으로 정자 수를 세었을 때 16구 중 8구의 정자 수는 600마리이다.

정답 1mL당 정자수 = 혈구계산판 내 총정자수 × 혈구계산판 용적 × 희석배율
= [600마리 × (16구/8구)] × (10 × 1,000) × 200
= 2,400,000,000마리

13 사료섭취량 10kg, 사료 내 단백질 함량 20%, 분배출량 3kg, 분 내 단백질 함량 14%일 때 단백질 소화율을 구하시오.

정답 $\dfrac{2-0.42}{2} \times 100 = 79\%$

해설 • 소화율 $= \dfrac{\text{섭취단백질량} - \text{분의 단백질량}}{\text{섭취단백질량}} \times 100$
• 섭취한 단백질량 = 사료섭취량 × 단백질 함량 = 10kg × 0.2 = 2kg
• 분의 단백질량 = 분의 양 × 분단백질량 = 3kg × 0.14 = 0.42kg
$\therefore \dfrac{2-0.42}{2} \times 100 = 79\%$

14 후대검정의 ① 정의와 ② 순서를 쓰시오.

정답 ① 어느 개체의 종축 가치를 자손의 평균능력에 근거하여 선발하는 방법이다.
② 교배 → 검정종료 → 평가 → 선발

15 포화지방산, 불포화지방산의 화학적인 구조의 차이점을 쓰시오.

정답 지방산의 사슬에서 탄소 간의 결합에 차이가 있다. 포화지방산은 단일결합이고 불포화지방산은 그렇지 않다.

16 초유의 중요성 2가지를 쓰시오.

정답 • 무지고형분(유단백질)이 현저히 많다.
• 면역글로불린이 많이 들어 있다.
• 카로틴, 비타민 A의 함량이 높다.
• 태변의 배설을 도와준다.

17 수탉에 없는 생식기관을 쓰시오.

> **정답** 가금은 부생식선이 존재하지 않는다(정낭선, 전립선, 요도구선).

18 다음 한우의 배아 발달 과정에서 (   ) 안에 들어갈 알맞은 말을 쓰시오.

> 1세포기 → 2세포기 → 4세포기 → (①) → (②) → (③) → 확장배반포 → 부화배반포

> **정답** ① 8세포기, ② 상실배, ③ 초기배반포

> **해설** 배아 발달 과정
> 수정란 → 1세포기 → 2세포기 → 4세포기 → 8세포기 → 상실배(16세포기 → 초기상실배 → 후기상실배) →
> 포배기(초기배반포 → 확장배반포 → 부화배반포) → 착상 → 낭배기

19 불경운초지에서의 선점 식생 제거 방법 3가지를 쓰시오.

> **정답** • 초지에 불을 놓는 화입법
> • 야초를 그대로 놓고 죽이는 제초제 사용법
> • 가축에 의한 제경법(강방목, 말굽갈이법, 뉴질랜드식) : 산지를 갈아엎지 않고 가축의 발굽과 이빨을
> 이용하여 선점 식생을 제거하고 목초를 파종하는 제경법

20 X 정자와 Y 정자를 분리하는 방법을 쓰시오.

> **정답** • 관류세포계수기 분리법 : 포유동물 산자의 성비를 조절하기 위하여 X-Y 정자를 분리하는 데 유효한
> 생명공학기법
> • 피콜 중층 분리법 : 농도가 다른 층을 만들어 정액을 넣은 후 침지된 각 층을 분리한다.
> • 염색 : 염색약을 정액에 부은 후 염색된 정자와 염색이 되지 않은 정자를 분리한다.
> • 전극 이용 : +, -전극을 이용하여 분리한다.

과년도 기출복원문제

01 탄수화물의 체내 주요 ① <u>저장 형태</u>와 ② <u>저장 장소</u>를 쓰시오.

> **정답** 글리코겐, 간과 근육에 저장된다.

02 돼지의 경제형질 3가지를 쓰시오.

> **정답** 복당 산자수, 이유 시 체중, 이유 후 성장률, 사료효율, 도체의 품질(도체장, 배장근단면적, 도체율, 햄-로인 비율, 등지방두께, 근내지방도)

03 기회비용의 정의를 쓰시오.

> **정답** 어느 생산요소가 어느 특정생산에 투입되었을 때 그로 인해 포기되는 비용이다.

04 닭의 대사에너지 3,000kcal, 조단백 함량 15% 일 때 ME/P를 구하시오.

> **정답** 3,000/15 = 200

> **해설** $ME/P = \dfrac{\text{대사에너지}}{\text{단백질 함량}} = 3,000/15 = 200$

05 다음 ( )에 들어갈 알맞은 말을 쓰시오.

> 가소화에너지 = 총에너지 - ( )

> **정답** 분에너지

> **해설** 가소화에너지(DE)는 총에너지(GE)에서 분으로 배설된 에너지를 제외한 것을 말한다.

06 다음에서 설명하는 사료작물을 쓰시오.

> • 초장이 60~240cm에 달하는 상번초이다.
> • 하천 범람지와 같은 습한 곳이 적지이며, 침수에 강하다.
> • 잘 관리된 상태에서는 방석 모양의 초지를 형성한다.
> • 청예, 건초, 사일리지로 이용 가능하며, 하고현상이 없다.
> • 질소반응이 높고 알칼로이드 독소를 함유하고 있다.

정답 리드카나리그라스

07 탄수화물 부족과 대사이상으로 지방산을 연소시켜 체내 에너지를 얻는 대사성 질병은 무엇인지 쓰시오.

정답 케톤증(ketosis)

해설 고능력인 젖소에서 분만 후 수일에서 수주일 안에 일어나는 경우가 많으며 대사장애로 인한 케톤체의 과잉 생산과 저혈당증이 원인이다.

08 소의 육량등급 판정 기준 3가지를 쓰시오.

정답 육량등급은 도체에서 얻을 수 있는 고기량을 도체중량, 등지방두께, 등심단면적을 종합하여, A, B, C등급으로 판정한다.

해설 육질등급은 고기의 질을 근내지방도, 육색, 지방색, 조직감, 성숙도에 따라 1^{++}, 1^{+}, 1, 2, 3등급으로 판정하는 것으로 소비자가 고기를 선택하는 기준이 된다.

09 회귀계수(b)가 0.20일 때 유전력을 구하시오.

정답 유전력(h^2) $= 2b = 2 \times 0.20 = 0.4$

10 다음 (   )에 들어갈 알맞은 말을 골라 순서대로 쓰시오.

> • 인슐린은 글리코겐 합성을 (촉진 / 억제)하고, 포도당 합성을 (촉진 / 억제)한다.
> • 인슐린이 분비되면 체내의 혈당은 (증가 / 감소)한다.

정답 촉진, 억제, 감소

11 수정란이 조직과 기관으로 분화되는 과정에서 외배엽으로부터 분화되는 기관을 쓰시오.

> **정답** 표피계, 털, 발굽, 신경계통(뇌·척수 등) 등
>
> **해설** 수정란의 분화
> - 외배엽 : 표피계, 털, 발굽, 신경계통(뇌·척수 등) 등
> - 중배엽 : 근육계, 골격계, 신경계, 비뇨생식기, 순환기(근육·신장·심장·혈액·혈관 같은 심혈관계)계통 등
> - 내배엽 : 소화기·호흡기 계통, 체절, 근육조직(간·췌장·폐·소장·대장 같은 내장기관) 등

12 다음 (   )에 들어갈 알맞은 호르몬을 쓰시오.

> (①)은(는) 닭의 깃털을 윤기나게 하고 치골의 연화작용을 하며 (②)은(는) 암컷의 벼 성장을 촉진한다.

> **정답** ① 에스트로젠, ② 안드로겐

13 가금류에서 가소화에너지가 아닌 대사에너지를 사용하는 이유에 대해 쓰시오.

> **정답** 단위가축(돼지, 닭)에서 가소화에너지와 대사에너지의 차이는 주로 오줌으로 인한 손실에 기인한다. 닭은 총배설강이 있어 분과 뇨를 함께 배출하므로 분에너지만 제외된 가소화보다는 분과 뇨에너지가 함께 제외된 대사에너지를 사용한다.

14 배합사료 중 옥수수, 대두박, 밀기울의 단백질 함량이 각각 15%, 40%, 20%이고 각각 45%, 35%, 20%로 배합했을 때 단백질 함량을 구하시오.

> **정답** 6.75 + 14 + 4 = 24.75%
>
> **해설** - 옥수수 : $0.15 \times 0.45 \times 100 = 6.75\%$
> - 대두박 : $0.40 \times 0.35 \times 100 = 14\%$
> - 밀기울 : $0.20 \times 0.20 \times 100 = 4\%$

15 비육우 거세의 장점과 단점을 각각 2가지씩 쓰시오.

정답 • 거세의 장점
　　 – 근내지방도가 증가하고, 근섬유가 가늘어지며 향미가 좋아진다.
　　 – 고기의 연도(전단력)가 비거세우보다 현저히 낮아(연해)진다.
　　 – 교미능력의 상실로 암수 합사사육이 가능하다.
　　 – 소의 성질은 온순하고, 투쟁심이 없어지며, 사양관리가 쉽다.
　　 – 출하 시 좋은 등급으로 높은 가격을 받을 수 있다.
　　 – 종축으로서의 가치가 없는 가축의 번식을 중단시킬 수 있다.
　　 – 체지방 축적이 많아지고, 다즙성이 향상된다.
　 • 거세의 단점
　　 – 거세우의 발육은 비거세우보다 일반적으로 떨어진다.
　　 – 일당 증체량은 다소 떨어지고 사료효율 역시 낮다.
　　 – 체지방량이 많아 정육량이 다소 떨어진다.
　　 – 출하체중 도달일수가 지연된다.

16 포도당, 과당, 알코올의 흡수형태를 쓰시오.

정답 • 포도당 : 능동수송
　 • 과당 : 촉진확산
　 • 알코올 : 단순확산

해설 • 능동수송(active transport, 활성흡수)
　　 – 농도가 낮은 곳에서 높은 곳으로 즉, 물질의 분자농도에 역행하여 흡수되는 과정을 말한다.
　　 – 매개물(carrier)과 에너지가 요구된다.
　　 – 나트륨이나 칼륨, 포도당(glucose), L–아미노산은 능동수송으로 흡수되고 있다.
　 • 단순확산(simple diffusion)
　　 – 물질의 농도가 높은 곳에서 낮은 곳으로 이동하는 현상이다.
　　 – 확산에 에너지를 필요로 하지 않는다.

17 양수의 기능 3가지를 쓰시오.

정답 외부충격으로부터 태아를 보호, 난막과 태아의 유착 방지, 태아의 체온 유지, 태반 조기박리 방지, 분만시 산도 세척, 태아의 운동을 자유롭게 함, 분만시 산도를 매끄럽게해 태아만출을 도움

18 TMR사료의 장점과 단점을 각각 2가지씩 쓰시오.

정답 • TMR의 장점
  – 고능력우 사양에 적합하고 산유량과 유지율이 증가된다.
  – 가장 단순한 방법으로 노동시간 단축 및 시간의 활용이 용이하다.
  – 편식을 방지하고 영양소가 균형 있게 섭취되어 사료의 이용효율을 높인다.
  – 기호성이 좋으므로 사료섭취량이 증가하고 산유량 및 유지율이 향상된다.
  – 적절한 조사료 첨가로 인해 반추시간이 길어져 반추위조건이 좋아진다.
  – 계약진료에 의해 분만간격 단축, 도태율 및 질병발생빈도가 감소된다.
  – 번식효율과 건강이 개선되어 약값, 진료비 등의 지출 감소로 농가의 소득이 향상된다.
  – 우군의 성질이 온순해지고 능력도 향상된다.
  – 자유 채식을 해도 식체 발생빈도가 감소된다.
  – 추가 조사료 구입이 필요치 않게 되고 다른 조사료 급여량도 감소된다.
  – 농가 부산물의 이용이 가능하여 부산물의 폐기에 따른 환경오염 방지에도 공헌을 한다.
• TMR의 단점
  – TMR에 대한 충분한 이해와 지식이 필요하다.
  – TMR배합용 단미사료의 확보 및 유통이 원활해야 한다.
  – 사양관리상의 시설투자에 큰 비용이 소요된다.
  – TMR배합을 위한 사료배합프로그램의 확보와 운영에 대한 지식이 필요하다.
  – 비유단계별, 성장단계별, 산유능력별 등 우군분리가 전제되어야 하나 중소규모 낙농가의 우 군분리가
    어려워 과비우나 마른소가 나올 수 있고 번식장애 및 각종 대사장애가 발생할 가능성이 높다.
  – 원료의 변화가 있을 때 정확한 사료적 가치를 평가하기 어렵다.
  – 볏짚이나 베일형태의 긴 건초는 배합기에 넣기 전에 적당한 길이로 세절해야 하는 번거로움이 있다.
  – 소규모 사육농가에 부적당하다.
  – 사양관리상의 시설개선 및 기술이 필요로 한다.
  – 습식사료이므로 장기간보관이 어렵고 사료 내 이물질이 함유될 경우가 있다.

19 돈육에서 연지방을 증가시키는 지질에 대해 쓰시오.

정답 불포화지방산, 식물성지방산이 많을수록 연지방 생성을 증가시킨다.

해설 연지방 생성사료 : 대두박, 미강, 옥수수 등

20 지용성 비타민 중 항산화제 역할을 하는 비타민을 쓰시오.

정답 비타민 E

해설 비타민 E(tocopherol) : 항불임증, 항산화제인자
  • 비타민 E는 알파토코페롤(α-tocopherol)의 공식이름
  • 식물성 기름과 푸른 채소가 급원이다.
  • 세포막 손상을 막는 항산화제, 비타민 A · 불포화지방산의 항산화제, Se과 관련, 혈액세포막 보호 등의
    기능을 한다.
  • 결핍증 : 번식장애(태아사망, 유산, 정충생산불능), 병아리의 뇌연화증 또는 근육위축증 등
  • 반추위 내 미생물이 합성 공급할 수 없으므로 보충해 주는 것이 좋다)

01 사료에너지는 가소화에너지, 대사에너지 및 정미에너지로 나누어지는데 그 중 정미에너지의 정의를 쓰시오.

> **정답** • 대사에너지에서 열량증가로 손실되는 에너지를 뺀 에너지이다.
> • 순수하게 가축의 생명유지, 성장, 축산물 생산, 기초대사, 체온조절 등으로 쓰이는 가장 과학적인 에너지 표현방법이다.
> • 가축이 사료로 섭취한 에너지 중 순수하게 동물의 유지 및 생산을 위하여 이용되는 에너지이다.

02 자원투입량이 6단위, 총생산량이 66단위일 때 평균생산량을 구하시오.

> **정답** 평균생산량 $= \dfrac{\text{총생산량}}{\text{자원투입량}} = \dfrac{66}{6} = 11$

03 펠릿사료의 제조 방법과 장점과 단점을 각각 1가지씩 쓰시오.

> **정답** • 가루사료를 고온 · 고압하에서 단단한 알맹이로 만든다.
> • 펠리팅의 장점
>   – 사료의 부피를 줄여 취급 및 수송이 용이해진다.
>   – 사료로부터 발생하는 먼지를 막을 수 있다.
>   – 사료 중 열에 약한 병원성 세균 및 독성물질이 파괴된다.
>   – 사료 섭취량과 소화율을 향상시킨다.
>   – 사료 이용효율 및 기호성을 증진한다.
>   – 영양소 불균형과 사료 허실 발생을 예방한다.
>   – 가축의 선택적 채식이 방지되고, 짧은 시간에 많은 사료를 먹일 수 있다.
> • 펠리팅의 단점
>   – 가공과정에서 비타민 등 열에 약한 영양소가 파괴될 수 있다.
>   – 음수량이 증가한다.
>   – 젖소에 급여하는 조사료를 분쇄 및 펠리팅하면 유지방의 함량이 나빠진다.
>   – 가공을 위한 시설투자 비용이 비싸고 가공비용이 소요되는 단점이 있다.

04 곡류사료의 영양적 특성 3가지를 쓰시오.

> **정답** • 단백질 함량이 낮고 아미노산 조성이 좋지 않다.
> • 에너지 함량이 높고 조섬유 함량이 낮다.
> • 영양소의 소화율이 높고 기호성이 좋다.
> • 일반적으로 Ca과 P, 비타민 B, B₁ 및 나이아신의 함량이 적다.
> • 비타민 A와 D의 함량이 낮다(황색옥수수 제외).
> • 에너지 공급원으로 가장 중요한 원료사료이다.
> • 일반적으로 곡류의 가소화조단백질 함량 범위는 6~9%이다.

05 단백질 대사에서 요소회로에 관여하는 기관 2가지를 쓰시오.

> **정답** 간, 신장

> **해설** 세포 내의 암모니아는 요소회로를 거쳐 독성이 덜한 요소가 된다. 요소는 혈류를 통해 신장으로 운반되어 최종적으로 배출된다.

06 다음 젖소의 비유 단계 중 에너지 불균형이 가장 빈번하게 일어나는 시기를 골라 쓰시오.

비유 초기   비유 중기   비유 후기   건유기

> **정답** 비유 초기

> **해설** 산유량은 분만 후 4~5주에 최고수준에 도달하고, 사료섭취량은 8~10주에 최고에 달한다. 즉, 산유량이 빠르게 증가하고, 체중은 감소하는 특성을 보이기 때문에 에너지 불균형이 일어나기 쉽다.

07 영양생장을 하고 있는 화본과(벼과) 목초의 식별에 이용되는 부위 5가지를 쓰시오.

> **정답** 엽초, 엽이, 엽설, 엽신, 엽맥

> **해설**
>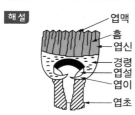

08 필수아미노산 중 황(S)을 함유하고 있는 아미노산 1가지를 쓰시오.

정답 메티오닌(methionine)

해설 • 필수아미노산 : 아르지닌(arginine), 라이신(lysine), 트립토판(tryptophan), 히스티딘(histidine), 페닐알라닌(phenylalanine), 류신(leucine), 아이소류신(isoleucine), 트레오닌(threonine), 메티오닌(methionine), 발린(valine)
• 아미노산 중 황(S)을 함유하고 있는 아미노산은 메티오닌과 시스틴 2가지이다.

09 착유우 50두를 사육하기 위해 톱밥우사를 설치하려 할 때 연간 톱밥 구입비용을 구하시오.

> • 착유우 두당 이용면적 : $16.5m^2$
> • 톱밥 사용기한 : 1년
> • 높이 : 10cm
> • 톱밥 가격 : 15,000원/m^3

정답 • 연간 톱밥 소요량(m^3) = 50두 × $16.5m^2$/두 × 0.1m(높이) × 1년/1년 = $82.5m^3$
• 연간 톱밥 구매비용(원) = 톱밥 가격 × 연간 톱밥 소요량 = 15,000/m^3 × $82.5m^3$ = 1,237,500원

10 한우가 배설한 분의 양이 하루 20kg, 분의 수분 함량은 50%, 단백질 함량은 6%이다. 건물기준 일일 분배설량과 단백질배설량을 구하시오.

정답 건물기준 일일 분배설량 : 10.0kg, 일일 단백질배설량 : 1.2kg

해설 • 건물기준 일일 분배설량 = 분배설량 × 건물 함량 = 20kg × 0.5 = 10kg
• 일일 단백질배설량 = 분배설량 × 단백질 함량 = 20kg × 0.06 = 1.2kg

11 특정 가축 집단 100마리에 대한 유전자형을 조사한 결과 DD형 24, Dd형 42, dd형 34마리이다. D의 유전자 빈도를 구하시오.

정답 D의 유전자 빈도 = $\dfrac{\text{DD 유전자 빈도} + \dfrac{\text{Dd 유전자 빈도}}{2}}{\text{전체 유전자 빈도}} = \dfrac{24 + \dfrac{42}{2}}{100} = 0.45$

12 암소의 발정징후 3가지를 쓰시오.

정답
- 수소의 승가를 허용한다.
- 불안해하고 자주 큰소리로 운다.
- 식욕이 감퇴되고 거동이 불안해진다.
- 외음부는 충혈되어 붓고 밖으로 맑은 점액이 흘러나온다.
- 거동이 불안하고 평상시보다 보행수가 2~4배 증가한다.
- 눈이 활기 있고 신경이 예민하며, 귀를 자주 흔들고 소리를 지른다.
- 다른 암소에게 올라타거나 다른 암소가 올라타는 것(승가)을 허용한다.
- 오줌을 소량씩 자주 눈다.
- 다른 소의 주위를 배회하는 경우가 많다.

13 웅성가축의 정소 내에서 정자세포가 정자로 변화되는 과정을 순서대로 쓰시오.

정답 골지기, 두모기, 첨체기, 성숙기

해설
- 골지기 : 골지체 내에 PAS 양성의 전첨체과립이 형성되는 시기
- 두모기 : 첨체과립이 정자세포의 핵표면에 확산되는 시기
- 첨체기 : 핵, 첨체 및 미부의 형태가 변화하는 시기, 수피상판(포켈상판 : manchette)이 나타나는 시기
- 성숙기 : 길어진 정자세포가 세정관강에 유리될 수 있는 형태로 바뀌는 시기

14 어느 농장의 모돈 회전율이 2.5인 경우 이 농장에 있는 모돈의 평균 발정재귀일수를 구하시오 (단, 평균 임신기간은 114일, 평균 포유기간은 21일 임).

정답 $발정재귀일 = \dfrac{365}{모돈회전율} - (임신기간 + 비유기간)$

$$= \dfrac{365}{2.5} - (114일 + 21일) = 146 - 135 = 11일$$

15 어느 양돈 농가의 한해 비육돈 1두당 조수익은 170,000원, 경영비는 85,000원, 생산비는 112,000원이었다. 이 농가의 비육돈 1두당 소득을 구하시오.

> **정답** 1두당 축산소득
> = 1두당 조수익 − 1두당 경영비
> = 170,000원 − 85,000원 = 85,000원

16 하이알루로니데이스에 대해 쓰시오.

> **정답** 정자의 첨체물질 중 하나인 하이알루로니데이스(hyaluronidase)라는 효소는 난구세포를 융해하여 정자를 투명대 표면에 도달하는 것을 돕는다.

17 조단백질 함량이 16%인 배합사료에 단백질 함량이 42%인 대두박을 첨가하여 단백질 함량이 22%인 배합사료 만들고자 할 때, 배합사료와 대두박을 각각 몇 %씩 섞어야 하는지 구하시오.

> **정답**
> • 대두박 $= \dfrac{6}{42-16} \times 100 = 23.08\%$
>
> • 배합사료 $= \dfrac{20}{42-16} \times 100 = 76.92\%$

> **해설** 방형법
> 사료 X, 사료 Y, 목적하는 사료 A일 때
>
> $X \qquad A-Y$
>
> $\qquad A$
>
> $Y \qquad X-A$
>
> 대두박 42   6
>
>   22
>
> 배합사료 16   20
>
> • 대두박 $= \dfrac{6}{42-16} \times 100 = 23.08\%$
>
> • 배합사료 $= \dfrac{20}{42-16} \times 100 = 76.92\%$

18 돼지의 분뇨 처리 방법 중 생물학적 방법으로 오수를 폭기조에 넣고 공기를 불어넣어 방류에 적합한 상태까지 처리하는 방법의 명칭을 쓰시오.

정답 활성오니법

해설 • 활성오니를 이용하여 악취를 제거하는 방법이다.
• 활성오니와 취기가스를 접촉시켜서 오니 중의 미생물의 활동으로 취기성분의 무취화를 유도하는 방법이다.

19 젖소 우사의 종류 중 프리반식 우사의 장점과 단점을 각각 2가지씩 쓰시오.

정답 • 장점
  - 다른 형태의 축사보다 건축비가 적게 든다.
  - 사료급여, 분뇨 제거 등의 기계화작업이 가능하며 생력화가 가능하다.
  - 가축관리의 생력화로 노동력을 절약할 수 있다.
• 단점
  - 자연환경의 조절이 불가능하여 나쁜 환경(저온, 고온)에 의해 생산성이 많이 좌우된다.
  - 개체 관찰이나 질병발생 가축의 조기발견과 치료가 어렵다.

20 다음은 가축의 음경 선단 모양이다. 각각 해당하는 가축을 쓰시오.

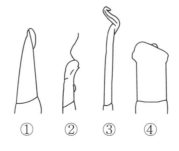

정답 ① 소, ② 면양, ③ 돼지, ④ 말

01   다음 ( )에 들어갈 알맞은 말을 쓰시오.

> (①)은/는 (②)에서 생성되어 뇌하수체 후엽에서 분비되는 호르몬으로, 출산 시 자궁의 수축을
> 유도해 분만을 돕고, 출산 후에는 유선을 자극하여 (③)의 분비를 촉진한다.

정답 ① 옥시토신, ② 시상하부, ③ 유즙

02   어떤 사료의 영양소 함량이 다음과 같을 때 가소화단백질(DCP)과 가소화영양소총량(TDN)을
      구하시오.

구분	조단백질	조지방	수분	가용무질소물
함량	8%	20%	32%	58%
소화율	50%	60%	20%	60%

정답 • DCP = 8 × 0.5 = 4
      • TDN = 4 + (12 × 2.25) + 34.8 + 6.4 = 72.2%

해설 • DCP = CP × 소화율 = 8 × 0.5 = 4
      • TDN = 가소화조단백질 + (가소화조지방 × 2.25) + 가소화조섬유 + 가소화가용무질소물
        – 가소화조단백질 = 8 × 0.5 = 4
        – 가소화조지방 = 20 × 0.6 = 12
        – 가소화조섬유 = 32 × 0.2 = 6.4
        – 가소화가용무질소물 = 58 × 0.6 = 34.8

03 조기이유의 장점과 단점을 각각 1가지씩 쓰시오.

> **정답** • 장점
> - 노동력 절감
> - 사료비 절감
> - 번식회전율 증가
> • 단점
> - 기호성이 좋은 완전 영양사료가 필요 함
> - 자돈 스트레스로 인한 장 기능 저하
> - 모돈의 번식장애가 발생
> - 정교한 사양관리가 필요
> - 이유 후 관리가 부적절하면 성장 후반에 보상성장으로 지방 축적

04 시료무게 1g, 크루시블 무게 16g인 크루시블에 시료를 칭량하고 8시간 건조, 방랭 후 무게를 측정하니 16.58g였다. 시료의 수분함량을 구하시오.

> **정답** 시료의 수분함량 $= \dfrac{\text{건조 전 시료무게} - \text{건조 후 시료무게}}{\text{건조 전 시료무게}} \times 100$
>
> $= \dfrac{1g - 0.58g}{1g} \times 100 = 42\%$

05 반추동물 위의 명칭 4가지를 쓰고 각 기능을 1가지씩 쓰시오.

> **정답** • 제1위(혹위, 반추위, rumen) : 미생물이 서식하여 발효가 일어난다. 주로 혐기성 미생물들이 서식하면서 가축이 섭취하는 영양소를 이용하여 미생물 대사작용을 한다.
> • 제2위(벌집위) : 반추위와 연결된 위로, 조직과 기능이 반추위와 비슷하며 사료를 되새김질한다.
> • 제3위(겹주름위) : 근엽을 통해서 사료 내용물의 수분을 흡수하여 식괴를 형성하며, 분해가 잘된 위 내용물을 제4위로 넘어가도록 하는 체의 역할을 한다.
> • 제4위(진위) : 반추동물의 4개의 위 중에서 단위동물의 위와 같이 소화액에 의한 화학적인 소화작용이 일어나는 곳이며, 담즙이 위 내로 역류하는 것을 방지하는 역할을 한다.

06 사료요구율이 3.0인 자돈을 25kg에 구입하여 사육한 후 체중이 120kg일 때 출하하기까지의 사료급여량(kg)을 구하시오.

정답 95kg × 3.0 = 285kg

해설 • 사료요구율 = $\dfrac{사료급여량}{증체량}$

• 증체량 = 120kg − 25kg = 95kg
∴ 사료급여량 = 95kg × 3.0 = 285kg

07 인공수정을 위한 정자 채취 시 검사항목 5가지를 쓰시오.

정답 정액량, 색깔, 냄새, 농도(점조도), pH

해설 정자강도의 평가(정자의 질을 평가하기 위하여 검사하는 방법)
• 온도충격시험 : 저온과 고온에서 견디는 능력을 측정하는 방법
• 대사능력시험 : 해당 지수와 산소소모량을 측정하는 방법
• 메틸렌블루 환원시험 : 정자가 탈색되는 시간을 측정하는 방법
• 정자의 운동성 : 정자의 활력, 생존율을 측정하는 방법

08 ① 제1감수분열 전기의 5단계와 ② 키아즈마가 이동하는 단계를 쓰시오.

정답 ① 세사기, 접합기, 태사기, 복사기, 이동기
② 이동기

09 완전경운초지의 장점과 단점을 각각 2가지씩 쓰시오.

정답 • 장점
  − 경운을 하여 줌으로서 자연식생의 제거가 가능하다.
  − 짧은 기간 동안에 생산성이 높은 초지조성이 가능하다.
  − 초지의 경운에 의해 땅 표면이 고르기 때문에 목초를 수확할 때 기계작업이 가능하다.
• 단점
  − 경운으로 땅 표면을 갈아엎기 때문에 표토유실을 받기 쉽다.
  − 경운에 필요한 농기계를 구입하는 데 비용이 많이 든다.
  − 표고 및 경사 때문에 지대에 따라 농기계의 사용이 불가능하다.

10 건초의 외관상 품질평가 항목 3가지를 쓰시오.

정답 수분함량, 잎의 비율, 녹색도, 촉감, 이물의 혼입 정도

해설 건초의 품질평가
- 품질평가 항목 : 녹색도, 수분함량, 이물의 혼입 정도(곰팡이의 발생 여부 등), 잎의 비율, 방향성과 촉감, 단백질·조섬유 함량, 수확시기, 냄새, pH 등
- 중요도(평가 배점)의 크기 : 수확시기(숙기), 잎의 비율 > 향취, 녹색도 > 촉감

11 무작위 교배를 하는 집단에서 돌연변이, 선발, 이주, 격리, 유전적 부동이 존재하지 않을 때 유전자의 빈도와 유전자형의 빈도는 세대가 지나도 변화하지 않는다는 이론의 명칭을 쓰시오.

정답 하디-바인베르크 법칙

12 다음은 반추위에서 생성되는 휘발성 지방산에 대한 설명이다. ( )에 들어갈 알맞은 말을 쓰시오.

> 농후사료 급여량이 많아지면 반추위 내 휘발성 지방산 중 (①)의 생성비율은 높아지고 상대적으로 (②)의 생성비율은 낮아진다.

정답 ① 프로피온산, ② 초산(아세트산)

해설 조사료보다 농후사료의 급여량이 많아지면 반추위 내 pH가 낮아져(산성화) 휘발성 지방산 중 프로피온산의 생성비율은 높아지고 상대적으로 초산의 생성비율은 낮아진다.
- 프로피온산 : 반추가축에서 농후사료를 많이 급여하였을 때 생성비율이 가장 많은 휘발성 지방산으로 포도당 합성에 주로 이용된다.
- 초산(아세트산) : 반추가축이 조사료로 건초를 섭취하는 경우 가장 많이 생성되는 휘발성 지방산으로 유지방 합성에 가장 많은 영향을 미친다.

13 유전적으로 우수한 특정 개체와 혈연관계가 높은 자손을 만들기 위해 이용되는 교배방법을 쓰시오.

정답 계통교배

해설 어느 특정한 개체의 능력이 우수하고 그 우수성이 유전적 능력에 기인한다고 인정될 때, 이 개체의 유전자를 후세에 보다 많이 남기고 또 그 개체와 혈연관계가 높은 자손을 만들기 위하여 이용하는 교배방법이다.

14 건초 A, B의 가격이 같고, 조단백질 함량, 수분함량이 다음과 같을 때 ① **건물기준 조단백질 함량을 구하고** ② **구입 시 유리한 건초를 고르시오.**

구분	조단백질 함량(%)	수분함량(%)
건초 A	20.7	20.5
건초 B	15.2	15.8

정답
① $A = \left(\dfrac{100 - 0}{100 - 20.5} \right) \times 20.7 = 26.04\%$, $B = \left(\dfrac{100 - 0}{100 - 15.8} \right) \times 15.2 = 18.05\%$

② 건초 A

해설 수분함량 변화에 따른 조성분의 변화 $= \left(\dfrac{100 - 보정\ 수분함량}{100 - 현재\ 수분함량} \right) \times 영양소\ 함량$

• $A = \left(\dfrac{100 - 0}{100 - 20.5} \right) \times 20.7 = 26.04\%$

• $B = \left(\dfrac{100 - 0}{100 - 15.8} \right) \times 15.2 = 18.05\%$

15 산란계를 강제환우 시키는 방법 2가지를 쓰시오.

정답 절식, 절수, 점등관리

16 프로제스테론의 기능을 쓰시오.

정답
• 자궁의 발육을 지속시키고, 자궁근의 운동을 저하시킨다.
• 옥시토신에 대한 수축반응을 억제시켜 자궁 내의 배 또는 태아의 발육 등의 환경을 적합하게 한다.

17 돼지의 대장을 구성하는 기관 3가지를 쓰시오.

정답 맹장, 결장, 직장

18 어느 농장의 조수익이 160만원, 물재비 85만원, 고용노동비 25만원, 사료비 10만원, 기타비용이 3만원 일 때 이 농장의 순수익을 계산하시오.

> **정답** 순수익 = 160만원 − (85만원 + 25만원 + 10만원 + 3만원) = 37만원

> **해설** • 순수익 = 조수익 − 생산비
> • 생산비 = 경영비 + 암묵비용(자가노동비, 토지자본이자, 자기자본이자)
> ∴ 순수익 = 160만원 − (85만원 + 25만원 + 10만원 + 3만원) = 37만원

19 3개월 미만 송아지를 조기 거세할 때 단점 2가지를 쓰시오.

> **정답** 요결석이 나타날 수 있음, 일당 증체량 감소, 피하지방 증가로 인한 육량 감소, 사료요구율 증가(사료효율 감소)

20 정자가 난자의 투명대와 난황막을 통과한 후 세포질 내로 진입하여 수정이 완성되기 위해 암컷의 생식기도 내에서 일정시간 동안 머무르면서 생리적 및 기능적으로 변화하는 것을 무엇이라 하는지 쓰시오.

> **정답** 정자의 수정능력획득(capacitation)

> **해설** 정자의 수정능력획득(capacitation) : 암컷 생식기 내에 들어온 직후의 정자는 운동성은 있으나 난자를 수정시킬 능력이 없어 자궁 및 난관에서 2~3시간 정도 머무르며 형태적, 생리적 및 생화학적으로 변화하여 난자의 난구, 방사관층 및 투명대를 침입할 수 있게 된다.

01 옥시토신이 ① 작용하는 기관 2가지와 ② 기능을 쓰시오.

> 정답 ① 유선, 자궁
> ② 유선에서 유즙을 배출시키고 분만 시 자궁근을 수축시켜 태아를 만출시킨다.

02 태반, 자궁 등에서 분비되며 태아가 통로를 원활히 통과하도록 도와주는 호르몬을 쓰시오.

> 정답 릴랙신
>
> 해설 난포벽에 있는 결합조직을 붕괴시켜 배란을 유도하는 생리작용도 있다. 임신 시에는 릴랙신과 프로제스테론과 공동작용으로 자궁근의 수축을 억제하여 임신을 유지시키며, Estradiol과 동시에 투여하면 유선의 성장을 촉진시킨다.

03 불경운초지에서의 선점 식생 제거 방법 3가지를 쓰시오.

> 정답 • 초지에 불을 놓는 화입법
> • 야초를 그대로 놓고 죽이는 제초제 사용법
> • 가축에 의한 제경법(강방목, 말굽갈이법, 뉴질랜드식) : 산지를 갈아엎지 않고 가축의 발굽과 이빨을 이용하여 선점 식생을 제거하고 목초를 파종하는 제경법

04 정액을 희석하는 이유 3가지를 쓰시오.

> 정답 • 원정액이 갖고 있는 불리한 조건을 제거하여 정자의 생존에 유리한 조건을 부여한다.
> • 정액량을 증가시켜 다두 수정이 가능하도록 한다.
> • 보존기간 동안에 정자의 활력 및 생존율에 최적의 조건으로 수정능력을 연장한다.

05 Hardy-Weinberg 평형상태하에서 소 400마리 중 유전자형이 bb인 소가 4마리일 때 유전자형 BB인 소와 Bb인 소는 각각 몇 마리인지 구하시오.

정답
- BB 유전자형 소 = $400 \times \dfrac{81}{100} = 324$마리
- Bb 유전자형 소 = 72마리

해설
- B의 유전자형 빈도를 x, b의 유전자형 빈도를 y라고 할 때
$x + y = 1$
$(x + y)^2 = x^2 + 2xy + y^2 = 1$
- bb 유전자형의 확률 = $y^2 = \dfrac{4}{400} = \left(\dfrac{1}{10}\right)^2$

$\therefore y = \dfrac{1}{10}, \ x = \dfrac{9}{10}$

- BB 유전자형의 확률 : $x^2 = \dfrac{81}{100}$

$\therefore$ BB 유전자형 돼지의 두수 = $400 \times x^2 = 400 \times \dfrac{81}{100} = 324$마리

Bb 유전자형 돼지의 두수 = $2xy = 72$마리

06 섭취질소량 2,000g, 분질소량 800g, 대사분질소량 20g, 요질소량 400g, 내생요질소량 10g일 때 Mitchell 개정 생물가(BV) 공식을 이용하여 질소량을 구하시오.

정답 $BV = \dfrac{\text{체내 축적된 질소량}}{\text{흡수된 질소량}} \times 100$

$= \dfrac{\text{섭취한 질소} - (\text{분질소} + \text{요질소})}{\text{섭취한 질소} - \text{분질소}}$

$= \dfrac{2,000g - [(800g - 20g) + (400g - 10g)]}{2,000g - (800g - 20g)} \times 100$

$= 68.03\%$

07 ① <u>난각이 형성되는 장소</u>와 ② <u>난각을 구성하는 물질 1가지</u>를 쓰시오.

정답
① 자궁부에서 난각이 형성된다.
② 탄산칼슘($CaCO_3$) 94%, $MgCO_3$과 $Ca_3(PO_4)_2$이 각각 1% 정도이다.

08 닭 육용종, 난용종, 겸용종에 해당하는 품종을 1가지씩 쓰시오.

> **정답** • 육용종 : 코니시, 코친, 브라마, 도킹, 랑샨 등
> • 난용종 : 레그혼, 미노르카, 햄버그 등
> • 겸용종 : 안달루시안, 플리머스록, 로드아일랜드, 뉴햄프셔, 오핑턴 등

09 돼지의 제1종 법정전염병 3가지를 쓰시오.

> **정답** 구제역, 아프리카돼지열병, 돼지열병, 돼지수포병
> **해설** 제2종 법정전염병 : 오제스키, 일본뇌염, 텟센병 등

10 원정액 1mL의 활력정자수를 구하시오.

> • 원정액 용량 5mL, 희석배율 100배, 현미경 배율 400배, 혈구계산판 용적 $0.1mm^3$
> • 25구획 중 5구획 검사결과 500마리, 정자활력 80%

> **정답** • 1mL당 정자수 = 혈구계산판 내 총정자수 × 혈구계산판 용적 × 희석배율
> $= 5 \times 500 \times (10 \times 1,000) \times 100$
> = 25억마리
> • 1mL당 활력정자수 = 1mL당 정자수 × 정자활력
> = 25억마리 × 0.8 = 20억마리

11 원가가 3,500,000원 잔존금액이 1,000,000원, 내용연수 5년일 때 감가상각비를 정액법으로 구하시오.

> **정답** 감가상각비 $= \dfrac{\text{고정자본재의 구입가격(생산가격)} - \text{폐기가격(잔존가격)}}{\text{내용연수}}$
> $= \dfrac{3,500,000 - 1,000,000}{5} = 500,000$원

12 체중 80kg, 일당 증체량 0.8kg, 1일 가소화에너지 요구량 5,700kcal인 돼지가 있다. 배합사료의 가소화에너지 공급량이 3,000kcal/kg일 때, 사료 1일 공급량을 구하시오.

정답 $\dfrac{5{,}700\text{kcal}}{3{,}000\text{kcal/kg}} = 1.9\text{kg}$

13 소규모 경영 대비 대규모 경영의 장점 3가지를 쓰시오.

정답 • 노동생산성의 향상
• 자본생산성의 향상
• 축산물 판매의 유리성

해설 대규모 축산경영의 유리성
• 노동생산성의 향상
• 자본생산성의 향상
• 단위당 고정자산액의 감소
• 축산물 판매의 유리성
• 대량구입에 의한 비용절감
• 분업·협업의 유리성
• 금융상 대외 신용의 유리성
• 품질·규격화가 용이

14 곡류사료를 분쇄하는 이유 2가지와 단점 1가지를 쓰시오.

정답 • 분쇄하는 이유
 - 씹기 좋고 소화액의 작용을 잘 받게 된다.
 - 소화율 증진, 영양소의 손실이 감소한다.
 - 용적을 작게 하고 운송과 저장을 편리하게 한다.
 - 에너지 이용률이 향상된다.
 - 조작이 용이하다.
 - 다른 사료와 혼합이 용이하다.
 - 소는 거칠게, 돼지는 곱게(제한급식 시 거칠게) 한다.
• 단점 : 먼지, 분진 발생

15 수정란이식의 장점 3가지를 쓰시오.

> **정답**
> • 우수한 공란우의 새끼를 많이 생산할 수 있다.
> • 수정란의 국내외 간 수송이 가능하다.
> • 특정 품종의 빠른 증식이 가능하다.
> • 우수 종빈축의 유전자 이용률을 증대할 수 있다.
> • 가축의 개량기간을 단축할 수 있다.
> • 가축 대신 수정란의 수송으로 경비를 절감시킬 수 있다.
> • 인위적인 쌍태유기에 이용하여 가축의 생산성을 높일 수 있다.
> • 계획적인 가축생산이 가능하다.
> • 후대검정을 하는 데 편리하게 사용할 수 있다.

16 대두박의 ① <u>항영양인자를 쓰고</u> ② <u>불활성화시키는 방법</u>을 서술하시오.

> **정답** ① 트립신저해인자, ② 가열처리를 통해 제거한다.

17 다음 그림에서 측정 부위 ① ㉠, ② ㉤, ③ ㉦의 명칭을 쓰시오.

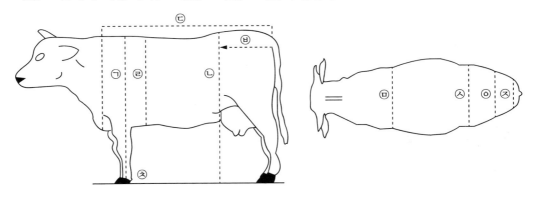

> **정답** ① 체고, ② 흉폭, ③ 요각폭
>
> **해설** ㉠ 체고, ㉡ 십자부고, ㉢ 체장, ㉣ 흉심, ㉤ 흉폭, ㉥ 고장, ㉦ 요각폭, ㉧ 곤폭, ㉨ 좌골폭, ㉩ 전관위

18 정액 희석 및 보존과정에서 pH 유지제, 단백질원, 동해방지제로 이용되는 물질을 쓰시오.

정답 • pH 유지제 : 구연산
  • 에너지원 : 포도당 등의 당류
  • 동해방지제 : 1,2-프로판디올(PROH), 다이메틸설폭사이드(DMSO), 글리세롤, 글루코스

19 두과와 화본과를 혼파할 시 각각의 장점 3가지를 쓰시오.

정답 • 두과의 장점
  – 가축에게 영양분이 높고 기호성이 좋은 풀을 공급할 수 있다. 즉, 단백질함량이 높은 두과 목초와 탄수화물 함량이 많은 화본과 목초의 영양적 균형을 이룬다.
  – 질소비료의 사용을 줄일 수 있다. 즉, 두과 목초가 근류균으로 공중질소를 고정함으로서 화본과 목초에 질소비료가 절약된다.
  – 광물질 균형을 개선하고 여름철에 토양을 보호한다.
  • 화본과의 장점
  – 단위면적당 가소화영양소총량을 증진시킬 수 있다.
  – 표토가 유실되는 것을 방지할 수 있다.
  – 단위면적당 수확량을 증진시킬 수 있다.

20 2ha의 목구에 650kg 번식우 20두와 300kg 육성우 20두가 방목되었을 때 방목밀도(AU/ha)를 구하시오.

정답 방목밀도(AU/ha) = $\dfrac{방목두수}{방목면적}$ = $\dfrac{[(650kg \times 20두) + (300kg \times 20두)]/500kg}{2ha}$ = 19AU/ha

※ 방목밀도는 ha당, 소 1마리 500kg 기준이다.

01 수송아지 거세 방법 2가지를 쓰시오.

> **정답**
> • 무혈거세법 : 무혈 거세기로 정계의 혈관을 5초 정도 압박하여 부숴 혈액을 차단하는 방법으로 상처가 없고 화농의 위험이 없으나 확실치 않다.
> • 고무줄(링)법 : 고무줄로 정관을 동여매거나 고무링 장착기를 이용하여 거세링을 제품의 끝에 끼우고 손잡이를 눌러 링을 알맞게 벌려 장착하는 간편한 방법이지만 장기간 스트레스가 지속되는 단점이 있다.
> • 외과적 처치 : 음낭을 절개하여 정소를 적출하는 외과적 수술 방법으로, 가장 확실한 방법이다. 숙련된 전문 기술이 있어야 하고 수술 후 특별한 관리를 해야 한다.

02 A품종의 평균산자수는 11두, B품종의 평균산자수는 19두이고, 두 품종 간의 교잡에서 생산된 F_1의 평균산자수가 17두일 때, 이 형질에 대한 잡종강세율을 구하시오.

> **정답** $\dfrac{17-15}{12} \times 100 = 13.33 ≒ 13\%$

> **해설** 잡종강세율 $= \dfrac{F_1의\ 평균 - 부모품종의\ 평균}{부모품종의\ 평균} \times 100 = \dfrac{F_1 - 양친잡종강세율}{양친품종} \times 100$
>
> ∴ 잡종강세율 $= \dfrac{17-15}{12} \times 100 = 13.33 ≒ 13\%$

03 사료의 영양적 가치를 평가할 때 화학적 평가 방법 중 일반 성분분석 항목 5가지를 쓰시오.

> **정답** 수분, 조회분, 조단백, 조지방, 조섬유, 가용무질소물

> **해설** • 수분
> – 100~150℃에서 건조하여 수분함량을 산출한다.
> – 주요 성분 : 수분과 휘발성 물질(100% − H_2O = DM%)
> • 조회분
> – 시료를 연소로에서 500~600℃에 2시간 이상 완전히 태운 후 남는 중량으로 산출한다.
> – 주요성분 : 광물질
> • 조단백
> – 황산을 이용하여 사료 중 질소함량을 켈달(Kjeldahl)법으로 분해하여 질소정량하여 6.25를 곱한 값(N ×6.25 = 조단백질)
> – 주요 성분 : 단백질, 아미노산, 비단백태질소화합물
> • 조지방
> – 에터에 의해 용출되는 지방의 함량으로 산출한다.
> – 주요 성분 : 지방, 유지, 왁스, 수지, 색소물질
> • 조섬유
> – 약산과 약알칼리로 끓인 후 용출되지 않는 성분 중 회분함량을 제한 값이다.
> – 주요 성분 : 셀룰로스, 헤미셀룰로스, 리그닌
> • 가용무질소물(nitrogen free extract)
> – 전체 100에서 수분, 조회분, 조단백, 조지방, 조섬유를 제외한 잔량(100−수분, 조회분, 조단백, 조지방, 조섬유)
> – 주요 성분 : 전분, 당류, 약간의 셀룰로스, 헤미셀룰로스, 리그닌

04 옥수수, 대두박을 돼지에게 급여할 때 ① <u>제1제한아미노산을 쓰고</u>, ② <u>추가 급여하는 이유</u>를 쓰시오.

> **정답** ① 메티오닌(methionine), 라이신(lysine)
> ② 이들 아미노산이 부족하게 되면 정상적인 단백질 대사는 물론 세포의 분화증식이 정상적으로 일어나지 못함으로써 성장률이 저하되기 때문에 추가 급여한다.

05 ① <u>궁부성 태반의 형태적 특징을 서술하고</u> ② <u>해당되는 가축 1가지를 쓰시오.</u>

> **정답** ① 자궁소구와 융모가 붙어 있으며 자궁소구와 융모의 결합이 태반을 형성한다.
> ② 소, 면양, 산양, 사슴 등

06 사료 A, B, C의 단백질 함량이 각각 15%, 40%, 20%일 때 50%, 30%, 20% 비율로 혼합할 경우 총단백질 함량을 계산하시오.

정답 $(0.075 + 0.12 + 0.4) \times 100 = 60\%$

해설
- A 사료 : $0.5 \times 0.15 = 0.075$
- B 사료 : $0.3 \times 0.4 = 0.12$
- C 사료 : $0.2 \times 0.2 = 0.4$
- ∴ $(0.075 + 0.12 + 0.4) \times 100 = 60\%$

07 돼지의 부생식선 3가지를 쓰고 그 기능을 쓰시오.

정답
- 정낭선 : 정낭선의 분비액은 정자를 보호하는 유백색을 띤 점조된 액체로서 고농도의 단백질, 칼슘, 구연산, 과당 및 여러 종류의 효소를 함유한다.
- 전립선 : 전립선은 정액에 특유의 냄새를 부여하는 엷고 불투명한 액체를 분비한다. 이 액체는 유백색으로 알칼리성이며, 정자의 운동과 대사에 관여한다.
- 요도구선 : 요도의 세척 및 중화와 관련된 액체를 분비한다.

08 뇌하수체에서 분비되는 프로락틴의 작용 3가지를 쓰시오.

정답
- 설치류의 황체 유지
- 유선세포 발육, 유즙 분비
- 모성행동 유발(취소성, 모성애)

09 젖소의 황체 종류와 정의에 대해 쓰시오.

정답
- 임신황체(진성황체) : 임신기간 중 황체가 계속 존속하면서 크기도 계속 유지되는 황체이고, 프로제스테론을 분비하여 임신유지와 태아의 착상과 발육, 비유 등에 관여한다.
- 발정황체 : 발정주기에 따라 발육과 소멸을 반복한다.
- 영구황체 : 임신이 되지 않은 동물의 난소에 비정상적으로 존속하면서 프로제스테론을 분비하여 불임을 초래한다.

10 다음에서 설명하는 선발의 방법을 쓰시오.

> 여러 형질을 종합적으로 고려하여 점수로 산출한 후 점수를 근거로 선발하는 방법으로 가축의 총체적 경제적 가치를 고려한 선발법이다. 즉, 다수의 형질을 개량할 경우에 대상 형질의 경제적 가치를 감안하여 선발하는 방법이다.

정답 선발지수법

11 가루사료와 비교했을 때 펠릿사료의 장점 3가지를 쓰시오.

정답 • 사료의 부피를 줄여 취급 및 수송이 용이해진다.
　　　 • 사료로부터 발생하는 먼지를 막을 수 있다.
　　　 • 사료 중 열에 약한 병원성 세균 및 독성물질이 파괴된다.
　　　 • 사료 섭취량과 소화율을 향상시킨다.
　　　 • 사료 이용효율 및 기호성을 증진한다.
　　　 • 영양소 불균형과 사료 허실 발생을 예방한다.
　　　 • 가축의 선택적 채식이 방지되고, 짧은 시간에 많은 사료를 먹일 수 있다.

12 혼파 시 유의사항 3가지를 쓰시오.

정답 • 혼파되는 초종은 서로 기호성(방목)이나 경합력이 너무 차이가 나지 않고 비슷해야 한다.
　　　 • 단순혼파가 중심이 되어야 하고, 4종 이상 혼파하지 않는다.
　　　 • 의도된 목적에 맞도록 관리되어야 한다.
　　　 • 최소한 콩과 1초종과 화본과 1초종이 혼파되어야 한다.
　　　 • 초기 정착을 고려하여 방석형 초종을 혼파한다.
　　　 • 조성 초기 수량과 정착 후 수량 및 지속성을 고려한다.
　　　 • 화본과와 두과의 비율을 7 : 3으로 유지한다.

13 다음 유즙 분비 과정에서 ( ) 안에 들어갈 알맞은 말을 쓰시오.

> 유선포 → 유선소엽 → 유선소관 → 유선관 → (①) → (②) → (③)

정답 ① 유선조, ② 유두조, ③ 유두관

해설 유즙의 배출경로
　　　 유선세포 → 유선포 → (유선소엽 →)유선엽 → 유선관(소유관 → 대유관) → 유선조 → 유두조 → 유두관

14 난포낭종, 황체낭종 각각의 증상과 치료제를 쓰시오.

> **정답** • 난포낭종 : FSH 과분비, 스트레스로 인한 ACTH 증가 및 LH 분비 감소로 인해 계속적으로 다량의 에스트로젠
> 이 분비되어 발정이 지속되나 난포벽이 황체화하는 것은 없고 지속성, 빈발성이나 사모광형 또는 불규칙한
> 발정이 특징이다. 호르몬제인 LH 작용을 나타내는 융모성성선자극호르몬(hCG)나 성선자극방출호르몬
> (GnRH) 투여 후 황체퇴행인자(PGF₂α)를 주사하면 발정이 온다.
> • 황체낭종 : LH 분비 부족으로 황체조직층이 있고 중심부에는 내용액이 저류하여 장기간 존속하며 무발정이
> 특징이다. PGF₂α를 투여하여 치료한다.

15 소낭의 ① **위치**와 ② **기능**에 대해 쓰시오.

> **정답** ① 식도와 선위 사이
> ② 소낭은 식도가 변형된 것으로 내용물을 저장하고 수분공급 및 연화작용을 한다. 미생물에 의한 발효작용
> 또는 아밀라제에 의한 소화 등이 이루어진다.

16 돼지와 비교하여 닭에게 필요한 아미노산을 쓰시오.

> **정답** 글리신
>
> **해설** 닭에 있어서 글리신(glycine)은 요산 생성에 필수적인 아미노산이다.

17 산란율에 영향을 미치는 요소 5가지를 쓰시오.

> **정답** 조숙성, 취소성, 동기휴산성, 산란강도, 산란지속성
>
> **해설** • 조숙성 : 계군의 산란율이 50%에 도달하는 초산일령으로 조숙할수록 산란수가 많다.
> • 취소성 : 알을 품거나 병아리를 기르는 성질로 취소성이 낮은 것이 좋다.
> • 동기휴산성 : 늦가을부터 초봄까지 일조시간이 짧아 휴산하는 성질이다.
> • 산란강도 : 연속 산란일수의 장단을 의미한다.
> • 산란지속성 : 일반적으로 초산일로부터 다음해 가을 털갈이로 휴산하기까지의 기간이다(초년도 산란기간의
> 장단).

18 ① <u>감가상각의 정의</u>와 ② <u>감가의 원인 3가지를 쓰시오.</u>

정답 ① 시간의 흐름에 따른 자산의 가치 감소를 회계에 반영하는 것이다.
② 사용 소모에 의한 감가(물질적 감가), 진부화에 의한 감가(경제적, 기능적 감가), 재해, 재난, 도난 등에 의해서 발생되는 감가(우발적인 요인)

해설 • 감가란 고정자본재가 사용 후 시간이 경과함에 따라 자연적으로 노후, 결손, 마모 등으로 인해서 그 가치가 점차 줄어드는 것이고 감가상각이란 시간의 흐름에 따른 자산의 가치 감소를 회계에 반영하는 것이다.
• 감가상각의 목적은 내용연수 내로 고정자산의 취득원가를 매년 계속적으로 계산하여 절감하고, 생산물의 수익에 의해서 고정자산에 투하된 자본을 회수함으로써 고정자산 본래의 감모가 없이 생산을 지속적으로 하는 데 있다.
• 감가의 원인
  - 사용 소모에 의한 감가(물질적 감가)
  - 진부화에 의한 감가(경제적, 기능적 감가)
  - 재해, 재난, 도난 등에 의해서 발생되는 감가(우발적인 요인)

19 표준비교법의 정의를 쓰시오.

정답 경영실험농장(표준모델농장)의 경영성과 등의 자료를 비교하는 것이다. 시험성적이나 전문가의 경험을 토대로 하여 가장 이상적인 진단지표를 작성한 뒤 진단농가와 비교하는 경영진단방법이다.

해설 • 장점 : 우수한 모델농장의 실적을 기초로 하여 그 성과를 분석하면서 유사한 경영형태를 설계하는 실용성이 있는 방법으로 경영상의 문제점을 찾을 수 있다.
• 단점 : 표준모델농가를 설정하기가 어렵고, 표준적 지표 설정의 기본조건을 충분히 이해하고 있어야 하며, 경영자의 능력 등 경영성과가 눈에 보이지 않는 요인에 의해서 차이가 발생할 수 있다.

20 다음 중 중배엽으로부터 분화되는 기관을 모두 골라 쓰시오.

호흡기　순환기　뇌　부신피질　뼈　수정체

정답 순환기, 부신피질, 뼈

해설 수정란의 분화
• 외배엽 : 표피계, 털, 발굽, 신경계통(뇌 · 척수 등) 등
• 중배엽 : 근육계, 골격계, 신경계, 비뇨생식기, 순환기(근육 · 신장 · 심장 · 혈액 · 혈관 같은 심혈관계)계통 등
• 내배엽 : 소화기 · 호흡기 계통, 체절, 근육조직(간 · 췌장 · 폐 · 소장 · 대장 같은 내장기관) 등

01 강정사양의 이유와 시기를 서술하시오.

정답 교배하기 직전 1~2주의 미경산돈에게 에너지섭취량을 증가시켜 주는 것, 특히 고에너지사료를 급여하는 방법이다. 강정사양을 하게 되면 건강이 개선되고 교배 시 배란수가 많아지며 산자수를 증가하는 효과가 있다.

02 유전적 개량량 0.2, 유전력 0.2, 표현형 표준편차 0.4일 때 복당산자수의 선발강도를 구하시오.

정답
- 유전적 개량량($\triangle G$) = 유전력(h^2) × 선발차(S)
  0.2 = 0.2 × 선발차
  ∴ 선발차(S) = 1
- 선발강도 = $\dfrac{\text{선발차}(S)}{\text{표현형 표준편차}(\sigma_P)}$

  $= \dfrac{1}{0.4} = 2.5$

03 황체형성호르몬(LH)의 효과 3가지를 쓰시오.

정답
- 암가축에서 배란 유발
- 배란 후 황체 형성
- 프로게스테론 분비
- 정소에서 테스토스테론 분비 촉진

04 사일리지 발효 시 첨가제 2가지를 쓰시오.

정답 • 발효를 자극하는 영양소로서 당밀을 첨가한다.
　　　• 발효를 억제하는 개미산을 첨가한다.

해설

발효 자극제	pH를 4.0 이하로 낮추어야 함 • 젖산균 첨가제 • 영양소 첨가제 : 효소 및 당밀
발효 억제제	사일리지의 산도를 저하시켜 보존 능력 증진 : 개미산, 프로피온산
양분 첨가제	단백질 첨가제 : 요소, 암모니아, 모레아, 기타 무기물, 곡류
기타	• 수분조절 : 비트펄프, 밀기울, 볏짚 • 세포벽 분해 : 셀룰로스 및 곰팡이 • 부산물 : 계분, 채소잎 등

05 병아리의 부리를 ① 자르는 시기와 ② 이유 3가지를 쓰시오.

정답 ① 7~10일령
　　　② 탁우증 예방, 사료의 손실 및 편식방지, 알을 깨 먹는 습성방지, 투쟁심 방지(체력 소모, 신경과민 예방)

06 돼지의 발정징후 3가지를 쓰시오.

정답 • 허리를 누르면 부동반응을 나타낸다.
　　　• 식욕감퇴로 사료섭취량이 감소한다.
　　　• 질 밖으로 점액을 분비한다.
　　　• 다른 돼지의 승가를 허용한다.
　　　• 외음부가 충혈, 돌출하며 며칠 간 붉은 분홍빛을 나타낸다.
　　　• 거동이 불안하고, 입에 거품이 발생한다.

07 다음 유즙 분비 과정에서 (　　) 안에 들어갈 알맞은 말을 쓰시오.

유선포 → 유선소엽 → (　①　) → 유선관 → (　②　) → 유두조 → (　③　)

정답 ① 유선엽, ② 유선조, ③ 유두관

해설 유즙의 배출경로
　　　유선세포 → 유선포 → (유선소엽 →)유선엽 → 유선관(소유관 → 대유관) → 유선조 → 유두조 → 유두관

08 정액 희석 동해방지제 2가지를 쓰시오.

> **정답** 1,2-프로판디올(PROH), 다이메틸설폭사이드(DMSO), 글리세롤, 글루코스

09 자돈 인공포유 시 주의사항 3가지를 쓰시오.

> **정답**
> • 초유는 반드시 급여한다.
> • 인공유 또는 대용유는 살균소독을 통해 세균과 바이러스(virus)의 침입을 막는다.
> • 우유의 온도를 30~35℃로 조정하여 설사를 예방한다.
> • 1일 8회, 2시간 간격으로 급여한다.
> • 급여량은 1두당 300mL, 5~7일령에는 500~600mL, 3~4주령에는 1kg정도 되게 급여한다.

10 정미에너지(NE)를 구하는 공식을 쓰시오.

> **정답** 총에너지-분에너지-(뇨에너지+가스에너지)-열에너지

> **해설**

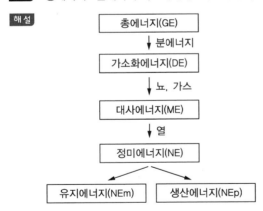

11 다음 중 돼지와 비교하였을 때 닭에만 존재하는 소화기관을 모두 골라 쓰시오.

십이지장 맹장 회장 소낭 선위 근위 소장 총배설강

> **정답** 소낭, 선위, 근위, 총배설강

12 켈달(Kjeldahl)법에 대해 다음의 단어를 포함하여 서술하시오.

> 분해   증류   적정

정답 시료 중의 모든 유기물을 진한황산으로 분해하면 질소성분은 $(NH_4)_2SO_4$로 남고 나머지는 유실된다. 소화 후 용액을 식혀 증류수로 희석하고 과량의 NaOH를 가한 후 중화시키면 암모니아가 생성되므로 그것을 증류하여 HCl 또는 NaOH 표준용액으로 적정하여 질소의 함량을 구할 수 있다. 단백질에는 평균 16%의 질소가 함유되어 있으므로 총질소의 양에 6.25배를 곱하면 단백질 함량을 계산할 수 있다.

13 수컷의 부생식선 2가지를 쓰고 그 기능을 쓰시오.

정답
- 정낭선 : 정낭선의 분비액은 정자를 보호하는 유백색을 띤 점조된 액체로서 고농도의 단백질, 칼슘, 구연산, 과당 및 여러 종류의 효소를 함유한다.
- 전립선 : 전립선은 정액에 특유의 냄새를 부여하는 엷고 불투명한 액체를 분비한다. 이 액체는 유백색으로 알칼리성이며, 정자의 운동과 대사에 관여한다.
- 요도구선 : 요도의 세척 및 중화와 관련된 액체를 분비한다.

14 어떤 사료의 영양소 함량이 다음과 같을 때 가소화영양소총량(TDN)을 구하시오.

구분	조단백질	조지방	조섬유	가용무질소물
함량	12%	16%	48%	50%
소화율	50%	25%	25%	80%

정답 6 + (4×2.25) + 12 + 40 = 67%

해설 TDN = 가소화조단백질 + (가소화조지방×2.25) + 가소화조섬유 + 가소화가용무질소물
- 가소화조단백질 = 12×0.5 = 6
- 가소화조지방 = 16×0.25 = 4
- 가소화조섬유 = 48×0.25 = 12
- 가소화가용무질소물 = 50×0.8 = 40
- ∴ 6 + (4×2.25) + 12 + 40 = 67%

15 다음 그림에서 ① 체고, ② 체장, ③ 흉폭의 측정 부위를 기호로 쓰시오.

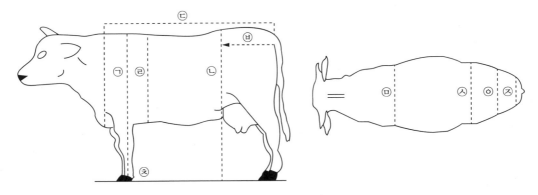

정답 ① ㉠, ② ㉢, ③ ㉤

해설 ㉠ 체고, ㉡ 십자부고, ㉢ 체장, ㉣ 흉심, ㉤ 흉폭, ㉥ 고장, ㉦ 요각폭, ㉧ 곤폭, ㉨ 좌골폭, ㉩ 전관위

16 배합사료 5kg 중 조단백질 13%, 산화크롬 1.3%이고, 분 2kg 중 조단백질 6%, 산화크롬 3.2%일 때 배합사료의 소화율을 구하시오.

정답 $100 - \left(\dfrac{\text{사료지시제 함량}}{\text{분지시제 함량}} \times \dfrac{\text{분영양소 함량}}{\text{사료영양소 함량}} \times 100 \right)$

$= 100 - \left(\dfrac{0.013}{0.032} \times \dfrac{0.06}{0.13} \times 100 \right) = 81.25\%$

17 산란계를 강제환우 시키는 방법 2가지를 쓰시오.

정답 절식, 절수, 점등관리

18 백분율로 상가적 유전분산 10, 비상가적 유전분산 20, 영구적 환경분산 5, 일시적 환경분산 65일 때 반복력을 구하시오.

정답 $(100 - 65)/100 = 0.35$

해설 백분율로 나타낼 때의 분산

표현형 분산(100)			
유전형 분산		환경분산	
상가적 유전분산(10)	비상가적 유전분산(20)	영구적 환경분산(5)	일시적 환경분산(65)

$$반복력(r) = \frac{개체기록분산}{전체분산}$$

$$= \frac{유전형 \ 분산 + 영구적 \ 환경분산}{표현형 \ 분산} = \frac{표현형 \ 분산 - 일시적 \ 환경분산}{표현형 \ 분산}$$

$$\therefore \ r = (100 - 65)/100 = 0.35$$

19 PSS의 원인과 증상을 쓰시오.

정답 • 원인 : 유전적 요인으로 6번 상염색체상 존재하는 열성유전자와 환경적 요인으로 도살과정에서 받은 과도한 스트레스가 있다.
• 증상 : 거동불안, 절뚝거림, 근육경련, 호흡수 증가, 체온상승, PSE육 생산

20 호르몬의 생화학적 작용 3가지를 쓰시오.

정답 • 내분비샘에서 생성, 분비되어 혈액을 따라 이동하다가 표적세포에만 작용한다.
• 표적세포에는 수용체가 있어 호르몬에 특이적으로 반응한다.
• 특정조직이나 기관의 생리작용을 조절하는 화학물질이다.
• 특정수용체가 있고 반감기가 짧다.
• 극히 적은 양으로 효과를 나타내며, 분비량이 적정하지 못하면 결핍증이나 과다증이 나타난다.
• 생체의 생장과 생식기관의 발달 등의 변화를 일으키고, 항상성 유지에 관여한다.
• 새로운 생체반응을 유도하지 않는다.
• 종간 특이성이 없어서 척추동물의 경우 같은 내분비샘에서 분비된 호르몬은 같은 효과를 나타낸다.
• 호르몬에 의한 반응은 신경계에 비해 느리지만 지속적인 효과를 나타낸다.

01 산란계 강제환우를 고려해야 하는 조건 3가지를 쓰시오.

> **정답** • 차기에 달걀가격 상승이 기대될 때
> • 현재 달걀가격이 낮아서 유지가 곤란할 때
> • 햇닭으로 교체하는 비용이 많이 들 때

02 혼파의 장점 3가지를 쓰시오.

> **정답** • 가축에게 영양분이 높고 기호성이 좋은 풀을 공급할 수 있다.
> • 두과 목초가 근류균으로 공중질소를 고정 함으로써 질소비료의 사용을 줄일 수 있다.
> • 상번초와 하번초를 혼파 함으로써 공간을 효율적으로 이용할 수 있다.
> • 다양한 토양층의 이용과 토양의 비료성분(양분과 수분)을 더욱 효율적으로 이용할 수 있다. • 계절별로 균등한 목초 생산이 가능하다.
> • 동해, 한해(가뭄), 병충해, 습해의 재해를 방지 할 수 있다.
> • 단위면적당 생산량을 높일 수 있고, 이용 방법(건초, 사일리지, 방목)의 선택이 쉽다.

03 과배란의 문제점 3가지를 쓰시오.

> **정답** • 내분비 이상
> • 비정상적 난포발육
> • 다태아 임신가능성 상승
> • 난자의 핵성숙 이상
> • 수정과 난할과정 이상

04 산유량의 형질에 있어 백분율로 상가적 유전분산 30, 비상가적 유전분산 20, 환경분산 50일 때 산유량의 유전력을 구하시오.

정답 $(30+20)/100=0.5$

해설

표현형 분산(100)			
유전형 분산		환경분산(50)	
상가적 유전분산(30)	비상가적 유전분산(20)	영구적 환경분산	일시적 환경분산

$$유전력 = \frac{유전형\ 분산}{표현형\ 분산} = \frac{상가적\ 유전분산 + 비상가적\ 유전분산}{표현형\ 분산}$$

$$= (30+20)/100 = 0.5$$

05 가족노동력의 특징 3가지를 쓰시오.

정답
- 노동시간에 구애받지 않는다.
- 노동감독이 필요하지 않다.
- 모든 일에 창의적으로 임한다.
- 노동에 대한 보수가 노임이 아니라 경영성과이다.
- 노동의 일시적 수요와 밀접한 관계가 없다.

06 포유자돈 creep feeding의 효과 3가지를 쓰시오.

정답
- 이유 시 자돈의 체중이 증가하고 건강해진다.
- 모돈의 체중감소량이 적어진다.
- 모돈의 번식횟수를 증가시킬 수 있다

07 어떤 사료의 가소화영양소총량(TDN)이 74%이고, 이중 가소화단백질(DCP)이 12%일 때 영양률(NR)을 구하시오.

정답 $\dfrac{74-14}{12}=5\%$

해설 $NR(영양률) = \dfrac{TDN-DCP}{DCP} = \dfrac{74-14}{12} = 5\%$

08 돼지의 행동학적 특징 3가지를 쓰시오.

정답 • 굴토성 : 태생부터 흙을 좋아하고 땅을 코로 파는 성질이 있다. 코에는 연골판이 있어 땅을 쉽게 팔 수 있다.
• 청결성 : 배설하는 곳과 잠자는 곳을 구별할 수 있다.
• 마찰성 : 피지샘과 땀샘이 퇴화하여 피부가 건조하며, 목이 굵고 꼬리가 짧아서 가려움을 해결하지 못해 주변의 사물이나 땅에 몸을 마찰시켜 해소한다.
• 후퇴성 : 꼬리를 잡으면 앞으로 가고 위턱을 잡으면 뒤로 가는 성질로, 이를 이용해 돼지를 보정한다.
• 군거성 : 무리를 지어 생활하는 습성이 있다.

09 소의 인공수정 시 장점과 단점을 각각 2가지씩 쓰시오.

정답 • 장점
  - 우수한 씨가축(종모축)의 이용범위가 확대된다.
  - 후대검정에 다른 씨가축의 유전능력을 조기판정할 수 있다.
  - 씨가축(종모축) 사양관리의 비용과 노력이 절감된다.
  - 정액의 원거리 수송이 가능하다.
  - 자연교배가 불가능한 가축도 번식에 이용이 가능하다.
  - 교미 시 감염되는 전염병(전염성 생식기병 등)의 확산을 방지할 수 있다.
  - 우수 종모축을 이용한 가축개량을 촉진시킬 수 있다.
  - 특별한 주의 없이도 생식기 질병을 일으킬 확률이 매우 낮다.
• 단점
  - 숙련된 기술자와 특별한 기구 및 시설이 필요하다.
  - 1회 수정에 자연교배보다 많은 시간이 소요된다.
  - 부주의에 의한 생식기 전염병 발생의 위험이 있다.
  - 기술결함에 의한 생식기 점막의 손상 위험이 있다.
  - 잘못 선발된 씨가축을 이용할 경우 확산범위가 넓다.
  - 방목하는 집단은 인공수정이 불편하다.

10 채취한 돼지의 정액이 다음과 같을 때 액상 정액 제조를 위한 희석액량을 구하시오.

- 정액 채취량 : 200mL
- 1병당 정액량 : 100mL
- 정자활력 : 80%
- mL당 정자 수 : 3.0×10^8마리
- 1병당 정자 수 : 30×10^8마리

정답 • 총정자수 = 정자수 × 채취량 × 정자활력 = 3억마리 × 200mL × 0.8 = 480억마리
   • $\dfrac{480억마리}{30억마리/1병}$ = 16병
   • 총희석액량 = 16병 × 100mL = 1,600mL
   ∴ 희석액량 = 총희석액량 − 원정액량 = 1,600mL − 200mL = 1,400mL

11 수컷의 부생식선 3가지를 쓰고 그 기능을 쓰시오.

정답 • 정낭선 : 분비액은 정자를 보호하는 유백색을 띤 점조된 액체로서 고농도의 단백질, 칼슘, 구연산, 과당 및 여러 종류의 효소를 함유한다.
   • 전립선 : 정액 특유의 냄새를 부여하는 엷고 불투명한 액체를 분비한다. 이 액체는 유백색으로 알칼리성이며, 정자의 운동과 대사에 관여한다.
   • 요도구선 : 요도의 세척 및 중화와 관련된 액체를 분비한다.

12 착유우 비유 초기 Ca 부족으로 나타나는 대사성 질병 중 근육약화, 다리경련 등의 증상이 나타나는 질병을 쓰시오.

정답 유열

해설 유열(milk fever)
   젖소에서 가장 흔하고 중요한 대사성 질병으로써 혈중 칼슘 농도가 신경조직과 근육조직의 기능을 유지하기 위한 수준 이하로(< 1.625mmol/L) 감소하는 것이 유열의 직접적인 원인이다.

13 A품종의 평균산자수는 9두, B품종의 평균산자수는 7두이고, 두 품종 간의 교잡에서 생산된 F_1의 평균산자수가 10두일 때, 이 형질에 대한 잡종강세율을 구하시오.

정답 $\dfrac{10-8}{8} \times 100 = 25\%$

해설 잡종강세율 $= \dfrac{F_1의\ 평균 - 부모품종의\ 평균}{부모품종의\ 평균} \times 100 = \dfrac{10-8}{8} \times 100 = 25\%$

14 정액 희석 시 주의사항을 쓰시오.

정답
- 온도 충격을 피해야 한다.
- 장갑을 착용하고 유류접촉을 금지, 금연한다.
- 냉동정액의 외부 노출을 피한다.
- 복사열, 태양열, 화기를 피해야 한다.
- 융해 중인 정액은 흔들지 않는다.
- 신속하게 이동한다.

15 다음 중 포유류에는 있지만 수탉(조류)에는 없는 생식기관을 골라 쓰시오.

전립선   정소상체   정소   정낭선   카우퍼선   정관

정답 전립선, 정낭선, 카우퍼선

해설 가금은 부생식선[정낭선, 전립선, 카우퍼선(요도구선)]이 존재하지 않는다.

16 산란계의 부화율에 영향을 미치는 요인 3가지를 쓰시오.

정답 온도, 습도, 전란, 환기

17 반추동물 위의 명칭 4가지를 쓰고 각 기능을 1가지씩 쓰시오.

정답
- 제1위(혹위, 반추위, rumen) : 미생물이 서식하여 발효가 일어난다. 주로 혐기성 미생물들이 서식하면서 가축이 섭취하는 영양소를 이용하여 미생물 대사작용을 한다.
- 제2위(벌집위) : 반추위와 연결된 위로, 조직과 기능이 반추위와 비슷하며 사료를 되새김질한다.
- 제3위(겹주름위) : 근엽을 통해서 사료 내용물의 수분을 흡수하여 식괴를 형성하며, 분해가 잘된 위 내용물을 제4위로 넘어가도록 하는 체의 역할을 한다.
- 제4위(진위) : 반추동물의 4개의 위 중에서 단위동물의 위와 같이 소화액에 의한 화학적인 소화작용이 일어나는 곳이며, 담즙이 위 내로 역류하는 것을 방지하는 역할을 한다.

18 난소에서 분비되는 호르몬 3가지를 쓰시오.

정답 프로게스테론, 에스트로젠, 안드로겐(에스트로젠의 전구체)

19 건초 제조 시 영양분 손실 원인 3가지와 그 손실을 줄이는 방법을 쓰시오.

정답 • 호흡에 의한 손실 : 건조기간을 짧게 하고, 맑은 날씨에 작업하거나 컨디셔닝을 실시한다.
• 강우에 의한 손실(기상손실) : 최대한 비를 맞지 않게 비닐로 덮는다.
• 잎의 탈락에 의한 손실(기계적 손실) : 컨디셔너는 잎과 줄기를 균형 있게 건조시켜 잎의 탈락을 적게 한다. 집초나 반전작업은 완전히 마르기 전이나 이슬이 마르기 전인 오전에 하는 것이 좋다.
• 발효 및 일광조사에 의한 손실 : 발효가 강하게 일어날수록 손실이 크므로 발열이 되지 않도록 반전을 빨리한다.
• 저장 중 손실 : 당분과 열에 의해 손실이 발생하므로 자연통풍이 잘 되며 통기성이 좋은 건초창고와 기술적인 쌓기 방법을 이용한다.

20 다음은 사양관리 방법이 유지방 함량에 미치는 영향에 대한 설명이다. ( )에 들어갈 알맞은 말을 골라 순서대로 쓰시오.

• 농후사료 급여량이 많아지면 반추위 내에서 (프로피온산 / 초산)의 생성비율이 높아지고, 조사료의 길이를 (길게 / 짧게) 자르면 반추위 내에서 초산의 생성비율이 저하되어 유지방 함량이 낮아진다.
• 유지방 함량을 높이기 위해 사료의 급여는 (한 번에 많이 / 조금씩 여러번) 해야 한다.
• 불포화지방산의 함량이 높은 사료를 과다 급여하면 유지방 함량이 (높아 / 낮아)진다.

정답 프로피온산, 짧게, 조금씩 여러번, 낮아

해설 • 농후사료 급여량이 많아지면 반추위 내 pH가 낮아져(산성화) 휘발성 지방산 중 프로피온산의 생성비율은 높아지고 초산의 생성비율은 낮아져 산유량과 유지율의 감소를 초래한다.
• 조사료의 길이를 짧게 자르면 반추위 내에서 쉽게 분해되어 탄수화물(특히 전분)의 발효 속도가 빨라지고, 전분 발효가 많아지면 프로피온산의 생성비율은 증가하고 상대적으로 초산의 생성비율은 저하된다.
• 유지율 저하를 방지하기 위해 사료의 급여는 조금씩 여러번 나누어 급여해야 하며, TMR의 경우 골라먹기를 하지 않도록 주의한다.
• 불포화지방산의 함량이 높은 사료(옥수수 부산물, 유지 첨가사료)를 과다 급여하면 반추위 내 pH가 낮아져 반추위미생물의 활동이 억제되고, 휘발성 지방산의 생산량이 줄어 유지방 감소 증후군(MFD)이 발생할 수 있다. 우회지방 형태로 급여하면 유지율 감소 없이 에너지를 공급할 수 있다.

01 경운초지 조성법의 장점과 단점을 각각 2가지씩 쓰시오.

> **정답** • 장점
> – 경운을 하여 줌으로서 자연식생의 제거가 가능하다.
> – 짧은 기간 동안에 생산성이 높은 초지조성이 가능하다.
> – 초지의 경운에 의해 땅 표면이 고르기 때문에 목초를 수확할 때 기계작업이 가능하다.
> • 단점
> – 경운으로 땅 표면을 갈아엎기 때문에 표토유실을 받기 쉽다.
> – 경운에 필요한 농기계를 구입하는 데 비용이 많이 든다.
> – 표고 및 경사 때문에 지대에 따라 농기계의 사용이 불가능하다.

02 암소의 발정징후 3가지를 쓰시오.

> **정답** • 수소의 승가를 허용한다.
> • 불안해하고 자주 큰소리로 운다.
> • 식욕이 감퇴되고 거동이 불안해진다.
> • 외음부는 충혈되어 붓고 밖으로 맑은 점액이 흘러나온다.
> • 거동이 불안하고 평상시보다 보행수가 2~4배 증가한다.
> • 눈이 활기 있고 신경이 예민하며, 귀를 자주 흔들고 소리를 지른다.
> • 다른 암소에게 올라타거나 다른 암소가 올라타는 것(승가)을 허용한다.
> • 오줌을 소량씩 자주 눈다.
> • 다른 소의 주위를 배회하는 경우가 많다.

03 초지에 방목 중인 육우에서 마그네슘 결핍 시 발생하는 질병을 쓰시오.

> **정답** 목초 테타니병(그래스테타니)
>
> **해설** 목초 테타니병[Grass Tetany, 저마그네슘(Mg)혈증]
> 초지에 칼륨을 다량 시비한 결과 마그네슘의 흡수가 적어진 목초를 먹은 소의 근육에 발병하며, 흥분이나
> 경련 등의 신경증상이 나타난다.

04 탄수화물의 체내 주요 저장 형태를 쓰시오.

정답 글리코겐

해설 탄수화물은 글리코겐의 형태로 간과 근육에 저장된다.

05 농림축산식품부에서 고시한 가축개량목표 중 돼지의 개량형질 3가지를 쓰시오.

정답 총산자수, 생존산자수, 90kg 도달일령, 일당 증체량, 등지방두께

해설 돼지의 개량형질(가축개량목표)

번식	총산자수	L, Y
	생존산자수	L, Y
생육	90kg 도달일령	L, Y, D
	일당 증체량	L, Y, D
	등지방두께	L, Y, D

L : 랜드레이스, Y : 요크셔, D : 두록

06 돼지에서 이유 후 성장률이 높으면 얻을 수 있는 효과 3가지를 쓰시오.

정답 출하일령 단축, 사료비 절감, 노동력 절감, 자본회전율 증가

07 축산경영에서 소득과 순수익을 구하는 공식을 쓰시오.

정답 • 소득 = 조수익 − 경영비
 • 순수익 = 조수익 − 생산비

08 한우의 ① 거세 방법 2가지와 ② 장단점 1가지씩을 쓰시오.

정답 ① 외과적 방법, 무혈거세, 고무줄(링)법
② 소의 성질은 온순하고, 투쟁심이 없어지며, 사양관리가 쉽다.

해설 • 거세 방법
　　－ 외과적 방법 : 음낭을 절개하여 정소를 적출한다. 가장 확실한 방법이다. 그러나 숙련된 전문 기술이
　　　　있어야 하고 수술 후 특별한 관리를 해야 한다
　　－ 무혈거세 : 정계의 혈관을 무혈거세기를 이용하여 압박한다. 압박된 혈관은 혈액이 차단되어 상처가
　　　　생기지 않고 화농의 위험은 없다. 그러나 확실치 않다.
　　－ 고무줄(링)법 : 정관을 고무줄로 동여매거나 고무링 장착기를 이용하여 고무줄을 장착한다. 간편한
　　　　방법이다. 그러나 장기간 스트레스가 지속된다.
　• 거세의 장점
　　－ 근내지방도가 증가하고, 근섬유가 가늘어지며 향미가 좋아진다.
　　－ 고기의 연도(전단력)가 비거세우보다 현저히 낮아(연해)진다.
　　－ 교미능력의 상실로 암수 합사사육이 가능하다.
　　－ 소의 성질은 온순하고, 투쟁심이 없어지며, 사양관리가 쉽다.
　　－ 출하 시 좋은 등급으로 높은 가격을 받을 수 있다.
　　－ 종축으로서의 가치가 없는 가축의 번식을 중단시킬 수 있다.
　• 거세의 단점
　　－ 비거세우보다 발육이 늦다.
　　－ 일당 증체량은 다소 떨어지고 사료효율 역시 낮다.
　　－ 체지방량이 많아 정육량이 다소 떨어진다.
　　－ 출하체중 도달일수가 지연된다.

09 정자형성(spermatocytogenesis)의 4단계를 순서대로 쓰시오.

정답 • 1단계 : 정조세포가 유사분열을 반복
　• 2단계 : 정모세포가 감수분열에 의해 정낭세포로 발달
　• 3단계 : 정낭세포가 제2감수분열에 의해 정자세포로 발달
　• 4단계 : 정자세포가 분열을 하지 않고 형태변화를 거쳐 정자로 발달

10 사료요구율이 3.0인 자돈을 20kg에 구입하여 사육한 후 체중이 100kg일 때 출하하기까지의 사료급여량(kg)을 구하시오.

정답 80kg × 3 = 240kg

해설
- 사료요구율 = $\dfrac{\text{사료급여량}}{\text{증체량}}$
- 증체량 = 100kg − 20kg = 80kg
- ∴ 사료급여량 = 80kg × 3 = 240kg

11 다음 (　)에 들어갈 알맞은 말을 쓰시오.

- 닭의 질소화합물은 (①)형태로 배출하며 (①)을/를 형성하기 위해 사용되는 아미노산은 (②)이다.
- (②)은/는 닭의 체내에서 합성되지만 성장기에는 합성되는 양보다 요구되는 양이 더 많으므로 필수아미노산에 속한다.

정답 ① 요산, ② 글리신

12 부고환(epdidymis)의 기능 3가지를 쓰시오.

정답 정자의 농축, 성숙, 운반, 저장

해설 부고환은 정소 위에 위치하여 정소상체라고도 한다.

13 다음 개방식 우사에서 겨울을 대비하기 위해 방풍벽을 설치하려고 한다. 겨울철 가축의 추위 피해를 최소화할 수 있는 방향의 ① 기호를 골라 쓰고 ② 그 이유를 서술하시오.

```
                            ㄹ. 북
    ㄴ. 서                              ㄱ. 동
                    ㄷ. 남
```

정답 ① ㄴ, ㄹ
② 우리나라의 겨울철 주 풍향은 서북방향이므로 우사의 방향이 어느 쪽이든 우사의 서쪽(ㄴ)과 북쪽(ㄹ)은 겨울바람을 어느 정도 막을 수 있도록 가려야 한다.

14 산란계 병아리 육추 시 근골격계와 관련 있는 항목 검사 부위를 쓰시오.

정답 정강이 길이

15 육종가가 형질별로 기준(선발한계치)을 정하여 각 형질별로 그 기준에 적합한 특성을 보유하는 개체를 선발하며, 여러 선발형질 중 어느 하나라도 미달되면 선발되지 못하므로 선발강도가 지나치게 높게 될 우려가 있는 선발법을 쓰시오.

정답 독립도태법(independent culling selection)

해설 각 형질(산유량, 유지율, 체형, 번식능력)에 대하여 동시에 그리고 독립적으로 선발하는 방법이다. 형질마다 일정한 수준을 정하여 어느 한 형질이라도 그 수준 이하로 내려가는 개체는 다른형질이 아무리 우수하더라도 도태한다.

16 채취한 정액을 사용하기 전 현미경으로 검사해야 할 항목을 쓰시오.

정답 정자의 활력, 생존율, 정자의 형태, 기형정자, 정자수, 첨체 이상 유무

17 돈사에서 발생하는 유해가스 2가지와 발생원인을 각각 쓰시오.

정답
- 암모니아 : 불완전 소화로 인한 돼지의 배설물(소변과 분뇨) 속 단백질이 미생물에 의해 분해되면서 발생한다.
- 황화수소 : 돼지의 분뇨가 산소가 부족한 환경에서 혐기성 미생물에 의해 분해될 때 발생한다.

해설 돈사내 유해가스 관리
- 돈사 내 환기시스템 강화
- 분뇨 및 퇴비의 주기적인 관리
- 바닥 물세척 및 적절한 건조 유지

18 다음 ( )에 들어갈 알맞은 에너지를 쓰시오.

> 가축의 에너지대사에서 섭취한 사료의 전체 에너지 함량을 총에너지라 하고, 총에너지에서 분으로 배설된 에너지를 제외한 값을 (①)라 한다. (①)에서 오줌 및 가스 등으로 배출된 에너지를 제외한 값은 (②)이고, (②)에서 열량증가로 손실된 에너지를 제외한 값은 (③)라고 한다.

정답 ① 가소화에너지, ② 대사에너지, ③ 정미에너지

해설

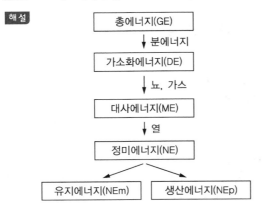

19 조단백질 함량이 9%인 옥수수에 조단백질 함량이 45%인 대두박을 첨가하여 단백질 함량이 15%인 배합사료를 만들고자 할 때, 옥수수와 대두박을 각각 몇 %씩 섞어야 하는지 구하시오.

정답 • 옥수수 $= \dfrac{30}{45-9} \times 100 = 83.33\%$

• 대두박 $= \dfrac{6}{45-9} \times 100 = 16.67\%$

해설 방형법

사료 X, 사료 Y, 목적하는 사료 A일 때

X　　　$A-Y$

　　A

Y　　　$X-A$

대두박 45　　　6

　　　　15

옥수수 9　　　30

• 옥수수 $= \dfrac{30}{45-9} \times 100 = 83.33\%$

• 대두박 $= \dfrac{6}{45-9} \times 100 = 16.67\%$

20 계사의 종류 중 평사와 케이지사의 특징을 2가지씩 서술하시오.

정답 • 다단식 평사(cage-free)
　　– 확장형 케이지보다 날개와 용골뼈가 강해진다.
　　– 걷기, 달리기, 홰 오르기, 날갯짓 등 모든 활동이 가능하며 날기를 통해 근골격계가 가장 강화되고 골다공증과 골절이 적다.
　　– 다양한 사육시설을 이용하는 동안 골절 위험이 증가한다.
• 확장형 케이지(furnished cage)
　　– 홰를 통해 골격이 향상되고 다단식 평사보다 사육시설이 복잡하지 않아 골절률이 가장 낮다.
　　– 케이지의 이점(생존율 개선 및 호흡기 질환 감소)을 유지하면서 행동욕구를 충족시킬 수 있다.
　　– 용골뼈 골절률이 다단식 평사에 비해 비교적 적지만 완전한 행동을 할 수는 없다.

01 반추동물의 입에서 일어나는 물리적 소화작용 3가지를 쓰시오.

> **정답** 저작작용, 연하작용, 반추작용, 섭취작용 등

02 수컷의 부생식선 3가지를 쓰고 그 기능을 쓰시오.

> **정답**
> - 정낭선 : 정낭선의 분비액은 정자를 보호하는 유백색을 띤 점조된 액체로서 고농도의 단백질, 칼슘, 구연산, 과당 및 여러 종류의 효소를 함유한다.
> - 전립선 : 전립선은 정액에 특유의 냄새를 부여하는 엷고 불투명한 액체를 분비한다. 이 액체는 유백색으로 알칼리성이며, 정자의 운동과 대사에 관여한다.
> - 요도구선 : 요도의 세척 및 중화와 관련된 액체를 분비한다.

03 다음 암탉의 생식기관을 ① 난소부터 순서대로 나열하고 ② 난각막이 형성되는 위치를 골라 쓰시오.

> 난소 누두부 협부 자궁 질 난백분비부

> **정답** ① 난소-누두부-난백분비부-협부-자궁-질
> ② 협부

> **해설**

구성	길이(cm)	소요시간	역할
난관누두부	11~12	15분	수정 되는 장소
난백분비부	30~35	3시간	알끈 형성, 농후난백 분비
협부	10~11	1시간35분	난각막 형성, 수양 난백 분비
자궁부	10~11	19~20시간	난각, 난각 색소 분비
질부	6~7	1~10분	산란
합계	70~80	24~26시간	-

04 사출된 정자의 운동성과 생존율에 영향을 미치는 요인 3가지를 쓰시오.

정답 온도, pH, 삼투압, 전해질, 비전해질

해설 • 온도(빛, 산소)
- 온도가 높아지면 대사활동의 증가로 운동성은 증가하고, 생존성은 감소한다(한계온도 초과 시 모두 감소).
- 온도가 낮아지면 운동성은 감소하고 생존성은 증가한다.
- 초저온으로 동결하여 정자를 보관하면 대사활동의 정지로 반영구적 보존이 가능하다.
- 정액을 급속도로 냉각하면 정자의 활력은 저하한다.
- 직사광선은 정자의 활력을 일시적으로 증가시키지만 곧이어 유해하게 작용한다.
- 정자의 운동성을 가장 정상적으로 유지하는 온도는 37~38℃이다.
• pH
- 정자의 운동은 pH 7.0(중성)에서 가장 활발하고 산성이나 염기성에서 급격히 저하된다.
- 정자에 존재하는 당류는 유기산으로 분해되어 pH가 산성으로 변할경우 생존성이 감소된다.
- 정액 보관 시 생존성을 높이기 위해서는 인산염, 구연산염, 중탄산염 등의 완충제를 첨가해야 한다.
• 삼투압
- 생리적 범위 내에서 삼투압이 증가하면 정자의 운동성과 생존성이 증가한다.
- 생리적인 삼투압의 범위를 벗어나면 정자세포가 손상되어 정자의 생존성과 운동성 모두 감소한다.
• 전해질
- 칼륨, 마그네슘은 정자의 정상적인 기능을 수행하는 데 필요하다.
- 칼슘, 중금속, 고농도의 인은 정자의 운동을 억제 또는 유해하게 작용한다.
• 비전해질
- 당과 같은 비전해질의 농도가 생리적 삼투압이 유지되는 수준에서 증가하면 운동성이 증가한다.
- 비전해질의 농도가 과도하게 증가하면 삼투압의 증가를 초래하여 정자세포가 손상된다.

05 채취한 정액 30mL의 정자수가 mL당 3억마리, 정자활력 80%일 때 1회 주입량이 100mL인 병에 1병당 정자수가 30억마리가 되도록 주입하기 위해 첨가해야 하는 희석액량을 구하시오.

정답 • 총정자수 = 정자수 × 채취량 × 정자활력
= 3억마리 × 30mL × 0.8 = 72억마리

• $\dfrac{72억마리}{30억마리/1병} = 2.4병$

• 총희석액량 = 2.4병 × 100mL = 240mL

∴ 희석액량 = 총희석액량 − 원정액량 = 240mL − 30mL = 210mL

06 유선포와 유선관에 영향을 미치는 호르몬을 쓰시오.

정답 프로락틴

해설 프로락틴의 작용
- 설치류의 황체 유지
- 유선세포 발육, 유즙 분비
- 모성행동 유발(취소성, 모성애)

07 ① 뇌하수체 전엽에서 분비되는 성호르몬 2가지를 쓰고, ② 출산에 미치는 영향을 서술하시오.

정답 ① 난포자극호르몬(FSH), 황체형성호르몬(LH : 당단백질호르몬)
② • 출산이 가까워지면 LH 분비 감소 → 프로게스테론 저하 → 옥시토신(oxytocin)과 에스트로젠(estrogen) 증가 → 자궁 수축 활성화 및 출산 촉진
   • 태아의 ACTH 증가 → 부신피질 자극 → 코르티솔 증가 → 프로게스테론 감소, 에스트로젠 증가 → 옥시토신 반응 증가 → 출산 개시

08 유도분만의 ① 장점 2가지와 ② 방법 1가지를 쓰시오.

정답 ① 분만에 소요되는 노동력의 효율성 향상, 새끼의 생존율 향상, 번식회전율 증가
② • 부신피질호르몬에 의한 방법 : ACTH의 자극을 받은 태아의 부신피질에서 글루코코르티코이드의 분비증가를 일으키는 방법으로 덱사메타손을 이용한다.
   • 프로스타글란딘에 의한 방법 : PGE_2나 $PGF_{2\alpha}$ 등 프로스타글란딘을 주사하여 분만유기를 일으키는 방법이다.

09 인공수정의 장점 3가지를 쓰시오.

정답
- 우수한 씨가축(종모축)의 이용범위가 확대된다.
- 후대검정에 다른 씨가축의 유전능력을 조기판정할 수 있다.
- 씨가축(종모축) 사양관리의 비용과 노력이 절감된다.
- 정액의 원거리 수송이 가능하다.
- 자연교배가 불가능한 가축도 번식에 이용이 가능하다.
- 교미 시 감염되는 전염병(전염성 생식기병 등)의 확산을 방지할 수 있다.
- 우수 종모축을 이용한 가축개량을 촉진시킬 수 있다.
- 특별한 주의 없이도 생식기 질병을 일으킬 확률이 매우 낮다.

10 ① TDN(가소화영양소총량)을 구하는 공식을 쓰고 ② TDN이 실제보다 과대평가 된 이유와 ③ 닭에서 TDN을 사용하지 못하는 이유를 쓰시오.

정답
① TDN = 가소화조단백질 + (가소화조지방 × 2.25) + 가소화조섬유 + 가소화가용무질소물
② 에너지원별 소화계수 차이, 발효 과정에서의 에너지 손실 미반영, 대사에너지(ME) 및 순에너지(NE)와의 차이
③ TDN은 반추위에서 미생물이 발효하여 생성하는 휘발성 지방산(VFA)까지 포함하여 소화율을 평가하는 방식이므로 요산 배설을 고려하지 않는다.

해설
- TDN이 실제보다 과대평가 된 이유
  - 에너지원별 소화계수 차이 : TDN은 탄수화물과 지방의 소화율을 단순 합산하는 방식이므로, 실제 체내 이용률을 정확히 반영하지 못한다. 특히, 지방(지방 1g = 탄수화물 2.25g의 에너지)을 가중치로 계산하기 때문에 과대평가 가능성이 있다.
  - 발효 과정에서의 에너지 손실 미반영 : 반추동물(소, 양 등)은 섬유소를 발효하여 휘발성 지방산(VFA)을 생성하는데 이 과정에서 메탄가스(CH_4)와 같은 에너지 손실이 발생한다.
  - 대사에너지(ME) 및 순에너지(NE)와의 차이 : TDN은 단순한 소화율 개념을 사용하여, 실제 가축이 이용할 수 있는 에너지(ME, NE)와 차이가 발생할 수 있다.
- 닭에서 TDN을 사용하지 못하는 이유 : TDN은 반추위에서 미생물이 발효하여 생성하는 휘발성 지방산(VFA) 까지 포함하여 소화율을 평가하는 방식이지만 닭은 단위(단위형 위장구조, monogastric animal)를 가진 동물로 반추위 발효가 없으며 단백질을 대사한 후 요소(urea)가 아닌 요산(uric acid) 형태로 배설하는데 이는 TDN 방식에서 충분히 반영되지 않는다. 또한 주로 대사에너지(ME)를 이용하므로 TDN이 적절한 에너지 평가 방법이 아니다.

11 검정개시 체중은 110kg이고 평균 도달일령이 150일인 선발집단을 검정한 결과 수컷은 120일, 암컷은 150일, 반복력이 0.3일 때 자손의 110kg 도달일령을 구하시오.

정답 135일 + 0.3(150일 − 135일) = 139.5일

해설 기록수가 1일 때 추정생산능력 = 축군의 평균치 + 반복력(생산기록의 평균치 − 축군의 평균치)
= 135일 + 0.3(150일 − 135일) = 139.5일

12 PSE육의 ① 특징 3가지와 ② 유전적 원인을 쓰시오.

정답 ① 고기의 색깔이 창백하고, 품질은 탄력 없이 흐물흐물하며, 고기 내 수분이 잘 빠져 나오는 고기
② PSS를 일으키는 열성 Hal 유전자의 작용

13 어떤 형질에 대한 모집단의 평균은 630, 선발집단의 평균은 614, 선발강도는 2일 때 표현형 분산을 구하시오.

정답 64

해설 표현형 분산 = (표현형 표준편차)^2 = $\left(\dfrac{\text{선발집단 평균} - \text{모집단 평균}}{\text{선발강도}} \right)^2$

$= \left(\dfrac{614 - 630}{2} \right)^2 = (-8)^2 = 64$

14 사일리지의 품질평가 항목 중 외관상 품질평가 항목 3가지를 쓰시오.

정답 수분함량, 잎의 비율, 녹색도, 촉감, 이물의 혼입 정도

해설 건초의 품질평가
• 품질평가 항목 : 녹색도, 수분함량, 이물의 혼입 정도(곰팡이의 발생 여부 등), 잎의 비율, 방향성과 촉감, 단백질·조섬유 함량, 수확시기, 냄새, pH 등
• 중요도(평가 배점)의 크기 수확시기(숙기), 잎의 비율 > 향취, 녹색도 > 촉감

15 방목 시 목책을 설치하는 목적 3가지를 쓰시오.

> **정답** 가축의 이탈 방지, 인근 농장의 피해 방지, 초지 유지·관리, 방목 가축을 이동시키기 위한 수단, 야생동물·외부인의 침입 방지 등

16 돼지의 구입가격이 20만원이고, 내용연수 4년이 지난 후 폐기번식돈 판매비용이 10만원일 때 정액법을 사용하여 감가상각액을 구하시오.

> **정답** 감가상각비 = $\dfrac{\text{구입가격} - \text{폐기가격}}{\text{내용연수}}$
>
> $= \dfrac{20\text{만원} - 10\text{만원}}{4\text{년}} = 25{,}000\text{원}$

17 반추동물에게 요소를 NPN으로 급이하는 ① <u>목적</u>과 ② <u>주의사항 2가지</u>를 쓰시오.

> **정답** ① 비단백태질소화합물(NPN)을 급여하면 반추위 내 미생물에 의해 암모니아로 빠르게 분해된 후 미생물체단백질 형태로 단백질원으로 이용된다.
> ② • 요소를 보충한 일일사료 속에는 반드시 소화하기 쉬운 일정량의 탄수화합물이 들어 있어야 하고 단백질 함량이 적합해야 한다.
> • 반추동물의 일일사료 가운데 단백질 함량이 13%를 초과하면 요소가 유위에서 균체단백으로 전화하는 속도와 이용률이 현저하게 떨어진다.
> • 요소를 먹이는 양은 일일사료 단백질 함량의 약 20~30%이고, 일일사료 건물질의 1%를 초과하지 않는다.

18 후대검정을 하는 ① 이유와 ② 순서를 쓰시오.

정답 ① 한쪽 성에만 발현되는 형질의 개량(비유량 등), 유전력이 낮은 형질의 개량, 도살해야 측정 가능한 형질의 개량(도체율 등)을 위해
② 교배 → 검정종료 → 평가 → 선발

19 축사의 환기 방식 중 양압환기에 대해 쓰시오.

정답 외부로부터 공기를 흡입하여 축사 내로 불어 주는 형태로 대기보전의 차원에서 배기구는 천장에 설치하는 것이 좋다.

20 TMR사료의 장점과 단점을 각각 2가지씩 쓰시오.

정답 • TMR의 장점
  - 고능력우 사양에 적합하고 산유량과 유지율이 증가된다.
  - 가장 단순한 방법으로 노동시간 단축 및 시간의 활용이 용이하다.
  - 편식을 방지하고 영양소가 균형 있게 섭취되어 사료의 이용효율을 높인다.
  - 기호성이 좋으므로 사료섭취량이 증가하고 산유량 및 유지율이 향상된다.
  - 적절한 조사료 첨가로 인해 반추시간이 길어져 반추위조건이 좋아진다.
  - 계약진료에 의해 분만간격 단축, 도태율 및 질병발생빈도가 감소된다.
  - 번식효율과 건강이 개선되어 약값, 진료비 등의 지출 감소로 농가의 소득이 향상된다.
  - 우군의 성질이 온순해지고 능력도 향상된다.
  - 자유 채식을 해도 식체 발생빈도가 감소된다.
  - 추가 조사료 구입이 필요치 않게 되고 다른 조사료 급여량도 감소된다.
  - 농가 부산물의 이용이 가능하여 부산물의 폐기에 따른 환경오염 방지에도 공헌을 한다.
• TMR의 단점
  - TMR에 대한 충분한 이해와 지식이 필요하다.
  - TMR배합용 단미사료의 확보 및 유통이 원활해야 한다.
  - 사양관리상의 시설투자에 큰 비용이 소요된다.
  - TMR배합을 위한 사료배합프로그램의 확보와 운영에 대한 지식이 필요하다.
  - 비유단계별, 성장단계별, 산유능력별 등 우군분리가 전제되어야 하나 중소규모 낙농가의 우 군분리가 어려워 과비우나 마른소가 나올 수 있고 번식장애 및 각종 대사장애가 발생할 가능성이 높다.
  - 원료의 변화가 있을 때 정확한 사료적 가치를 평가하기 어렵다.
  - 볏짚이나 베일형태의 긴 건초는 배합기에 넣기 전에 적당한 길이로 세절해야 하는 번거로움이 있다.
  - 소규모 사육농가에 부적당하다.
  - 사양관리상의 시설개선 및 기술이 필요로 한다.
  - 습식사료이므로 장기간보관이 어렵고 사료 내 이물질이 함유될 경우가 있다.

※ 기출복원문제는 수험자의 기억에 의해 문제를 복원하였습니다. 일부 회차만 복원되었거나 실제 시행문제와 상이할 수 있음을 알려드립니다.

01 면실박의 ① 항영양인자를 쓰고, ② 독성 제거 방법을 서술하시오.

> **정답** ① 고시폴(gossypol), ② 가열처리를 통해 제거한다.

02 반추동물에서 침의 역할 5가지를 쓰시오.

> **정답**
> • 건조한 사료의 수분함량을 높이고 저작과 삼키는 일을 돕는다.
> • 반추위 내 내용물의 수분농도를 미생물의 작용에 알맞도록 조절한다.
> • 미생물의 성장에 필요한 영양소를 공급한다(뮤신, 요소, Na, K, Cl, P, Mg 등).
> • 반추위 내의 pH를 5~7 정도로 유지하게 한다(HCO_3와 Cl, P, Mg의 작용).
> • 거품생성을 방지하여 고창증을 예방한다(뮤신의 작용).
> • 소량의 라이페이스를 분비하여 지방의 가수분해를 돕는다.

03 병아리의 볏자르기 ① 시기와 ② 효과를 쓰시오.

> **정답** ① 병아리가 2일령이 되기 전에 작은 가위로 볏을 다듬어 준다.
> ② 성질이 온순해진다, 겨울철 볏의 동상을 예방할 수 있다, 케이지 안에서 사료나 물을 편하게 먹을 수 있도록 한다.

04 난할 과정에서 (   ) 안에 들어갈 알맞은 말을 쓰시오.

> 수정 → 4세포기 → 8세포기 → (①) → (②) → 착상 → 낭배기

> **정답** ① 상실배, ② 포배기
>
> **해설** 배아 발달 과정
> 수정란 → 1세포기 → 2세포기 → 4세포기 → 8세포기 → 상실배(16세포기 → 초기상실배 → 후기상실배) → 포배기(초기배반포 → 확장배반포 → 부화배반포) → 착상 → 낭배기

05 낙농경영에서 유사비의 의미를 쓰시오.

정답 우유를 생산하는 데 있어 사료비가 차지하는 비율을 의미한다.

해설 유사비 $= \dfrac{\text{구입사료비}}{\text{우유판매금}} \times 100$

06 다음 중 고정자본재를 3가지 골라 쓰시오.

축사   비육돈   사료   산란계   번식우

정답 축사, 산란계, 번식우

해설 고정자본재의 종류

무생고정자본재	• 건물 및 부대시설 : 축사, 사일로, 사무실, 창고 등 • 대농기구 : 트랙터, 경운기, 쇄토기, 파종기, 예취기, 제초기, 트레일러, 분무기, 퇴비살포기, 사료제조 및 급여기, 가축 관리용구, 분만용구 등 • 토지 및 토지개량 자본재 : 관개·배수시설, 농로 등 토지생산성을 높이는 시설
유생고정자본재	• 동물자본재(대동물) : 육우, 역우, 번식우, 번식돈, 종계, 채란계 등 • 식물자본재(대식물) : 목초, 사과, 배 등의 과실수, 영구초지 등

07 수컷의 생식기관 중 교양물질 분비하는 기관의 명칭과 기능을 쓰시오.

정답 요도구선에서는 요도의 세척 및 중화와 관련된 액체를 분비한다.

08 Y품종의 평균산자수는 11.0, D품종의 평균산자수는 9.0이고, 두 품종 간의 교잡에서 생산된 F_1의 평균산자수는 12.0일 때 이 형질에 대한 잡종강세율을 구하시오.

정답 잡종강세율 $= \dfrac{F_1\text{의 평균} - \text{부모품종의 평균}}{\text{부모품종의 평균}} \times 100 = \dfrac{12.0 - 10.0}{10.0} \times 100 = 20\%$

09 곡류사료를 분쇄하는 목적을 쓰시오.

정답 소화율 증가, 배합용이, 취급용이, 펠릿작업의 원활화, 소비자선호도 만족 등

10 수수×수단그라스 과다섭취 시 발생하는 중독증상을 쓰시오.

정답 청산중독

해설 청산중독
- 수단그라스, 수수×수단교잡종, 수수 등에 함유한 cyanogenetic glucosides 또는 glucoside dhurrin이라 불리는 복합물질이 효소 또는 반추가축의 제1위 미생물에 의해 가수분해될 때 형성되기도 한다.
- 이 물질이 혈액에 흡수되어 혈중 헤모글로빈과 결합하여 cyanohemoglobin을 형성하고 이 물질은 조직 내 산소의 운반을 방해하므로 중독증상을 일으킨다.
- 청산에 중독된 소는 호흡과 맥박이 빨라지고, 근육경련이 일어나며, 심할경우 폐사에 이르기도 한다.

11 지용성 비타민 3가지를 쓰시오.

정답 비타민 A, D, E, K

해설
- 비타민 A(retinol) : 항안구건조증인자
- 비타민 D(calciferol) : 항구루병인자
- 비타민 E(tocopherol) : 항불임증, 항산화제인자
- 비타민 K(menaquinone) : 항혈액응고인자

12 칼슘의 흡수이용에 영향을 주고 구루병의 발생과 관련이 있는 비타민을 쓰시오.

정답 비타민 D

해설 비타민 D(calciferol) : 항구루병인자
- 분만 후 유열에 걸린 적이 있는 젖소의 유열 발생 예방에 관여한다.
- 칼슘, 인의 흡수 이용 및 골격형성에 영향을 준다.
- 반추위 내에서 합성되지 않고, 성장한 가축에서 주로 골연화증의 원인이 된다.
- 결핍증 : 칼슘과 인의 대사장애(골격형성장애, 구루병), 산란율 및 부화율 저하, 난각질 불량 등

13 경운초지 조성에서 진압의 효과를 쓰시오.

> **정답** 갈퀴질로 목초종자를 지면에 밀착시켜 주고, 진압하여 모세관현상에 의해 토양 중의 수분이 종자에 공급되어 목초 정착률이 향상된다.

14 평균체중 600kg, 평균산유량 6,000kg의 착유우 50두를 사육한다. 옥수수 사일리지를 200 일 급여하려고 할 때 필요한 총 사일리지의 요구량을 구하시오(단, 1두당 1일 사일리지 섭취량은 체중의 1.5%, 사일리지의 건물은 30%로 한다).

> **정답**
> • 1두당 1일 사일리지 섭취량 = 평균체중 × 1두당 1일 사일리지 섭취량 = 600kg × 0.015 = 9kg
> • 전체 착유우의 1일 사일리지 총섭취량 = 9kg × 50두 = 450kg
> • 200일 동안 필요한 총 사일리지의 요구량 = (450kg × 200일)/0.3 = 300,000kg

15 젖소 착유 시 유즙 분비를 촉진시키는 뇌하수체 후엽 호르몬을 쓰시오.

> **정답** 옥시토신
>
> **해설** 옥시토신은 분만 후 자궁의 수축과 유즙 분비를 촉진시키는 뇌하수체 후엽 호르몬이다.

16 축산소득 50,000,000원에서 경영비가 30,000,000원이고 임의비용이 10,000,000원일 때 축산소득률을 구하시오.

> **정답** $축산소득률 = \dfrac{소득}{조수입} \times 100 = \dfrac{50,000,000원}{50,000,000원 + 30,000,000원} \times 100 = 62.5\%$

17 돼지 자궁의 형태를 쓰시오.

정답 쌍각자궁

해설 자궁의 형태

쌍각자궁	• 자궁경관 바로 앞의 작은 자궁체와 두 개의 긴 자궁각이 있다. • 돼지의 자궁각은 소의 자궁각보다 훨씬 더 길다.
분열자궁 (양분자궁)	• 자궁경관 앞까지 현저한 자궁체가 있다. • 쌍각자궁에서처럼 길고 뚜렷하지는 않지만 2개의 자궁각이 있다. • 소, 말, 산양, 개, 고양이
중복자궁	• 2개의 자궁경관에 각각 1개씩의 자궁이 있다. • 자궁경관은 질에서 각각 개구된다. • 설치류, 토끼류
단자궁	• 자궁각이 없다. • 사람, 영장류(primates)에서 볼 수 있다.

18 한계비용의 정의를 쓰시오.

정답 일정 생산량하에서 그 생산물 1단위를 더 생산하는 데 필요한 비용의 증가분, 즉 생산물 1단위를 추가할 경우 추가되는 비용이다.

19 TDN(가소화영양소총량)을 구하는 공식을 쓰시오.

정답 TDN = 가소화조단백질 + (가소화조지방 × 2.25) + 가소화조섬유 + 가소화가용무질소물

해설 가소화영양소 총량(TDN ; Total Digestible Nutrients)
• 사료에 들어 있는 가소화열량가의 총합으로 소화율을 기초로 계산한다.
• 측정이 간단하나 저질조사료의 사료가치평가에 문제가 있다.
• TDN과 DE는 상호전환이 가능하다(1kg TDN = 4,400kcal).

01 돼지의 분만 전 준비사항 3가지를 쓰시오.

> **정답** • 모돈은 분만 당일 절식 또는 감량시킨다.
> • 분만실을 청소 및 소독한다.
> • 깔짚·보온매트 등을 깔아준다.
> • 소독약품, 견치를 자르는 기구, 수건 등을 준비한다.

02 초유의 급여시기, 보관 방법 및 특징에 대해 서술하시오.

> **정답** • 급여시기 : 분만 후 약 5일 동안
> • 보존방법 : 냉동보관
> • 특징
>   − 초유는 단백질과 유지방 함량이 높고 유당 함량은 낮다.
>   − 보통 우유에 비하여 진한 황색이다.
>   − 면역물질이 되는 글로불린 함량이 높다.
>   − 카로틴, 비타민 A의 함량이 높다.
>   − 태변의 배설을 도와준다.
>   − 송아지에게 이행된 항체의 효력은 생후 2개월간 지속된다.
>   − 나이가 많은 경산우의 초유가 어린 초산우의 초유보다 항체 함량이 2배 정도 높다.

03 수컷의 부생식선 3가지를 쓰고 그 기능을 쓰시오.

> **정답** • 정낭선 : 정낭선의 분비액은 정자를 보호하는 유백색을 띤 점조된 액체로서 고농도의 단백질, 칼슘,
> 구연산, 과당 및 여러 종류의 효소를 함유한다.
> • 전립선 : 전립선은 정액에 특유의 냄새를 부여하는 엷고 불투명한 액체를 분비한다. 이 액체는 유백색으로
> 알칼리성이며, 정자의 운동과 대사에 관여한다.
> • 요도구선 : 요도의 세척 및 중화와 관련된 액체를 분비한다.

04 산란계를 강제환우시키는 방법 2가지를 쓰시오.

> **정답** 절식, 절수, 점등관리

05 지용성비타민 3가지를 쓰시오.

정답 비타민 A, D, E, K

해설
- 비타민 A(retinol) : 항안구건조증인자
- 비타민 D(calciferol) : 항구루병인자
- 비타민 E(tocopherol) : 항불임증, 항산화제인자
- 비타민 K(menaquinone) : 항혈액응고인자

06 화본과 사료작물 잎, 줄기, 뿌리의 특징을 쓰시오.

정답
- 잎 : 잎집, 잎몸, 잎혀, 잎귀로 구성되어 나란히맥, 줄기 위에 어긋나게 2열로 각 마디에 하나씩 나 있다.
- 줄기 : 대체로 속이 비어 있고 둥글며, 뚜렷한 마디를 가지고 있다.
- 뿌리 : 섬유모양의 수염뿌리로 되어 있다.

07 건초의 외관상 품질평가 항목 5가지를 쓰시오.

정답 수분함량, 잎의 비율, 녹색도, 촉감, 이물의 혼입 정도

해설 **건초의 품질평가**
- 품질평가 항목 : 녹색도, 수분함량, 이물의 혼입 정도(곰팡이의 발생 여부 등), 잎의 비율, 방향성과 촉감, 단백질·조섬유 함량, 수확시기, 냄새, pH 등
- 중요도(평가 배점)의 크기 : 수확시기(숙기), 잎의 비율 > 향취, 녹색도 > 촉감

08 사료요구율이 2.1인 자돈을 40g에 구입하여 60일 동안 사육한 후 체중이 2.2kg일 때 출하하기까지 사료급여량(kg)을 구하시오.

정답 $(2.2kg - 0.04kg) \times 2.1 = 45.36kg$

해설 $사료요구율 = \dfrac{사료급여량}{증체량}$

$2.1 = \dfrac{사료급여량}{2.2kg - 0.04kg}$

∴ 사료급여량 $= (2.2kg - 0.04kg) \times 2.1 = 45.36kg$

09 젖소에서 발생하는 케톤증의 원인을 쓰시오.

> **정답** 탄수화물 부족과 대사이상으로 지방산을 연소시켜 체내 에너지를 얻는 대사성 질병

> **해설** 케톤증(ketosis)
> 고능력인 젖소에서 분만 후 수일에서 수주일 안에 일어나는 경우가 많으며 대사장애로 인한 케톤체의 과잉 생산과 저혈당증이 원인이다.

10 제1종 법정전염병 3가지를 쓰시오.

> **정답** 우역, 우폐역, 구제역, 아프리가돼지열병, 뉴캐슬병 등

> **해설** 제1종 법정전염병의 종류

소	돼지	닭
우역, 우폐역, 구제역, 가성우역, 블루텅병, 리프트계곡열, 럼프스킨병, 양두, 수포성구내염	구제역, 아프리카돼지열병, 돼지열병, 돼지수포병	뉴캐슬병, 고병원성조류인플루엔자

11 젖소의 유방염을 예방하기 위한 방법 3가지를 쓰시오.

> **정답**
> • 착유 순서를 지켜 착유
> • 착유 후 철저한 유두 침지소독
> • 건유기 항생제 치료
> • 체세포가 높은 소와 감염우는 최후에 착유

12 초지의 방목 방법의 종류 3가지를 쓰시오.

> **정답** 연속방목(고정방목, 전기방목), 윤환방목, 대상방목, 계목(메어기르기)

13 직경이 3m이고, 높이가 10m인 원통형 탑형 사일로에 저장할 수 있는 사일리지의 무게(kg)를 구하시오(단, 목초 사일리지의 무게는 700kg/m³이다).

> **정답** 700kg/m³ × 70.65m³ = 49,455kg

> **해설** • 사일로의 용적 = (사일로의 반지름)² × 3.14 × 사일로의 높이
> = (1.5m)² × 3.14 × 10m = 70.65m³
> • 옥수수 사일리지의 양 = 700kg/m³ × 70.65m³ = 49,455kg

14 사료의 화학적 영양가치 평가방법 중 일반성분 분석법을 이용하는 성분 중 3가지를 쓰시오.

> **정답** 수분, 조회분, 조단백, 조지방, 조섬유, 가용무질소물

15 거세우의 육량·육질 특징을 쓰시오.

> **정답** • 근내지방도가 증가하고, 근섬유가 가늘어지며 향미가 좋아진다.
> • 고기의 연도(전단력)가 비거세우보다 현저히 낮아(연해)진다.
> • 체지방량이 많아 정육량이 다소 떨어진다.

16 다음 돼지 3품종 종료교배법 모식도에서 ( ) 안에 들어갈 알맞은 품종을 쓰시오.

(①)(♀) × (②)(♂)
↓
F₁(♀) × (③)(♂)
↓
F₂(♀) : 비육돈으로 이용

> **정답** ① 랜드레이스(Landrace), ② 요크셔(Yorkshire), ③ 두록(Duroc)

17 채취한 정액을 보관하는 ① 적정온도 및 ② 방법을 쓰시오.

> **정답** ① −196℃
> ② 액체질소에 넣어 동결보관한다.

18 농기계의 구입가격이 1,000만원이고, 내용연수 2년이 지난 후의 잔존가격이 500만원일 때 정액법을 사용하여 감가상각액을 구하시오.

> **정답** 감가상각비 $= \dfrac{구입가격 - 잔존가격}{내용연수} = \dfrac{1,000만원 - 500만원}{2년} = 250만원/년$

19 기회비용의 정의를 쓰시오.

> **정답** 어느 생산요소가 어느 특정생산에 투입되었을 때 그로 인해 포기되는 비용

20 인공수정 시 소, 돼지, 닭의 정액 채취 방법을 쓰시오.

> **정답** • 소 : 인공질법
> • 돼지 : 수압법
> • 닭 : 마사지법

과년도 기출복원문제

01 병아리 부리자르기의 장점 3가지를 쓰시오.

> **정답** • 탁우증 예방
> • 사료의 손실 및 편식방지
> • 알을 깨 먹는 습성방지
> • 투쟁심 방지(체력 소모, 신경과민 예방)

02 산란계의 케이지사육 장점 3가지를 쓰시오.

> **정답** • 개별 닭의 산란을 포함하는 관리가 가능하다.
> • 계사의 단위면적당 사육수수를 높일 수 있다.
> • 닭의 운동을 제한함으로써 사료요구율을 낮춘다.
> • 기계화로 노동력을 절감시키는 등 경제성을 높이는 데 효과적이다.

03 좋은 사일리지의 조건 3가지를 쓰시오.

> **정답** • 곡실 함유 정도 : 영양가가 높으므로 많을수록 좋다.
> • 색깔(녹황색~담황색) : 색깔은 일반적으로 밝은 감을 주는 것이 좋다.
> • 냄새 : 산뜻하고 향긋한 냄새가 나야 한다(새콤한 사일리지 특유의 냄새).
> • 맛 : 상쾌한 산미, 신맛이 약간 나는 것이 좋은 품질의 것이다.
> • 수분함량 : 물기가 적당하고 부드러움이 느껴지는 정도의 수분(70% 내외)
> • 기호성 : 급여 시 가축이 거부하지 않고 잘 먹는 것이 좋다.

04 착유우의 구입가격이 350만원이고, 내용연수 4년이 지난 후의 잔존가격이 250만원일 때 정액법을 사용하여 감가상각액을 구하시오.

> **정답** 감가상각비 $= \dfrac{\text{구입가격} - \text{잔존가격}}{\text{내용연수}} = \dfrac{350만원 - 250만원}{4년} = 25만원/년$

05 돼지 200두 중 PSS 유전자의 빈도가 30%일 때 돼지스트레스증후군이 나타날 것으로 예상되는 두수를 구하시오.

정답 200두 × 0.3 = 60두

06 PSE육의 특징 3가지를 쓰시오.

정답 고기의 색깔이 창백하고, 품질은 탄력 없이 흐물흐물하며, 고기 내 수분이 잘 빠져 나오는 고기

07 송아지 ① 거세의 시기와 ② 방법, ③ 장점 2가지를 쓰시오.

정답 ① 자가 생산 2~3개월, 구입송아지 4~6개월
② 외과적 방법, 무혈거세, 고무줄(링)법
③ 소의 성질은 온순하고, 투쟁심이 없어지며, 사양관리가 쉽다.

해설 • 거세 방법
  – 외과적 방법 : 음낭을 절개하여 정소를 적출한다. 가장 확실한 방법이다.
  – 무혈거세 : 정계의 혈관을 무혈거세기를 이용하여 압박한다. 압박된 혈관은 혈액이 차단되어 상처가 생기지 않고 화농의 위험은 없다.
  – 고무줄(링)법 : 정관을 고무줄로 동여매거나 고무링 장착기를 이용하여 고무줄을 장착한다. 간편한 방법이다.
• 거세의 장점
  – 근내지방도가 증가하고, 근섬유가 가늘어지며 향미가 좋아진다.
  – 고기의 연도(전단력)가 비거세우보다 현저히 낮아(연해)진다.
  – 교미능력의 상실로 암수 합사사육이 가능하다.
  – 소의 성질은 온순하고, 투쟁심이 없어지며, 사양관리가 쉽다.
  – 출하 시 좋은 등급으로 높은 가격을 받을 수 있다.
  – 종축으로서의 가치가 없는 가축의 번식을 중단시킬 수 있다.

08 달걀 1kg의 가격이 1,500원이고, 사료 1kg의 가격은 250원일 때 난사비를 구하시오.

정답 난사비 $= \dfrac{\text{달걀 1kg당 가격}}{\text{사료 1kg당 가격}} = \dfrac{1,500원}{250원} = 6.0$

09 에스트로젠의 기능 3가지를 쓰시오.

정답 난포 발육, 부생식기와 유선 발육, 발정 유지, 유선 발달

10 돼지 초유의 기능 3가지를 쓰시오.

정답 • 질병에 대한 저항력을 갖게 하는 면역글로불린이 들어 있다.
• 성장에 필요한 영양소가 충분히 들어 있다.
• 태변의 배출을 촉진시키는 역할을 한다.

11 유즙의 분비 과정에서 (　) 안에 들어갈 알맞은 말을 쓰시오.

유선세포 → 유선포 → 유선엽 → (①) → (②) → 유두조 → 유두관

정답 ① 유선관, ② 유선조

해설 유즙의 배출경로
유선세포 → 유선포 → (유선소엽 →)유선엽 → 유선관(소유관 → 대유관) → 유선조 → 유두조 → 유두관

12 혼파의 장점 3가지를 쓰시오.

정답 • 가축에게 영양분이 높고 기호성이 좋은 풀을 공급할 수 있다.
• 두과 목초가 근류균으로 공중질소를 고정함으로서 화본과 목초에 질소비료가 절약된다.
• 상번초와 하번초를 혼파함으로서 공간을 효율적으로 이용할 수 있다.
• 다양한 토양층의 이용과 토양의 비료성분(양분과 수분)을 더욱 효율적으로 이용할 수 있다.
• 계절별로 균등한 목초생산이 가능하다.
• 동해, 한해(가뭄), 병충해, 습해의 재해 방지 등
• 단위면적당 생산량을 높일 수 있고, 이용방법의 선택이 쉽다(건초, 사일리지, 방목).

13 정액 희석 및 보존과정에서 동해방지제로 이용되는 물질 2가지를 쓰시오.

정답 1,2-프로판디올(PROH), 다이메틸설폭사이드(DMSO), 글리세롤, 글루코스

14 다음에서 설명하는 사료작물을 쓰시오.

> • 학명은 *Brassica napus*로 십자화과에 속한다.
> • 토양에 대한 적응성이 높다.
> • 옥수수 후작으로 많이 재배한다.
> • 가용무질소물 및 가소화단백질 등이 풍부하여 젖소의 풋베기용으로 많이 이용된다.

정답 유채

해설 • 학명은 *Brassica napus*로 십자화과 속하며, 토양에 대한 적응성이 높다.
• 옥수수 후작으로 많이 재배하며, 봄 파종의 경우 3월 상, 중순이 적기이다.
• 파종량은 ha당 8~10kg이며, 수분함량이 높고 조섬유는 적고 가용무질소물 및 가소화단백질 등이 풍부하여 젖소의 풋베기용으로 많이 이용된다.

15 사료요구율과 사료효율을 구하는 공식을 쓰시오.

정답 • 사료요구율 $= \dfrac{\text{사료급여량}}{\text{증체량}}$

• 사료효율 $= \dfrac{\text{증체량}}{\text{사료급여량}} \times 100$

16 펠릿사료의 장점 3가지를 쓰시오.

정답 • 사료의 부피를 줄여 취급 및 수송이 용이해진다.
• 사료로부터 발생하는 먼지를 막을 수 있다.
• 사료 중 열에 약한 병원성 세균 및 독성물질이 파괴된다.
• 사료 섭취량과 소화율을 향상시킨다.
• 사료 이용효율 및 기호성을 증진한다.
• 영양소 불균형과 사료 허실 발생을 예방한다.
• 가축의 선택적 채식이 방지되고, 짧은 시간에 많은 사료를 먹일 수 있다.

17 호르몬성 간성으로 소의 이성쌍태에 있어서 암컷에 나타나며 중간적인 양성의 생식기관을 가지는 이상을 쓰시오.

정답 프리마틴

해설 프리마틴(Freemartin)
• 소의 이성쌍태(異性雙胎)에 있어서 암컷에 나타나는 이상(異常)으로 성의 형태는 간성(間性)이다.
• 정상적인 암컷과 비슷한 외부생식기를 가지며 정소와 여러 가지로 유사점을 가진 변이한 난소를 가진다.

18 TMR사료의 단점 3가지를 쓰시오.

> **정답** • TMR에 대한 충분한 이해와 지식이 필요하다.
> • TMR배합용 단미사료의 확보 및 유통이 원활해야 한다.
> • 사양관리상의 시설투자에 큰 비용이 소요된다.
> • TMR배합을 위한 사료배합프로그램의 확보와 운영에 대한 지식이 필요하다.
> • 비유단계별, 성장단계별, 산유능력별 등 우군분리가 전제되어야 하나 중소규모 낙농가의 우 군분리가 어려워 과비우나 마른소가 나올 수 있고 번식장애 및 각종 대사장애가 발생할 가능성이 높다.
> • 원료의 변화가 있을 때 정확한 사료적 가치를 평가하기 어렵다.
> • 볏짚이나 베일형태의 긴 건초는 배합기에 넣기 전에 적당한 길이로 세절해야 하는 번거로움이 있다.
> • 소규모 사육농가에 부적당하다.
> • 사양관리상의 시설개선 및 기술이 필요로 한다.
> • 습식사료이므로 장기간보관이 어렵고 사료 내 이물질이 함유될 경우가 있다.

19 다음 젖소의 비유 단계 중 산유량이 최고 수준에 달하는 시기를 골라 쓰시오.

비유 초기   비유 중기   비유 후기

> **정답** 비유 초기

> **해설** • 비유 초기(비유 최대기) : 분만 후~70일까지로 유량이 급격하게 증가하여 최대 비유기에 도달한다.
> • 비유 중기(건물 섭취 최대기) : 분만 후 70~140일까지로 산유량은 매주 2~3%씩 감소한다.
> • 비유 후기 : 분만 후 140~305일까지로 산유량은 매주 8~10%씩 감소한다.

20 반추동물 위의 명칭 4가지를 쓰고 각 기능을 1가지씩 쓰시오.

> **정답** • 제1위(혹위, 반추위, rumen) : 미생물이 서식하여 발효가 일어난다. 주로 혐기성 미생물들이 서식하면서 가축이 섭취하는 영양소를 이용하여 미생물 대사작용을 한다.
> • 제2위(벌집위) : 반추위와 연결된 위로, 조직과 기능이 반추위와 비슷하며 사료를 되새김질한다.
> • 제3위(겹주름위) : 근엽을 통해서 사료 내용물의 수분을 흡수하여 식괴를 형성하며, 분해가 잘된 위 내용물을 제4위로 넘어가도록 하는 체의 역할을 한다.
> • 제4위(진위) : 반추동물의 4개의 위 중에서 단위동물의 위와 같이 소화액에 의한 화학적인 소화작용이 일어나는 곳이며, 담즙이 위 내로 역류하는 것을 방지하는 역할을 한다.

01 산란계 강제환우를 고려해야 하는 조건 3가지를 쓰시오.

> 정답 • 차기에 달걀가격 상승이 기대될 때
> • 현재 달걀가격이 낮아서 유지가 곤란할 때
> • 햇닭으로 교체하는 비용이 많이 들 때

02 사료 조회분의 정량분석 원리를 쓰시오.

> 정답 시료를 연소로에서 500~600℃에 2시간 이상 완전히 태운 후 남은 중량으로 산출한다.

> 해설 $조회분(\%) = \dfrac{회화\ 후\ 무게(시료\pm크루시블) - 크루시블\ 무게}{시료중량(g)} \times 100$

03 콩과(두과) 사료작물의 형태학적 특징 3가지를 쓰시오.

> 정답 • 뿌리는 천근성 혹은 직근성이다.
> • 속이 차있는 줄기의 형태와 뚜렷하지 않은 마디를 가지고 있다.
> • 꽃은 10개의 수술, 1개의 암술이 있다.
> • 종자는 하나의 꼬투리로 되어 있다.

04 사일리지와 헤일리지의 성분상 차이를 쓰시오.

> 정답 사일리지와 헤일리지는 수분함량의 차이가 있다. 사일리지의 수분함량은 60~70% 혹은 그 이상이고 헤일리지는 수분함량을 40~60%로 낮추어 제조한 사일리지를 말한다.

05 사일로의 종류 3가지를 쓰시오.

> 정답 원통형, 기밀형, 트렌치형, 벙커형 및 스택형, 비닐백 사일로, 퇴적사일로 등

06 송아지의 ① 거세 방법 3가지와 ② 장점 2가지를 쓰시오.

정답 ① 외과적 방법, 무혈거세, 고무줄(링)법
② 소의 성질은 온순하고, 투쟁심이 없어지며, 사양관리가 쉽다.

해설 • 거세방법
 – 외과적 방법 : 음낭을 절개하여 정소를 적출한다. 가장 확실한 방법이다.
 – 무혈거세 : 정계의 혈관을 무혈거세기를 이용하여 압박한다. 압박된 혈관은 혈액이 차단되어 상처가 생기지 않고 화농의 위험은 없다.
 – 고무줄(링)법 : 정관을 고무줄로 동여매거나 고무링 장착기를 이용하여 고무줄을 장착한다. 간편한 방법이다.
• 거세의 장점
 – 근내지방도가 증가하고, 근섬유가 가늘어지며 향미가 좋아진다.
 – 고기의 연도(전단력)가 비거세우보다 현저히 낮아(연해)진다.
 – 교미능력의 상실로 암수 합사사육이 가능하다.
 – 소의 성질은 온순하고, 투쟁심이 없어지며, 사양관리가 쉽다.
 – 출하 시 좋은 등급으로 높은 가격을 받을 수 있다.
 – 종축으로서의 가치가 없는 가축의 번식을 중단시킬 수 있다.

07 발정동기화의 정의를 쓰시오.

정답 인위적인 방법(우군의 번식효율 증진을 위해 $PGF_{2\alpha}$과 황체호르몬의 계획적인 투여)에 의해, 한우군의 암소 발정 및 배란을 일시적・집중적으로 동기화시키는 작업이다.

08 내배엽으로부터 분화되는 기관 3가지를 쓰시오.

정답 소화기・호흡기 계통, 체절, 근육조직(간・췌장・폐・소장・대장 같은 내장기관) 등

해설 수정란의 분화
 • 외배엽 : 표피계, 털, 발굽, 신경계통(뇌・척수 등) 등
 • 중배엽 : 근육계, 골격계, 신경계, 비뇨생식기, 순환기(근육・신장・심장・혈액・혈관 같은 심혈관계)계통 등
 • 내배엽 : 소화기・호흡기 계통, 체절, 근육조직(간・췌장・폐・소장・대장 같은 내장기관) 등

09 사료섭취량 10kg, 사료 내 단백질 함량 20%, 분배출량 3kg, 분 내 단백질 함량 14%일 때 단백질 소화율을 구하시오.

정답 $\dfrac{2-0.42}{2} \times 100 = 79\%$

해설
- 소화율 = $\dfrac{\text{섭취한 영양소} - \text{분으로 배설된 영양소}}{\text{섭취한 영양소}} \times 100$
- 섭취한 단백질량 = 사료섭취량 × 단백질 함량 = 10kg × 0.2 = 2kg
- 분의 단백질량 = 분의 양 × 분단백질량 = 3kg × 0.14 = 0.42kg
- ∴ 단백질 소화율 = $\dfrac{2-0.42}{2} \times 100 = 79\%$

10 건초의 외관상 품질평가 항목 5가지를 쓰시오.

정답 수분함량, 잎의 비율, 녹색도, 촉감, 이물의 혼입 정도

해설 건초의 품질평가
- 품질평가 항목 : 녹색도, 수분함량, 이물의 혼입 정도(곰팡이의 발생 여부 등), 잎의 비율, 방향성과 촉감, 단백질·조섬유 함량, 수확시기, 냄새, pH 등
- 중요도(평가 배점)의 크기 : 수확시기(숙기), 잎의 비율 > 향취, 녹색도 > 촉감

11 돼지의 제1종 법정전염병 3가지를 쓰시오.

정답 구제역, 아프리카돼지열병, 돼지열병, 돼지수포병

해설 제2종 법정전염병 : 오제스키, 일본뇌염, 텟센병 등

12 송아지의 입장에서 초유의 장점 3가지를 쓰시오.

정답
- 질병에 대한 저항력을 갖게 하는 면역글로불린이 들어 있다.
- 성장에 필요한 영양소가 충분히 들어 있다.
- 태변의 배출을 촉진시키는 역할을 한다.

13 다음 중 유동자본재를 3가지 골라 쓰시오.

> 종돈   비육우   번식돈   육계   육돈

정답 비육우, 육계, 육돈

해설 유동자본재의 종류
- 원료 : 사료, 종자, 비료, 건초 등
- 재료 : 약품, 연료, 깔짚, 농약, 소농기구, 비닐 등
- 소동물 : 비육우, 비육돈, 육계 등
- 미판매 축산물 : 우유, 달걀 등

14 지방산 중 하나 또는 그 이상의 이중결합을 지닌 불포화지방산 3가지를 쓰시오.

정답 리놀레산, 아라키돈산, 올레산

해설 불포화지방산의 이중결합 개수 : 올레산 1개, 리놀레산 2개, 리놀렌산 3개, 아라키돈산 4개

15 토지의 기술적 특성 3가지를 쓰시오.

정답
- 부양력 : 식물의 성장에 필요한 영양분을 공급하는 성질이다.
- 가경력 : 뿌리를 뻗게 하고 지상부를 지지 또는 수분이나 양분을 흡수케 하는 물리적 성질이다.
- 적재력 : 축산물의 생산대상인 가축을 사육할 수 있고 가축을 사육하는 데 필요한 사료작물을 재배하는 장소로서의 기능이다.

16 사료요구율을 구하는 공식을 쓰시오.

정답 사료요구율 $= \dfrac{\text{사료섭취량}}{\text{증체량}}$

17 소와 돼지의 인공수정 시 정액을 주입하는 부위를 쓰시오.

정답 • 소 : 자궁체
• 돼지 : 자궁경 심부

18 폐우가격이 160만원, 내용연수가 5년인 젖소의 정액법에 의한 감가상각비가 30만원일 때 젖소의 당초가격을 구하시오.

정답 (30만원 × 5년) + 160만원 = 310만원

해설 젖소의 감가상각비 = $\dfrac{\text{젖소의 당초가격} - \text{폐우가격}}{\text{내용연수}}$

30만원 = $\dfrac{\text{젖소의 당초가격} - 160\text{만원}}{5\text{년}}$

∴ 젖소의 당초가격 = (30만원 × 5년) + 160만원 = 310만원

19 단백질생물가 의미와 계산방법을 쓰시오.

정답 • 소화 흡수된 분해단백질의 체단백질 합성량을 기준으로 단백질을 평가하는 방법이다. 즉, 흡수된 단백질이 얼마나 효율적으로 체단백으로 전환되었는가를 측정한다.
• 단백질생물가 = $\dfrac{\text{체내 축적된 질소량}}{\text{흡수된 질소량}} \times 100$

20 병아리의 암수를 구별하는 방법 2가지를 쓰시오.

정답 • 기계 감별법
• 생식돌기 감별법
• 반성유전에 의한 감별법

과년도 기출복원문제

01 비육돈을 체중 200kg에서 440kg까지 사육하려 할 때 사료급여량(kg)을 구하시오(단, 1일 증체량은 0.8kg, 1일 급여량은 체중의 1.8%이다).

정답 • 소요일수 = $\dfrac{증체량}{1일\ 증체량}$ = $\dfrac{440kg - 200kg}{0.8kg}$ = 300일

• 1일 급여량 = 평균체중 × 0.018 = $\dfrac{200kg + 440kg}{2}$ × 0.018 = 5.76kg

∴ 사료급여량 = 1일 급여량 × 소요일수 = 5.76kg × 300일 = 1,728kg

02 혼파의 장점 3가지를 쓰시오.

정답 • 가축에게 영양분이 높고 기호성이 좋은 풀을 공급할 수 있다.
• 두과 목초가 근류균으로 공중질소를 고정함으로서 화본과 목초에 질소비료가 절약된다.
• 상번초와 하번초를 혼파함으로서 공간을 효율적으로 이용할 수 있다.
• 다양한 토양층의 이용과 토양의 비료성분(양분과 수분)을 더욱 효율적으로 이용할 수 있다.
• 계절별로 균등한 목초생산이 가능하다.
• 동해, 한해(가뭄), 병충해, 습해의 재해 방지 등
• 단위면적당 생산량을 높일 수 있고, 이용방법의 선택이 쉽다(건초, 사일리지, 방목).

03 산중독증의 원인과 증상을 쓰시오.

정답 고수준의 농후사료 급여로 인해 전분이 반추위 내 미생물에 의해 유산을 많이 생성하게되어 식욕저하, 회색의 붉은 변, 탈수증상, 보행 불능, 혼수상태의 증상을 보인다. 고창증, 제염병, 부전각화증 및 간농양 등의 질병으로 발전될 수 있다.

04 돼지 강정사양의 장점을 쓰시오.

정답 교배하기 직전 1~2주의 미경산돈에게 에너지섭취량을 증가시켜 주는 것, 특히 고에너지사료를 급여하는 방법이다. 강정사양을 하게 되면 건강이 개선되고 교배 시 배란수가 많아지며 산자수를 증가하는 효과가 있다.

05 정액 희석의 장점을 쓰시오.

> **정답** • 원정액이 갖고 있는 불리한 조건을 제거하여 정자의 생존에 유리한 조건을 부여한다.
> • 정액량을 증가시켜 다두 수정이 가능하도록 한다.
> • 보존기간 동안에 정자의 활력 및 생존율에 최적의 조건으로 수정능력을 연장한다.

06 소의 상호역교배 정의를 쓰시오.

> **정답** 상호역교배는 두 계통 또는 두 품종 간의 잡종1대에 양친 중 한쪽의 품종을 교배시키고 잡종2대에는 양친의 다른 쪽 품종을 교배시킨다.

> **해설**
> Hereford($♀$) $\times$ Angus($♂$)
> $\downarrow$
> F_1($♀$) $\times$ Hereford($♂$)
> $\downarrow$
> F_2($♀$) $\times$ Angus($♂$)
> $\downarrow$
> F_3($♀$) $\times$ Hereford($♂$)
> $\downarrow$
> $\vdots$

07 정자의 성숙, 농축, 저장이 일어나는 장소를 쓰시오.

> **정답** 정소상체(부고환)

> **해설** 정소상체의 기능 : 정자의 운반, 농축, 성숙 및 저장

08 정자의 완성 과정에서 (   ) 안에 들어갈 알맞은 말을 쓰시오.

골지기 → (①) → (②) → 성숙기

> **정답** ① 두모기, ② 첨체기

09 돼지 태반의 형태를 쓰시오.

> **정답**
> • 상피융모성 태반 : 모체의 자궁이 3가지 층으로 모두 존재하고 분만 시에 모체의 조직 손상이 덜하다.
> • 산재성 태반 : 융모막과 융모가 모든 곳에 산재한 경우(말, 돼지)

10 육성계와 산란계의 점등관리 목적을 쓰시오.

> **정답**
> • 육성계의 점등은 닭이 성장 하는 시기에 일조시간을 단축시켜 성 성숙이 빨리 오는 것을 억제 할 수 있어 체중이 무거운 닭을 생산하고, 초산때 낳는 알의 크기도 커지게 한다.
> • 산란계의 점등은 일조시간을 늘려 달걀 가격이 높은 시기에 산란을 지속시켜 양계경영을 유리하게 한다.

11 TDN(가소화영양소총량)을 구하는 공식을 쓰시오.

> **정답** TDN = 가소화조단백질 + (가소화조지방 $\times$ 2.25) + 가소화조섬유 + 가소화가용무질소물
>
> **해설** 가소화영양소 총량(TDN ; Total Digestible Nutrients)
> • 사료에 들어 있는 가소화열량가의 총합으로 소화율을 기초로 계산한다.
> • 측정이 간단하나 저질조사료의 사료가치평가에 문제가 있다.
> • TDN과 DE는 상호전환이 가능하다(1kg TDN=4,400kcal).

12 사료량 4kg(1kg당 250원), 유대는 1kg당 350원이고 생산한 우유의 양이 18kg일 때 유사비를 구하시오.

> **정답** 유사비 = $\dfrac{\text{구입사료비}}{\text{우유판매금}} \times 100 = \dfrac{250원 \times 4kg}{350원 \times 18kg} \times 100 = \dfrac{1,000원}{6,300원} \times 100 = 15.87\%$

13 지용성비타민 4가지를 쓰시오.

정답 비타민 A, D, E, K

해설
- 비타민 A(retinol) : 항안구건조증인자
- 비타민 D(calciferol) : 항구루병인자
- 비타민 E(tocopherol) : 항불임증, 항산화제인자
- 비타민 K(menaquinone) : 항혈액응고인자

14 병아리의 부리를 자를 때 ① <u>위치와 방법</u>, ② <u>장점 1가지</u>를 쓰시오.

정답 ① 윗부리는 1/2, 아랫부리는 1/3 정도 절단하며, 1회차는 7~10일경, 2회차는 8~10주령에 실시한다.
② 탁우증 예방, 사료의 손실 및 편식방지, 알을 깨 먹는 습성방지, 투쟁심 방지(체력 소모, 신경과민 예방)

15 비육돈을 70kg에서 80kg까지 사육하는 동안 급여한 사료량이 100kg일 때 사료요구율을 구하시오.

정답 사료요구율 = $\dfrac{\text{사료급여량}}{\text{증체량}} = \dfrac{100kg}{80kg - 70kg} = 10$

16 유동자산 3가지를 쓰시오.

정답 소동물, 소농기구, 구입사료, 미판매현물, 중간생산물 등

해설
- 고정자산 : 토지, 건물, 대농기구, 대동물 등
- 유동자산 : 소동물, 소농기구, 구입사료, 미판매현물, 중간생산물 등

17 젖소 착유 시 유즙 분비를 촉진하며 뇌하수체 후엽에서 분비되는 호르몬을 쓰시오.

정답 옥시토신

해설 옥시토신은 분만 후 자궁의 수축과 유즙 분비를 촉진시키는 뇌하수체 후엽 호르몬이다.

18 무창계사의 단점을 쓰시오.

정답 • 전기사용량이 많다.
• 정전에 대비하여 비상발전기 보유가 필수적이다.
• 단위면적당 계사의 건축비가 높다.
• 일시에 많은 자본이 필요하다.

19 사료효율을 구하는 공식과 사료효율과 사료이용성의 관계를 쓰시오.

정답 • 사료효율 $= \dfrac{증체량}{사료급여량} \times 100$
• 사료효율이 높을수록 사료이용성이 높아진다.

20 NDF와 ADF의 차이점을 쓰시오.

정답 • 헤미셀룰로스 성분의 차이가 있다(NDF−ADF＝헤미셀룰로스).
• ADF : 건초의 품질평가에 있어 사료건물의 소화율을 예견하는 요소이며 값이 낮을수록 소화율이 높다. 셀룰로스, 리그닌, 실리카 성분이다.
• NDF : 건초의 품질평가에 있어 사료건물의 섭취량을 예견하는 요소이며 중성세제에 용해되지 않는 부분(세포벽 성분)이다. 세포벽의 성분으로는 셀룰로스, 헤미셀룰로스, 리그닌, 실리카 성분이 있다. 리그닌과 실리카는 반추동물의 사료에서 영양적 가치가 없다.

01 **돼지의 심리적 특성 중 굴토성, 후퇴성, 마찰성에 대해 쓰시오.**

> **정답** • 굴토성 : 태생부터 흙을 좋아하고 땅을 코로 파는 성질이 있다. 코에는 연골판이 있어 땅을 쉽게 팔
> 수 있다.
> • 마찰성 : 피지샘과 땀샘이 퇴화하여 피부가 건조하며, 목이 굵고 꼬리가 짧아서 가려움을 해결하지 못해
> 주변의 사물이나 땅에 몸을 마찰시켜 해소한다.
> • 후퇴성 : 꼬리를 잡으면 앞으로 가고 위턱을 잡으면 뒤로 가는 성질로, 이를 이용해 돼지를 보정한다.

> **해설** 그 외 돼지의 심리적 특성
> • 청결성 : 배설하는 곳과 잠자는 곳을 구별할 수 있다.
> • 군거성 : 무리를 지어 생활하는 습성이 있다.

02 **계류식 우사의 장점 3가지를 쓰시오.**

> **정답** • 좁은 면적의 시설에 소를 집약관리할 수 있다.
> • 한 마리씩 매어서 사육하므로 소의 체구가 달라도 같은 우사 내에서 사육이 가능하다.
> • 개체별 사료섭취량 점검 등 개체관리가 용이하다.
> • 질병과 발정의 조기발견과 치료가 빠르고 피부손질과 인공수정 등이 편리하다.
> • 대상은 부업규모의 번식우나 비육우의 비육 후기 사육에 적합하다.

03 **멘델의 유전법칙 3가지를 쓰시오.**

> **정답** 우열의 법칙, 분리의 법칙, 독립의 법칙

> **해설** • 우열의 법칙 : 대립하는 두 형질의 개체를 교배시키면 잡종1대(F_1)에서는 우성형질만 나타나고 열성형질은
> 표현되지 않는다.
> • 분리의 법칙 : 잡종1대(F_1)에서 나타나지 않은 열성형질이 잡종2대(F_2)에서 우성형질과 열성형질이 일정한
> 비율(3 : 1)로 나타나는 현상이다.
> • 독립의 법칙 : 두 쌍의 대립형질이 함께 유전될 때, 각각의 형질은 서로 간섭하지 않고 우열의 법칙과
> 분리의 법칙에 따라 독립적으로 유전되는데, 이를 독립의 법칙이라고 한다.

04 조단백질을 계산하는 공식을 쓰시오.

> **정답** 조단백질 = N × 6.25
>
> **해설** 황산을 이용하여 사료 중 질소 함량을 켈달(Kjeldahl)법으로 분해하여 질소정량하여 6.25를 곱한 값

05 임신유지호르몬에 대해 쓰시오

> **정답** 프로제스테론
>
> **해설** 배란을 촉진, 수정 후에는 배란 억제, 수정란의 착상과 임신 유지, 유선을 발육시키는 역할을 한다.

06 펠릿사료의 장점 3가지를 쓰시오.

> **정답** • 사료의 부피를 줄여 취급 및 수송이 용이해진다.
> • 사료로부터 발생하는 먼지를 막을 수 있다.
> • 사료 중 열에 약한 병원성 세균 및 독성물질이 파괴된다.
> • 사료 섭취량과 소화율을 향상시킨다.
> • 사료 이용효율 및 기호성을 증진한다.
> • 영양소 불균형과 사료 허실 발생을 예방한다.
> • 가축의 선택적 채식이 방지되고, 짧은 시간에 많은 사료를 먹일 수 있다.

07 수분함량이 12.5%, 조단백질 18.5%, 조섬유 8.0%, 조지방 3.5%, 조회분 4.5%일 때 NFE 함량을 구하시오.

> **정답** NFE = 100 − (수분 + 조단백질 + 조섬유 + 조지방 + 조회분)
> = 100 − (12.5% + 18.5% + 8.0% + 3.5% + 4.5%) = 53%

08 헤미셀룰로스를 구하는 방법을 쓰시오.

정답 NDF — ADF

해설
- NDF(Neutral Detergent Fiber) : 중성세제에 끓여도 용해되지 않는 물질로 세포막 성분에 해당하며, 셀룰로스, 헤미셀룰로스, 리그닌, 실리카 등을 정량한다.
  ※ 가용성 물질인 셀룰로스, 헤미셀룰로스는 소, 면양, 산양 등의 반추위 내 미생물에 의해서 소화된다. 그러나 리그닌과 실리카는 미생물에 의해서 소화되지 않는다.
- ADF(Acid Detergent Fiber) : NDF 중 산성세제에 용해되지 않는 물질로 셀룰로스, 리그닌, 실리카 등을 정량한다.

09 다음 ( ) 안에 들어갈 알맞은 말을 쓰시오.

> 중성지방은 (①)과 (②) 3분자의 에스터 결합산물로 저장지방, 에너지원이다.

정답 ① 글리세롤, ② 지방산

해설 중성지방
- 글리세롤과 지방산 3분자의의 에스터 결합산물로 저장지방, 에너지원이다.
- 상온에서 액체상태는 기름(oil)이라 하고 고체상태는 지방(fat)이라 한다.

10 다음에서 설명하는 목초를 쓰시오.

> - 추위에 강하고 가뭄과 더위에 약하여 높은 산지나 한랭한 지대에 적합하다.
> - 인경(비늘줄기)에 양분을 축적하여 영양번식을 한다.
> - 토양적응성은 높은 편이나 산성에 약하다.
> - 사료가치가 높아 건초용으로 알맞다(1차, 2차 건초, 3차 이후 방목).

정답 티머시

11 수수류 사료작물의 초장이 100cm 이하일 때 청예나 방목을 통해 가축이 섭취하면 글루코사이드 두린에 의해 발생하는 중독증상을 쓰시오.

정답 청산중독

해설 청산중독
- 수단그라스, 수수×수단교잡종, 수수 등에 함유한 cyanogenetic glucosides 또는 glucoside dhurrin이라 불리는 복합물질이 효소 또는 반추가축의 제1위 미생물에 의해 가수분해될 때 형성되기도 한다.
- 이 물질이 혈액에 흡수되어 혈중 헤모글로빈과 결합하여 cyanohemoglobin을 형성하고 이 물질은 조직 내 산소의 운반을 방해하므로 중독증상을 일으킨다.
- 청산에 중독된 소는 호흡과 맥박이 빨라지고, 근육경련이 일어나며, 심할경우 폐사에 이르기도 한다.

12 건초 제조 시 발생하는 손실요인을 쓰시오.

정답
- 호흡에 의한 손실
- 강우에 의한 손실(기상손실)
- 잎의 탈락에 의한 손실(기계적 손실)
- 발효 및 일광조사에 의한 손실
- 저장손실(storage losses).

13 영양생장을 하고 있는 화본과 작물의 식별에 중요한 역할을 하는 부위를 쓰시오(단, 화살표는 잎몸과 잎집 사이를 갈라놓은 분기점을 나타내는 분열조직대를 가리킴).

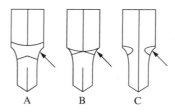

정답 경령

해설 경령(莖領, 깃, collar)
분열조직이 생장하는 부분으로 잎깃이라고도 한다. 엽신과 엽초의 경계부분이며, 화본과 목초의 식별에 중요한 역할을 한다.

14 칼슘의 흡수이용에 영향을 주고 구루병의 발생과 관련이 있는 비타민을 쓰시오.

정답 비타민 D

해설 비타민 D(calciferol) : 항구루병인자
• 분만 후 유열에 걸린 적이 있는 젖소의 유열 발생 예방에 관여한다.
• 칼슘, 인의 흡수 이용 및 골격형성에 영향을 준다.
• 반추위 내에서 합성되지 않고, 성장한 가축에서 주로 골연화증의 원인이 된다.
• 결핍증 : 칼슘과 인의 대사장애(골격형성장애, 구루병), 산란율 및 부화율 저하, 난각질 불량 등

15 난자의 생리적 작용 중 ① **투명대 반응**, ② **난황 차단**을 설명하시오.

정답 ① 정자가 침입하면 다음 정자가 못 들어오게 한다.
② 하나의 정자가 투입되면 나머지의 정자는 출입금지 시킨다.

16 유방에서 정중제인대의 역할을 쓰시오.

정답 탄력성이 풍부하여 유방을 하복벽에 잡아당겨 유방의 부착을 견고하게 한다.
※ 외측제인대(측면제인대) : 유방의 외측면 전체를 둘러싸듯이 퍼져 있고 탄력성이 비교적 작으며, 유방을 옆으로 잡아당겨 흔들리지 않게 한다.

17 건초의 외관상 품질평가 항목 5가지를 쓰시오.

정답 수분함량, 잎의 비율, 녹색도, 촉감, 이물의 혼입 정도

해설 건초의 품질평가
• 품질평가 항목 : 녹색도, 수분함량, 이물의 혼입 정도(곰팡이의 발생 여부 등), 잎의 비율, 방향성과 촉감, 단백질·조섬유 함량, 수확시기, 냄새, pH 등
• 중요도(평가 배점)의 크기 : 수확시기(숙기), 잎의 비율 > 향취, 녹색도 > 촉감

18 정소상체의 역할 3가지를 쓰시오.

정답 정자의 운반, 농축, 성숙, 저장

해설
- 정자의 운반 : 정소수출관을 통과할 때 섬모운동과 근층의 연동운동으로 운반한다.
- 정자의 농축 : 체부에서 정소액을 흡수하여 농축한다.
- 정자의 성숙 : 정소상체 상피세포에서 분비되는 분비물에 의해서 성숙된다.
- 정자의 저장 : 미부는 정자의 농도도 높고 관강도 넓어서 정자가 저장된다.

19 다음 ( ) 안에 들어갈 알맞은 닭의 소화기관을 쓰시오.

- (①)에서는 사료의 물리적 소화를 수행하면서 선위에서 분비된 위액을 위의 내용물과 함께 섞어주는 기능을 한다.
- (②)에는 다수의 미생물이 존재하면서 발효과정을 통하여 소화되지 않은 사료를 분해하여 휘발성 지방산의 형태로 바꿔 에너지를 공급하거나 수용성 비타민을 공급한다.

정답 ① 근위, ② 맹장

20 사료량 4kg(1kg당 250원), 유대는 1kg당 350원이고 생산한 우유의 양이 18kg일 때 유사비를 구하시오.

정답 $유사비 = \dfrac{구입사료비}{우유판매금} \times 100 = \dfrac{250원 \times 4kg}{350원 \times 18kg} \times 100 = \dfrac{1,000원}{6,300원} \times 100 = 15.87\%$

과년도 기출복원문제

01 난황, 농후난백, 난각이 형성되는 암탉의 생식기관을 쓰시오.

정답
- 난황 : 난관누두부
- 농후난백 : 난백분비부
- 난각 : 자궁부

해설

구성	길이(cm)	소요시간	역할
난관누두부	11~12	15분	수정 되는 장소
난백분비부	30~35	3시간	알끈 형성, 농후난백 분비
협부	10~11	1시간35분	난각막 형성, 수양 난백 분비
자궁부	10~11	19~20시간	난각, 난각 색소 분비
질부	6~7	1~10분	산란
합계	70~80	24~26시간	–

02 염기서열 TGAGAT와 상보적으로 결합되는 염기 서열을 쓰시오.

정답 ACTCTA

해설 A-T는 2개의 수소 결합으로, G-C는 3개의 수소 결합으로 각각 쌍을 이루며 존재하는데, 이러한 결합을 DNA의 상보적 결합이라 한다.

03 수분의 함량이 65~70%인 저장성 조사료를 부르는 명칭을 쓰시오.

정답 사일리지

04 자돈 양자보내기 이유와 방법을 각각 2가지씩 쓰시오.

정답 • 이유
  – 어미가 죽거나 새끼를 키울 수 없는 경우
  – 어미의 젖꼭지 수 보다 새끼를 많이 출산한 경우
  – 어미의 포유 능력이 떨어질 경우
  – 성장이 부진한 새끼를 정상적으로 발육시키기 위해
  • 위탁포유 방법
  – 분만 간격이 3일 이내인 모돈에게 보낸다.
  – 위탁 보낼 자돈에게 초유를 충분히 급여한다.
  – 위탁받을 모돈의 분뇨를 새끼의 몸에 발라 위장시킨다.
  – 위탁 받을 모돈의 새끼들과 합사(30분 정도)시킨 후 포유한다.

05 한우 근내지방도를 높이기 위해 제한해야 하는 비타민의 종류를 쓰시오.

정답 비타민 A

06 다음 정액법을 이용하여 감가상각비를 구하시오.

기초가격이 350만원인 폐우의 가격은 100만원이고, 내용연수는 5년이다.

정답 젖소의 감가상각비 $= \dfrac{\text{젖소의 당초가격} - \text{폐우가격}}{\text{내용연수}} = \dfrac{350\text{만원} - 100\text{만원}}{5\text{년}} = 50\text{만원}$

07 한우의 무게가 500kg에서 550kg까지 비육시킬 동안 급여한 사료량이 200kg였을 때 사료요구율을 구하시오.

정답 사료요구율 $= \dfrac{\text{사료급여량}}{\text{증체량}} = 200/50 = 4$

08 경운초지와 불경운초지의 혼파조합 차이점을 3가지 쓰시오.

> **정답** 불경운초지의 혼파조합은 경운초지에 비하여 초종수 · 파종량 · 방석형 목초가 많으며, 월동에 강하고, 특히 하번초 위주의 초종으로 구성되어 있다.

09 체내에서 수분의 역할 3가지를 쓰시오.

> **정답** • 증발열이 커서 체온을 발산할 수 있으므로 과잉생산된 열을 방출할 수 있다.
> • 영양소의 가수분해에 관여하고, 영양소와 대사생성물의 수송을 돕는다.
> • 체액의 구성물질이며, 조직기관의 관절부에서 윤활유 역할을 한다.

10 면실박의 ① 항영양인자를 쓰고, ② 독성 제거 방법을 서술하시오.

> **정답** ① 고시폴(gossypol), ② 가열처리를 통해 제거한다.

11 반추동물에서 침의 역할 3가지를 쓰시오.

> **정답** • 건조한 사료의 수분함량을 높이고 저작과 삼키는 일을 돕는다.
> • 반추위 내 내용물의 수분농도를 미생물의 작용에 알맞도록 조절한다.
> • 미생물의 성장에 필요한 영양소를 공급한다(뮤신, 요소, Na, K, Cl, P, Mg 등).
> • 반추위 내의 pH를 5~7 정도로 유지하게 한다(HCO_3와 Cl, P, Mg의 작용).
> • 거품생성을 방지하여 고창증을 예방한다(뮤신의 작용).
> • 소량의 라이페이스를 분비하여 지방의 가수분해를 돕는다.

12 다음 내분비 생리의 과정에서 (   ) 안에 들어갈 알맞은 호르몬을 보기에서 골라 쓰시오.

(①) → 난포발육, 배란 → (②)분비 → 발정 → (③) → 배란 → (④)분비 → 착상과 임신유지 → (⑤) → 분만

┤보기├
oxytocin, FSH, LH, estrogen, progesterone

> **정답** ① FSH, ② estrogen, ③ LH, ④ progesterone, ⑤ oxytocin

13 자돈의 혈구를 형성하는 주사의 성분을 쓰시오.

정답 철분

14 가족노동력의 특징 2가지를 쓰시오.

정답
- 노동에 대한 대가인 노임이 경영성과로 수취된다.
- 경영의 노동수요와 무관하게 존재하고 증감한다.
- 노동의 이용이 소득의 원천이다.
- 노동감독의 필요성이 없고 창의적이며, 노동생산성이 극대화된다.
- 자율적 노동이며, 노동시간에 구애받지 않는다.
- 정신노동과 육체노동의 병행이며, 가족구성원에 의해 지배·결정된다.
- 축산경영의 목적이 소득의 극대화에 있다.
- 축산경영의 주체가 가족이고, 경영과 가계가 분리되어 있지 않다.

15 돼지에서 가장 많이 사용되는 교배방법으로 모돈과 자돈 사이의 잡종강세를 100% 이용할 수 있는 교배 방법을 쓰시오.

정답 3품종 종료교배법

16 건초의 외관상 품질평가 항목 3가지를 쓰시오.

정답 수분함량, 잎의 비율, 녹색도, 촉감, 이물의 혼입 정도

해설 건초의 품질평가
- 품질평가 항목 : 녹색도, 수분함량, 이물의 혼입 정도(곰팡이의 발생 여부 등), 잎의 비율, 방향성과 촉감, 단백질·조섬유 함량, 수확시기, 냄새, pH 등
- 중요도(평가 배점)의 크기 : 수확시기(숙기), 잎의 비율 > 향취, 녹색도 > 촉감

17 정액 사출 전 나오는 분비물의 생성 장소와 기능을 쓰시오.

> **정답** 요도구선(Cowper's gland), 요도의 세척 및 중화와 관련된 액체를 분비한다.

18 순환기로 발생되는 배엽을 쓰시오.

> **정답** 중배엽

> **해설** 수정란의 분화
> • 외배엽 : 표피계, 털, 발굽, 신경계통(뇌·척수 등) 등
> • 중배엽 : 근육계, 골격계, 신경계, 비뇨생식기, 순환기(근육·신장·심장·혈액·혈관 같은 심혈관계)계통 등
> • 내배엽 : 소화기·호흡기 계통, 체절, 근육조직(간·췌장·폐·소장·대장 같은 내장기관) 등

19 TDN(가소화영양소총량)을 구하는 공식을 쓰시오.

> **정답** TDN = 가소화조단백질 + (가소화조지방 × 2.25) + 가소화조섬유 + 가소화가용무질소물

> **해설** 가소화영양소 총량(TDN ; Total Digestible Nutrients)
> • 사료에 들어 있는 가소화열량가의 총합으로 소화율을 기초로 계산한다.
> • 측정이 간단하나 저질조사료의 사료가치평가에 문제가 있다.
> • TDN과 DE는 상호전환이 가능하다(1kg TDN = 4,400kcal).

20 병아리의 부리를 다듬을 때 부리를 자르는 위치를 쓰시오.

> **정답** 윗부리는 1/2, 아랫부리는 1/3 정도 절단한다.

> **해설** • 시기 : 1회차는 7~10일경, 2회차는 8~10주령에 실시한다.
> • 부리자르기 목적 : 탁우증 예방, 사료의 손실 및 편식방지, 알을 깨 먹는 습성방지, 투쟁심 방지(체력소모, 신경과민 예방)

01 가족노동의 장점 3가지를 쓰시오.

> **정답**
> - 노동에 대한 대가인 노임이 경영성과로 수취된다.
> - 경영의 노동수요와 무관하게 존재하고 증감한다.
> - 노동의 이용이 소득의 원천이다.
> - 노동감독의 필요성이 없고 창의적이며, 노동생산성이 극대화된다.
> - 자율적 노동이며, 노동시간에 구애받지 않는다.
> - 정신노동과 육체노동의 병행이며, 가족구성원에 의해 지배·결정된다.
> - 축산경영의 목적이 소득의 극대화에 있다.
> - 축산경영의 주체가 가족이고, 경영과 가계가 분리되어 있지 않다.

02 반소에스트법에서 NDF와 ADF를 빼고 남는 물질을 쓰시오.

> **정답** 헤미셀룰로스

03 산란계 환우 방지 방법 2가지를 쓰시오.

> **정답** 점등관리, 충분한 사료공급 및 급수 등

> **해설** 산란계에 있어서 환우(털갈이)는 일조시간이 단축될 때 발생하므로 점등관리를 통해 환우를 방지할 수 있다. 이때 점등으로 인한 활동량이 증가하므로 단백질과 에너지가 충분한 사료를 공급한다.

04 우유 생산량이 100,000kg 송아지 및 부산물 수입 10,000,000원, 생산에 소요된 비용이 60,000,000원일 때 우유의 kg당 생산비를 구하시오.

> **정답** 단위당 생산비 = (총생산비 − 부산물평가액)/생산량
> = (60,000,000원 − 10,000,000원)/100,000kg = 500원/kg

05 돼지가 사람에게 옮길 수 있는 인수공통전염병 2가지를 쓰시오.

> **정답** 돈단독, 돼지 인플루엔자

> **해설** 주요 인수공통전염병 : 광견병, 파상열, 페스트, 결핵, 부르셀라증, 야토병, 큐열, 탄저, 돈단독, 렙토스피라, 비저, 소해면상뇌증, 조류인플루엔자

06 송아지 제4위의 점막에서 분비되며 우유를 응고시키는 효소를 쓰시오.

> **정답** 렌넷

> **해설** 치즈를 만들 때 렌넷(rennet) 또는 기타 적합한 단백질 분해효소, 산 등을 첨가하여 카제인을 응고시키고, 유청을 제거한 다음 가열, 압착 등의 처리를 한다.

07 사료를 곱게 분쇄하는 이유를 쓰시오.

> **정답**
> • 에너지 이용률이 향상된다.
> • 조작하기가 용이하다.
> • 다른 사료와 혼합하기가 용이하다.
> • 소화율이 증진된다.
> • 소는 거칠게, 돼지는 곱게(제한급식 시 거칠게) 한다.

08 분만 시 모돈의 식자벽이 발생하는 이유 2가지를 쓰시오.

> **정답**
> • 과도한 스트레스
> • 분만 시의 비만체형
> • 분만 대기돈의 변비
> • 부적절한 분만 처치(난산의 즉각조치 미비)
> • 기타 환경의 불안감 조성 등

09 근괴사료의 특성과 종류 1가지를 쓰시오.

정답 • 특성
- 뿌리나 근괴를 이용하는 사료이다.
- 근괴에는 고구마, 감자, 뚱딴지, 무, 사료용 비트, 타피오카 등이 있다.
- 가용무질소 함량이 많으나 단백질 함량이 매우 낮다.
• 종류 : 고구마, 타피오카(카사바)

10 초유의 정의와 특징 2가지를 쓰시오.

정답 • 정의 : 분만 후 약 5일 동안 분비되는 우유
• 특징
- 초유는 단백질과 유지방 함량이 높고 유당 함량은 낮다.
- 보통 우유에 비하여 진한 황색이다.
- 면역물질이 되는 글로불린 함량이 높다.
- 카로틴, 비타민 A의 함량이 높다.
- 태변의 배설을 도와준다.
- 송아지에게 이행된 항체의 효력은 생후 2개월간 지속된다.
- 나이가 많은 경산우의 초유가 어린 초산우의 초유보다 항체 함량이 2배 정도 높다.

11 젖소 착유 시 유즙분비를 촉진시키는 뇌하수체 후엽 호르몬을 쓰시오.

정답 옥시토신

해설 옥시토신은 분만 후 자궁의 수축과 유즙 분비를 촉진시키는 뇌하수체 후엽 호르몬이다.

12 밀과 호밀의 종간교잡종으로 자식성 작물로서 청예 수량이 높고 도복에 강하며 종실 생산성이 뛰어난 사료작물을 쓰시오.

정답 라이밀(트리티케일)

13 산란율에 영향을 미치는 요소 5가지를 쓰시오.

정답 조숙성, 취소성, 동기휴산성, 산란강도, 산란지속성

해설 • 조숙성 : 계군의 산란율이 50%에 도달하는 초산일령으로 조숙할수록 산란수가 많다.
• 취소성 : 알을 품거나 병아리를 기르는 성질로 취소성이 낮은 것이 좋다.
• 동기휴산성 : 늦가을부터 초봄까지 일조시간이 짧아 휴산하는 성질이다.
• 산란강도 : 연속 산란일수의 장단을 의미한다.
• 산란지속성 : 일반적으로 초산일로부터 다음해 가을 털갈이로 휴산하기까지의 기간이다(초년도 산란기간의 장단).

14 소와 돼지의 평균 임신기간을 각각 쓰시오.

정답 • 소 : 280일
• 돼지 : 114일

15 닭의 4원종료 교배법의 모식도를 그리시오.

정답
순계	A계통	B계통	C계통	D계통
	↓	↓	↓	↓
조부모계	A(♂) × B(♀)		C(♂) × D(♀)	
	↓		↓	
부모계	AB(♂) × CD(♀)			
	↓			
실용계	ABCD			

16 건유가 필요한 이유 3가지를 쓰시오.

정답 • 비유기 모체 영양손실 회복
• 비유 중 농후사료를 섭취한 소화기관의 휴식
• 유방염 등 질병 치료
• 다음 착유 기간을 위한 영양 축적
• 건유 후 착유 시 우유 품질 개선

17 작물의 뿌리에 공생하는 뿌리혹박테리아로 인해 절감할 수 있는 비료의 성분을 쓰시오.

> **정답** 질소

> **해설** 뿌리혹박테리아는 공기 중의 질소를 고정하여 작물이 이용할 수 있는 형태로 바꾸어 제공하므로 비료 중의 질소 성분을 절감할 수 있다.

18 다음 돼지의 윤환교배 모식도에서 ( ) 안에 들어갈 알맞은 품종을 쓰시오.

```
            랜드레이스(♀) × 요크셔(♂)
                      ↓
            F₁(♀) × ( ① )(♂)
                      ↓
            F₂(♀) × ( ② )(♂)
                      ↓
            F₃(♀) × ( ③ )(♂)
                      ↓
            F₄(♀) × ( ④ )(♂)
```

> **정답** ① 햄프셔, ② 랜드레이스, ③ 요크셔, ④ 햄프셔

19 손익분기점의 정의를 쓰시오.

> **정답** 일정기간의 조수익(매출액)과 비용이 교차하는 점, 즉 이익과 손실이 없는 점이다.

20 정자의 형성 과정에서 ( ) 안에 들어갈 알맞은 말을 쓰시오.

```
정조세포 → ( ① ) → ( ② ) → 정자세포
```

> **정답** ① 제1정모세포(정모세포), ② 제2정모세포(정낭세포)

01 돼지 자궁의 형태를 쓰시오.

정답 쌍각자궁

해설 자궁의 형태

쌍각자궁	• 자궁경관 바로 앞의 작은 자궁체와 두 개의 긴 자궁각이 있다. • 돼지의 자궁각은 소의 자궁각보다 훨씬 더 길다.
분열자궁 (양분자궁)	• 자궁경관 앞까지 현저한 자궁체가 있다. • 쌍각자궁에서처럼 길고 뚜렷하지는 않지만 2개의 자궁각이 있다. • 소, 말, 산양, 개, 고양이
중복자궁	• 2개의 자궁경관에 각각 1개씩의 자궁이 있다. • 자궁경관은 질에서 각각 개구된다. • 설치류, 토끼류
단자궁	• 자궁각이 없다. • 사람, 영장류(primates)에서 볼 수 있다.

02 산란계 무창계사의 장점 3가지를 쓰시오.

정답
• 단열과 풍속으로 여름철 계사 내 온도를 낮게 유지할 수 있다(온도변화 최소화).
• 영하의 날씨에도 계사 내 온도를 18~23℃로 높게 유지할 수 있어 사료비가 적게 든다.
• 완벽한 점등관리로 부화계절에 관계없이 높은 산란율의 유지가 가능하다.
• 부리 자르기를 하지 않아도 된다.
• 고밀도사육이 가능하다.
• 토지의 방향에 관계없이 계사건축이 가능하다.
• 소음, 분진, 해충 등의 환경공해를 막을 수 있다.
• 계분의 처리가 용이하다.
• 기계화, 자동화로 노동력이 절감된다.

03 다음 수정란 난할 과정에서 (   ) 안에 들어갈 알맞은 말을 쓰시오.

> 수정 → 4세포기 → (①) → 16세포기 → (②) → (③) → 착상 → 낭배기

정답 ① 8세포기, ② 상실배, ③ 포배기

해설 배아 발달 과정

수정란 → 1세포기 → 2세포기 → 4세포기 → 8세포기 → 상실배(16세포기 → 초기상실배 → 후기상실배) → 포배기(초기배반포 → 확장배반포 → 부화배반포) → 착상 → 낭배기

04 수정 첨체반응에 대해 쓰시오.

정답
- 수정능력을 획득한 정자가 난자의 투명대를 통과하기 위하여 일어나는 현상이다.
- 정자가 수정능력 획득에 의하여 정자두부에서 방출되는 효소[아크로신(acrosin)] 중에서 난자의 투명대를 용해하는 효소로 정자의 침투통로를 만든다.
- 하이알루로니다제(hyaluronidase)라는 효소가 정자를 투명대 표면에 도달하는 것을 돕는다.

05 정액 희석 및 보존과정에서 동해방지제로 이용되는 물질 1가지를 쓰시오.

정답 1,2-프로판디올(PROH), 다이메틸설폭사이드(DMSO), 글리세롤, 글루코스

06 보증씨수소 선발을 위해 후보씨수소의 딸을 검사하는 방법을 쓰시오.

정답 후대검정

해설 어느 개체의 종축 가치를 자손의 평균능력에 근거하여 선발하는 방법이다.

07 병아리의 부리를 자르는 이유 3가지를 쓰시오.

정답 • 탁우증 예방
• 사료의 손실 및 편식방지
• 알을 깨 먹는 습성방지
• 투쟁심 방지(체력 소모, 신경과민 예방)

08 임신한 돼지에게서 사산, 유산 등을 유발하는 질병 두 가지를 쓰시오.

정답 돼지 일본뇌염, 오제스키병, 돼지 호흡기 · 생식기 증후군 등

09 젖소에서 발생하는 케톤증 원인을 쓰시오.

정답 탄수화물 부족과 대사이상으로 지방산을 연소시켜 체내 에너지를 얻는 대사성 질병

해설 케톤증(ketosis)
고능력인 젖소에서 분만 후 수일에서 수주일 안에 일어나는 경우가 많으며 대사장애로 인한 케톤체의 과잉 생산과 저혈당증이 원인이다.

10 반추동물의 위에서 생성되는 휘발성 지방산 3가지를 쓰시오.

정답 아세트산, 프로피온산, 부티르산

해설 • 아세트산 : 유지방의 합성에 가장 영향을 많이 미친다. 즉, 체내에서 에너지원 및 유지방의 합성에 이용된다.
• 프로피온산 : 에너지원 또는 체지방의 합성에 이용된다.
• 부티르산 : 에너지원으로 이용된다.

11 젖소의 유방염을 예방하기 위한 방법 3가지를 쓰시오.

> **정답** • 착유 순서를 지켜 착유
> • 착유 후 철저한 유두 침지소독
> • 건유기 항생제 치료
> • 체세포가 높은 소와 감염우는 최후에 착유

12 다음은 소의 위를 나타낸 것이다. 제2위, 제3위, 제4위의 기능상 혹은 형태상 명칭을 쓰시오 [예] 제1위 : 반추위(혹위)].

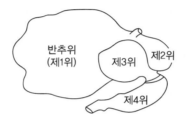

> **정답** • 제2위 : 벌집위
> • 제3위 : 겹주름위
> • 제4위 : 주름위(진위)

> **해설** • 제1위(혹위, 반추위, rumen) : 미생물이 서식하여 발효가 일어난다. 주로 혐기성 미생물들이 서식하면서 가축이 섭취하는 영양소를 이용하여 미생물 대사작용을 한다.
> • 제2위(벌집위) : 반추위와 연결된 위로, 조직과 기능이 반추위와 비슷하며 사료를 되새김질한다.
> • 제3위(겹주름위) : 근엽을 통해서 사료 내용물의 수분을 흡수하여 식괴를 형성하며, 분해가 잘된 위 내용물을 제4위로 넘어가도록 하는 체의 역할을 한다.
> • 제4위(진위) : 반추동물의 4개의 위 중에서 단위동물의 위와 같이 소화액에 의한 화학적인 소화작용이 일어나는 곳이며, 담즙이 위 내로 역류하는 것을 방지하는 역할을 한다.

13 제1종 법정전염병 3가지를 쓰시오.

> **정답** 우역, 우폐역, 구제역, 아프리가돼지열병, 뉴캐슬병 등

> **해설** 제1종 법정전염병의 종류

소	돼지	닭
우역, 우폐역, 구제역, 가성우역, 블루텅병, 리프트계곡열, 럼프스킨병, 양두, 수포성구내염	구제역, 아프리카돼지열병, 돼지열병, 돼지수포병	뉴캐슬병, 고병원성조류인플루엔자

14 회화 전 시료 2.0g, 회화 후 시료 1.9g일 때 조회분 함량(%)을 구하시오.

정답 95%

해설 조회분(%) = $\dfrac{\text{회화 후 시료 질량}}{\text{회화 전 시료 질량}} \times 100$

$= \dfrac{1.9}{2.0} \times 100 = 95\%$

15 남부지방 답리작 작물로 우리나라 남부지방에서 2회까지 수확할 수 있는 사료작물의 이름을 쓰시오.

정답 이탈리안라이그래스

해설 이탈리안라이그래스(Italian ryegrass)
- 일년생 또는 월년생의 벼과 사료작물이다.
- 가축의 기호성이 좋고, 정착이 잘되어 답리작으로 많이 재배된다.
- 우리나라 남부지방에서 2회 수확이 가능하다.
- 청예, 건초, 사일리지로 이용할 수 있으나 청예가 가장 일반적이다.

16 난사비를 구하는 공식을 쓰시오.

정답 난사비 = $\dfrac{\text{달걀 1kg당 가격}}{\text{사료 1kg당 가격}}$

17 식물 세포벽의 주요 구성물질 3가지를 쓰시오.

정답 셀룰로스, 헤미셀룰로스, 리그닌

18　경운초지 조성에서 진압의 효과 2가지를 쓰시오.

　　정답　• 갈퀴질로 목초종자를 지면에 밀착시켜 준다.
　　　　　　• 진압하여 모세관현상에 의해 토양 중의 수분이 종자에 공급되어 목초 정착률이 향상된다.

19　새끼 돼지에게 초유를 급여하는 이유 3가지를 쓰시오.

　　정답　• 질병에 대한 저항력을 갖게 하는 면역글로불린이 들어 있다.
　　　　　　• 성장에 필요한 영양소가 충분히 들어 있다.
　　　　　　• 태변의 배출을 촉진시키는 역할을 한다.

20　선발에 의한 유전적 개량량에 영향을 미치는 4가지 요인을 쓰시오.

　　정답　선발강도, 선발의 정확도, 유전적 변이의 크기, 세대간격

　　해설　• 유전적 개량량($\triangle G$) = 유전력(h^2) × 선발차(S)
　　　　　　• 연간 유전적 개량량($\triangle G/L$) = $\dfrac{h^2 \times S}{\text{세대간격}(L)}$

01 병아리의 볏자르기 ① 시기와 ② 효과를 쓰시오.

> 정답 ① 병아리가 2일령이 되기 전에 작은 가위로 볏을 다듬어 준다.
> ② 성질이 온순해진다, 겨울철 볏의 동상을 예방할 수 있다, 케이지 안에서 사료나 물을 편하게 먹을 수 있도록 한다.

02 초유의 ① 특징 2가지와 ② 급여 방법에 대해 쓰시오.

> 정답 ① 특징
> • 초유는 단백질과 유지방 함량이 높고 유당 함량은 낮으며 보통 우유에 비하여 진한 황색이다.
> • 면역물질이 되는 글로불린 함량이 높고 카로틴, 비타민 A의 함량이 높다.
> • 태변의 배설을 도와주는 역할을 하고 송아지에게 이행된 항체의 효력은 생후 2개월간 지속된다.
> • 나이가 많은 경산우의 초유가 어린 초산우의 초유보다 항체 함량이 2배 정도 높다.
> ② 급여 방법
> • 태어난 송아지는 면역물질이 거의 없으므로, 분만 후에 반드시 30~40분 이내에 즉시 급여하거나 포유할 수 있도록 도와준다(6시간 이내 급여).
> • 최소 생후 3~5일 동안 하루 2번씩 반드시 충분한 양의 초유를 흡유해야 한다.
> • 초유의 양은 송아지 체중의 4~5%를 24시간 이내 섭취할 수 있도록 해야 한다.

03 위탁포유 시 유의사항 3가지를 쓰시오.

> 정답 • 분만 간격이 3일 이내인 모돈에게 보낸다.
> • 위탁 보낼 자돈에게 초유를 충분히 급여한다.
> • 위탁받을 모돈의 분뇨를 새끼의 몸에 발라 위장시킨다.
> • 위탁 받을 모돈의 새끼들과 합사(30분 정도)시킨 후 포유한다.

04 암가축의 임신진단방법 3가지를 쓰시오.

> **정답** 외진법(Non-Return, 발정무재귀관찰법), 직장검사법, 질검사법, 초음파진단법, 자궁경관점액검사법, 발정검사법 등

05 호르몬성 간성으로 소의 이성쌍태에 있어서 암컷에 나타나며 중간적인 양성의 생식기관을 가지는 이상을 쓰시오.

> **정답** 프리마틴

> **해설** 프리마틴(Freemartin)
> • 소의 이성쌍태(異性雙胎)에 있어서 암컷에 나타나는 이상(異常)으로 성의 형태는 간성(間性)이다.
> • 정상적인 암컷과 비슷한 외부생식기를 가지며 정소와 여러 가지로 유사점을 가진 변이한 난소를 가진다.

06 다음 젖소의 비유 단계 중 산유량이 최고 수준에 달하는 시기를 골라 쓰시오.

비유 초기   비유 중기   비유 후기

> **정답** 비유 초기

> **해설** • 비유 초기(비유 최대기) : 분만 후~70일까지로 유량이 급격하게 증가하여 최대 비유기에 도달한다.
> • 비유 중기(건물 섭취 최대기) : 분만 후 70~140일까지로 산유량은 매주 2~3%씩 감소한다.
> • 비유 후기 : 분만 후 140~305일까지로 산유량은 매주 8~10%씩 감소한다.

07 정자 수정능력획득(capacitation)의 정의를 쓰시오.

> **정답** 정자가 난자의 투명대와 난황막을 통과한 후 세포질 내로 진입하여 수정이 완성되기 위해 암컷의 생식기도 내에서 일정시간 동안 머무르면서 생리적 및 기능적으로 변화하는 것

> **해설** 암컷 생식기 내에 들어온 직후의 정자는 운동성은 있으나 난자를 수정시킬 능력이 없어 자궁 및 난관에서 2~3시간 정도 머무르며 형태적, 생리적 및 생화학적으로 변화하여 난자의 난구, 방사관층 및 투명대를 침입할 수 있게 된다.

08 다정자침입, 다정자수정에 대해 쓰시오.

정답 한 개의 난자에 한 개 이상의 정자가 들어가 수정되는 현상으로 난황차단, 투명대 반응이 일어나지 않아 발생한다.

해설 • 다정자수정이 일어나면 염색체수가 3배체가 되어 정상적으로 조금 발달하다가 죽거나 퇴화된다.
• 다정자수정이 일어나는 이유(포유동물에서 일어나는 경우)
　－ 배란된 후 너무 늦게 교미시키는 경우(적기에 교미시키지 못하거나 늦춘다)
　－ 각종 열을 발생하는 병에 걸렸을 때, 실온이 높을 때(기온이 높거나 체온이 높을 때 배란된 난자)

09 다음에서 설명하는 멘델의 유전법칙을 쓰시오.

> 두 쌍의 대립형질이 함께 유전될 때, 각각의 형질은 서로 간섭하지 않고 독립적으로 유전된다.

정답 독립의 법칙

해설 멘델의 유전법칙
• 우열의 법칙 : 대립하는 두 형질의 개체를 교배시키면 잡종1대(F_1)에서는 우성형질만 나타나고 열성형질은 표현되지 않는다.
• 분리의 법칙 : 잡종1대(F_1)에서 나타나지 않은 열성형질이 잡종2대(F_2)에서 우성형질과 열성형질이 일정한 비율(3 : 1)로 나타나는 현상이다.
• 독립의 법칙 : 두 쌍의 대립형질이 함께 유전될 때, 각각의 형질은 서로 간섭하지 않고 우열의 법칙과 분리의 법칙에 따라 독립적으로 유전되는데, 이를 독립의 법칙이라고 한다.

10 다음 (　)에 들어갈 알맞은 말을 쓰시오.

> 뇌하수체 (　①　)에서 분비되는 (　②　)은/는 출산 시 자궁의 수축을 유도해 분만을 돕는다.

정답 ① 후엽, ② 옥시토신

해설 옥시토신은 시상하부에서 생성되어 뇌하수체 후엽에서 분비되는 호르몬으로, 출산 시 자궁의 수축을 유도해 분만을 돕고, 출산 후에는 유선을 자극하여 유즙의 분비를 촉진한다.

11 수컷의 부생식선 3가지를 쓰고 그 기능을 쓰시오.

정답 • 정낭선 : 정낭선의 분비액은 정자를 보호하는 유백색을 띤 점조된 액체로서 고농도의 단백질, 칼슘, 구연산, 과당 및 여러 종류의 효소를 함유한다.
• 전립선 : 전립선은 정액에 특유의 냄새를 부여하는 엷고 불투명한 액체를 분비한다. 이 액체는 유백색으로 알칼리성이며, 정자의 운동과 대사에 관여한다.
• 요도구선 : 요도의 세척 및 중화와 관련된 액체를 분비한다.

12 초년도의 산란수를 지배하는 GOODALE-HAYS의 산란 5요소를 쓰시오.

정답 조숙성, 산란강도, 취소성, 동기휴산성, 산란지속성

해설 • 조숙성 : 계군의 산란율이 50%에 도달하는 초산 일령으로 조숙한 닭일수록 산란수가 많다.
• 산란강도 : 연속산란일수(clutch)의 장단을 의미하는 것, 초산 후 다음해 봄까지의 산란율
• 취소성 : 알을 품거나 병아리를 기르는 성질
• 동기휴산성 : 늦가을부터 초봄까지 휴산하는 성질, 휴산성이 1주 이내인 것이 다산계이다.
• 산란지속성 : 초산일부터 다음해 가을에 털갈이를 시작하며 휴산하기 까지의 기간(초년도 산란기간의 장단)

13 지용성 비타민 3가지를 쓰시오.

정답 비타민 A, D, E, K

해설 • 비타민 A(retinol) : 항안구건조증인자
• 비타민 D(calciferol) : 항구루병인자
• 비타민 E(tocopherol) : 항불임증, 항산화제인자
• 비타민 K(menaquinone) : 항혈액응고인자

14 맥류 중 내한성이 가장 약하여 중북부지방에서는 월동이 어렵고 이삭이 나와도 다른 맥류보다 줄기가 굳어지는 것이 느린 사료작물을 쓰시오.

정답 귀리(연맥)

해설 • 맥류에 속하는 대표적인 조사료 작물로 맥류 중 내한성이 가장 약하여 남부지방과 제주도에서 많이 재배된다.
• 주로 봄에 일찍 파종하는 것이 좋고, 수확 후에는 수분함량이 높아 건조가 어렵다.

15 경운초지의 장점과 단점을 각각 2가지씩 쓰시오.

정답 • 장점
 − 경운을 하여 줌으로서 자연식생의 제거가 가능하다.
 − 짧은 기간 동안에 생산성이 높은 초지조성이 가능하다.
 − 초지의 경운에 의해 땅 표면이 고르기 때문에 목초를 수확할 때 기계작업이 가능하다.
• 단점
 − 경운으로 땅 표면을 갈아엎기 때문에 표토유실을 받기 쉽다.
 − 경운에 필요한 농기계를 구입하는 데 비용이 많이 든다.
 − 표고 및 경사 때문에 지대에 따라 농기계의 사용이 불가능하다.

16 다음에서 나타내는 방목 방법의 종류를 쓰시오.

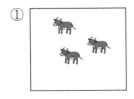 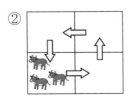 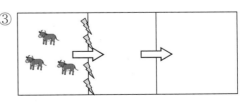

정답 ① 연속방목(고정방목), ② 윤환방목, ③ 대상방목

17 사료량 110kg(1kg당 300원), 유대는 1kg당 350원이고 생산한 우유의 양이 330kg일 때 ① 유사비를 구하는 공식을 쓰고 ② 유사비는 몇 %인지 구하시오(단, 소수점 이하 셋째자리에서 반올림한 값을 답으로 한다).

> **정답** ① 유사비 = $\dfrac{구입사료비}{우유판매금} \times 100$
>
> ② $\dfrac{300원 \times 110kg}{350원 \times 330kg} \times 100 = 약\ 28.57\%$

18 ① TDN(가소화영양소총량)을 구하는 공식을 쓰고, 영양소 함량이 다음과 같은 ② 옥수수의 TDN을 구하시오(단, 소수점 이하 셋째자리에서 반올림한 값을 답으로 한다).

구분	조단백질	조지방	조섬유	가용무질소물
함량	6.07%	1.5%	64.40%	1.79%

> **정답** ① TDN = 가소화조단백질 + (가소화조지방 × 2.25) + 가소화조섬유 + 가소화가용무질소물
> ② TDN = 6.07 + (1.5 × 2.25) + 64.40 + 1.79 = 75.64%

19 사료효율을 구하는 공식을 쓰시오.

> **정답** 사료효율 = $\dfrac{증체량}{사료급여량} \times 100$

20 ① NDF에서 ADF를 빼고 남은 물질은 무엇인지 쓰고 ② NDF와 ADF의 차이점을 쓰시오.

> **정답** ① 헤미셀룰로스
> ② ADF는 건초의 품질평가에 있어 사료건물의 소화율을 예견하는 요소이며 값이 낮을수록 소화율이 높다. 셀룰로스, 리그닌, 실리카 성분이다.
> NDF는 사료건물의 섭취량을 예견하는 요소이며 중성세제에 용해되지 않는 부분(세포벽 성분)이다. 세포벽의 성분으로는 셀룰로스, 헤미셀룰로스, 리그닌, 실리카 성분이 있다.
> 리그닌과 실리카는 반추동물의 사료에서 영양적 가치가 없다.

교육이란 사람이 학교에서 배운 것을 잊어버린 후에 남은 것을 말한다.

– 알버트 아인슈타인 –

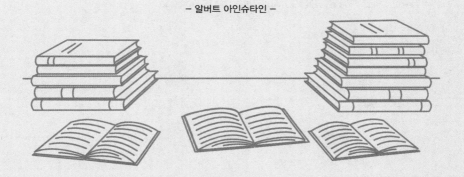

참 / 고 / 문 / 헌

- 교육부. NCS 학습모듈(축산). 한국직업능력개발원. 2018.
- 안제국 외. 고등학교 가축관리실무. 부민문화사. 2020.
- 안제국 외. 동물자원. 충청북도교육청. 2015.
- 안제국. 축산기사 · 산업기사. 부민문화사. 2019.
- 최광희. 축산기사산업기사 필기 한권으로 끝내기. 시대고시기획. 2023.

참 / 고 / 사 / 이 / 트

- 국립축산과학원 축산기술정보 http://www.nias.go.kr
- 국립축산과학원 축종별품종해설 https://nias.go.kr/lsbreeds

축산기사·산업기사 실기 한권으로 끝내기

개정1판1쇄	2025년 05월 15일 (인쇄 2025년 03월 11일)
초 판 발 행	2024년 07월 05일 (인쇄 2024년 05월 31일)
발 행 인	박영일
책 임 편 집	이해욱
편 저	윤예은
편 집 진 행	윤진영 · 장윤경
표지디자인	권은경 · 길전홍선
편집디자인	정경일 · 조준영
발 행 처	(주)시대고시기획
출 판 등 록	제10-1521호
주 소	서울시 마포구 큰우물로 75[도화동 538 성지 B/D] 9F
전 화	1600-3600
팩 스	02-701-8823
홈 페 이 지	www.sdedu.co.kr
I S B N	979-11-383-9023-1(13520)
정 가	28,000원

산림 · 조경 국가자격 시리즈

산림기능사 필기 한권으로 끝내기

최근 기출복원문제 및 해설 수록

- 빨리보는 간단한 키워드 : 시험 전 필수 핵심 키워드
- 최고의 산림전문가가 되기 위한 필수 핵심이론
- 적중예상문제와 기출복원문제를 자세한 해설과 함께 수록
- 4×6배판 / 592p / 28,000원

산림기사 · 산업기사 필기 한권으로 끝내기

최근 기출복원문제 및 해설 수록

- 핵심이론 + 기출문제 무료 특강 제공
- 〈핵심이론 + 적중예상문제 + 과년도, 최근 기출복원문제〉의 이상적인 구성
- 농업직 · 환경직 · 임업직 공무원 특채 응시자격 및 공채시험 가산점 인정
- 기사 20학점, 산업기사 16학점 인정
- 4×6배판 / 1,232p / 45,000원

식물보호기사 · 산업기사 필기 한권으로 끝내기

- 한권으로 식물보호기사 · 산업기사 필기시험 대비
- 〈핵심이론 + 적중예상문제 + 과년도, 최근 기출복원문제〉의 최적화 구성
- 농업직 · 환경직 · 임업직 공무원 특채 응시자격 및 공채시험 가산점 인정
- 기사 20학점, 산업기사 16학점 인정
- 4×6배판 / 980p / 37,000원

산림/조경/농림 국가자격 시리즈

산림기사 · 산업기사 필기 한권으로 끝내기	4×6배판 / 45,000원
산림기사 필기 기출문제해설	4×6배판 / 24,000원
산림기사 · 산업기사 실기 한권으로 끝내기	4×6배판 / 25,000원
산림기능사 필기 한권으로 끝내기	4×6배판 / 28,000원
산림기능사 필기 기출문제해설	4×6배판 / 25,000원
조경기사 · 산업기사 필기 한권으로 합격하기	4×6배판 / 42,000원
조경기사 필기 기출문제해설	4×6배판 / 37,000원
조경기사 · 산업기사 실기 한권으로 끝내기	국배판 / 41,000원
조경기능사 필기 한권으로 끝내기	4×6배판 / 29,000원
조경기능사 필기 기출문제해설	4×6배판 / 26,000원
조경기능사 실기 [조경작업]	8절 / 27,000원
식물보호기사 · 산업기사 필기 한권으로 끝내기	4×6배판 / 37,000원
식물보호기사 · 산업기사 실기 한권으로 끝내기	4×6배판 / 20,000원
5일 완성 유기농업기능사 필기	8절 / 20,000원
농산물품질관리사 1차 한권으로 끝내기	4×6배판 / 40,000원
농산물품질관리사 2차 필답형 실기	4×6배판 / 31,000원
농 · 축 · 수산물 경매사 한권으로 끝내기	4×6배판 / 40,000원
축산기사 · 산업기사 필기 한권으로 끝내기	4×6배판 / 36,000원
축산기사 · 산업기사 실기 한권으로 끝내기	4×6배판 / 28,000원
가축인공수정사 필기 + 실기 한권으로 끝내기	4×6배판 / 35,000원
Win-Q(윙크) 화훼장식기능사 필기	별판 / 22,000원
Win-Q(윙크) 유기농업기사 · 산업기사 필기	별판 / 35,000원
Win-Q(윙크) 유기농업기능사 필기 + 실기	별판 / 29,000원
Win-Q(윙크) 종자기능사 필기	별판 / 24,000원
Win-Q(윙크) 원예기능사 필기	별판 / 25,000원
Win-Q(윙크) 버섯종균기능사 필기	별판 / 21,000원
Win-Q(윙크) 축산기능사 필기 + 실기	별판 / 24,000원
조경기능사 필기 가장 빠른 합격	별판 / 25,000원
유기농업기능사 필기 + 실기 가장 빠른 합격	별판 / 32,000원
기출이 답이다 종자기사 필기 [최빈출 기출 1000제 + 최근 기출복원문제 2개년]	별판 / 28,000원